Friedrich Eberhard von Rochows

sämtliche

pädagogische Schriften

herausgegeben

von

Schulrat Dr. Fritz Jonas, Stadtschulinspektor in Berlin,

und

Friedrich Wienecke, Gemeindeschullehrer in Berlin.

III. Band.

Berlin.

Druck und Verlag von Georg Reimer.

1909.

Inhaltsverzeichnis.

I. Anhang.

Versuch über den Versuch.

(Deutsche Monatsschrift 1794, 3. Bd. 3—11.)

In diesen Zeiten, da man alles versucht, ganze Staaten von mehr als 20 Millionen Menschen in kurzer Zeit von Grund aus umzuschaffen versucht, durch Umstürzung oder Untergrabung alles bisher für wahr Gehaltenen die Menschen besser zu machen versucht, das Unsichtbare zu sehen, das Unhörbare zu hören, das Unfühlbare zu fühlen versucht und dem, das nicht ist, noch sein kann, zu gebieten, daß es sei:

In diesen Zeiten, da man dieses alles versucht und so viel Versuche über ꝛc. ꝛc. ꝛc. schreibt, trete ich auf die Bühne mit meinem Versuch über den Versuch.

Zuerst will ich sagen, was ich unter Versuch verstehe;

Dann, wie ich mir das Individuum denke, das da Versuche machen will;

Und endlich meine ich, vom Nutzen und Schaden der Versuche überhaupt zu reden.

O! Muse des Versuchs (wenn es eine gibt?) sei mir in dieser Stunde geneigt und bewahre mich vor der schweren Versuchung, Unsinn in zierlichen Perioden zu sagen!

Erster Abschnitt.

Was ich unter Versuch verstehe. (Essay.)

Versuch kommt her von versuchen (essayer) und versuchen heißt so viel als probieren, die Probe machen, ob etwas angeht oder gelingen will.

Das a priori Unmögliche kann man nicht versuchen, nicht erwarten, das uns zu Gunsten ein Widerspruch seine Natur ändre, ohne Mitleiden zu erregen.

„Versuchen Sie doch diesen Wein“, sagt ein höflicher Wirt oder Weinschenke.

„Ich habe mich viel versucht in der Welt“, sagt *Thraso*!

„Mein Versuch, in den usw. Dienst zu kommen, ist nicht gelungen usw. usw.“

Seltner wird man die Redensart hören: „Ich habe versucht, dem oder jenem Frauenzimmer zu gefallen.“

Von versuchen (tenter) und Versuchung (tentation) ist hier die Rede nicht, ob es gleich zu komischen Betrachtungen Anlaß geben könnte.

Versuch im literarischen Sinn ist ein Werk über eine schwere Materie, wo man der Rezensentengeißel wegen sich in Bescheidenheit hüllet, um sagen zu können:

Est aliquid, prodire tenus —

Denn nicht alle Versuche sind Essay on Man*), es gibt auch Essay on Woman**).

Wenn mancher gutherzige Prediger seinen Zuhörern anrät, einen Versuch mit Frömmigkeit und Gewissenhaftigkeit (Rechtschaffenheit) zu machen, so redet er unbequem. So was läßt sich nicht versuchen. So wenig jemand, wenn er zwei Tage lang gerade aus sich fort bewegt, versuchen kann, ob er dann noch an Ort und Stelle sei, so wenig kann er *versuchen*, rechtschaffen zu sein. Dieses führt zu dem Resultate des ersten Abschnitts, nämlich:

Alles was man, wenn man es ist, entweder ganz oder gar nicht ist, kann man zu sein nicht versuchen.

Denn es ist ein Unterschied unter etwas anfangen und etwas versuchen.

Versuch deutet allemal auf Ungewißheit des Erfolges und mangelhafte Erkenntnis a priori.

Überdem so wie nicht alle Zwecke, Endzwecke, sondern oft nur Mittelzwecke sind, so sind auch manche Versuche nur Mittel oder Stufen zu einem Haupt- oder Endversuche.

---

*) Ein Meisterwerk vom großen Pope[1]).

**) Eine Schrift von Wilkes[2]).

[1]) Alexander Pope, berühmter englischer Dichter, geb. am 22. Mai 1688 zu London, gest. am 30. Mai 1744. Essay on Man erschien 1733.

[2]) John Wilkes, ein eifriger Verfechter der englischen Freiheit, geb. 1727 (nach andern 1730) zu London, gest. 1797 als Lord-Mayor von England.

Daher ist der Rat der Weisen, Versuche im Kleinen zu machen, weil man da nicht soviel als im Großen verlieren kann, wenn der Erfolg widrig ist. Und daher ist der Versuch, die Denkungs- und Handlungsweise eines großen Staats umformen zu wollen, es sei durch Edikte oder National-Versammlungs-Dekrete, stets ein mißliches Ding.

Die Bedienung eines General-Ober-Versuchers ist meines Wissens noch in keinem Staate und wäre unter allen vielen General-Ober-Bedienungen, die es gibt, vielleicht nicht die unnützeste.

Führt die Synthesis oder Analysis am sichersten bei Versuchen?

Ich antworte: die Analysis. Denn die Synthesis setzt voraus, daß ich etwas a priori wisse, die Analysis, daß ich Erfahrungen habe.

Nun ist alles menschliche Wissen nach Kant und mehreren ungewiß; die Verwechselung des Phaenomenon mit dem Noumenon zu gewöhnlich. Dagegen ist der Weg der Erfahrungen viel gebahnter, und wer einmal versucht hat, sich wegen eines Versuchs von dem ganzen verständigen Publico tadeln und auslachen zu lassen, pflegt von ähnlichen Versuchen abzustehen; es sei denn, daß ihn vis major zwänge, oder man ihm diesen Spott gar zum Märtyrertum anrechnete.

Zweiter Abschnitt.

Wie ich mir das Individuum denke, das Versuche machen will.

Ein Versuch in irgend einer Sache ist allemal eine Erweiterung des menschlichen Wissens.

Er gerät, oder er gerät nicht. Im ersten Fall ist er eine Erfahrung mehr und bahnt den Weg zu neuen Erfahrungen. Einen gelungenen Versuch nenne ich eine Erfindung. Im andern Fall (und es müßte billig über nicht gelungene Versuche auch ein Register gehalten werden) erfahre ich entweder, daß ich nicht recht versucht habe, Fehler dabei beging, oder daß so etwas überhaupt nicht angeht.

Ein Mensch, der Versuche machen will, ist entweder bekannt mit dem, was in dem Bezirk seiner Wissenschaft schon da ist oder nicht. Im ersten Fall prüft er seine eignen Kräfte, ob er auch leisten kann, was andre leisteten, oder er f o l g e r t neue Erfindungen. Im andern Fall versucht er aufs Geratewohl und gleicht jenem jungen Chemiker, der so heterogene Dinge ohne Kenntnis ihrer vereinigten Wirkungen mischte, daß die Retorte sprang, und er blind wurde.

So geht es auch mit Versuchen in der Regierungskunst. Ein Regent oder dessen Minister muß seine Nation wohl kennen, wenn er einen Versuch in wichtigen Sachen mit ihr machen will.

So ließen neuerlichst die Belgier sich manches geduldig ansinnen; als man aber von Wien aus einen gewissen Versuch machte, wie weit ihre Geduld sich recken ließe, da insurgierte die Nation [1]).

Da die Zeit erfüllet war — das ist nach meiner Exegese als alle vorbereitende Dinge gewirkt hatten — gelingen die Versuche im Großen wie im Kleinen.

Eine Kleinigkeit, fast möchte ich sagen K l e i n - S c h e i n i g k e i t, reizt dann das im Rat des Ewigen erwählte und geweihte Individuum zum Versuch. Er gelingt, und neue Epochen beginnen.

Darf das versuchmachende Subjekt nützlicher, langsamen oder schnellen Geistes sein? Ich meine hier unterscheiden zu müssen.

Sicherlich sind gewisse Versuche von der Art, daß sie eine eiserne oder vielmehr pergamentzähe Geduld erfordern, als z. E. der alchymische Prozeß usw. usw. Andre Versuche, als z. E. eine Festung wie Ismail [2]), ohne Eröffnung der Laufgräben durch Sturm zu erobern usw. usw., erfordern schnellen Entschluß und schnelle Tat und die Art Heldenmut, die in Menschenverachtung besteht.

Tausend Menschen sterben ohne den Gedanken:

„Ich will einen Versuch machen!"

Wem das Gewöhnliche behagt, der scheut das Neue. Wohl ihm! Ihn trifft die ganze Seligkeit der Armen am Geist [3]), und Salomons Ausspruch:

„Wo viel Weisheit ist, da ist auch viel Grämens"

trifft ihn nicht.

---

[1]) Gemeint ist der Aufstand der belgischen Provinzen im Jahre 1789, der durch die Aufhebung der Verfassung in Brabant bewirkt wurde.

[2]) Erstürmt am 22. Dezember 1790 durch Suwōrow.

[3]) Matth. 5, 3.

Dritter Abschnitt.

Vom Nutzen und Schaden der Versuche.

Die sogenannten Staatsversuche mit Menschen, als gewöhnlich Experimenta in anima vili betrachtet, ausgenommen, leidet es keinen Zweifel, daß in dem ganzen Naturreich Versuche anstellen, nützlich sein müsse.

Schwer ist es, im allgemeinen Regeln angeben, nach welchen die nützlichsten Versuche zu machen sind.

Der Zufall entdeckte manches, sagt man; aber ich glaube mit Unrecht. Man will vielleicht dem Zufall keine Absicht dabei zuschreiben; aber es ist doch unbequem ausgedrückt. Versuche nur entdeckten das bisher Verborgene, indem sie den, der sie machte, auf neue Resultate schon lange da gewesener Prämissen leiteten.

Neutons Apfel war kein Zufall, sondern ein Fall, der gerade in die damalige Gedankenreihe Neutons sich paßte.

Schwarzens (si fabula vera?) Entdeckung des Schießpulvers war ein Vernunftschluß oder eine Folgerung der Explosion, die aus der entzündeten Mischung entstand.

Weit ist immer der Weg von der ersten Wahrnehmung gewisser vorher unbemerkter Wirkungen bis zur nützlichsten Benutzung des Bemerkten.

So werden noch Jahre hinfließen, bis die Luftschiffahrt ganz diesen Namen verdient, und das einträgliche Reichs-Postmeister-Amt oder gar das Proviant-Fuhrwesen entbehrlich macht.

Wo finden sich aber die Grenzen des Nützlichen und Schädlichen bei Versuchen?

Vielleicht irre ich weniger, wenn ich behaupte:

1. Daß ein mit edler, gemeinnütziger Absicht unternommener, auch mißratener Versuch dennoch nützlich sei.

2. Daß, da alle Versuche bei dem, der sie macht, eine gewisse Tätigkeit des Geistes anzeigen, eine Nation, die viel versucht, auf einer beträchtlichen Stufe der Kultur stehen müsse.

3. Daß bei Erziehung der Jugend auf die Genies, sonderlich der Versuche wegen, ganz eigne Rücksicht zu nehmen sei. Einesteils um ihre Theorien so viel möglich zu berichtigen, andernteils ihnen Klug-

heitsregeln genug zu geben, damit sie nicht über den Versuchen unglücklich werden.

4. Daß Versuche zu gemeinschädlichen Erfindungen, als z. B. einer Tinte, die sich selbst nach einiger Zeit verzehrt und das weiße Papier hinterläßt, oder einer aqua tophana in Bonbons und Glacen, oder eines Sicherungsmittels gegen die Wirkungen verübter Laster, oder des Unsterblichkeits-Elixirs usw., wenn sie von Liebhabern der Weisheit in Schriften etwa der öffentlichen Subskription oder Pränumeration angetragen würden, die Verfasser der Festungsstrafe: ad dies vitae mit dem Verbote von Schreibmaterialien schuldig machten und die Schriften selbst die einzigen im Staate sein müßten, denen das imprimatur zu versagen wäre.

Reckahn. von Rochow.

Geschichte

meiner

Schulen

von

Friedrich Eberhard von Rochow
auf Reckahn etc. etc.

Nebst vier Beilagen.

Schleswig, bei J. G. Röhß.
1795.

Meine Freunde verlangen von mir eine Sache, die mir schwer eingeht. Ich selbst soll die Geschichte meiner Schulen schreiben und bekannt machen. Mein Einwand, daß in eines andern Munde manches ein Interesse gewönne, welches jetzt vielleicht einen widrigen Eindruck macht, hat sie nicht befriedigt. Sie meinen sogar, ich müsse der guten Sache wegen selbst das zweideutige Licht nicht scheuen, in welchem mein Charakter manchem erscheinen könnte. Nun gut! Ich will ihren Wünschen mich fügen, auch dieses Märtyrertum übernehmen und die Wahrheit schreiben, so gut als ich weiß und kann.

Als in den Jahren 1771 und 1772 sehr nasse Sommer einfielen, viel Heu und Getreide verdarb, Teurung entstand, auch tötliche Krankheiten unter Menschen und Vieh wüteten, da tat ich nach meiner Obrigkeitspflicht mein mögliches, den Landleuten auf alle Weise mit Rat und Tat beizustehen. Ich nahm einen ordentlichen Arzt für die Einwohner auf meinen Gütern an, der unentgeltlich von ihrer Seite sie gegen ein jährliches Gehalt von mir mit freier Medizin versehen und heilen sollte. Sie erhielten schriftliche Anweisungen und mündlichen Rat, wie durch allerlei Vorkehrungen und Mittel, wobei sie freilich auch ihrerseits tätig sein mußten, dem Fortgang der Epidemie zu steuern sei.

Aber böse Vorurteile, Verwöhnung und Aberglauben nebst gänzlicher Unwissenheit an Lesen und Schreiben machten fast alle meine guten Absichten fruchtlos.

Sie empfingen zwar die Mittel, die ich bezahlte, nahmen sie aber nicht ein und scheuten sogar die Mühe, dem nur eine kleine Meile in Brandenburg wohnenden Arzte von dem jedesmaligen Zustande der Patienten 2c. Nachricht zu geben.

Die einfachsten Vorkehrungen und Reinigungsanstalten, die ich ihnen mündlich und schriftlich empfahl, waren ihnen teils zu mühsam, teils hatten sie solche vergessen, und das Schriftliche konnten sie nicht lesen.

Dagegen brauchten sie heimlich die verkehrtesten Mittel, liefen zu Quacksalbern, Wunderdoktorn, sogenannten klugen Frauen, Schäfern und Abdeckern, bezahlten dort reichlich und starben häufig dahin.

In tiefer Demut möchte ich an diesem kundbaren Beispiel denen Regenten und Landesvätern der Völker den hohen und unschätzbaren Wert der Aufklärung durch bessere Schulen hier nochmals an das Herz legen!

Schon bloß von seiten der Finanz betrachtet, die durch Entvölkerung der Länder verliert und bei Wohlstand und Erhaltung nützlicher Individuen gewinnt, fallen alle Einwürfe der Aufklärungsfeinde dahin. Oder gehört etwa nicht zu jedem Tun und Lassen und Gewerbe Nachdenken und Vordenken, damit es gelinge? Der Dumme denkt aber nicht gehörig weder nach noch vor, weiß sich nicht zu helfen, kann guten Rat nicht würdigen und wird eben darum ein Opfer der Ereignisse.

In bittern Gram versenkt über diese schrecklichen Folgen der Dummheit und Unwissenheit, saß ich einstmals (es war am 14ten Februar 1772)[1]) an meinem Schreibtische und zeichnete einen Löwen, der in einem Netze verwickelt da liegt. — „So, dacht ich, liegt auch die edle, kräftige Gottesgabe, Vernunft, die doch jeder Mensch hat, in ein Gewebe von Vorurteilen und Unsinn dermaßen verstrickt, daß sie ihre Kraft so wenig, wie hier der Löwe die seinige, brauchen kann. Ach wenn doch eine Maus wäre, die einige Maschen dieses Netzes zernagte, vielleicht würde dann dieser Löwe seine Kraft äußern und sich los machen können!"

Und nun zeichnete ich gleichfalls, als Gedankenspiel, auch die Maus hin, die schon einige Maschen des Netzes, worin der Löwe verwickelt liegt, zernagt hat.

Wie ein Blitzstrahl fuhr mir der Gedanke durch die Seele:

Wie, wenn du diese Maus würdest?

Und nun enthüllte sich mir die ganze Kette von Ursachen und Wirkungen, warum der Landmann so sei, als er ist: Er wächst auf als ein Tier unter Tieren. Sein Unterricht kann nichts Gutes wirken. Der gröbste Mechanismus herrscht in seinen Schulen. Sein Prediger spricht hoch- und er plattdeutsch. Beide verstehen sich nicht. Die Predigt ist

---

[1]) Die Vorrede zum Schulbuch 1. Aufl. ist den 20. Januar 1772 datiert. S. 1. Bd. S. 8.

eine zusammenhängende Rede, die er wie zur Frone hört, weil sie ihn ermüdet, indem er, an Aufmerken und Periodenbau nicht gewöhnt, ihr nicht folgen kann, ja selbst, wenn sie gut ist, (und wie oft ist sie das?) das Bündige derselben bei ihm nicht Überzeugung wirkt. Niemand bemüht sich, die Seelen seiner Jugend zu veredeln. Ihre Lehrer sind gewöhnlich, wie Christus es nennt, blinde Leiter[1]), und so leidet denn der Staat bei diesem Zustande der Sachen, nach welchem sein Flor sich in einem beständigen Kriege gegen die verheerende und zerstörende Dummheit befindet, mehr Verlust als in der blutigsten Schlacht.

„Gott! dachte ich, muß denn das so sein? Kann der Landmann, diese eigentliche Stärke des Staats-Körpers, nicht auch verhältnismäßig gebildet und zu allem guten Werk geschickt gemacht werden? Wieviel tüchtige Menschen hätte z. B. ich in diesen Jahren nicht meinem Vaterlande gerettet, die jetzt ein Raub ihrer entsetzlichen Stupidität geworden sind! Ja! ich will die Maus sein. Gott helfe mir!"

Und nun schrieb ich gleich denselben Morgen[2]) die Titel der dreizehn Kapitel, woraus mein Schulbuch für die Lehrer der Landleute sein sollte, nieder und zwar auf die andre Seite des Blattes, worauf der Löwe, das Netz und die Maus stand, welches Blatt ich zum Andenken bewahre, vom geneigten Leser aber hoffe, wegen dieser Mikrologie Verzeihung zu erhalten.

Zu Mittage zeigte ich meinen Plan meinem neuen verständigen Prediger, Herrn Stephan Rudolph[3]), der erst ein Jahr im Amte stand. Er billigte ihn und riet mir des Theologischen wegen, so darinn vorkäme, mit Herrn Oberkonsistorialrat Teller[4]) in Berlin zu korrespondieren. Dieser nannte meine Arbeit gemeinnützig und unterstützte mich edelmütigst mit gutem Rat. So ward denn das erste[5]) meiner literarischen Produkte schnell fertig, daß es schon auf Ostern 1772 unter dem Titel:

---

[1]) Matth. 15, 14; 23, 16. 24.

[2]) Siehe Anmerk. auf S. 10.

[3]) Siehe Anhang unter Mitarbeiter Rochows.

[4]) Abraham Teller, geb. am 9. Jan. 1734 zu Leipzig, gest. am 9. Dez. 1804 als Propst an der Petrikirche.

[5]) Rochow hatte 1769 das „Schreiben eines Landwirts an die Bauern wegen Aufhebung der Gemeinheiten" ohne seinen Namen veröffentlicht.

„Versuch eines Schulbuchs für Kinder der Landleute oder zum Gebrauch in Dorfschulen"

Berlin bei Fr. Nicolai.

erschien, und das Motto führte, welches doch nur die erste Ausgabe hat:

Difficile est proprie communia dicere.

Horat.

Daß ich mit diesem Buche vorzüglich die Lehrer, und zuvörderst nur sie bilden wollte, so wie man etwa die Amme kuriert, um dem Kinde gedeihliche Nahrung zu verschaffen, wird man leicht einsehen.

Wie ich mich denn auch in der Vorrede für die Lehrer in Landschulen besonders verwendete, deren spärliches Einkommen auf das ungewisse Schulgeld sonderlich von armen kinderreichen Eltern angewiesen, ohne Nebenprofession, die bald der Hunger zur Hauptbeschäftigung machte, sie, besonders mit einer Familie, schlechterdings nicht zu nähren vermochte. Denn in Büschings Reise nach Reckahn[1]) wird man finden, daß mancher Landschullehrer Einkommen 12 Rtlr.[2]) war.

Ich bat daher, jedem wenigstens 100 Rtlr. jährlich zu geben, wogegen der ganze Schulunterricht unentgeltlich sein müsse, damit alle Entschuldigungen, z. B. armer Eltern, wegen des Zurückbehaltens der Kinder aus der Schule wegfielen. Man wird alles dieses in der Vorrede des Versuchs eines Schulbuchs rc. mehr entwickelt lesen können[3]).

Während der Zeit nun, als ich nicht ohne die Bangigkeit eines neuen Schriftstellers erwartete, wie das Publikum über meine Schrift urteilen

---

[1]) D. Anton Friedrich Büsching. Beschreibung seiner Reise von Berlin über Potsdam nach Reckahn rc. Leipzig 1775.

[2]) Im Jahre 1774 gab es in der Kurmark Brandenburg 1760 Schullehrer. Von diesen erhielten:

49	über 100 Tl.	jährlich	164	erhielten	50 Tl.
33	100 "	"	185	"	40 "
47	90 "	"	250	"	30 "
64	80 "	"	301	"	20 "
77	70 "	"	184	"	10 "
132	60 "	"	111	"	5 "

und darunter; letztere waren zum größten Teil Winterschulmeister, welche nur im Winter angenommen und von den Bauern beköstigt wurden. Preuß, Friedrich der Große. Berlin 1834. 2. Tl. S. 73.

[3]) 1. Bd. S. 8.

würde, erhielt ich einen Brief von dem damaligen Chef des geistlichen und Ober-Schul-Departements, nun verstorbenen Geh. Staats- und Justizminister Freiherrn von Zedlitz folgendes Inhalts: (Siehe Beilage sub A.)

Man wird es mir hoffentlich nicht als Ruhmredigkeit auslegen, daß ich diesen Brief hier beifüge, weil ich ohne dessen Mitteilung keine Geschichte meiner Schulen schreiben konnte; denn er ist die Grundlage zu allem, was durch mich in diesem Fache nachher geschehen ist. Auch kann dieser Brief zum Beweise dienen, daß ich nicht eigenmächtig oder in ein fremd Amt greifend verfuhr, sondern nach Aufträgen von meinen Vorgesetzten handelte.

Nun entspann sich eine weitläuftige Korrespondenz zwischen dem Minister und mir über Schulsachen, von welcher ich itzo nur soviel beibringe, daß der Minister mich versicherte, er habe dem Könige (und Friedrich der Zweite dachte gerade damals mit Ernst an den statistischen Wert besserer Landschulen) von meinem Buche Bericht erstattet, der König habe es gnädig aufgenommen und ihm befohlen, durch mich sächsische Schulmeister ins Land zu ziehen und die Landschulen nach meinem Plan zu organisieren.

So sichtbar segnete die Vorsehung mein kleines Senfkorn, daß es bald ein Bäumchen wurde.

Denn ich, dem kurz vorher ein in dergleichen neue Einrichtungen schwerlich einstimmender Prediger[1]), und eben damals der alte Schullehrer[2]) in Reckahn durch den Tod Platz machten, konnte nun, von allen Hindernissen von oben her befreit, an die Einrichtung einer neuen Schule denken.

Aber wider die Ansetzung von Schulmeistern aus einem andern Lande stritt ich mit dem Minister aus mancherlei Gründen vornehmlich von der hiesigen plattdeutschen Sprache hergenommen, die, den Obersachsen unbekannt, ihnen die ersten Zugänge in die Kinderseelen verschlösse, da nur Bekanntschaft mit hoch- und plattdeutsch es möglich mache, letzteres durch ersteres, welches doch einmal Lehr- und Befehlssprache ist, zu verdrängen. Und ich war endlich so glücklich, meinen Gründen Eingang zu verschaffen, so daß von sächsischen Schulmeistern nicht mehr die Rede war.

---

[1]) S. Brief an Iselin vom 26. Nov. 1776.

[2]) Er hieß Kirchbach und starb im Alter von 83 Jahren.

Ein gewesener Primaner aus der Halberstädtschen Domschule zu des sel. Rektor Struensee[1]) Zeiten, namens Heinrich Julius Bruns[2]), aus dem Halberstädtschen Dorfe Rohrsheim gebürtig, war seit sechs Jahren in meinem Hause als Musikus und Schreiber gewesen. Ihm hatte ich viele meiner Ideen über Schulsachen mitgeteilt, manches Heft abschreiben lassen, von dem, was ich auch nicht zum Druck bestimmte; meine Bibliothek stand ihm offen, und als mein beständiger Tischgenoß' machte die Zunahme der Kultur seines Geistes wie seiner musikalischen Fertigkeit mir manches Vergnügen.

Aber im Jahre 1771 ward er als Kantor und Organist an die Halberstädtsche Johanniskirche berufen.

Er nahm den Ruf an, und ich verlor ihn ungern. Doch einer liberaleren Denkungsart, hauptsächlich durch Bekanntschaft mit den besten Schriften, gewohnt, mochte sein neues Amt und der mechanische Schulschlendrian für ihn seine eigne Schwierigkeiten haben. Denn als er hörte, daß mein alter Schullehrer gestorben sei, schrieb er an mich und bot sich selbst an zu der vakanten Stelle mit dem Versprechen, wenn ich ihn vor Nahrungssorgen schützen wollte, mit Gottes Hilfe meine Ideen zu realisieren.

Man kann denken, wie gern ich in diesen Umständen dieses Erbieten annahm. Ich gab ihm jährlich 180 Rtlr. nebst einigen Emolumenten als vier Fuder Heu jährlich, einen Garten und gleich meinen übrigen ackerlosen Untertanen die Erlaubnis, in meinen niedrig liegenden Brachäckern auf angewiesenen Plätzen auf seine Kosten durch Umgraben, Lein, Hirse, Kartoffeln und Mohrrüben rc. für sich bestellen zu lassen.

Er legte also dort sein Amt nieder, kam zu mir, und nun entwarf ich den Lektionsplan der neuen Schule, wie er in Riemanns Buche[3]) rc. steht, wohin ich, sonderlich in die erste Ausgabe, um manches nicht wiederholen zu müssen, verweise.

---

[1]) Christian Gottfried Struensee, geb. am 19. 8. 1717 zu Walchow im Kreise Ruppin, gest. am 14. 8. 1782 als Rektor der Domschule und Konsistorialrat zu Halberstadt.

[2]) Siehe Anhang Nachrichten über Mitarbeiter Rochows.

[3]) Karl Friedrich Riemann, Beschreibung der Reckahnschen Schule. Berlin und Stettin 1781. II. 1792. III. 1798.

Mein unerschütterlicher Grundsatz, den auch Herr Bruns sich gefallen ließ, war:

Nur das Verstehen des Gelehrten macht die Lehre nützlich.

Daß die Nürnberger Fibel zu abgeschmackt, der kleine Katechismus und die Bibel aber zu hoch für die Leseübungen der ersten Schulzeit sei, wußten wir beide. Diesem Mangel abzuhelfen, schrieb ich geschwinde den ersten Teil des Kinderfreunds[1]), ließ ihn auf meine Kosten bei den Gebrüdern Halle in Brandenburg drucken, und wir wurden eins, daß das Lesen in demselben und das Katechisieren über das Gelesene die erste und wichtigste Schularbeit sein sollte. Zu diesem Endzweck übten wir uns täglich einige Monat lang im Katechisieren, wobei bald er, bald ich Lehrer oder Kind vorstellten.

Indes ward die Schule mit den Kindern aus Reckahn und dem nahe gelegenen Vorwerke Meßdunck auf meinem Hofe gehalten, wozu ich eine Stube räumte. Denn es fehlte auf meinen Gütern an Schulhäusern, da die alten den Einsturz drohten. Ich entschloß mich also, deren dreie, ganz neu und zweckmäßiger als die alten, in welchen es den Kindern an Platz und Licht fehlte, zu erbauen. Das Schulhaus in meinem Wohnorte Reckahn[2]) ist ganz massiv[3]) und hat nach der Straßenseite die Aufschrift:

Lasset die Kindlein zu mir kommen, und wehret ihnen nicht.
Marci 14.

Dieses ward im Jahr 1774 bezogen.

Nun kam es noch darauf an, die Eltern wegen ihrer Vorurteile gegen alles Neue der neuen Einrichtung und Schulordnung, worein sie sich fügen sollten, hold und geneigt zu machen. Denn am zweiten Januar 1773 sollte die neue Schulordnung und Lehrart beginnen.

Außerdem, daß ich bereits mit meinem einsichtsvollen Prediger über die Hauptsachen schon einig war, so half mir die Erfindungskraft meiner vortrefflichen Frau die Eltern gewinnen. Sie hatte, mir unwissend, am Neujahrs-Nachmittag ein kleines Fest veranstaltet, wozu die sämtlichen Eltern der Schulkinder eingeladen waren. Ge-

---

[1]) Er erschien erst 1776; vielleicht meint Rochow den 1773 erschienenen Bauernfreund.

[2]) Siehe Grundriß im Anhang.

[3]) Es kostete 900 Tl., das zu Göttin, 1775 erbaut, 450 Tl.

wählte Kinder, die meine Frau gekleidet und geschmückt hatte, führten in Gegenwart unser aller und ihrer Eltern beiliegendes (siehe Beilage B) Drama auf, davon die Prosa von meinem Prediger und die Reime von dem damaligen Feldprediger des Leib-Karabiner-Regiments, jetzigen Inspektor zu Tangermünde, Herrn Hanisch[1]) sind. Der Kantor Bruns hatte es sie auswendig lernen lassen, und sie machten es so gut, daß unzählbare Tränen der Eltern flossen, und diese gleich nachher versprachen, mir in allen Stücken zu Willen zu leben und die gute Sache zu befördern, welches sie auch bisher ehrlich getan haben.

Wenn man erwägt, wie ungemein viel daran gelegen war, die Eltern der Schulkinder für die neue Lehr- und Schulordnung zu gewinnen, so wird man mir verzeihen, daß ich dieser kleinen Mittel umständlich erwähnte, zugleich aber dem guten Willen meiner Gattin dieses Denkmal meiner Dankbarkeit stifte.

Der erste Teil meines Kinderfreundes ging indes so häufig ab, daß, der vielen Nachdrucke ohnerachtet[2]), von den Gebrüdern Halle in Brandenburg über 2000 Exemplare verkauft wurden. Und mit diesem Büchlein begann eine neue Epoche für meine Reckahnische Schule.

(Denn die andern beiden Schulen hatten noch ihre alten Methoden und Lehrer.)

Sie wurde nun bekannt, und nachdem der Minister v. Zedlitz, durch die Berlinischen Herrn Oberkonsistorialräte Sack, Spalding, Teller und Dietrich[3]) davon berichten lassen, deren Bericht als Augenzeugen günstig ausfiel, ward sie ein Gegenstand allgemeiner Neugierde, auch wohl, obgleich sehr einzelner, Nachahmung.

Endlich kam auch der Minister selbst, und als er das zweitemal nach Jahresfrist wiederkam, so erteilte er über den Befund der Sache beigehendes schriftliches Zeugnis. (Siehe Beilage sub C.)

---

[1]) Geb. 1746 zu Konitz i. W., bis 1780 Feldprediger bei dem genannten Regiment, gest. 1822 zu Tangermünde.

[2]) Siehe Anhang Nachdrucke, Übersetzungen und Bearbeitungen des Kinderfreunds.

[3]) Siehe Anhang Verzeichnis der Besucher der Reckahnschen Schule.

Dieser Schulbesuch nahm nun in den ersten zehn Jahren dermaßen zu, daß mehr als tausend Personen, worunter mehrmals regierende Fürsten waren, und von allen Konfessionen, selbst der Römischkatholischen, auch Juden, meine R e c k a h n s c h e Schule besuchten. Viele Kandidaten, selbst aus Ungarn, Dänemark ꝛc. hielten sich hier mehrere Monate auf, um dem Unterrichte beizuwohnen und nachher von dem Lehrer, welcher indes von des Königs Majestät den Kantortitel und 120 Rtlr. Gehalt beigelegt erhalten, so daß ich ihm nur noch jährlich 60 Rtlr. nebst den Emolumenten als eine Prämie fürs Bahnbrechen gab, allerlei Auskunft über Lehr- und Methodensachen zu begehren.

Die Willigkeit, welche dieser dabei bewies, machte ihn zwar allenthalben geehrt und beliebt, aber die unablässige Anstrengung mußte ihm schaden. Wie er denn auch seine Brustbeschwerden von daher ableitete. Ich war nun äußerst verlegen, wie ich dieser schädlichen Zelebrität steuern sollte. Endlich sagte ich in der Vorrede zu meinem „Handbuche für Lehrer, die aufklären wollen und dürfen", das Nötigste darüber und bat, unsre Dorfschule doch ja nicht für ein Lehrer-Seminarium anzusehen.

Nun setzte ich auch in meinem Dorfe G ö t t i n mit Pensionierung des alten noch lebenden Schullehrers, eines Schneidermeisters, einen neuen Lehrer, gleichfalls aus der Halberstädtschen Domschule, namens L i n d e m a n n, und als der Küster in M a t r e, welches Dorf K r a h n e heißt, starb, ebenfalls einen Schüler aus dieser Halberstädtschen Domschule, namens S c h l i e p h a c k e, der noch sein Amt daselbst treulich verwaltet. Auch diese erhielten von des Königs Majestät 120 Rtlr.[2]) nebst dem Kantortitel, wobei sämtliche kleine Hebungen von der Gemeine nach leidlichen Taxen ihnen darauf angerechnet waren, sie aber allen Unterricht inkl. Schreiben und Rechnen ganz unentgeltlich geben mußten.

Diese später ins Amt tretende Lehrer zu bilden, hatte ich mir nun durch die Bildung des Kantors B r u n s sehr erleichtert.

Denn außerdem, daß ich mit den neuen mich täglich im Katechisieren übte, durften sie nun das Praktische täglich bei dem Kantor B r u n s

---

[1]) Die Göttiner Schule wurde 1774 reoganisiert. Der alte Küster hieß Grunow; er erhielt eine Pension und ist in hohem Alter verstorben.

[2]) Rochows Schulen waren „Gnadenschulen". Vergl. 1. Bd. Anmerk. 3 auf S. 325 und 326.

sehen, welcher in kurzem meine Erwartungen übertraf und, sofern es auf Verstandesübungen ankommt, Muster wurde. Mutig überwand er die Schwierigkeit, der mühsam gelernten Schul- und Systemsprache sich zu entäußern, die Sprache des gemeinen Menschenverstandes zu studieren und sich dem engen Ideenkreise der Anfänger anzupassen.

Doch bald im Anfang erging über meine neue Schuleinrichtung eine kleine Verfolgung.

Der damalige, nun verstorbene Diözesan-Superintendent[1]) in Brandenburg ließ bei Gelegenheit der Kirchenvisitation meine zwei neue Kantores, davon der zu Göttin erst zehn Wochen im Amte war, mit ihren Schulkindern vor den Altar treten und gab diesem auf, über den dritten Artikel des kleinen Katechismus Lutheri seine Schüler zu katechisieren. Als dieser sich entschuldigte, daß er in der kurzen Zeit seines Schulamtes noch nicht bis zum dritten Artikel sich hinarbeiten können, indem es den Kindern an allen Vorkenntnissen gänzlich gefehlt habe — so erhob der Superintendent eine laute und wehmütige Klage vor den versammelten Gemeinen, daß, wie er sehe, der dritte Artikel hier nicht mehr in Ehren gehalten werde rc.

Dieser Wink auf Ketzerei, der so leicht einer neuen Anstalt hätte gefährlich werden können, tat aber diesesmal keine Wirkung. Das Volk blieb ruhig, und ich begegnete dem Herrn Visitator mit meiner vom Berliner Oberkonsistorio erhaltenen schriftlichen Instruktion[2]), kraft welcher es gebilliget wurde, daß man von dem, was noch nicht oder gar nicht verstanden werden kann, also auch noch nicht nützlich ist zur Besserung, nichts lehrt, gegen das Ende der Schulzeit aber den ganzen kleinen Katechismus aus Gehorsam gegen die landesherrlichen Verordnungen auswendig lernen läßt, obgleich mit denen darin lehr- und verstehbaren Sachen nur nicht in der Katechismusform die Kinder längst und durch die ganze Schulzeit bekannt gemacht worden sind. Überdem erhält ja der Prediger diese Kinder zur speziellen Bearbeitung, ehe sie konfirmiert werden, wo er Zeit und Gelegenheit hat, das Positive der in jeder Konfession landüblichen Dogmatik ihnen einzuflößen.

---

[1]) Kappelier. S. Anhang sein Urteil über die Reckahnsche Schule.

[2]) Sie war von dem Oberkonsistorialrat Propst Teller speziell für die Gnadenschulen entworfen worden.

Da ich diese schriftliche Instruktion gleichfalls als ein wichtiges Aktenstück für meine Lehrart ansehen muß, sie auch kein Staatsgeheimnis sein kann, da sie allen Kantoren, die das Königliche Gehalt genossen, mitgeteilt wurde, so habe sie gleichfalls als Beilage sub D. hier anfügen wollen.

Da ich aber doch wegen der etwaigen Folgen des vorerwähnten Auftritts besorgt sein mußte, so meldete ich das Geschehene dem Oberkonsistorio und bat, mich vor ähnlichen Ereignissen sicher zu stellen. Bald erging an den Herrn Superintendenten der Befehl, nicht eher von der Kirchenvisitation zu berichten, bevor er nicht auch die Reckahnsche Schule besonders visitiert, welches er noch nicht getan hatte, und auch davon berichten könnte.

Dieses geschah sogleich und endigte sich mit einer brüderlichen Umarmung zwischen dem Herrn Visitator und dem Kantor in der Schule und des erstern größter Zufriedenheitsbezeugung.

Nun war ich auch von dieser Seite sicher, und alles hatte den besten Fortgang. Doch ward noch häufig dem Grundsatz der bessern Methode zuwidergehandelt, welcher ewig ist:

> Lehre nichts, als was du selbst verstehst und andern verständlich machen kannst.

Z. E. die aus der alten Schulordnung [1]) beibehaltenen Wochensprüche, d. i. die jede Woche von den Kindern auswendig gelernt werden mußten. Zum Teil waren sie wie manche vorgeschlagene Verse — für Lehrer und Schüler zur Zeit unerklärbar. Auch fand sich manches in Liturgie, Gesangbüchern 2c., welches arg mit der Schullehre kontrastierte. Dem Schlechtern im Gesangbuche konnte ich endlich abhelfen. Denn als das neue verbesserte Berl. Ges. Buch erschien, da schenkte ich jedem Individuo in meinen fünf Ortschaften ein gebundenes Exemplar. Ein halbes Jahr vorher war dieses neue Gesangbuch schon in den Schulen gebraucht worden, und also weil die Kinder ihren Eltern schon manchen schönen auswendig gelernten Vers daraus hergesagt hatten, ward mein Geschenk mit Dank angenommen. Nicht lange nachher ward es in den Kirchen (am Geburtstage des verstorbenen Königs) ohne Murren eingeführt, obgleich benachbarte Gemeinen dessen Einführung tumultuarisch verworfen hatten. Diese Einführung beim öffentlichen Gottesdienste geschah zuerst in

[1]) Das Generallandschulreglement vom 12. August 1763 und Verbesserung der Lehrmethode in Landschulen und die dazu in Vorschlag gebrachten Lehr- und Lesebücher von 1749.

Reckahn. Kurz nachher baten meine übrigen Ortschaften per deputationem um dasselbe, und so besteht dessen Gebrauch bis auf den heutigen Tag.

Aber die Liturgie überstieg meine Kräfte. Zwar war ich schon mit meinem verständigen Prediger dahin überein gekommen, daß derselbe die Jura stolae, was Beichtgeld und Taufgebühren betrifft, nach eigner Evaluation eines Durchschnitts verschiedener Jahre, von mir mit 80 Rtlr. jährlich vergütet, annehmen möchte.

Welches denn auch von dem Oberkonsistorio nachher ordentlich konfirmiert und immer als Befreiung aller zu dieser Pfarre gehörigen Individuen, jedoch exkl. des Beichtgeldes und der Taufgebühren der Herrschaft, bestehen wird.

Doch blieb so manches, was ich gern geändert hätte, aber nicht konnte.

Indessen wurde der Göttinsche Kantor Lindemann[1]) nach Potsdam zu einer Lehrstelle ins große Waisenhaus berufen, und weil sie einträglicher war, zog er dahin. Ein Primaner aus der Halberstädtschen Johannisschule, namens Schäfer[1]), folgte ihm in der Göttinschen Schulstelle. Dieser junge Mann hatte viel Talent und den edlen Willen, seinem Muster, dem Kantor Bruns[1]), nachzueifern. Sein Charakter war dabei rein und liebenswürdig. Nie ward auch leichtlich ein Lehrer von Eltern und Kindern zärtlicher beweint, als da ihn die geschwinde Lungensucht, Folge eines leichten dreitägigen Fiebers, während welchem der Tod seines Vaters ihn zu einer Reise nach Halberstadt nötigte, der bessern Welt zuführte.

Sein Nachfolger ist seit einigen Jahren der Kantor Thümmel[1]), aus dem Halberstädtschen Lehrer-Seminario. Auch dieser gibt die beste Hoffnung, seinem Vorgänger ähnlich zu werden.

Der größte Verlust, welcher meinen Anstalten drohte, war der nahe Tod meines Kantors Bruns. Eine veraltete Lungensucht hatte ihn schon seit Monaten außer Stand gesetzt zu lehren. Sein zweiter sechzehnjähriger Sohn (der älteste war im Lehrerseminar zu Halberstadt) lehrte indes die kleinern, und ein ehemaliger Schüler der Göttinschen Schule, namens Schmidt[1]) von 21 Jahren, der sich dem Landschulfache gewidmet, die größern Kinder; diese vertraten denn seine Stelle, so gut sie konnten, und dieser gefürchtete Verlust ist erfolgt.

---

[1]) Siehe Anhang Nachrichten über Rochows Mitarbeiter.

Im September des verwichenen Jahres ging mein Freund nach langen mit exemplarischer Geduld erduldeten Leiden in einen neuen Wirkungskreis hinüber.

Sein Nachfolger sollte sein neunzehnjähriger ältester Sohn Eberhard Bruns, der schon einige Zeit im Halberstädtschen Schulseminar gewesen war, sein. So wünschte es der sterbende Vater, und ich konnte, besonders von der Seite die Sache betrachtet, daß die Lehrmethode durch den, der keine andre von Jugend auf kannte, wohl am sichersten werde befolgt werden, nicht viel dawider haben, da es dem jungen Eberhard Bruns bei einem ungewöhnlichen Fleiße keineswegs an Lehrmaterialien fehlte. Aber er verbat meinen Antrag mit der seiner Bescheidenheit Ehre machenden Äußerung: „Er sei zu jung und wisse noch viel zu wenig, um einem solchen Vater im Amte zu folgen."

So wählte ich denn den ältesten Seminaristen des dortigen S. L. Seminars, namens Liebentraut, der nun seit einigen Monaten mir die beste Hoffnung gibt, die Anstalt an Werte nicht sinken zu lassen.

Schwerlich hat wohl je ein Mann seines Standes hienieden einen größern Wirkungskreis gehabt als der selige Kantor Bruns. Über sechzig mehrenteils schon mit ausgezeichnetem Beifall in Lehrämtern stehende (wovon ich statt vieler Einländer nur einen Hartung[1]) in Berlin und Kluckhuhn[1]) in Potsdam, der vielen Ausländer unerwähnt, nenne), lernten von ihm und werden mit mir des guten Bruns Andenken ehren. Er hatte, wie Sirach im letzten Kapitel sagt: treulich getan, was ihm befohlen war, — viele zur Gerechtigkeit geführt. — Viel Lohn wartet seiner!

Eine drei Fuß hohe Urne soll in meinem Garten seinem Andenken geweiht sein, mit der simpeln Aufschrift:

H. I. Bruns.

Er war ein Lehrer.[2])

Im Jahre 1775 kaufte ich ein Allodial-Rittergut[3]), welches mit meinen alten Lehngütern grenzte.

Die Kinder der dortigen kleinen Gemeine, welche aus lauter Tagelöhnern, einigen Handwerkern und Hirten besteht, gingen und gehörten in

---

[1]) Siehe Anhang Nachrichten über Rochows Mitarbeiter und Schüler.

[2]) Siehe Zeichnung im Anhang.

[3]) Brückermark. Nach Büsching, Reise nach Redahn, S. 221, hatte Rochow dieses Rittergut schon 1773 gekauft.

die Schule des nahen Königl. Amtsdorfes Wollin, wohin Brückermark eingepfarrt ist. Dort war aber ein so schlechter als jähzorniger Schulmeister, der die Kinder oft mit Schaden an ihrer Gesundheit mißhandelte.

Dieser Umstand bewog mich, um die Erlaubnis anzuhalten, auf diesem Gute eine eigene Schule auf meine Kosten anzulegen, und ich erhielt sie. Ein dortiger Schneidermeister, namens Kirchbach[1]), aus Reckahn gebürtig, der sehr oft unsre Schule besuchte, dem auch unsre Methode besonders gefiel, so daß er sie bei seinen eignen Kindern schon übte, schien mir ein tauglich Subjekt dazu zu sein. Er übernahm das Schulamt nach wohlbestandener Prüfung und lehrte gegen ein jährliches Gehalt meinerseits die dortigen Kinder unentgeltlich. Sein Eifer war so groß, daß er, nach geendigter eignen Schule, noch oft die starke Meile nach Reckahn lief, um daselbst in der Schule dem Kantor Bruns einige methodische Vorteile abzusehen.

Aber er starb nach wenigen Jahren, und ihm folgte ein andrer Schneidermeister aus Reckahn, namens Weidmann. Bei ihm entdeckte sich gleiche Neigung zum Schulwesen. Er wiederholte mit seinen Kindern die sonntägliche Predigt und den wöchentlichen Unterricht. Sein schwächlicher Körperbau hinderte ihn nicht an einem großen Eifer und Fleiß in seinem neuen Amte, so daß er, der anfänglich sehr schlecht schrieb und rechnete, beides zuletzt sehr gut lernte.

Von seiner Gewissenhaftigkeit hier eine kleine Probe: Einstmals als ich seine Schule besucht hatte, folgte er mir in mein dortiges Haus, weinte und bat mich um Verzeihung, daß er vordem als Schneider zuweilen von dem, was ich bei ihm arbeiten lassen, etwas veruntreuet habe. Dieses drücke ihn jetzt so hart in seinem Gewissen, daß er kaum imstande sei, seinen Schulkindern über Ehrlichkeit, Rechtschaffenheit und Berufstreue das Nötige zu sagen. Wiedererstatten könne er nicht, auch wisse er nicht alles mehr; aber er hoffe, ich würde, durch eine großmütige Erlassung der ganzen Schuld, ihm die verlorene Gemütsruhe wieder schenken wollen. Ich tat das gerne. Aber wie lehrreich!!

Doch auch dieser gute Mann starb, und als die Gemeine zu Wollin darauf bestand, als ihr alter Schullehrer gestorben war, durchaus einen Schüler des Kantor Bruns in dessen Stelle zu haben, auch dieses

[1]) Sohn des 1772 verstorbenen Lehrers zu Reckahn.

in der Person eines namens Letz[1]), eines Reckahnschen Hirten Sohn, der schon in Brückermark vikariiert hatte, geschah, so hinderte mich nichts mehr, die Brückermarkischen Kinder wieder in ihre ordentliche Schule nach Wollin gehen zu lassen.

Indes, um sie meinen übrigen Untertanen gleich zu machen, bezahle ich dort auch das Schulgeld für sie.

Dieses ist nun, der Wahrheit gemäß, die kurze Geschichte meiner Schulen und ihres jetzigen Zustandes, da ich dieses schreibe.

Aber, geliebte Leser! ich muß noch einige Herzenserleichterungen beifügen, ehe ich von Ihnen und vielleicht bald auf immer Abschied nehme.

1) Wenn meine Schulen von Besuchern, ich berufe mich auf das Zeugnis der meisten noch lebenden Berliner Oberkonsistorialräte, den größten Beifall erhielten, so gefielen sie mir nicht, und ich hätte bei manchem Lobe weinen mögen.

2) Denn schon früh, wie unter andern mein Aufsatz „Etwas Praktisches über Erziehung"[2]) im deutschen Museum beweiset, war ein ganz anderes Ideal von Schulvollkommenheit in meiner Seele.

3) Nur aber, weil ich solche Lehrer zu finden oder zu bilden verzweifeln mußte, die die Landjugend in Feld und Wald führten, sie bei nützlicher Berufsarbeit richtig denken lehrten und durch die Natur anfänglich statt aller Bücher und bei Gelegenheit alles Sichtbaren, was in ihrem großen Magazin unentgeltlich zu finden ist, recht hören, recht sehen, aufmerken, beobachten, vergleichen, unterscheiden, dann urteilen, rück- und vorwärts schließen, sie lehrte rc., bis endlich der Gedanke sich gleichsam aufdringt: Gott ist der Ewige, Mächtige, Weise! Alles Leben ist von ihm, und Leben ist die größte Wohltat. Er liebt also seine Geschöpfe. Auch uns liebt er; denn auch wir leben — leben durch ihn! Laßt uns also Gott lieben, der uns zuerst geliebet hat[3]). — Sein Aufsehn bewahret unsern Odem[4]). — Auch unsre Freuden an seiner schönen Welt hat Er veranstaltet, unsre Sinne für Genuß

[1]) Rochow hatte ihn als Famulant im Philanthropin zu Dessau ausbilden lassen. Siehe Philanthropisches Archiv. Dessau 1776. 6. Stck. S. 17 und 115.

[2]) 2. Bd. S. 31—36.

[3]) 1. Joh. 4, 19

[4]) Hiob 10, 12.

gestimmt. — Kurz Er ist höchst gut und ist nicht genug zu lieben und zu loben. Wen man aber liebt, dem möchte man gern gefallen. Ach! wie gefallen wir doch dem lieben guten Gott rc.

Ich breche hier ab. Doch wem für so geführte Kinder bange wird, den kann ich nur bedauern.

Bei mehreren Jahren werden sie auch Bücherunterricht und die ganze konventionelle Lehrenmasse mit minderer Gefahr der Verkrüppelung ihrer Seelen ertragen, wenigstens erstaunlich viel Realitäten dem Lehrer entgegenbringen. —

4) Da ich nun dieses mein Maximum nicht erreichen konnte, so verfiel ich auf ein Minimum, d. i. auf den jetzigen Zustand. Dazu taugten notdürftig meine Lehrer, und soviel wurde mir damals vergönnt, die Kinder denken*) zu lehren.

---

*) Sollen alle Menschen, ohne Unterschied des Standes, verständig werden oder nicht? Über diese Frage, die doch so leicht zu entscheiden ist, scheinen die Regenten der Völker nicht aufs Reine kommen zu wollen. Wird sie bejahet, so folgt daraus:

1. Daß die Schulsache eigentliche Staatssache ist.

2. Daß, damit einzelne verwahrlosete Menschen (wie Ravaillac[1]), Thomas Münzer[2]), Knipperdolling[3]), Jakob Böhme[4]), Clement[5]), Pugatschef[6]) rc.) nicht einst die Staatsglückseligkeit stören, alle Kinder im Staat zur Schule gehalten und darin zu verständigen Menschen gebildet werden müssen.

3. Also kein Kind während seiner Schulzeit, Vieh hüten, andre Kinder warten, den Pflug treiben, kurz von den Eltern zu Handtierungen gebraucht werden dürfe, die es abhalten, des Schulunterrichts zu genießen.

4. Denn da alle Menschen (a potiori fit denominatio) von Gott Vernunft, als Fähigkeit verständig werden zu können, erhalten haben, so sollen sie dieses Pfund nicht im Schweißtuch vergraben, sie sollen verständig, d. i. zu allem guten Werk geschickt werden. Besorgt die Obervormundschaft der Völker dieses nicht, so versäumt sie ihre wichtigste Pflicht. Denn sie kann bei unverständig gebliebenen Menschen den Endzweck alles Regiments, nämlich Glückseligkeit: das

Dir zugut! Ep. Röm. 13. v. 4.

nicht erreichen.

[1]) François Ravaillac, geb. 1578 zu Angoulème, ermordete am 14. Mai 1610 den König Heinrich IV. von Frankreich und wurde am 27. Mai gevierteilt.

[2]) u. [3]) Wiedertäufer.

[4]) Jakob Böhme, geb. 1575 zu Altseidenberg bei Görlitz, starb daselbst 1624, bekannter Theosoph.

[5]) Jaques Clement, Mörder Heinrichs III. von Frankreich.

[6]) Jemeljan Pugatschef, russischer Kronprätendent, geb. 1726 als Sohn eines Kosaken, enthauptet am 10. Juni 1775.

Freilich verlor sich, obwohl sehr allmählich, die alte tierische Stupidität bei den Eltern durch so manches Gespräch mit den Kindern. Z. B. jetzt kennen sie alle den Wert eines freien Arztes und freier Medizin. Niemand wird krank, oder er meldet es sogleich. Auch hat die Mortalität auf meinen Gütern so abgenommen, daß zufolge der eingereichten Listen gewöhnlich von $^{37}/_{38}$ nur einer jährlich stirbt.

Ein unsterbliches Verdienst hat dabei mein Prediger, Herr Stephan Rudolph, dem außerdem, daß er in seinen Predigten wahrhaftig lehrt,

was nützlich ist zur Besserung und Heiligung 2c.[1])

so gibt er sich als Delegatus Medici ordinarii[2]) eine unsägliche Mühe mit den Kranken und sorgt, daß die Vorschriften des Arztes befolgt werden.

In Reckahn ist das Schulgehen der Kinder im Winter und Sommer ihnen und den Eltern teuer und wert. Oft danken uns diese mit Tränen, daß sie nun ihre Kinder weit besser regieren könnten, und daß sie ihnen manche Freude machten

NB. durch Hersagen von Sprüchen und Liederversen.

Endlich hatte meine Frau schon seit vielen Jahren eine Art Industrieschule gestiftet.

Eine Gärtnersfrau, aus Sachsen gebürtig, namens Schubertin, lehrte die Mädchen, was sonst keine konnte, nähen und stricken.

Da ich nun darauf drang, daß auch die Jungens zu Hause spinnen und in der Schule stricken lernen sollten, so erreichte ich bald den ersten Endzweck, den zweiten aber noch nicht, weil die Eltern die zum Stricken nötigen Materialien nicht hergeben wollen.

Dieses beweiset, daß die Eltern (und wollte Gott! die Eltern nur allein) das Lernen nützlicher Arbeit noch nicht für Schulsache halten, sondern bloß

das Hersagen des Auswendiggelernten.

O Papageientum! wie lange wird dein Regiment auf Erden noch dauern!

---

[1]) Epheser 4, 29.

[2]) Beauftragter des ordentlichen Arztes.

Beilage A.

Hochwürdiger und Hochwohlgeborner Herr, Insonders Hochzuehrender Herr!

Daß ein Domherr für Bauernkinder Lehrbücher schreibt, ist selbst in unserm aufgeklärten Jahrhundert eine Seltenheit, die dadurch noch einen höhern Wert erhält, daß Kühnheit und guter Erfolg bei diesem Unternehmen gleich groß sind. Heil, Lob und Ehre also dem vortrefflichen Manne, den nur die Rücksicht auf die Allgemeinheit des Nutzens, welcher gestiftet werden kann, zu solchen Unternehmungen antreihen konnte.

Ew. Hochw. müssen von mir keinen bestimmten Dank erwarten, er würde mit einer Sache in keinem Verhältnis stehn, deren Wert ganze künftige Generationen preisen müssen. Lassen Sie mich vielmehr Sie von nun an als einen Mann betrachten, der zur Beförderung der großen Absichten des besten Königs mir in der Verbesserung des Unterrichts der Landjugend so kräftige Beihilfe leisten *kann*, und der Patriotismus genug hat, diesen Beistand leisten zu *wollen*.

Ew. Hochwürden wird nicht unbewußt sein, daß des Königs Maj. die Interessen eines Kapitals von hunderttausend Rtlr.[1]) zu Salarierung der Dorfschulmeister in der Kurmark ausgesetzt haben, und daß Höchstdieselben vornehmlich wünschten, Schulmeister *aus Sachsen* zu diesem Behuf herüber zu bekommen.

Nach Ew. Hochw. Meinung sind hundert Rtlr. für einen Schulmeister genug. Ich hatte anfänglich keine größere Besoldung im Sinne, allein ich glaube kaum, daß sich dieses so genau und allgemein bestimmen läßt, weil ich es für sehr verderblich halte, wenn der Dorfseinwohner für den Unterricht seiner Kinder annoch ein gewisses wöchentliches Schulgeld zahlen muß, inmaßen dieses Schulgeld, so gering es ist, dennoch in diesen beklemmten Zeiten den Landmann sehr oft mit Grunde abhalten kann, seine Kinder zur Schule zu schicken. Vielmehr hielte ich es für gut, daß *jedes* Kind vom fünften Jahre an in die Schule

[1]) Siehe 1. Bd. Anmerk. auf S. 325 und 326.

gehen müßte, und daß der Prediger kein Kind zum Abendmahl annehmen dürfte, welchs nicht einen zu bestimmenden Grad von analogischer Gelehrsamkeit erreicht hätte.

Es würde dannenhero auch die Besoldung mit der Anzahl der Kinder eines Dorfes im Verhältnis stehn müssen. Und da aller Unterricht, wie Ew. Hochwürden so richtig bemerken, dahin gehen muß, daß die Bauernkinder zu Treibung ihres künftigen Gewerbes aufgeklärter gemacht und der Verstand nach ihrem Verhältnis bearbeitet werde, so fällt es in die Augen, daß ein dergleichen Unterricht weit mühsamer werden muß, als wenn der Schulmeister den Jungen eine Seite aus Luthers Katechismo auswendig lernen läßt.

Die Sache wird dadurch immer einen großen Schritt weiter kommen, wenn wir Leute erhalten, welche Kopfs genug haben, die Jugend nach dieser Methode zu unterrichten, und in voller Zuversicht auf Ew. Hochw. rühmlichen Eifer wage ich es, Dieselben zu ersuchen, sich um einige dergleichen Subjekte, vornehmlich aus Sachsen zu bewerben, und mir demnächst einige Nachricht zukommen zu lassen, ob nicht fürs erste mit einem Distrikt um Reckahn herum ein Versuch zu machen möglich sei. Diese Leute würden offenbar, wenn sie durch Ew. Hochwürden herübergerufen wären, auch mehr Zutrauen zu Ihnen haben, und es würde offenbar mehr Vorteil sein, wenn man ganze Distrikte mit guten Schulmeistern auf einmal besetzte, als wenn alle zehn Meilen einer angesetzt würde.

Ew. Hochwürden sollen hiebei mit keinem Auftrag belastet werden; ich verpflichte mich aufs heiligste, von ihnen nichts zu fordern, als was Ihnen selbst Ihr Eifer für das allgemeine Beste abfordern wird. Ich ersuche sie nur, das Talent, was Ihnen die Vorsicht gegeben hat, anzuwenden, und werde mir's zur Ehre rechnen, wenn Sie über dieses Sujet und über die zu treffende Einrichtung mir Dero Meinung unzurückhaltend zu eröffnen die Gefälligkeit haben wollten.

Ich bin mit einer Hochachtung, die ich auszudrücken nicht imstande bin,

Ew. Hochwürden

Berlin,
den 17. Juni 1773.

gehorsamster Diener.
Zedlitz.

Herrn Domherrn v. Rochow auf Reckahn
p. Brandenburg.

Beilage B.

Drama.

Namen der Kinder.

Schmidt. Martus. Letz. Gorgas. Brosen. Weidemann. Luise.

Anrede.

Schmidt. Verdenken Sie mir das nicht, daß ich jetzt so ungewöhnlich hierherkomme; denn es ist auch eine ungewöhnliche Sache, die mich dazu bringt. Ihro Hochwürden haben schon immer an allen Ihren Untertanen viel Gutes getan, und nun hören wir, daß Sie auch für uns Kinder wie ein Vater sorgen wollen. Ich will jetzt nichts mehr davon sagen, weil ich es nicht so sagen kann, wie Sie es wert sind; aber einige von meinen Mitschülern wollen sich für uns alle bei Ihnen bedanken. Sein Sie so gnädig, und hören Sie mit geduldiger Nachsicht an! Ich bitte darum, und bin ebenso dankbar gesinnet als die andern Kinder.

Gespräch.

Martus (lieset). „Ich lebe unter Landleuten — Mich jammerte des Volks — Neben den Mühseligkeiten ihres Standes werden sie von der schweren Last ihrer Vorurteile gedrückt — Kein moralischer Vortrag wird verstanden — keine Regel angewandt, sondern der Mensch bleibt sinnlich und ist keiner Art von moralischer Glückseligkeit fähig."

Letz. Guten Abend, Martus! bist du das, den ich da so sachte lesen hörte? Ich wünsche dir viel Glück zum neuen Jahre.

Martus. Ich bedanke mich, mein lieber Fritze, für deinen guten Wunsch und wünsche dir auch wieder viel Gutes von unserm Herren Gott. Vor allen Dingen wünsche ich dir und allen Kindern rechte Lust und Liebe, was zu lernen und glücklich zu werden.

L e ʒ. Dazu hätte ich ja wohl Lust, und die andern Kinder auch. Wenn wir nur recht wüßten, wie wir das machen sollten! Was hast du denn da für ein schön Buch?

M a r t u s. Das ist auch noch ein schönes Buch. Es ist ein Schulbuch, das haben Ihro Hochwürden gemacht, und darinn steht's, wie man's anfangen muß, daß man was Gutes recht lernt. Ich will dir einmal was daraus —

L e ʒ. O! gib mir's einmal her, ich muß sehen.

M a r t u s. Ich will dir was daraus lesen. Denn sollst du einmal hören, wie mitleidig daß unsere gnädige Herrschaft schon an uns gedacht haben, und wie herzlich gut daß Sie es mit uns Kindern meinen. Es soll uns gewiß in der Schule besser gehen als sonst.

L e ʒ. Besser soll es uns gehen? Das wäre schön! Nun so lies doch!

M a r t u s. „Ich lebe unter Landleuten. Mich jammerte des Volks. Neben den Mühseligkeiten ihres Standes werden sie von der schweren Last ihrer Vorurteile gedrückt. Ihre Unwissenheit in den nötigsten Kenntnissen beraubt sie der Vorteile und Ersetzungen, welche die für alle Stände gnädige Vorsehung Gottes auch dem ihrigen gegönnt hat. Sie wissen weder das, was sie haben, gut zu nutzen, noch das, was sie nicht haben können, froh zu entbehren. Die Ursachen dieser sämtlichen, den Staat in seinem wichtigsten Teile zerstörenden Übel liegt an der vernachlässigten Erziehung der ländlichen Jugend. Bringt man nichts in den Kopf, so kommt auch nichts ins Herz, oder deutlicher zu reden: Ohne Begriffe und Grundsätze entstehen keine Entschliessungen — kein moralisches Urteil über gut und böse wird gefället — kein moralischer Vortrag verstanden — keine Regel angewandt, sondern der Mensch bleibt sinnlich und ist, ohne ein Wunder, (wozu aber die Verheißung fehlt) keiner Art von moralischer Glückseligkeit fähig."

L e ʒ. Ja, Martus, ich höre da wohl, daß Ihro Hochwürden uns bedauern und sagen, daß wir nicht glückselig sein können, weil wir's nicht verstehen. Aber, du hast ja gesagt, daß es uns besser gehen soll in der Schule; wodurch soll es uns denn besser gehen?

M a r t u s. Dadurch, daß wir das, was gut ist, besser verstehen lernen, und daß uns das Lernen viel leichter gemacht wird.

L e ʒ. Leichter? Das wäre ja gar zu schön! Steht das auch in dem Buche?

M a r t u s. O ja! höre nur zu, ich will dir's lesen: „Ich habe mit Aufmerksamkeit und Wißbegierde angefangen. — Denn, haben sie erst aufs Wort und auf Sachen merken gelernt, so ist der übrige Unterricht leicht und eine Lust für Lehrer und Lernende."

L e z. Ich besinne mich, daß uns der Herr Pastor das auch schon oft gesagt hat. Wir sollten nur recht Achtung geben, so würden wir bald was lernen.

M a r t u s. Und hier hast du nun gehört, daß das wahr ist und nützlich, was der Herr Pastor gesagt hat.

L e z. Ja, das ist wahr. Ich habe es in dem letzten Examen selbst gemerkt. Wenn ich recht eben zuhörte und Achtung gab, so konnte ich's gleich verstehn, was er uns aus dem Psalm und Spruch fragte.

M a r t u s. Es ist mir recht lieb, daß du von dem Examen anfängst. Hast du nichts daraus behalten?

L e z. Ja! der Herr Pastor sagte, wenn wir jetzt fleißig Achtung geben, das könnte uns viel helfen, wenn wir einmal groß würden. Und das stund auch in dem Spruch, den er uns vorgegeben hatte: „Wer sich frühe dazu schickt, der wird Gnade finden."

M a r t u s. Das habe ich auch behalten und will es mein Lebetage nicht vergessen. Hier in dem Buche steht das auch. Wenn du noch Lust hast zuzuhören, so will ich dir noch einmal was lesen.

L e z. O ja! recht gern. Du wirst mir einen großen Gefallen tun, wenn du noch einmal lesen willst.

M a r t u s. Nun so höre denn. Dies sind gar zu fürtreffliche Worte: „Wollt ihr also, lieben Kinder, daß es euch in der Welt wohl gehen soll, so seid aufmerksam und willig, was Gutes zu lernen. Die alten Leute sind solchen Kindern gewogen und freuen sich über sie. Wenn solche aufmerksame und willige Schulkinder groß werden, so geht es ihnen wohl; denn alle Menschen sind ihnen gewogen und helfen ihnen fort."

L e z. Du hast recht, Martus, das sind gewiß recht merkwürdige Worte! Und unser Herr verdient den besten Dank von uns, daß er dies gute Buch für uns gemacht hat.

M a r t u s. Nicht wahr?

L e z. Ja, ja! ich bedanke mich auch freundlich bei dir, daß du mir so viel daraus vorgelesen hast.

M a r t u s. Ein andermal, wenn du wieder herkommst, will ich dir ein schreckliches Exempel lesen von einem Jungen, dem es sein Lebetage darum nicht gut gegangen ist, weil er in der Jugend nicht gerne in die Schule ging und nicht Achtung geben wollte, auch nicht gut tun und nicht gehorsam werden wollte. Jetzt will ich dir's nur noch kurz sagen, daß sich unsere gnädige Herrschaft auch nicht schämt, für uns arme Kinder zu Gott zu beten.

L e tz. Für uns zu beten — die Herrschaft — für uns Kinder zu beten — Martus! Ist das gewiß?

M a r t u s. Du kannst dich darauf verlassen. Wenn du ihr Gebet lernen willst; ich kann dir's hier aus dem Buche vorsagen.

L e tz. Ja, sage es, ich will's lernen.

M a r t u s. „Du aber, gnädiger und liebreicher Gott, siehe das Versprechen dieser Kinder! Du willst, daß sie zu dir kommen sollen! Sprich Ja und Amen dazu! Segne jede Wahrheit, daß sie in ihre Herzen eindringe; auf daß diese Kinder durch Erkenntnis der Wahrheit hier und dort glückselig werden! Amen."

L e tz. Nun, das ist mehr, als ich begreifen kann? Die Herrschaft betet für uns, daß wir ewiglich glückselig werden! Ich sage es nochmal, Martus, das ist mehr, als ich begreifen kann!

M a r t u s. Du kannst doch das wohl daraus begreifen, daß die Herrschaft uns gewiß lieb hat, und daß sie wohl was recht Gutes mit uns vor hat, wenn wir folgen wollen!

L e tz. Das wäre grob, Martus, das wäre recht undankbar, wenn wir nicht folgen wollten! Ihro Hochwürden sind's gewiß wert, daß wir mit großem Fleiß dankbar und gehorsam sind. Soviel Gutes haben sie uns schon getan! Und was werden sie nicht noch tun, wenn wir's danach machen!

M a r t u s. Denn — denn so werden Ihro Hochwürden uns auch das Briefschreiben und Rechnen lehren lassen; wir werden auch lernen, wie wir gesund bleiben können, und noch viele gute Sachen mehr, die ich jetzt nicht erzählen kann.

L e tz. Nunmehr glaube ich dir alles, was du mir Gutes davon sagst. Ich will nun auch mit Freuden in die Schule gehn und will's allen Kindern sagen, daß sie das auch tun. Meinst du das nicht auch so?

M a r t u s. Ich bin völlig mit dir eins. Ich will das so gerne tun als du.

L e tz. Aber sage mir noch: Wer soll uns denn das alles weisen, was du zuletzt erzählt hast, das Rechnen — und —

M a r t u s. Gleich will ich dir das sagen. Aber da kommt Luise. Wir wollen erst hören, was die bringt; die mag uns rufen wollen.

L u i s e. Nein! rufen will ich euch eben nicht. Ich wollte nur sehen, was ihr hier macht. Ich dachte, ihr wolltet etwa diesmal der gnädigen Herrschaft vorzüglich gut Neujahr sagen, weil sie sich unserer so vorzüglich in diesem Jahr annehmen will.

L e tz. Du hast's erraten, Luise, und ich merke wohl, daß du das auch schon wissen magst, was Martus mir erzählt hat. Ich hatte dich sonst schon bedauert, daß du das nicht auch gehört hattest. Denn ich weiß, daß du auch gerne was Gutes hörest und lernest. Es war gewiß recht was Schönes.

L u i s e. Ja, ich weiß es schon, mein lieber Fritze, und ich freue mich eben so sehr, wie du darauf, daß wir Mädchen nun doch auch mehr und besser sollen lernen können als sonst.

L e tz. Weißt du denn auch, wer uns das alles weisen und lehren soll?

L u i s e. Das weiß ich auch, und will dir's sagen, wenn du es wissen mußt.

L e tz. Nun, wer denn? Tue mir den Gefallen und sage mir's!

L u i s e. J! Herr Bruns.

L e tz. Herr Bruns?

L u i s e. Nicht anders!

L e tz. Den kennen wir ja! Das ist ein hübscher, freundlicher Mann, bei dem wollen wir wohl was lernen.

L u i s e. Das denke ich auch. Und den haben Ihro Hochwürden angenommen, daß er uns alles lehren soll, was uns nützlich ist, und geben ihm selber allein so viel davor, als wir alle zusammen und das ganze Dorf ihm nicht würden gegeben haben, daß er leben kann und über unsern Unterricht nicht braucht verdrießlich und der Arbeit müde zu werden.

L e tz. Luise! du erzählst sonst immer gerne, was du weißt, und mich dünkt, ich sehe dir's an, du willst mir noch mehr sagen.

L u i s e. Das will ich wohl; denn ich weiß auch, daß Ihro Hochwürden für uns eine schöne neue Schule und in der Kirche eine schöne neue Orgel bauen wollen.

L e tz. Eine Orgel? Das ist was Kostbares! Nun will ich noch lieber in die Kirche und ins Examen gehen, und die großen Leute werden auch wohl fleißiger und öfter hineingehen.

L u i s e. Das, hoffe ich, werden sie gewiß tun, zumal da die gnädige Herrschaft solch gut Exempel darin geben; denn sie gehen immer ins Examen. Aber willst du denn nicht auch gerne in die Schule gehen?

L e tz. Ei, allerdings! das versteht sich von selbst.

L u i s e. Es wird auch dein Schade nicht sein; denn Ihro Hochwürden haben allerlei schöne Sachen ausgedacht, als gute Bücher, Papier und dergl., die wollen sie denen Kindern schenken, welche recht verständig und ordentlich werden. Und Ihro Hochwürden wollen uns auch selbst in der Schule besuchen und uns — —

L e tz. Was — besuchen — uns — Ihro Hochwürden — besuchen — uns —

L u i s e. Ganz gewiß!

L e tz. Nein! nun kann ich nicht länger warten ich muß gleich hin und Ihro Hochwürden untertänig Dank sagen vor so viele Gnade, und ihnen Neujahr wünschen und anloben, daß ich fleißig für sie beten will und ordentlich und verständig und gehorsam und fromm werden.

M a r k u s. Nein! Fritze, bleib' du hier! Fleiß und Gehorsam und Gebet für die Herrschaft wollen wir selbst tun. Aber die heutigen besonderen Wünsche und Dank sollen ihr diese unsere kleinen Schwestern für uns alle bezeigen.

An den gnädigen Herrn.

G o r g a s.

Gnade, Weisheit, Ordnung, Tugend
Sind die Bilder Ihrer Seele,
Gnade ist's, daß Alter, Jugend
Hört die nützlichsten Befehle.
Kirch und Schul ist weisheitsvoll,
Liebe widerfährt den Armen.

Wie man recht fromm leben soll,
Lehrt Ihr Beispiel — Ihr Erbarmen.
Drum, ihr Kinder, wünscht ihm Leben,
Wünscht ihm Segen, wünscht ihm Glück, —
Durch dies Jahr, so Gott wird geben,
Wünscht ihm tausendfaches Glück!
Unser ganzes Dorf stimmt ein,
In den Augen kann man's lesen:
Sie, Sie sollen Vater sein!
Wer ist je so gut gewesen?

An den Prediger.

Brosen.

Bester Lehrer! Ihre Treu können wir nicht gnug erheben,
Sie lehrt uns nach Gottesfurcht, nach der wahren Weisheit streben.
Alt und jung in diesem Jahr wird den Lehren, die Sie geben,
Suchen nachzuleben.

An den neuen Schullehrer.

Weidemann.

Unsre Schul soll fernerhin
Fleiß und Ordnung zieren.
Nichts von Unart, Eigensinn
Sollen Sie verspüren.
Unsre Kindheit im Gehorsam werden wir durchleben;
Unsere Jugend wird ein Beispiel andern Dörfern geben.
Noch im Alter werden wir für die weisen Lehren
Sie verehren.

Chor.

Du bist der Wahrheit Freund;
Laß mich auch Wahrheit lieben
Und mit stets munterm Fleiß
In alledem mich üben,

Was mich zur Weisheit führt;
Zur Weisheit, die dich ehrt
Und allem Beifall gibt,
Was du uns selbst gelehrt.

Hilf deinem Volke väterlich
In diesem Jahre wieder.
Erbarme der Verlaßnen dich,
Und der bedrängten Glieder.
Gib Glück zu jeder guten Tat,
Und laß dich, Gott, mit Heil und Rat
Auf unsre Herrschaft nieder.

Daß Weisheit und Gerechtigkeit
Auf ihrem Sitze throne,
Daß Tugend und Zufriedenheit
In unserm Dorfe wohne,
Daß Treu und Liebe bei uns sei:
Dies, lieber Vater, dies verleih
In Christo deinem Sohne!

Beilage C.

Ich habe in diesen Tagen die v. Rochowschen Landschulen abermals besucht und neue Ursachen gefunden, damit zufrieden zu sein und zu bemerken, daß der wichtige Unterschied zwischen Theologie und Religion beobachtet und nicht sowohl auf Vielwisserei und Auswendiglernen, sondern darauf gehalten wird, daß den Kindern alles und jedes deutlich gemacht, und das, was ihnen undeutlich ist, nicht durch Metaphern, durch Substituieren anderer ihnen ebenso undeutlich seiender Ausdrücke oder bildlicher Ausdrücke, sondern durch Begriffe, die ihnen schon bekannt sind, erklärt, und überhaupt Gelegenheit gezeigt wird, das ihnen Vorgetragene in ihrem Leben anzuwenden, welches denn wohl der einzige wahre Weg ist, die Absicht aller Pädagogie, nämlich bessere und fürs tätige Leben brauchbarere Menschen zu bilden, zu erreichen.

Reckahn, den 26. Mai 1779.

Zedlitz.

Beilage D.

Instruktion für die Land-Schulmeister.[1]

1773.

Allgemeine und besondere Vorschriften für einige Schullehrer auf dem Lande.

I. Allgemeine.

1) In Ansehung der äußerlichen Zucht der Kinder.

Die Schullehrer müssen die Kinder frühzeitig zu alle dem gewöhnen, was die Sittlichkeit und Wohlanständigkeit im gemeinen Leben mit sich bringt, und ihnen bei aller Gelegenheit erinnerlich machen, daß auch der Ärmste dazu weiter nichts braucht als Aufmerksamkeit auf sich selbst, wie auf das, was ihm an andern gefällt, und frühe Angewohnheit.

Vornehmlich müssen sie dieselben zur Reinlichkeit, Höflichkeit und Sittsamkeit anhalten.

Zur Reinlichkeit, daß sie sich ordentlich waschen, (welches ihnen auch von seiten der Gesundheit wichtig gemacht werden kann) sich nicht im Kote herumwälzen, (welches ihnen durch Vorhaltung, daß das schweinartig sei, widrig zu machen ist) u. dgl. —

Zur Höflichkeit gegen die, die größer als sie sind, oder ihnen fremd oder auch ihresgleichen, daß sie den Hut oder die Mütze abnehmen, sich in verschiedenem Maße verbeugen, wobei ihnen das Hintenaus-

---

[1]) Die Instruktion ist nicht von Rochow entworfen, sondern im Auftrage des Oberkonsistoriums für die Landgnadenschulen vom Propst Teller verfaßt worden.

kratzen mit den Füßen gleich einer Henne zu untersagen und überhaupt eine ordentliche Stellung des Leibes zu lehren und dabei zu vergleichen des Domherrn v. Rochow Schulbuch S. 85. Sehr dienlich wird hierzu sein, wenn Schullehrer die Kinder beim Ein- und Ausgang aus der Schule zu anständiger Verbeugung und Entblößung des Hauptes anhalten und denen, die sich folgsam oder vorzüglich artig darinnen beweisen, auch durch eignes besonders freundliches Bezeugen ihre Zufriedenheit merken zu lassen.

Zur Sittsamkeit, daß sie sich nicht necken, stoßen oder schlagen, in der Schule nicht nach den Fenstern fahren, wenn sich draußen ein Geräusch erhebt, außer derselben nicht im Dorfe zusammenlaufen, wenn etwas vorfällt, das ihnen nichts angeht, andere nicht behorchen oder Redenden ins Wort fallen oder eher reden, bis sie gefragt werden.

Bei dem allen versteht sich's, daß die Schullehrer nicht nur in der Reinlichkeit und Höflichkeit ihnen ein gutes Exempel geben müssen, sondern auch außer den Schulstunden, mehr als Freunde der Kinder sich um sie bekümmern, durch Besuchung der Eltern in ihren Häusern, Auf- und Niedergehen im Dorfe und Ergreifung beider Gelegenheiten zu gelegentlichen freundlichen Erinnerungen, Warnungen für Unarten oder froher Billigung des Gegenseitigen.

2) Beim Unterricht ist überhaupt folgendes zu beobachten:

Die Schullehrer müssen einmal ihre Unterweisung auf das alles ausdehnen, was im gemeinen Leben vorfällt oder den Kindern dereinst in jeder Lebensart nützlich sein kann, und ihnen das faßlich zu machen suchen, z. E. die allgemeinsten Gründe der Erdbeschreibung, die verschiedenen Gattungen der Tiere, Bäume und Holzarten, der Getreidearten, der Handwerker, den Gebrauch der natürlichen Dinge zur Nahrung, Wohnung, Bekleidung, Bedeckung, Erwärmung, Heilung usw. und das alles am Ende darauf lenken, daß ihnen Gott bei allem, was sie dereinst erwachsen in der Natur sehen, groß und erfreulich ist.

Sie müssen zweitens sich nie solange bei einer Sache verweilen, damit die Aufmerksamkeit der Kinder nicht ermüdet wird, aber dafür dieselbe Sache desto öfter wiederholen, wovon nachher noch besondere Vorschrift erteilet werden soll.

Was sie also merken sollen, muß ihnen durch öfteres Lesen und Wiederholen, nicht durch strenges Auswendiglernen eingeprägt werden.

Dabei ist ihnen doch aufzugeben, daß sie, wenn sie bereits lesen können, einige kurze Sätze aus dem neuen ABC-Buch[1]) oder den Teil der Schriftlesung, den man mit ihnen in der Schule traktieret hat, zu Hause wieder überlesen sollen und den andern Tag erzählen, was sie behalten haben.

Anmerkung: Bei diesem Wiedererzählen muß man sie dazu gewöhnen, daß es deutlich, kurz und ordentlich geschehe. Man muß ihnen darauf helfen, solange sie noch nicht Dreistigkeit oder Verstand genug dazu haben, durch Fragen: Hast du nicht das gelesen? auch das? die gefaßten Ideen in ihnen wieder auflebend machen. Vor allen Dingen aber ist darauf zu sehen, daß sie beim Selbstlesen etwas Gutes und Nützliches für sich nebenher denken und davon Rede und Antwort geben lernen.

Dazu ist dienlich, wenn man, ehe sie darin geübt sind, nachdem sie ihre Erzählung geendiget, fragt: Was ist dir dabei eingefallen? Bei dem Worte, bei der Sache? Das Kind hat z. E. zu Hause gelesen den ersten Psalm. Es soll wiedererzählen kurz, was es sich daraus gemerkt hat. Es antwortet, daß man nicht wandeln soll im Rat der Gottlosen. Ich setze nun voraus, daß ihm schon erklärt worden, dies sei soviel, als an dem Bösen, das andere tun oder tun wollen, keinen Teil nehmen, nicht mit bösen Leuten zusammenhalten, so könnte nun gefragt werden: Ist dir bei dem Wort Rat nicht etwas eingefallen, das gut ist? Gibt man nicht auch Rat? Ist das etwas Gutes? Wie heißen daher die Menschen, die das tun? Ratgeber. Bringt das auch Ehre in der Welt? Wie ehrt der König die, die sich darauf verstehen? Er gibt ihnen den Titel Landrat oder Kammerrat, Kriegsrat, Geheimerrat, und so in allen andern Fällen.

Ingleichen, daß die Größern einen ganz kurzen Spruch, ein gutes Sprichwort den Kleinern vorsagen und sie oft daran erinnern sollen. Doch muß der Spruch so verständlich sein, als er nur immer kann gefunden werden, und kommen dergleichen genug in dem gedachten ABC-Buche, in den Salomonischen Sprüchen, Jesus Sirach und den nachher ausgezeichneten Schriftteilen und -stellen vor.

---

[1]) ABC-, Buchstabier- und Lesebuch für die kleinen Schulen in den preußischen Landen. Das Buch wurde vielfach aufgelegt und hat sich lange als Schulbuch gehalten.

Es wird viertens gut sein, wenn die Schullehrer sich mit den in ihrem Dorfe herrschenden Arten des Aberglaubens bekannt machen und bei jeder Gelegenheit ihnen durch die faßlichsten Vorstellungen die vernünftigere Denkungsart beizubringen suchen. Gespenstergeschichte und alles Geschwätze von Donnerkeulen, Blutregen, Besprechungen, Anhängezetteln wider das Fieber muß man ihnen aus dem Kopfe bringen. Und das kann leicht und kurz geschehen, z. E. wenn man ihnen sagt: Nichts, mein Kind, hat eine Kraft, dich zu erhalten oder zu heilen, als was aus der Erde kommt oder sich davon nährt. Würdest du wohl, wenn du hungertest, einen Zettel anhängen, um satt zu werden? Nun so siehe, so ist's auch mit den Mitteln, gesund zu werden.

Endlich kann der Lehrer, wenn etwas im Dorfe vorgefallen, das den Kindern merkwürdig gewesen, als: die Taufe eines Kindes, die Beerdigung eines Toten, oder was es sonst ist, wovon das ganze Dorf spricht, daher Gelegenheit nehmen, den folgenden Tag seinen Unterricht darauf zu richten und ihnen davon das zu sagen, was entweder ihren Verstand aufklären oder zum Gut- und Frommsein auf irgend eine Weise nutzbar sein kann.

II. Besondere.

1) Die Zucht der Kinder beim Unterricht betreffend.

Damit diese desto besser anschlage, so müssen die Lehrer vor allen Dingen über sich selbst wachen, daß sie sich keine üble Stellungen und Gebärden in Gegenwart der Kinder erlauben, sich selbst beim Unterricht reinlich und ordentlich kleiden, wenn auch nicht gleich vollständig anziehen, während der Schulstunden keine Nebensachen treiben, nicht Tabak rauchen, nicht Schmähworte oder sonst unanständige Reden von sich hören lassen. Dann müssen sie auf alle Kinder fleißig umhersehen, ob sie acht haben, und den Nichtaufmerkenden sogleich mit einer Frage oder mit der Aufgabe, im Lesen fortzufahren, überraschen. Und welches hiermit zusammenhängt, so sind sie überhaupt zur Aufmerksamkeit in den Lehrstunden so zu gewöhnen, daß jedes auf ihnen vorher bekannt gemachte Zeichen oder Wink dieses sogleich aufhören muß zu lesen oder zu antworten, und dann ein andres nach gegebenem Wink sogleich fortfahren. Jedes hörbare Auflegen der Hand auf den Tisch muß ihnen statt aller Worte zum Stillsitzen oder Stillschweigen Befehl sein. Jeder, der außer der Reihe aufgerufen wird, welches oft geschehen muß, muß sogleich bereit sein.

Stets müssen sie von Ermahnungen zu Verweisen, von diesen erst zu Drohungen und dann endlich zu wirklichen Bestrafungen übergehen und selbst in dem Maße von dem allen nach der Größe des Vergehens sich richten.

Auch müssen die Kinder gewöhnt werden, sich zur rechten Zeit in der Schule einzufinden, und der Lehrer, sobald der größte Haufe beisammen ist, anfangen, damit auch daraus die Kinder seinen Ernst erkennen. Ist eins ganz ausgeblieben, so muß der Schullehrer nach den Schulstunden sich danach erkundigen und nach Befinden die nachlässigen Eltern, doch nicht im Beisein des Kindes, oder das nachlässige Kind ermahnen.

Weil endlich im Sommer das Schulgehen am meisten vernachlässigt wird, so müssen die Schullehrer sich ernstlich versichern, welche Eltern wirklich ihre Kinder zur Feldarbeit oder Wartung der ganz kleinen brauchen, und dann auf das Schulgehen derer, die dazu fähig sind und nicht so nötig gebraucht werden, dringen, auch sie solange, bis sie in Ordnung gebracht sind, selbst zur Schule zusammenholen.

2) In Ansehung des Unterrichts ist folgendes zu merken:

Zuerst muß derselbe zwischen den Kindern so verteilet werden, daß keines ohne Beschäftigung gelassen wird, und doch auch keines das andere hindert. Dies kann geschehen, wenn, indem der eine Teil schreibt, der andere im Buchstabieren und Lesen geübt wird, und ein dritter, der schon lesen kann, inzwischen für sich leise die kurzen Sätze in dem neuen ABC-Buch oder in den gleich anzuführenden Schriftteilen lesen muß.

Mit diesem Lesen aus der Schrift kann etwa alle fünf oder sechs Tage eine Lesung der kurzen Sätze aus dem ABC-Buch verwechselt werden. Aber es muß alle Tage etwas gelesen werden, und das entweder in der ersten oder zweiten oder dritten Stunde usw., damit den Kindern durch dergleichen Einförmigkeit die Sache nicht zum Ekel werde. Und weil ihnen vieles aus der Bibel nach ihrem Alter und Fähigkeiten nicht verständlich gemacht werden kann, oder sie auch nach ihren Bedürfnissen nicht alles zu verstehen brauchen, so muß auch nicht die ganze

Bibel mit ihnen durchgelesen werden. Zu dem Ende sind vor der Hand folgende Stücke für sie zureichend:

1. B. Mos. XIII. XXXVII. XXXIX. XL. XLVI. —

Psalm I. VIII. XV. XIX. XXIII. CIV. CXI. CXIX. CXXXV. CXXXVI. CXXXIX. CXLVII. CXLVIII.

Die Sprüche Salomonis (mit Ausnahme der beiden letzten Kapitel).

Jesus Sirach.

Matth. VI, 24—34. VII, 16—29. XVIII, 21—35. XX, 1—16.

Marci IV, 1—34.

Luk. X, 21—42. XI, 1—13. XV. ganz.

Joh. I, 6—28. XVII. ganz.

Röm. XII. XIII. ganz.

Ephes. IV, 1—6. 15—32. V, 1—30. VI. 1—9.

Koloss. III. bis IV, v. 7.

Tit. II. ganz. III., bis v. 8.

Ebräer IX. ganz.

Der Brief Jakobi.

1. Joh. II. III.

Wo aber auch hier ganze Kapitel vorgeschrieben sind, so will damit nicht sagen, daß sie deswegen allezeit mit einmal müssen abgelesen werden. Nach dem, was nachher gesagt werden soll, beim eigentlichen Unterricht, kann auch nur oft ein Dritteil von einem Kapitel gelesen werden, und ein allzulanges muß, um die Kinder nicht zu ermüden, nur selten ganz gelesen werden.

Bei dieser Bibellesung müssen Wörter und Redearten, die nicht im täglichen Leben vorkommen, oder doch, ohne sie zu verstehen, gebraucht, auch wohl gar unrichtig gebraucht werden, sogleich mit einem andern deutlichen verwechselt und die Kinder nach der Reihe gefragt werden, ob sie es wissen und verstanden. Z. E. Titum III, 4. Leutseligkeit soviel als Menschenliebe.

Endlich müssen die Lesefähigen jedesmal alle im Lesen geübt werden, so daß es immer nach jedem Verse heiße: Der Folgende. Und die kleinern müssen dabei zur Stille und zum Zuhören fleißig angehalten werden. Hiermit fällt also das sogenannte Zusammenlesen ganz weg, welches durchaus nicht geduldet werden muß, so wenig als das mechanische Zusammenantworten.

Beim Unterricht des Schreibens ist zu merken, daß die Kinder zur Schönschreiberei wie zur Rechtschreibung nicht sowohl durch Regeln, die sie nicht verstehen und ihnen die Sache ekelhaft machen, als vielmehr durch gute Vorschriften müssen angeführt werden, und so auch durch fleißige Durchsicht und Verbesserung dessen, was sie geschrieben haben.

Die Rechtschreibung kann ihnen am leichtesten beigebracht werden, wenn die Schullehrer ihnen solche Wörter am häufigsten und zu wiederholten Malen vorschreiben, die entweder von den gemeinen Leuten falsch ausgesprochen und danach falsch geschrieben werden, oder die auch wohl von Geübtern leicht im Schreiben verwechselt werden, als wir und mir, das und daß, wider, soviel als gegen, und wieder, soviel als nochmals; Heide, ein ungebautes und unfruchtbares Feld, Haide, ein Wald, der Heide, ein Unchrist. Glück, nicht Glük, weil der vorhergehende Vokal ein ck erfordert; Dank, nicht Danck, weil der vorhergehende Konsonant kein ck leidet; Blitz wegen des vorhergehenden Vokals; hingegen Exzellenz, nicht Exzellentz wegen des vorhergehenden Konsonanten.

Den Geübtern, die schon im Zusammenhang schreiben können, müssen kurze, angenehme und nützliche Geschichtchen oder Verse aus den vorhin angezeigten Schriftteilen und gleich anzuführenden Gesängen vorgeschrieben werden. Und noch müssen es die Schullehrer nicht auf die Eltern ankommen lassen, ob und welche von ihren Kindern das Schreiben lernen sollen.

Alle, die völlig lesen können, müssen in der Stunde, in der die andern, wie vorhin erinnert worden, buchstabieren, sich mit Schreiben beschäftigen.

Die Kinder müssen nun auch mit Anmut und zur gegenseitigen Erweckung beim öffentlichen Gottesdienst singen lernen. Die Schullehrer müssen ihnen also auch im Singen Anweisung geben. Für die, welche noch gar keinen Ton zu halten wissen, kann wöchentlich eine eigene Stunde dazu ausgesetzt werden, doch so, daß die übrigen auch dabei gegenwärtig sind. Zur Übung aller und Erweckung zum Guten muß zum Anfang und beim Beschluß der Schulstunden ein oder zwei kurze Verse gesungen werden nach folgender Auswahl:

Beim Anfang:

Vers 12. 13 des Lieds: Heut ist des Herrn Ruhetag, oder

V. 16. 17. desselben.

V. 1. 4. d. L. In allen meinen Taten.

V. 6. — Aus meines Herzens Grunde.

V. 8. — O Jesu, süßes Licht.

V. 2. — O Gott, du frommer Gott.

Oder die beiden Verse aus einem bekannten Gellertschen Liede beim Anfang der Morgenlektionen:

Gelobest seist du, Gott der Macht,
Gelobt sei deine Treue!
Daß ich nach einer sanften Nacht
Mich dieses Tags erfreue.

* * *

Laß deinen Segen auf mir ruhn,
Mich deine Wege wallen,
Und lehre du mich selber tun
Nach deinem Wohlgefallen.

Beim Beschluß:

Vers 7. des Lieds: Wenn meine Sünd mich kränken, oder

V. 7. — Wir Menschen sind zu dem, o Gott,

V. 8. — O Gottes Sohn, Herr Jesu Christ,

V. 16. — Du sagst, ich bin ein Christ,

V. 14. 15. — O Jesu Christ, mein schönstes Licht,

V. 3. — Wer Gott vertraut, hat wohl

V. 5. 6. — Dank sei Gott in der Höhe,

V. 17. 18. — Ich weiß, mein Gott, daß all mein

V. 7. 8. — Lobet den Herrn, alle die ihn ehren,

V. 7. — Sei Lob und Ehr dem höchsten Gut,

V. 1. 2. — Nun danket alle Gott,

V. 2. 3. — Herzliebster Jesu Christ.

Oder folgende Verse:

Ich lebe nicht auf Erden,
Um glücklich hier zu werden:
Die Lust der Welt vergeht.
Ich lebe hier, im Segen
Den Grund zum Glück zu legen,
Das ewig wie mein Geist besteht.

* *
*

Was dieses Glück vermehret,
Sei mir von dir gewähret,
Gott, du gewährst es gern.
Was dieses Glück verletzet,
Wenn's alle Welt auch schätzet,
Sei, Herr, mein Gott, mir ewig fern.

Aber, wie schon gesagt, die Schreiber müssen diese Verse oft schreiben, damit sie sich dieselbigen geläufiger machen. Solange dies ihnen fehlt, kann der Gesang so eingerichtet werden, daß der Schullehrer denen, die Geschriebenes lesen können, sie in ein kleines Buch zusammenschreibt, welches dann ein jeder mitbringen muß, so werden sie die Kleinern durch öfteres Hören auch lernen.

Sind die Kinder nun etwas im Lesen gedruckter Bücher und im Selbstschreiben geübt, so müssen sie auch das von andern Geschriebene im Zusammenhang lesen lernen und keiner eher aus der Schule zum Konfirmationsunterricht beim Herrn Prediger entlassen werden, bis er in dem allen wie in dem folgenden genugsam geübt ist.

Die Anfangsgründe des Rechnens den Kindern beizubringen, müssen sich die Schullehrer das elfte Kap. aus dem Rochowschen Schulbuche bekannt machen und ganz danach verfahren. Den Schreibern können schon die Zahlen vorgeschrieben und die Leser im Lesen und richtigen Aussprechen derselben, z. E. Eins, nicht Ens geübt werden. Das Rechnen selbst aber muß mit denen vorgenommen werden, die bereits im Lesen und Schreiben geübt sind.

Es folgt nun

der eigentliche Unterricht.

Zuerst in allerlei gemeinnützigen Kenntnissen.

Die hieher gehörigen Kenntnisse selbst sind oben bei den allgemeinen Vorschriften des Unterrichts schon überhaupt bemerkt und zum Teil angegeben worden, und müssen die Schullehrer darüber fleißig das Rochowsche Schulbuch vom vierzehnten Kap. bis zu Ende zu rate ziehen, aber durchaus sich hüten, etwas Falsches zu sagen, und wenn sie sich nicht gewiß sind, die Sache selbst recht zu verstehen, lieber ganz davon schweigen.

Die Zeit des hierin zu erteilenden Unterrichts muß nicht nach besondern Stunden abgemessen werden, sondern die Gelegenheit genutzt, die die ausgezeichnete Schriftlesungen dazu geben, wie man sie denn auch in dieser Rücksicht mit gewählet hat und beim Lesen derselben aus dieser Ursache vorläufig erinnert, daß es nicht darauf ankomme, wieviel Verse oder wie wenige mit einmal gelesen werden. So kommt z. E. 1. B. Mos. XIII, 1. die Erwähnung der Mittagsgegend vor. Es wird Ägypten ein Land genannt; es ist von Silber und Gold die Rede, von zweien Städten, Bethel und Ai, usw. Da kann denn der Schullehrer bei dem dritten Verse Halt machen lassen. Er kann sagen: „Seht ihr, Kinder, Ägypten war ein Land, Bethel und Ai waren Städte in einem Lande, wie z. E. das brandenburgische Land wieder seine Städte hat." Er kann noch hinzusetzen, ein Land ist eine weitläuftige Gegend, die viele Städte, Flecken, Dörfer in sich begreift, und in welcher die Menschen nach einerlei Sitten leben, (welches letzte vielleicht auch wohl anfangs wegbleiben kann). Das muß er ihnen nun ein bißchen erläutern: Seht ihr, Kinder, so sind in unserm Lande viel Städte: Berlin, Spandau, Potsdam, viel Dörfer, nicht weit von hier ist gleich Britz, Tempelhof, Rudow, und so leben wir alle, wie es der König will gehalten wissen. Er kann auch hinzusetzen: Städte sind bald ansehnlichere, größere und volkreichere, bald kleinere. Die ansehnlichste nennt man die Hauptstadt, oder, wenn der Landesherr darinnen wohnt, die Residenz, die kleinern Landstädte. Oder er kann dies (s. nachher Art des Unterrichts) auf ein andermal versparen und vor dieſesmal beim Vieh, Silber und Gold oder auch nur bei dem Reichtum, der im Vieh beſtehet, ſtehen bleiben, daß er ihnen ſagt: „Ihr Kinder, wer reich iſt, der hat viel, was andre Menſchen nicht haben, und man wird es, wenn man fleißig, ordentlich und fromm iſt, nicht ſäuft, nicht ſtiehlt, nicht betrügt, nicht hurt. So ein guter rechtſchaffener Mann war Abraham, und der war nun reich an Vieh. Denn alles, was große Nahrung bringt, und wofür man, wenn man will, viel Geld löſen kann, iſt ſo gut als Geld und macht reich. So iſt der reich, der viel Korn hat, auch der, der nichts auf ſeinem Acker oder in ſeinem Garten unbebaut läßt, auch der, der viel Verſtand hat; denn alle dieſe Dinge bringen Silber und Gold ein.

Ein anders Exempel aus dem 104. Pſalm zu geben, ſo wird in demſelben faſt des ganzen Naturreichs gedacht. Es könnte alſo der Schullehrer gleich zu Anfang das erinnern, ihnen das Wort kurz verſtändlich machen, daß es ſoviel ſei, als alles, was Gott über der Erde und unter der Erde geſchaffen hat; dann die Einteilung in das Pflanzen-, Stein- und Tierreich, in dieſer Ordnung und mit einer kurzen, deutlichen Erläuterung. Oder er kann bei dem Worte Wind ſich aufhalten, Luft und Wind ihnen verſtändlich machen, ſagen, daß aus Luft Wind entſtehe; die Luft allezeit da ſei, wenn man es auch gleich nicht merklich fühlt, und der Menſch gleich ohne ſie erſticken müßte; — etwas von der Einteilung der Winde nach den Himmelsgegenden oder der Stärke und Schwäche hinzuſetzen, und dann mit Erzählung ihres Nutzens, zur Bewegung des Waſſers, daß es nicht faule, zur Reinigung der Dünſte, zur Austrocknung des zu feuchten Erdbodens, zur Schiffahrt, und wie Gott das alles weislich und gnädig geordnet hat, ſchließen. — Noch kann er ihnen vor dieſesmal bei V. 5 den Unterſchied zwiſchen Erdreich, Erdboden und Erdart lehren, daß jenes die ganze Gegend ſei, in der Menſchen wohnen, mit allem Gehölz, Gebüſche, Seen, Flüſſen, Tieren; das mittelſte, das worauf man geht, fährt, ſteht, pflügt, ackert uſw.; das letzte, die Art der Erde, da eine mehr ſchwarz, eine andere leimigt, eine dritte ſandigt, eine vierte tonicht und eine fünfte vermiſcht iſt.

Es verſteht ſich nun aber von ſelbſt, daß dies nur eine Anweiſung für Schullehrer ſein ſoll, wie ſie in einer Stunde bald dies, bald jenes von nützlichen Kenntnissen den Kindern beibringen sollen, um die Zeit zu sparen und ihnen durch Mannigfaltigkeit das Lernen angenehm zu machen — eine Vorstellung, danach sie nun mit eigner Beurteilungskraft in allen ähnlichen Fällen sich zu richten haben, wobei auch schon manches zur Erleichterung der Einsicht in die beste Art dieses Allerlei zu traktieren mit vorgekommen.

Doch ist davon oder von der Methode, nach der dieser mannigfaltige Unterricht einzurichten, auch noch folgendes zu merken:

Es ist nicht die Meinung, daß der Lehrer bei jedem Vers gleich miteinmal alles mitnehmen soll, was sich auch von andern gemeinen Kenntnissen dabei denken läßt, auch nicht, daß eine einzelne Materie sogleich erschöpft werden muß. Nein! Er hebt jedesmal nur eine und die andere Materie heraus, sagt zuerst davon das Leichteste, behält sich das übrige auf eine andere Gelegenheit vor und läßt dann weiter lesen. Hat er ein andresmal wieder Gelegenheit, darauf zu kommen, so wiederholt er es, sieht, ob es die Kinder gemerkt haben, und wenn dies nicht ist, so sagt er es ihnen noch einmal; ist es aber, so setzt er von derselben Sache nun etwas Neues hinzu, oder nimmt eine andere Materie vor, von der er noch nichts gesagt hatte.

So, um es mit den vorhergehenden Exempeln zu erläutern, hat er das einmal bei 1. B. Mos. XIII von Städten geredet. Es kommt die Reihe der Lesung wieder an dies Kapitel; er wiederholt also diesen Unterricht entweder bloß, oder er setzt hinzu als etwas Neues die verschiedenen Einteilungen der Örter, in welchen Menschen in mehreren oder in wenigern Wohnungen beisammen sind, als Vorwerke, Lust- und Jagdschlösser, Dörfer, Flecken, Städtchen, woraus Provinzen, aus mehreren dieser Reiche entstehen. Z. E. das Deutsche Reich faßt viele Länder in sich, wobei er ihnen noch als ein Geschichtchen erzählen kann: Ehemals, ihr Kinder, wohnten die Menschen zerstreut und einzeln; aber sie haben eingesehen, daß es besser ist, jedem zuträglicher, wenn mehrere beisammen wohnten; das gefällt auch dem lieben Gott, wenn die Menschen, sich einander zu helfen, zusammen leben; es ist aber gleich gut, ob man in einem Dorfe oder in einer Stadt lebt. Oder er verspart diesen Zusatz bis etwa bei Sprüchw. 10, 15. und redet nun von Silber und Gold, daß das Steine sind, Erze, Metalle, nennt ihnen die geringern Arten: Kupfer, Zinn, Eisen und macht ihnen einen allgemeinen Begriff vom Steinreich; oder er verspart auch dies bis auf eine Lesung in Sprüchw. und redet von den Himmelsgegenden Mittag, Mitternacht, Morgen, Abend, oder von den Haupteinteilungen der Tiere und macht vorläufig den Unterschied der Wörter Tier und Vieh bekannt.

In diesen Unterricht muß nun auch der besondere Unterricht in der Religion so mit verwebt werden, daß ihnen in jeder Lesestunde etwas deutlich und wichtig gemacht wird, was zur rechten Erkenntnis Gottes oder Christi oder ihrer selbst oder ihrer Verbindlichkeiten gegen andre führet und dabei nach den vorhergehenden Regeln des Mannigfaltigen, der Kürze, der Deutlichkeit, der gelegentlichen Wiederholung verfahren werden. Um auch hier ein Exempel zu geben: Wenn in der zu Leseübungen mit vorgeschriebenen Geschichte der Brüder Josephs diese einmal redend eingeführt werden: „Das haben wir an unserm Bruder verschuldet", so kann gefragt werden: Wie kamen sie auf diesen ängstlichen Gedanken? Wer sagte ihnen das? Was war in ihnen, das ihnen das sagte? Sie antworten oder nicht, so sagt man ihnen: das Gewissen, und nimmt daher Gelegenheit, ihnen das als die Stimme Gottes in uns vorzustellen, die uns entweder für Bösen warnen oder das Gute billigen oder das schon verübte Böse an uns strafen soll. Man erläutert ihnen das mit Beispielen, sagt ihnen dabei, welche große Sache es sei, gegen sein Gewissen zu handeln und also dem nahen Gott sich zu widersetzen, und so in andern Fällen.

Es folgt nun noch zweitens

der ganz besondere Unterricht in der Religion.

Wenn das gleich Vorhergehende beobachtet wird, so können dazu zwei Stunden in der Woche zureichen.

Auch in diesen werden besonders die Größern in Erkenntnis der Religion geübt; die Kleinern müssen in aller Sittsamkeit zuhören, und wird ihnen nur dann und wann etwas weniges, das sie verstehen können, vorgesagt und sie ermuntert, es fein zu behalten. Siehe, was oben vom Auswendiglernen gesagt worden.

Wie der Lehrer sich allezeit eines zwar gesetzten, aber doch freundlichen und heitern Betragens beim Unterricht befleißigen muß, so hat er vornehmlich bei diesem wichtigen Teil desselben sich dies zur Regel zu machen, daß es so die Kinder schon an ihm selbst merken können, es sei ein sehr erfreuliches Geschäfte, mit solchen Sachen sich bekannt zu machen. Und deswegen muß er auch hierbei am wenigsten durch wirkliche Bestrafungen die Kinder von einem solchen Unterricht abschrecken. Die Religion soll ihnen nicht eingeprügelt werden, sondern eingeflößet werden. Solange nun keine Bücher zu diesem Unterricht vorhanden sind, die man den Kindern zum Leitfaden geben kann, so hat er folgende Sprüche der heiligen Schrift N. T. bei seinem Unterricht zum Grunde zu legen:

Von der heiligen Schrift: Ebr. I, 1.

Von der Natur, oder dem ganzen Umfang der sichtbaren geschaffnen Dinge: Psalm XIX. Ap. Gesch. XIV, 17.

Von dem Gewissen: Röm. II, 14. 15. Von diesen also, als den drei Erkenntnisquellen alles Wahren und Guten, diese Sprüche.

Von Jesu Christo, als den, durch den sich Gott so herrlich geoffenbaret hat.

Von seiner unsündlichen Menschheit: 1. Timoth. II, 5. Joh. VIII, 46. Luk. XXIII, 47.

Von seiner Herkunft aus dem jüdischen Volk durch die Maria: Joh. I, 11. Luk. II, 1—11.

Von seiner Sendung von Gott in die Welt, als seines lieben Sohnes: Joh. X, 36. Joh. V, 23. Matth. X, 40. Galat. IV, 4. bis auf die Worte: geboren von einem Weibe.

Von seinem Beruf auf der Welt: α) Wenn er ihn angetreten: Luk. III, 23; vergl. Luk. IV, 14. 15. β) Worin er bestanden? nämlich, die Menschen von allem Bösen durch Lehre, Leben, Leiden und Sterben zu erlösen: 1. Timoth. II, 6. 1 Korinth. I, 30. Titum II, 11—14. Joh. I, 6—12. Joh. III, 16—21. Joh. X, 12—18. Apost. Gesch. II, 22, 23. Apost. Gesch. X, 36. 39. Philip. II, 6. 7. 8.

Von seiner Erhöhung nach dem Tode: Philip. II, 9. 10. 11. vergl. Ap. Gesch. II, 24. Ap. Gesch. X, 40. 41. 1 Korinth. XV, 1—7.

Von Gott, der ihn gesandt hat. Wie er das Allerhöchste ist, was man sich denken kann; der Weiseste, Beste und Gütigste, der alles, was man sieht, und unendlich vieles, das kein Mensch sehen kann, erschaffen hat und erhält: Ap. Gesch. XVII, 24—28. Röm. I, 19. 20. (womit nach und nach mehrere Stellen aus den Leseübungen zu vergleichen sind); der besonders die Menschen als ein Vater liebt und alles Gute, was sie wirklich bedürfen, für sie ausersehen hat und unter sie verteilet: Matth. VI, 24—34. 1 Petri V, 7.; der mit ihren Schwachheiten und unvorsetzlichen Fehlern Geduld hat: 2 Petri III, 9. Ap. Gesch. XVII, 30. (erste Hälfte), aber auch vorsetzliches Böse bestraft: Röm. II, 3. 4. 5. 8. 9. (die letzten Worte weggelassen) und deswegen will, daß sich der Mensch bessern und immer mehr bessern soll, und dem man nie ungestraft widerstrebt, weil er alles weiß und kennet: Psalm CXXXIX, 1—4. Psalm CXXXIX, 7—12.

Von der Welt und dem Menschen und der Gesellschaft: wie alles, was ist im Himmel, auf der Erde, unter der Erde, Gottes Werk ist; weil es sich nicht selbst hat machen können, und das beste, weiseste, gnädigste Werk ist: Ebr. XI, 3. vergl. mit Ap. Gesch. XVII, 24—28. Röm. I, 19. 20. Psalm XIX (erste Hälfte); wie der Mensch unter den sichtbaren Geschöpfen das vornehmste ist, weil er nicht nur einen Leib, sondern auch eine von demselben verschiedene Seele hat, alle lebendigen und leblosen Geschöpfe um sich her zu seinem Besten regieren und brauchen kann, vieles erfinden, das Erfundene immer mehr ausbessern kann: Psalm CXXXIX, 14. (notetur, das erkennet meine Seele wohl) 15. Psalm VIII. Ap. Gesch. XVII, 29. Anf.; wie mehrere Menschen, die zusammenleben, füreinander arbeiten und sorgen, eine größere oder kleinere Gesellschaft ausmachen, die häusliche der Eheleute, Eltern und Kinder die älteste, für die Welt die wohltätigste ist; Gott will, daß die Menschen in diese oder größere Gesellschaften treten sollen: 1 B. Mos. II, 18. I, 26—30. und ein jeder deswegen Gaben, Kräfte und Fähigkeiten hat, die der andere nicht hat, und gegenseitig: 1 Korinth. XII, 4. 5. 6. 7. 12—25.

Vom gesellschaftlichen Wohlverhalten untereinander: Galat. VI, 2. V, 26. Ephes. IV, 1—6. Philip. II, 1—4. 1 Thess. V, 12—15. 1 Petri III, 8. 9. IV, 8—10. II, 12. 1 Tim. II, 1. 2. Tit. III, 1. 2.

Von Standes- und Berufspflichten: Luk. III, 10. 11. 12. 13. 14.

Von der Liebe zu Gott: wie Gott sie von uns verlanget, nicht gefürchtet, sondern geliebt sein will: 1 Joh. IV, 18. 19.; wie man sie erweiset durch die Beobachtung des allen, was vorher vom gesellschaftlichen Wohlverhalten und Standes- und Berufspflichten in den angezogenen Schriftstellen vorkommt: 1 Joh. IV, 20. durch Demütigung für ihn im Gebet*) und Danksagung zu Hause oder öffentlich: Psalm L, 14. 15. 23. durch Vertrauen auf ihn und Ergebenheit in seinen guten Willen.

Von der Sünde: Wie das alles Sünde ist, was der Mensch mit Überlegung oder Nachbilligung gegen die Liebe Gottes, die Standes- und Berufspflichten, das allgemeine Wohlverhalten gegen andre tut: Galat. V, 19—21. Wie der Mensch immer dazu geneigter ist als zum Guten: Jakobi I, 14. 15. Wie man dabei, und solange man darin beharret, Gott nicht gefallen kann: Röm. II, 29. — vergl. mit Galat. V, 21.

---

*) Anmerkung: Beim Gebet muß man ihnen das Vaterunser aufs faßlichste erklären als ein Muster einer kurzen herzlichen Anrufung Gottes um alles Gute des Herzens und des Lebens. Aber mit dem Herbeten desselben muß man gleichsam rar tun, damit sie desto ernsthaftere und größere Begriffe davon bekommen. Man kann es etwa so machen, daß man den Kleinen, die es noch nicht gelernt haben, es nach und nach lehrt: Erst ihnen den kurzen Seufzer tun läßt: Vater unser, der du bist im Himmel! Dann ein andermal die erste Bitte: Geheiligt werde dein Name, und so fort. Den Größern sagt man dabei, das erste sei soviel, als mit zwei Worten: Himmlischer Vater! Geheiligt werde, soviel, als: Du seist in aller Welt herrlich, verherrlichet. — Dann sagt man ihnen, man werde sie das Vaterunser nach geendigtem Schlußgesang beten lassen, wenn sie sich recht gut und fleißig aufgeführt, weil Gott sonst keinen Gefallen daran habe; Jesus es nur solchen guten Menschen wie seinen Jüngern vorgeschrieben. Ist also jenes, so läßt man es ihnen beten.

Von der Besserung: Wenn man gesündigt hat und dem Glauben an Jesum oder sein Evangelium, wie er uns den Trost erworben hat, daß Gott bei erfolgter Besserung uns als ein Vater gnädig sein wolle: Röm. VIII, 32. 2 Korinth. V, 19—21. Wie das an ihn glauben heiße oder sein Freund sein: Joh. XV, 14; er diese Buße oder Besserung bis auf die gegenwärtigen Zeiten durch Lehrer und Prediger und vornehmlich zuerst durch seine Apostel verkündigen und den Menschen anpreisen lassen: Luk. XXIV, 47. Ap. Gesch. XVII, 30; was also zu dieser Buße oder Besserung gehöre: Ephes. IV, 25—29. Koloss. III, 8. 9.

Vom rechten Gebrauch des Lebens: daß alles an sich dem Menschen zum Genuß da sei, wenn er es zur rechten Zeit, mit Maß und ohne Verletzung seiner Gesundheit, seines Vermögens, der Ruhe und Zufriedenheit anderer gebrauchet: 1 Timoth. IV, 4. 1 Korinth. VII, 31. 2 Timoth. III, 4.

Vom Tode und dem Zustand nach dem Tode: daß man in steter Bereitschaft auf den Tod leben müsse und die beste Vorbereitung sei, wenn man alle Tage sich befleißige, das Seine zu tun, Gott und Menschen gefällig zu sein, daß er für den, der nach Gottes Willen nicht weiter leben soll, eine Wohltat sei, wegen der größern künftigen Glückseligkeit; daß die Seele nicht stirbt: Matth. X, 28; daß auch unser Leib dereinst wieder fester und dauerhafter, herrlicher und vollkommner werden soll, welches die Auferstehung genennet werde: 1 Korinth. XV, 33.; daß alsdann den weisen und guten Menschen auch außerordentlich Wohl, den bösen hingegen außerordentlich Wehe widerfahren wird: Röm. II, 4—9. in Vergleichung mit der Geschichte vom reichen Mann — dies die Seligkeit sei, da alles andre Gute, was uns hier widerfährt, nur Glückseligkeit zu heißen verdiene.

An diesen Entwurf des Unterrichts in der Religion hat sich der Schullehrer genau zu halten, so daß er jedesmal die Hauptsache mit denselben Worten sagt, bei jeder dieselben Beweisstücke braucht, ohne das Vorhergehende und Nachfolgende dazuzuziehen, wobei ihm doch freistehet, aus den zu Leseübungen vorgeschriebenen Schriftteilen zuweilen einen Ausspruch oder eine Erzählung am gehörigen Orte beizufügen.

Alles dessen muß er sich also zu lehren enthalten, was nicht hier ausdrücklich vorgeschrieben ist, und dem künftigen Unterricht des Herrn Predigers überlassen werden kann. Er muß also auch die Wörter Genugtuung, Erbsünde, der Redearten Gottmensch, ewige Zeugung, Vereinigung der beiden Naturen, die den Kindern nicht verständlich genug sind und mehr für den gelehrten Gebrauch sind, nicht in seine Anweisung mischen; alle das Gedächtnis beschwerende Einteilungen, die in den vorhergehenden nicht vorkommen, sowie figürliche Ausdrücke des alten Menschen, der alten Kreatur und des neuen im Gegensatz, das Ergreifen des Verdienstes Jesu und dergleichen, durchaus vermeiden.

Alle Erläuterungen seines Vortrags muß er aus der den Kindern vor Augen liegenden Natur, ländlichen Verfassungen, Sitten, Untugenden und Lastern hernehmen, sie immer aus der Erfahrung ihrer Sinne auf das, was Gott ist, was er gegen uns ist, und wir gegen ihn sein sollen, schließen lehren.

Damit sie endlich auch das Allgemeinste von der Biblischen Geschichte und dem Zustand der Völker zu den Zeiten Jesu fassen lernen und in einem kurzen Zusammenhang übersehen können, so haben die Schullehrer dazu sich des VIIten Kapitels aus der Apostelgeschichte bis Vers 53. zu bedienen und aus dem Brief an die Römer das I. Kap. vom 21. bis 25. V. und das II. Kap. vom 17. bis 24. Vers dazu zu nehmen und aus beiden zusammen den Kindern zu erzählen, aber kurz und auf eine angenehme Weise, wie zu den Zeiten Jesu die Hauptvölker Juden und Heiden oder Griechen gewesen, beide gleich verdorben, jene die Juden, auch Israeliten genennet worden, die nun die Hauptveränderungen von ihrem ersten Ursprung an erfahren, aus diesem Volk Jesus hergekommen, von ihnen verworfen worden, ob er es gleich so herzlich gut mit ihnen gemeint, dagegen seine Lehre von andern Völkern angenommen und jene dafür sehr sichtbarlich von Gott zerstreuet worden.

Noch haben die Schullehrer **für sich** folgende Bücher fleißig nachzulesen und zum Besten der Jugend sich mit ihrem Inhalt bekannt zu machen.

In Ansehung der deutschen Sprache: Heynatz, deutsche Sprachlehre, Berlin 1777.

In Ansehung natürlicher Kenntnisse: Sturms Betrachtungen über die Werke Gottes in der Natur auf alle Tage im Jahre [1]).

In Ansehung der Religion: Außer dem Rochowschen Schulbuche, das Sittenbüchlein für das Landvolk, Frkf. 1743. Predigten für Kinder.

Alle sind hier in den Buchläden zu haben.

---

[1]) Christoph Christian Sturm, 1740—1786, erst Lehrer am Pädagogium in Halle, gestorben als Hauptpastor an St. Petri in Hamburg. Das eben erwähnte Buch erschien in Halle 1772.

Über die Sinne.

(Deutsche Monatsschrift 1795, 2. Bd. 113—117.)

Der gesunde Mensch, sagt man, hat fünf Sinne: als Sehen, Hören, Fühlen, Schmecken, Riechen. Eigentlich aber hätte er wohl nur drei Sinne, nämlich: Sehen, Hören und Fühlen. Denn im letztern ist Schmecken und Riechen mit begriffen. Sollte nicht, ob die Endungen der Gefühlsnerven in der trocknen (als in den Fingerspitzen) oder in der feuchten Haut (als in dem Munde, der Nase rc.) liegen, für eins anzunehmen sein? Überdem ist der Geruch und Geschmack nicht so permanent als das Sehen und Hören und Fühlen. Es gibt viele Zustände, wo beides quieszierl, z. B. beim Schnupfen, beim Fieber, wenn doch das übrige Gefühl bleibt. Auch ist dem Geruch und Geschmack ein viel kleineres Departement angewiesen. Denn weil wir mit dem ganzen Körper fühlen, aber nur innerhalb des Nasenraums riechen und nur mit der Zungenbekleidung schmecken, so ließe sich nach den Gesetzen der Planimetrie das Verhältnis berechnen, worin sich Riechen und Schmecken mit dem über den ganzen Körper verbreiteten Gefühle befindet. Wäre es also zu tadeln, wenn man Geruch und Geschmack bloß als Untergattungen des Gefühls oder als Arten desselben behandelte?

Mit dem Gefühl aber ist man, dünkt mich, noch nicht ganz aufs Reine. Strenge genommen, möchte es vielleicht gar nur einen Sinn geben, und dieser wäre das Gefühl. Denn daß es Seh- und Gehörnerven, sowie Geruchs- und Geschmacksnerven gibt, soll ausgemacht sein. Wenn nun die Eigenschaft eines jeden gesunden Nerven darin besteht, daß er fühlt, so reduziert sich Sehen, Hören, Riechen, Schmecken seinem Werte nach lediglich aufs Gefühl.

So scheint demnach der Triumph des Gefühls, insofern es alle übrige Sinne sich einverleibt, entschieden. Und wenn es in der ganzen Naturlehre fehlerhaft ist, aus Gattungen Geschlechter zu machen, so hätte man mit Unrecht bisher von fünf Sinnen gesprochen, da es doch nur einen Sinn gäbe, nämlich das Gefühl, welches sich in fünf (aber Gott weiß! ob nicht in mehr?) Wirkungen äußert.

Einfacher würde, wie es scheint, die Lehre dadurch. Aber der Mensch liebte nie das Einfache, wie schon Salomo klagt: „Gott hat den Menschen aufrichtig erschaffen; aber sie suchen viele Künste." [1])

Daher wird selten ein Simplifikator sein Glück machen. Arius ward vielleicht deswegen, weil er die Lehre von Dreien in der Gottheit durch seinen heterodoxen Lehrsatz: Unicus Deus, hominibus triplici modo sese patefecit: scilicet, ut Creator, Redemtor etc. Largitor bonorum spiritualium[2]),

Und ich will mich wohl hüten, den fünf Sinnen im Menschen nicht zu nahe zu treten, sonst möchten die drei Finger der Herrn Rezensenten sich an mir auch nicht unbezeugt lassen.

Soviel aber leuchtet mir als einem Ungelehrten dennoch ein, daß es Unterschiede zwischen diesen fünf Sinnen gibt, die mir es schwer machen, allen gleichen Rang anzuweisen.

Der Sinn des Sehens scheint mir, intensiv und extensiv betrachtet, der edelste zu sein. Er erstreckt sich über alle Gestalten, Formen, Ansichten und Darstellungen. Wie groß ist demnach sein Departement! Mittelst seiner unterscheidet und vergleicht unser Geist, ohne welche Beschäftigung er in ewiger Kindheit bliebe. Mag es sein, daß nur privilegierte Seher das Unsichtbare sehen können, so hat doch auch der Ungeweihte das längste Leben hindurch am Sichtbaren genug zu sehen! Was wird nicht erst aus ihm, wenn die Kunst zu Hilfe kommt und das sehr kleine durch scheinbare Ausdehnung seiner Teile seiner Sehkraft anpaßt? „Das Auge sieht sich nimmer satt",[3]) spricht der Weise. Und durch das Sehen erhält unsere Seele den ersten und meisten Stoff zu Gedanken.

---

[1]) Pred. Salom. 7, 30.

[2]) Der einige Gott hat sich den Menschen auf dreifache Weise offenbart, als Schöpfer, Erlöser und Spender der geistlichen Güter.

[3]) Pred Salom. 1, 8.

Sollte wohl das Gehör, wenn es ein dichterischer Sachwalter personifizierte, sich über den Vorrang, welcher hier dem Sehen gegeben wird, mit Recht beschweren können?

Freilich könnte er zugunsten des Gehörs etwa folgendes anführen: „Wenn auch das gesundeste Gesicht optischen Irrtümern unterworfen ist, und daher, wenn es der Mühe des Berichtigens wert gefunden wird, die Betastung der Gegenstände zu Hilfe nehmen muß, so reicht das gesunde Gehör für sich allein hin, um nicht in seinem Wirkungskreis zu irren."

„Die Gegenstände des Gesichts sind irdisch und vergänglich, die des Gehörs mehr geistig und ihre Eindrücke daher moralischer und permanenter. Nie wirkte der schönste Anblick für sich allein, vielmehr als etwa eine Begierde nach Genuß; sobald aber das Gehör zugleich angenehm empfand, entstand Leidenschaft oder Wunsch des ausschließlichen Besitzes. Ein Zeichen, daß das denkende Wesen im Menschen in seinen wichtigsten Angelegenheiten mehr vom Gehör als vom Gesicht Gesetze nimmt, und wie jene Sophie[1]) in dem schön sprechenden Mirabeau den Mangel des schönen Sichtbaren an ihm wegen des schönen Hörbaren übersieht." Endlich könnte dieser Sachwalter sagen: „Wenn das Sehen in der Regel zur Wahrnehmung geistiger Wesen nicht taugt, und vollends Gott von niemand je gesehen ist, so rühmt sich hier das Gehör mit Recht gegen das Gesicht. Orakel, Bathkol[2]), Stimmen Gottes gehört zu haben, ja selbst artikulierte Töne als Worte und Redesätze in mancherlei Volkssprachen wird fast in allen Dogmatiken behauptet." Und damit hat billig der Prozeß ein Ende, weil gegen Dogmatik sich nichts Gründliches einwenden läßt.

Wie, wenn nun aber (um in der vorigen Redeform zu bleiben) das Gefühl exzipierend sagte: „Nehmt mir nur das Zweideutige meines Namens und nennt mich geradezu Empfindung, so wird euch klar werden, daß es nur einen Sinn gibt, und der bin ich."

Soviel scheint mir gewiß, daß bei allen bisherigen fünf Sinnen Empfindung die Hauptsache sei. Sehen, Hören, Schmecken, Riechen, Fühlen oder Betasten sind nur Äußerungen dieser einigen Kraft. Ohne

---

[1]) Sophie Monnier, Mirabeaus Geliebte.

[2]) Bath-Kol (hebr.), Tochter der Stimme, Offenbarungsstimme.

Empfindung quieszieren alle Sinne. Vielleicht, wenn man die Sache bei Lichte betrachtet, ist Empfindung gar das Leben oder die Seele. Dem Geistigen im Menschen bleibt dabei sein gebührender Respekt. Aber wie man in großen Wirtschaften neben dem Wirtschafter noch gern einen Rechnungsführer hält, weil es jenem sonst zu viel wird, und auch der Kontrolle wegen, beide aber selten einig sind, so erklärt sich vielleicht daraus der Spruch: „Das Fleisch*) gelüstet wider den Geist."[1])

Reckahn, den 14. April 1795.

Friedrich Eberhard von Rochow.

*) Wozu die Nerven gehören, die immer gern angenehm empfinden möchten (siehe Augenlust, Fleischeslust und hoff-artiges Wesen) so wie der Wirtschafter von der Einnahme zuweilen gern etwas verschmausen möchte, wäre der Rechnungsführer oder Kontrolleur nicht.

[1]) Galater 5, 17.

Über die Notwendigkeit einer zweckmäßigern Einrichtung der niedern Stadt- und Landschulen in Rücksicht auf die Armenanstalten.

(Neue deutsche Monatsschrift, Leipzig 1795, 3. Bd. S. 8—13; Annalen der Märkischen Ökonomischen Gesellschaft, Potsdam 1796, 2. Bd. S. 1—11.)

Eine Vorlesung
gehalten in der Generalversammlung der Königl. Kurmärkischen Ökonomischen Gesellschaft in Potsdam den 6. Mai 1795.

Es ist zwar, wie wir alle wissen, durch die Einrichtung der Armen- und Arbeitshäuser, die wir der Huld und Fürsorge unsers jetzt regierenden Königs verdanken, in den Provinzen, wo sie stehen, einem der dringendsten Bedürfnisse, sowie einer der drückendesten Lasten des Staats, nämlich der öffentlichen Bettelei, abgeholfen worden.

Vielleicht ist in dieser Rücksicht noch nicht alles geschehen, was dereinst geschehen kann und wahrscheinlich geschehen wird, um diese Anstalt recht wohltätig für den Staat zu machen. So würde z. B. die Aufnahme der Blödsinnigen*) des platten Landes, wo sie wegen Menschen- und Feuersgefahr von den Familien der Gemeinden mit ungemeiner Beschwerde gehütet werden müssen, sehr wohltätig sein.

Wenn ich dieser Angelegenheit hier nur beiläufig erwähne, jedoch der allgemeinen Beherzigung sie empfohlen haben will, so wende ich mich zu dem eigentlichen Thema meiner heutigen Vorlesung, wegen dessen Wichtigkeit, hochgeehrteste Versammlung! ich mir Aufmerksamkeit, Prüfung, und wo es möglich ist, auch Anwendung von Ihrer patriotischen Gesinnung versprechen darf.

---

*) Und wer ist wohl ärmer!

Ich werde Sie von der Notwendigkeit einer zweckmäßigen Einrichtung der niedern Stadt- und Landschulen in Rücksicht auf Armenanstalten zu überzeugen suchen. Und wenn die Wahl gerade dieses Gegenstandes etwa einer Entschuldigung bedürfte, da doch nach unsern Statuten alles Gemeinnützige zur Absicht der Errichtung unsrer Gesellschaft gehört, so wird eine hochgeehrte Versammlung hoffentlich geneigt sein, diese Entschuldigung darin zu finden, daß ich aus Ursachen, die Ihnen allerseits wohl bekannt sind, ein lebhaftes Interesse an beiden Angelegenheiten nehme.*)

Sollte ich nach so oft erhaltenen Proben Ihrer Geneigtheit nicht auch heute günstige Prädispositionen zu meinem Vortrag erwarten dürfen? Denn besonders heute wünschte ich, nicht umsonst geredet zu haben!

Armenanstalten sind, an und für sich betrachtet, mindere Übel, (denn wohl dem Staate, der keiner Armenanstalten bedarf!) zu denen man seine Zuflucht nimmt, um ein größeres zu vermeiden. Dieses größere Übel ist die öffentliche Bettelei. Da aber die Armenanstalt in ihrem Umfange sich nach der Menge derer, die sie aufnehmen soll, richten muß, so kann, wenn man nicht frühzeitig bedacht ist, die Quellen der Armut zu verstopfen, die Anstalt zu einer so ungeheuren Größe gedeihen, daß sie, wie jetzt in England die Armentaxe oder das unfreiwillige Almosen, fast die wichtigste und drückendste der Volksabgaben wird.

So arten die besten Einrichtungen aus, wenn nicht von andern Seiten her weislich kombinierte Maßregeln gegen diese Ausartung getroffen werden. Die kräftigste dieser Maßregeln würde ohnstreitig sein, das Armwerden seltener zu machen. Daß dies möglich sei,

*) Der Verfasser dieser Vorlesung war es, der im Jahre 1786 die Errichtung der Provinzialarmenhäuser zuerst in Anregung brachte. Er tat nämlich den Zauchischen Herrn Kreisständen, zu welchen er gehört, den Vorschlag, die Abschaffung der öffentlichen Bettelei durch Errichtung der Provinzialarmenhäuser, gleich beim alleruntertänigsten Glückwunsch zum Antritt der jetzigen Regierung mittelst einer angefügten Vorstellung bei Sr. Majestät zu erbitten. Der König nahm diese erste Bitte huldreichst auf und verfügte deren Willfahrung. Hieraus, und weil man ihm auch einige Erfahrung in Schulsachen zuzugestehen geneigt sein möchte, erklärt sich dieses doppelte Interesse.

davon gibt uns der erzgebirgische Kreis in Sachsen und der gebirgige Teil Schlesiens ein Beispiel. In beiden genannten Gegenden findet man in Verhältnis der Volksmenge weit weniger Arme als allenthalben sonst. Und nichts anders als mehrere Industrie ist die Auflösung dieses politischen Rätsels.

Denn wodurch werden die Staatsbürger arm?

Ich kenne nur fünf Quellen der Armut.

Erstlich. Unwissenheit oder Unbekanntschaft mit der Natur der Erwerbsmittel.

Zweitens. Trägheit.

Drittens. Verschwendung.

Viertens. Teurung der notwendigen Bedürfnisse zum Leben, mit Nahrlosigkeit oder Verfall des Handels und der Gewerbe verbunden.

Fünftens. Lange Krankheit oder von der Geburt an ein gebrechlicher, siecher Körper.

Daß die meisten dieser Quellen des Armwerdens, wo nicht gar alle sich verstopfen ließen, wenn dagegen geschähe, was da könnte und sollte, dies sieht ein jeder unter uns ein, der nachdenken kann und will.

Doch solange unser Volksunterricht noch so organisiert ist, daß zahlreiche Menschenklassen sich einbilden müssen, der mit göttlicher Weisheit gebaute Leib sei nichts als eine verächtliche Hülle, keiner Ausbildung und Vorsorge wert — die Welt ein Jammertal und noch so, als für die zum frühen Märtyrertode bestimmten Apostel, auch für uns, die wir doch nicht unter dem Druck des Heidentums wie jene leben, nur eine Herberge für kurze Zeit — das Leben selbst, unstreitig die größte aller Wohltaten Gottes, weil ohne sie alle übrigen Wohltaten nicht existieren könnten, nur ein elend und jämmerlich Ding, — solange wird und kann auch Nationalstupidität, deren Gefährtin gewöhnlich Armut ist, kein Ende nehmen.

Denn würde nicht Unwissenheit und Unbekanntschaft mit der Natur und den mannigfaltigen Erwerbsmitteln einem so früh als möglich darüber gegebenen bessern Unterrichte weichen müssen?

Würde nicht Trägheit und Ungeschicklichkeit, sich alle Stunden des Tages zinsbar und nützlich zu machen, durch Anweisung und Gewöhnung zu allerlei nützlichen Beschäftigungen verdrängt werden?

Würde nicht die Gesundheit vieler Menschen erhalten werden, wenn sie früh genug erführen, was sie vermeiden müssen, um gesund zu bleiben.

Wenn nun noch irgendwo übelverstandne Religionstheorien die Feiertage für Gott gefälliger als den Arbeitstag erklären und deswegen ihre Zahl eher vermehren als vermindern, wenn niederschlagende Systeme dieser Art die ohnehin nicht geringe Zahl der Trüb- und Wahnsinnigen vervielfältigen, die zum Gelingen der Arbeit und zum Ausdauern dabei so nötige Munterkeit des Geistes durch eine fehlerhafte Methode schon von der ersten Schulzeit an ersticken und im öffentlichen Vortrage jede Fröhlichkeit als Sünde verschreien, so ist Nationalarmut an der Ordnung des Tages, die sich denn weder wegbeten noch wegsingen läßt.

Ich will für jetzt bei diesen Beispielen stehen bleiben, obgleich auch Verschwendung, Teurung und Kränklichkeit größtenteils von Mangel einer frühzeitigen Bildung zu gemeinnützigen Kenntnissen und Berufsgeschäften herzuleiten sind.

Was geschieht nun in unsern niedern Stadt- und Landschulen in Rücksicht dieser die Armenanstalten füllenden Armutsquellen? Oder zur Bildung des Schulkindes als künftigen Mitgliedes der bürgerlichen Gesellschaft zu seinen Berufsgeschäften?

Leider! daß mich mein patriotisches Gewissen dringt, es sagen zu müssen. — Es geschieht wenig oder nichts.

Lesen, schreiben, rechnen, selbst Theologie und Religionslehren sind, wie alle verständige Menschen längst wußten, nur Mittel zu Endzwecken.

Wie aber der, welcher stets Sand, Kalk, Holz und Steine zusammenfährt, dadurch allein noch kein Haus erhält, so wird auch der, welcher nicht erfährt und Anweisung erhält, wozu er die Lese-, Schreibe- und Rechenkunst während seines ganzen Lebens und in seinem Berufe zu benutzen hat, und was das eigentliche Wohltätige der richtigen Religionslehren ist, nämlich, daß die dadurch bewirkte Gesinnung, sich in Redlichkeit, Müßiggangsscheu, Arbeitsamkeit und Tüchtigkeit oder Tugend überhaupt äußert und so die Verheißung des Wohlseins zuerst in diesem, dann auch in einem zukünftigen Leben hat[1]), so wird auch der — sage ich — der alle jene Mittel nicht verständig auf jeden Fall anzuwenden und davon Gebrauch zu machen gelehrt worden ist, sondern entweder in lauter mechanischen Übungen, oder in nicht verstandenen übel-zusammenhängenden Worten, wie ein abgerichtetes Tier bloß auswendig gelernt hat, dadurch allein zu keinem guten Werke willig, geschickt, arbeitslustig, tüchtig und brauchbar.

Ist's nicht in der Tat, als ob die Schulkinder der niedern Stadt- und Landschulen sämtlich schon am Konfirmationstag diese Erde wieder verlassen sollten? Und sind nicht fast alle diese Schulen so organisiert, als ob sie bloß für diesen einzigen Tag arbeiteten, wo die auswendig gelernte Lektion freilich aufgesagt, aber dann gemeinhin für immer beendigt wird?

Fern sei es von mir, die ausführliche Mitteilung richtiger Religionslehren zu tadeln. Ich wünschte vielmehr, daß dieses noch weit vollkommner, eindringender und nicht so oberflächlich als bisher geschehe!

Aber warum sollen die jungen Mitglieder des Staats mit der Welt, in welche die Gottheit sie gesetzt, mit der künstlichen Einrichtung des Körpers, den sie ihnen gegeben hat, mit den allgemeinen Vorsichts- oder Erleichterungsregeln für das Leben, wozu sie doch einmal bestimmt sind, mit dem, was zur Hervorbringung der dringendsten Bedürfnisse der bürgerlichen Gesellschaft überhaupt gehört, so gänzlich unbekannt bleiben?

Man verstehe mich hier und in der Folge nicht unrecht. Ich kann ohne Torheit nicht wollen, daß der Landschulknabe in der Schulstube pflügen oder die zukünftige Dienstmagd darin kochen lerne. Doch kann der angehende Dienstknecht die Einsichten des Pflügens, ja der ganzen Landwirtschaft erlangen, und die Dienstmagd Anweisung erhalten, wie sie in einer ihrer wichtigsten Berufspflichten, der Zubereitung dessen, woran es dem Landmann nur gar zu oft fehlt — gesunden Brots, Getränks und der Nahrungsmittel, überhaupt Genüge zu leisten hat. Warum soll man sie nicht mit der Gefahr für die Gesundheit, die aus dem Verwahren saurer oder fetter Speisen in Kupfer oder Blei entsteht, mit der, welcher man sich aussetzt, wenn man

[1]) 1. Timoth. 4. 8.

anbrennendes Speck im Tiegel mit Wasser löscht, (wovon schon manches Dorf im Feuer aufging) bekannt machen? Warum sie nicht lehren, daß junger giftiger Schierling fast wie Kerbel oder Petersilie aussieht usw.

Und endlich kann bei der überhand genommenen Teurung aller Produktionsmittel als Salz, Eisen, Lederzeug, Seiler- und Stellmacherarbeit, Teer, Öl, Holz und Kleidungsstücke wohl die ehemalige durch Unwissenheit in den Erwerbsmitteln so spärliche Einnahme zur erhöhten Ausgabe noch zureichen? Muß also nicht die Kraft zum Tragen verstärkt werden, wenn die Last sich vermehrt hat?

Doch ich würde mich an Ihrer allerseitigen Einsicht zu versündigen glauben, wenn ich dieses Bild weiter ausmalen oder ausführlicher zeigen wollte, was sich davon auf das Armwerden im ganzen bezieht.

Gestützt demnach auf den Grundsatz:

> Alles, wobei der Staat (das Ganze) beträchtlich leidet, wenn es aus Unwissenheit oder Vorurteil entweder gar nicht geschieht oder unrecht gemacht wird — das alles gehört für den Schulunterricht. Denn am wirksamsten in der Schule kann durch das Licht der Erkenntnis der Nebel der Unwissenheit zerstreuet und zugleich auch schädlichen Vorurteilen, die sich sonst fortpflanzen, entgegengewirkt werden.

Gestützt, sage ich, auf diesen unwiderleglichen Satz und unterstützt durch den Spruch aus einem kanonischen Buche der Bibel:

> „Wie du den Knaben gewöhnest in der Jugend, so wird er sein als Mann"[1]),

trage ich daher wohlmeinend darauf an, daß auf Verbindung der Industrieschulen mit den niedern Stadt- und Landschulen von Staats wegen forthin besondre Rücksicht zu nehmen sei; damit, wenn im Hannöverischen, Bambergischen, Würzburgischen usw., ja selbst in mehreren Reichsstädten seit einiger Zeit schon Industrieschulen mit den niedern Schulen verbunden sind, der preußische Untertan nicht allein zurückbleibe. Und damit man wisse, was mit dem Worte Industrie (welches ich bloß beibehielt, weil es schon kurant ist) eigentlich

[1]) Sprüche Salom. 22, 6.

sagen wolle, so will ich mich darüber erklären. Ich meine damit eigentlich folgendes:

In jeder Schule muß außer dem gewöhnlichen Schulunterricht auch das Allgemeinste aus der Naturgeschichte gleichsam ein stehender Lehrartikel sein.

Überdies muß jeder Knabe, damit ihn in Stunden, wo seine gewöhnlichen Berufsgeschäfte feiern, er sei Dienstknecht oder Soldat, Müßiggang nicht verderbe und Langeweile nicht plage, sowohl Flachs als Wolle spinnen und Strümpfe stricken, so auch jedes Mädchen neben diesen beiden letzten Stücken auch eine weiße Naht nähen lernen.

Allgemein wahre Regeln zur Vermeidung alles dessen, was die Gesundheit zerstört (nicht Rezepte bei Krankheiten, welche dem Arzte billig zu überlassen sind), müssen fleißig und verständlich gelehrt werden. Denn es ist dem Staate wichtig, das gesunde Dasein der einmal Gebornen solange als möglich gefristet zu sehen. — Erprobte Anweisungen, wie auch das Vieh (wovon soviel Wohlstand abhängt!) gesund zu warten und am besten zu benutzen sei und endlich eine kurze wahre Theorie des Acker- und Gartenbaues, ingleichen der wilden und Obstbaumzucht (wie ich schon in meinem vor 23 Jahren gedruckten Schulbuche vorschlug): Alles dieses sind würdige Gegenstände des Schulunterrichts, sofern dadurch die obberührten Quellen des Armwerdens soviel wie möglich verstopft werden sollen.

Wenn nun das Schulkind vorher in mannigfaltigen Übungen, die die Hauptsache des ganzen Schulunterrichts ausmachen, nämlich im Achtgeben, Unterscheiden, Vergleichen, Nachdenken, Urteilen, guten geprüften Gründen hinlänglich geübt worden ist, wenn zu Gewinnung der Zeit, an lauter gemeinnützigen und faßlichen Geschichten das Lesen und Schreiben geübt, das Rechnen aber ganz in Rücksicht auf Ökonomie und Haushaltungskunst getrieben, dagegen aber das Auswendiglernen als eine eigne Übung des Kindes außer der Schule behandelt wird, so wird auch der Einwurf verschwinden, daß es zu dem, was ich fordere, dem übrigens dazu gebildeten Lehrer*) an Zeit fehle.

*) Es versteht sich von selbst, daß derjenige Staat, der diese Zwecke zu erreichen sich vorsetzt, auch die Mittel wollen werde. Es müssen nämlich alsdann die Schul-

Sollte so das Kind nicht eher als sonst verständig und brauchbar werden? nicht erkennen und lieben, was nützlich ist, weil es sein äußeres und inneres Wohlsein befördert? Und sollten dadurch nicht unzählbare Quellen der Armut verstopft werden?*) Sollte nicht Erd und Himmel dabei gewinnen? — die doch Gott zusammen verband, als er uns zuvörderst in dieses Erdenleben rief! Was aber Gott zusammengefügt hat, das soll doch billig der Mensch nicht scheiden wollen![1])

Reckahn, den 15. April 1795.

Fr. dr. Eberh. von Rochow,
Direktor der Gesellschaft.

---

lehrerseminarien solche ausgesuchte Männer an ihrer Spitze haben, die ihren Seminaristen das Erforderliche theoretisch und praktisch vorzutragen imstande sind.

*) Hier ist ein Beispiel dazu: 300 Tage im Jahr nach Abzug der Feiertage usw. zu 24 Stunden machen 7200 Stunden. Man rechne, daß ein Mensch die Hälfte im Jahr des Tages 10 Stunden und in der andern Hälfte des Tages 6 Stunden zu seinen gewöhnlichen Berufsgeschäften braucht, so beträgt die Summe der Arbeitsstunden 2400 Berufsarbeitsstunden. Ferner rechne man, daß er täglich 7 Stunden zum Schlaf, Anzug und Reinigung braucht, so ist die Summe, wenn man hierzu zum Essen noch täglich 2 Stunden rechnet, 2700 Stunden; und die ganze Summe der Arbeits-, Schlaf- und Eßstunden beträgt 5100. Es bleiben also des Jahrs noch 2100 Stunden übrig. Nimmt man nun an, daß man in jeder von diesen übrig gebliebenen Stunden durch Nebenarbeiten nur $^1/_2$ Pfennig verdiente (und man kann gewiß mehr verdienen!) so macht dies im Jahre 3 Rtlr. 8 Gr. 6 Pf., und vom 10. Jahre angefangen, in 50 Jahren 182 Rtlr. 7 Gr. für einen Menschen Gewinn, den er sonst nicht hätte. Hätte nun eine Gemeinde nur 50 solcher Leute, so würde derselben Nebenverdienst in 50 Jahren 9114 Rtlr. 14 Gr. betragen. Wahrlich keine Kleinigkeit für den Staat! Beiläufig beweiset dieses Beispiel auch, daß Schulsachen wahre Staatssachen sind und als solche behandelt werden müßten.

[1]) 1. Matth. 19. 6.

Summarium

oder

Menschen-Katechismus

in

kurzen Säzen

nebst

einer Vorrede

von

Friedrich Eberhard v. Rochow
auf Reckahn etc.

Schleswig,
bei Johann Gottlob Röhß.
1796.

Vorrede.

Wäre mir nicht der stolzere Titel „Menschen-Katechismus" ausdrücklich vorgeschrieben, so hätte ich, mir selbst überlassen, diesem Werke den bescheidenern „Taschenbuch für Denker und die es werden wollen" gegeben. Denn wie gewöhnlich, erwartet man bei Katechismus Fragen und Antworten. Aber wer soll fragen? Der unwissendere Schüler oder der mehrwissende Lehrer? Leider! fragte bisher der letztere. Und die Kunst, zu m a c h e n , daß der Schüler frägt, scheint zu den verlorenen Künsten zu gehören, weil sie doch einst schon geübt wurde. So wählt ich denn die a p h o r i s t i s c h e Lehrart.

Der Lehrer hat dabei wenigstens den Vorteil, daß er immer den Umfang seiner Lehre für die Stunde und die jetzige Fassungskraft seines Schülers bestimmen, auf die Nummer in der Folge zurückweisen, über das Gelehrte nachfragen (e x a m i n i e r e n) und das Fragen des Schülers nach wiederholter Vorlesung des Inhalts der Nummer durch den Aufruf erwecken kann: „Was ist euch bei dieser Nummer merkwürdig geworden? W o r ü b e r v o r z ü g l i c h wünscht ihr jetzt Belehrung?" Er findet für sich in den bald erscheinenden Zusätzen, wenn dieser Text gefällt, Anlässe genug, sich selbst zum Denker immermehr zu erheben und zu seiner Zeit, wenn die Verstandeskräfte seiner Schüler sich der Reife mehr nähern, selbst aus den Zusätzen Gegenstände der höhern Unterweisung zu machen. Auch könnte, wenn ein solches Werk die Grundlage des Unterrichts würde, die sogenannte H e i d e n b e k e h r u n g dabei gewinnen. Denn es würde sich mit einem erwachsenen Brahminen, Bewohner der asiatischen Berge bei Kap Komorin (siehe das 47. Stück der Missionsberichte in der merkwürdigen Stelle pag. 984) Gentoo, ja Paria und Irokesen ꝛc. darüber, was in diesem Werke steht, weit eher eine Übereinkunft (v o r s e r s t e und als Bahn zu mehrerm Unterricht) treffen lassen, als über den gewöhnlichen Inhalt der Dogmatiken, die mit „g l a u b e n s o l l e n u n d m ü s s e n" a n f a n g e n, ehe sie „glauben können“, vorbereitet haben. Selbst die große Nation, welche neuerdings zur Verwunderung von Europa, das, was sie für Fesseln hielt, mit beispielloser Energie zerbrach und von sich warf, scheint mir bei Einrichtung ihrer Normalschulen eines solchen Summariums zu bedürfen, worin bei allgemeiner Zustimmung der Vernunft (ohne welche Zustimmung bekehren doch nur überreden, nicht überzeugen heißt), sich jeder Jugendunterricht, wo nicht ganz, doch vorserste, konzentrieren könnte. Und wenn auch noch so viele die vermeintlichen Auslassungsfehler in diesem Werke rügen möchten, so werden befugte Richter mir die Gerechtigkeit doch widerfahren lassen müssen, daß nichts allgemein (der ganzen Menschheit) Wichtiges übergangen sei, oder irgend jemanden in seinen künftigen Verhältnissen, welche sie auch sein mögen, daraus Schaden erwachse, daß er auf diesem Wege zum Denker zuerst gebildet wurde. Nur auf diese Weise, vermein' ich, kann dem geisttötenden Papageientum, worin bisher meistenteils das Lehrwesen bestand, gesteuert und die heranwachsende Jugend überall mehr und mehr zu Denkern gebildet werden. Übrigens enthält diese Schrift den Gang, den meine Seele nahm, als sie schon in meiner früheren Jugend sich zu einiger Erkenntnis zu gelangen, ihre eigne Bahn brach. Ich wollte nun einmal durchaus nicht nachlallen, was andre, nicht ich, gedacht und geschrieben hatten. Einfältig genung! Bequemer war es freilich, vielleicht auch gelehrter, wenn ich die Menge der Führer nicht verließ. Aber eben die Menge war es, die mich schreckte, und das Sichten ihrer notwendig verschiedenen Meinungen schien mir mühsamer zu sein als das eigne Denken und Suchen. Aus diesen Gründen läßt sich auch mein obzwar allenthalben durchscheinender, doch bescheidner Skeptizismus vielleicht rechtfertigen, nach welchem ich die Hypothesen mit den Gewißheiten nirgend zu vermengen wagte. Denn meiner Meinung nach gibt es nur zweierlei Gewißheiten, die physische (natürliche) oder die Evidenz und die logische oder der Vernunftschluß. Ein Beispiel der ersten Gewißheit ist: Wenn wir die Sonne sehen, so ist es bei uns gewiß Tag. Ein Beispiel der zweiten ist der Satz: Wer den Endzweck erreichen will, muß auch die Mittel dazu wollen. Nie aber etwas für gewiß auszugeben, was unter diese beide Kategorien nicht gehört, ist nun das, was man Lehrerehrlichkeit heißen könnte, und scheint mir ebenso heilige Pflicht, als nichts zu bespötteln oder geradezu zu leugnen, was einst noch gewiß werden kann. Endlich empfehle ich so dringend, als ich es vermag, den Lehrern, sich nie die Verwechselung von Vernunft und Verstand ferner zu erlauben, wie bisher so häufig geschah, sonst wird, wie ich fürchte, die Logik selbst zu Unsinn. Verzeihet demnach, geliebte Leser, den stolzen Titel und verdränget bald diesen Versuch durch einen bessern!

Der Verfasser.

Summarium

oder

Menschen-Katechismus

in

kurzen Sätzen.

Erster Abschnitt.

Der Mensch.

1.

Die ersten Menschen waren Menschen wie wir, nämlich lebendige, mit einem sichtbaren Leibe nicht nur, sondern auch mit einer unsichtbaren, vernünftigen Seele begabte Geschöpfe; denn wie man sagt, so sind sie, nicht von einer Mutter geboren, nicht gezeugt von einem Vater, wie seitdem gewöhnlich, sondern von einem höhern Wesen geschaffen worden.

2.

So soll auch durch den Willen dieses höhern Wesens alles, was ist, seinen Anfang genommen haben.

3.

Ob es mit dieser Sage seine historische Richtigkeit habe oder wie anders? darüber läßt sich nichts Gewisses erforschen oder ausmachen aus Mangel an Zeugen und an gleichzeitigen Nachrichten oder Urkunden aus so entfernten Zeiten.

4.

Weil es aber den Menschen doch eine Frage von Wichtigkeit ist: Woher stammt das Menschengeschlecht? Woher alles? so scheint es bei den Hindernissen der Untersuchung (s. Nr. 3) am geratensten zu sein, die Sage von einer Schöpfung einstweilen gelten zu lassen und die Unbegreiflichkeiten bei derselben zu den bisher noch unaufgelösten Rätseln zu rechnen, deren es mehrere gibt.

5.

Nach dieser Sage heißt nun in unsrer Sprache jenes höchste und notwendig, wie wir gleich einsehen werden, weiseste Wesen, welches das ganze Weltall (alle Dinge) hervorgebracht haben soll, Gott.

6.

Denn in dem großen Weltall, wovon wir doch nur den kleinsten Teil bis dato sehen, sowie im kleinsten Geschöpf ist Ordnung, Absicht und Eigentümlichkeit oder der Charakter, wie zum Beispiel bei den Menschen die Vernunft ist, sehr deutlich und unzweifelhaft zu bemerken. Zu dieser Veranstaltung aber ist Weisheit notwendig.

7.

Zum Bemerken hat der Mensch in seiner Seele die Sinne. Fünf derselben kennen wir und nennen sie: Gesicht, Gehör, Gefühl, Geschmack und Geruch.

8.

Zu diesen fünf Sinnen gehören als leibliche Werkzeuge: Augen, Ohren, Nase, Haut und Nerven.

9.

Mit allen diesen Hilfsmitteln ausgerüstet, kann die menschliche Vernunft, die den Menschen vor allen übrigen Tieren auszeichnet, wenn sie will, viele Eigenschaften der Dinge, die sich ihr darstellen, kennen lernen.

10.

Da die Vernunft die Fähigkeit ist, verständig werden zu können oder über manches Wozu? Womit? Wodurch? und Wie viel? belehrt zu werden, eine jede Fähigkeit aber einen bestimmten Gebrauch voraussetzt, so soll jedes menschliche Geschöpf, welches Vernunft hat, auch verständig werden oder wissen, durch welche Mittel man seinen guten Endzweck oder seine Absicht am leichtesten erreichen kann.

11.

Da der Wille, oder das Vermögen zu wollen, sich in jedem Menschen bei unzähligen Anlässen oder Gelegenheiten äußert und seine Wahl im Tun und Lassen leitet, so ist es ausgemacht, daß der Mensch einen Willen hat.

12.

Ob der menschliche Wille frei sei, oder nicht? das ist eine Frage. Wenn darüber Auskunft gegeben und die Entscheidung vorbereitet werden soll, so muß zuvor die Bedeutung des Wortes frei in dieser Rücksicht festgesetzt werden.

13.

Soll freier Wille soviel heißen, als das Vermögen sich selbst mit und ohne Rücksicht auf Bewegungsgründe von außen her in seinen Entschlüssen zu bestimmen, so scheint die Erfahrung sowohl als das innere Gefühl dieser Erklärung zu widersprechen.

14.

Denn um dieses Vermögen beständig äußern zu können, müßte der Mensch ganz unabhängig von allen Dingen außer ihm sein. Daß er aber dieses nicht sei, belehrt ihn die Erfahrung.

15.

Und das innere Gefühl dessen, was bei jeder Wahl, das heißt, bei Ob oder Nicht — Ja oder Nein, in ihm vorgeht, beweist ihm zur Gnüge, daß der Mensch, selbst der einsichtsvollste, sich oft durch Beweggründe von außen her in seinen innern Entschlüssen und Wahlen bestimmen läßt.

16.

Inwiefern ist denn nun der menschliche Wille ein freier Wille zu nennen? Ich vermute nur insofern, als er über alles ohne Zwang von außen her denken kann und übrigens keine unmittelbare (übernatürliche) Einwirkung innerlich zu besorgen hat.

17.

Der Mensch kann also denken. Denn in seinem sichtbaren Körper ist etwas, das man die Seele oder den Geist nennt.

18.

Wüßten wir von diesem Etwas auch weiter nichts, als daß es sich freut oder betrübt, je nachdem es außerhalb des Umfangs seines

Körpers die Ereignisse fordern, daß es hier liebt, dort gleichgültig ist, oder gar hasset, daß es Vergangenheit mit Gegenwart vergleicht, daß es erfindet, und wo seine eignen Kräfte nicht zureichen, diese Kräfte künstlich verstärkt: so wäre schon dadurch das Dasein dieses Etwas erwiesen.

19.

Denken heißt über den gewählten Gegenstand (Stoff zum Denken) Begriffe bilden, indem man die Verhältnisse desselben zu andern Gegenständen betrachtet. Beim Denken fallen Bemerkungen und Urteile vor. Sind die erstern noch nicht, als von andern schon gemachte, bekannt, so heißen sie Entdeckungen; sind die letztern richtig, dann werden daraus Grundsätze, und so entstanden die Fußgestelle (Bases) aller Systeme, die nicht als Hypothesen der bloßen Einbildungskraft ihr Dasein verdanken.

20.

Ein System heißt in dieser Rücksicht die Summa dessen, was über einen bestimmten Gegenstand von irgend einem Denkenden gedacht oder niedergeschrieben worden. Eine Hypothese heißt man das, was zugunsten eines gewissen Systems nur einstweilen angenommen ist.

21.

Das Streben der menschlichen Seele, Ordnung und Zusammenhang (wo möglich) in seine Gedankenreihen zu bringen, brachte die vielerlei Systeme hervor, die vorhanden sind. Der Hang zur Mitteilung, auch wohl der Wunsch, sich Anhang und Partei zu machen, und die Einträglichkeit des Buchhandels machte sie bekannt.

22.

Daß kein einziges dieser Systeme ganz wahr, d. i. fehler- und hypothesenfrei sei, erhellet schon daher, weil es von Menschen erdachte Systeme sind, denen in ihrem jetzigen Zustande versagt ist, in das Innere (das Wesen, Verhältnis und Absicht zum Ganzen) der Natur zu dringen. „Wir irren also allesamt, nur jeder irret anders." [1])

[1]) Albrecht v. Haller, Gedanken über Vernunft, Aberglauben und Unglauben.

23.

Diese Betrachtung sollte uns wenigstens Bescheidenheit lehren und uns von der Streitsucht über Meinungen heilen, auch von dem stolzen Gebrauch gewisser Redarten entwöhnen, als da sind:

rechtgläubig —
ausgemachte Wahrheit —
längst entschieden —
allein seligmachend —
falsche Lehre —
Irrtum —
Ketzer —
verdammter } Mensch —
heiliger }
System rc. rc.

24.

Wer lange gelebt und gedacht hat, muß sich freilich auch oft ohne völlige Gewißheit entschlossen, das heißt nach Wahrscheinlichkeit gehandelt haben.

25.

Wahrscheinlichkeit ist da, wo viel mehr Gründe für als wider sich finden. Wer, wo ihm Gewißheit (Wahrheit) fehlte, und, nach ihr forschend, nur Wahrscheinlichkeit fand, nach deren Gründen er dann sich zur Handlung entschloß, der hat schon nach seinem Gewissen gehandelt.

26.

So ist denn das Gewissen das Bewußtsein, man habe sich redlich bemüht, Wahrheit und feste Regel des Verhaltens zu finden, und nur in deren Ermangelung nach Wahrscheinlichkeit gehandelt.

27.

Auf dieses Gewissen (Gedanken, die sich wegen dieser redlichen Bemühung entweder verklagen oder entschuldigen)[1]) ist nun alle Moralität gegründet.

[1]) Römer 2, 15.

28.

Moralität der Handlungen und des Denkens ist die innere Be- oder Entschuldigung, wobei die Vernunft Richter ist.

29.

„Was konnt' ich wissen?“ — „Was unterlassen?“ — „Was tun?“ — „Was hindern?“ — „Was fördern?“ — Dieses sind ungefähr die Inquisitionsartikel in diesem Gerichte.

30.

Dieses vorläufige Gericht (erste Instanz) gibt entweder Freudigkeit, wenn uns unser Bewußtsein nicht verdammt, sondern Zeugnis gibt, wir wollten recht tun, oder Überzeugung (traurige Conviction, daß wir ohne Vordenken handelten) der Verschuldung.

31.

So ist denn Irren nicht eigentliche Verschuldung, sondern die Gleichgültigkeit gegen Irrtum und Wahrheit (Recht oder Unrecht) ist Verschuldung.

32.

Da von der Nr. 30 angeführten Freudigkeit oder Traurigkeit das innere (eigentliche) Wohlsein des Menschen abhängt, welches allen äußeren Sinnengenuß weit überwiegt, dieses Wohlsein aber ohne geübtes Nachdenken und Erlangung mancher Kenntnisse nicht erworben werden kann, so folgt daraus, daß jedes vernünftige Wesen die Pflicht habe, sich im ersten zu üben und letztere zu erwerben.

33.

Sprachen lesen, schreiben und darin rechnen zu lernen ist die allgemeine und unerläßliche, weil sie durch nichts anders ersetzt werden kann, Vorübung aller vernünftigen Menschen.

34.

Die Örter, worin man dieses und den Gebrauch davon, um zu andern Kenntnissen zu gelangen, lernt, heißen Schulen.

35.

Außer diesen oder (wollte Gott!) mit diesen verbunden lehrt zwar auch die *Ansicht der Natur*, d. i. so vieler Dinge, die uns umgeben als Luft und Erde, Feuer und Wasser nebst allen Tieren, Gewächsen, Sternen und Steinen &c. Aber das *bloße Anstaunen wird* wenig beitragen, uns zu bilden, wenn wir nicht in diese höhere Schule schon einige *Bildung* aus der andern mitbringen.

36.

Diese Bildung betrifft *vornehmlich* den Willen des Menschen, insofern sie ihn dadurch lehrfähig macht, daß er Lust und Willigkeit bekommt, belehrt zu werden. Ohne diesen eigenen *Lerntrieb* anzufachen, wird Zwang und *Mechanismus* eher die Ausbildung der Seelenkräfte lähmen und hindern als befördern.

37.

Daraus folgt, daß aller Schulunterricht der Form und Materie nach erfreulich, *anziehend* und von einer vom Schüler unbezweifelten *Brauchbarkeit* sein müßte, sonst wird ihm das *Interessante* fehlen, welches die *Willigkeit des Schülers* und seinen Wunsch, darüber belehrt zu werden, zu erregen dient.

38.

Nichts ist so fähig, alle diese guten Endzwecke zu erreichen, als die Anweisung zum Beobachten, Vergleichen, Unterscheiden, mit Ordnung (d. i. im Zusammenhange) denken und *selbst zu sammeln*. Nur bei diesen Übungen, die *großenteils* auch mit Bewegung in freier Luft verbunden sein können, ermüdet nie der Lerntrieb, und der Unterricht wird ein gesundes, frohes Geschäfte.

39.

Wenn die Hauptabsicht alles Schulunterrichts sein muß, den Schüler zu allem guten Werk *geschickt, brauchbar und tüchtig* zu machen, an *Seele und Leib* durch Benutzung aller seiner Anlagen und Fähigkeiten *auszubilden*, diese Brauchbarkeit aber eigentlich darin besteht, daß man zum Achtgeben gewöhnt, im Bemerken,

6*

Unterscheiden, Vergleichen und im Vor- und Nachdenken geübt sei, auch lesen, schreiben und rechnen gelernt habe, so ist dadurch der Umfang dessen, was zuerst und hauptsächlich in den Schulen getrieben werden muß, hinlänglich bezeichnet.

40.

Was alsdann in der Folge, je nachdem sich jeder zu einem besondern Fache oder einer Lebensart bestimmt, ein jeder noch zu lernen hat, wird durch obigen Schulunterricht erleichtert und Vorzüglichkeit in jeder besondern Wissenschaft und Kunst möglicher gemacht.

41.

Die Menschen, welche in gesellschaftlicher Verbindung leben, haben viele Bedürfnisse. Die, welche diesen Bedürfnissen abhelfen, heißen Landleute, Handwerker, Künstler, Gelehrte. Keiner von allen kann den Verstand bei seinen Verrichtungen entbehren, d. i. ein ebenmäßiges Gelingen seines Geschäftes erwarten, er möge dabei verständig oder unverständig zu Werke gegangen sein. Tausende von Beispielen erweisen täglich die Wahrheit dieses Satzes.

42.

Der Verstand oder das Verstehen dessen, was man verstehen muß, um seinen Endzweck auf die vorteilhafteste Weise zu erreichen, muß also durch alle Menschenklassen verbreitet sein, weil in der gesellschaftlichen Verbindung alle einzelne Mitglieder einer dem andern, so zu sagen, in die Hände arbeitet, und das Mißlingen oder die Schlechtigkeit einer Arbeit das Verderben vieler andern nach sich zieht. Z. E. schlechtes Roheisen, schlechtes Getreide, schlechter Schulunterricht ꝛc.

43.

Aus allen diesen erhellet, daß es, wenn irgendeine Gesellschaft Menschen im Wohlstande leben und bleiben will, auch nötig sei, mit aller Tätigkeit dafür zu sorgen und darauf zu halten, daß der Endzweck aller Schulen darauf gerichtet sei, damit Verstand über alle Menschenklassen durch den Jugendunterricht nach Nr. 33—38 verbreitet werde.

Zweiter Abschnitt.

Der Staat.

44.

Verbundene Menschengesellschaften sind einmal da, wie und auf mancherlei Art sie auch entstanden sein mögen.

45.

Keine dergleichen lassen sich mit Fortdauer bestehend gedenken, in welchen keiner befohlen und keiner gehorcht hätte.

46.

Wo alle befehlen, da wird der Befehl selbst zu nichts. Nicht so, wo alle gehorchen.

47.

Denn der Gehorsam setzt voraus, das etwas gebietet; nicht so der Befehl, daß etwas gehorchet.

48.

Der Befehl kann sich nur auf zweierlei Art äußern, entweder was geschehen, oder was nicht geschehen soll.

49.

Das, was allen bestimmten Befehlen vorangeht, ist das allgemeine Gebot: Gehorche! oder tue und lasse, was geboten oder verboten werden wird!

50.

Keiner hat ein Recht zu befehlen, als nur der oder die dazu Bestimmte.

51.

Diese Bestimmung veranlaßte das allgemeine Bedürfnis der einmal sich in Gesellschaften versammelt habenden Menschen.

52.

Das allgemeine Bedürfnis aller in Gesellschaft lebenden Menschen ist nicht anders als Ordnungserhaltung unter den Mitgliedern.

53.

Ordnung ist die Vorschrift oder das Gesetz, was, wie und wann etwas geschehen oder nicht geschehen soll.

54.

Das, was nun eigentlich befiehlt, ist das Gesetz.

55.

Warum sind außer dem Gesetz noch solche nötig, die da bewirken, daß nach dem Gesetz gehandelt oder unterlassen werde? Darum, weil das Gesetz an und für sich tot ist, und die Leidenschaften der Menschen machen, daß man sich auf ihre Willigkeit zu gehorchen nicht allein verlassen kann. Da nun die Erhaltung des Ganzen vom Gehorsam gegen das Gesetz abhängt, so müssen denn doch wenigstens die, welche nicht wollen.

56.

In diesem Sinne allein gibt es zwingende Gesetze, weil die Aufrechthalter derselben mit Macht versehen sind und sein müssen.

57.

Aus diesem allgemeinen Bedürfnis jeder Gesellschaft, nämlich daß es Ordnungen (Gesetze), Ordnungserhalter (Obrigkeiten) gebe, entstanden alle Verbindungen mehrer Menschen zu einem Endzweck, als die eheliche, die häusliche, die städtische, die kirchliche 2c. 2c. und aus allen diesen der Staat.

58.

Wären alle vernünftige Bewohner der Erde nur in einen einzigen Staat vereinigt, so fehlte in dem Verzeichnisse der menschlichen Wissenschaften das Völkerrecht oder die Sammlung von Grundsätzen, nach welchen ein Volk das andere behandeln sollte; denn es gäbe nur ein Volk.

59.

Ebenso, scheint es, würde dann auch kein Kriegsrecht auf die Liste der menschlichen Wissenschaften gesetzt werden können. Da Krieg und Recht überhaupt zwei sehr disparate Begriffe sind, wie die Praxis derselben zeigt, und so wie die Sachen jetzt stehen, kein bestimmter

Begriff von Kriegsrecht gegeben werden kann. Denn bald heißt es das, was auch im Kriege Recht heißen soll, bald das Gesetz, wonach die Soldaten überhaupt gerichtet werden.

60.

Am Ende kommt alles in der menschlichen Gesellschaft auf Tun und Lassen, Recht und Unrecht an. Was keiner wünscht, daß ihm geschehe, das soll er andern zu tun sich auch nicht ermächtigen. Und wenn der Mensch erst weiß, was er wollen darf, so wird ihn die Regel: „Was du willst, daß dir geschehe, das tu an andern auch!" [1]) zu höherer moralischen Vollkommenheit leiten.

Die Religion.

61.

Recht und Unrecht hat außer der bürgerlichen Bedeutung und Beziehung auf Staat und gesellschaftliche Verbindungen noch eine betrachtungswerte Seite, nämlich das Verhältnis zur Religion.

62.

Die Religionen, das ist, die von der einen, unteilbaren Religion abweichenden Sekten, indem sie Gott als höchsten Gesetzgeber sämtlich annehmen, schreiben ihm auch eine Gesetzgebung zu, die ohne Rücksicht auf bürgerliche und gesellschaftliche Verbindung als für sich bestehend, und vielmehr jene sich überall unterordnend, gedacht werden soll.

63.

Der daraus hier und da entstehende Kontrast wird zwar durch das Machtwort:

„Du sollst Gott mehr gehorchen als den Menschen!" [2]) zu heben versucht, aber vielmehr verwirrter gemacht. Denn wenn die Obrigkeiten Gottes Ordnung sind, und man ihnen auch wegen ihrer habenden Gewalt gehorchen soll und muß, so entsteht oft die

---

[1]) Matthäus 7, 12.

[2]) Apostelgesch. 5, 29.

peinlichste Kollision, wenn jene befehlen, was dieser soll verboten haben.

64.

Aus dieser Kollision vermag uns nichts zu retten, als daß wir zurückgehen auf den Grundsatz, Gott kann auf Menschen nur auf menschliche Art und Empfänglichkeit, das heißt mittelbar, wirken.

65.

Sind nun Gesetzgebungen menschliche Mittel, und setzen sie notwendig menschliche Gesetzgeber voraus, so folgt daraus, daß wir uns vorzüglich nach diesen richten müssen, da wir als Menschen von allen andern höhern (übernatürlichen), das ist, unmittelbaren Gesetzgebungen keine Versicherungen haben können, daß sie es wirklich sind.

66.

So ginge denn die Religion bloß das Gewissen des Menschen an, und hätte vors erste mit dem Äußerlichen (Zeremonie, Form) schon deswegen nichts zu schaffen, weil wegen der in den Händen der Obrigkeiten sich befindenden Polizei, wozu alles Äußerliche gehört, darin eine große Verschiedenheit obwaltet.

67.

Wer, wie schon im ersten Abschnitt Nr. 25 gesagt ist, bei seinen Entschlüssen vorher an Recht und Unrecht dachte und sich durch den Wunsch, recht zu tun, bestimmen ließ, der handelt religiös; denn er unterwirft seine Freiheit zu denken der Rücksicht, daß der Allwissende, was er denkt, auch wisse und entweder billige oder mißbillige. Der religiös Denkende leistet folglich dadurch, daß er gegen Billigung und Mißbilligung seines Tuns von seiten des höchsten Wesens nicht gleichgültig denkt, diesem höchsten Wesen die höchste Huldigung (Anbetung im Geist und in der Wahrheit)[1]).

68.

Das Wesen der Religion ist also seiner Natur nach bloß innerlich und kann durch äußerliche Zeichen wohl geheuchelt,

[1]) Evang. Joh. 4, 24.

aber nicht eigentlich repräsentiert oder dessen Mangel ersetzt werden.

69.

Wenn uns die Betrachtung und Erfahrung der Mängel und Gebrechen der menschlichen Einrichtungen nicht niederschlagen und zu Zweifeln an der Güte des Schöpfers verleiten soll, so müssen wir uns bloß durch den Anblick und das Studium der großen Natur oder des uns erkennbaren Ganzen davon überzeugen lassen, daß in Gott die höchste Güte sei, und er es wie überall auch mit den Menschen gut meine.

70.

Im Studium der Natur liegt also die wahre Theodicee. Die höchste Zweckmäßigkeit und Ordnung im kleinen wie im großen führt den Begriff von Güte des, der es so eingerichtet hat (Regulators), notwendig herbei.

71.

Güte als Absicht Gottes bei der Anordnung aller Dinge bezieht sich auf die Möglichmachung aller Arten angènehmer Genüsse, um dadurch Freude über Dasein zu bewirken.

72.

Die Erlaubnis, sich seines Daseins zu freuen, wird durch nichts von seiten Gottes beschränkt als durch die väterliche Warnung vor Unmäßigkeit im Genuß.

73.

Diese Beschränkung selbst aber liegt in dem Wesen aller endlichen Dinge. Entbehrung ist die Folie des Genusses*), und wenn sie, um den Freudengenuß zu erhöhen und dauernder zu machen, absichtlich ist, so ist sie vielleicht der vollkommenste Grad menschlicher Weisheit.

---

*) Wie ein Edelgestein durch Unterlage von etwas Dunkelm schöner schimmert, so, dünkt mich, hebt Entbehrung den auf sie folgenden Genuß zur lieblichsten Empfindung empor.

74.

Dann kann auch Freude an und über Gott entstehen, wenn wir oft bei dem frohen Genuß der Gabe mit Dankgefühl dem gütigen Geber danken.

75.

Wenn schon überhaupt Liebe beglückt, wie sollte dankbare Liebe zu Gott nicht vorzüglich beglücken, da hier allein keine Veränderlichkeit des Liebenswürdigen stattfindet?

76.

Lasset uns also Gott lieben, der uns zuerst geliebet hat[1]), ehe wir noch waren, indem er Anstalten traf, sowohl zu unsrer vernünftigen Existenz als auch zu allem dem, was sie angenehm machen konnte!

77.

Der ewig reiche Herr von allem bedarf und begehrt von uns nichts als unsere Einstimmung (Herz) in seinen großen, jedes Wohlsein umfassenden Plan. Denn er will unter andern, daß allen Menschen durch Menschen geholfen werde dazu, daß sie, jeder nach Maßgabe seiner Anlagen zur Erkenntnis der Wahrheit[2]) kommen können, durch welche allein sie frei und froh werden.

78.

Helfen, daß dieses immer mehr geschehe, heißt, das Reich Gottes (ein Reich der Wahrheit und Erkenntnis!) auf Erden befördern, bis endlich ein jeder über Gott und seine Liebe zu uns Menschen hinlänglich belehrt sein wird.

79.

Dieses wird die selige Folge haben, daß Gottes- und Menschenliebe die Stimmung aller Gemüter wird und die Rücksicht auf Gottes Billigung oder Mißbilligung der Menschen Tun und Lassen regiert.

---

[1]) 1. Joh. 4, 19.

[2]) 1. Timoth. 2, 4.

80.

So wird Gott, durch den auch unsre Regenten das sind, was sie sind, der eigentliche Monarch (Herrscher) sein in allen Landen[1]). Streben nach Gerechtigkeit wird die Völker beglücken. Ihr langer Zwist wird sich enden, keines das andre mehr kriegen lehren, und unser irdisches Leben sei, was es sollte, nämlich friedliche Vorübung zur dereinstigen unsterblichen Versammlung aller Nationen in den Wohnungen des ewigen Friedens.

81.

Es ist obzwar in Ermangelung eines strengen Beweises dennoch höchst wahrscheinlich, daß alles, was Gott kennen und lieben gelernt hatte, fortdauern werde. Denn wessen Güte so groß im kleinen war, wird wohl noch größer sein im großen. Und was ist die kurze Spanne Menschenleben gegen die zeitlose Ewigkeit? Das, was in uns denkt, oder der unteilbare Geist kann nicht wohl zergehen, sich in Elemente auflösen, also nicht sterben, weil darin gerade die Ähnlichkeit mit Gott besteht, der auch ein unteilbarer Geist ist und daher auch ewig lebt, ingleichen, weil ohne Fortdauer unsers Geistes sein hiesiges Dasein zwecklos erschiene.

82.

Hier bei diesen Hoffnungen und Wünschen tritt nun der Glaube an Gottes Güte, nach welcher er sich aller erbarmt oder ihnen dahilft, wo keiner sich selbst helfen kann, an seine rechte Stelle. Denn, wer zu Gott kommen will, muß nicht allein glauben, daß Gott sei, sondern auch, daß er als Vater aller Geister sie zu beglücken vorhabe[2]).

83.

In diesen Gedanken liegt der Sieg über die Furcht vor dem Tode und vor den Dingen, die nach ihm kommen werden. Was an uns stirbt, war der Fortdauer nicht empfänglich; was in uns lebt, wird leben, in welcher Verbindung es auch sei. Die, welche weise und gut sein wollen, werden immer darin zunehmen. Die andern wird

---

[1]) Psalm 8. 2.
[2]) Ebr. 11. 6.

der ewige Vorwurf nagen: „*Ich zerstörte selbst* meine Empfänglichkeit für Freude durch unmäßigen Genuß. *Ich konnte* und *wollte nicht*.“

84.

Wenn Mehr oder Weniger in keiner Sache ganz gleichgültig sein kann, so ist es am wenigsten da, wo vom innerlichen und äußerlichen Wohlsein aller vernünftigen Wesen die Rede ist. Wer also diesen 84 Nummern noch etwas zuzusetzen oder von ihnen weglassen zu *müssen* glaubt, der *prüfe* sie *vorher* wohl, und dann tue er, was *ihm* Pflicht scheint. Mir haben sie zureichend geschienen, um daraus eine für aller Zeit Alter und alle Nationen dienliche Sammlung der wichtigsten Kenntnisse und damit *einen sichern Vereinigungspunkt*, womit schon viel gewonnen ist, allen Menschen zu bereiten. Wer *sie gehörig* gefaßt und durchgedacht hat, wird wenigstens unter allen Himmelsstrichen für *verständig* (aufgeklärt) gelten und als ein solcher sich erweisen können. Dagegen der, welcher *diese* Kenntnisse *nicht*, wohl aber tausend andre bekam, an seinem äußerlichen und innerlichen Wohlsein gewiß spüren wird, daß ihm *viel* fehlet.

Zusätze

zu dem

Summarium

oder

Menschen-Katechismus

von

Friedrich Eberhard v. Rochow
auf Reckahn.

Schleswig,
bei Johann Gottlob Röhß.
1796.

Vorrede.

Der jüngst in Leipzig verstorbene Hauptmann von Blankenburg war es, der schriftlich mich wiederholt aufforderte[1]), den Menschenkatechismus zu schreiben, und auf meine Weigerung wegen des Titels durchaus darauf bestand, daß mein Büchlein so und nicht anders heißen müsse. Die Bescheidenheit mußte der Freundschaft und ihren anderweitigen erheblichen Gründen nun schon dieses Opfer bringen. Ach! daß ich auch noch den frühen Verlust dieses Edlen betrauern muß! Wenn Ordnung und Kürze sowie Zusammenhang der Ideen den Hauptteil des zur allgemeinen Bildung Erforderlichen ausmacht, so werden Beobachter darin mit mir übereinkommen, daß in unsern Lehrbüchern sowie in unserer gangbaren Lehrmethode, dafür noch nicht genug gesorgt sei. Daher das Inkonsequente, das Charakterlose so vieler Menschen, daher ihr Hang zum Wunderbaren, daher gelingt es listigen Betrügern so leicht, die Menschen zu täuschen. Daher die bei ungleichen Grundsätzen so schwer zu erreichende Verbindung durch G e i s t e s h a r m o n i e, daher so manches Länderelend, so manche häusliche Not, so manche Tränen. Ich weiß zwar wohl, daß mit einem Buche nicht viel gewirkt wird aufs Ganze. Auch bin ich nicht eitel genug, mir zu schmeicheln, daß ich das m ö g l i c h s t b e s t e L e h r b u c h in meinem Summarium geliefert hätte. Soviel aber weiß ich, daß es konsequenter ist als die anderen, daß nirgends darin der Forschungsgeist erstickt wird, und daß es mit den Zusätzen verbunden, vielen Stoff

---

[1]) Vgl. Briefe Blankenburgs an Rochow vom 15./6. und im Nov. 1795. Christian Friedrich v. Blankenburg, 1744—1796, lebte nach seiner Entlassung aus dem preußischen Militärdienste, mit wissenschaftlichen Arbeiten beschäftigt, in Leipzig, in näherem Umgang mit Ch. F. Weiße. Vgl. Allgemein. Deutsche Biographie.

zum Nachdenken liefern kann. Wenn darin nichts gelehrt wird, was irgend eine positive Sektenmeinung vorzüglich begünstigt, so wird auch niemand etwas darin entdecken, was irgendeiner namentlich widerspricht. Freilich, wie man die Menschen nicht wider ihre Neigung zum *Heiraten* zwingen sollte, so sollte man auch billig, wenn sie die nötigen Vorkenntnisse haben, ihnen die Wahl überlassen, zu welcher *benamten* Glaubenslehre *sie sich bekennen wollen*. Sonderbar genug ist es, daß der Zustand der Dinge solches *Bekenntnis* fordert! Und wenn dabei den Menschen nicht freie Wahl des Wahrscheinlichsten leitet, so wird durch Zwang ein fast unheilbarer Bruch in seinem Charakter veranlaßt. Wenn ehemals gutmütige Menschen die Vereinigung der Religionsmeinungen vergeblich versuchten, so kam dieses Mißlingen vermutlich daher, weil das *Verschiedene* (quadrata rotundis)[1]) unter eine Kategorie schwerlich zu bringen ist. Nicht so schwer ist die Vereinigung in Grundsätzen. Was ist die so wichtige Opinion publique wohl anders als die Ansicht einer gewissen Sache *ganz aus demselben* Gesichtspunkte? Tschirnhausen[2]) schrieb seine Medicina mentis, Baco[3]) und Lambert[4]) sein Organon, weil ihnen vermutlich die wichtige Idee von *Vereinigung der Menschen in Grundsätzen* oder Prinzipien des Denkens, wenngleich noch dunkel, vorschwebte. Mein Summarium soll so etwas Ähnliches sein — tamquam in nuce [5]).

---

[1]) Horatius Epist., I. 1, 100. Diruit, aedificat, mutat quadrata rotundis über die Menschen, die in sich uneins sind: „itzt etwas bau'n, dann wieder niederreißen, dann plötzlich runden, was sonst eckigt war". (Nach Wielands Übersetzung.)

[2]) Ehrenfried Walter Graf von Tschirnhausen wurde 1651 zu Kislingswalde geboren und starb 1708 als Kursächsischer Rat.

[3]) Franz Baco von Verulam, geb. 1561, gest. 1626, war Kanzler von England. Das Werk hieß „Novum Organon" oder „Richtige Urteile über das Verständnis der Natur".

[4]) Johann Heinrich Lambert wurde am 26. August 1728 zu Mülhausen im Ober-Elsaß geboren; er starb als Oberbaurat uud Mitglied der Akademie der Wissenschaften am 25. Sept. 1777 zu Berlin. Sein Werk „Neues Organon" erschien 1763 in Leipzig.

[5]) Im Kleinen, im Abriß, „gleichsam in einer Nußschale". Der Ausdruck stammt schon aus dem Altertum. Plinius hist. nat. VII 85 sagt: Cicero überliefere, man habe Homers Ilias, auf Pergament geschrieben, in eine Nußschale zusammengedrängt (so eng sei sie geschrieben).

Lehrt aber danach und erzieht, geliebte Leser! wenn ihr Gelegenheit habt, irgendeinen Thronerben oder Hüttenbewohner zur Probe! Wenn das Land oder die Hütte Schaden davon hat, so mögt ihr mich verwünschen.

Reckahn, den 12. Mai 1796.

Friedrich Eberhard von Rochow.

Zusätze.

Zu 1.

Schaffen (Schöpfung, Schöpfer) sagt mehr als Darstellen, Darsteller — Machen, Verfertigen, Hervorbringen. Bei Schaffen drängt sich die Idee: „Dem, das nicht ist, gebieten, daß es sei" fast unwillkürlich auf. Freilich hängt über dem „nicht ist" eine düstere Nebelwolke. Nicht ist und nichts ist mag freilich verschieden sein. Wäre vielleicht damit geholfen, wenn man statt „nicht ist" setzte: „nicht so war, als es jetzt ist?"

Zu 2.

Anfang! ein so feierliches Wort als Ende! Anfang wäre ja der Moment der Vernichtung des Nichts, und Ende wäre das absolute Aufhören des Seins von Etwas. Den Anfang von allem, was ist! O! wer wagt es, diesen Generalbaß zu beziffern? Wer mit kühner und sicherer Hand sein 1 zu setzen und dann fortzuzählen? Und Chronologie! Was bist du? Etwa falsch berühmte Kunst? Oder bist du Wissenschaft? Und die Chronologen müssen eine nähere Offenbarung von Gott zu haben beweisen, oder sie irrten in ihrer Zeitrechnung, wenn Hamilton[1]) Rekupero[2]), Bartels[3]) rc. recht gesehen haben.

Zu 3.

Zu jeder Untersuchung gehören, wie man weiß, gewisse (Urkunden) Data oder Akten! Wo diese fehlen, da tritt der Zeugenbeweis erst ein. Man weiß auch den Unterschied zwischen Augen- und Ohrenzeugen. Diese liefern Traditionen, und Tradition beruht auf Sagen. Man

[1]) Sir William Hamilton, ein Natur- und Altertumsforscher, wurde 1730 in Schottland geboren. Er bereiste den Ätna und den Vesuv und legte seine Beobachtungen in mehreren Werken nieder. Er starb 1803.

[2]) Vergl. 2. Bd. S. 285 Anmerk.

[3]) Johann Heinrich Bartels, geb. 1761 zu Hamburg, Verfasser der Briefe über „Kalabrien und Sizilien". Gestorben 1850.

kennt diese Sagen von der nordischen bis auf die ceylonische, keine tut Genüge. Denn alle reden von Zeugen über Dinge, die geschehen sein sollen, e h e die Zeugen selbst existierten, und geben Urkunden an, denen alles fehlt, was diesen Namen rechtfertigen könnte. So ward denn die Wahrheit der Geschichte zur Glaubenssache.

Zu 4.

Aus einem ungedruckten Gedicht meiner Jugend, als mir zuerst das Denken über dergleichen Gegenstände wichtig wurde, führ' ich hier einige Stellen zur Erläuterung des Textes an:

1. Den C h a o s dacht ich erst als Brei'
Und eine G ä r u n g drinnen,
Der Teile viel und mancherlei.
Die Scheidung will beginnen,
So stößt das Bier die Hefen aus,
So scheiden Siebe Sand von Graus,[1])
So m u ß die Milch g e r i n n e n.

2. Als K ä s' ist nun die Erde da.
Die M o l k e gibt das Wasser.
Doch ruf ich noch nicht: Eureka!
Denn der Linnésche Passer
Dort und das ganze Tiergeschlecht —
In dies System paßt es nicht recht —
Ich auch nicht, der Verfasser.

3. Wo Ordnung ist, muß Endzweck sein,
Wo Bildung, Bildungskräfte,
W o L e b e n g a r i s t, wer haucht's ein?
W e r l e h r t e s s e i n G e s c h ä f t e
Z u m e r s t e n m a l? Ach! nur ein Gott
K a n n L e b e n s c h a f f e n! Bittrer Spott,
Im T o d e Leben suchen!

4. Wo käm' auch wohl der C h a o s her?
Ist nicht bei toten Teilen,
(Obwohl gemischt in buntem Heer)

---

[1]) Graus veraltetes Wort = Steinstückchen, verwandt mit Grus und Gries.

Den Endzweck zu ereilen*),
Schon Absicht nötig? Wo die ist,
Da endet sich sogleich der Zwist
Ob schaffender Materie.
5. Eh etwas ward, mußt etwas sein.
Wie wär es sonst geworden?
Aus nichts wird nichts! sieht jeder ein —
Selbst wilde Menschenhorden.
Dies erste Etwas ist nun Gott.
Wer Leben hat, kann in den Tod,
Selbst lebend, Leben hauchen.

Zu 5.

Was einen Namen hat, ist dadurch zwar bezeichnet, aber nicht erklärt, was es ist. Noch weniger ist der Name für eine Definition des Benamten gültig. Man kann daher eine Menge Wörter seinem Gedächtnis einverleibt haben, ja diese Wörter richtig aussprechen und hersagen, ohne deshalb für einsichtsvoller zu gelten. Wir wollen obigen Zustand einstweilen Papageientum nennen, weil man auch Papageie, Stare, Elstern, Raben ꝛc. abrichten kann, Worte zu sagen, deren Sinn und Gebrauch im Zusammenhang mit andern Worten sie deswegen doch nicht verstehen, weil sie solche nachsagen können.

Zu 6.

Das Weltall (universum) ist der Kollektivname für alles, was schon entdeckt oder noch nicht entdeckt, das ist, sichtbar und unsichtbar ist, Gott allein ausgenommen. Denn Gott kann nicht darunter mitbegriffen sein, so wenig als der Uhrmacher in der Uhr, wenn gleich das Kunstwerk den Begriff von einem Künstler herbeiführt. Gott ist ein für sich bestehendes Wesen (ens per se), also unvergleichbar, unbegrenzt durch Zeit und Ort, also ewig, das ist ohne Anfang und Ende, Ursach und Urquell alles Daseins, also höchst mächtig und

*) Das „properat ad finem" des Horaz[1]).

[1]) Die Worte stehen im Horaz nicht. Vielleicht dachte Rochow an die dem Sinne nach verwandten Worte aus der ars poetica 148 semper ad eventum festinat: immer eilt er dem Ausgang, dem Endzweck, dem Hauptereignis zu.

weil im großen wie im kleinen Ganzen, Ordnung und Absicht bemerkbar ist, höchst weise. Soweit reicht der strenge Beweis, daß und wie Gott sei, aus physischer und logischer Evidenz. Alles übrige z. B., ob Gott auch höchst gütig oder gerecht sei, gehört in die Theodicee (wovon weiter unten) oder in die Dogmatik.

Zu 7.

Daß eigentlich der Sinn nicht in den Sinneswerkzeugen (Organen), sondern in der Seele sei, wird sogleich eingesehen werden können, wenn man bedenkt, daß die Sinneswerkzeuge an sich, selbst im gesundesten Zustande derselben, keiner andern Empfindung als der des Schmerzes überhaupt fähig sind, also daß es keine Augenlust, keinen Ohrenschmaus (unfigürlich) gebe, wohl aber Augen- und Ohrenschmerz in der eigentlichen Bedeutung. Etwas ganz anderes ist die Vorstellung von vorstellbaren Gegenständen, welche mittelst dieser Sinneswerkzeuge unsere Seele bekommt. Empfindungen aber sind keine Vorstellungen. Auch die tote Faser äußert Empfindlichkeit. Aber Darstellungen mittelst der Sinneswerkzeuge werden in der Regel (gewöhnlich) von diesen nicht empfunden, sondern nur tradiert (überliefert). Es ist demnach wichtig, die Geschäfte der Seele mit denen der Sinneswerkzeuge bei den Vorstellungen nicht zu verwechseln. Diese Verwechselung führt zum Materialismus. Der konsequente Denker sagt daher nicht gern, der Sinn des Gesichts, sondern das Sehen rc. Denn das Auge für sich sieht nicht eigentlich, so sieht der Zerstreute mit offenen Augen nicht, was er sehen könnte, sondern die Seele sieht mittelst des Auges, wenn es ihr gerade um Sehen zu tun ist. Daher die bedeutende Redensart: „Er hört und sieht nicht vor — irgendeiner Leidenschaft."

Zu 8.

Daß Werkzeuge mit dem Werk, wozu sie gebraucht werden sollen, im Verhältnis stehen müssen, versteht sich von selbst. So z. B. braucht der Uhrmacher keinen Weberkamm, und das Grabscheit muß zum Graben eingerichtet sein. Ob Seelen oder Geister ohne die Teile, woraus Augen und Ohren bestehen, im eigentlichen Verstande hören und sehen können, läßt sich bezweifeln, aber nicht entscheiden. Sollte der allgemeine Sinn, Empfindung genannt, an deren Stelle treten, so frägt sich wieder, wie ohne Haut und Nerven? Und wird vollends die Fortdauer des Immateriellen bloß in die Reminiszenz (Zurückerinnerung) gesetzt, so geht bei dieser Hypothese der Begriff von aktueller Seligkeit verloren, weil diese Rückerinnerung sehr betrübend sein kann.

Zu 9.

„Viel Eigenschaften der Dinge, die sich ihr (der Seele) darstellen x." Denn es gibt vielleicht mehr Eigenschaften der Dinge, die wir noch nicht und vielleicht nie kennen, als die wir kennen. Wie unzählig viele Beziehungen (rapports) der Dinge aufeinander, die, uns unbewußt, auf das Ganze wirken, wie unerforschlich viel Dinge, deren Dasein bloß vermutet wird, z. B. die unbekannte Bevölkerung des tiefsten Meeresgrundes, der Planeten, die Bestandteile des Innersten der Erde, die ganze Geisterwelt x., kurz alles das Namenlose, wofür uns Menschen der Sinn (principium cognoscendi) fehlt.

Zu 10.

Vernunft als Gabe Gottes, als anvertrautes Pfund, damit wir wuchern sollen, und als Anlage des Allgütigen zu unsrer ewigen Fortdauer und Glückseligkeit, zu denken, ist dem echten Denker, ein ebenso dringendes Bedürfnis als eine natürliche Folge seines Nachdenkens geworden. „Character insitus, indelebilis (a potiori fit denominatio) hominis est ratio. — Usus rationis ad intellectum ducit.“ So spricht einer der größten Denker[1]) des Jahrhunderts und mit Recht. Gebrauch dieser hochwerten Gabe Gottes, ohne welche das Leben selbst keinen Wert hat, schafft Bildung (Kultur). Verstehen dessen, was ein jeder zum eignen und allgemeinen Besten verstehen muß, gilt Verstand, und das Lob aus Kenners Munde „Verständiger Mensch" ist das Beste, wonach man trachten kann.

Zu 11.

Wie wichtig es sei, was der Mensch wolle oder nicht? ob er wolle oder nicht? erhellet aus allen Erfahrungen. Willigkeit macht aber jede

---

[1]) Ich weiß den „Denker" trotz eifrigen Suchens und Nachfragens bei Freunden nicht anzugeben.

Arbeit leichter. Was man oft wollte, das tat man oft. Wiederholte Handlungsweise gibt Fertigkeit. Und die Tugend selbst ist eine Gewöhnung, nach Recht und Pflicht zu handeln. Alles Methodische hat sich also zuvörderst an den menschlichen Willen zu wenden. Daher scheitert auch gewöhnlich die Gewalt an der Meinung.

Zu 12, 13, 14, 15, 16.

Freier Wille scheint mir zu jenen Wörtervermählungen zu gehören, die eine unzufriedne Ehe führen; denn beide Teile passen nicht oder schicken sich nicht zusammen. Eigentlich ist kein Wesen frei außer Gott. Wenn jemand fragte: „Konntest du jedesmal, wenn du wolltest?" So wäre freilich die Antwort richtig: „Nein, aber ich konnte doch „wollen"." Wenn weiter gefragt würde: „Was bestimmte dein Wollen?" Antwort: „Beweggründe" (Motifs). „Wo nahmst du diese her?" Antwort: „Oft aus meinen Grundsätzen. Doch auch die Umstände führten sie oft herbei." „Wolltest du jederzeit diese Umstände?" Antwort: „Nein, oft nicht." „Was bestimmte dann also deinen Willen (Entschluß, Endzweck)? Du oder die Umstände?" Antwort: „Freilich — oft taten es die Umstände." „Kannst du also behaupten, daß dein Wille stets frei sei, d. i. daß du dich stets selbst nach deinen Grundsätzen, zu deinen Entschlüssen bestimmst?" Antwort: „Nein, stets wohl nicht." So erhellet aus dieser Induktion schon soviel, daß frei in jenem hohen Sinn kein schicklich Beiwort für den menschlichen Willen im allgemeinen sei. Und wenn gleich ein Sprichwort sagt: „Denken sei zollfrei", so ist das bloß in Rücksicht auf den Zoll wahr. Aber zollfrei und ganz frei wird ewig verschieden bleiben. Die Euklide und Lalande (welche während höchst wichtiger Ereignisse in ihrer Nähe dennoch ungestört fortdenken (abstrahieren), gehören zu den Ausnahmen (Anomalieen) so wie alle Meister in der Abstraktion, welches dem Ganzen der menschlichen Gesellschaft auch wohl ganz ersprießlich sein mag. Da nun alles daran gelegen ist, daß der menschliche Wille (wenngleich nur nach der § 16 gegebenen einzig möglichen Bedeutung) als frei betrachtet werde, weil außer dem alle Moralität (Imputation, Schuld oder Verdienst) zweifelhaft werden müßte, so wollen wir künftig diesen Aufschluß bis dahin, daß ein besserer gegeben werde, zum Grundsatz in allem, was Beziehung auf Moralität hat, annehmen.

Zu 17, 18.

Es ist in der Tat unerklärbar, wie zuzeiten viele behaupten konnten, die Körperlehre reiche hin, um alle menschliche Phänomene aus dem bloßen Mechanismus der sichtbaren Teile des menschlichen Körpers herzuleiten. Woher diese sonderbare Abneigung gegen das Geistige im Menschen? Sollte sie nicht etwa daher entspringen, daß man die alte Lehre vom freien Willen (de libero arbitrio) des Menschen, ob sie gleich die Weltregierung Gottes umstößt und in der Erfahrung falsch befunden wird, den Schülern aufdrang. Diese, zu einiger Reife des Denkens gekommen, gingen nun zum andern Extrem, nämlich zu dem Materialismus über, als sie das Unstatthafte der alten Theorie bemerkten. Die Physiologie, Anatomie, Chemie und die damit verwandten Wissenschaften, die Neigung des Menschen zur mathematischen Gewißheit ꝛc. taten das ihrige dazu.

Zu 19.

Denken können, denken wollen, denken müssen, drei verschiedene Zustände, die jeder einer Auseinandersetzung wert sind. Das Denkenkönnen ist allen Menschen zuteil geworden; denn selbst Wahnsinnige oder von der Despotie irgendeiner fixen Idee Leidende (wie unter ihnen die häufigen Redner und Schreiber bezeugen), ja auch Tiere (wenigstens bis auf einen gewissen Grad) können denken. Einige Beispiele aus vielen mögen hier Platz finden. So flieht unser hiesiges Hirschgeschlecht vor dem einzelnen Jäger. Wollen aber viele Treiber bei einem Treibjagen es mit dem Winde vorwärts dahin zu laufen nötigen, wo die Schützen angestellt sind, so kehrt es gewöhnlich um und bricht mit Gewalt durch die Treiber oder springt ihnen über die Köpfe. Sie scheinen in der ungewöhnlichen Anstalt einen gefahrdrohenden Zweck zu ahnen; denn genötigt, mit dem Winde zu laufen, können sie von ihren Geruchsorganen in diesem Falle keinen Sicherheit gewährenden Gebrauch machen. Die Tiere überhaupt äußern dieses Vermögen dem Beobachter sehr deutlich, wenn sie in Verlegenheiten gesetzt werden, aus welchen, sich zu ziehen, der Trieb der Erhaltung sie nötigt. So frißt der zum ersten Male durch ein Netz umstellte Hase das Netz entzwei; der im Fuchseisen zum ersten Male an einem Laufe gehaltene Fuchs beißt sich oberhalb des Eisens den Lauf (Fuß) ab und entwischt als

Krüppel. Die Bienen, in deren Stocke zum ersten Male sich ein totes Tier findet, dessen Verwesung der kleinen Republik den Untergang bringen würde, fühlen sich zwar zu schwach, den toten Körper fortzuschaffen; aber sie umkleben ihn so dick mit Wachs, und dieses mit größter Emsigkeit noch vor dessen eintretenden Verwesung, daß kein übler Geruch daraus im Stock entstehen kann. Man frage sich ehrlich selbst, ob die bloße Hinweisung auf den Instinkt oder Kunsttrieb (obscurum peraeque obscurum) [1]) hier Genüge tut? Nun sehe man hierbei auf die Erklärung des Wortes Denken zurück, und es ergibt sich, daß Denken insofern nur ein unterscheidender Charakter des Menschen von den Tieren ist, als der Mensch den Stoff zum Denken w ä h l t, das Tier aber ihn von der Not oder von dem Bedürfnis erwartet. Also nicht bloß denken können, sondern denken wollen (vordenken, nachdenken, überdenken — kurz — le raisonnement) zeichnet den Menschen aus. So die menschliche Frage: „Was muß ich tun, daß ich selig w e r d e?" [2]) Des tierischen Denkens Grenze scheint aber zu sein: „Was muß ich tun, wenn die Not d a ist? Welche Vorsicht anwenden, um den Genuß meines tierischen Daseins nicht zu verlieren?"

Zu 20, 21.

Nach Wahrheit und Gewißheit forschen, oder die Bemühung, in unsern Erkenntnissen (wie man spricht) aufs reine zu kommen — o wie weit sind wir noch davon entfernt! — wird bis ans Ende der Tage die wichtigste und belohnendste Beschäftigung des Menschengeschlechts bleiben. Was dazu beiträgt, ist wohlverwendete Zeit. Denn es ist ein köstlich Ding, daß das Herz gewiß werde [3]). Dagegen aber ein Minus an jeder Geistesfreude, wenn wir uns umtreiben lassen durch allerlei Wind der Lehre [4]), und uns Brunnen graben, die, weil sie löcherricht sind, kein Wasser halten. [5]) Daher die weise Lehre: „Prüft alles, und das Gute behaltet!" [6]) Doch möchte hier wohl mancher fragen: „Wie

---

[1]) Das Dunkle immer gleich dunkel.

[2]) Apostelgesch. 16, 30.

[3]) Hebräer 13, 9.

[4]) Epheser 4, 14.

[5]) Jeremias 2, 13.

[6]) 1. Thessal. 5, 21.

soll, wie kann man ein System prüfen?" Wie ich dabei zu Werke gehe, will ich ehrlich sagen, jedoch ohne meine Verfahrungsart als ein Gesetz aufdringen zu wollen. Wie der Pferdekenner bei dem feilgebotenen Pferde nicht zuerst Kopf und Hals, den blanken Zaum und die blitzende Decke betrachtet, sondern Augen, Rücken, Füße und das Ebenmaß dieser wichtigsten Teile, welche das eigne Ganze, ja noch fremde Last tragen sollen, zuförderst prüft, so seh' auch ich zuerst darauf, welchen Endsatz eigentlich das System behauptet und ob darin von einer spekulativen Meinung oder von einer Tatsache, ob von etwas Partiellen oder Universellen (Einzelnen oder Allgemeinen) die Rede sei. Diesen Endsatz vor Augen, forsche ich zuvörderst nach, ob der Endsatz auch möglich sei. Denn fände ich etwa, daß dieser Endsatz andern ausdrücklichen Wahrheiten oder den Gesetzen des Denkens überhaupt widerspräche (wie z. B. Sichtbarkeit des Unsichtbaren behauptend), so spare ich die fernere Mühe der Untersuchung, weil nur das Mögliche wahr sein kann. Daraus (aus diesem Können) folgt aber noch nicht, daß alles Mögliche nun auch allgemein wahr oder wirklich sei. Nun teilt sich mein Forschen in das Wiegen der Gründe, womit der Verfasser sein System unterstützt, und zuletzt in die Betrachtung, was und wozu nützt oder frommt überhaupt dieses System? Es müßte schlimm sein, wenn auf diesem Wege Wahrheit nicht gefunden werden könnte. Ob gerade die Wahrheit des Systems? Vielleicht nicht! Aber auch das Finden der Nichtwahrheit eines Systems bringt oft Entdeckungen an das Licht und ist schon als Übung des Verstandes ein beträchtlicher Gewinn für die Menschheit. So fand Böttcher zwar den gesuchten Stein der Weisen nicht; aber doch erfand er bei dieser Gelegenheit das nützliche Porzellan.

Zu 22, 23.

Da es Systeme in fast allen Erkenntnisfeldern gibt, und ein jeder Mensch schon als Kind irgendeinem solchen System in die Hände fällt und bei seiner dermaligen Schwäche wohl unterliegen mußte, so ist es schwer zu erklären, wie doch wenigstens so mancher, trotz allem Einbleuen des Unterrichts und der Erziehung, sich wieder emporarbeitet, und sein menschliches Freiheitsrecht, selbst zu denken, über das, was andere dachten, sich wiedererobert. Ewiger Preis dem, der die menschliche Natur so herrlich ausstattete, damit der Irrtum doch nicht ewig herrsche wie bei Betrachtung des fast allmächtig scheinenden Einflusses, den Unterricht, Erziehung (d. i. lange Gewöhnung) haben, man sonst glauben möchte! Die Erklärung dieses Phänomens liegt aber, wie mir scheint, eben in der Gemischtheit aller Systeme aus wahren und falschen Sätzen. Die daraus folgende notwendige Inkohärenz in den Teilen und Inkonsequenz der Behauptungen wirft einen Lichtstrahl des Zweifels in die nach Gewißheit dürstende Seele. Dieser gleich einem Blitze zündet den Trieb des Untersuchens. Die Revisionsinstanz wird ergriffen, und wie oft dort, so auch hier, gewinnt die schon entschieden geglaubte Sache zuweilen ganz eine neue Gestalt. Daß alle Fakultäten über die Systeme, denen sie hold sind, so entscheidend sprechen, darf den Denker nicht irre machen. Denn erstlich ist Behaupten ihr Amt und Brotstudium. (Noch nirgend war, mir wissend, eine Professur des vernünftigen Skeptizismus errichtet.) Zweitens hängt ihr bei den Zuhörern nötiges Ansehen daran. Drittens zeigt ihr Titel schon, daß sie für Meister und daher befugte Lehrer ihrer Wissenschaft gehalten sein wollen. Und endlich viertens ist die Duldung noch nicht so herrschend geworden, daß ohne Nachteil selbst der bescheidenste Zweifel immer laut werden dürfte.

Zu 24, 25.

Wahrscheinlichkeit! O wie oft fehlte sogar sie den Systemen, die sich für reine Wahrheit ausgaben! Und doch hängt das Gewissen mit ihr genau zusammen. Zu sich selbst sagen können, ich entschloß mich nach überwiegenden Gründen, nach Wahrscheinlichkeit, wo mir Gewißheit unerreichbar war; dieses schafft Beruhigung und tröstet im Fall des Nichtgelingens. So hält der in Gefahr des Capots sich entschließenden Piquet-Spieler auf diejenige Farbe, die der Gegner am meisten haben kann. So ist das Verhalten bei Schwierigkeiten, es sei nun in Handlungen oder Meinungen, bloß a tuto[1]) zu würdigen. Wie dort der zuschauende Spielkenner den bei Befolgung der Regel zufällig Verlierenden damit tröstet, daß es seine Schuld nicht sei, so tröstet uns hier das innere Bewußtsein (das Gewissen) bei jedem Erfolge.

---

[1]) Vom Gesichtspunkte der Sicherheit.

Zu 26, 27, 28, 29.

Moralität in den Vorsätzen und Handlungen heißt mir das, was an ihnen die Quellen entdeckt, aus welchen sie flossen, oder kurz, ihre ursprüngliche Recht- oder Unrechtmäßigkeit. Ob es ein allen Menschen angeborenes moralisches Gefühl gibt, oder ob es bloß Folge der Zivilisation sei? gehört unter die schwer zu entscheidenden Fragen. Mir scheint es gewiß, daß dem menschlichen Geschlecht überhaupt, die seltenen Ausnahmen abgerechnet, das obwohl dunkle Gefühl von Moralität, von Verschuldung, von Ehre und Schande, von Verlangen nach Beifall und Furcht vor Tadel angeboren sein müsse. Ja, mir scheint es der hängende Faden zu sein, an welchen alle Lehre zu weiterer Kultur sich anzuknüpfen bestimmt ist. Was wäre sonst Schamröte, Niederschlagen der Augen, Flucht und Furcht, was Aufschauen, frohe Mienen und furchtloses Entgegenkommen bei den zartesten Kindern?

Wäre Moralität als Empfänglichkeit für Bildung, durch die veredelnde Lehre dadurch nicht ganz schicklich erklärt? Wird dieser zarte Keim von Jugend auf gehörig gepflegt, so gilt erst der Spruch: plus valent boni mores, quam leges[1]), und wie bei vielen wohlerzogenen Personen weiblichen Geschlechts bemerkbar ist, so verbindet sich alsdann Anmut (Grazie) mit der Tugend. „Es ist solchen Menschen eine Freude (kein Zwang), recht zu tun." Moral als Sittengesetz sei also die Lehre, die Sammlung der Gesetze, und Moralität sei die Empfänglichkeit des Individuums für das Gesetzliche. Wenn das allgemeinste Sittengesetz nun also ausgedrückt würde: „Strebe, weil du Vernunft empfingst, nach Erkenntnis der Wahrheit!" so würde die wichtige Lehre vom Gewissen viel dabei gewinnen. Man könnte nämlich folgende sehr fruchtbaren Sätze nun auf den ersten Satz gründen:

a) Das innere Bewußtsein oder Gewissen mit allen seinen frohen oder betrübenden Folgen hängt von diesem Streben nach Erkenntnis der Wahrheit ab.

b) Kein irrendes und kein schlafendes Gewissen kann denjenigen hintergehen, welcher mit Nüchternheit des Geistes seine Zwecke wie seine Mittel stets an den Prüfstein der Moral hält.

---

[1]) Tacitus, Germania 19. Dort gelten mehr gute Sitten als anderswo Gesetze.

c) Richtig und mit Ordnung vor- und nachdenken lernen ist jedem menschlichen, das ist mit Vernunft begabten Geschöpfe die unentbehrlichste Wissenschaft, weil doch jeder ein Gewissen haben soll oder danach behandelt wird, als hätte er es. Wer dieses Wissen nun nicht hat, der hat auch kein Gewissen, der ist ein roher Egoist, und als solcher wohl zu gemeinschädlichen, aber nicht zu gemeinnützlichen Handlungen gestimmt. Ein aus vielen einzelnen Menschen solcher Art zusammengesetzter Staat kann aber nicht gedeihen. Denn die Sünde ist der Leute, das ist nicht allein des einzelnen, sondern auch der in Gesellschaft lebenden Menschen, Verderben[1]) usw. Und die Sünde ist das Unrecht.

d) Wer Regent oder Obrigkeit, in welcher Abstufung es auch sei, heißen will, hat daher zur ersten Pflicht, Moralität unter seinen Untergebenen zu befördern und ihren Neigungen, wie ihrem Willen das Wohl der Menschheit interessant zu machen.

Zu 30.

So wird denn durch das unterhaltene Zartgefühl des Gewissens ein jeder Mensch sein eigener Gesetzgeber und Richter sein können. Denn das Gewissen oder das innere Bewußtsein von Recht und Unrecht ist wie der Genius des Sokrates: es warnt! [2])

Zu 31.

Darum weil das Nichtfinden der reinen Wahrheit (der Irrtum) zuweilen unvermeidlich ist, folgt keineswegs der verzweifelnde Schluß: „Was ich nicht finden kann, will ich auch nicht suchen." Vielmehr gilt auch hier der Ausspruch: „Suchet (forschet), so werdet ihr finden" [3]) (wenigstens öfter, als daß möglich wäre, wenn ihr gar nicht suchtet oder forschtet)! Denn selbst das Suchen nach Wahrheit (richtiger Erkenntnis) deutet schon auf das Interesse hin, welches für uns die Wahrheit hat, sichert uns den Beifall des Gewissens und beglaubigt den vorhin aufgestellten Satz: Moralität sei Empfänglichkeit für Bildung durch veredlende Lehre.

---

[1]) Sprüche Salomo 14, 34.

[2]) Plato, Apologie 19.

[3]) Matth. 7, 7.

Zu 32.

Zwar ganz erfahrungsmäßig wahr ist, was Gellert sagte: „Lebe, wie du, wenn du stirbst, wünschen wirst, gelebt zu haben“ [1]), und Uz:

„Reine Freude quillt aus einem reinen Herzen!“
Sein Zeugnis, daß ich tat, was Recht und Pflicht gebeut,
Entwaffnet Ungeduld und Schmerzen
In Tagen voller D u n k e l h e i t.“ [2])

Aber damit ist nicht erklärt, was ein reines Herz ist, woraus dieses Wohl- oder Mißbehagen entstehet, und die Frage selbst ist doch von erheblicher Wichtigkeit. Im streng asketischen Sinn ist kein menschliches Herz rein. So wäre denn das Hinweisen auf innere Freudigkeit nur ein Spott, indem daran eine clausula impossibilis [3]) hinge. Beklagenswürdig schwankte dann das Menschengeschlecht zwischen der Pein im Innern und den lockenden Freuden des Äußern gleich dem Tantalus dem Grabe zu. Entbehren oder Leiden bliebe stets seine Wahl, und eigentlich steckt das Leiden in beiden. Ist Gram und Sehnsucht über Entbehren der liebsten Wünsche nicht auch Leiden? Und doch ist Sichfreuen (Frohsinn) wahre Seelendiätetik. In diesem Labyrinth von scheinbaren Widersprüchen muß es einen Ausweg geben. Wir wollen versuchen, ihn zu finden. Ein menschliches Herz ist schon rein oder auf dem Wege, rein zu werden (wenigstens rein vom scheußlichsten aller Laster vom Egoismus), wenn es Liebe übt, mit redlichem Wohlwollen um sich her wirkt und gern, Freude verbreitend, das gemeine Wohl vermehrt. Soweit können es wenigstens Menschen bringen, wenn sie wollen, der Reiche wie der Arme, der Mächtige wie der Geringe, der Herr wie der Diener. Hilfswilligkeit, Dienstfertigkeit, Gelassenheit, Langmut, Schonung, herzliches Erbarmen, Mitleiden, Teilnahme: alles Bestandteile derjenigen Liebe, die des Gesetzes Erfüllung (completorium legis) mit Recht genannt wird. Hiergegen kommen kleine Mängel an Engelreinigkeit nicht in Betrachtung. So hindern die Sonnenflecken nicht, daß man die Sonne einen glänzenden Körper nennt, und eine mit der Lupe des Juwelenkritikers entdeckte F e d e r im Edelstein

---

[1]) Gellerts Lied: Vom Tode. 2. Strophe.

[2]) Uz: Die Glückseligkeit. 7. Strophe. (Nicht wortgetreu zitiert.)

[3]) Eine unmögliche Voraussetzung, ein unmöglicher Vordersatz eines Schlusses.

läßt ihm dennoch als solchen seinen relativen Wert. Entstand nicht aus diesem Dringen auf (absolute) unmögliche Herzensreinigkeit das Unhaltbare in allen Religionen? Sühnopfer, Sündopfer, Versöhnungsopfer: kurz, alles Unterschieben einer Sache für die andere, wobei Manipulation und folglich Manipulanten (Priester) nötig waren? Das, was seiner Natur nach geistig war, die innere Besserung der Neigungen, sollte durch äußerliche Zeremonieen ersetzt werden können? Ewiger Preis sei dir, o Jesus Christus, der du den Menschen zuerst deinen und unsern Gott als die Liebe verkündigtest! Wenn schon der Heide sagt: ubi plura nitent in carmine non ego paucis offendar maculis [1]) — wie sollte die höchste, die eigentliche Liebe, die Urliebe, da, wo sie nur Liebe findet, nicht auch Fehler verzeihen?

Fern sei demnach alle sklavische Furcht vor dem, der zwar Herzen und Nieren prüfet, dem aber schon Aufrichtigkeit angenehm ist. Menschen, nicht Gott, weil sie die Gemüter unterjochen und sich als Wegweiser in diesen Finsternissen und als Mittelspersonen notwendig machen wollten, haben die strenge Mönchsasketik erfunden, und wieviel Elend hat sie nicht angerichtet! Fraget, die ihr dieses bezweifelt, die Sterbebetten, die Irrenhäuser und die Geschichte! So riet einst der Beichtvater seinem gekrönten Beichtkinde, dem wegen vieles in Eroberungskriegen vergossenen Blutes bange war, zur Vergebung jener Sünde, nun noch die fremde Meinungen hegenden Untertanen in seinem Lande durch Martern zu vertilgen, sie zu verjagen, oder sie zu Heuchlern zu machen. Nicht so ratet Gott. Sein Rat ist: „Bessert euch! Lasset ab vom Bösen! [2]) Lernet Gutes tun!“ Denn Gott liebte uns schon mit unserm Menschencharakter (d. i. mit unsern Schwächen), noch ehe wir ihn kannten. Er wird also auch in Ewigkeit unser liebender, bildender Vater und Erzieher bleiben, wenn wir Empfänglichkeit für Bildung (d. i. Moralität) uns nur verschaffen wollen. Denn Gott ist unveränderlich, und was bildet mehr als die Liebe?

Zu 33 bis 40.

Ich denke nicht, daß am Schlusse dieses Jahrhunderts es noch eines Zusatzes zu diesem Texte bedürfe. Nur das einzige will ich aus-

[1]) Horatius, De arte poetica, v. 351. Nach Wielands Übersetzung: Doch wenn in einem Werk das Weiße glänzt, so sollen wenig Flecken mich nicht ärgern.

[2]) Jesaias 1, 16.

heben, was in Nr. 36 und 37 steht, nämlich, daß die Bildung durch Lehre in dem Menschen die Neigung, belehrt zu werden, erwecken und zu erhalten suchen müsse, und daß sie daher sich vorzüglich an den Willen zu wenden habe. Man weiß, zur Erläuterung dieses wichtigen Satzes sei es gesagt, daß die lebhafte Jugend den steifen, trocknen Lehrton vorzüglich haßt, entweder dabei zerstreut ist, schläft, oder sich verschiedentlich, nur nicht mit dem, was gelehrt wird, beschäftigt. Dagegen weiß man auch, daß alles Lehrmateriale, sofern es nützlich und praktisch werden soll, auch einer formellen Anmut und desjenigen Reizes fähig sei, der stets im Gefolge der Facundia und des lucidus ordo[1]) nach Horaz ist. Nun folgt gemeiniglich der Wille den Lockungen des Reizenden und Anmutigen. Und die Erfahrung lehrt, daß wir dem, was uns von dieser Seite faßt, es sei nun in Schrift oder Rede, die Aufmerksamkeit nicht leicht versagen. Für den, der noch solche Winke bedarf, sei es denn hier gesagt, a) daß auch das Ernsthafteste der Materie noch sich mit Anmut der Form verträgt, b) daß die richtige Straße hier zwischen Pedanterei und Possenreißerei durchführt, c) daß pöbelhafter Stil nicht populär sei, so wenig als ein lumpigtes Kleid stets einen Republikaner bedeckt und ausmacht.

Zu 41.

Daß die in Gesellschaft lebenden Menschen viel Bedürfnisse haben, ist faktisch wahr. Ob aber nicht schon das Wort B e d ü r f n i s hier den Gesichtspunkt verrückt? Wär' es nicht besser, weil es richtiger bezeichnet, statt dessen zu sprechen, die Menschen haben sich gewöhnt und gewöhnen lassen, manches Entbehrliche für nötig zu halten. Dem sei wie ihm wolle, so führt jede versuchte Reform in dieser Angelegenheit zu nichts oder zur Revolution. Die bewaffnete Macht der größten Monarchie wird nicht vermögend sein, z. B. den Gebrauch von Seide, Tee, Kaffee, Zucker und Tabak auf einmal und gänzlich zu hindern. Und dennoch sind alle fünf hier genannten Dinge sehr entbehrlich. Daß sie es sind, beweiset klärlich die Neuheit ihrer Mode. Nahrung, Kleider, Obdach, Lager, Feuerung und Leuchtung: das sind die wahren Bedürfnisse der Menschheit. In ihrem Besitz lebt niemand im eigentlichen Verstande

[1]) Horatius, De arte poetica, 41. Im Gefolge des treffenden Ausdrucks und der klaren Disposition.

(absolut) dürftig! Das Mehr oder Minder, Fetter oder Magerer, Feiner oder Gröber, Weicher oder Härter, Heißer oder Kühler, Dunkler oder Heller macht hier die Grenzlinie zwischen Wohlhabenheit und der harten Notwendigkeit des Sparens. Doch die wohltätige Gewohnheit tritt ins Mittel und verwischt mit sanfter Hand die grellen Abstufungen. Zuletzt segnet der gezwungene Stoiker vielleicht öfter als der Wollüstling sein Dasein und hat sich nichts kostende Freuden geschaffen, die mit allen seinen Entbehrungen in besserm Zusammenhang stehen, als die des Sybariten mit seiner Schwäche zu genießen.

„Wer auf der Diele schläft, den drückt kein Rosenblatt.
Schon froh, wenn trocknes Moos er nur zum Lager hat."

Also kein Wort hier vom Umsturz der Dinge durch einige Dutzend Jünglinge, die etwa bloß härter erzogen sind als andere. Und o ihr gutmütigen Väter! wenn ihr ihnen nicht Weiber (Gehilfinnen) auch schaffen könnet, die da sind Fleisch von ihrem Fleisch, und Bein von ihrem Bein [1]). Versteht mich ja recht in dieser Stelle! Ich sage, ehe ihr nicht die haarfeine Linie gefunden habt, wo das Weib über die Grenzen der Weiblichkeit hinaustritt, so laßt es lieber beim alten! Aber ganz etwas anders ist, verständig geworden zu sein. Der Verständige setzt keinen hohen Wert auf Dinge, die so oder anders sein können. Er verschmäht z. B. nicht den Wein oder ein ander schmackhaftes Getränk; aber er ist ihm nicht notwendig zur Zufriedenheit. Die edlen Formen vom Luxus, der die Künste füttert, an das Licht gebracht, dünken ihm nicht abscheulich; aber sein Becher muß darum nicht durchaus eine Hamiltonische Vase sein. Er hat viel Freuden-(Gala-) Tage; denn ein wenig besser als „le nécessaire" ist ihm schon ein Fest. Er prahlt nicht mit künstlicher Härte seiner ersten Erziehung, sondern er erzieht sich noch immerfort täglich. Er versteht sich auf Brauchbarkeit und Güte seiner Arbeit, und wäre er z. B. ein verständiger Messerschmidt, so wird er tausend Segnungen von allen ernten, die sich des herrlichen Schnittes seiner Messer und Scheren bei ihrem Gebrauche täglich freuen und ihre Dauer preisen rc. Der Unverständige, Ungewissenhafte (Egoist) z. E. auch als Messerschmidt, würde dagegen an seinen Messern und Scheren nur die Form verkaufen, über den

[1]) 1. Mos. 2. 23.

Punkt der Brauchbarkeit aber sich hinwegsetzen, mögen doch diejenigen über ihn, den Betrüger, schreien, die bei der Form auch die Materie vermuteten, aber nicht fanden. Oderint! dum solvant[1]).

Zu 42, 43.

O möcht ich meinen lieben Lesern den äußerst wichtigen Punkt, daß die Schlechtigkeit einer Vorarbeit das Verderben vieler andern nach sich zieht, mit Flammenschrift schildern können! Wieviel Elend drückt die Menschheit bloß aus diesem Gesichtspunkte! Gewissenhaftigkeit! Du allein kannst uns hier sichern! Wer muß, aus diesem einzigen Gesichtspunkte sie betrachtend, ihr nicht hold werden? Sie mittelst guter Schulen und Erziehungsanstalten durch alle Menschenklassen verbreiten helfen, heißt die Menschen erlösen von vielen vermeidlichen Übeln. Den edlen Ehrgeiz: „Ich will gewissenhaft sein in meinem Tun und Lassen, nicht nur den Namen Meister führen, sondern es in meiner Kunst, Wissenschaft, Handwerk 2c. wirklich sein. Meine Arbeit soll mich loben": Wahrlich so kann nur der Verständige wollen. Heil also dem Lande, wo Gewissenhaftigkeit den Ton gibt! Da muß auch Wahrheit und Recht gelten. Der Gerechtigkeit Frucht aber wird Wohlstand und Friede sein[2]).

Zum zweiten Abschnitt.

Der Staat.

Zu 44 bis 57.

Es ist mehr als ein Irrtum, über diese Gegenstände zu berichtigen. Erstlich: So wünschen die meisten Menschen zu befehlen (d. i. ihrem Willen vorzüglich befolgt zu sehen); dieses aber ist ein Widerspruch gegen die gesellschaftliche Verbindung, wie klar am Tage liegt, indem es wider den Endzweck streitet. Denn dabei entsteht Uneinigkeit, Gewalttätigkeit, innerlicher Krieg und, weil Unfriede verzehrt, auch notwendig Verfall und Auflösung der gesellschaftlichen Bande. Zweitens: Es ist aber nicht denkbar, daß die Menschen sich in Gesellschaften darum sollten verbunden haben, nun noch elender zu werden, als sie

[1]) Mögen sie hassen, wenn sie nur zahlen.

[2]) Jesaias 32, 17.

jeder einzeln waren. Drittens: Eine Gesellschaft verbundner Menschen oder ein Staat wäre ja nicht verbunden, wenn unter ihnen die stets trennende Zwietracht herrschte. Viertens: Ein Staat rechnet auf Fortdauer und muß darauf rechnen, sonst wäre er kein Staat, oder jede Trink-, Spiel-, auch Räubergesellschaft, die heute so, morgen anders zusammengesetzt ist, müßte auch ein Staat heißen können. Fünftens: Fortdauer gründet sich auf Ordnung. Sechstens: Ordnung ist nicht willkürlich, sondern richtet sich nach bestimmten Endzwecken. Siebentens: Diese Endzwecke richten sich nach Klima, Lage, Verhältnissen und herrschenden Meinungen. Achtens: So entstanden Gesetze oder Sammlungen von Verordnungen, deren Befolgung dem Staat oder der vereinigten Menschengesellschaft damals nützlich zu sein befunden war, weil sie die oben als notwendig erkannte Ordnung erhalten sollte. Zehntens: Wer die Gesetze macht, der regiert durch sie. Elftens: Wer darüber hält, daß keiner die Gesetze straflos übertrete, der oder die heißen Obrigkeit. Zwölftens: Die Formeln der Gesetze sind übrigens gleichgültig, nur müssen sie (imperativ) in gebietendem Ton und kurz sein. Dreizehntens: Die Entwicklung der Gründe zum Gesetz oder dessen Schicklichkeit zum Zweck gehört nicht in die Formel des Gesetzes, wohl aber in anderweitige, nützliche Belehrung.

Einer der stärksten Einwürfe gegen die absolute Demokratie liegt in dem, was Nr. 46, 47 gesagt ist. Denn ein Staat, worin jedes Individuum eine deliberative und eine entscheidende Stimme zugleich geben könnte, würde bei der ersten Volksversammlung schon in Zerrüttung geraten. Wo Majora oder die meisten Stimmen entscheiden, wäre das Recht des Stärkeren die Regel. Kabalen und Faktionen trieben ihr Spiel, und die oft bessere Minorität sähe sich unterdrückt. Auftrag der Erklärung des Volkswillens an gewählte Repräsentanten nähert aber die Demokratie der Aristokratie. Also Obrigkeiten müssen sein, als wären sie von Gott verordnet[1]). Sie sind es auch implizite, weil Gott die Ordnung liebt, und ohne sie oder ohne Obrigkeiten seine Menschen, die er liebt, nicht bestehen könnten. Denn die Gesetze sind das Band der Vereinigung, der Schutz wider Gewalttätigkeit, die Zuflucht der Unterdrückten. Als toter Buchstabe würden aber die Gesetze

---

[1]) Römer 13, 1.

so gut sein, als wären sie nicht vorhanden, wenn nicht gewählte Personen (Obrigkeiten) darüber hielten, daß ihre jedesmalige Befolgung nicht unterbliebe. Freilich, wenn alle Menschen gewissenhaft wären, so würde der obrigkeitliche Zwang keine Anwendung finden. Denn die Obrigkeiten sind nicht den Guten, sondern den Bösen zu fürchten[1]). Aber eben diese Gemischtheit der Guten und Bösen, welche wie Unkraut im Weizen sich wohl stets erhalten wird, macht diesen Zwang mit allen seinen Lästigkeiten selbst für die Guten notwendig.

Zu 58, 59.

Es wird Völker geben bis an das Ende der Tage, und wäre eine Universalmonarchie nicht ein Hirngespinst, so hätten die Menschen schon lange sie realisiert gesehen. Und so wird denn auch wohl das Völkerrecht ein Name bleiben von etwas, das in der Ausübung oft fehlt. Wenigstens ist Theorie und Praxis hier im stärksten Widerspruche, wie die Geschichte lehrt. Die Antithese von Recht ist Unrecht. Wo ist aber das Völkertribunal oder der allgemeine Gerichtshof der Völker für Kläger und Beklagte? Das stärkere Volk nötigt das schwächere, sich so zu betragen, als sei es mit jenes Behandlungen zufrieden und verwehrt ihm Protestation und Appellation. Wie der Krieg und das davon benannte Kriegsrecht jenen Mangel formeller gerichtlicher Untersuchungen und Entscheidungen zu ersetzen fähig sei, ist nicht wohl einzusehen, inmaßen beim Kriege sowie bei Zweikämpfen gar oft der Angreifer und Beleidiger obsiegt, und der Angegriffene und Beleidigte nicht allein zuweilen keine Genugtuung erhält, sondern oft größeren Schaden leidet. Bei solchem Zustand der Dinge wird es für den, der weder Regent noch Obrigkeit ist, wohl am geratensten sein, die, dadurch, daß es für ihn unabänderlich so ist, entspringenden Lasten geduldig zu tragen, ohne sie durch Empörungen dagegen zu vergrößern. Denn wie Horaz sagt: levius fit patientia quicquid c o r r i g e r e est nefas[2]). Ist es aber sein hartes Schicksal in solchen Fällen, r a t e n zu müssen, so verweise ich ihn auf sein Gewissen und auf die Inquisitionsartikel dieses innern Gerichtshofes in Nummer 29. Wenn er bedenkt, daß Krieg

[1]) Römer 13, 3.

[2]) Die Geduld macht leichter, was zu verbessern unrecht ist. Horatius — Od. I, 24, 19. 20.

eigentlich ein Kollektivname für einen ganzen Lexikon von fürchterlichen Übeln ist, so wird es kaum möglich sein, daß er bei seinem Ratgeben leichtsinnig verfahren sollte.

Zu 60.

Bei Recht und Unrecht, Tun und Lassen eines jeden, worauf freilich in der menschlichen Gesellschaft alles ankommt, und welches zu regulieren mehr geschrieben ist, als ein Kamel tragen kann — bei dieser wichtigen Sache kommt es am Ende doch auf das an, wie ein jeder über Recht und Unrecht denkt, mit einem Worte, ob er gewissenhaft ist. Was nützen Eide, Verpflichtungen, Vorschriften, Verordnungen rc. gegen den bösen Willen des listigen oder mächtigen Übertreters? So erklärt sich denn die natürliche Folge, daß Verfall der inneren Moralität auch die Auflösung der gesellschaftlichen Bande (des Staats) bewirken müsse. Und so erscheint Vorsorge der Obrigkeiten, daß Lehr- und Erziehungsanstalten zweckmäßig sind, nämlich Gewissenhaftigkeit befördern, als unnachläßliche Pflicht. Wenn ich im Summarium zuvörderst den Grundsatz einschärfte: „Was du nicht willst, daß dir andre tun sollen"[1]), so bewogen mich dazu folgende Gründe: a) Diese negative Regel ist von früherer Brauchbarkeit. Und mein Summarium soll rohe Menschen bilden. b) Die positive Regel: „Was du willst, daß dir andre tun sollen, das tu auch ihnen" setzt schon Bildung voraus[2]). Der Mensch muß wissen, was er wollen darf.

Zum dritten Abschnitt.

Religion.

Zu 61 bis 68.

Wenn auch hier von Recht und Unrecht die Rede sein soll, da schon jede zivilisierte Menschengesellschaft in ihren Gesetzen darüber abgesprochen hat, so entsteht die Frage: Was das für ein Recht und Unrecht sei, worüber die Religion richtet? Es fällt in die Augen, daß zwei

---

[1]) Tob. 4, 16.

[2]) Matth. 7, 12.

Gerichtshöfe für eine Instanz ein Pleonasmus wäre, der, wie z. B. das kanonische Recht, nur Kollisionen veranlaßte. Die bürgerlichen Gesetze bestimmen ja schon, welche Handlungen als recht und unrecht angesehen werden sollen. Gedanken und innerliche Gesinnungen würden sie wohl auch bestimmen wollen, wenn das nur möglich wäre. So hätte denn die Religion bloß diese letztern als die einzige Provinz ohne Prätor zu ihrem Departement. Was nur immer Zwang heißen kann, fällt nach der Natur der Sache schon hier weg.

Doch um die lange Verwirrung der Begriffe über das Wort Religion selbst, da es bald objektiv, bald subjektiv genommen wird, hier nicht zu verewigen, sei es mir vergönnt, es in das charakteristische Wort Religiosität umzubilden. Ich denke diese genommene Freiheit dadurch zu rechtfertigen: a) Weil alles, was auf Religion Bezug hat, das Innere des Menschen angeht; b) weil das Äußere (Form, Gebräuche, Liturgie) von bürgerlichen Gesetzen, als zur Polizei gehörig, schon bestimmt wird; c) weil man Religiosität definieren kann, Religion (wegen des oben bemerkten Doppelsinns) aber nicht wohl. Religiosität ist nun nichts anders als diejenige Gesinnung des Menschen, nach welcher er bei seinen Vorsätzen und Entschlüssen Rücksicht nimmt auf das Miß- oder Wohlgefallen Gottes des Allwissenden. (Daß Gott diese Eigenschaft zukomme, liegt schon in seiner Allmacht.) Wir haben oben von dem hohen Wert der Gewissenhaftigkeit sattsam gehandelt, und hier erscheint nun im vollen Lichte warum? Denn auf sie stützt sich die ganze Religiosität. Von dieser Gewissenhaftigkeit, die eigentlich allen Menschen zukommt, ist jedoch Skrupulosität wohl zu unterscheiden. Wie diese Hypochondrie der Seele die Menschen foltern könne, lehrt die Geschichte. Gelübde törichter Art, Kreuzzüge und Dragonaden bewirkte dieser Affe der Gewissenhaftigkeit. Einflüsse der Beichtväter und Tröster bei skrupulösen Regenten, befleckten sie nicht mit Blut viele Blätter der Ländergeschichte? Welches aber ist der Unterschied zwischen beiden? Die Gewissenhaftigkeit ist das Vordenken bei wichtigen Entschlüssen mit Rücksicht auf Pflicht und Recht. Skrupulosität aber ist entweder Unentschlüssigkeit vor der Tat oder Ängstlichkeit nach derselben wegen der Folgen jenseit des Grabes. Daß es nur eine Religion geben könne, weil es nur eine Religiosität gibt, scheint nicht minder klar zu sein. Sind Religionen nur äußerlich zu unterscheiden an ihren Gebräuchen, Formeln,

Liturgien, gedruckten Bekenntnissen und Sektennamen, so ist ja dieses ein böser Unterschied. Er gebiert noch täglich, wie bisher nach dem Zeugnis der Geschichte, Haß, Zwietracht, Druck und Trennung unter denen, die sich als Kinder eines Vaters lieben sollten. Auch dieser böse Unterschied fällt weg bei der Religiosität. In ihrem beglückten Reich gibt es keine herrschsüchtigen Priester, keine zur größern Ehre Gottes mordenden Laien. Der wahre Heiland und Erlöser der Menschen von Religionsirrwahn und Aberglauben, Jesus Christus, lehrte als Hauptsumma: Liebe Gott über alles (Er ist ja dein liebender Vater und Versorger!) und deine Mitmenschen aufrichtig![1]) (befördere, wo du kannst, ihr Wohlsein! nur so beförderst du zugleich dein eignes). Geht das an bei dem Unterschied einer herrschenden Religion und daher gegen die unterworfenen Religionen erwiesenen und erwiderten Haß, Druck, Zwang und Trennung??? Wenn nun vollends die Offizianten dieser herrschenden Religion für sich einen Körper bilden, der exemt von den bürgerlichen Gesetzen, als ein eigner Stand nach einem sogenannten kanonischen Recht und von einem auswärtigen Gerichtshofe gerichtet sein will. Wenn er seine unbestrittne Nützlichkeit als Lehrer der Wahrheit und Erinnerer an den hohen Wert der Gewissenhaftigkeit mit der sehr problematischen Notwendigkeit der Weihe des Konsekrierens sonst profaner Dinge des Ablasses, der Vergebung der Sünden, der Fürbitte bei Toten und Lebendigen und gewisser ritus 2c. vermengt. Was ist dabei Religion? Was ist sie nicht? Wird nicht wegen dieser chaotischen Zusammenstellung disparater Dinge der Name Gottes verlästert unter den Heiden?[2]) (Siehe die Vorrede des Summariums.) Wollen nun endlich weise Obrigkeiten diesen Statum in Statu nicht länger dulden, so schwingt der Fanatismus seine Brandfackel. Die pro aris et focis[3]) streitenden Offizianten der Religion empören die schwachsinnig erhaltnen Völker. Krieg und Mord verheert die blühenden Provinzen. Gift und Meuchelmord werden in ihrer Hand geheiligte Mittel, um ihr uti possideatis[4]) zu retten. — Ist das hier Gesagte Deklamation, Hyperbel?

---

[1]) Matth. 22, 37—40.

[2]) 1. Römer 2, 24.

[3]) Für Altäre und Herde.

[4]) Damit ihr besitzet.

Nein! Die Geschichte der Zeiten sowie des Tages bürgt für die strenge Wahrheit desselben. Würde aber Religiosität die einzige Religion, wie sie doch zu sein taugt, wie wären da diese Greuel zu besorgen? In der Anwendung des allerdings allgemeinen Gesetzes „Man solle Gott mehr gehorchen als den Menschen"[1]), wodurch so manches bloß politisches Märtyrertum entstand, liegt ein Mitgrund oberwähnter Übel. Hier wird Gott und Obrigkeit einander entgegengesetzt. M e h r gehorchen setzt Befehlen voraus. Nun befiehlt mit Effekt eigentlich nur die Obrigkeit. Gehorchen aber kann da nur auf sichtbares Tun und Lassen sich beziehen. Und ihre (der Obrigkeit) autentische Befehle gelangen direkte an den Untertan. „Seid untertan der Obrigkeit, die Gewalt über euch hat." „Wer ihr nicht gehorcht, der widerstrebt Gottes Ordnung; denn alle Obrigkeit ist von Gott."[2]) Seht hier, geliebte Leser! in diesen deutlichen Stellen desselben heilig gehaltenen Buches, worin jene stand, und in meiner Bemerkung zu Nr. 63, 64 das Grab als Religionsfanatismus, der die Ehre Gottes auf die Trümmer der obrigkeitlichen Gewalt zu gründen oft versuchte, „Du sollst Gott mehr gehorchen als den M e n s c h e n", muß also heißen, „a l s s o l c h e n, d i e d i r e t w a s z u m u t e n, aber, wenn sie auch P r i e s t e r wären, doch eigentlich nichts zu befehlen haben." Ist aber das, was die Obrigkeit befiehlt, an sich unrecht, so hat sie, nicht der Gehorchende, das zu verantworten, wobei denn seine Gewissenhaftigkeit nicht gefährdet wird, wenn er die Grenzen des Befehls nur nicht aus Leidenschaft überschreitet (exacerbiert). Daß bei Nr. 64, 65 im Texte bloß auf Nr. 16 und der dort gegebnen neuen Definition des freien Willens genommen werde, bedarf kaum einer Erinnerung. Man sieht aber daraus, wie wichtig diese neue Erklärung der menschlichen Willensfreiheit für die ganze Moralität des Menschen sei. Ja, daß mit ihr auch der Fanatismus stehe und falle. Die minder faßliche doch nicht minder wahre Definition nach Kantischer Methode: „Freiheit sei Bedingung des Rechts zu einem Zweck", verträgt sich auch ganz wohl damit. Denn wer übernatürlichen Einwirkungen unterliegt, kann keinen E n d z w e c k mit Sicherheit verfolgen, da er die Mittel (Zwecke) nicht einmal ordnen kann.

---

[1]) Apostelgesch. 5, 29.

[2]) Römer 13, 1. 2.

Zu 69, 70.

Da das Beste, was Menschen einrichten können, wegen der Eingeschränktheit ihres Wesens doch immer menschlich, das ist unvollkommen, bleibt, so würde der innere Wunsch, sich an Schönheit und Harmonie zu freuen ohne Studium der großen Natur, sehr unbefriedigt bleiben müssen. Gott aber aus seinen Werken kennen, ist gleichbedeutend mit Gott ehren. Auch wird man schwerlich einen gottlosen Astronomen oder Mikroskopiker finden. Wie das Werk den Meister lobt, so preisen Ihn, den Mächtigen! den Weisen! die Myriaden seiner Geschöpfe. Himmel und Erde (auch dieser Tropfen am Eimer!)[1]) sind schon sein Psalm und Lobgesang.

Und wo der strahlende Sirius seine Sphärenkette jenem unbekannten Lichtozean, den wir kleinlich genug die Milchstraße nennen, anschließt — O! was mag da sein? Verschwindet dann ihr niedern Sorgen! Will er, der Vater der Lichter, mich doch teilnehmen lassen an jenem Genusse, der höher, obgleich nicht wider alle hiesige Vernunft ist; das genüget mir. Aber doch mich ein wenig umsehen, da, wo seine weise Güte mich zuerst hinpflanzte, auf dieser seiner Erde umherschauen, ob ich ihn etwa schon hier fühlen und finden möchte,[2]) das will ich tun, noch ehe ich sterbe.

Schimpflich wäre mir es doch, wenn blind am Geist ich über die Künste die Natur vergessen hätte und nicht hier schon das Abc der dankbaren Liebe zu dem Gott, der meine Reiseherberge so herrlich ausstattete, fertig aufsagen könnte.

Zu 71.

Lebt nicht auch der Festungsgefangene ja oft länger als sein alle Bequemlichkeiten genießender Richter? Also leben allein, obwohl ohne diese so oft unerkannte Wohltat keine andre stattfände, hilft uns nicht ganz aufs reine bei dem Begriff der göttlichen Güte. Aber Leben und Freude im mannigfaltigen genießen sollen. — O! wer das veranstaltete, den vermochte nur wohltätige Güte (Liebe) dazu. Denkt, geliebte Leser, hierbei als Kommentar an die Jahreszeiten, Tageszeiten, Farbenwechsel, Ablösung einer Blumenpracht durch die andere,

---

[1]) Vgl. Klopstock, Die Frühlingsfeier.

[2]) Apost. Gesch. 17, 27.

Geruchs- und Geschmacksfreuden, unentgeltliche Musik der Wälder und Gärten, denkt an frohes Wachen, an erquickenden Schlaf, an teilnehmende Empfindungen liebender Mitgeschöpfe, die jeden Genuß verdoppeln, denkt endlich an das, was unser ausgebildeter Geist in sich für eine Schöpfung im Kleinen bereiten kann, denkt das, sage ich, und denn zweifelt noch, wenn ihr könnt, ob Gott gütig ist, der alles das so einrichtete!

Zu 72, 73.

Haltet Maß in allen Dingen![1]) Wie denn? Auch in der Freude? Das scheint sonderbar, so wahr es ist. Berichtigen wir das Wort Freude, so wird alles klar werden. Freude ist ein Zustand (abstractum) kein Ding (Concretum). Selbst dieser Zustand der Freude kann unbewacht, aus Disposition zu Fröhlichkeit in unbescheidne Äußerungen derselben, ja in Bachanalien und Luperkalien 2c. ausarten. Wer sich bewußt ist, am reichen Gastmahle des großen Freudengebers lange teilgenommen zu haben, der stehe dankbar auf, wenn der Genuß noch währen könnte: Er entbehre mit Vorsatz, um seiner Seelendiät willen! So sich selbst entäußernd, schlichen sehr edle Menschen freiwillig in die Hütte der Armut, an das Siechbette des Unheilbaren; suchten dort nicht eignen Freudengenuß, sondern, fremde Tränen trocknend, weinten sie selbst mit zerrißnen Herzen, daß sie nicht ganz helfen konnten. Und siehe! die Freude begegnete ihnen auf dem Rückwege wie eine Geliebte, deren Reizen man huldigte, selbst durch seine Flucht. Und wo sie keinen Freudenlohn erwarteten, da entstand ein Himmel in ihrer Brust. Es ist leichtlich keine gefährlichere Stimmung der Seelen zu gedenken, als der heftige Wunsch, stets zu genießen, oder der Hang zu ununterbrochen angenehmen Empfindungen. Wie unbeschreiblich elend muß sich der fühlen, dem hier die unbestechliche Natur selbst Grenzen setzt! Und was macht die Langeweile zur irdischen Hölle? Nichts anders, als das so oft notwendig fehlende Bedürfnis des Weichlings, amüsiert zu werden. Hohe Weisheit lag daher dem Stoizismus zum Grunde, und Fasten, d. i. freiwilliges Entbehren auf eine Zeitlang nicht bloß der Speisen und Getränke, sondern auch vieler andern Genüsse, war Körper- und Seelendiät zugleich.

---

[1]) Sirach 33, 30.

Zu 74, 75, 76.

Gott lieben ist eine Redensart ohne Sinn, wenn wir das Wort „lieben" nicht verstehen. Der Kommentar dazu liegt in dem Begriffe Freude an oder über etwas empfinden, gern und mit Wohlgefallen daran denken, seine Beziehungen und Verhältnisse zu diesem Wesen sich klar und deutlich zu machen streben. Wenn so die Seele selbst bei ihrem Freudengenuß sich Gott als den Freudengeber zu denken gewöhnt und dankopfernd ihn preiset, so wird die Gottesverehrung nicht bloß auf Tag und Ort beschränkt.

Die wahrhaftigen Anbeter werden Gott allenthalben verehren. Sinnliche Liebe findet also bei Gott nicht statt. Und doch hat wegen mangelnder Auseinandersetzung obiger Begriffe edle Schwärmerei so manchen bekannt gewordenen oder unbekannt gebliebenen, besonders weiblichen Kopf zerrüttet. Zwar nannten sie es g e i st i g e Liebe. — Aber wenn die Liebe überhaupt sich besser empfinden als beschreiben läßt, wie kamen sie zu blätterreichen Büchern voll sinnlicher Ausdrücke dieser Empfindungen? Wollten sie etwa damit prahlen? Doch die Liebe bläht sich ja nicht und stellet sich nicht ungebärdig[1]); ihr genüget stiller Genuß. Wenn wir uns nun überzeugt haben, daß Gottes Güte sich an uns als Liebe bewies, indem er uns in das Leben rief und uns dadurch einlud, als Gäste teil zu nehmen an dem großen Freudengastmahl seiner Welt, so fällt es in die Augen, wie unschicklich es sei, unsere M i t g ä st e zu mißhandeln und Freudenzerstörer zu werden. Wohl wahr ist es: „Wer seinen Mitmenschen nicht liebt, wie kann der Gott lieben?" [2]) Schon ein Mensch würde seine Einladung für verachtet halten, wenn seine Gäste haderten, statt sich nach seiner liebenden Absicht zu freuen. Also:

Der liebt Gott in der Tat,
Der, wenn Gott Segen gibt,
Aus Liebe gegen Gott
Auch Lieb' an Menschen übt![3])

---

[1]) Korinther 13, 4.
[2]) 1. Joh. 4, 20.
[3]) S. Erntelied. 1. Bd. S. 146. Nr. 11.

Zu 77, 78, 79.

Wie sollte Gott Gaben und Opfer an Tieren und Metallen von den Menschen begehren können, Gott, dem alles schon gehörte, noch ehe er uns den Nießbrauch davon verlieh! Gib Gotte, o Mensch, dein Herz! und laß dir seine Einrichtungen wohl gefallen[1]), ist eine moralische Requisition.

Sie bedeutet soviel, als wenn es hieße: Sei o Mensch! Gottes Freund. Murre nicht über Gottes Wahl seiner Mittel! Sieh deinen Standort in Gottes Welt an als erste Leiterstufe, die du willig betreten mußt, wenn du steigen willst. Sei erst im Kleinen brauchbar und getreu und dann zweifle nicht an deiner höhern Versetzung. — Wenn Gott will, daß allen Menschen dadurch geholfen werde, daß sie zur Erkenntnis der Wahrheit kommen[2]), so will Gott, daß dieses durch Menschen geschehe. Mittelbar (siehe Nr. 64), nicht durch übernatürliche (unmittelbare) Einwirkung von seiten Gottes, kann dieses nur geschehen. Deswegen heißt es: Gott empfohl einem jeden Menschen seinen Nächsten[3]). Diese Nächsten in so vielen Beziehungen sind nun Obrigkeiten, Herrschaften und Dienende, Ehegatten, Eltern, Lehrer und Erzieher. Nimmt man dazu den Erfahrungssatz: „Wie man das Kind gewöhnt, so wird es im Alter sein."[4]) O in welchen erhabenen Rang tritt da unter den Pflichten die Sorge für Unterricht und Bildung. So erscheint denn jeder Mensch, Herr oder Diener, als Gottesmitwirker am Wohl des Ganzen. Eine Kindermagd, ein Taglöhner, ein jeder Hausvater, alle können sie an ihrem Teile mit eingreifen in Gottes jedes Wohlsein betreffenden Plan. Denn sind sie nicht auch des Ganzen integrierende Teile? Wer kann ihren Einfluß auf ihre Nächsten ableugnen? Können sie nicht der Freuden oder des Leides genug in ihren engern oder weitern Kreisen verbreiten? Denkt, geliebte Leser, an Chatel[5]), Jan van Leyden[6]),

---

[1]) Sprüche Salom. 23, 26.

[2]) 1. Timoth. 2, 4.

[3]) Sirach 17, 12.

[4]) Sp. Salom. 22, 6.

[5]) Johannes Chatel versuchte am 27. Dezember 1594 den König Heinrich IV. von Frankreich zu ermorden.

[6]) Nebenname Johann Bokelsons, 1509 bei Leyden geboren, der als wiedertäuferischer Unruhstifter 1536 in Münster hingerichtet wurde.

Damiens[1]), Pugatschev[2]). Sollte nun, wenn dieses allgemein anerkannt würde, nicht die natürlichste Folge davon sein, daß Gottesfurcht sich in Liebe zu Gott verwandelte?

Wie? solchen Gott sollt ich nicht ehren,
Und seine Güte nicht verstehn?
Er sollte rufen, ich nicht hören?
Nicht freudig seine Wege gehn?[3])

Und wie entdeck' ich seine Wege? Sie sind Wohltun und Güte mit Ordnung. — So lehrte mich die Betrachtung der großen Natur. Ich will also Gott über alles lieben, und sucht man nicht dem, was man liebt, an Gesinnungen ähnlich zu werden? So will ich denn auch gütig und wohltätig mit Ordnung sein. Was Gott liebt, will ich auch lieben. Er liebt aber die Menschen, also will ich sie ebenfalls lieben, das heißt die Beförderung ihres Wohls zu meinem Bestreben machen. Wie vorsichtig und gewissenhaft bei meinem Tun und Lassen wird mich solche Gesinnung nicht machen? Aber wird nicht denn auch im eigentlichen Sinne Gottes Reich zu uns Menschen durch Menschen kommen?

Zu 80.

Theokratie ist also da, wo Gewissenhaftigkeit ist. Sie ist das Reich Gottes inwendig in uns[4]). Denn sie regiert den innern Menschen und bestimmt seine Mittel und Zwecke dadurch, daß der Mensch dabei auf Gottes Urteil über ihren Wert Rücksicht nimmt. So ist der Mensch ein Gottes-Verehrer und hat Religion, weil er verständig ist, das ist, versteht, was zu seinem Frieden dient[5]). Der Widerschein derjenigen Freude, die er andern veranstaltete, wird sein Inneres beleuchten und erwärmen. Er allein wird konsequent sein können und

---

[1]) Robert Francois Damiens verübte 1757 ein Attentat auf Ludwig XV. und wurde 1758 in Paris hingerichtet.

[2]) Jemeljan Pugatschev erregte 1773 einen Aufruhr gegen Katharina II. und wurde 1775 zu Moskau hingerichtet.

[3]) Vgl. Gellerts Lied: Die Güte Gottes.

[4]) Lukas 17, 21.

[5]) Lukas 19, 42.

seine Handlungsweise nie zu ändern nötig haben; denn auch sein künftiger Zustand wird nur eine Fortsetzung des jetzigen sein.

Zu 81, 82.

Man darf mit Zustimmung der prüfenden Vernunft sagen: Ich glaube, daß mein Geist, das, was in mir denkt, unsterblich (unzerstörbar) sei. Denn ich fand viel Wahrscheinlichkeit zu diesem Glauben, als ich nach Erkenntnis der Wahrheit strebte. Über Sein und Nichtsein ist bei mir keine Frage mehr[1]). Ich war ja einmal durch Gottes Güte ein denkendes Wesen, wie sollte ich das nicht bleiben? Gott ist mein liebender Vater, ich sein Kind. Wird er mich aus seiner großen Schöpfung verstoßen wollen, wo doch soviel Wohnungen sind? [2]) Nein! Er hat die Menschen nicht ins Dasein rufen können, um sie in kurzen oder längeren Zeiträumen wieder zu zerstören. Nein! so lernt ich ihn nicht aus seinen Werken kennen! Das Brauchbare wirft kein weiser Meister weg, wird nicht sogar das Caput mortuum noch benutzt? In immer neuen Gestalten erscheint der ewige Keim. Nichts stirbt, nichts verdirbt im eigentlichen Sinne, was Gott sein Dasein verdankt.

Zu 83.

Mit solchen Gesinnungen verschwindet die knechtische Furcht vor dem Tode mehr und mehr. Tod ist notwendige Bedingung des Lebens. Lebten alle Wesen noch zusammen, die einst lebten, sie würden bloß durch ihr Dasein sich selbst zerstören, und ein allgemeines Kerkerfieber schon durch Verderbung der Luft entstehen müssen. Das Leben hat neben manchen Freuden auch seine Lasten; denn es ist eine Pflichtreise. Wer sagen kann: Ich wirkte gern, weil mein Tag währte; ich nützte gern mit meiner Leibes- und Geisteskraft, der wird auch leben wollen. Und endlich, angelangt an die Grenze der hiesigen Provinz, wird er den Tod als einen neuen Wegweiser in jener fremden Gegend nicht unfreundlich empfangen. Dieses beides scheint mir die geratenste Stimmung einer weisen Seele zu sein. Sie darf denn in der entscheidenden Minute sprechen:

---

[1]) Shakespeare, Hamlet, III, 1.

[2]) Johannes 14, 2.

Es ist vollbracht![1]) Nimm nun, o Gott, meinen vorbereiteten Geist in deine höheren Klassen auf!

Zu 84.

Bei dieser letzten Nummer des Summariums muß ich mit meinen Lesern eine wichtige Rechnung abschließen. Es kann ihnen kaum unbemerkt geblieben sein, daß ich mit dem Summarium ein Lehrbuch liefern wollte, worin Materie und Form minder inkonsequent sei als in den bisherigen. Wenn ich dem sechsjährigen Kinde etwas vorlege, so wird es auf die Frage, „Wie kam das dahin, (auf den Fleck) wo es liegt?" unfehlbar antworten: „Du legtest es dahin." Wer nun von dieser Antwort nicht bis zur Frage „woher wir, und alles, was wir sehen?" und von dieser durch das ganze Summarium allmählich kommen kann, der würde wenig Lehrgabe zeigen. So das Kind, so der erwachsene Schüler. Wenn also der Lehrer mit seinem Schüler, das Kontroverse zuerst vorbeigehend, den bescheidenen Weg der Untersuchung wandelt, so zerknickt er ihm nicht den Kopf mit der Keule der Autorität. Er erhält dem Schüler die **Mens sana** (die Seele gesund), welche, wenn sie mit einem Corpori sano (gesunden Körper) verbunden ist, eine Quelle von unzählbaren Freuden werden kann. Es soll dieses Büchlein die Vernunft nicht lehren; denn sie ist Gabe Gottes, Bedingung der Menschheit; das Kind bringt sie schon mit in die Schule wie der kleine Maurerlehrling Pinsel und Kelle. Aber wie das Kind diese Gabe Gottes nun brauchen solle, damit sie recht gebraucht werde, dieses soll summarisch mein kleines Buch lehren. Es soll helfen zum Verständigwerden. Dazu gebe Gott seinen Segen!

[1]) Johannes 19, 30.

Über Vernunft und Verstand in Herrn Professors Jokobs Grundriß der Erfahrungs-Seelenlehre.

Von Friedrich Eberhard von Rochow auf Reckahn.
(Henke, Magazin für Religionsphilosophie. Helmstädt 1796, 5. Bd. S. 439—451.)

Wenn ich von Schriftstellern, die ungemein vielmehr als ich wissen, demnach also auch den Zusammenhang vieler Dinge besser einsehen müssen, Behauptungen lese, die den meinigen ganz entgegenstehen, so ist meine erste Empfindung allemal Traurigkeit. „Du hast unrecht! Denn du bist ein Laie in der Kunst!" „Artis perito in arte sua credendum est!" („Dem Meister in seiner Kunst ist zu glauben"), so ungefähr lautet gewöhnlich das erste Urteil (Vorurteil), welches ich über mich fälle. Bald darauf denk' ich: „Aber wie war es denn auch möglich, daß du so gewaltig irren konntest?" Und nun fängt die niedergeschlagene Seele sich aus ihrer ersten Betäubung zu erheben an. Die Analyse beginnt, und indem ich mich fragte, wie und auf welchem Wege kam ich zu meiner Überzeugung, davon meine Behauptung der ehrliche Ausdruck war? so finde ich zuweilen die Wahrheit auf meiner Seite.

Geliebte Leser! Bin ich der einzige, der in solchen Fällen so zu Werke geht, so sei diese kleine Schrift auch ein Beitrag zur Erfahrungs-Seelenkunde. Machen es mehrere so wie ich, ei nun, so bin ich doch kein Sonderling.

Herr Doktor und Professor Jakob rc. sagt in seiner zweiten ganz umgearbeiteten Ausgabe des Grundrisses der Erfahrungs-Seelenkunde S. 219 § 393:

„Das Vermögen zu schließen wird insonderheit Vernunft genannt" und S. 260 § 470: „Der Mensch hat einen gesunden Verstand (bons sens), wenn er die einzelnen Fälle richtig unter die bekannten allgemeinen Regeln bringt. Gesunde Vernunft hat der Mensch, wenn er aus bekannten Erfahrungsregeln „richtig auf künftige Fälle schließt;" § 471: „Die Gesundheit des Verstandes und der Vernunft ist größtenteils ein Geschenk der Natur und kann durch Kunst niemals ganz ersetzt werden."

Gegen diese Sätze wünsche ich gehört zu werden, da ich zugleich meine eigene Apologie schreibe, weil ich in allen meinen Schriften dem großen und kleinen Publiko eine ganz andere Theorie über Vernunft und Verstand vortrug. Die Meinung ist bei mir sehr alt, daß es schädlich sei beim Lehren, wenn

a) Verstand mit Vernunft verwechselt wird;
b) der Vernunft zugemutet wird, was sie nicht leisten kann;
c) die Etymologie dabei ganz aus der Acht gelassen wird, nach welcher Vernunft von Vernehmen, Verstand aber von Verstehen abzuleiten ist;
d) manche hierher in Praxis ganz zu vergessen scheinen, was sie bei andern Theorien gern zugaben, daß Vernunft das Unterscheidungszeichen des Menschen von den Tieren sei;
e) der Verstand (besser Verständigsein) erst die Folge von vielem Verstehen, dieses aber nur vom mündlichen oder schriftlichen Unterricht und von belehrenden Beispielen und Situationen die Folge sein kann:
f) so ist also Vernunft nichts mehr und nichts weniger als die vom Schöpfer dem Menschen mitgeteilte Fähigkeit, verständig werden zu können*).

An diese mir so natürlich und einleuchtend scheinenden Sätze reihete sich ganz ungezwungen nun alles an, was ich dachte, schrieb und tat. Ich dachte mir die Kinder z. E. nie unvernünftig, sonst müßten sie nach meiner Theorie ins Irrenhaus, wohl aber unverständig.

---

*) Siehe die Parabel im Matthäus über das erhaltene Pfund (Talent), damit wir wuchern sollen. Den Rat Pauli: „Werdet verständig!" usw.

Und dazu, meinte ich, wird schon Rat werden durch Unterricht, gutes Beispiel und viel Übung. Und noch nie bin ich mit diesem System auf den Sand gesegelt. Mein Schiffchen hält noch See, wenn mancher Dreidecker indessen schon als Wrack den Strand bereicherte.

Um Verzeihung bitt' ich meine Leser nicht, daß ich vorher einige Bibelstellen anführte. Nicht tat ich es, um meine Unphilosophie hinter ihre Autorität zu flüchten, sondern um zu zeigen, wie ihre Popularität (Nutzbarkeit) so stark meinen Behauptungen das Wort redet. Und was kann ich dafür, daß in der Bibel soviel Verstand ist? Ich hab' ihn darin gefunden, aber wahrlich nicht hineingetragen wie jener Abbé, der, als man ihn fragte, ob er heute gepredigt habe, die Antwort gab:

J'ai prêté mon esprit à St. Paul.

Ist dem nun also, daß Vernunft die Gabe Gottes ist, die in der Regel den Menschen wesentlich von allem übrigen Sichtbaren unterscheidet, ist sie die Fähigkeit, wenn das geschieht, was geschehen soll, verständig werden zu können, so soll vermutlich auch diese Einrichtung als Anlage des Schöpfers zweckmäßig benutzt werden, und was kann einzig und allein ihr Zweck sein? Kein anderer, als verstehen, verständig werden, prüfen lernen, zur Erkenntnis und Liebe der heilbringenden Wahrheit kommen. Es ist auch für die gute Sache der Aufklärung ungemein wichtig, daß meine Theorie die rechte sei.

Nach ihr sollen alle Menschen verständig werden. Denn die Vernunft a potiori fit denominatio! ist allgemeine Gottesgabe; kein Lehn oder menschliche Gnadensache, nicht an Kasten oder Klassen (vulgo Stände genannt) gebunden, kein Privilegium oder nostrum oder particulare. Nein! ein wahres allodium. Wer also die Liebe, das ist, die Erweisung aller möglichen Freundschaft und Hilfe zum Wohlsein unserer Mitmenschen als allgemeine Pflicht gelten läßt, der muß, wenn er nicht inkonsequent ist, auch wollen, daß alle Menschen verständig werden.

Denn wer kann oder darf aller Erfahrung zum Trotze leugnen, daß z. E. ein Staat nicht weit hinter anderm zurückstehe, worin die meisten Menschen oder nur viele das Geschäfte, was sie treiben, nicht verstehen, also nicht recht machen? Wer darf sagen: Oldenburg und Marokko werden gleich gut regiert? Wer kann es über sein Herz bringen zu behaupten, daß der Unverständige sich öfter an die angenehmen Verhältnisse, worin die Menschen mit Gott stehen, erinnere, sich demnach öfter über Gott freue als der Verständige? Läßt man dieses alles gelten, wie man denn freilich wohl muß, so wäre meine Theorie verteidigt, weil aus ihr und nur aus ihr dieses alles ungezwungen folgt.

Aber vielleicht, weil doch alle Wege nach Rom gehen sollen, wie das Sprichwort sagt, ist die Theorie des Herrn Professor ꝛc. Jakobs, loco citato[1]), nicht im Widerspruch mit der meinigen? Wir wollen sehen. Er sagt: „Das Vermögen zu schließen wird insonderheit die Vernunft genannt. Sollte die Vernunft nicht mehr sein als das Vermögen zu schließen? Bei dem Wahrnehmen, eins auf das andere beziehen — Vergleichen (Ähnlichkeiten suchen) —; Unterscheiden (Unähnlichkeiten finden) —; Rechnen, d. h. mit Zahlen — Sprechen, d. h. mit Worten Begriffe bezeichnen und verbinden; Musik, teils setzen, teils gesetzte, sogar nie vorhergesehene durch Instrumente oder mit der Stimme darstellen —; Lesen und Denken über das Gelesene: so vielseitig ist das, was ich Vernünft oder das Charakteristische am Menschen nenne.

Und das bloße Vermögen zu schließen, sollte und zwar „insonderheit" die Vernunft sein? Wie enge wäre diese Definition! Und was soll hier das einschränkende Wort „insonderheit?" Von einem Vermögen der menschlichen Seele ist ja die Rede. Ein Vermögen kann mit der Beschränkungsformel nicht gedacht werden, weil, wenn es überhaupt etwas Universelles ist, in dessen Definition nichts Partikulares gehört.

Ein Beispiel wird die Sache ganz ins Licht setzen. Die Tonkunst ist unstreitig eine der erstaunenswürdigsten Äußerungen der menschlichen Vernunft. Kein Tier hat das Vermögen dazu. Und doch wie auffallend würde die Behauptung sein: Die Tonkunst wird insonderheit die Vernunft genannt?

---

[1]) An der angeführten Stelle.

Setzt man statt Tonkunst die Kunst, Schlüsse zu machen, so zeigt die richtige Parallele das Fehlerhafte der Jakobschen Definition.

Wir gehen nun weiter und beleuchten die Behauptungen S. 260 § 470: „G e s u n d e Vernunft hat der Mensch, wenn er aus bekannten Erfahrungsregeln richtig auf k ü n f t i g e F ä l l e schließt."

Zuvörderst bemerke ich dagegen: a) daß das Adjektivum „g e s u n d e" zu „V e r n u n f t" überflüssig sei. Denn ein Nennwort, wie dieses, welches den ganzen Begriff enthält, bedarf keines Adjektivs. Wie man nicht schicklich sagt: „Ein a d l i g e r Edelmann," so soll man auch nicht schreiben: „g e s u n d e Vernunft." Vernunft ist allemal gesund —, ungesunde — hat ja schon ihre Benennung: Unvernunft. Wozu also der Pleonasmus? Ich kann mich nicht enthalten, hier einen bescheidnen Wunsch laut werden zu lassen, daß doch unsre Herren Schriftsteller mit dem Gebrauch der Adjektiven behutsamer und sparsamer umgehen möchten! Mir scheint die ganze Sprachweisheit darin zu liegen, daß man die Ü p p i g k e i t d e s S t i l s vermeide, die, seiner Bündigkeit zum Schaden, ihn nur aufbläht wie übel verdaute Speisen den Leib. Aber das ist noch der geringste Schaden. Wir wollen nur ein Beispiel aus vielen wählen. D e r Schriftsteller, welcher sich z u e r s t die Zusammenstellung des Adjektivs (Beiworts) f a l s c h e mit dem Nennworte A u f k l ä r u n g erlaubte, hat unglaublich viel Unheil gestiftet. Tausende schwatzten nun diese Phrasis ihm nach, legten ihre Lanzen ein und rannten gegen den eingebildeten Riesen; denn es gibt überall keine f a l s c h e Aufklärung, sowenig als s i c h t b a r e Geister, weil ein Prädikat, und ein jedes Adjektiv ist doch ein Prädikat, welches sein Subjekt aufhebt, es zu nichts macht.

Und nun vollends, wie reimt sich E r f a h r u n g s r e g e l! Was heißt Erfahrung? Was heißt Regel? Kann man nach Regeln erfahren? Ich erfahre z. B., daß ein Dorf abgebrannt ist, daß meine Nichte von einer Tochter entbunden ist, daß es regnet, obgleich das Barometer hoch steht, daß der Kurs der französischen Assignate plötzlich über die Hälfte gegen den vornächsten Posttag gefallen ist, daß die französische Armee über den Rhein geht, um sich schlagen zu lassen 2c. Wo sind oder wie heißen zu diesen Erfahrungen die Regeln??? Und nun vollends bei k ü n f t i g e n Fällen!

Prudens futuri temporis exitum
Caliginosa nocte premit Deus. —

„Ein weiser Gott hüllte das künftige Schicksal in die dunkle Nacht," sagt schon der weise Horaz[1]). Wenigstens hat Erfahrung nichts mit der Zukunft zu tun. Höchstens Vermutung aus ähnlichen Fällen; diese ist aber, wie jeder weiß, trüglich, mithin nichts weniger als Erfahrungsregel.

§ 471 heißt es ferner: „Die Gesundheit des Verstandes und der Vernunft ist größtenteils ein Geschenk der Natur und kann durch Kunst niemals ganz ersetzt werden."

Verstand (gesunder) soll ein Geschenk der Natur sein?

Zuvörderst, was ist Geschenk der Natur?

Schenken ist eine moralische Handlung; denn sie setzt Wohlwollen des Schenkenden gegen den Beschenkten voraus, und das Wort Natur hat in dieser Verbindung keinen Sinn; denn es ist keine moralische Person. Verstand ist also kein Geschenk der Natur, sondern zweckmäßiger Gebrauch der Gabe Gottes. Vernunft gibt Verstand oder hilft, daß der Mensch verständig wird. Die Erziehungskunst, worin der Unterricht mitbegriffen ist, tut hier alles, und auf Geschenke ist hier nichts zu rechnen. Die Natur schenkt überhaupt nicht; aber sie belohnt Fleiß und Mühe. Viele affektieren das Wort Gott auch da, wo es wohl hingehört, zu umgehen und brauchen lieber das Wort Natur. Sie bedenken aber nicht, daß sie dadurch Irrtum lehren und sich und andere verwirren.

Aus allen diesen Erörterungen leuchtet nun die Wahrheit und vorzügliche Lehrbrauchbarkeit meiner Theorie vor dieser jedem unbefangenen Prüfer hoffentlich ein, ohne daß ich mehr Worte zu verwenden nötig habe.

Und meine Theorie über Vernunft und Verstand lautet kürzlich also: „Gott gab dem Menschen Vernunft oder Fähigkeit, verständig werden zu können; wodurch er ihn über das Tier erhob."

Verstand bekommt er, oder er wird verständig und immer verständiger, wenn an ihm jene Fähigkeit gehörig bearbeitet und geleitet

---

[1]) Oden, III., 29, 29. 30.

wird, das Nützliche zu kennen und zu üben; wodurch er denn geschickt wird zu guten Werken, oder in dem Fache nützlich zu werden, wozu ihn seine Lage gegen die bürgerliche Gesellschaft bestimmt.

Schließlich kehre ich noch einmal auf dem gemachten Wege zurück, um den Denkern der Nation eine gewisse Erscheinung recht bemerkbar zu machen und sie hiermit laut aufzurufen, daß sie mich widerlegen, wenn ich irren sollte, wo nicht, mit ihren wichtigeren Stimmen meine schwache zu unterstützen. Ich rede nämlich von dem hier und da so laut geäußerten Hasse gegen die Vernunft. Ich mag die Loca nicht zitieren, worin so oft und vielfach die Vernunft geschwächt und gar auf Arrest gegen sie erkannt wird. Und doch ist sie unschuldig, wie ein neugeborenes Kind; der Verstand ist es, den der Zelot anklagen sollte!!! Der, der hat es verdient, der Grübler, der Zweifler, der Schlußmacher, der Aufklärer. Freilich wäre der Prozeß kürzer, wenn man die Vernunft ausrotten könnte; ewig sicherte man sich dadurch vor den so oft unwillkommenen Äußerungen des Verstandes.

So wie z. E. Gesetze gegen den Kindermord in einem von lauter künstlichen Sopran-Sängern bewohnten Lande ganz entbehrlich wären. Aber jene Kunst muß wohl unter die verlornen gehören, sonst hätte Papst Hildebrand sie gekannt und per traditionem hinterlassen.

Eradenda sunt cupidinis elementa — sagt zwar komisch genug Horaz[1]). Setze man statt cupidinis das Wort rationis, so würde das Rezept fertig sein. Aber wie eradenda? Kein Radier-, oder Skalpiermesser und Bistouri reicht an die Elemente der Vernunft und der Begierden.

Und daß es kein Universalmittel mit dem — eradenda — gegen den Verstand gebe, beweisen so viele Männer der Geschichte, bei welchen Erziehung und Unterricht gewiß getreulich eradierte. Und doch wuchsen sie den Eradenten zu Kopfe.

Nun kommt das Phänomen. Kein Mensch, er sei so dumm er wolle, schimpft auf den Verstand. Selbst der, welcher der unschuldigen Vernunft wie Herodes den Bethlemitischen Kindern gern den Hals umdrehen möchte, schilt seinen Bedienten, seine Magd unverständig, wenn diese die Suppe versalzt, und jener die Brillen-

[1]) Oden III. 24, 51. Die Wurzeln der Begierde sind auszureißen.

gläser mit Sand putzt. Beweis genug, daß er gern sähe wenn beide verständig wären. Verständig aber und aufgeklärt ist so wie unverständig und ungeschickt gleich bedeutend. Nur die Inkonsequenz der Menschen macht es vermutlich, daß sie auf die Vernunft als den Baum schelten, dessen Frucht, den Verstand nämlich, sie loben.

Schluß.

Gott konnte nicht den Menschen verständig erschaffen, das ist geboren werden lassen; sonst wären es Wesen anderer Art, aber keine Menschen geworden.

Alles Angeborene ist Fähigkeit, kultivabler Boden, Anlage. Nun trägt aber kein Erdreich von selbst die bestimmte Frucht. So auch die Vernunft allein ohne Kultur (durch Erziehung, wozu Unterricht und Übung als Bestandteile gehören), trägt nicht ihre bestimmte Frucht, nämlich Verstand.

Wie aber Heidegegend kein Marschland ist, keinen reichlichen Weizen und roten Klee, doch aber Spörgel und Heidekorn trägt, so ist es auch mit der Portion Vernunft, die jeder Mensch empfing, verschieden, wie die Parabel sagt, der fünf, jener ein Pfund. In beiden Fällen aber ist die Möglichkeit da, verständig zu werden, wenigstens pro rata.

Meine Gedanken über die Benutzung des eudämonistischen und Kantischen Lehrgebäudes.

(Neue Deutsche Monatsschrift. Leipzig 1796. 3. Bd. S. 237—239.)

In einem Briefe an einen Freund!

Sie wissen, geliebter Freund! wie gern ich vermittle. Beurteilen Sie nach meiner Neigung zum Frieden auch diese Vereinigungsversuche zweier bis dato getrennten und mit Heftigkeit streitenden Parteien der Eudämonisten und Kantianer.

Mir scheint es, sie können mit ihren Systemen nebeneinander bestehen. Ich denke nämlich auf folgende Weise. Wenn bei der ersten Unterweisung das eudämonistische System zum Grunde gelegt wird, wo es heißt:

Tue das, so wirst du leben —

Unterlaß das, es ist dir schädlich —

Wie du es treibest, so gehtes —

Fleiß belohnt sich selbst —

Den Geschickten hält man wert —

Liebe zur Wahrheit wird dich freimachen[1]) von schädlichen Vorurteilen und schimpflichem Aberglauben —

und wie die übrigen praktischen Sätze mehr heißen. —

Sagen Sie mir, Freund! was schickt sich wohl besser als dieses für den ersten Unterricht des Kindes oder rohen Menschen?

Sind nicht die Verheißungen der Eudämonisten wie das Bestreichen des Randes mit Honig, wovon ein alter Dichter sagt?

Können Sie diese Art Philosophie entbehren, wenn Sie lehren und erziehen sollen?

Können Sie die Kantische so früh gebrauchen?

---

[1]) Ev. Joh. 8, 32.

Setzt nicht offenbar diese letztere schon Bildung und geübte Sinne voraus?

Wahrlich wenn die erstere Milch ist, so ist die letztere starke Speise.

Wie das Menschengeschlecht aber nicht bestimmt zu sein scheint, überall nur Milch zu essen, so gönnen wir ihm auch in der Folge die stärkere Speise.

So sei denn das Kantische System das Rücken in eine höhere Klasse. Viele treten zwar schon aus den niedern Klassen ins gemeine Leben aus. Aber was schadet das? Schwerlich wird ihre Bestimmung Spekulation sein. Ist indes Forschen nach Wahrheit ihr Nebenstudium oder Steckenpferd, so wird ihnen ihre Vorbereitung durch das andere System nicht im Wege stehen, weil es doch auch den Satz hat: Liebe zur Wahrheit wird dich frei machen 2c.

Und gibt es nicht in allen Wissenschaften ein Minus und Majus? Niedrigere und höhere Grade? Vollends aber, wie verschieden ist die individuelle Sehkraft? Wenn der Adler ins Sonnenlicht schaut, so zieht auch bei einem trüben Tage das Eulengeschlecht seine Membrana nictitans vor. Und sind nicht alle philosophische Systeme nur Media zur Erkenntnis, oder sind sie die Wahrheit selbst?? Ist das erstere, so vergleiche ich sie den Brillen und schließe mit folgender Erzählung:

Die Brillen.

Zwei Nachbarn bedienten sich der Brillen. Jeder konnte mit der seinigen ziemlich gut sehen. Einst vertauschten sie solche. Nun konnten sie nicht so gut wie vorher sehen. „Wie kommt das?" fragte einer den andern. „Eine Brille ist ja doch eine Brille." „Das wohl," sagte der andere „aber unsere Augen sind verschieden, darum müssen unsre Brillen auch verschieden sein."

Eudämonisten und Kantianer!
Wie das Auge, so die Brille.
Ich bin 2c.

Reckahn, den 9. November 1796.

v. Rochow.

Über das, woran man bei einem Dinge denken kann, oder über Kategorien.

(Neue Deutsche Monatsschrift. Leipzig 1797. 2. Band. S. 97—103.)

Man weiß, daß es abstrakte und konkrete Gegenstände des Denkens gibt.

Das Konkrete oder ein gewisses wirkliches Etwas scheint zuerst da sein zu müssen, ehe ich dessen Eigenschaften oder Beschaffenheiten, Verhältnisse und Beziehungen abstrahieren kann.

Dieses wirkliche Etwas nennt man mit einem Worte ein Ding.

In wie vielen Beziehungen läßt ein Ding sich nun betrachten? Diese Beziehungen hat man Kategorien benannt und deren bisher zwölfe aufgezählt.

Sie heißen also:

1. Substanz oder das, was ist, und Beschaffenheit oder das, was an einem andern ist.
2. Ursache und Wirkung.
3. Gemeinschaft (Ähnlichkeit, Verschiedenheit).
4. Realität.
5. Möglichkeit.
6. Notwendigkeit.
7. Einheit.
8. Vielheit.
9. Alles.
10. Bejahung.
11. Verneinung.
12. Einschränkung.

Ich aber halte mich berechtigt zu glauben, daß es weit mehr Beziehungen der Dinge gebe, welche dabei gedacht werden können als diese zwölfe.

Sind Art, Geschlecht (Sexus), Lage, Farbe, Sitten, Geschmack, Geruch, Schwere, Dichtigkeit, Durchsichtigkeit, Nützlichkeit (Brauchbarkeit zu vielen Zwecken), Endzweck, Mittel usw. nicht auch wichtige Beziehungen, unter welchen sich die Dinge bedenken lassen? Ja fast alle passende Adjektiva sind von der Beschaffenheit, daß sie den Dingen neue Beziehungen aneignen. So z. B. süß, sauer, bitter, leicht, schwer (beides im moralischen Sinn), klein, groß, schön, übelgebildet, abgeneigt, liebend, lang, breit, schräg, kraus, schlicht usw.

Unstreitig gehören zwar alle diese letztern Beziehungen unter die Kategorie Beschaffenheit. Aber Endzweck und Mittel scheinen mir schlechterdings jenen zwölf Haupt-Kategorien beigeordnet werden zu müssen.

Denn entweder gehören selbst von jenen zwölf Kategorien einige unter die Kategorie Beschaffenheit, oder mit eben dem Rechte gehört Endzweck und Mittel zu den Kategorien.

Wie wäre es, wenn man versuchte, jene zwölfe auf sieben zu setzen? Die also in der Ordnung folgten:

1. Möglichkeit.
2. Wirklichkeit.
3. Ursache.
4. Wirkung oder Folge.
5. Endzweck.
6. Mittel.
7. Beschaffenheit.

Wenn jene erste Kategorie Substanz nicht auch mit Wirklichkeit ausgedrückt werden kann, so sieht man, daß sie nichts bedeute. Wenn jene vierte Kategorie Realität nicht auch mit Wirklichkeit zusammenfließt, so müßte bloß in den Dornhecken der alten Scholastik noch etwas für deren Nutzen streiten.

Bejahung, Verneinung, Einschränkung betreffen entweder das Mögliche oder Wirkliche selbst oder bloß die Beschaffenheiten des Möglichen oder Wirklichen und sind als Ausdruck unsrer Meinungen keine Definitivsentenzen oder unbestreitbare Wahrheiten.

Und was heißt denn das Wort Kategorie? Nichts anders als eine Aufzählung des Denkbaren überhaupt! Nun aber wird man schwerlich etwas finden, das in jene sieben Fächer nicht einpasse. Wir hätten also, den ganz deutschen Ausdruck abgerechnet, auch an Simplizität gewonnen.

Aber vielleicht ist noch mehr dabei zu gewinnen. Soviel scheint durch die gemeine Erfahrung begründet zu sein, daß der Mensch den Gebrauch seiner Seelennlagen oder mit einem Worte der Vernunft nicht anders machen lernt, als daß er zuerst zum Achtung geben (wahrnehmen bemerken), angewiesen werde. Dadurch, daß man ihm das Bemerkbare bei den Gegenständen vorhält, ihn im Vergleichen und Unterscheiden übt, lernt er denken und sprechen.

„So scheint mir das — so jenes" — sind dann die ersten Urteile oder Ausdrücke seiner Meinungen noch lange vorher, ehe man mit ihm über die Kategorien sprechen kann. Was soll uns also der barbarische Ausdruck Kategorie? Mag er in die Gelehrtengeschichte gehören; die Unterrichtssprache kann ihn, wie es mir scheint, entbehren. Denn wenn ich ein Ding nach seiner Möglichkeit und Wirklichkeit, als Ursach, als Wirkung oder Folge, als Endzweck, als Mittel und nach seiner Beschaffenheit betrachtet und überdacht habe, was bleibt mir dann noch daran zu betrachten oder zu überdenken? Die Bejahung, Verneinung, Einschränkung ist ja ganz subjektiv, ist ja die Sache meines Urteils, meiner Meinung und das Resultat des Denkprozesses. Das Prädikat Substanz, Realität scheint zwar nötig zu sein, wenn wir über Gott denken wollen. Aber es scheint vielleicht nur so. Der deutsche Ausdruck selbständiges Wesen sagt auch, was Substanz in jener Rücksicht bedeuten soll und Realität gibt, übersetzt durch Sachlichkeit, gar nichts zu denken. Ich nehme es aber als einen Grundsatz an, daß ein ausländisches Wort, welches sich nicht umschreiben und in meine Muttersprache nicht übersetzen läßt, zu den Nonvaleurs der Chiffrierkunst gehöre.

So scheint es mir also ausgemacht zu sein, daß unter Kategorie bloße Objekte des Denkens verstanden werden. Und dann würde Einheit, Vielheit, Alles, Bejahung, Verneinung, Einschränkung bloß, was erstere drei betrifft, die zähl- oder unzählbare Beschaffenheit und letztere drei nur Resultate des Denkprozesses bedeuten, da man doch schwerlich behaupten wird, daß man a priori bejahen, verneinen oder einschränken darf, welches eher den Namen Vorurteil verdiente.

Aber wir wollen auch unsre Aufmerksamkeit auf jene sieben sogenannte Kategorien statt der vorigen zwölfe richten und zusehen, ob sie vollständig alles Denkbare umfassen.

Vorausgesetzt, daß vom phantastischen Denken oder von den regellosen Beschäftigungen unsers Denkvermögens hier nicht die Rede sein kann, so frag ich mit Recht meine Leser, was sie bei meinen sieben Kategorien noch vermissen? „Wo bleibt denn z. B. der Begriff Alles?" wird man vielleicht mich fragen. Ich antworte: ‚Was versteht man unter Alles?" Ist damit das Universum, das ganze Weltall, gemeint, so gehört es nicht zu den menschlichen Kategorien; denn nur Gott kann alles Denkbare denken. Hat man aber damit die höchste Vielheit, also ein Abstraktum von einem Abstrakto, anzeigen wollen, so ist der Ausdruck subjektivisch, und es könnte leicht sein, daß wie neuerlichst die Frage: Nenne mir alle Hauptplaneten, nicht mehr mit sieben wie sonst, sondern mit achte beantwortet werden müßte. Und selbst die Frage: „Was gehört alles zu diesem oder jenem einzelnen Dinge, damit es sei, was es ist?" setzt ein solches Eindringen in das Wesen des Dinges voraus, daß der Schüler, der sie beantwortete, viel weiser als der Lehrer erschiene.

Gut! Aber Einschränkung? Was ersetzt mir diesen Begriff unter deinen „Sieben?" Ich antworte: „Ist von dem, der eingeschränkt hat, oder von dem, was eingeschränkt ist, vom Tun oder Leiden derselben, die Rede?"

Ist es das erstere, so ist von einer Handlung die Rede, die, wie doch alle Kategorien sein sollen, keine Abstraktion sein kann. Ist es das letztere, so drückt das Adjektivum „unvollkommen" den Begriff „Einschränkung" unzweideutiger und vollständiger aus.

„Gut", könnte man endlich sagen, „aber kann man nicht über die Sieben von dir weggelass'nen Kategorien, als Substanz, Realität, Gemeinschaft, Alles, Bejahung, Verneinung, Einschränkung, auch philosophieren? Und sind sie als solche nicht Objekte des Denkens, also Kategorien?"

Ich antworte: „Ja, das kann man, wie über alles Denkbare; aber man muß nicht." Es ist nicht so notwendig, nicht so gemeinnützig, nicht so für alle und jede Menschen, wie über meine Sieben an deren Stelle gesetzten. Jene gehören nicht so elementarisch in den Unterricht als diese. Einige, als Unterscheiden, Vergleichen (oben unter Gemeinschaft begriffen) gehören zum Anfang aller Vernunftübungen, verbunden mit den Übungen der Sinne.

Erst dann wird der Unterricht wissenschaftlich, wenn wir die von mir vorgeschlagenen sieben Kategorien hinzuziehen und den Zögling zugleich an Ordnung im Denken gewöhnen wollen.

Wieviel daran gelegen ist, daß vorzüglich meine Sieben als Hauptobjekte des Denkens behandelt werden, mögen einige Beispiele erläutern:

Wer nicht vorher an die Möglichkeit dachte, der läuft Gefahr, die Wirklichkeit vergebens zu erwarten.

Wer nicht erwägt, ob etwas als Ursach zureicht, bestimmte Wirkungen hervorzubringen, sieht oft seine Hoffnungen getäuscht.

Wer einen Endzweck hat und erreichen will, darf die Mittel dazu nicht vernachlässigen.

Wer die Beschaffenheiten der Dinge nicht kennt, der versteht ihren rechten Gebrauch nicht. —

So viel im allgemeinen. — Die Anwendung auf konkrete Fälle ist leicht.

Aus Obangeführten wird also erhellen, daß meine sieben Kategorien zum Unterricht für alle Menschen taugen. Es lebt nämlich niemand in der bürgerlichen Gesellschaft, der nicht ein lebhaftes Interesse fühlt und fühlen muß, in diesen sieben Objekten des Denkens nicht zurückzubleiben.

Nur durch deren zweckmäßige Behandlung im Jugendunterricht wird der Mensch verständig, d. i. er versteht, sich und andern nützlich und brauchbar zu denken und zu handeln.

Da nun auch in gut eingerichteten Bürger- und Landschulen, wenn schädliches Vorurteil, Irrtum und Aberglauben aufhören soll, endlich zugestanden wird, daß nur durch Übung der Sinne wie des Denkvermögens zugleich es möglich wird, allen Menschen ohne Unterschied eine gemeinnützige Bildung zu schaffen, so bezeichneten vielleicht meine vorgeschlagenen sieben Artikel hier die Grenzlinie des gemeinnützlichen Wissens oder der Philosophie für alle Stände.

Von diesen Ideen geleitet, habe ich ein kleines Werk geschrieben, welches in der nächsten Messe erscheinen wird. Es heißt: Materialien zum frühen Unterricht in Bürger- und Industrieschulen, welches ich hiermit ankündigen will.

Reckahn, den 7. April 1797.

von Rochow.

Materialien

zum

frühen Unterricht

in

Bürger- und Industrieschulen

Von

Friedrich Eberhard von Rochow,
Erbherrn auf Reckahn.

Berlin und Stettin,
bei Friedrich Nicolai.
1797.

Vorrede.

Man hat oft von Grenzlinien gesprochen, die das gelehrte Wissen von dem, was auch dem Handarbeiter zu wissen nötig ist, trennen sollen.

Laßt, liebe Lehrer, dieses Büchlein eine solche Grenzlinie sein! Prüft es, und ihr werdet finden, daß ein jeder das wissen muß, was es enthält, daß der Mangel dieser Kenntnisse durch keine andere gehörig ersetzt wird, und daß sie die Elemente des wahrhaft nützlichen Wissens enthalte.

Freilich gibt es keine solche feste Grenzlinie wie etwa die chinesische Mauer! Aber wer vermag auch den Flug der seltenen Genies zu lähmen, die die Vorsehung bestimmte, sich auch durch den mangelhaftesten Schulunterricht nicht beschränken zu lassen. Gerade diese beweisen am stärksten die Nützlichkeit der hier folgenden Materialien. Sie würden sonst vielleicht die unberichtigte Kraft ihres Geistes auf Torheiten und Unruhen verwenden. Man denke hierbei an Alchimie, Perpetuum Mobile, Sektenstifter, Schwärmer und Afterärzte.

Schließlich empfehle ich euch, liebe Lehrer, daß, wo ich ein Exempel gab, ihr deren noch viel mehr erfindet. Je passender diese sind, je fruchtbarer wird eure Lehre sein. Und die Beispiele, die ihr selbst erfindet, braucht ihr nicht gedruckt zu kaufen. Daß ihr solche Wörter als Kenntnis, Prüfen, Übung rc. den Schülern erklären und verstehen helfen müßt, werdet ihr leicht einsehen; denn die Schüler sollen ja Gebrauch von diesen Wörtern machen.

Materialien

zum

frühen Unterricht

in

Bürger- und Industrieschulen.

1.

Möglich.

Was sein *kann*, ist *möglich*, was *nicht sein kann*, ist *unmöglich*. Alles ist daher möglich, was nicht unmöglich ist. Über alles, was möglich ist, bedürfen wir des Unterrichts nicht so sehr. Aber die Kennzeichen des *Unmöglichen* sind höchst nötig zu wissen, damit man nicht so oft irre oder betrogen wird und etwas für möglich halte, was doch unmöglich ist. Man machte Gebrauch von diesen Kennzeichen:

a) Bei Behauptungen, daß etwas *zugleich sei* und auch *nicht sei*:

Z. E. Trocknes Wasser, kaltes Feuer, *sichtbare* Geister. Denn zu dem Wesen des Wassers gehört, daß es naß macht, des Feuers, daß es wärmt, und zum Wesen eines Geistes gehört die *Unsichtbarkeit*.

b) Bei Erzählungen von Dingen, die man gesehen zu haben vorgibt:

Z. E. daß ein übrigens wie ein anderer gestalteter Hund, dem aber die vier Beine auf dem *Rücken* in die Höhe gewachsen sind, habe *dessenungeachtet* ebenso schnell laufen können als jeder andere Hund. Denn zum *Laufen müssen* die Beine ja die Erde berühren können.

c) Bei Nachrichten, daß ein gewisses einzelnes Ding zu gleicher *Zeit ganz hier* und *zu gleicher Zeit ganz dort* sei:

Z. E. daß jemand in seinem Hause und *zu gleicher Zeit* in einem anderen entfernten Ort auch zugegen oder *gegenwärtig* sei.

d) Bei Behauptungen, daß es den Menschen gelinge, das Wesen der Dinge oder ihre Natur und wesentliche Eigenschaften zu *verändern*:

Z. E. aus einem Huhn eine Katze, aus Blei Gold zu machen.

e) Bei Versicherungen, daß bloß geschriebene oder verschriebene Arzneimittel oder gesprochene Worte schon hinreichten, eine Krankheit zu heilen:

Z. E. Fieberzettel, Bekreuzen, Besprechen, oder daß die Wünschelrute zeige, wo Metall ist.

Aber ehe man über möglich und unmöglich abspricht oder urteilt, muß man entweder prüfen, das ist, unsre Sinne mit Aufmerksamkeit gebrauchen, darüber nachdenken und es mit den fünf gegebenen Kennzeichen des Unmöglichen zusammenhalten, oder es dahin gestellt sein lassen und künftige Überzeugung erwarten. Denn manches scheint nur unmöglich, was doch möglich ist. Z. B. die Taschenspielerkünste dem Unwissenden. Aber der Schein betrügt oft. Wer das versäumt, beleidigt sein übereiltes Urteil.

Nur auf diesem Wege des Unterrichts verschwindet unnötige Furcht und Aberglauben aus den menschlichen Seelen. Es ist aber alles daran gelegen, zu verhüten, daß beides sich nicht einniste. Die durch diese Lehre bewirkte Freiheit im Denken wird sich auch durch den ganzen folgenden Unterricht, ja durch das ganze Leben in allen Ständen wohltätig beweisen.

2.

Wirklich.

Was da ist, ist wirklich, das heißt, es kann wirken.

Die Bekanntschaft mit dem Wirklichen ist von äußerster Wichtigkeit, eben weil es wirkt. Vom guten Gebrauch des Wirklichen hängt unser Wohlsein ab. Der Mißbrauch oder unrechte Gebrauch desselben drohet Gefahren. Z. E. das Essen unbekannter Kräuter und Früchte.

Das Wirkliche macht Eindruck auf unsere Sinne: Wir begehren oder verabscheuen es. Wir halten das Wirkliche oft für besser, oft für schlechter als es ist, und danach richtet sich unser Begehren oder Abscheu. Z. E. So mag das Kind das ihm heilsame, aber bittere Mittel nicht einnehmen und stirbt zuweilen über seinem Eigensinn.

Wir irren uns also oft in unserm Urteil über das Wirkliche. Je größer unsere Bekanntschaft mit dem Wirklichen wird, je seltener irren wir bei dem Gebrauch desselben. — Welches schon viel wert ist.

Wir wollen also mit allen unsern Sinnen (denn ein Sinn hilft hier oft dem andern) nach der Bekanntschaft mit dem Wirklichen streben.

Es wird nützlich für uns sein, um uns nicht bei der großen Menge des Wirklichen, was wir kennen (und wieviel kennen wir *noch nicht*!), zu verlieren, wenn wir dabei mit Ordnung verfahren. Einteilungen helfen dazu.

Erste Hauptabteilung.

Das Wirkliche ist entweder *lebendig* oder *leblos*. Menschen und Tiere nennt man lebendig; Erde, Pflanzen und Steine leblos. Vors erste mag diese Einteilung gelten.

Zweite Hauptabteilung.

Was viel Ähnliches miteinander hat, nennt man eine Art. Z. E. Pferde-Arten, Hunde-Arten, Erd-Arten, Stein-Arten, Pflanzen-Arten 2c. daran wird täglich noch verändert. Der eine rechnet mehr, der andere weniger zu der Art.

Dritte Hauptabteilung.

Was zwar zu *einer* Art gehört, aber in seinen Teilen zu Erreichung bestimmter Endzwecke, nämlich die Erhaltung der Arten, *verschieden gebildet ist*, nennt man ein *Geschlecht*.

Die Unterabteilungen dieser drei gehören zu der besonderen Erkenntnis eines jeden Faches.

3.

Ursache.

Woher es kommt, oder warum etwas ist, oder geschieht, das nennt man seine Ursach.

Z. E. Warum die Kinder so gern auf der Straße spielen, davon ist die Ursach, weil sie andre Kinder dort spielen sahen und also *nachahmen*, oder weil sie sich *beschäftigen* wollen und teils keine nützlichere Beschäftigung kennen, teils dabei die ihnen so angenehme Tätigkeit und Bewegung in freier Luft vermissen. Oft wirkt nicht eine Ursach allein, sondern mehrere zusammen, damit eine Wirkung erfolgt, z. B. daß ein Kind krank wird. Es kam vom Spielen *erhitzt* nach

Hause; dort sitzt es beim Essen in der Zugluft, die Ausdünstung stockt, und die Krankheit erfolgt. Laßt uns an diesem Beispiel die Lehre von den Ursachen näher entwickeln.

Es gibt nämlich Hauptursachen und Neben- oder mitwirkende Ursachen. Hier war das Sitzen in der Zugluft nach Erhitzung die Hauptursach des Krankwerdens. Die Erhitzung war nur Nebenursach. Denn wäre darauf allmähliche Abkühlung bei gelinderer Bewegung erfolgt, so wäre keine Erkältung, mithin keine Krankheit entstanden.

Man sieht daraus, wie wichtig es sei, viel Ursachen von vielen Wirkungen kennen zu lernen!

Man kann sich auch in den Ursachen irren. Man hält oft das für die Ursach, was es nicht ist — oft das für die Hauptursach, was nur Nebenursach ist. Z. E. das vorige, wieder besser werdende Kind schreibt seiner ehemaligen Bewegung in freier Luft seine Krankheit allein zu, oder dessen Eltern tun es. Letztere gestatten ihm nun nicht mehr, sich wie sonst in freier Luft zu bewegen. Sie vergessen, die leicht vermeidliche Erkältung durch Stillsitzen in der Zugluft dabei in Anschlag zu bringen, und das Kind wird nun wieder krank aus Mangel an der ihm nötigen Bewegung.

Es gibt vermeidliche und unvermeidliche Ursachen. Die letzten heißen Schicksal.

So kann man durch Blitz, Hagel, Krieg, Betrug und Neid böser Menschen arm, durch schädliche Witterung krank, durch den Fall eines Ziegelsteins vom Dache, durch mörderischen Überfall verwundet werden.

4.

Wirkung.

Jede Wirkung ist die Folge von irgendeiner Ursache, oder die Ursache macht es, daß die Wirkung erfolgt, wenn sonst nichts dazwischen kommt, und die Ursache am Wirken hindert.

So z. B. wird eine eingeheizte Stube warm. Wenn ich aber durch Öffnung der Türen und Fenster der kalten Luft den Eingang verschaffe, so erfolgt durch die Ursach, nämlich durch das Einheizen, nicht die Wirkung, nämlich das Warmwerden in der Stube.

Es ist jedem Menschen wichtig und nützlich, soviel Wirkungen als möglich zu kennen, die auf ihre Ursachen folgen oder daraus entstehen. Sein Wohl und sein Weh hängt davon größtenteils ab.

Z. B. der Unmäßige wird krank.

Der Unfriedfertige, Zanksüchtige wird nicht geliebt.

Dem Lügner traut man nicht.

Der Dieb wird gestraft.

Der Verleumder oder der, welcher Böses von andern mit Unwahrheit sagt, wird beschimpft.

Aber so wie es unvermeidliche Ursachen gibt, so gibt es auch unvermeidliche Wirkungen. Alle Wirkungen, deren Ursachen nicht in des Menschen Gewalt stehen, die er also nicht vermeiden konnte, laden keine Schuld oder Verantwortlichkeit auf sein Gewissen, oder er hat sich dabei keinen Vorwurf zu machen. Der Bürger sowie der Landmann hat es nötig, viele Wirkungen oder Folgen von Ursachen zu kennen.

Z. B. der Bürger bei seinen Hantierungen und Gewerben. Schlosser, Gelbgießer, Klempner, Töpfer, Zinngießer, Apotheker und andre mehr — gehen mit Dingen um, deren gefahrdrohende Wirkung auf ihre Gesundheit und die Erhaltung ihres Lebens nur durch genaue Bekanntschaft mit ihren Wirkungen vermindert oder vermieden werden kann. Und wie wichtig ist nicht für einen Feuerarbeiter, Brauer und Branntweinbrenner die Anlegung und Vorsicht mit dem Feuer und die Bekanntschaft mit den Wirkungen sich selbst entzündender Dinge, als da sind: gemahlene Zichorien, feuchte, schmutzige Wäsche, Ruß und Öl.

Zwar erfährt der Lehrbursche manches davon während der Lehrjahre; aber wie nützlich ist es für ihn, wenn er aus der Schule schon die nötigen Vorkenntnisse mitbringt!

So auch bedarf der Landmann oder Ackerbauer der Kenntnis von Ursach und Wirkung, damit er nicht abergläubische Wirkungen ohne hinreichende Ursachen erwarte: als gute Ernten ohne gehörige Ackerbestellung — oder gut Obst von seinen Bäumen von dem bloßen Umbinden mit einem Strohbande in der Neujahrsnacht — oder kräftiges Vieh von gewissen törichten Gebräuchen ohne die nötige Wartung und

Pflege. Alles dieses hält der Unwissende für hinreichende Ursachen und erwartet Wirkungen, die daraus nicht erfolgen können; versäumt aber im Vertrauen auf das, was doch nicht helfen kann, zu tun, was wirklich helfen könnte. Z. B. Abraupen und Reinigung der Obstbäume von unnützen Zweigen und höchst schädlichem Moos, den Anbau nützlicher und dem Boden angemessener Futterkräuter, die Stallfütterung mit wenigerm aber einträglicherm Vieh. — Nicht gehörig trocken eingefahrnes Heu äußert auf die Gesundheit des damit gefütterten Viehes eine schädliche Wirkung. — Feucht eingefahrnes Getreide verdirbt oder entzündet sich gar in der Scheune. — Vorsicht mit Feuer und Licht beim Trocknen des Flachses, Kiehns und bei Speckbraten würden nur diejenigen anwenden, welche früh genug über die Wichtigkeit der Wirkungen belehrt wurden.

So hängt denn der allgemeine Wohlstand mit der Lehre von Ursach und Wirkung genau zusammen.

5.

Endzweck oder Absicht.

Was man sich vorsetzt, durch einzelne oder eine Reihe von Handlungen zu erreichen, das nennt man einen Endzweck. Vorsatz und fester Wille gehören zur Erreichung eines Endzwecks. Der Endzweck kann gut oder böse sein.

In beiden Fällen hat das seine äußerlichen und innerlichen Folgen. Ist der Endzweck oder die Absicht gut, das ist, wird durch sie, wenn sie gelingt, irgendeinem Schädlichen gewehrt, irgend etwas Gemeinnützliches befördert, so darf ich bei deren Bekanntwerdung nicht erröten, finde auch wohl den Beifall und die Unterstützung mehrerer guter Menschen und habe nichts zu fürchten, als daß ich mich etwa in der Wahl der Mittel irren könnte. Ist der Endzweck oder die Absicht böse, das ist, wird durch deren Erreichung Schaden gestiftet, so habe ich vielerlei zu fürchten, als die Entdeckung, die Gegenwirkung oder den Widerstand derer, die darunter leiden sollen, den beschimpfenden Namen „schädlicher Mensch“, die Abneigung, das Zurückziehen der Guten von mir und meinem Umgange und die bürgerliche Strafe, die gemeiniglich auch mit Unkosten verknüpft ist.

Dieses sind die äußerlichen, gewöhnlichen Folgen, je nachdem unsre Endzwecke oder Absichten gut oder böse sind.

Die innerlichen Folgen sind bei guten Endzwecken: Freudigkeit, Ruhe des Herzens, Hoffnung und Zuversicht, bei bösen Endzwecken aber Angst und banges Erwarten der Dinge, die da kommen können.

Der Hauptendzweck eines jeden Menschen sei also der:

Ich will gut sein.

Das heißt:

Ich will recht tun.

Ich will keinen beleidigen, keinem schaden. Ich will fleißig lernen, wie man nützlich und brauchbar werden kann. Ich will meine Gesundheit durch Mäßigkeit und Vorsichtigkeit erhalten. Ich will aus Dankbarkeit meinen Eltern, Lehrern oder Vormündern durch mein ordentliches Betragen Freude machen. Ich will, soweit meine Kräfte reichen, auch andern helfen, gut zu werden, und deshalb niemand ein böses Beispiel geben. Ich will meinen Körper durch Übung dauerhaft und stark machen.

6.

Mittel.

Man nennt das, was man anwendet, um irgendeinen Zweck, Absicht oder Endzweck zu erreichen, ein Mittel.

So sind die Arzeneien, äußerliche oder innerliche, die man gegen Krankheiten gebraucht, um den Zweck, nämlich gesund zu werden, erreichen zu können, Mittel.

So ist das Geld ein Mittel, um im Handel über den Wert eines Dinges sich zu verständigen und auseinanderzukommen.

So ist die Sprache ein Mittel, unsre Gedanken mitzuteilen.

So ist der rechte Schulunterricht ein Mittel, verständig zu werden.

Wer die schicklichsten Mittel zu Erreichung guter Absichten oder Endzwecke verwendet, der handelt gut, weise, klug, verständig, welches aber ein Hauptzweck ist, wonach ein Mensch streben soll.

Kein Mensch kann also die Lehre von den vielerlei Mitteln zu guten Endzwecken entbehren.

Der ganze Schulunterricht beschäftigt sich auch fast mit dieser Lehre. Es kommt nur auf die Schüler an, ob sie diese Lehre gern hören und üben. Dafern dieses ihr Ernst ist, so ist es auch ihr Endzweck. Um diesen zu erreichen, müssen sie ihrerseits Mittel anwenden.

Das erste Mittel ist Aufmerksamkeit.

Das zweite ist Wiederholen und Überdenken der gehörten Lehre.

Das dritte ist Übung und Gehorsam.

Nicht alle Mittel helfen allemal, z. B. die besten Arzneimittel stellen oft die Gesundheit nicht wieder her; aber diese drei Mittel verfehlen nie ihren Endzweck, weil sie in der Einrichtung der menschlichen Seele gegründet sind.

Mit vielen Mitteln zur Erreichung von Absichten oder Endzwecken werden die Lehr- oder Übungsjahre den Lehrling in bürgerlichen Gewerben oder in dem Ackerbau zwar bekannt machen. Aber eben dazu ist ihm dieser Schulunterricht nötig, damit er unter den vielen Mitteln wählen könne.

Manche dieser Mittel führen gar nicht oder nicht auf dem kürzesten, wohlfeilsten Wege zu Erreichung des Zwecks. Aberglauben und Mangel am Nachdenken sind ihr Ursprung, und es lassen sich fast in allen Gewerben bessere Handgriffe noch entdecken.

Das fertige Stück ist der Zweck, die Arbeit daran ist das Mittel. Neben- oder Hilfsmittel bei der Arbeit sind die verschiedenen Handwerkszeuge, als z. B. bei dem Schmiede: Hammer, Ambos und Zange, bei dem Ackerbauer: Wagen, Pflug und Egge.

Aber der End- oder Hauptzweck bei jeder unternommenen Arbeit, es sei in bürgerlichen Gewerben oder bei dem Ackerbau, ist der Lohn oder Verdienst, den sie uns bringt. Denn dieser Lohn ist das Mittel zur Ernährung und Erhaltung der Arbeiter und ihrer Familien.

Wo die Kosten der Arbeit und der Hilfsmittel höher sich belaufen als der Wert des dadurch fertig gewordenen Stücks, oder wo es an Absatz desselben gegen Geld oder Geldeswert fehlt, da fällt der Endzweck dahin, und ohne Endzweck Mittel zu verwenden, ist nicht allein unweise, sondern läßt sich in die Länge nicht aushalten.

Wer sich mäßig und gesund erhält, wird aber stets oder doch meistenteils Mittel finden, sich, wo nicht durch diese, doch durch jene Arbeit fortzubringen. Denn was er noch nicht kann, das kann er durch Übung lernen.

7.

Beschaffenheit.

Man kann aus bloßer Neugier fragen: „Wie ist ein Ding beschaffen?" Aber wer Gebrauch von einem Dinge machen will, der muß sich nach dessen Beschaffenheit genau erkundigen.

Unwissende Kinder verbrennen sich daher am Feuer, verwunden sich an schneidenden Werkzeugen, weil sie die Beschaffenheit dieser Dinge nicht kennen. Und oft sind es auch Erwachsene, denen dergleichen widerfährt. Denn Unwissenheit und Unbekanntschaft mit den Beschaffenheiten der Dinge ist bei beiden oft zu finden. Es liegt also alles daran, daß wir uns früh bemühen, zu wissen, wie die Dinge, die uns umgeben, beschaffen sind, das heißt, was für Eigenschaften sie haben. Die Beschaffenheit der Dinge kann eine äußerliche und eine innerliche sein.

Z. B. Es kann ein Ding spitz, schneidend, heiß, rund, stumpf, lauwarm, süß, sauer, salzig, bitter, breit, lang, groß, klein, eckig, glatt, rauh, dick, dünn, doppelt, einfach, weiß oder gefärbt sein.

Bei allen diesen und mehreren der Art Beschaffenheiten reichen unsre Sinne gewöhnlich hin, um darüber zu einiger Gewißheit zu kommen.

Nicht also ist es mit den innern Beschaffenheiten der Dinge, um diese zum Teil nur zu erforschen, müssen wir unsere Kraft zu denken anstrengen.

Wir können aber bei unsern bürgerlichen oder Ackerbau-Gewerben schlechterdings nicht entbehren, soviel als möglich auch die innere Beschaffenheit derer Dinge, die wir als Mittel gebrauchen, kennen zu lernen.

Wenn also die äußere Beschaffenheit eines Dinges die Frage veranlaßt: Wie ist es gestaltet, oder wie sieht es aus? Wie wirkt es auf unser Gefühl, Gehör, Geruch und Geschmack? — so kommt es bei Erforschung der innern Beschaffenheit eines Dinges oder bei dem nötigen Gebrauch desselben auf folgende Fragen an:

Was hat es für Bestandteile, oder woraus ist es zusammengesetzt?

Womit läßt es sich verarbeiten, auflösen, zerlegen, verbinden?

Was wirkt es in Verbindung mit diesem oder jenem Dinge?

Welche Vorsicht erfordert es bei der Arbeit?

Verlohnt es die Arbeit so, daß es zur Erhaltung der Arbeiter hinreicht?

Darum, weil die Schwachheit unsers Verstandes uns hindert, die innere Natur und das Wesen der Dinge, die uns umgeben, ganz zu durchschauen, sie auch nicht einmal soviel als möglich kennen zu wollen, ist eine den Menschen entehrende Trägheit und zugleich eine schändliche Verachtung der Vernunft, die wir darum haben, daß wir sie allenthalben anwenden sollen. Wir können noch immer sehr viel leisten, wenn wir nur wollen.

Um die äußere Beschaffenheit der Dinge gehörig zu kennen und zu nennen, müssen die Kinder im Aufmerken, Unterscheiden und Vergleichen die nötigen Vorübungen anstellen. Der folgende Unterricht soll sie nun mit dem bekannt machen, was der Gebrauch der menschlichen Vernunft bisher sowohl an als in den Dingen entdeckte. Dazu gehören mathematische, naturgeschichtliche und andere Kenntnisse.

Reckahn, den 10. April 1797.

v. Rochow.

Über die Eudämonistik in Lehrbüchern für die Jugend.

(Samuel Christoph Wagener, Patriotisches Archiv für Deutschland. Berlin 1799. 1. Bd., S. 85—88.)

Wenn die ältern Beobachter den Wunsch nach Wohlsein schon im zartesten Kinde bemerkten, so scheint uns diese Bemerkung ein Recht zu geben, davon auf einen ursprünglichen Trieb der gemeinen Menschennatur zu schließen.

Woran also besser als an diesen vorgefundenen Faden ließe sich wohl das neue Gewebe des Unterrichts der Jugend anknüpfen?

Man gesteht ja gern zu, daß es

a) in der menschlichen Erkenntnis ein Wachstum und Grade — höhere Stufen — gibt;

b) daß dem Kinde solche Speise gebührt, deren der Jüngling und Mann nicht mehr bedarf;

c) daß so, wie das junge Reitpferd zuerst lernen muß, Sattel, Zaum und Reiter zu tragen, so auch das Kind zuförderst lehrempfänglich, lernwillig und sodann lernbegierig gemacht werden müßte, bevor man vom Unterrichte zweckmäßige Folgen erwarten darf.

Dieses alles aber scheint der Unterrichts*anfang* nach eudämonistischem Systeme, und zwar *ausschließend*, erwarten zu lassen.

Sinnlichkeit ist ja doch der Charakter aller Kinder.

Der Satz: „*Auf daß dir jetzt und künftig wohl sei*" wirkt demnach kräftiger auf das Gemüt des *Kindes* als jeder höhere — ja, wenn man will — edlere Antrieb, dergleichen die Kantische Maxime wie nicht weniger der kategorische Imperativ etwa wäre. Denn wie verbindend dem schon nachdenkenden Gemüt des Erwachsenen und Geübten die in dieser Lehrart dargebotenen Beweggründe ja auch werden können, wie wollte man es wohl *anfangen*, dem kleinen Schüler, der jungen Schülerin irgendein Interesse dafür abzugewinnen?

Hier, wenn jemals träte der Fall ein, wo das Auswendiglernen der Formeln in spem futurae usw. dienen müßte — wo nicht zu nützen, doch wenigstens zu lehren.

Kommt der Lehrling je so weit, welches doch in den dienenden Volksklassen*) schwerlich sein wird, daß er nötig hat, zu seiner Beruhigung oder Bestimmung im Handeln auf höhere Grundsätze wie z. B. die Kantischen rc. zurückzugehen, so bleibt ihm unbenommen, in reifern Jahren in das Innere des Tempels dieser Weisheit zu treten. So scheint es auch Paulus gemeint zu haben, wenn er von sich sagt: „Als ich ein Mann ward, da tat ich das Gängelband der Kindheit ab" [1]).

Meine Meinung, die ich als ein Scherflein ohne alle Prätension hier opfere, ist daher folgende: Man lasse in jedem Lehrbuche für kleine Kinder die Eudämonistik vorwalten und spare für das Bedürfnis derer, die damit nicht auslangen, das Studium der Kantischen Philosophie. Daß und wie das vorgeschlagene erste Lehrsystem nach eudämonistischen Grundsätzen sich in der Folge den Kantischen Formen anknüpfen lasse, davon in einer folgenden Abhandlung.

Berlin, den 7. November 1798.

v. Rochow, auf Reckahn.

---

*) Man setze den Fall, daß von einem allgemeinen Landeslehrbuch oder Katechismus etwa die Frage sei. v. R.

[1]) 1. Korinther 13, 11.

Wo und wie schließt sich an das eudämonistische das Kantische Lehrsystem an.

(Samuel Christoph Wagener, Patriotisches Archiv für Deutschland. Berlin 1799. 1. Bd., S. 88—91.)

Daß der Hauptgrundsatz: „Handle so, daß dir jetzt und künftig wohl sei" — ganz in das eudämonistische Lehrsystem gehöre, wird keiner in Abrede sein.

Auf ihn kann ich fast alle positiven sowohl als negativen Pflichten gründen und aus ihm herleiten. Ich kann sogar bei dem Kinde dessen Erfahrung in das Spiel ziehen, ja diese Erfahrung selbst vorbereiten, wenn ich Erzieher bin. Sehr brauchbar also, wenngleich auf eudämonistische Grundsätze (auf die Selbstliebe) gegründet, ist dieses Motiv.

Die Achtsamen meiner Leser werden gewiß schon ohne mein Erinnern bemerkt haben, daß die Brauchbarkeit dieses Grundsatzes in der Verbindung der Worte „jetzt und künftig" liege.

Ohne diese würden Epikureer gebildet werden. Auch könnte man die schmerzliche Nachempfindung verübter Torheit, Reue genannt, nicht als moralische Hölle benutzen. Lange (für einige Menschen, sonderlich Frauenzimmer, vielleicht das ganze Leben hindurch!) wird also das eudämonistische System ausreichen.

Wenn nun bei wenigen doch der Fall einträte, daß sogenannte kollidierende Pflichten die Wahl schwer machten, so ist der Zeitpunkt vorhanden, wo, wenn mich das Gängelband meiner Jugend verläßt, der Kantische Grundsatz in seiner ernsten Majestät erscheint, um meine Wahl zu leiten. Und er heißt, wie bekannt: „Handle so, daß das, was dich bestimmt, würdig wäre, das bestimmende Prinzip aller vernünftigen Geister zu sein" [1]). Aber es sei mir erlaubt, zu fragen, welches sind

---

[1]) Kant, Grundlegung zur Metaphysik der Sitten. Zweiter Abschnitt.

denn eigentlich kollidierende Pflichten? Die Pflichten an sich können wohl eigentlich nicht kollidieren. Weil zwei sich wiedersprechende Behauptungen in einer Sache nicht gleichgegründet sich denken lassen.

Also werden diese Pflichten wohl nur scheinbar kollidieren, oder die Wage des von dieser vermeinten Kollision Betroffenen ist nicht richtig — ohne Bild — er sieht die Sache nicht in ihrem wahren Lichte. Zur Erläuterung ein Gleichnis: Ein beerbter Vater und Mutter trennen sich. Die Söhne folgen nach dem Kostume[1]) dem Vater, die Töchter der Mutter. In erwachsenern Jahren wollen die Kinder wissen, welcher Grund bei der Ehescheidung vorgewaltet, wer von den beiden Teilen unrecht hat. Ist dies Neugier oder Wißbegierde?

Wenn sie nun den beträchtlichen Schaden empfinden, der für sie aus dieser Trennung erwuchs, können sie getadelt werden, wenn in ihrem Herzen Unwillen gegen diejenige Person ihrer Eltern entsteht, die daran vielleicht mutwillig schuld war? Dennoch aber soll man seine Eltern lieben und ehren. Wenn nun nach keinem von beiden Systemen die Liebe ihre Natur verändert, noch als eine Wirkung der Liebenswürdigkeit auch ohne diese zur Pflicht werden kann, so ist es klar, daß es keine Pflicht zu lieben gibt.

Und wenn die Ehre in Erweisung gewisser konventionellen Gebräuche besteht (Hochachtung ist etwas anderes), so kann deren Erweisung nicht eben schwer fallen.

Der Kantische Grundsatz tut also in diesem Falle nicht mehr als das bekannte: „Einem jeden das Seine" und „Vervollkommne dich selbst". Seine Kraft liegt in dem kategorischen Imperativ: „Handle so, daß" etc.

Aber ein sehr geübter Verstand gehört dazu, um auszumitteln, welche von den vielen Handlungsweisen er also wählen müsse.

Ihn auf das gemeine, gewöhnliche Leben anwenden wollen, hieße demnach mit goldenen Flintenläufen Sperlinge schießen. Wo dieser Kantische Grundsatz aber, und wie er an das Eudämonistische zu knüpfen sei, davon noch wenige Worte. Im letzteren heißt es: „Handle so, damit dir jetzt und künftig wohl sei!" Und wenn der Lehrling nun fragt: „Wie soll ich denn handeln? Was soll ich tun?" etc. etc. — so zeige

---

[1]) Hier in dem Sinn von Zeitgebrauch.

ihm der Lehrer, daß er sich selbst ein Gesetz und in vielen wichtigen Fällen sein eigner Gesetzgeber sein müsse. Diese Autokratie aber führt zum Forschen nach Wahrheit, diese zur Gewissenhaftigkeit und Achtung für den inneren Richterspruch der Vernunft. Und so steht man an der Grenze des Gebiets der reinen Vernunft, in welchem Harmonie aus innern Gründen die Königin ist. Nur von ihren Untertanen gilt freilich ganz die Strophe:

Der Weis' ist immer mit sich eins —
Haßt kein Geschöpf und fürchtet keins.

Berlin, den 19. November 1798.

von Rochow, auf Reckahn.

Noch ein Wort über die Verbesserung der Landschulen.

(Jahrbücher der Preußischen Monarchie. Berlin 1799. 2. Bd., S. 114—118.)

Nach dem, was des Königl. Ober-Hofpredigers, Ober-Konsistorial- und Kirchenrats Herrn Sack Hochwürden in dessen letzter Schrift: Über Verbesserung des Landschulwesens bis S. 42[1]) so einleuchtend als ausführlich darstellten, könnten diese hier von einem Laien gelieferten Zusätze vielleicht überflüssig scheinen. Ob sie es aber sind, wird die Prüfung derselben ergeben. Und wer liest nicht gern ein Wort mehr über eine wichtige Staatsangelegenheit? Zuvörderst und da der Prediger des Orts die Konfirmationszeit, welche füglich auf ein Jahr dauern dürfte, beibehält, so könnte dagegen der Landschullehrer alles positiven Religionsunterrichts nach dem Katechismus gar wohl enthoben werden. An dieses Unterrichts Stelle träten nun Kenntnisse von Gott aus seinen Werken und darauf gegründete, das Herz erwärmende, den Willen lenkende, gewissenhaft machende Moral.

Dadurch und weil man diese Belehrung fast durch den ganzen Schulunterricht verweben kann, wird eine ganze Stunde desselben täglich erspart.

Bleibt hingegen der Unterricht in positiver Religion, der zufolge der verschiedenen Katechismen lutherisch, reformiert oder katholisch etc. dann sein muß, in den Händen der Landschullehrer, so werden diese dadurch oft bei großer Untauglichkeit zum unverdienten Range der Seelsorger erhoben. Und sinkt dann nicht der zum eigentlichen Seelsorger berufene Prediger zum bloßen Repetenten herab?

---

[1]) Friedrich Samuel Gottfried Sack „Über die Verbesserung des Landschulwesens, vornehmlich in der Mark Brandenburg". Berlin 1799.

So wie die positive Religion bisher in den Landschulen mittelst bloßem Auswendiglernen der Katechismi gelehrt wurde, so hinderte sie mehr die Religiosität, als sie solche beförderte. Was ist aber Religion ohne diese?

Würde mein wohl zu beherzigender Vorschlag aber beliebt, so gewönnen durch die ganze Preußische Monarchie alle Landschulen an allgemeiner Nutzbarkeit.

Denn so könnten, wenn kein positiver Religionsunterricht sie mehr abhielte, Kinder von allen Konfessionen eine und dieselbe Landschule besuchen und benutzen, des großen Vorteils für die Soldaten- und Regimentsschulen zu geschweigen. Und sollte der allen Staaten so nützliche Geist der verträglichen Toleranz nicht auch dabei gewinnen?

Gar sehr zu wünschen wäre dann freilich noch die gänzliche Befreiung von Schulgeld gegen ein stehendes Gehalt für den Landschullehrer. Ungern berühr ich diese Seite; denn woher die Kosten dazu?

Was bei der Armenhaussteuer vor einigen Jahren, ohne die Ruhe des Staates zu stören, gelang, sollte das nicht bei einer auf alle Dörfer, sie möchten zu Domänen oder adligen Gütern gehören, gleich zu verteilenden Schulbeisteuer gelingen?

Würden die Landprediger angewiesen, bei allen Hochzeiten und Kindtaufen zu dieser Landschulbeisteuer zu sammeln, nähme der Staat von dem schuldenfreien Nachlasse der Hagestolzen und kinderlosen Eheleute nur einige Prozente dazu, erführe das Publikum, daß dagegen der bessere Unterricht in den Landschulen den Kindern unentgeltlich zuteil würde: so ließe sich von der allgemeinen Mildtätigkeit etwas hoffen, die den Wert der Absichten gar wohl zu unterscheiden weiß.

Doch wird noch vornehmlich auszumachen und dann als nach einem Grundsatze festzustellen sein, ob auch der Landmann durch Schulunterricht überhaupt verständig werden solle?

Wenn er vernünftig geboren ist, das heißt, die den Menschen vor den Tieren auszeichnende Gabe bekommen hat, verständig werden zu können, so scheint er auch ein Recht und der Staat die Pflicht zu haben, ihn daran nicht absichtlich zu hindern.

Dann aber ist seiner Jugend jeder Unterricht, der den gemeinen Menschenverstand befördert, unentbehrlich. Diesen nun kann selbst der in Seminarien gebildete Landschullehrer durch seinen Unterricht schlechterdings nicht befördern als durch Übungen im Kennen und Nennen, im Vergleichen und Unterscheiden, in der Herleitung der Wirkungen aus den Ursachen, in der Betrachtung der Zweckmäßigkiet der Mittel zu den Endzwecken.

Sollte Beförderung des allgemeinen Menschenverstandes ohne diese Vorübungen wohl möglich und denkbar sein? Wenn freilich eben dieser Unterricht aller wissenschaftlichen oder gelehrten Bildung mit Recht zum Grunde gleichfalls liegen müßte, so ist daraus keineswegs die Folge zu ziehen, als tauge er nicht zur Beförderung des gemeinen Menschenverstandes bei den Kindern der Landleute, die keine Ontologen, Metaphysiker und Gelehrte werden sollen.

Denn hier ist die so oft gesuchte noch vielleicht nicht bestimmte Grenze. Bei den Kindern der Landleute wird nun auf diesen zur Beförderung des gemeinen Menschenverstandes ihnen ganz unentbehrlichen Unterricht nichts Wissenschaftliches oder zur Gelehrsamkeit Gehöriges gegründet und fortgebaut, wie bei der Bildung junger Gelehrten freilich geschehen muß *).

Wie anders als durch jenen bessern Unterricht glaubt oder meint man denn auch dem die Staatswohlfahrt im Innern zerstörenden Aberglauben entgegenzuwirken?

Wenn der Bauer z. B. glaubt, nur die in der Marterwoche gesäeten Felderbsen gedeihen, obgleich Ostern ein auf mehrere Wochen veränderliches Fest ist — wenn er ein am Donnerstag geborenes Kalb nicht aufzieht, sondern, hätte es auch sonst die besten Eigenschaften zur Zuzucht, dem Schlächter verkauft, wenn er sich und seine Kinder häufig durch Quacksalber töten läßt 2c., so sage

*) Wollte man das hier Gesagte unter einem Bilde, von der Baukunst hergenommen, sich vorstellen, so denke man sich das Haus des Gelehrten als von mehreren Stockwerken, wogegen das des Landmanns nur ein festes, bequemes, obgleich einfacheres Haus sein dürfte. Daß aber beide des Grundbaues bedürfen, versteht sich von selbst. [1])

[1]) Das Gleichnis scheint mir zu hinken. Die Frage ist, ob sie des gleichen Grundbaues bedürfen.

man mir doch, was dem entgegenzusetzen ist als allgemeiner Menschenverstand?

Woher soll denn auch der allgemeine, vom Staate so oft aufgeforderte gute Wille kommen, als aus allgemeinem Menschenverstande?

Soll dieser, wie ich zu hoffen wage, herrschend werden, so tue man je eher je lieber dazu.

Denn mit jedem Jahre gehen sonst die Tausende von Verbildeten in die Masse der Nation über. Der Schaden, den sie im Ganzen stiften, läßt sich zwar nicht füglich in einen Kammeranschlag bringen, so wenig als der große Nutzen des allgemeinen Menschenverstandes (bon sens).

Da aber Dummheit und Aberglauben, wie die Kriminaltabellen beweisen, die Zahl der Verbrecher vermehrt, so wäre es Spott mit der Einsicht meiner Leser getrieben, wenn ich noch mehr über diesen Gegenstand sagen wollte.

Das Mitwirken so vieler Behörden wird freilich diese Sache nicht erleichtern, doch vieles ist möglich dem, der da glaubet, sie sei vorzüglich, wie der Dichter singt:

„Des Schweißes der Edlen wert!“ [1])

Ewig Schade! wenn die gute Stimmung unsers preiswürdigsten Königs hier nicht zu einem haltbaren Grundbau benutzt würde! Geschähe das, so müßte Preußen auch hierdurch der erste Staat Europas werden.

Berlin, den 2. Mai 1799.

von Rochow auf Reckahn.

---

[1]) Klopstock, Ode: Der Züricher See.

Erziehung und Schule.

(Jahrbücher der Preußischen Monarchie. Berlin 1799. 2. Bd. S. 263—265.)

So wie Vernunft die dem Menschen eigentümliche Fähigkeit ist, verständig *werden zu können*, Vernunft und Verstand indes noch so oft selbst in gelehrten, anthropologischen und philosophischen Schriften verwechselt wird, so geht es auch den Worten: Erziehung und Schule. Der wichtigen Fehler wegen, die solche Verwechselung nach sich zieht, wage ich daher, ihn hier öffentlich zu rügen.

Mein herzliches Wohlmeinen zu dem Vaterlande, ja zu der ganzen Menschheit, mag dabei meine Stimme leiten und ihr das Widrige benehmen, welches jede Rüge sonst begleitet.

Unter *Schule*, ohne Beisatz, ist eine Lehranstalt zu verstehen, worin der Jugend Sprache und andere Kenntnisse beigebracht werden als *Hilfsmittel*.

Erziehung aber ist die Anwendung dieser Vorkenntnisse und Hilfsmittel auf die *Bildung* des Zöglings. Sowenig man also kochen, schon essen nennen sollte, so sollte man auch Erziehung und Schule nicht verwechseln. Es gibt zwar gemischte Anstalten, als Waisenhäuser, Pensionen, Gymnasien, Kadettenhäuser und Militärakademien, worin zugleich gelehrt und gebildet oder erzogen werden soll. — Wem aber brauche ich es zu sagen, daß die größere Zahl der gemeinen Schulen, von denen ich im ganzen Abschnitte hauptsächlich rede, dergleichen nicht sind, noch sein können?

Ein aufmerksamer Blick auf die Bestandteile einer guten Schule von der größern Zahl wird dieses völlig ins Licht setzen.

Eine Schule verdient den Namen einer *guten*, das heißt zweckmäßigen schon dadurch, wenn:

1. Jedes Kind darin die ihm unentbehrlichen Sprach- und Sachkenntnisse bekommen kann.

2. Wenn seine Hauptsinne, als Hören und Sehen, gehörig geübt werden, wovon Aufmerksamkeit, Achtgeben (Beobachtungsgeist) die höchst nützliche Folge durch Brauchbarkeit wird.

3. Wenn das Kind darinnen fertig lesen, leserlich schreiben und, soweit es ihm nötig, rechnen lernen kann.

4. Wenn es im schriftlichen Ausdrucke seiner eigenen Gedanken, sowie im mündlichen dergestalt unterrichtet wird, daß bei dem Kinde die Schwierigkeit sich mindert, andern sich verständlich zu machen *).

O ihr Eltern, Vormünder, Regenten und Landesväter, preiset Gott, wenn eure gemeine Schulen nur nicht weniger sind als das!

Ihr seht, ich fordere nicht viel; ob es mich gleich freuen würde, viel solcher Schullehrer zu finden, die z. B. auch zur Lese- und Schreibübung nichts wählten, als was gute Gesinnungen befördert. Denn diese eigene Wahl würde zeigen, daß sie selbst das Gutsein liebten, und gern verbreiten möchten. Doch diese Gattung wird selten sein, und ich möchte sie lieber Bildungsgehilfen als Schulmeister schlechthin genannt wissen.

Weil nun auf das Seltene eben nicht ins Ganze zu rechnen ist, so beherzige man lieber folgende Bemerkungen.

---

*) Es gibt drei Arten oder Methoden des Unterrichts — nämlich die Katheder-, Diktier- und die Sprechmethode.

Die erste ist eigentlich eine Vorlesung, die der Lehrer dem ganzen Schülerhaufen hält, wobei der, welcher nur achtzugeben scheint, von dem, welcher wirklich acht gibt, schwerlich zu unterscheiden ist.

Die zweite beschäftigt zwar alle Schüler, weil sie nachschreiben müssen. Bei beiden Methoden aber, wenn nicht gleich nachher über das Gehörte oder Nachgeschriebene jeder Schüler einzeln katechisiert wird, scheint mir dessen Ausbildung zum vernünftigen Nachdenken mangelhaft zu bleiben.

Die dritte oder Sprechmethode erfordert einen ordentlich denkenden und mit Sprechgabe versehenen Lehrer; aber dann, so wie sie die natürlichste ist, so leistet sie auch am meisten zur Ausbildung der Jugend. Denn der Schüler lernt zugleich sprechen. Versteht der Lehrer nur zu fragen, und dabei kann er sich ja nach jedes Fähigkeit richten, so bekommt er auch eigne (nicht auswendig gelernte) Antworten der Schüler. Dabei wird das Denken geübt, woraus Brauchbarkeit fürs ganze Leben erwächst. Durch Übung im Sprechen über gemeinnützige Gegenstände von Jugend auf in der Schule wird der Jugend die Schule weniger trocken und langweilig, und solchergestalt Unterrichtete sind durch ihr ganzes Leben belehrbarer, weil man mit ihnen sprechen und sie bedeuten kann, wie leider!

Die oben gegebenen vier Bedingungen sind dem ziemlich erreichbar, der Kenntnisse, Willen und Macht hat.

Durch Seminarien kann er die Form des Unterrichts geben, durch Inspektion, Visitation und Schullisten wissen, ob darüber gehalten wird.

Das Bildende bei der Lese- und Schreibübung kann er durch wohlgewählte Lesebücher und gedruckte Vorschriften in etwas bewirken oder doch darin keinen förmlichen Unsinn aufkommen lassen.

Mehr aber als dieses fordre und erwarte er denn auch nicht von den gemeinen Schulen und ihren Schullehrern bei ihrem Lohn und ihrer Lage.

Denn überspannte Forderungen zeugen, wie man weiß, unerfüllte Erwartungen; diese aber Unmut und Abziehen der Hand von der verdrießlichen Sache. Und o! daß sie von dieser wahren Staatssache doch nie abgezogen werde!!!

Was ist nun Erziehung?

Es ist die Ausbildung des Charakters in Rücksicht auf Neigung und Grundsätze durch Anwendung der Hilfsmittel, welche die Schule lieferte.

Mit Voraussetzung, daß höhern Orts überhaupt ein Volkscharakter beabsichtigt werde, und man auch einig sei, welchen

---

jetzo so schwer hält. Wer es besser weiß oder besser sagen kann, als es in diesen vier Nummern enthalten ist, was zu einer gemeinnützigen Schule gehört, den fordere ich hiermit öffentlich auf, es bekannt zu machen.

Es ist ja alles daran gelegen, daß der, welcher bauen will, wisse, ob es ein Stall oder ein Wohnhaus werden soll.

Und noch bis jetzo scheint man über den Zweck der Volksschulen nicht ganz einig zu sein. Doch aber scheinen mir (und man widerlege mich mit Gründen!) obige vier Nummern ganz unerläßliche Bestandteile jeder Volksschule sein zu müssen, wenn Tugendliebe verbreitet werden soll. Die ganze Staatsverfassung ist auch darauf organisiert, als ob die Schulen so wären.

Es wird gepredigt; dieses setzt voraus, daß alle Zuhörer die Sprache verstehen und nachdenken können. Es wird vor und nach der Predigt gesungen; dieses setzt voraus, daß alle Gedrucktes lesen können. Es kommen gedruckte Befehle, die von allen befolgt werden sollen, desgleichen.

Es gibt schriftliche Verordnungen, teils in Kreis-, teils in Polizeisachen; dieses setzt voraus, daß auch Geschriebenes gelesen werden könne und müsse.

Es gibt Unterobrigkeiten auf dem Lande; der Staat braucht Unteroffiziere, beide Klassen von Menschen müssen lesen, schreiben und rechnen können. Der Invalide das Volk haben solle, so finde ich nur den Prediger des Orts, der wenigstens den stillschweigenden Auftrag hat, durch seine positive Religionslehre, die ihm billig allein zu erteilen gebührte, den Konfirmanden einen Charakter zu geben *).

Man sieht, daß ich auf die Erziehung durch die Eltern der gemeinen Klasse vorerst wenig rechne, weil sie selbst gewöhnlich verbildet sind, und man fast wünschen möchte, sie gäben sich weniger mit der Ausbildung des Charakters ihrer Kinder ab.

Also der Prediger soll Erzieher heißen. Da er selbst der Gebildetste des Ortes gewöhnlich ist, wo fände man auch einen bessern für die große Volksklasse?

Und setzt er nicht durch Predigen bei den Alten diese Erziehung fort? Hat ermahnen, erinnern, loben, tadeln, trösten und schrecken keinen Einfluß auf den Charakter? O wieviel Bildendes liegt in der Religion überhaupt! Wieviel im Charakter Jesu! Das, worin wir ihm allein nachfolgen oder vielmehr nachstreben können, seine Menschenliebe, gibt dem Reichen wie dem Armen fürwahr den besten Charakter.

Nachschrift. Der Text dieser Abhandlung ist eigentlich ein Bruchstück einer anderen Schrift, die ich jetzt noch nicht geben mag. Aber die Verwandtschaft desselben mit einer im Juniusstück eingerückten

---

kriegt nur darum den Gnadentaler, weil er zu keiner Bedienung brauchbar ist; denn er kann nicht lesen, nicht schreiben, nicht rechnen.

Es gibt viele Fälle, wo der an ordentliches Nachdenken von Jugend auf nicht gewöhnte Landmann nicht bedeutet werden kann. Daraus entsteht Prozeß und Verarmung.

Es gibt endlich unzählig viele Fälle, wo des Landmanns und seiner Kinder Leben und gesunde Glieder durch seine Unwissenheit Schaden nehmen. Und wer verliert dabei mehr als der Staat.

Ist der Schulunterricht nach obigen vier Nummern allgemein eingeführt und feststehend, so erhöht sich unleugbar die Wohlfahrt des Staats.

*) Welcher edeldenkende Seelsorger wird sich nicht freuen, so vorbereitete und in dem wesentlichen aller Religion unterrichtete Konfirmanden zu erhalten? Selbst da, wo das Auswendighersagen irgend eines Katechismi zur Religion gerechnet wird, muß das Lesenkönnen des Kindes den Unterricht erleichtern, weil der Katechismus sonst durch Vorsagen und Nachsprechen auswendig gelernt werden müßte.

Abhandlung[1]) bewog mich, sie jetzt besonders zu geben, und sie mit diesen Anmerkungen zu begleiten.

Friedrich Eberhard von Rochow.

---

[1]) Auch ein Wort über die Verbindung der Bürger- und Garnisonschulen.

Formieren und reformieren.

Samuel Christoph Wagener, Patriotisches Archiv für Deutschland. Berlin 1800. 2. Bd. S. 53—62.)

„Warum zwei undeutsche Wörter zum Titel dieser Abhandlung?" so kann der Kritiker fragen, und ich weiß nichts zu antworten, als daß die deutsche Übersetzung bilden und umbilden mir nicht so gut für meine Zwecke zu passen schien.

Formieren deutet auf entstehen lassen (schaffen, dem, was nicht ist, rufen, daß es sei). So z. B. schuf Luther seinen deutschen Katechismus; denn vor ihm gab es keinen deutschen der Art. Auch gab er ihm die Form, nämlich die fünf Hauptstücke, nach der von ihm beliebten Folge. Und es ist keine Kleinigkeit, in welcher Folge man formiert, besonders, wo man zu gruppieren hat, d. i., wo verschiedene Dinge in ein zweckmäßiges Ganzes zu ordnen sind. Fragen wir uns nun, um bei obigem Beispiele zu bleiben, warum Luther seinen Katechismus in Frage und Antwort verfaßte? so sehen wir uns fast genötigt zu gestehen, daß er das Auswendiglernen der Antworten beabsichtigt habe. Bei den zehn Geboten mußte er als ein weiser und wohldenkender Mann diese Absicht haben; denn wenn irgend etwas durch das Auswendiglernen dem Gemüte tief eingeprägt zu werden verdient, so sind sie es.

Wer sie befolgt, kann unter allen Regierungsformen wenigstens vor Kriminalprozessen sicher sein. Vorzüglich scheinen die in ihnen verfaßten Gesetze geschickt, die Roheit solcher Menschen zu mildern, welche eben anfangen, einen verbundenen Staatskörper zu bilden; denn es fällt in die Augen, daß die Nichtbefolgung derselben und die Gleichgültigkeit dagegen den Staat zerrütten würde. Darum wollte denn auch Luther, daß sie durch allgemeines Auswendiglernen in den Schulen zu jedes Kindes Kenntnis kämen.

Ob Luther aber auch wollen mochte, daß gleich nach dem Buchstabieren, Silbenlesen und dem Gebrauch der dürftigen Fibel (eigentliche Kinderlesebücher gab es damals nicht) zum Zusammenlesen der Wörter und Wortsätze (Perioden) der ganze Katechismus auswendig gelernt werden sollte? So wenig ich in seinen Schriften irgend eine ausdrückliche Vorschrift fand, wie sein Katechismus, besonders im Punkte des Auswendiglernens von der Schuljugend, so traue ich ihm doch zu, daß er hier auch Voraussetzungen gemacht hat, wie ja noch heutigen Tages so oft geschieht. Es ist nun freilich um so schlimmer mit diesen Voraussetzungen, da er seinen Katechismus den einfältigen Pfarrherren bestimmte.[1]) In dieser Rücksicht hätte er die Vorschrift, wann und wie der Katechismus gebraucht werden sollte, vielmehr auf das bestimmteste geben müssen. Auch der geschickteste Arzt versieht die Arznei für einfältige Kranke nicht bloß mit der Signatur: „Zum Einnehmen", gibt nicht bloß mündliche Abfertigung, sondern setzt noch dabei, in welchem Zeitmaß, ob tropfen- oder löffelweise, ja er bestimmt Eßlöffel und Teelöffel.

Doch Luther hat das einmal nicht getan, sei es nun, daß er die Pfarrherren damaliger Zeit in der Tat nicht für so einfältig hielt, oder daß er nicht Lust und Geld hatte, Schullehrerseminarien zu stiften. Sein Katechismus war nun zwar formiert, aber die Frage blieb: Was macht man damit?

Für den, der nachdenken will und kann, gibt es zwar in Luthers vorgeschriebenen Antworten Fingerzeige, daß er Vorübungen in der Sprache, ja sogar einige Verstandesübungen als Vorgänger seines auswendig zu lernenden Katechismus gewünscht habe, die zwischen ihm und der Fibel eintreten und die große Kluft zwischen jenem bekannten letzten Vers:

„Die Ziege Käse gibt zwei Schock,
Das Zahlbrett hält der Ziegenbock,"

und dem Anfang des Katechismus ausfüllten. Denn schon die Fragen: „Was ist das?" — „Wie geschieht das?" deuten auf Verstand oder auf Verstehenwollen, auf Interesse für die Sache, wovon die Rede ist.

---

[1]) Luther hat in der Vorrede ausdrücklich empfohlen, den Katechismus in das junge Volk zu bringen und anfänglich den Text einfach auswendig lernen zu lassen und später den Verstand zu lehren.

Ohne der Sprache kundig zu sein, läßt sich aber gar nichts verstehen von dem, was gelehrt wird, wie dieses unleugbar der Fall mit der besten polnischen Predigt unter uns, die wir kein Polnisch verstehen, sein würde. Denke ich mir sieben- oder achtjährige Landkinder, die nichts als Plattdeutsch von Jugend auf um sich her hörten, nur dieses also bei ihrer Wortarmut selbst sprechen lernten und dann den hochdeutschen Katechismus in ihren Händen, bevor sie noch hochdeutsch denken, verstehen und sprechen gelernt haben, so scheint mir es, als wenn hier die Pyramide noch auf die Spitze gestellt wäre.

Freilich fällt mir zur Entschuldigung aller Katechismus-Verfasser so gleich ein, daß sie denken mochten: „Werden die Kinder nur erst älter, so lernen sie auch durch den Umgang mit andern Menschen mehr Sprache, dadurch und durch den Besuch der Predigt wird ihnen der in der Jugend auswendig gelernte Katechismus verständlicher, bei einigen Geboten, z. B. wider das Stehlen und Verleumden, sehen sie den Ernst der Obrigkeiten in Strafen oder hören doch davon, und wenn auch bei andern Geboten eben nichts von gleichem Ernste derselben verlautbaret, so wird der Prediger wenigstens von Amts wegen ihr Gewissen zu rühren verstehen."

Wäre ich ein Reformator, so würden mir freilich diese Entschuldigungen ziemlich seichte vorkommen. Ich hatte einen Freund, den verstorbenen W., einen Schulmann[1]), der alles gut, und das Gute besser haben wollte, wie so die Reformatoren pflegen. Mit diesem Manne hatte ich einst ein sonderliches Gespräch über die vorige Materie. Weil es gerade meine Titelworte: „Formieren und reformieren" betraf, will ich es doch beifügen.

W.: Was lesen Sie jetzt?

Ich: Nichts als Zeitungen. Und Sie?

W.: Ich lese seit einiger Zeit lauter Katechismen von allen Konfessionen.

Ich: Wieso?

W.: Ob ich einen finde, wo dabei steht, wann und wie er zu gebrauchen ist.

Ich: Den werden Sie doch schon lange gefunden haben.

---

[1]) Der Anfangsbuchstabe ist jedenfalls fingiert. Ein Freund Rochows, der Schulmann war und, wie aus dem Schlußsatz dieses Aufsatzes hervorgeht, 1794 gestorben ist, ist mir nicht bekannt.

W.: Nein, noch nicht und werde es auch schwerlich.

Ich: Und wenn Sie das auch finden, wozu nützte es?

W.: Gar viel, sollte ich meinen, denn so wüßte man doch, was man damit machte; dann auch, warum der Verfasser ihn so, wie er tat, formiert hat.

Ich: Soviel ich davon verstehe, bedeutet der Katechismus ein Buch, das die Jugend auswendig lernen soll.

W.: Erlauben Sie, das glaube ich nicht! Der Name sagt es keineswegs. Der Inhalt sind mehrere Texte, worüber gelehrt werden soll. Der Verfasser sagt es auch nicht, wenigstens habe ich es nirgends finden können.

Ich: Aber die Erfahrung und der allgemeine Gebrauch seit mehreren Jahrhunderten sagen es doch.

W.: Freilich wohl! Dieses bedeutet aber für den, der wissen will, ob ein üblicher Gebrauch auch der rechte sei, nicht viel. Viele Gebräuche gründen sich auf Unrecht, Bequemlichkeit, Unwissenheit.

Ich: Ei, ei! Freund! Das deutet auf Reformierungs-Absichten.

W.: Wollte Gott, ich wäre dazu geschickt! Den Willen hätte ich wohl.

Ich: Aber denken Sie doch, wo wollte das hinaus! Das änderte ja die ganze Gestalt unserer gemeinen Schulen. Wenn der Inhalt des Katechismus aus Texten bestände, worüber gelehrt werden sollte, wie Sie sagen, so müßten ja die Schulmeister lehren können.

W.: Freilich, müßten sie das, oder lieber mit dem ganzen Katechismus sich unvermengt lassen. Denn die Katechismuslehre schickt sich besser für den Prediger bei der Konfirmation.

Ich: Wenn nun aber die Eltern, der Prediger oder Inspektor die Schulkinder prüften, ob sie den Katechismus auswendig hersagen könnten, wie dann?

W.: Danach müßte nicht gefragt werden.

Ich: Wonach denn?

W.: Ob jedes Schulkind lesen, schreiben und rechnen kann; ob es acht gibt, wenn und was man mit ihm spricht; ob es seine eigenen Gedanken sagen kann; ob es Gott als das beste Wesen, als seinen liebevollen Vater und mächtigsten Erhalter kennet, dem man jede Not klagen darf; ob es weiß, daß alle Dinge von *ihm* ihren Ursprung haben; ob es weiß, daß sein Geist unsterblich und Rechttun das Mittel ist, freudige Zuversicht zu Gott im Leben und Sterben zu schmecken; ob es für seine Kenntnisse sich passende Bibelsprüche und dergleichen Liederverse seinem Gedächtnisse einverleibt hat, und endlich, ob es mit seinen eigenen Worten beten kann.— Sehen Sie, danach würde ich fragen.

Ich: Je nun, das klingt ganz hübsch. Aber die Religion!

W.: Das Rechnen ausgenommen (denn schon bei weiser Wahl dessen, was man die Schulkinder lesen und schreiben läßt, kann viel Besserung befördert werden), ist ja alles übrige, wonach ich fragen wollte, ganz eigentlich Religionskenntnis. Hat nicht *Christus* selbst seine Jünger also belehrt?

Ich: Ganz gut! aber wo sind die Schulmeister zu haben, die dergleichen Unterricht geben? Wird ihnen nicht das Auswendiglernen und das Hersagenlassen irgend eines Katechismus *lieber* und *leichter* sein? Wird es nicht dem Nachfragenden *ebenso* sein?

W.: Da steckt der Knoten. Darum muß eben die ganze Schulsache *reformiert* werden.

Ich: Ach lieber Freund! verschonen Sie mich mit dem fatalen Worte! *Reformieren reimt sich mit revolutionieren*, und seitdem ich Journale las, fand ich nirgends eine feste Grenze zwischen beiden gezeichnet. Kann man denn nicht *im Stillen besser machen, was nicht taugt*, muß es denn immer im Ganzen geschehen?

W.: Wahrlich, Sie können mit Ihrer so gut gemeinten Ängstlichkeit beinahe mich — doch nur ein Wort über Ihren Vorschlag. Sehen Sie denn nicht, daß bei einer so *öffentlichen* Sache, wie die, ob der Katechismus gleich auf die Fibel folgen soll, oder nicht; ob er von den Schulkindern auswendig gelernt und hergesagt werden soll, oder nicht; ob nach diesem Hersagenkönnen, die Würdigkeit des Hersagenden, zur Gemeine der Christen zu gehören, bestimmt wird, oder nicht — daß, sage ich, hierbei kein *Bessermachen in der Stille* möglich ist? Wie wenn jemand zum Müller, dessen Steine und Beuteltuch nichts taugen, und der vielleicht selbst nicht weiß, *wie* gutes Mehl gemacht wird, sprechen wollte: Lieber Meister, bessert Euch doch in der Stille! Macht besseres Mehl! Wahrlich ich sage Ihnen, es bleibt bei dem Alten, oder es muß eine öffentliche Reform der Mühle geschehen, vielleicht auch des Müllers.

Ich: Freund, ich sehe wohl ein, daß es Ihnen nicht möglich ist, das Reformieren zu vermeiden. So sagen Sie mir doch denn einmal klar hin, was heißt Ihnen denn eigentlich reformieren?

W.: Ach, hätten Sie mich das doch eher schon gefragt! Vielleicht hätten wir uns dann besser verstanden. Ich will es zuerst mit einem Gleichnisse versuchen. Sie sind Landwirt. Setzen Sie den Fall, Ihr Ackergespann bestände aus einem Blinden, einem Keulenlahmen und zwei Strangschlägern (d. i. Pferden, die nicht anziehen wollen), die Form eines Ackergespannes wäre da. Wer sie im Stalle stehen sähe, hielte sie für vier Ackerpferde. Nur der Knecht nicht, der damit hantieren sollte. Wenn dieser nun klagte, würden Sie ihn auf Besserung in der Stille verweisen, oder, falls Ihnen überhaupt daran gelegen wäre, daß mit Ihrem Gespann die nötige Arbeit geschähe, nicht vielmehr das Gespann Pferde reformieren, das heißt, ein tauglicheres an jenes Stelle schaffen? Oder ein Weber hätte einen Weberkamm, in welchem die Ratten Lücken gefressen, will nun kein Flicken mehr helfen, so reformiert er, obgleich die Form des Kammes noch da ist, den Schaden durch Anschaffung eines neuen Kammes. Oder an Ihrem Ackerwagen paßt ein Rad nicht mehr an die Achse — Oder —.

Ich: Halten Sie ein, Freund! Ich habe für einmal genug Gleichnisse. Die Nutzanwendung will ich schon selbst machen.

So endete sich unser Gespräch für diesmal; denn der gute Mann kam oft zu mir. Nur schade, daß er sich vor fünf Jahren tot grämte. Gewiß dachte er damals nicht an unsere jetzige frohe Hoffnungen und Aussichten.[1])

Reckahn, im Julius 1799.

v. Rochow.

---

[1]) Rochow begrüßte den Umschwung auf dem Gebiet des Schulwesens, der nach der Entlassung des Ministers von Wöllner eintrat, mit Freuden.

Über den frühen Gebrauch des Lutherischen Katechismus bei dem Schulunterricht kleiner Kinder.

(Neue Berlinische Monatsschrift. Berlin 1799. 2. Bd. S. 466—472.)

Man hat bisher gemeint, schon bei den jüngsten Kindern, sobald sie die Buchstaben und Wörter nur aussprechen können, den Katechismus oder mittelst desselben, wie man es auch sonst wohl nennen hört, Religion lehren zu müssen. Warum ich dieser Meinung nicht sein kann, will ich in diesem kleinen Aufsatz mit Gründen darlegen.

Wenn ich bei meinen verständigen Lesern voraussetzen darf, daß sie mit mir das bloße Memorieren (Auswendighersagen) nicht erklärter, nicht verstandener Wörter keine Religionslehre nennen, so wird es ihnen im voraus zwar schon einleuchtend sein, daß viel Unterricht vorher gehen müsse, bevor vom Gebrauch des Katechismus beim Jugendunterricht irgend etwas Gutes zu erwarten steht. Doch ich habe Gründe versprochen. Hier folgen sie.

Das Erste, was im Lutherschen Katechismus, die Vorrede weggelassen, steht, sind die Zehn Gebote.

Das erste Gebot: Du sollst nicht andre Götter haben neben mir!

ist offenbar viel zu hoch und reichhaltiger für den Verstand kleiner Kinder. Denn die Worte: „Götter haben neben mir" sind, ohne viel Vorkenntnisse voranzuschicken, dem Kinde von 6—7 Jahren völlig undenkbar.

Zweites Gebot: Du sollst den Namen deines Gottes nicht unnützlich führen!

Weiß das Kind nicht vorher, was „unnützlich" bedeutet, und was unter „Namen" und „führen" zu verstehen ist, so versteht es auch das Verbot nicht. — Man sage nicht, daß Luthers Auslegung hier zu Hilfe kommt. Sie spricht unbedingt vom Schwören und untersagt dieses sowie das Zaubern, da doch, wie bekannt, das Letztere an und für sich unmöglich ist, ersteres aber von der Obrigkeit häufig gefordert wird.

Drittes Gebot: Du sollst den Feiertag heiligen!

Wie kann ein kleines Kind „den Feiertag heiligen?" Höchstens kann es bemerken, daß an den Feiertagen es nicht in die Schule geht. Wie die meisten Erwachsenen den Feiertag heiligen, ist bekannt und keine lehrreiche Erläuterung des für ein junges Kind sehr dunklen Textes.

Viertes Gebot: Du sollst deinen Vater und deine Mutter ehren, auf daß dir's wohlgehe, und du lange lebest auf Erden!

Wenn es ja nötig wäre, die sittliche Besserung des kleinen Kindes mittelst irgend eines Katechismus zu gründen und damit anzufangen, so müßte wohl dieses Gebot das erste darin sein, wie solches auch der Herr Abt Resewitz [1]) in seiner jüngsten Schrift, wohin ich verweise, ganz einleuchtend dargetan hat.

Fünftes Gebot: Du sollst nicht töten!

Dieses Gebot sollte für kleine Kinder, die, obgleich sie wohl einmal die eigentliche Absicht ihresgleichen zu töten haben, doch aber dadurch, daß sie mit Steinen werfen, daß sie andere Kinder in Flüsse oder Teiche stoßen, auch durch andere Unvorsichtigkeit, Schaden und Nachteil stiften können, wohl billig so heißen:

Du sollst keinem schaden wollen!

Selbst in Luthers Auslegung ist der schädliche Zeitvertreib der Kinder, die Tiere zu martern, gar nicht erwähnt. Wie aber der Lehrer, wenn die Kinder älter werden, die ihnen bekannt werdenden Kriege und das Töten gewisser Missetäter, mit dem absoluten Verbote nicht zu töten, wird reimen können, weiß ich eigentlich nicht anzugeben.

Sechstes Gebot: Du sollst nicht ehebrechen!

Dieses könnte für kleine Kinder gar wohl ganz wegfallen. Selbst wenn man das Wort „künftig" zwischen den Worten „sollst" und

---

[1]) Friedrich Gabriel Resewitz gab, nachdem er als Abt des Klosters Berge 1797 pensioniert war, seine Erziehungsschriften aufs neue heraus. Vielleicht meint Rochow die Schrift: „Versuche über die Lehrart und den Inhalt des Schulunterrichts für Kinder in den kleinen Städten und auf dem Lande." Magdeburg 1799.

„nicht" einschalten wollte, würde dadurch doch wenig für den Unterricht ganz kleiner Kinder gewonnen werden, weil man ihnen das Hauptwort „ehebrechen" nicht begreiflich erklären kann.

Siebentes Gebot: Du sollst nicht stehlen!

Bei diesem Gebot bewundere ich die Auslegung Luthers, weil er nicht nur verbietet, fremdes Gut an sich zu bringen, sondern sogar das „Helfen-Behüten" desselben für den rechten Besitzer empfiehlt. Wahrlich, eine rechte Vollkommenheitslehre, durch deren Befolgung die Erde schon halb zum Himmel würde, zumal wenn Luther das freiwillige, unbezahlte „Behüten-helfen" damit gemeint hat. Denn es hat Not genug, daß die dafür bezahlten Hüter behüten helfen. Doch scheint mir die Hauptsache des Gebots selbst für kleine Kinder faßlicher durch:

„Du sollst nicht haben wollen (nicht begehren), was nicht dein ist, oder dir nicht zukommt!" als durch die Worte: „Du sollst nicht stehlen!" ausgedrückt werden zu können.

Achtes Gebot: Du sollst nicht falsch Zeugnis reden wider deinen Nächsten!

Außerdem, daß schon nach bürgerlichen Gesetzen von ganz jungen Kindern kein Zeugnis gefordert und angenommen wird, würde dieses Gebot faßlicher so heißen können:

Du sollst immer die Wahrheit reden!

Denn die Worte „falsch" und „Zeugnis" erfordern Vorkenntnisse, die man wohl bei wenigen, am wenigsten aber bei gemeinen Kindern von 6—7 Jahren voraussetzen sollte.

Das neunte Gebot: Du sollst nicht begehren deines Nächsten Haus! und das Zehnte: Du sollst nicht begehren deines Nächsten Weib, Knecht Magd, Vieh usw.!

darf ich kühnlich zusammenfassen. Allerdings enthalten sie in den Worten „nicht begehren" den höchsten Grund aller Sittlichkeit. Und so unleugbar es ist, daß herrschende Begierde nach Unrecht, die Bibel nennt es „böse Lust", die ganze Moralität des Menschen verderbt, so klar wird es doch sein, daß das Kind nicht eben Häuser und Vieh begehrt, oder Weiber und Gesinde nicht abspenstig zu machen, wovon in der Lutherschen Auslegung bloß die Rede ist, wohl aber das in allen Rubriken dieser Gebote Nichtbenannte, z. B. die Peitsche, den Ball, den Kräusel des andern Kindes, oder fremdes Obst und Gegenstände der Näscherei, begehrt, und daß man also einen ganz andern Weg als daß bloße Auswendiglernen dieses Gebots nehmen müsse, wenn Sittlichkeit der Kinder beabsichtigt wird.

Diese kurze Darstellung, warum der Luthersche Katechismus zum frühesten Religionsunterricht kleiner Kinder nicht taugt, könnte nun, wenn es mir um Bogenzahl zu tun wäre, noch gar ansehnlich mit Beispielen aus dem Katechismus selbst vermehrt werden. Ich dürfte nur die Schlußstelle der zehn Gebote, das gedrohte Heimsuchen Gottes von den Sünden der Väter an den Kindern bis ins vierte Glied, hersetzen — die Stelle in der Auslegung des ersten Artikels des christlichen Glaubens, wo Mädchen und Knaben sagen müssen, sie glaubten, daß Gott ihnen Weib und Kind, Haus und Hof gegeben hat — die Stelle in dem vierten Hauptstück, wo auf die Frage: „Was gibt oder nützet die Taufe?" die Antwort hergesagt werden muß: .... erlöset vom Tode und Teufel und gibt die ewige Seligkeit allen, die es glauben. — Doch wer verlangt wohl bei einer so klaren Sache noch mehr Gründe?

Die so oft und bitter getadelte Preußische Schulverordnung[1]) vor vier Jahren, nach welcher der Schullehrer beim Katechismus nichts zur Erläuterung hinzusetzen durfte, scheint insofern konsequent gewesen zu sein, weil manches darin, auch bei dem besten Willen, sich nicht erläutern oder Kindern verständlich machen läßt. Das unbegreiflich lange herrschende Vorurteil, nur mittelst des Lutherschen Katechismus (trotz dessen Vorrede: er sei für ungeschickte Pfarrherrn geschrieben) die Religiosität kleiner von Lutherschen Eltern erzeugter Kinder begründen zu wollen, erklärt jenes Verbot für eine Verschonung des Schullehrers mit der Last unmöglicher Dinge. Doch gab es ja kräftigen Irr-

[1]) Anweisung für die Schullehrer in den Land- und niederen Stadtschulen zu zweckmäßigster Besorgung des Unterrichts der ihnen anvertrauten Jugend. 16. Dezember 1794.

tum (wovon der Apostel im 2. Brief an die Thessalonicher, Kap. 2 V. 11 spricht), so gehört gewiß dieses Vorurteil darunter.

Man sieht, wenn ich das damalige Verfahren aus Vorurteilen entspringen lasse, daß ich es nicht über mein Herz bringen kann, die Alternative zu denken, daß es wohl gar aus der bösen Absicht geschehen sein könne, mein Vaterland in seiner Nachkommenschaft zu verderben, oder die Stupidität und Immoralität zu stürzen.

Aber wie leicht Vorurteile, wenn sie bei Macht sind, zu kräftigen Irrtümern werden und entsetzlichen Schaden bringen können, sieht man zur Warnung an diesem Beispiel.

Ich eile zu schließen, damit mich auch die lesen können, welche nicht viel lesen mögen.

Wenn auch Tausende von beamteten Geistlichen, wenn sie denken, in der vorliegenden Sache mit mir einstimmig denken, so mögen sie ihre Gedanken doch nicht äußern. Was kann aber mich als einen unbeamteten Laien, den kein Eid auf symbolische Bücher bindet, abhalten, über diesen höchst wichtigen Punkt freimütig die Wahrheit zu sagen? Ist diese Sache nur einmal erst ein Gegenstand öffentlicher Beleuchtung; erregten dann meine Äußerungen darüber auch Widerspruch, und schadeten mir sogar: muß ich dem Glücke der Menschheit nicht dieses Opfer bringen?

Denn wo mich nicht alles trügt, so ist der zu frühe Gebrauch der Katechismen in den Schulen, welcher den Verstand der Kinder verwirrt, die schädliche Idee veranlaßt: im Auswendiglernen nichtverstandener Worte bestehe die Religion, und welcher ihnen daher in der Folge das Religiöse verdächtig und zum Ekel macht, eben die Quelle der so weit herrschenden Immoralität. Und ich halte mich zu dieser Äußerung umsomehr berechtigt, da Erfahrung von fast dreißig Jahren an Hunderten von Kindern mich belehrte, daß, wenn beim Unterricht junger Kinder eine natürlich näher zum Zweck führende Methode gewählt wird, solche Kinder dann auch im ganzen besser geraten.

Berlin, den 12. November 1799.

Friedrich Eberhard von Rochow
auf Reckahn.

Religionspartei, Religiosität.

(Samuel Christoph Wagener, Patriotisches Archiv für Deutschland. Berlin 1802. III. Bd. 2. Stck. S. 268—271.)

Ich las neulich den Steckbrief eines Hausdiebes, worin ich unter andern die Worte fand:

— „Ist lutherischer Religion."

Man wird kaum glauben, wie mir das Wort Religion hier so auffallend war. Ich dachte darüber nach, und so entstand dieser Aufsatz.

Ein Mensch, der aus Furcht vor Strafe wegen begangener Verbrechen seinen Wohnort verläßt und nun von der Strafgerechtigkeit durch die Länder verfolgt wird, welche sein flüchtiger Fuß betritt, — ein solcher Mensch, dachte ich, kann zu keiner Religions-Abteilung gehören.

Eine Religionslehre, die Verbrechen erlaubt oder befördert, hört in dem Augenblick auf, den Namen Religion zu verdienen. Der Verbrecher als solcher ist also zu keiner Religion gehörig.

Ein anderes aber ist es, wenn man wissen oder bezeichnen will, ob der Delinquent oder Inquisit von einem reformierten, lutherischen oder katholischen Geistlichen konfirmiert sei. Dann aber sollte man auch in dem Steckbriefe sich anders ausdrücken, etwa, jedoch unmaßgeblich, so:

„Bekennt sich äußerlich zur NN. Kirchengemeinde."

Es ist doch eine ganz eigene Sache mit dem Gebrauch des Wortes Religion! Ob die Religion den Menschen oder der Mensch die Religion hat, ist aus oben angeführtem Steckbriefe schwer zu ersehen.

Die Vielsinnigkeit des Worts Religion hat die Gelehrten schon bewogen, sie in objektive und subjektive zu teilen.

Unter objektiver Religion wollen sie die Lehren selbst verstanden wissen, unter subjektiver das, was der Belehrte mit *diesen und durch diese Lehren geworden ist.* Wollte man nun von dem Worte Religion eine bestimmte Erklärung geben, was sie sei, so würde das nicht anders angehen, als man müßte die objektive eine Sammlung von *Lehren* nennen, die das Verhältnis bestimmen, worin die Menschen mit Gott stehen; die subjektive Religion aber wäre dann die eigene Sittlichkeit des Menschen oder seine *Religiosität*.

Die Lehren der objektiven Religion, nach welchen Gott der Menschen Oberherr als allmächtiger Schöpfer, weiser Erhalter und gütiger Wohltäter ist, welches alles die Christenlehre unter dem trostvollen Namen *Vater* begreift, können nur, *insofern menschliche Meinungen ihnen beigemischt sind*, kalvinische, lutherische, römisch-katholische Religion heißen.

Bei der subjektiven Religion aber, oder bei der *Religiosität*, findet jene Beinameneinteilung *nicht* statt.

Diese ist nämlich diejenige Gemütsbeschaffenheit des Menschen, nach welcher er, *weil* Gott sein Herr und Vater ist, sich als sein gutes Kind zu betragen strebt, darum vorsichtig der mächtig verführenden Sinnlichkeit widersteht, und den Lohn der Tugend, vornehmlich in seinem Bewußtsein, recht getan zu haben, sucht.

Religiosität ist also Gewissenhaftigkeit.

Was dünkt euch, verehrte Leser! Ob das wahre Wohl aller Gesellschaften und Staaten nicht *am sichersten auf Gewissenhaftigkeit zu* gründen wäre?

Vielleicht (und o möchtet ihr es doch!) fragt ihr, *wie* das geschehen könne? Soviel, da ich darauf Antwort und Ausführung mir vorbehalte, darf ich vorläufig sagen: Ein jeder Staat kann das Wohl der Staatsgesellschaft auf Gewissenhaftigkeit gründen durch *zweckmäßig eingerichtete Kinderschulen*, wenn er *ernstlich will* und alle Eltern dieses *ernstlich wünschen*.

Auch daß es *alsdann* weniger Steckbriefe geben werde, darf ich im voraus versichern.

Berlin, 2. Februar 1800.

Friedrich Eberhard v. Rochow.

Versuch eines allgemeinen Schulplans.

(Samuel Christoph Wagener, Patriotisches Archiv für Deutschland. Berlin 1802. III. Bd. 2 Stck. S. 271—280: außerdem in: Neue Berlinische Monatsschrift. Berlin 1800. 3. Bd. S. 163—172.)[1]

Ein Plan ist eine Darstellung irgend eines Endzwecks und der Mittel, wodurch dieser Endzweck erreicht werden soll.

Des Planes Endzweck muß erreichbar und die Mittel dazu müssen anwendbar sein. So bei dem militärischen Operations-, dem Regierungs-, dem ökonomischen und so auch bei dem Schul-Plane.

Dieser Schulplan beruhet auf sieben Grundsätzen, und es sind folgende:

1. Je mehr tüchtige Menschen zu allerlei gutem Werk ein Staat sich verschaffen kann, desto stärker ist er, und desto sicherer sein steigender Wohlstand.

2. Der Mensch kann leichter tüchtig werden zu allerlei gutem Werk, wenn bei ihm von Jugend auf das daran Hinderliche vermieden wird, und das dazu Förderliche geschieht.

3. Die Dinge kennen, sie nennen, vergleichen und unterscheiden, durch viele Übungen in jedem, die Sprache verstehen und verständlich sprechen; endlich lesen, vorlesen, schreiben, singen und rechnen lernen; dieses — nebst einer allgemeinen Anweisung zum richtigen Denken und Urteilen mittelst eines Lesebuchs*) und vaterlän-

[1]) Die beiden Arbeiten weisen im Texte unwesentliche Abweichungen auf.

*) Das Lesebuch muß vorzüglich dazu taugen, daß der Lehrer Religiosität, das ist, dankbare Liebe zu Gott, der uns Leben gab und es durch weise Einrichtungen der Dinge um uns her oder die Natur erhält — Neigung zu Fleiß und Ordnung — Abgewöhnung des schändlichen Lasters und Angewöhnung der veredelnden Tugend oder des Rechttuns — daraus lehren und deswegen auf die Gesinnungen der Kinder so früh als möglich wirken können. Bis ein besseres Lesebuch da ist, schlage ich den seit

dischen Geschichte — ist förderlich zur Tüchtigkeit in allem guten Werk.

4. Wie ein jeder seine Berufsarbeit tut, davon hängt sein eigenes Wohl und auch das Wohl des Staates ab.

5. Bei jeder Berufsarbeit sind Endzwecke zu erreichen, und diese erreicht man nicht ohne Mittel.

6. Wer die besten Mittel zu guten Endzwecken wählt, den nennt man verständig.

7. Verstand gehört also notwendig zur Tüchtigkeit in allem guten Werk.

Auf diese sieben Grundsätze will ich meinen Schulplan gründen, und weil diese Grundsätze allgemein wahr sind, so muß auch der auf sie gegründete Schulplan allgemein anwendbar sein

Schulen.

Es gibt nur zweierlei Schulen, nämlich Kinderschulen und Jünglingsschulen, oder noch bestimmter erste und zweite Schulen.

Die gewöhnlichen Einteilungen in Volks- und gelehrte Schulen, Trivial- oder niedere und höhere Schulen rc. taugen nichts, weil sie nicht bestimmt einteilen.

Alle Kinder brauchen Unterricht und Ausbildung, um verständige Menschen zu werden, tüchtig zu guten Werken. S. Grundsatz 1. und 7. Dazu die erste Schule.

Nicht alle Kinder brauchen Gelehrte zu werden, deren der Staat nur eine verhältnismäßig geringere Zahl bedarf. Für diese ist die zweite Schule bestimmt.

Erste Schule.

Alle Kinder, sobald sie die Jahre der Schulunterrichtsfähigkeit erlangt haben, gehören in diese Schule, welche denn auch so, wie es der dritte Grundsatz besagt, organisiert sein muß. Es ist daher

---

25 Jahren in meinen drei Schulen mit Nutzen gebrauchten Kinderfreund rc. in zwei Teilen für Christen-Kinder-Schulen vor. Wenn der Lehrer das ist, was er sein soll, so wird er bei dem rechten Gebrauch dieses Lesebuchs keines besonderen Katechismi bedürfen.

diese erste Schule die wichtigste für das Wohl des Staates. Denn, wie die erste Nahrung des Kindes Einfluß auf das künftige physische Wohlsein desselben hat, so wird auch von der Schlechtigkeit oder Güte dieser ersten Schule, dessen künftige Tüchtigkeit zu guten Werken bestimmt.

Weil nun nach dem vierten Grundsatz das Wohl des Staats davon abhängt, wie jedes Individuum desselben seine Berufsarbeit tut, so muß der Staat auf diese ersten Schulen seine größte Sorgfalt verwenden. Privat- oder Hauslehrer *) bei Kindern müssen daher sich öffentlich verpflichten, so wie es der dritte Grundsatz besagt, ihren ersten Unterricht zu geben. Nur zu sehr hat jedweder Staat diesen Teil bisher verabsäumt.

Die untauglichsten Menschen — größtenteils wahre Invaliden an Leib und Seele — besorgten diese wichtigsten, ersten Schulen. Kümmerliches Gehalt war ihr Lohn, elend ihre Wohnung und Lage; Hilfsmittel und Aufmunterung fehlten ganz; formularisches Auswendiglernen war ihre Tagesordnung. —

Wie konnten, so behandelt, die künftigen Staatsglieder verständig werden (siehe den siebenten Grundsatz) und tüchtig zu guten Werken? Woran doch dem Staate alles gelegen sein muß! (Siehe den ersten Grundsatz.) Darin, daß hier geholfen wird, müßte nun die beabsichtigte Schulreform ihrem wichtigsten Teile nach bestehen, weil ohne hier anzufangen, wie wenn man ein sinkendes Gebäude im Dachstuhl unterstützen wollte, alle Verbesserungen fruchtlos und die daran verwendeten Kosten vergeblich sind.

Diese ersten Schulen zu organisieren, sind Schulhäuser nötig; es müssen Lehrer, und damit diese zum Amte tüchtig sind, auch Bildungsanstalten oder Seminarien für sie da sein. Diese ersten Schulen müssen Klassen haben, und mit ihnen kann füglich das Industrie-Schulwesen verbunden sein; wenn nämlich diese ersten Schulen nicht mit Dingen belastet werden, die nicht für sie gehören, und Zeit rauben. Da das weibliche Geschlecht, dessen Einfluß auf das ganze Staatswohl so wichtig ist, gewöhnlich nur diese ersten Schulen benutzt, so erhellet besonders auch daraus die Notwendigkeit gebildeter Lehrer in diesen ersten Schulen.

---

*) Welche leider! ihr Werk ohne alle Aufsicht treiben.

Zweite Schule.

Jünglinge treten aus der ersten Schule hinüber in diese zweite Schule.

Wenn für die ersten Schulen bisher wenig oder gar nichts geschah, so kann ein gleiches von den zweiten Schulen nicht behauptet werden.

Im ganzen sind sie mehr oder weniger g u t, nur fast zu h ä u f i g für die Bedürfnisse des Staats.

Manche davon wären in Seminarien zur Bildung der Lehrer in den ersten Schulen nach einer zweckmäßigen Instruktion vielleicht gar füglich umzuwandeln. In diesen zweiten Schulen und ihren Klassen sondert sich der künftige Künstler rc. vom künftigen Gelehrten.

Die letztern treten aus ihr auf die Universität.

Universität.

Wenn die ersten Schulen d a s sind, was sie sein können, und sein müssen, so bringen die Kinder aus ihr genug allgemeine Kenntnisse in die zweite Schule hinüber. In ihr wird der Jüngling dann leicht den ganzen Umfang der für ihn nützlichen Kenntnisse noch bekommen können, der ihn tüchtig macht zu guten Werken.

Natürliche Logik und mathematische Kenntnisse bedarf ein jeder, wes Standes oder Gewerbes er sei.

Denn wer, er baue den Acker oder treibe bürgerliches Gewerbe, er sei Herr oder Diener, Fürst oder Untertan, kann r i c h t i g e s U r t e i l ohne Schaden entbehren? — Und man urteilt nur dann richtig, wenn man richtig denkt. Wird man dieses aber j e m a l s oder so können, wenn man in der e r s t e n Z e i t d e s L e b e n s darin versäumt ist?

So wichtig sind also die ersten Schulen! Mathematik ist als angewandte Logik gleichfalls allen Menschen nützlich, sie mögen Gelehrte werden oder nicht. Ein Teil von ihr, die Mechanik, greift fast in alle bürgerliche Gewerbe mit ein und hilft sie und die Künste veredeln. Ein anderer Teil derselben, die Arithmetik, bildet tüchtige Hausväter und Geschäftsmänner.

Nie müsse daher ein Jüngling die Universität beziehen, der in diesen beiden Kenntnissen die zweite Schule nicht gehörig benutzt hatte.

Von den übrigen sogenannten Fakultätswissenschaften will ich nichts erwähnen, ehe die berühmte Frage nicht entschieden ist, ob sie auf Schulen oder auf Universitäten besser erlernt werden.

Aber kühnlich darf ich behaupten, daß man Logik und Mathematik mitbringen müsse, wenn man mit Nutzen die Universität beziehen will. Man betrachte nun die Universitäten, aus welchem Gesichtspunkte man will, so scheint ihre Nützlichkeit schon dadurch entschieden, daß sie den Übergang des Jünglings zum Manne — die sonst unausfüllbare Lücke zwischen der Schule und dem Eintritt in das geschäftige Leben ausmachen und füllen.

Vielen ist die sogenannte akademische Freiheit anstößig, und sie ersinden oder wünschen allerlei äußerliche Zwangsmittel, diese zu zügeln, daß sie nicht in Frechheit ausarte.

Aber der Grund der Immoralität liegt inwendig. Die strengste klösterliche Zucht hilft nichts. Und endlich muß diese bei dem Eintritt in das bürgerliche Leben doch aufhören. Denn wer bewacht den künftigen Hofmeister, Sekretär oder Referendarius ꝛc.?

Ist es, wie ein gewisses holländisches Sprichwort besaget, des Jünglings Schicksal, einmal zu rasen — besser gewiß auf der Universität, als in den folgenden Zuständen. Unangenehme Folgen — und diese hat jedes Rasen — werden ihn witzigen und belehren, die Hefen werden verbrausen und das Klare wird bleiben.

Und gibt es jetzt schon Ausnahmen von jenem Sprichwort, wieviel häufiger werden sie sein, wenn durch die bessern ersten Schulen, auf eine allgemeine Moralität mehr als bisher gewirkt wird?

Werden nun von irgend einem Staate diese Grundideen als zweckmäßig erkannt, und hält man endlich die ersten oder Kinderschulen für die wichtigsten, so folgt daraus das nötige Bedürfnis der Seminarien und der darin zu bildenden künftigen Lehrer an diesen ersten Schulen durch einen Oberlehrer oder Inspektor jedes Seminarii.

Die Instruktion für diesen höchst vorsichtig zu wählenden Mann liefert die Beilage A.[1]), die Erfordernisse zur zweckmäßigen Einrichtung des Seminarii, die Beilage B.; den Kostenetat, sowohl überhaupt als jährlich, die Beilage C.

[1]) Die Beilagen finden sich leider nicht im „Patriotischen Archiv" und in der „Neuen Berlinischen Monatsschrift".

Jeder Staat, der nach vorheriger Anerkennung meiner sieben Grundsätze diese drei Beilagen fordern wird, kann sie von mir erhalten.

Hat ein solcher Staat auch nicht den Willen oder die Mittel nicht zur Hand, diese Schulreforme im ganzen zu unternehmen, so darf es ja nur vorerst mit einer Provinz geschehen.

Die Kosten werden gering, die Freude des Gelingens wird groß sein. Die Erfahrung wird die Freunde der Finsternis beschämen, und wie einst aus dem kleinen Judäa das Licht aufging, welches den Erdkreis erleuchtete, so wird die Wirkung des Teils auf das Ganze wohltätig sein.

Heil dem Regenten, der zuerst nach diesem unvergänglichen Lorbeerkranze trachtet!

Ich schließe mit den Worten eines alten französischen Dichters:

Propose-t-on, Seigneur! du Meilleur que ceci —
Bon! Je ne rougis point de ce que j'en ai dit.

Berlin, den 8. Febr.[1]) 1800.

Friedrich Eberhard von Rochow auf Reckahn.

---

[1]) Der fast gleichlautende Aufsatz in der Neuen Berlinischen Monatsschrift ist am 6. Februar unterzeichnet.

Über gründliche Schulverbesserungen.

(G. G. Zerrenner, Der neue deutsche Schulfreund. Berlin 1801. 1 Bd. S. 5—7.)

Aufgefordert durch den Herrn Redakteur dieses neuen Schulfreundes und selbst auf die Gefahr, keinen Beifall zu finden, wagt es der Verfasser dieser kleinen Abhandlung jetzt, da es noch Zeit ist, weil noch keine öffentlichen Vorschritte geschahen, noch einmal seine Gedanken über gründliche Schulverbesserungen laut werden zu lassen. Die ungemeine Wichtigkeit, welche Lehranstalten für das Wohl der ganzen Menschheit haben, mag ihn entschuldigen. Schulen verbessern wollen, heißt nichts weniger, als auf die ganze Nachwelt durch die bessere Bildung der Jugend tätig wirken wollen, damit sie tüchtiger werde zu allem guten Werk. Wenn dieses der Zweck bei der Schulverbesserung ist, wie er es zu sein verdient, so findet das Gleichnis Christi: „Niemand flicket ein altes Tuch mit einem neuen Lappen" [1]), hier seine Anwendbarkeit. Schulverbesserungen müssen gründlich (radikal) sein, oder sie erreichen den Zweck nicht. Nicht allein die viele Mühe, Verwendung und Geld geht verloren, die getäuschten Erwartungen erbittern, und ehe man sich von der Inkonsequenz, mit welcher man verfuhr, überzeugt, gehen Jahrhunderte vorbei ohne Segen für die Menschheit.

Was wäre denn aber eine gründliche Schulverbesserung? Es mag sein, daß in dieser Frage noch die meiste Dunkelheit herrscht, ja vielleicht, daß man sie nie zum Votieren gebracht hat, um der Schwierigkeit auszuweichen, sie beantworten zu müssen.

Aber laut gefragt und beantwortet muß sie einmal werden. Selbst eine fehlerhafte Beantwortung derselben führte vielleicht auf eine bessere. Also stehe denn auch die meinige hier.

Gründlich nenne ich eine Schulverbesserung, wenn sie ganz darauf abzweckt, die Jugend tüchtig und willig zu machen zu allem guten Werk.

Steht dieser Zweck im ganzen fest, so gibt er einen Probierstein ab für alle Schulverbesserungen.

---

[1]) Matth. 9, 16.

Tüchtig werden wir durch Übung, willig durch Vorstellung des Nutzens einer zu besiegenden Schwierigkeit, wobei die innere Freude nicht zu vergessen ist, die jeden Sieg dieser Art begleitet. Alles Gelingen aber bringt Freude. Wie sollte sie denn hier fehlen, da dieses Gefühl so tief in der Natur des Menschen gegründet ist, daß schon erstiegne Berghöhen Freude machen? Der Lehrer aber ist der treue Begleiter, der der Jugend den Berg erklimmen hilft.

Hat der Zögling erst erfahren, was der Mensch kann, wenn er will, genießt er die Freude des innern Wohlseins bei Rechtschaffenheit und Tätigkeit für das Glück seiner Mitmenschen, so ist der Zweck aller Schulen erreicht.

Sehet hier, o verehrte Gesetzgeber! in einem kurzen übersehbaren Abrisse den wünschenswürdigen Zweck aller Schulverbesserungen!

Richtet denn, o möchte Gott es geben! eure Schuleinrichtungen alle dahin, daß die Jugend durch sie willig und geschickt gemacht werde zu jedem guten Werk ihres künftigen Berufes.

Oder müßte ich nun etwa nicht zuletzt um Verzeihung bitten, daß ich so spät noch vom Zweck bei gründlichen Schulverbesserungen und nicht lieber von den Mitteln dazu redete? Fürwahr, am Zweck ist alles gelegen! Steht nur erst der richtige Zweck unerschütterlich fest, den man erreichen will, so belehret alles — sogar Fehlgriffe in den Mitteln.

Aber Kirchen- und Schulgeschichte mögen antworten, ob man bisher einig über den Schulzweck war, und ob es bis jetzt nicht noch immer nötig sei, sich über den Endzweck aller Schulverbesserung recht offenherzig zu verständigen und zu erklären. Denn ich sorge — das Alter macht ja besorglich! — man möchte noch immer nicht allenthalben wollen, daß allen Menschen ohne Unterschied durch rechten Gebrauch ihrer Seelenkräfte zur Erkenntnis der Wahrheit [1]) in Schulen geholfen werde.

Berlin, den 20. Febr. 1801.

Friedrich Eberhard von Rochow auf Reckahn.

---

[1]) 1. Timoth. 2, 4.

Aufgabe für mein eigenes Nachdenken oder meine Art zu studieren*).

(Neue Berliner Monatsschrift. Berlin 1804. 11. Bd. S. 42—52.)

Sind Vernunft und Verstand gleichbedeutende Wörter (Synonyma), die man im Reden und Lehren ohne Schaden, als wären sie das, gebrauchen kann?

Oder: falls sie nicht Synonyma sind, was für einen Begriff liefert jedes dieser Wörter?

Solange es Akademien gab, fiel es meines Wissens noch keiner ein, diese Fragen zu einer Preisaufgabe zu wählen. Vielleicht hielt man sie dazu nicht wichtig genug? Oder supponierte etwa, man wisse das schon? Diese Abhandlung wird zeigen, wie sehr sie jenes sind, und welche Verwirrung der Sprache, vielleicht auch der Sachen daraus entsteht, wenn wie bisher fast alle Schriftsteller ihre Begriffe darüber noch nicht berichtigt zu haben scheinen. Ich will, wenn diese Herren mein Laien-Scherflein nicht verachten, nach meinen Kräften denen von ihnen dabei gern behilflich sein, welche diese kleine Schrift nur lesen wollen, und ich will dieses so schonend tun, daß ich keinen einzigen noch lebenden Schriftsteller namentlich anführe oder durch eingerückte Stellen aus seinen Schriften ihn kenntlich mache. Gesetzt auch, meine Arbeit verlöre dadurch den Schein der Belesenheit, so gewinnt sie doch vielleicht an Nutzbarkeit. Und die Wahrheit soll ja dann am wenigsten

---

*) Die originale, gehaltreiche, praktische Art der Behandlung des Gegenstandes wird die Leser bald an die „Berichtigungen" (Braunschweig 1792 u. folg.) erinnern und deren vortrefflichen Verfasser hier wieder erkennen lassen. Auch hat derselbe die Kundwerdung seines Namens nachgegeben. B. [1])

[1]) Die Anmerkung ist von dem Bibliothekar Biester, dem Herausgeber der Neuen Berlinischen Monatsschrift, gemacht.

beleidigen, wenn sie allgemein und nicht in persönlicher Rücksicht gesagt wird.

Nach meiner Meinung ist Vernunft das charakteristische Kennzeichen des Menschen; sein wesentlicher Unterschied von allen Tieren ist die vernünftige Seele. Diese vernünftige Seele ist von Gott. Denn wo wäre sie wohl sonst her?

Sie ist in diesem oder jenem Individuum zwar mit größeren oder minderen Gaben ausgerüstet, d. i. ausbildbarer, die eine mehr als die andere. Aber ausbildbar, d. i. belehrungs- und kulturfähig sind alle vernünftigen Seelen.

Was kann aber der Zweck aller Ausbildung vernünftiger Seelen wohl sein? Wenn es nicht der ist, daß sie verständig werden sollen?

Die Vernunft ist also die Fähigkeit, durch Vergleichen und Unterscheiden der Dinge, durch gründliche Belehrung über Ursache und Wirkung, über Mittel und Endzwecke, über Pflicht und Recht verständig werden zu können.

Verstand aber ist das Resultat von der Arbeit des treuen Lehrers und dem Fleiße des Schülers, wenn ersterer die vorgefundene Vernunft nach dem Maße und Grade ihrer Kräfte stufenweise gehörig ausgebildet und letzterer das Gelehrte willig und mit Nachdenken so lange angenommen hat, bis er durch eigne und fremde Erfahrung das nun bestätigt findet, was ihm gelehrt worden ist und für sein ganzes Leben als Richtschnur seines Urteils und Verhaltens dienen kann, wenn er sich danach richtet. Verstand ist also mehr als Fähigkeit, mehr als Anlage, fast so wie Essenkönnen nicht gleichbedeutend mit Gegessenhaben ist. Oder: sowie fünf gesunde Finger an jeder Hand besitzen, zwar ein notwendiges Bedingnis zum guten Klavierspielen, aber dieses noch nicht selbst ist, so ist auch mit einer vernünftigen Seele geboren sein noch nicht verständig sein. Dazu gehört, wie man sich nun leicht überzeugen kann, noch viel mehr. Also Verstand ist (mir) ausgebildete Vernunft, welches Ausbilden aber durch mannigfaltige Störungen und fehlerhafte Anstalten häufig mißlingt. Daher auch die Erfahrung lehrt, daß nicht alle vernünftige Seelen verständig werden, wie sie doch könnten und nach Gottes Absicht sollten.

Hieraus ergibt in Rücksicht auf die erste Frage sich dann fürerst mit ziemlicher Gewißheit, daß Vernunft und Verstand nicht gleichbedeutende Wörter sind. Daß es also sprachverwirrend sei, sich ihrer im Reden nud Lehren so zu bedienen, als wären sie gleichbedeutend, oder als ginge Verstand vor der Vernunft her.

Die zweite Frage wird durch Darstellung des ganz praktischen Begriffs beider Wörter hinlänglich erledigt. Zu mehrerer Begründung des von mir vorhin Behaupteten wähle ich als Beispiel einen längst verstorbenen, doch nicht unberühmten Schriftsteller, Isaak Iselin! Indem ich aus dessen „Geschichte der Menschheit (Neue Auflage, Zürich 1768)" das sechste Hauptstück des ersten Bandes S. 11 hier mit des Verfassers eigenen Worten hersetze, so darf ich es dem Urteil des Kenners überlassen, ob er, oder ob ich in meiner der Urschrift gegenüberstehenden Umänderung dieses praktischen Kapitels der Wahrheit nähergekommen sei.

Iselin.

Verstand — Urteil. — Vernunft.

„Durch diese glückliche Fertigkeit wird der Mensch in den Stand gesetzt, mit einem Gedanken unzählige Gegenstände zu umfassen und sich den Weg zu den ausgebreitetsten Eroberungen in dem Reiche der Wahrheit zu bahnen. So entsteht diejenige vortreffliche Eigenschaft, die wir den Verstand nennen, und welche erst Licht und Deutlichkeit in der Seele ausbreitet; da ohne dieselbe zu bahnen, nur Schimmer und Verwirrung darin herrschen würden. Durch diese kostbare Gabe entwickelt sich der wesentliche Unterschied des Geistes und des bloß empfindenden Wesens des Menschen und des Tieres.

„Unmittelbar aus derselben fließt das vernünftige Urteil, durch welches die erleuchtete Seele die allgemeinen Begriffe miteinander vergleicht, die Verhältnisse und die Eigenschaften derselben ausfindig macht und sich allmählich Schätze von Wahrheiten oder von Meinungen sammelt, deren jede für sie eine neue Quelle von Erkenntnissen wird, indem in der Natur gleich dem Einzelnen das Allgemeine in einem ununterbrochenen

Zusammenhange steht. So erwirbt sich die Seele die kostbare Einsicht von dem Zusammenhang der Ursach und Wirkung, des Grundes und des Gegründeten, so entwickelt und bildet sich die Vernunft."

Ich.

Vernunft. — Urteil. — Verstand.

Die Vernunft, als das unterscheidende Kennzeichen der menschlichen Seele, setzt den Menschen über die Tiere hoch empor. Denn sie ist die Fähigkeit, nicht allein über Sinnengegenstände im Zusammenhange denken lernen zu können, sondern auch vermöge der Belehrung von andern und durch die Hilfsmittel der Sprache, des Lesens, Schreibens und Rechnens, die wichtigen Begriffe von Ordnung, Verhältnis, Zahl, Maß und Gewicht zu erlangen, welches keinem Tiere möglich ist. Wodurch also dem menschlichen Geschöpfe der Weg zu den wichtigsten Erkenntnissen in dem Reiche der Wahrheit offen steht.

Aufmerksamkeit auf alles, was in die Sinne fällt; Achtgeben auf die ihm dargebotene Belehrung, Wunsch, an Erkenntnis zu wachsen, oder eigner Fleiß: diese bahnen nun dem belehrbaren menschlichen Geschöpfe diesen Weg immer mehr. Es lernt den Reichtum seiner eigenen Seelenkräfte bemerken und fängt an, unter der leitenden Hand des Lehrers sie zu üben; lernt Regeln kennen, die seine Kräfte stützen, ihren Gebrauch sichern und berichtigen. Wahrheit und Irrtum, Nützliches und Schädliches, Recht und Unrecht erscheinen ihm nun stufenweise.

Es lernt prüfen, billigen, verwerfen, urteilen, oder die Verhältnisse der Dinge zu andern bestimmen. So wird die Fähigkeit, verständig werden zu können, wenn das geschieht, was geschehen soll, allmählich entwickelt zu

Verstand,

welcher nichts anders ist als Fertigkeit, oft richtige Urteile zu fällen, oder sich seltener zu irren. Also die Vernunft ist ein freies Geschenk, eine Gabe Gottes; aber der Verstand ist erworben, nämlich durch öftere zweckmäßige Anwendung dieser Gabe. Vernunft ist Fähigkeit, auf menschliche Art belehrt werden zu können. Verstand ist Wirkung der Belehrung, wenn sie rechter Art gewesen ist.

Die Ableitung der Substantiven von den Verben kommt meiner Behauptung auch nicht wenig zu Hilfe. Denn wenn Vernunft von vernehmen, Verstand aber von verstehen abzuleiten ist, so ist Vernehmen ja früher da als Verstehen; denn das Kind vernimmt in der frühesten Zeit seines Lebens; aber es lernt erst verstehen.

Spät nach manchem Unterricht oder nach Belehrung und Beispiel äußert sich Verstand, bei diesem früher, bei jenem später, je nachdem die Belehrungsmethode war.

Aus dem, wie der sprechende oder schreibende Mensch Urteile zu erkennen gibt (das ist seine Beiwörter wählt, und aus dem, was er vorzüglich nachstrebenswert hält und durch seine Handlungen dafür erklärt) wird das Maß seines Verstandes erkannt.

Außer den wenigen bedaurenswürdigen Ausnahmen haben daher (a potiori fit denominatio) gewöhnlich alle Menschen Vernunft. Aber bei weitem nicht alle haben Verstand in dem Maße, als sie ihn haben sollten und könnten.

Woher sonst die häufige Klage über Untüchtige, Unbrauchbare, Unverständige?

Von der Wichtigkeit eines weisen Gebrauchs der beiden Wörter Vernunft und Verstand und deren Unterschiede müßten, so scheint es mir, sich am leichtesten alle diejenigen überzeugen, deren Amt es ist zu lehren. Vernunft ist ja der Stoff, den sie bearbeiten. Es ist dieses Wort nämlich das Nomen collectivum für alle Seelenkräfte, als da sind Einbildungskraft, Gedächtnis usw., die durch Lehre teils geweckt, teils geübt und gebildet werden sollen. Je vorsichtiger der gute Lehrer sich dabei nun benimmt, indem er keine Seelenkraft auf Kosten der andern zu stark anstrenget, desto vorteilhaftere Folgen des Unterrichts für den Verstand werden bei dem Lehrlinge sich zeigen. Und wie groß wäre nicht schon der Vorteil, wenn dadurch nur Einseitigkeit (diese Mutter der Unbilligkeit, der schiefen Urteile, des Egoismus usw.) vermindert würde! Wer aber getraut sich, einen Menschen dieser Art verständig zu nennen?

Nein! Verstand muß mehr sein als Vernunft! Und sonach müßte denn Logik, selbst nach der Etymologie des Wortes, wieder Sprechlehre heißen. Dialektisch ward sie früh ja schon genannt. Vielleicht aber artete durch diese Benennung der einfache Begriff derselben erst aus. Dieses Wort gab dann vielleicht auch Anlaß zur Polemik. Nur schändeten beide gar oft den Mutter-Begriff wie die Acta bezeugen. Und die Kunst, disputieren und Trugschlüsse machen zu können, war überall keines Professors wert. Man verzeihe diese Digression [1]). Mir scheint sie jedoch in der itzigen Epoche der Philosophie nicht ganz unerheblich zu sein.

Doch vielleicht möchte man mir einwenden: „Was du Verstand nennst, das nenne ich Vernunft." „In verbis simus faciles!" [2]). Gut! so sind es denn doch nicht gleichbedeutende Redensarten, mit denen ich in derselben Kategorie nach Belieben wechseln kann. Und dann frage ich: Hat das Kind, wenn es geboren ist, Verstand? oder hat es Vernunft? oder hat es etwa beides?

Man belehre mich, wenn ich irre, und ich werde danken. Im höchsten Alter ist Berichtigung seiner Erkenntnis noch viel wert, besonders für einen

Alethophilus [3]).

---

[1]) Abschweifung.

[2]) In Worten seien wir nachgiebig.

[3]) Wahrheitsfreund.

Über Lehre, deren Wert und darauf zu gründende Wertschätzung des Lehrers.

(Zerrenner, Der neue deutsche Schulfreund. Berlin 1804. 7. Bd. S. 1—13.)

Matthäi Kap. 22, V. 16.

Meister! wir wissen, daß Du wahrhaftig bist und lehrest den Weg Gottes recht.

Vorbericht.

Schon seit geraumer Zeit klagt man über verminderte Wertschätzung des Lehramtes. Daß man diese verminderte Wertschätzung des Lehramtes *) als ein Übel zu betrachten habe, darüber scheint nur eine Stimme zu sein. Weil nun alles, was geschieht, seine Ursache hat, warum es geschieht, so wird es auch nötig sein, von diesem Ereignisse die Ursache zu kennen, um womöglich durch deren Beseitigung die Wirkung zu vernichten.

Die Beleuchtung dieses Gegenstandes ist die Absicht gegenwärtiger kleinen, in einer ganz einfachen Schreibart verfaßten Schrift, in welcher ich in drei Abschnitten zuerst von der Lehre überhaupt, dann von deren Wert und endlich von der auf diesen Wert zu gründenden Wertschätzung des Lehrers handeln werde.

Lehre.

Unterricht, Unterweisung in irgend etwas Gemeinnützlichem nennt man Lehre.

---

*) Welches sich hauptsächlich durch geringern Besuch der Predigten äußern soll.

Was nicht gemeinnützlich ist, verdient nicht gelehrt zu werden. Z. B. die Künste der Betrüger aller Art; denn ob sie gleich dem Künstler zuweilen Vorteile schaffen, so sind sie doch nicht gemeinnützlich.

Die Jugend ist die Zeit der Lehre. Bei den gemeinnützigen Arbeiten im bürgerlichen Leben ist sie hauptsächlich Angewöhnung an bestimmte Beschäftigung. In der Schule aber ist sie zuerst Übung der Sinne und Seelenanlagen im Aufmerken oder Achtgeben zum richtigen Sehen und Hören überhaupt, dann im Nachdenken über alles, was vorkommt, im Vergleichen, Unterscheiden, Sprechen, Rechnen, wozu als Hilfsmittel Lesen, das Gelesene verstehen, und Schreiben gehört.

Und endlich soll die Schule das Begehrungsvermögen oder den Willen der Kinder aufs Gute lenken. Dieser aber ist nicht sicher zu erreichen, weil gewöhnliche Schulen keine Gymnasien und Erziehungsanstalten sind, als dadurch, daß der Jugendtätigkeit sichre Bestrebungspunkte (Endzwecke) nachgewiesen und annehmlich gemacht werden, zu deren Erreichung, als notwendige Bedingung ihrer steten Wohl fahrt, die Mittel ganz in ihrer Gewalt sind, und sich dann hieran Selbstprüfung, Urteil über Recht und Unrecht, Gewissenhaftigkeit und Religion oder ehrfurchtsvolle Rücksicht auf Gott beim Tun und Lassen in Leid und Freude, ja der ganze moralische Sinn gar schicklich knüpfen läßt.

Doch auch alle bürgerliche Beschäftigungen setzen diese Schulkenntnisse voraus; denn keine von jenen kann gelingen, oder irgend eine Vollkommenheit in ihrer Art erreichen, ohne daß der Lehrling vorher in der Zeit seiner Schuljahre im Nachdenken, Vergleichen, Unterscheiden, Lesen, Sprechen, Rechnen und Schreiben hinlänglich geübt worden sei. Darum, weil ihnen dieses fehlt, so lehrt die Erfahrung, haben die rohesten Völker auch die schlechtesten Handwerker. Selbst der gemeine Soldat kann dieser Schulkenntnisse nicht entbehren, da entweder aus ihnen die Unteroffiziere geonmmen werden müssen, oder, wenn sie alt und invalid werden, ihre Erhaltung durch den Mangel aller Schulkenntnisse ungemein erschwert wird.

Aber der Mensch ist nicht bloß als Erdenbürger zu betrachten. In ihm ist ein Bedürfnis höherer Art, als durch den täglichen Erwerb befriedigt werden kann.

Er ahnt und fürchtet die Zukunft.

Angenehmes wechselt mit Unangenehmem durch sein ganzes Leben; denn Unbestand ist der Charakter alles Irdischen. Geliebte Verhältnisse lösen sich auf, wie Gesundheit in Krankheit. Dunkel verhüllt oft den Weg. Schwierigkeiten häufen sich. Der innere Friede flieht wie der äußere, und das unerklärbar verbundene Wesen, Mensch genannt, bricht häufig in laute Klage aus: Wo soll ich Ruhe (Trost) finden für meine Seele?[1]) Erfahrung ist's, nicht bloß Predigerton, die dieses alles bestätigt. Wozu aber dieses hier? Zum Beweise, daß wir auch bedürfen, über das unterrichtet zu werden, was wir zu fürchten und zu hoffen haben.

Wenn also der eine Teil der Schullehre dazu nützt, daß der Lehrling dereinst für diese Welt brauchbar und geschickt werden könne, so ist der andere Teil der Lehre für ihn ebenso unentbehrlich, damit ihm bei seinen Berufsgeschäften auch innerlich wohl sein könne.

Dieses ist also ein Hauptendzweck aller Lehre, sie werde in Schulen oder in Kirchen erteilt. Ihre Nützlichkeit ist augenscheinlich. Also hat die Lehre einen Wert.

Wert der Lehre.

Wenn die Lehre darum einen Wert hat, weil sie nützlich und wichtig ist, so wollen wir nun betrachten, welchen Wert sie hat. Sie hat, wenn sie rechte Lehre ist, das ist, die Mittel, hier zeitlich und dann ewig glücklich werden zu können, darlegt, einen sehr hohen Wert, ja sie ist unschätzbar oder mit keiner Sache in Verbindung zu stellen. Denn sobald wir eingestehen, daß uns die Lehre geschickt macht, nicht allein zu den Geschäften des zeitlichen Lebens, sondern auch daß sie uns den Weg zeigt zur innern Ruhe und zu dem beständigen Frieden zu gelangen, den die Welt oder alles Irdische nicht auf die Dauer geben kann, dieses aber jeder, wenn er ernsthaft nachdenkt, für höchst wünschenswert erkennt, so muß die Lehre den höchsten Wert haben.

Da die Lehre den höchsten Wert hat für den, dem sie mitgeteilt wird, so ergibt sich schon soviel mit Gewißheit, daß es eine große Wohltat ist, belehrt zu werden. Empfangene Wohltat erweckt gewöhnlich und verdient überhaupt schon Dankbarkeit und Zuneigung. Sollte Belehrung über so wichtige Angelegenheiten des Menschen, die uns stets

---

[1]) Jer. 6, 16; Matth. 11, 29.

an das, worüber wir in der Jugend belehrt worden, und welches wir unter den Geschäften und Sorgen für Nahrung leicht vergessen könnten, auf jeden siebenten Tag der Woche wieder erinnert und die Wahrhaftigkeit der Lehre mit unserer Erfahrung stützt und in Beziehung bringt — sollte diese nicht auch Dank verdienen? und nicht auch erhalten, wenn nur Einsicht in den hohen Wert solcher Lehre durch die Schule schon verschafft wäre?

Auf den Wert der Lehre zu gründende Wertschätzung des Lehrers.

Der, von dem ich Unterweisung, Lehre (Belehrung) empfing, ist mein Lehrer. Daß er es besser wisse als der Lehrling, ist zum Lehren notwendig. Je wichtiger, gemeinnützlicher, unentbehrlicher das ist, was der Lehrer lehrt, desto höhere Wertschätzung und Hochachtung kommt dem Lehrer zu.

Zwar, wie die Erfahrung zeigt, sind nicht alle Lehrer gleich. Dem einen ist es um das Amt und die damit verbundenen Vorteile zu tun, dem andern liegt der Lehrling und dessen künftige Wohlfahrt am Herzen. Der Lehrer von der letzten Art macht sich besonders dadurch kenntlich, wie er lehrt. Dieses Wie pflegt man auch Methode zu nennen. Aber ohne liebevolle Rücksicht auf das wahre Wohl des Lehrlings gibt es keine gute Lehrmethode.

Derjenige Lehrer also, welcher weiß, was er lehren und wie er es lehren soll, ist ein rechter, das ist, vorzüglicher Lehrer, wenn er so lehrt.

Menschenliebe bezeichnet demnach den Wert des rechten Lehrers. Diese Menschenliebe des Lehrers beim Lehren kann nicht verborgen bleiben; denn nichts wird öffentlicher betrieben als das Lehramt in Kirchen und Schulen. Und die Wertschätzung kann solchen Lehrern, die uns über die wichtigsten Angelegenheiten des Lebens gehörig belehren, so sollte man denken, ganz unmöglich fehlen.

Worauf gründet sich also doch in aller Welt die laute Klage, daß diese Wertschätzung des Lehramtes dennoch fehle? Entweder der Schullehre ist dieses Ereignis beizumessen oder der Kirchenlehre oder beiden.

Der Schullehrer versäume nur nicht, die Kinder aufmerksam zu machen und sie im allgemeinen über alles, was sie angeht, denken zu lehren, das ist, sie zum Gebrauch ihrer Sinne und Seelenkräfte erst bei leichten Anlässen zu üben, damit er auf das unfehlbare Gelingen dieser leichtern Übungen mit Erfolg schwerere, doch höchst nötige Übungen anstellen und gründen könne. Diese nenne ich richtig urteilen zu lernen über den wahren Wert aller Dinge dieser uns umgebenden Welt, über die Bestimmung des Menschen zum weisen Gebrauch seines Erdenlebens, damit er nach dem Tode seines Leibes der unsterblichen Seele noch für die Gemeinschaft mit guten Menschen — oder zu einer ewigen, immer währenden Glückseligkeit tauge.

Der Schullehrer versäume nur nicht, die Wichtigkeit jeder nützlichen Lehren überhaupt den Kindern ans Herz zu legen, ihnen den großen Schaden der Unwissenheit bei jeder Gelegenheit recht fühlbar zu machen, und in ihnen die Begier nach Unterweisung durch deren Annehmlichkeit zu unterhalten.

Es versäume endlich der Schullehrer ja nicht, den Grundstein aller Moralität und Religiosität, nämlich die Gewissenhaftigkeit, das ist, die ehrfurchtsvolle, stete Rücksicht auf Gott bei ihrem Tun und Lassen, zu legen, und den Schulkindern zu zeigen, wie Gott hier als Lehrer selbst erscheint und aus Liebe den rechten Weg uns zeigt, den wir wandeln sollen, damit wir vor Schaden und Unwissenheit behütet bleiben, wie Gott, nachdem er von jeher und auf mancherlei Weise durch Lehrer und Lehre seiner Menschen sich erbarmte, so auch zuletzt seinen Eingeborenen sandte, sie über seine alles umfassende Vaterliebe recht zu belehren und ihnen den Weg, der zu ihm, das heißt, zur glückseligen Fortdauer führte, recht zeigen zu lassen.

Hat der Schullehrer in diesem allen seiner Lehrerpflicht ein Genüge getan, so hat er denn auch den Grund gelegt, worauf der Kirchenlehrer fortbauen kann.

Man sieht ohne mein Erinnern, daß, wenn es mit den Schulen nicht also bestellt ist, die Kirchenlehre, das ist, die Erinnerung der Erwachsenen an Recht und Pflicht, nicht wirken könne, was sie soll. Denn wenn die Zuhörer nicht g e r n hören und lernen, den Wert der Lehre nicht kennen und schätzen, so ist kein Trieb da, sich Mühe zu geben nach Lehre, das ist, sie wird nicht der

---

[1]) Ebräer 1, 1 u. 2.

Mühe wert geschätzt. Man frage die Erfahrung, und man wird es richtig finden.

Ebenso lehrt die Erfahrung, daß, wer nicht in der Jugend recht hören, das ist, mit Verstand hören gelernt hat, die Predigt bloß als eine Folge von Tönen hört, wenn er nicht gar schläft und den Kirchgang allein als etwas Verdienstliches sich anrechnet. Wer ferner nicht in der Schulzeit geübt wurde, aneinanderhängende und aus sich aufeinander beziehenden Sätzen bestehende Rede zu verstehen, der versteht auch von der Predigt, die nichts anders als dieses sein kann, soviel als nichts. Im häuslichen Leben hört das gemeine Kind nur kurze Sätze, Gebote, Verbote, Sprichworte ꝛc. Tritt also nicht die Schule hinzu und lehrt das Kind einen Gedanken festhalten, fortdenkend auf sich beziehen, so muß der Nutzen auch der besten Predigt an ihm verloren gehen, die nicht durch Zauberkraft, sondern nur ganz natürlich wirken kann. Alles, wie man sieht, ist mithin an den Schulen gelegen.

Der Prediger kann nur erinnern, auffrischen, ermahnen, das ist, auf erkannten Wahrheiten fortbauen. Aber dieses setzt voraus, daß etwas vorher geschehen sei. Ist nun in der Schule nicht von Jugend auf der Trieb nach Lehre geweckt und auf den erkannten Wert der Lehre gegründet worden, wodurch soll da die Wertschätzung der Lehre und des Lehrers bei den Erwachsenen entstehen?

Überdies gibt es noch immer Hindernisse zu überwinden bei dem Entschlusse, den Vortrag des Predigers in der Kirche hören zu wollen, als da sind: Bequemlichkeit, Abgaben, die noch fast mit jedem Kirchgange verbunden sind, Dürftigkeit und falsche Scham wegen Kleidung ꝛc. Wer das Herz des Menschen kennt, wird dieses alles als Hindernisse zugestehen müssen. Woher soll nun also der Mut kommen, diese zu überwinden, als aus der innigen Überzeugung, die Lehre sei doch von so hohem Wert, daß sie jede mögliche Aufopferung verdiene? Und wenn den Kirchenlehrern die Gabe, Wunder zu tun, jetzt ermangelt, worauf können sie ihre Wertschätzung als solche gründen, als auf den Wert der Lehre?

Gern hören und lernen, Belehrung suchen als etwas Köstliches — diese Gemütsstimmung muß der Zuhörer ihnen in die Kirche mitbringen, wenn ihr Lehramt gedeihen soll, und woher soll der Erwachsene diese Stimmung haben, wenn in ihm nicht von Jugend auf (also schon in der Schule) dieses Seelenbedürfnis, dieser Hunger und Durst nach Lehre geweckt worden ist?

So steht und fällt denn der Wert der jetzigen Kirchenlehre mit dem Wert der jetzigen Schullehre, und wenn jede Wertschätzung oder Hochachtung Wert und Achtungswürdigkeit voraussetzt, so gibt der Wert der vorangegangenen Schullehre der Kirchenlehre den Grad der Wichtigkeit, welcher ihr gebührt. Oder deutlicher: wenn die Schule weiter nichts gewesen ist als ein Notstall, worin der Lehrling mit Verdruß sitzen und lesen, schreiben, rechnen, auch auswendig lernen mußte, dem kann als nun eigener Herr seiner Beschäftigungen nichts eben mit der Kirchenlehre gedient sein, die soviel voraussetzt, worin er nie geübt war als: Achtgeben, Verstehen des Zusammenhanges der Predigt mit seinem eignen Wohl, wenn er sein Tun und Lassen danach prüft und ein richtiges Urteil über seinen Zustand fällen soll.

Dieser genaue Zusammenhang der Kirchenlehre mit der Schullehre ist die Ursache, warum diejenigen, welche es mit dem Wohl der Menschheit redlich meinen, so herzlich bitten und darauf dringen:

1. daß das bloß Mechanische des Schulunterrichts nicht länger die Hauptsache sei;

2. daß schon das Kind zum Nachdenken, zum Verstehen der Sprache, zum Prüfen und richtigen Urteilen geübt werde;

3. daß dergleichen Unterricht kein Vorrecht gewisser Stände sei, sondern als allgemeines Menschenrecht auch dem Geringsten und Ärmsten mitgeteilt werde.

Ohne daß dieses geschehe, läßt sich leicht abnehmen, wie wenig Nutzen die Kirchenlehre schaffen kann, die ihrer Natur nach soviel voraussetzen muß, wovon gern hören und lernen, Wunsch nach Wachstum in der Erkenntnis und Verstehen eines zusammenhängenden Vortrages das Wichtigste ist.

Worauf anders soll sich auch die Wertschätzung der Lehrers gründen, als auf die Einsicht des Lehrlings und dessen Überzeugung von dem Wert der Lehre?

Wenn vordem der Lehrer diese auf sein Amt der Schlüssel, seine Priesterschaft und was dem anhängig war, gründen konnte, so fällt dieses jetzt um so mehr weg, als der Kirchenlehrer sich selbst nicht mehr getraut, diese eingebildeten Stützen geltend zu machen. Wodurch ist ihm also zu der Wertschätzung, über deren Verminderung geklagt wird, wieder zu verhelfen?

Nur durch gründliche Verbesserung der Schulen kann dieses geschehen. Ein Mittel, welches — insofern die Konsistorien großenteils aus Geistlichen bestehen, sie auch als Ober-Schulräte, Ober-Hofprediger, Beichtväter, Erzieher der Fürsten und Fürstenkinder ungemein vielen Einfluß auf die Obersten im Volke haben — ganz in ihrer Gewalt ist, und davon Gebrauch zu machen, als von ihrer unnachläßlichen Amtspflicht sie nichts entbinden kann. Wollen sie aber nichts dazu tun, wo sie doch können, nichts dafür leiden, wohl gar davon abraten und abmahnen, daß in allen Schulen der Unterricht gründlicher und besser werden müsse, so ist es ohne ihr ernstlichstes Bestreben, darin Hilfe zu schaffen, es auch nach der gesunden Vernunft schlechterdings unmöglich, dem Kirchenlehrerstande der protestantischen Kirche die Wertschätzung, über deren Verlust er klagt, als die sich auf nichts gründen kann als auf von Jugend auf erkannten Wert der Lehre, wieder zu verschaffen. — So wird denn vielmehr das Übel zunehmen, die Kirchen werden leer stehen, die Immoralität des Volkes wird schreckliche Fortschritte machen, und wie sehr ist zu besorgen, daß der alte Ausspruch sich bestätige:

„Wo die Lehre au hört, da wird es wüst!"

Reckahn, am 20. März 1804.

Friedrich Eberhard von Rochow.

Duplik über Vernunft und Verstand.

(Neue Berlinische Monatsschrift. Berlin 1804. 11. Bd. S. 441—448.)

Herr Karl Christian Schmidt, Lehrer am Gymnasium zu Bielefeld, hat im Maistück der Berliner Monatschrift (Nr. 5), über das, was ich im diesjährigen Jännerstück derselben (Nr. 4) in Rücksicht auf den Unterschied zwischen Vernunft und Verstand geschrieben, sich teils sehr gütig, teils widerlegend geäußert.

Es hat derselbe mich S. 388, bis dahin wo die Periode mit den Worten „verständig wird" schließt, ganz richtig referiert, und das Gütige seiner Äußerung liegt in der gleich folgenden Periode, in welcher Herr Schmidt auch sehr richtig erraten hat, daß ich diese Motion bloß in pädagogischer Hinsicht machte. Man wird also hoffentlich nicht mißbilligen, wenn ich eine Duplikschrift in einer so sehr die Menschheit itzt interessierenden Sache, wie die Pädagogik ist, wage; da ich noch immer bei dem Gedanken zu beharren Ursache finde, daß auf die Begriffe, die man über Vernunft und Verstand hat, viel ankomme.

Was in meinem Aufsatz im Jännerstück widerlegt werden sollte, falls man meine Behauptungen über Vernunft und Verstand unrichtig oder unanwendbar im Fache der Pädagogik finden will, steht S. 44, 45. Wer also mich widerlegen will, muß beweisend behaupten:

1. Die Vernunft sei nicht der wesentliche Unterschied des Menschen von den Tieren; unsre Seele heiße mit Unrecht eine vernünftige Seele; vielmehr werde dem Menschen, wie auch Herder in der Adrastea*) sagt, der Verstand angeboren.

*) Adrastea, Band 6, Heft 1, S. 24, Zeile 3 von unten.

2. *Die Ausbildbarkeit* aller Seelen sei einerlei, oder es gebe keine *Verschiedenheit der Gaben* oder Anlagen in den menschlichen Seelen.

3. Es gebe einen andern oder bessern Zweck in der Pädagogik als den, aus den Schülern *verständige Menschen* zu bilden.

4. Obgleich die Vernunft nirgend anders als in der vernünftigen Seele sein kann, so sei sie doch nicht eine angeborne *Fähigkeit*, durch Belehrung und Erziehung verständig werden zu können.

5. *Verstand* sei nicht das Resultat der Arbeit des treuen Lehrers oder Erziehers; der Verstand bedürfe keiner stets wachsenden Zunahme; denn man könne gar *leicht zuviel* Verstand bekommen. Der Apostel Paulus habe (nach Luthers Übersetzung) unrecht gehabt (Epheser 5, 17), *den Alten* noch zu empfehlen: „*Werdet verständig*,“ so wie die Zuhörer (Luk. 2, 47*), daß sie Jesum wegen seines *Verstandes* bewunderten.

Dieses muß der behaupten, und auch *nur* dieses braucht der zu behaupten, welcher meine Meinung über Vernunft und Verstand entkräften will; denn daß beide Wörter nicht als *gleichbedeutend* gebraucht werden *sollten*, ist ja bereits zugestanden. — Aber *wie* schmerzlich würde mich diese Widerlegung, wenn sie zustande käme, treffen! Doch wenn sie freilich nur auf den Sprachgebrauch unter den Gelehrten gegründet sein sollte, so würde ich mich dadurch nicht für widerlegt halten können; denn eben der unpassende Sprachgebrauch ist es, den ich anklage.

Und wie würde ich, ein so großer Freund der Simplizität! es in jener Hinsicht bedauern, daß meine mir solange genügend geschienene Instruktion für alle Jugendlehrer — ja für alle! von der Hütte bis zum Palast, wenn ich sie zu wählen hätte — nun nicht mehr tauglich wäre. Diese Instruktion lautet so:

„Hier sind Kinder mit vernünftigen Seelen. *Tun Sie das Ihrige*, damit diese verständig werden! Können und wollen Sie das?“

Es sei mir erlaubt, hier ein kleines Gespräch anzuheften, welches auf diese kurze Vokation, Instruktion, oder wie man es nennen will,

*) Da Herr Schmidt die Bibel zitiert, so bediene ich mich derselben Freiheit.

sich bezieht und die Sache selbst, wovon die Rede ist, noch mehr beleuchtet.

Der Lehrer. Ja, ich kann und will es, wenn ich nicht gehindert werde.

Ich. Das letzte setzen wir vorerst beiseite. — Aber sagen Sie mir doch, wie können Sie das? Wie ist das anzugreifen?

Lehrer. Die mir anvertrauten Kinder sollen von mir zuvörderst geübt werden im richtigen Sehen alles dessen, was mit bloßen Augen an einem Dinge gesehen werden kann, um des Wiedererkennens willen an Kennzeichen, um des Vergleichens mit ähnlichen und des Unterscheidens von diesen zwar ähnlichen, aber doch nicht gleichen Dingen, und um den Fehler des Verwechselns vermeiden zu lernen. Durch diese einzige, aber lange fortgesetzte Übung wird Aufmerksamkeit, Beharrlichkeit und Anwendung der frühsten Äußerung der Vernunft gebildet, und sie liefert bei ihrer Unerschöpflichkeit an Materialien den wohlfeilsten und angenehmsten, zugleich aber nützlichsten Lehrstoff auch als Übung der Sprachkunst für das ganze Leben. Überdies ist sie der Lebhaftigkeit des Jugendalters angemessen, und auf genaue Betrachtung der Werke Gottes läßt sich bewundernde Verehrung des Meisters am sichersten gründen, wenn man die höchste Weisheit und Macht bereits an seinen Werken wahrgenommen hat. Worauf denn auch der Gehorsam .....

Ich. Halten Sie ein, lieber Freund! Es sei hieran genug! Ich hörte, daß Sie können, und sehen werd' ich es ja an den Kindern, daß Sie fortwährend das Ihrige tun wollen, damit diese von Zeit zu Zeit verständiger werden oder mit andern Worten, das Böse gerne meiden und das Gute gerne tun. Denn dieses nenne ich den Verstand bei Jungen und Alten. Sie sind also der Mann, den ich suchte! — Doch sagen Sie mir noch, was Sie mit Ihren Worten „wenn ich nicht gehindert werde" recht eigentlich meinten?

Lehrer. Nur eins als Beispiel: Wenn man mich etwa nötigen wollte, mit Lehr- oder Lesebüchern anzufangen. Diese, selbst die besten, setzen voraus, was erst vorbereitet werden muß. So nützlich sie in der Folge sind, und so gewiß sie gebraucht werden sollen, wenn es die Zeit ist, so unnütz, ja schädlich sind sie, wenn es noch nicht Zeit ist, ganz im Anfange des Unterrichts. Da müssen zuerst Lust und Liebe zum Unterricht geweckt und das Kind zum Sprechen und zur mündlichen Unterhaltung mit dem Lehrer gewöhnt werden, ehe es von der Büchersprache nur einigen Vorteil ziehen kann. Die durch diese Vorbereitung vergangene Zeit wird auch reichlich eingebracht; denn das Kind ist ja indes durch die unzähligen Sprachübungen lehrfähiger geworden; es hat seine Hauptsinne, Sehen und Hören, recht benutzen gelernt und weiß mehr, als es zu wissen scheint. Der Sprachvorrat, die Bekanntschaft mit den Beziehungswörtchen: was, wie, womit, wozu, wodurch usw. ist doch gewiß schon viel wert. In ihnen liegt die erste Übung im Denken. So kann denn auch auf die sicherste und leichteste Art die vernünftige Seele verstehen lernen, was zu ihrem wahren Wohlsein und Frieden dient, und einer stets wachsenden Vollkommenheit entgegenreifen.

Ich. Nun verstehe ich Sie und muß Ihnen recht geben. Mit meinem Willen, lieber Freund, soll Sie niemand hindern, und wer es doch könnte und wollte, den werde ich vorher in Ihre Schule führen und dann ihn freundlich bitten: Verdirb es nicht! Es ist ein Segen darin!

An diesem Gespräch wird meinem Urteile nach sich erkennen lassen, in welcher pädagogischen Verbindung bei mir Vernunft und Verstand stehen. Wenn nun auch nichts von untern und obern Erkenntnisvermögen darin vorkommt, so fehlt ihm doch weder Deutlichkeit noch Konsequenz. Denn man ist bald überzeugt, daß, wenn mit den Kindern es so angefangen wird, es auch gut endigen und auf diese Weise leicht ein besseres Menschengeschlecht gezogen werden kann.

Menschenveredlung! Erhabner, erfreulicher Gedanke für alle, die unter dem beglückten Zepter Friedrich Wilhelms des Dritten und Alexanders des Ersten wohnen!

„Wenn wir bei Abschätzung der Landgüter schon itzt auf veredelte Schafzucht sehen" (so schreibt unser vortrefflicher Propst Zöllner in seinem neuesten Werk über Nationalerziehung)

„so wird auch der Zeitpunkt gewiß kommen, wo auf veredelte Menschenzucht dabei besonders gesehen werden wird*).

Reckahn, den 29. April 1804.

Friedrich Eberhard von Rochow.

---

*) Der Herr Verfasser hat die Stelle aus dem Gedächtnis angeführt, wie man bei den allgemein beliebtesten Schriftstellern von jeher tat. Als Herausgeber halte ich mich jedoch verpflichtet, die in dem auch von mir geschätzten Buche nachgesuchten genaueren Worte hierher zu setzen, damit man sehe, daß der Sinn im Grunde derselbe ist, und nur durch die Verbindung und Anwendung einige Ausdrücke geändert sind. Ideen über Nationalerziehung, Berlin 1804, S. 300: „Es wird doch hoffentlich in wenigen Jahren dahin kommen, daß beim Verkaufe eines Landgutes unter den Vorzügen desselben neben der schönen Schafzucht und Viehweide auch die gut fundierte Schule wird angeführt werden!" B.[1])

[1]) Biester, Herausgeber der Neuen Berlinischen Monatsschrift.

I. Anhang.

Versuch
eines
Schulbuchs
für
Kinder der Landleute,
oder
Unterricht für Lehrer
in
niedern und Landschulen

von

Friedrich Eberhard von Rochow,
Erbherrn von Reckahn etc.

Werdet nicht unverständig, sondern verständig. Ephes. V, 17.

Dritte verbesserte Auflage, nebst einer Kupfertafel.

Mit Königl. Preuß. Churf. Sächs. und Churbrandenb.
Allergn. Freiheit.

Berlin
bei Friedrich Nikolai.
1790.

Vorbericht zur ersten Auflage.

Wenn dieser Versuch so glücklich ist, Leser zu finden, so wird er auch Fragen und Einwürfe veranlassen. Und einige derselben sind so beschaffen, daß ich gleich anfangs mich deshalb mit meinen Lesern vergleichen will. Auf die erste Frage: „Wer mich berufen hat, mich zum Lehrer des Landvolks aufzuwerfen?" ist meine kurze Antwort diese:

Ich lebe unter Landleuten; mich jammert des Volkes; neben den Mühseligkeiten ihres Standes werden sie von der schweren Last ihrer Vorurteile gedrückt. Ihre Unwissenheit in den nötigsten Kenntnissen beraubt sie der Vorteile und Ersetzungen, welche die für alle Stände gnädige Vorsehung Gottes auch dem ihrigen gegönnt hat. Sie wissen weder das, was sie haben, gut zu nutzen, noch das, was sie nicht haben können, froh zu entbehren. Sie sind weder mit Gott noch mit der Obrigkeit zufrieden. Gott tadeln sie durch Murren über die Einrichtung seiner Welt und halten ihn für einen Stiefvater, der parteiisch mit seinen Kindern verfährt. Die Obrigkeit aber sehen sie bei jeder nötigen Einschränkung ihrer eigennützigen Wünsche und Handlungen als einen harten Statthalter an, der das zur befohlenen Pflicht hat, ihnen das Leben zu verbittern. Daher ist ihre Religion meistenteils der verderblichste Fatalismus. Die ganze vortreffliche Sittenlehre Jesu Christi und seiner Apostel liegt ihnen ganz außerhalb der Sphäre der Ausübung. Sie wollen zur Not wohl durch Christum selig, aber nicht nach Christi Geboten vorher fromm werden.

Die Ursachen dieser sämtlichen, den Staat in seinen wichtigsten Teilen zerstörenden Übel liegt an der vernachlässigten Erziehung der ländlichen Jugend. Man sorgt nicht dafür, ihr die von der ihrigen oft sehr verschiedene Sprache des Unterrichtes 2c. und in derselben richtige Begriffe und Grundsätze beizubringen; man bildet nicht ihre *ganze* Seele; man gewöhnt ihr Gewissen nicht, über ihre Urteile und ihre Handlungen zu richten Und so bleibt denn auch das Landvolk unfähig, einen moralischen Vortrag zu *verstehen*, gegebene Regeln anzuwenden, begangene Fehler zur Besserung zu nutzen, sondern sie sind und bleiben sinnlich, d. i. nicht viel besser als tierisch und fühllos für jede Art moralischer Glückseligkeit.

So fand ich das Landvolk. Und nun sah ich mich nach Hilfe um, wodurch diese Last weggehoben werden könnte.

Außer dem Katechismus und der Heilsordnung fand ich kein Schulbuch für den Landmann und außer dem wörtlichen Inhalt dieser höchstens bloß auswendig gelernten, aber nicht verstandenen Bücher keine Wissenschaft, die man dessen Kinder lehrte.

Ich denke doch nicht (um nicht bei dieser Sache zu wiederholen, was andere schon vortrefflich gesagt haben), daß man die Seele eines Bauernkindes für ein Ding von anderer Gattung hält als die Seele der Kinder höherer Stände?

Aber denn ist mir es unerklärbar, wie nach der herrschenden Lehrart aus diesen Leuten verständige Menschen und gar Christen gebildet werden sollen. Sie verstehen ja, wie es die Erfahrung lehrt, nicht einmal alle die Worte des Katechismus und sollen doch den Sinn fassen und durch ihr ganzes Leben wider die ausschweifende Sinnlichkeit wirksam und tätig werden lassen.

Da ich also nichts fand, was unmittelbar für den gemeinen Mann und seine Kinder mir zweckdienlich schien, so wagte ich diesen Versuch mit dem herzlichen Wunsche, daß bessere, weisere Menschenfreunde als Arbeiter an diese Ernte sich machen möchten, und daß mein Versuch bald durch Meisterstücke verdrängt werden möge.

Dies Vorhergesagte mag zugleich dem Einwurfe begegnen: „Ist denn aber auch dieser Versuch ein dienliches Mittel, mehr Erleuchtung in diesen Stand zu bringen?"

Nun will ich mich unmittelbar zu dem wichtigsten Einwurfe wenden. Man sagt nämlich: „Aber ist es denn der Einrichtung des Staates nicht nützlich, wenn der Bauer dumm bleibt, nicht schädlich, wenn er klug und verständig wird?"

Um diesen scheinbaren Einwurf zu widerlegen, ist es nötig, über Worte sich zu verstehen.

Klug und verständig werden heißt bei mir nicht arglistig, treulos, rebellisch, um der eingebildeten höheren und besseren Einsichten widersprechend (raisonneur), neuerungssüchtig und seines Berufes überdrüssig werden, sondern ich nenne nur denjenigen klug, der die Pflichten seines Standes kennt, die Vorteile desselben zu nutzen weiß und selbst aus dem Übel das damit vermischte Gute herauszufinden versteht, oder, wenn diese kürzere Erklärung besser gefällt, der in jedem Stande sich so verhält, daß ihm seine Lebensart kein Hindernis zur Vollkommenheit wird. Nach dieser Erklärung wird wohl die rechte Klugheit dem Landmann nicht im Wege sein, ein geschickter Bauer (cultivateur), ein fleißiger Arbeiter, ein treuer Dienstbote, ein tüchtiger und gehorsamer Soldat usw. zu werden.

Was schadet also der Unterricht in der wahren Klugheit dem Staate? Sollte nicht vielmehr jeder Staat unsäglich große Vorteile davon haben, wenn z. E. alle Menschen gewissenhafter würden? Aber das Gewissen gründet sich auf Religion, auf eine Religion, die im Verstande und Willen wirkt und ohne gute Erziehung und Unterweisung den Menschen nicht mitgeteilt werden kann. Wenn z. E. das Christentum in dem Verstande und Willen des Menschen gegründet ist und sein wohltätiges Licht auf so manche Dunkelheiten des Lebens wirft, so gibt er Gott recht. Er hat Lust an seinen Gesetzen. Man darf ihm nur die Pflicht zeigen, so tut er sie um Gottes willen, der seinen Gehorsam als ein angenehm Opfer ansieht. Jede Obrigkeit ist ihm dann heilig, weil sie von Gott verordnet ist. Er betet für sie noch dann, wenn er leidet, und entschuldigt sie, weil er weiß, daß es auch schwerere Pflichten gibt, je höher die Stände sind. Er gehorcht dem guten Herrn und auch dem wunderlichen. Als Dienstbote ist er treu; denn Gott sieht dahin, wo der Herr oft nicht hinsehen kann. Als gedungener Arbeiter ist er fleißig; er sucht wirklich das Beste desjenigen, der ihn lohnt; denn er weiß, daß ein solcher Mensch von Gott noch einen Gnadenlohn erwarten kann. Als Soldat weiß er, daß gewisse Mitglieder der Gesellschaft sein müssen, die als Ausgesonderte zum allgemeinen Besten für die Sicherheit des Ganzen wachen und streiten. Er sieht also seinen Soldatenstand für seinen Beruf an und murret nicht wider den, der ihn dazu erkor. Er weiß, daß ohne Gehorsam keine Ordnung erhalten wird; er gehorcht also freiwillig. Er sieht vielleicht gar ein, daß man, um ein guter Soldat zu werden, gewisse körperliche Fertigkeiten erlangen müsse, daß Aufmerksamkeit auf die Befehle des Vorgesetzten unentbehrlich sei; er sucht also an Fertigkeit und Aufmerksamkeit vollkommen zu werden. Er weiß vielleicht, daß mehr Soldaten durch Krankheiten, daran sie selbst schuld sind, umkommen als durch Schlachten und Belagerungen; er trägt also die nötige Sorge für die Gesundheit, damit am Tage des Streites er nicht zum Schaden des Staates im Lazarett liege und in seinem Gliede fehle. Weil er nach Gottes Befehl gelernt hat, sich an seinem Solde zu jeder Zeit genügen zu lassen, so plündert und raubt er auch im Feldzuge nicht. Er ist also immer da, wo er sein soll, und fürchtet den Tod nicht, weil der Tod für den rechtschaffenen Mann auf dem Schlachtfelde nicht schrecklicher ist als auf dem Bette.

Wie, meine Herren? Sollte mit diesen Leuten, sollte mit Soldaten, die auf diese Art klug wären, sich nicht gut marschieren und den Feldzug tun lassen? Ich dächte es wohl.

Aber vielleicht will man sagen: „Wird denn der gemeine Mann schon aus diesem Versuch zum Schulunterricht klug werden ohne Lehrer?"

Nicht ohne Lehrer. Denn für unwissende Kinder können eigentlich keine solche Bücher geschrieben werden, indem der Gebrauch eines solchen Buches Lesen und Verstehen voraussetzt. Wohl aber für den Lehrer; denn bei dem ist das Lesenkönnen und das Verstehen des Gelesenen eher zu vermuten.

Und wie man bei kranken Säuglingen verfährt, da man nämlich ihren Ammen Arzneimittel verordnet, so ist auch bei diesem Versuche mein Plan beschaffen gewesen. Ich habe den Schullehrern auf dem Lande und in niedrigen Schulen einige Aussichten in das Reich nützlicher Wahrheiten eröffnen und ihnen eine nach meiner Einsicht gute Methode zeigen wollen, aber auch diese nur im ganzen. Wenn es zur Anwendung kommt, so müssen sie noch immer selbst denken und erfinden.

Als ich bis auf das Hauptstück von der Landwirtschaft die erste Ausgabe dieses Versuchs vollendet hatte, erhielt ich des Herrn Hofrat Schlossers Katechismus für das Landvolk. Auffallend rührte mich die Ähnlichkeit unserer Absichten, die ähnliche Lehrart und Gesinnungen gegen den zahlreichsten, aber verachtetesten Teil unserer Mitmenschen. Wir sind, so dachte ich, einander völlig unbekannt und schreiben fast zu einer Zeit an entfernten Orten in Deutschland über einen Vorwurf. Vielleicht ist dieses ein Wink der Vorsehung. Ich will ihn nicht verkennen. Und so entschloß ich mich, meinen Versuch durch den Druck bekannt zu machen.

Nun sei es mir erlaubt, einen kurzen Aufriß und die Gründe meines Planes dem Leser vorzulegen.

Ich habe mit Übungen der Aufmerksamkeit und Wißbegierde angefangen und behaupte, daß auf solche Art, welche nach den Umständen verändert werden kann, fast ein halbes Jahr lang die Kinder geübt werden müssen. Denn, haben sie erst aufs Wort und auf Sachen merken gelernt, so ist der übrige Unterricht leicht und eine Lust für Lehrer und Lernende. Man denke aber nicht, daß es eine leichte Sache sei, den flatterhaften Sinn der Kinder dahin zu bringen. In die gute Anwendung dieses Hauptstückes setze ich die ganze Kunst des Lehrers.

Daß ich gleich darauf von Ursach und Wirkung handle und diese Erkenntnis unter die nötigsten zähle, davon gebe ich folgende Gründe an: Die Lehre von Ursach und Wirkung, Mittel und Endzweck ꝛc. ist zum rechten Gebrauch der Vernunft unentbehrlich. Ohne sie lernt man schwerlich richtig denken, reden und handeln. Bei tausend Gelegenheiten braucht ein Kind von der Wahrheit unterrichtet zu sein, daß jede Wirkung ihre Ursache hat und umgekehrt, daß, wer den Endzweck will, auch die Mittel sich gefallen lassen müsse. Man sagt, der Gehorsam richtet dasselbe aus. Ich aber kann dieser Meinung nicht beipflichten*). Denn schon das Kind handelt sehr oft in solchen Umständen, die man nicht vorausgesehen, und also keine Verhaltungsbefehle gegeben hat, und zuweilen sind solche Handlungen von Wichtigkeit. In manchen anderen Umständen ist selbst der Gehorsam auch sicherer und wider die Versuchungen stärker, wenn Einsicht und Selbstliebe das Befohlene als gut und das Verbotene als böse vorstellt. Endlich, der blinde Gehorsam muß ja aufhören; aber die Vernunft bleibt.

In den folgenden Hauptstücken findet man einige Vorübungen des Verstandes, ohne welche, wie mich dünkt, der Unterricht in der Religion nicht in dem Grade gelingen kann, als es zu wünschen wäre, und als er gelingen würde, wenn nicht bloß das Gedächtnis geübt, sondern wirklich für das Verständigwerden (Eph. 5, 17) gesorgt und jede Neigung auf das Gute gelenkt wird.

Wie man die abstraktesten Begriffe, wenn ihre Wichtigkeit sie nötig macht, durch sinnliche Gleichnisse und Behandlungen in die Gemüter der Jugend bringen könne, habe ich in einigen Hauptstücken versucht. Diese Versuche sind nicht leicht; denn sie sind ungewöhnlich, und man findet kaum einige Muster. Ich habe auch in diesen Stücken vieles, was in der ersten Ausgabe war, verändert, vermehrt und, ich wünsche es hoffen zu dürfen, verbessert.

Die Ordnung der Kapitel hat mit aller meiner Mühe nicht systematisch werden wollen.

---

*) Es ist z. E. nicht gleichviel, ob ein krankes Kind die Arznei als eine Ursach, deren Wirkung bei ihm die Gesundheit sein soll, ansieht und sie also willig einnimmt, oder ob man diese Arznei dem Kinde bei vielem Ärgernis einzwingen muß und vielleicht gar nicht beibringen kann. Es ist ferner nicht gleichviel, ob ein Kind die Schule für einen Notstall hält, worin es, wie ein sich sträubendes Tier, bloß durch die überwiegende Stärke der Alten getrieben wird, oder ob es die Schule als das einzige Mittel ansieht, wodurch es verständig und gut, mithin brauchbar und beliebt werden lernt, damit es die wahre Glückseligkeit als den Endzweck des Lebens erlangen könne.

Vielleicht ist es aber doch zweckmäßige Ordnung, nur daß sie sich bei der Behandlung erst entdeckt. Überhaupt aber scheint die menschliche Erkenntnis zum strengen System noch nicht reif zu sein, da unser ganzes Wissen Stückwerk ist.

Von dem Inhalte der Bibel scheint mir ein kurzer Auszug fürs Gedächtnis des gemeinen Mannes ein gutes Hilfsmittel. Eine christliche Moral, nicht ein Wortregister der Tugenden habe ich, sowie eine natürliche Theologie auf Bitten eines Freundes gewagt, weil ich, als ein Laie, mich in dieses Fach nicht gern einlassen mochte. Doch sind diese Hauptstücke nicht so mit dem Ganzen verbunden, daß nicht bessere an ihre Stelle gesetzt werden könnten. Inzwischen und, weil ich meinem Buche die größte Gemeinnützigkeit wünsche, so habe ich alles das sorgfältig gemieden, was zwischen den verschiedenen Gemeinen der Christenheit streitig sein kann, und überlasse den Lehrern in jeglicher Kirche die Ergänzung der ausgelassenen Stücke mit gegründeter Bescheidenheit.

Ich habe mich lange bei dem Begriffe von dem Verhältnis der Dinge verweilt. Denn, wenn ihn die Jugend recht gefaßt hat, so kann man von Pflicht und Klugheit weit kürzer mit ihr reden, als sonst möglich wäre. Es ist ein sehr methodischer Begriff. Dieses Hauptstück ebensowohl als das von natürlichen Dingen kann man so früh, als man vermuten darf, daß es die Schüler verstehen werden, vornehmen. Überhaupt aber ist das Lehrbuch so eingerichtet, daß es in dem langen Zeitraum zwischen dem 6. oder 7. bis zum 14. oder 15. Jahre mehr als einmal durchgelehrt werden kann, da dann die vermehrte Erkenntnis durch den ersten Unterricht auf die zweite, dritte ꝛc. Verhandlung Licht werfen und mehr ergänzende Vollständigkeit erlauben wird.

Wer die Landwirtschaft versteht, wird mit mir einstimmen, daß in den folgenden Hauptstücken manches dem Landmann Nützliches gelehrt werde. Daß aber vieles in diesem Hauptstücke lokal sei und nach der allernächsten Bestimmung dieses Buches sein mußte, darf ich wohl nicht entschuldigen. Sollte man es in anderen Gegenden der Ehre des Gebrauches würdigen, so könnte der geschickte Lehrer auf durchschossenes Papier *sein Lokales* an dieser Stelle in sein Exemplar setzen.

Zum Nagelschmiede, einem der unkünstlichsten Handwerke, hält man doch wenigstens drei Lehrjahre für nötig. Ist es nicht zu verwundern, daß man geringer von der so kunstfähigen Landwirtschaft zu denken scheint, und daß man von ihr glaubt, sie lerne der Bauer von selbst? Ja, er lernt sie; aber wie? Mit allen Irrtümern und Vorurteilen seiner Vorfahren und zu der geringsten Verbesserung durch Nachdenken und Kenntnisse unfähig und auch unwillig. Ein Landesherr, der die wichtige Wahrheit glaubt, *daß im Ackerbau die Grundkraft des Staates liegt*, wird mit den besten Edikten zur Verbesserung tauben Ohren predigen, wenn er nicht für die bessere Einrichtung der Schulen zur Bildung der Gemüter in der Jugend durch Unterricht in den nützlichsten ökonomischen Kenntnissen Sorge trägt.

Ich will kürzlich meine Meinung sagen, was verbessert und wie verbessert werden müsse.

§ 1. Mit Handwerkern und unwissenden Bedienten muß keine Land- oder niedere Schule mehr besetzt werden, sondern womöglich *fürs erste* mit Kandidaten der Theologie, und aus ihnen würden etwa die Landprediger hergenommen. — Der

Nutzen dieser wünschenswürdigen Einrichtung fällt zu sehr in die Augen, als daß ich es nötig hätte, weitläufig ihn zu entwickeln. Sollte dies aber nicht angehen, doch mit geschickten, fleißigen jungen Leuten, die gute Schulstudia haben, und die in Ermangelung eigener Seminarien etwa der einsichtsvollere Prediger mit dieser Lehrart vertraut gemacht hat.

§ 2. Sie müßten alle wenigstens über einhundert Reichstaler bares Geld an fixem Gehalte nebst dem Kantortitel haben ohne die übrigen Vorteile, als Feuerung, Wohnung, Garten 2c., damit sie sich gern und ganz dem Schuldienste weihen können. Dafür aber würden alle Kinder der Gemeinde unentgeltlich in der Schule unterwiesen. Könnte ein jeder Schullehrer der Küster in seinem Orte sein, so würde außer dem kleinen Vorteile, der dadurch jedem Schullehrer erwüchse, noch der Nutzen erlangt, daß der Küster in matre, der zugleich Schulmeister ist, nicht so oft wegen sogenannter Amtsverrichtungen auf andern eingepfarrten Orten seine Schule versäumen müsse.

§ 3. Es müßten Klassen sein, wenigstens zwei. Die Schule währte zur Erhaltung der Gesundheit des Lehrers nur etwa höchstens sechs Stunden, und die Lektionen teilten sich nach ihrer Nützlichkeit in diese Zeit, davon etwa vier Stunden des Vormittags und zwei des Nachmittags fielen*).

§ 4. Die Schulgebäude müßten Vorzüge vor den übrigen haben, die Stuben hell und mit nützlichen und zweckmäßigen Bildern oder Sachen und Modellen geziert sein.

§ 5. Wenn mit dem Lesen und Schreiben das erste Hauptstück verbunden, auch nichts anderes gelesen und geschrieben würde, als faßliche und gemeinnützige Wahrheiten, leichte Geschichten, Gedenksprüche, Lieder u. dgl., so erreichte man zwei wichtige Endzwecke auf einmal und erleichterte der übrigen Lehre den Eingang.

Muster und Beispiele dazu sind fürs erste in ausgesuchten Versen vieler alten und neuen geistlicher Lieder und in den Historien und Gleichnissen, so

---

*) Seit der Zeit, welche zwischen der ersten und zweiten Ausgabe dieses Schulbuchs verstrichen ist, sind diese Wünsche zum Teil erfüllt. Durch eine recht königliche und ihrer Art nach außerordentliche Freigebigkeit unsers großen Landesvaters, durch die wichtige Vermittlung eines preiswürdigen und einsichtsvollen Schul- und Menschenfreundes, des wirklichen geheimen Staats- und Justizministers, auch Oberhaupts des geistlichen Departements, Herrn von Zedlitz Exellenz, ingleichen durch Begünstigung des königl. Oberkonsistoriums und dessen Präsidenten des Freiherrn von der Hagen, Hochwürden, haben schon zwei von den vier Schullehrern auf meinen Gütern nebst einigen auswärtigen, deren Anzahl, so wie sich geschickte Arbeiter finden, vermehrt werden soll, ein jährlich stehendes Gehalt von hundert und zwanzig Reichstalern nebst manchen andern ungerechneten Vorteilen und dem Kantortitel. Diese fleißigen Leute lehren täglich 6 Stunden**) nach dieser Methode und nach dem Urteil vieler Kenner mit glücklichem Erfolg. Das Schulgeld ist gänzlich abgeschafft. Ich würde für meinen öffentlichen Dank im Namen der Nachwelt hier eine Stelle suchen; aber Empfindungen werden durch Beschreibung geschwächt, und die bloße Erzählung sehr edler Taten ist ihr feinstes Lob.

**) Der eine Julius Heinrich Bruns über siebzig und der andere Christoph Lindemann mehr als dreißig Kinder.

selbst in diesem Buche stehen, und vielleicht bald in einem erscheinenden Lesebuche, so der Kinderfreund heißt, zu finden.

Ihr großen und vermögenden Herren der Erde! Möchtet ihr doch nichts gegen den zweiten und vierten Paragraphen einwenden! Hierauf kommt alles an! Und welche Ausgabe wäre edler oder würde reichere Zinsen tragen? Wo sehr arme Herrschaften sind, könnten ja selbst die Untertanen, wenn sie dazu das Vermögen haben, zusammenschießen. Sonst aber schließe sich doch keiner aus, hier zuzulegen! Sind wir denn bloß geboren, die Früchte der Erde zu verzehren? Sind wir nicht Haushalter Gottes? Sollen wir nicht sein Reich, welches das Reich der Wahrheit und Erkenntnis ist, vermehren und das Reich der Finsternis, d. i. der Unwissenheit und des daraus entspringenden Irrtums und Aberglaubens, soviel an uns ist, zerstören helfen? Gewiß, Gott würde solchen Anstalten und Einrichtungen seinen gnädigen Segen nicht entziehen.

Möchte doch dieser edle Trieb in allen Seelen entbrennen und allgemeine Menschenliebe hier keinen Stand ansehen, damit durch Ausbreitung einsichtsvoller Tugend in jedem Orte Glückseligkeit wohnen und Gerechtigkeit und Friede sich überall begegnen könne!

Vorbericht[1]) zur zweiten Auflage.

Vom katechetischen Unterricht.

Wer über die Art und Weise der moralischen Verbesserung des menschlichen Geschlechtes gehörig nachdenkt und den Weg blutiger und gewaltsamer Auftritte für vermeidlich hält, der wird vielleicht auch die Meinung bestärkt finden, daß diese Verbesserung nicht füglich im ganzen, nicht auf einmal und nicht ohne besseren Unterricht der Jugend geschehen könne. Wahrheiten müssen sich, da oft Irrtümern anschichten lassen, die Aufklärung in Hauptsachen jeder anderen Aufklärung vorgehen, *einzelne wichtige* Erkenntnisse zuerst mehr und mehr berichtigt und überall viel Klugheit und Behutsamkeit bei solcher Verbesserung durch Menschen gebraucht werden. Und so muß allmählich die Summe der allgemein angenommenen Irrtümer im Denken und Urteilen sich *vermindern*, welche, wenn sie alle zusammen stehen blieben, jede Verbesserung unmöglich machten. Denn, so wie niemand auf der Baustelle eines den Einfall drohenden Hauses ein dauerhaftes neues Haus bauen kann, bevor er nicht den Schutt des alten weggeräumt hat, so kann auch die Wahrheit nicht eher *recht* erkannt werden, als bis die der Ausbreitung der Wahrheit im Wege stehenden Irrtümer auf die Seite geschafft sind.

Es möchte nun mancher hier fragen: „Was ist Irrtum? Was ist Wahrheit?" Diese Frage kann durch ein Verzeichnis aller Irrtümer und Wahrheiten so wenig hier als in irgend einem anderen Buche beantwortet werden. Da es uns aber doch wichtig ist, über Wahrheit und Irrtum *etwas*, welches für unseren jetzigen Zustand hinreicht,

[1]) In der 2. Aufl. „Vorrede".

zu wissen, so hat uns Gott die Vernunft, welche ich das Vermögen oder die Fähigkeit verständig*) zu werden nenne, gegeben.

Gebraucht man dieses Vermögen, wie es sich gebührt, so lernt man richtiger denken und urteilen, d h. das Wahre vom Falschen besser unterscheiden, nach jenem sich mehr richten und vor dem Irrtum, der aus falschen Vorstellungen von einer Sache entspringt, mehr und mehr sich hüten.

Wenn ich mir dann das Denken und richtige Urteilen durch Übung so geläufig gemacht habe, daß ich in vielen vorkommenden Fällen der Sache und meinen Pflichten gemäß spreche und handle, so kann ein richtig denkender Beobachter meiner Handlungen von mir sagen, ich hätte Verstand, oder ich sei verständig; nämlich er bezeugt von mir, ich hätte die mir von Gott gegebene Vernunft oder die Fähigkeit, verständig zu werden, wirklich nach den Absichten Gottes angewandt und wäre verständig geworden.

Es ist aber zuweilen nicht genug, selbst verständig zu sein, sondern man muß auch andern Leuten zum rechten Gebrauch ihrer Vernunft oder zum Verständigwerden verhelfen können, d. h. von einigen Menschen fordert man nach der jetzigen Einrichtung der Welt, daß sie Lehrer sein sollen.

Bei dem geringsten Nachdenken über die Absicht des Lehramtes ergibt es sich denn bald, daß es nicht einerlei sei, wie man lehrt, und was man lehrt. Die Gelehrten heißen das erste die Form oder die Methode und das andere die Materie oder Sache**).

Das Lehramt unterscheidet sich wieder in zwei verschiedene Arten, als

1. In das Lehramt für die Erwachsenen, welches ich lieber das des Erinnerns und Ermahnens nennte; dazu gehören die Prediger 2c.;

2. In das Lehramt für die noch nicht Erwachsenen oder der Jugend, welches durch Lehrer in Schulen 2c. verrichtet wird, und wovon in diesem Buche die Rede ist.

Damit nun ein Lehrer der Jugend sein Amt mit Nutzen führen möge, und damit er es sich und der Jugend nicht unnötig schwer mache, so haben verschiedene Schriftsteller einem solchen Lehrer vorgearbeitet und ihm sowohl die Sachen als auch die Art, sie in Lehren zu behandeln, oder die Methode in mancherlei Büchern geliefert.

Dergleichen ist auch in diesem Buche versucht worden. Man hat bloß dadurch das Nachdenken des Lehrers selbst veranlassen wollen, ohne ihn an die Worte des Buches zu binden, wenn er bessere weiß.

---

*) Das Verständigwerden gründet sich hier auf das Verstehen, dieses aber auf die Kenntnis derjenigen Sprache, in der gelehrt wird, und in welcher man durch schickliche Verbindung der Worte seine Gedanken ausdrücken lernt. Denn Worte sind die Zeichen unserer Gedanken, und die Sprache ist das gewöhnliche Mittel, wodurch wir andern diese Gedanken mitteilen.

**) Über beides läßt sich viel sagen. Da aber von der Methode noch ferner gehandelt wird, so begnüge ich mich von der Materie oder den Sachen, die gelehrt werden, nur kürzlich hier zu erinnern, daß man solche nach ihrer Nützlichkeit und Faßlichkeit ordnen müsse.

Also der Zweck dieses Buches ist, nützliche Wahrheiten den Schullehrern ins Gemüt zu bringen, damit sie, wenn sie erst selbst ihre Nutzbarkeit zur Erlangung des Verstandes erkannt haben, sie solche hernach auch ihren Schülern zu dieser Absicht lehren können*).

Durch Unterredung lehrt man am sichersten. Denn man hat durch Fragen Gelegenheit, die Aufmerksamkeit des Zuhörers zu erforschen, die höchst nützliche Muttersprache gründlich zu lehren, und gewöhnt ihn, weil er antworten muß, an das bei allem Unterrichte unentbehrliche Nachdenken.

Über dieses lernt er verstehen**), seine Gedanken über das Verstandene ausdrücken, oder mit einem Worte, er wird verständig.

Auch der Lehrer kann durch beständigen Gebrauch seiner Seelenkräfte bei dieser Lehrart der gewöhnlichen Schläfrigkeit und den Anlässen zur Faulheit ausweichen und so beim Lehren allezeit selbst lernen, d. h. vollkommener werden.

Nun fragt sichs aber, wie macht es der angehende Lehrer — denn für die geschickten und geübten schreibe ich eigentlich nicht — daß er katechisieren oder durch Unterredung lehren lernt?

So gewiß es ist, daß die Erfahrung die beste Lehrmeisterin sei, so ist es doch Gott[1]) auch gewiß, daß man durch Annehmung treuen Rates oder durch Beobachtung gewisser Regeln Fehler vermeiden könne, die besonders im Erziehungszweck wichtig sind, und darum will ich einige von solchen Regeln hersetzen:

1. Man muß genau zusehen, was überhaupt vor Wahrheiten in dem Stück, Kapitel, Vers, in der Periode oder der Geschichte liegen, über welche man katechisieren will, und ja nicht zuviel auf einmal vornehmen. Welches ist darin die Hauptwahrheit, d. h. die für meine Schulkinder jetzt nach ihren Umständen nützlichste, faßlichste Wahrheit? Denn über alle Wahrheiten kann man doch auf einmal nicht lehren. Über welche will ich heute vornehmlich unterrichten?

2. Wozu können meine Schulkinder diese Wahrheit brauchen? Welchen Nutzen hat sie überhaupt für Kinder?

3. Wie frage ich nun am besten, um durch Fragen auch Antworten zu bekommen und so meine Schulkinder endlich dahin zu bringen, daß sie die gelehrte Wahrheit verstanden haben und von ihrem Nutzen überzeugt worden sind? Welche Nebenumstände, die mich von meinem vorgesetzten Zweck nur abführen würden, lasse ich heute vorbei? Aber auf welche Hauptumstände, die zur Erklärung meines Satzes und zur Aufhelfung des gemeinen Menschenverstandes meiner Schüler dienlich sind, lasse ich mich desto mehr ein?

---

*) Es scheint überflüssig zu sein, hier zu wiederholen, daß, wer andere den rechten Gebrauch ihrer Vernunft oder richtig denken lehren wolle, selbst richtig denken müsse; aber die Erfahrung beweist, daß diese und manche sogenannte Trivialwahrheit noch nicht gehörig erkannt oder von allgemeiner Gültigkeit sei.

**) Wie wichtig das Verstehen sei, erhellt auch u. a. aus den Worten Christi im Gleichnis vom Sämann. Matth. 13. 18 und 23.

[1]) In der 2. Aufl. fehlt „Gott."

4. Wie lenke ich meine Lehre endlich auf die moralische Seite? Wie verbinde ich damit die hochachtungsvolle Liebe zu Gott rc. und entlasse endlich meine Schulkinder mit solchen Gesinnungen, daß sie von Gott immer mehr Gutes wissen und mehr und mehr einsehen lernen: „Gott will, wir sollen glücklich sein; drum gab er uns Gesetze.“[1]) Nach seinen Geboten sich mit willigem Gehorsam richten, sei der einzige und sichere Weg zur Glückseligkeit; die dauerhafteste Glückseligkeit aber bestehe in reinen und unschuldigen Neigungen und in dem Bewußtsein: Ich habe aus Liebe und Gehorsam gegen Gott getan, was Gott geboten, und unterlassen, was Er verboten hat. Sonst alles könne dem Menschen genommen werden, aber dieses Zeugnis seines eigenen Bewußtseins oder Gewissens nicht: darum sei es wert, daß man vornehmlich danach trachte.

Ungefähr so wird eine Katechisation ein Ganzes, und nur alsdann wird durch den Verstand der Wille gebessert und Grundsätze für das folgende Leben angeschafft, welche als Verwahrungsmittel fähig sind, der Kraft böser Beispiele entgegen zu wirken, ohne zu erwähnen, was für ein Vorteil für die Menschen aus angewöhnten guten Gesinnungen erwächst.

Was nun aus diesem allen folgt, ist: der Schullehrer muß fortstudieren. Er muß nicht aufhören, selbst zu lernen, weil er nun ein Amt hat. Er muß sich auf jede Katechisation jedesmal ordentlich vorbereiten, die Verbindung des Vortrags mit den Gelegenheiten und Vorfällen wohl nutzen und nichts seiner Behandlung unwert achten, wodurch er bei seinen Schulkindern nützliche Erkenntnisse veranstalten und vermehren kann*).

Wenn er mit solchen Gesinnungen dieses Schulbuch studieren und den Ursachen nachspüren wird, warum der Verfasser dieses oder jenes gesagt oder nicht gesagt hat, und hauptsächlich sich mit dem Stande, dessen Kinder er lehrt, bekannt macht und dessen Bedürfnisse kennen lernt, so steht zu hoffen, daß ihm dieses Buch einigen Nutzen bringen werde.

Je mehr er aber den Schöpfer aus seinen Werken und aus seinem Worte wird kennen lernen, je besser wird er lehren, und je mehr Wahrheiten er selbst mit Überzeugung weiß, je leichter und faßlicher wird er sie auch andern vortragen.

Seine Zunge wird alsdann nicht mehr gebunden sein, sein Verstand nicht mehr die Fesseln der Vorurteile tragen, sondern nach den vortrefflichen Worten Jesu: „Die Wahrheit wird ihn frei machen.“ Joh. VIII. 32.

---

[1]) Aus Gellerts Lied „Der Kampf der Tugend“: Oft klagt dein Herz rc.

*) Ein gewisser Anstand und eine edle Manier, die Sachen zu behandeln, kann hierbei nicht genug empfohlen werden. Denn es ist leider bekannt genug, daß Lehrer vom schlechten Geschmack die populäre oder sich herablassende Sprache mit den Kindern darin zu suchen pflegen, daß sie platt und abgeschmackt sprechen und sich übelgewählter Worte und Gedankenfügungen bedienen. Man kann und soll ja die Kinderseelen veredeln; offenbar aber schickt sich hierzu das Niedrige und Pöbelhafte nicht. Einfalt ist und bleibt ein Lob, sowie Dummheit ein Tadel ist.

Vorbericht zur dritten Ausgabe.

Durch Gottes gnädige Regierung so mancher Ereignisse geht es nun ins achtzehnte Jahr, daß die Schulen auf meinen Gütern, deren Ursprung dieser Versuch eines Schulbuches war, in ihrer jetzigen Einrichtung bestehen. Erfahrung und Alter sowohl als meine natürliche Willigkeit, Rat und Belehrung der Weiseren nicht zu verachten, haben freilich in der verflossenen Zeit mein Hoffnungsideal, daß so etwas bald allgemein werden könnte, sehr reduziert. Ich begnüge mich vielmehr allmählich mit dem Gedanken, die überall unschädliche Möglichkeit in Wirklichkeit gezeigt zu haben, daß auch die niedrigste Klasse der Menschen so unterwiesen werden kann, daß bei ihnen Verstand die sicherste Grundlage zu ihrer Glückseligkeit wird. Wie nun aber das Rechtverstehen dessen, was offenbar zu ihrem Frieden dient, doch bewirkt werden könnte, ohne daß mit den Kindern von Jugend auf über das ihnen Wissenswürdige gesprochen würde, ohne daß sie im Achtgeben, Beobachten, Vergleichen, Unterscheiden geübt, ohne daß ihre Muttersprache (wenn sie nicht die Belehrungs- und Befehlssprache ist) berichtigt, und ohne daß herrschender Aberglaube und Vorurteile durch überzeugende Wahrheitslehre weggeschaft würden: dieses Problem weiß ich wenigstens nicht zu lösen.

Ich bin nichts weniger als ein Feind von Übungen des Gedächtnisses, vielmehr wird in meinen Schulen schon früh sehr viel an wohlgewählten Sprüchen und Liederversen auswendig gelernt, ja in erwachseneren Jahren oder gegen das Ende der Schulzeit selbst der ganze kleine Katechismus Lutheri aus Gehorsam gegen die Gesetze der Obrigkeit. — Aber man sorgt, daß alles, was darin überhaupt verstehbar ist, möglichst auch verstanden werde, wo auch nicht gleich, doch wenigstens mehr in der Folge des Unterrichtes und so, wie die allgemeine Erkenntniskraft des Kindes eine Stufe höher steigt. Läßt man aber bloß auswendig lernen ohne diese Sorgfalt, so tötet auch hier wohl gewiß oft der Buchstabe da, wo der Geist desselben lebendig machen würde.

Die mir bei allen meinen Arbeiten in diesem Fach so sehr zu teil gewordene gütige Nachsicht meiner Leser, wie sie mir zur großen Ermunterung gereicht und meinen Dank verdient, hat auch diese dritte Ausgabe des Versuches eines Schulbuches veranlaßt. Aus Achtung für den Geschmack dieses Publici habe ich mir in dieser dritten Ausgabe nur wenige Veränderungen erlaubt, (indem ich sonst das Kapitel vom Grunde und das von Verhältnissen und vielleicht noch manches gern weggestrichen hätte) damit nur diejenige Form bleibe, die nun einmal gefallen hat. Um aber doch dieser Ausgabe etwas Auszeichnendes zu geben, liefere ich hier einen kurzen Begriff aller Christenpflichten, allenfalls zum beliebten Auswendiglernen, wo in 29 Geboten die ehemaligen 10 Gebote überdem aber noch alle heilbringende Erkenntnis*) meines Dafürhaltens enthalten ist, die Gott von jeher und durch

---

*) Die besonderen Dogmen einer jeden Lehrform unter den Christen fehlen hier mit Absicht, um jedem Seelsorger die Ergänzung nach seiner Überzeugung frei zu lassen.

Jesum die Menschen hat lehren lassen. Denn da das Aufsagen des Auswendiggelernten, wie es scheint, noch lange die Hauptschulsache der gemeinen Schulen bleiben wird, so scheint mir sehr viel daran gelegen zu sein, daß doch das Auswendiggelernte wenigstens wahr, gemeinnützig und so beschaffen sei, daß ein geschickterer Lehrer es von Wort zu Wort auch erklärend benutzen könne, von welcher erklärenden Benutzung ich gleichfalls eine Probe zu liefern gedenke.

Kurzer Begriff aller Christenpflichten in 29 Geboten.

1. Du sollst Gott, den Erschaffer, Erhalter und Regierer alles dessen, was ist und geschieht, dem auch du Leben und Vernunft zu danken hast, mit Dankbarkeit lieben und mit Gehorsam verehren.

2. Du sollst, damit es dir wohlgehen könne, die in der Bibel alle Menschen angehenden Gebote Gottes immer besser verstehen und tun zu lernen dich bestreben.

3. Du sollst Gott nur dann als Zeugen der Wahrheit dessen, was du sagst, nennen, wenn es die Obrigkeit erlaubt oder befiehlt.

4. Du sollst als Kind deinen Eltern oder Vormündern durch Gehorsam und Liebe Freude machen.

5. Du sollst als Schüler oder Schülerin, Lehrling, Dienstbote und Untertan deinen Lehrern, Meistern, Brotherrschaften und Obrigkeiten Achtung und Gehorsam beweisen.

6. Du sollst als rechter oder Stiefvater, Mutter und Vormund deinen rechten oder Stiefkindern und Pflegebefohlenen zu ihrem wahren leiblichen und geistlichen Wohle gern behilflich sein.

7. Du sollst als Lehrer, Meister, Brotherrschaft und Obrigkeit deinen Lehrlingen, Untergebenen, Dienstboten und Untertanen, soviel du kannst, helfen, daß sie gute, nützliche Menschen werden.

8. Du sollst dir selbst und denen, die für dich arbeiten, Belehrung und Ruhe von gewöhnlichen Geschäften gönnen und veranstalten.

9. Du sollst keinem Menschen weder durch Verdruß, noch durch entzogene oder schädliche Nahrung, noch durch Gewalttätigkeiten an seiner Gesundheit oder seinem Leben schaden.

10. Du sollst nichts begehren oder haben *wollen*, was du nicht für Arbeit oder Kauf oder Tausch rechtmäßig erhalten kannst.

11. Du sollst lieber die guten, als die schlimmen Eigenschaften deines Nächsten betrachten und davon sprechen.

12. Du sollst ohne Eigennutz und Ansehen der Person jeden Menschen darum schon lieben, ihm helfen und ihn dir empfohlen sein lassen, weil er ein Mensch ist.

13. Du sollst nicht allein Menschenliebe üben oder gern andern nützen, sondern selbst gegen die, die dich hassen und verfolgen, wohltätig und hilfreich sein, wenn sie dein bedürfen.

14. Du sollst weder in Freude noch in Traurigkeit ausschweifen.

15. Du sollst durch Mäßigkeit und Arbeitsamkeit dir in der Jugend schon ein gesundes und frohes Leben im Alter vorbereiten.

16. Du sollst weder Betrug veranlassen, noch betrügen oder betrügen helfen, sondern dein Wort und deine Zusage treulich halten.

17. Du sollst diejenige Verbindung zu häuslicher Glückseligkeit, die da Ehestand heißt, nicht verachten oder leichtsinnig eingehen und brechen.

18. Du sollst dich sorgfältig hüten, daß dein Nebenmensch von deinetwegen nicht schlimmer und lasterhafter werde, als er ohne dich wohl nicht geworden wäre.

19. Du sollst bereit und willig sein zur herzlichen Versöhnlichkeit und zum Verzeihen erlittener Beleidigungen, um deren Verzeihung man dich bittet.

20. Du sollst jedes von dir getane Unrecht oder Schaden, wie dies möglich ist, gut zu machen und zu ersetzen suchen und nur dann erst dich der Vergebung auch bei Gott getrösten.

21. Du sollst in deinem Stande nach einem guten Ruf oder nach dem Beifall und der Achtung guter Menschen ernstlich streben.

22. Du sollst den Spott der Bösen dich an keiner guten Handlung hindern lassen.

23. Du sollst dein Leben nicht als einen Zweck, sondern als ein Mittel betrachten und daher die Gefahr des Todes oder der Beschädigung an deinen Gliedern in deinem Berufe oder zum Besten der rechtmäßigen Gesellschaft, in der du lebst, nicht feigherzig scheuen.

24. Du sollst dich zu überzeugen suchen, daß denen, die Gott also fest und gern gehorchen, nichts eigentlich schaden könne, sondern alles endlich zum Besten diene.

25. Du sollst zur Stärkung deiner Tugendliebe die zukünftige höhere Vergeltung, da Gott einem jeden Menschen geben wird, was er verdient, oft bedenken.

26. Du sollst Jesum Christum dankbar verehren, der die Menschen Gott als den besten Vater kennen lehrte, damit sie gegen Gott die Gesinnungen guter Kinder annehmen; der uns erlöst hat von der Unwissenheit der Tyrannei der Bösen und der Sünde, und der uns noch überdem geworden ist ein Helfer, Vorbild und Muster zu der Gerechtigkeit, die vor Gott gilt.

27. Du sollst die von Jesu Christo gestifteten Gedächtnis- und Heilsmittel ihrer Absicht gemäß gebrauchen.

28. Du sollst die Pflicht des demütigen Erhebens deiner Gedanken zu Gott oder des Gebetes um wahre Weisheit und um den hl. Geist gern und oft ausüben.

29. Du sollst diese Gebote selbst lernen und oft wiederholen, auch deine Kinder, Dienstboten und Untertanen lehren und ihnen lehren lassen. Denn nur ihre Befolgung macht glücklich in diesem und jenem Leben.

Wer nun mit den Kindern als Lehrer zu sprechen versteht, der wird in diesen 29 Geboten, zu deren Beweisen fast die Hälfte der Bibel brauchbar ist, Stoff genug zu Lehrgängen vieler Schuljahre finden. Er wird in der ersten Schulzeit, als von 6—9 Jahren, freilich mehr von Nr. 1, 4, 5, als von 6, 7, 8, 17 2c. reden, aber 10, 11, 14, 15, 16, 18, 19 doch auch schon sehr früh benutzen können. Doch ich habe ja ein Pröbchen der Behandlungsart dieser Gebote nach unserer Methode versprochen und wähle gleich Nr. 15 dazu, wovon ich bloß die Hauptfragen ohne Antworten hersetze, die Zwischenfragen, Erläuterungen und Nutzanwendungen aber sowohl als das Aufsuchen der Schriftstellen zu den Geboten selbst dem Lehrer überlasse.

Erste Schulzeit.

Kinder, was ist wohl Mäßigkeit?

Also Maßhalten, nicht zuviel genießen von Speise und Trank. Wozu nützt das? Wißt ihr wohl von jemand, der krank wurde, weil er zuviel aß und trank? Was geschah? Wie wurde ihm danach? Wer krank ist, ist dem wohl oder übel zu Mute?

Kann ein Kranker so nützlich werden und seine Arbeit so tun wie ein Gesunder? Kostet die Krankheit nicht also Zeit und wohl auch Geld?

Wer sich in der Jugend oft krank macht, darf der hoffen, daß er einen so festen Körper bekomme, wie er im Alter braucht?

Welches ist das Mittel oder, wie macht man es, daß man nicht zuviel ißt und trinkt?

Muß man sich also für Gierigkeit, Näscherei und überhaupt vor jeder Unmäßigkeit, deren es noch viel mehr Arten gibt, hüten?

Nun will ich euch, ihr Kinder, noch einige Sprüche aus der Bibel sagen, die hierher gehören; die sollt ihr allmählich auswendig lernen und euch dabei dieses Gebotes erinnern.

Zweite Schulzeit.

Bisher, liebe Kinder, kanntet ihr die Mäßigkeit bloß von einer Seite, nämlich von der, die sich auf den Genuß der Nahrungsmittel bezieht. Aber es heißt ja: Haltet Maß in allen Dingen. Was mag damit gemeint sein?

Also auch in Spielen und Vergnügungen?

Wer, ohne Maß zu halten, immer bloß spielen und sich vergnügen wollte, würde der Zeit oder Lust, etwas zu lernen oder ernsthafte Arbeit zu tun, behalten?

Wer nun in der Jugend die Zeit verschwendet, in welcher er das lernen kann, davon er im Alter seinen Unterhalt hat, wird sich der ein frohes Alter vorbereiten?

Aber doch ein gesundes Alter?

Wie hängt denn Gesundheit und Arbeitsamkeit mit Mäßigkeit zusammen?

Also sind frühe Angewöhnungen des Guten so nützlich?

Auch davon will ich euch einige schöne Sprüche der Bibel sagen, die hierher gehören, und die ihr auswendig lernen könnt.

Dritte Schulzeit.

Sollte man wohl nicht bloß allein in seinen Handlungen und beim Genuß erlaubter Freuden, sondern auch in seinen Begierden und Wünschen Mäßigkeit beweisen können?

Wie nennt man einen Menschen, der sich so zu mäßigen und seine Begierden und Wünsche so zu beherrschen weiß, daß er nicht zuviel und nicht unordentlich genießt und nichts Unerlaubtes begehrt und wünscht?

Ist es gut, so genügsam zu sein, so bescheiden zu begehren, so demütig in seinen Erwartungen, so Herr über seine Wünsche zu sein?

Hilft diese Zufriedenheit und Ruhe der Seele, die nicht durch so oftmaligen Verdruß über fehlgeschlagene Hoffnungen und Wünsche gestört wird, dem Menschen wohl viel?

Und wenn sie ihn, wie ihr sagt, zum frohen Genusse der erlaubten Freuden dieses und so auch jenes Lebens geschickt macht, so ist die Mäßigkeit in allen Arten des Genusses ja wohl eine sehr edle Tugend?

Aber gehört auch Keuschheit und Enthaltsamkeit zur Mäßigkeit?

Wenn Keuschheit nichts anderes ist, als Bezähmung unordentlicher Begierden zum anderen Geschlecht, bis Alter, Versorgung und Umstände die ordentliche und gesetzmäßige Verbindung zu häuslicher Glückseligkeit, die man Ehestand heißt, erlauben wie hilft die frühe Angewöhnung zur Mäßigkeit dazu?

Was gibt es noch vor ein Mittel zur Keuschheit außer der Vermeidung der Unmäßigkeit im Genusse der Nahrungsmittel und außer der Herrschaft über geheime Begierden und Wünsche in unserm Gebote?

Wie hilft Arbeitsamkeit zur Keuschheit?

Wenn Faulheit und Müßiggang mit Recht aller Laster Anfang heißt, sollte da das Gegenteil von Faulheit, nämlich Arbeitsamkeit, nicht ein Mittel sein, lüderliche Gedanken los zu werden?

Sollte eine fleißige Person, die daran denkt, was sie tut, auf daß sie es recht mache, zugleich wohl an andere Dinge ebenso anhaltend denken können?

Merkt hierbei einige Sprüche der Bibel, die eben das sagen, was dieses Gebot enthält 2c.

Genug zur Probe. Leicht mag es Lehrer geben, die diese Gebote noch viel besser, als es hier geschehen, zu erläutern verstehen, und Heil dem Lande, wo das an diesen 29 Geboten häufig zutrifft. Aber auch so nur, als das vorige, behandelt und der Nutzbarkeit gemäß ein solches Gebot, wie Luther sagt, danach es not tut, öfter wieder vorgenommen, wird doch der Lehrer immer noch mehr nützliche Seiten an diesen Geboten entdecken, die ihn außerdem, daß sie der Grund und das Wesen aller guten bürgerlichen und Naturgesetze sind, auch tief in den Geist der wahren Religion Jesu führen können. Wohl ihm, wenn er so den Endzweck seines Lehramtes erreicht, und auch mir, wenn ich durch diese Arbeit dazu beigetragen hätte.

Reckahn, den 24. Juli 1789.

von Rochow.

Inhalt.

Das erste Hauptstück.

Aufmerksamkeit und Wißbegierde.

Lieben Kinder! Es war einmal ein Junge mit Namen Klaus, der wollte nichts lernen, weil er auf nichts Achtung gab. Er wollte nicht einmal gerne in die Schule gehen. Die Eltern mußten ihn immer vor sich her in die Schule treiben, wie man ein Tier vor sich hertreibt. Da seufzten die Eltern oft über Klaus und sagten: „Du böses Kind! Aus dir wird nichts Gutes!" — In der Schule hatte der Schulmeister seine Not mit dem Jungen. Entweder er saß nicht stille und hinderte die anderen Kinder, oder er gab nicht Achtung und war nicht aufmerksam auf das, was der Schulmeister lehrte. Erst ermahnte ihn der Lehrer oder Schulmeister mit aller Güte; als aber das nicht half, so strafte er ihn hart mit allerlei Strafen, die sehr wehe taten. Er blieb aber, wie er war. Da rief denn der Schulmeister oft im Unwillen über seine bösen Streiche: „Junge, dir wird es dein Lebtage nicht wohl gehen!" Ihr lieben Kinder, was geschah? Als der Junge älter und stärker ward, da wollte er niemand gehorchen und sich keiner Ordnung unterwerfen. Er diente bei vielen Herren; aber keiner konnte mit ihm fertig werden. Endlich bestahl er seinen Herrn, und da ihn dieser dabei betraf, so wehrte er sich und schlug seinen Herrn so hart, daß er daran sterben mußte. Er wollte davon laufen; aber er ward ergriffen und gefangen gesetzt. Die Obrigkeit ließ ihm, andern bösen Buben zum Schrecken, alle Glieder bei lebendigem Leibe zerschlagen und ihn töten, seinen Körper aber auf das Rad legen, wo ihn die Raben fressen.

Lieben Kinder, hätte dieser Mensch nicht in der Jugend seinen Eltern und Lehrern soviel Verdruß gemacht, so hätten sie nicht über ihn geseufzt und ihn verwünscht. Ihr habt gehört, daß bei ihm eintraf, was Eltern und Lehrer vorher sagten. Denn es ward nichts Gutes aus ihm, es ging ihm sein Lebtag nicht wohl, und er nahm ein schlechtes Ende.

Aber in eben diesem Dorfe war ein anderes Schulkind armer Eltern namens Fritze. Er ging gern zur Schule. Wenn er in der Schule war, hörte er recht aufmerksam zu, und außer der Schule dachte Fritze wieder an das Gute, was er in der Schule verstehen gelernt hatte. Fritze ließ sich auch zu allem Guten willig lenken und bezeigte sich nicht schläfrig, trotzig oder unwillig, wenn ihm eine Lehre gesagt oder er wegen eines kindischen Fehlers getadelt oder zurechtgewiesen wurde.

Je mehr Fritze nun an Alter zunahm, je mehr nahm er auch zu an dem, was gefällig, nützlich und gut ist. Ein jeder und vornehmlich seine Eltern und Lehrer freuten sich darüber, und die Eltern konnten Fritz im 10. Jahre schon in der Haushaltung gebrauchen und ihm manches anvertrauen. Als Fritze nun groß und stark genug geworden war, um bei anderen Leuten zu dienen, da war sein Abschied von seinen Eltern recht rührend. Er dankte ihnen für ihre Sorgfalt und Treue mit Tränen und rühmte das viele Gute, was er von ihretwegen hätte. Sie aber rühmten seinen Fleiß und Gehorsam, segneten und küßten ihn. Sein Lehrer sprach noch zuletzt manches mit Fritz und schrieb ihm diese Worte zum Andenken auf:

„Bleibe fromm und tue recht; denn solchen wird's zuletzt wohl gehen." [1])

Dieses versprach Fritze zu tun, und er hielt es auch. Denn Fritze blieb als ein völlig erwachsener Mensch stets treu, suchte stets den wahren Nutzen seiner Herrschaft zu befördern und ward immer geschickter und verständiger. Und nun ging es ihm auch wohl. Denn er hatte bald die besten Herrschaften, welche, sobald sie von ihm hörten, ihn in ihren Dienst haben wollten, weil sie auch immer gern die besten Dienstboten zu haben wünschen. Er war also auch gut belohnt worden, und da er seinen Lohn durch Sparsamkeit zusammenhielt, so kam er bald in den Stand, sein eigen Brot zu essen. Denn, als er lange genug gedient hatte, kaufte er sich ein kleines Gut und heiratete eine fromme und fleißige Frau, mit welcher er vergnügt lebte. Und auf diese Weise war der Segen seiner Eltern und Lehrer an ihm sichtbar erfüllt, und wer ein glückliches Leben beschreiben wollte, der erzählte von diesen guten Leuten.

Lieben Kinder, wer gefällt euch besser, Klaus oder Fritze?

Wünschet ihr, daß es euch so gehe, wie es Klausen oder so, wie es Fritzen gegangen ist? Warum ging es Klausen so übel? Warum Fritzen so wohl? rc.*)

Wollt ihr also, lieben Kinder, daß es euch in der Welt wohl gehen soll, so seid aufmerksam und willig, was Gutes zu lernen! Macht euren Eltern und Lehrern das Leben nicht sauer durch Ungehorsam, damit sie euch mit Freuden zum Guten anhalten können und nicht mit Seufzen; denn das ist euch nicht gut! Versprecht mir's alle durch ein Ja und durch einen Handschlag, daß ihr euch in der Schule so betragen wollet als aufmerksame, lehrbegierige Kinder!

Sehet, Kinder! In dieses Buch will ich nun eure Namen einschreiben und den Tag, an welchem ihr mir dieses Versprechen getan habt. Dies Buch soll beständig vor euren Augen liegen und euch an euer Versprechen erinnern. Was man aber verspricht, das muß man auch halten; sonst traut einem kein Mensch mehr.

Du aber, gnädiger und liebreicher Gott, siehe das Versprechen dieser Kinder! Du willst, daß sie zur Erkenntnis der Wahrheit kommen sollen. Sprich Ja und Amen dazu! Segne jede Wahrheit, daß sie in ihre Seelen eindringe, auf daß diese Kinder durch Erkenntnis der Wahrheit hier und dort glückselig werden! Amen.

---

[1]) Psalm 37, 37.

*) Hierüber wird so lange gelehrt, bis alles recht verstanden ist. Es ist nützlich und leicht, zwei ähnliche Geschichten zur Abwechselung zu erfinden, worin Mädchen die Hauptpersonen sind.

Das erste also, geliebten Kinder, was ihr lernen müßt, ist aufmerksam sein oder Achtung geben. Ihr müßt viele Dinge kennen lernen; aber ihr müßt auch die Dinge voneinander unterscheiden lernen.

Den Unterschied der Dinge lernt man an gewissen Zeichen kennen. Nicht wahr, Kinder, ein jedes von euch kennt seine Eltern und Geschwister, so daß ihr sie von anderen Leuten unterscheiden könnet? Ein jedes Kind kennt seinen Ball oder den langen Kegel im Kegelspiel. Nun sagt mir einen Unterschied oder ein Unterscheidungszeichen, woran ihr sie kennt *).

Mein Sohn, du siehst nach dem Bilde des Hahnes, das dort hängt **). Sieht es nicht recht aus, als wenn er leibhaftig da stände? — Gibt's hier einen Hahn, der so aussieht? — Aber was ist hier für ein Unterschied zwischen diesem gemalten Hahn und jenem Hahn im Dorfe?***)

Recht Kinder! Es ist also ein großer Unterschied zwischen dem Bilde und dem wirklichen Dinge, das abgebildet ist. Denn das Bild ist nicht die Sache selbst, ob es gleich von weitem oft so scheint. Wer nicht recht aufmerkt, kann durch solchen Schein betrogen werden. Wie nützlich ist also die Aufmerksamkeit und genaue Betrachtung einer jeden Sache!

Kinder! Man kann auch Brot abbilden. Aber, wenn man hungrig ist, so ist doch wohl ein wirkliches Stück Brot besser als ein gemaltes, welches man zwar für Brot ansehen, aber nicht als Brot essen kann.

Was also nicht die Sache selber ist, sondern ihr nur bloß ähnlich sieht, das nennt man ein Bild. Je mehr Ähnlichkeiten das Bild mit dem Abgebildeten hat, je besser das Bild.

---

*) Dieser Unterricht kann so lange als möglich fortgesetzt werden. Er gibt unzählige Mittel, die Aufmerksamkeit zu üben. Richtig sehen und richtig hören lernen ist hier die Hauptsache.

Siehe den Vorbericht. Es ist nützlich, die Kinder hier mit ihrem Körper und fürs erste mit dessen verschiedenen in die Augen fallenden Teilen und mit viel andern Dingen, als Erdarten, Steinen, Pflanzen, Tieren, Bäumen und Werken der menschlichen Kunst, ihren Geschlechtern und Arten und den äußerlichen und innerlichen Kennzeichen derselben bekannt zu machen. Außer der Schule wird jedem Kinde aufgegeben, Bemerkungen zu machen, und an dem Bemerkten wird die Lehrart fortgesetzt. Nachdem die Kinder sattsam hierin geübt sind, ist erst der Übergang, welcher hier anfängt: Mein Sohn, du siehst rc. anzuraten.

**) So lange ist das gemalte Bild de sHahnes umgekehrt oder verdeckt. Wenn der Lehrer von der bisherigen Art des Unterrichtes zu einer allgemeinen Lehrart überzugehen nötig achtet, dann wird das Bild sichtbar gemacht oder aufgedeckt, um größere Aufmerksamkeit zu erregen.

***) Der Lehrer hilft den Kindern nach Möglichkeit auf die Unterscheidungszeichen des Bildes vom Abgebildeten. Es ist kaum glaublich, wie wichtig die Lehre sei, daß Zeichen einer Sache nicht die Sache selbst sind. Diese recht gefaßte Lehre verbreitet ein Licht über alle Teile der menschlichen Erkenntnis, besonders der Religion — Ich empfehle also dem Lehrer diese Lehre zum wiederholten Nachdenken und jedesmaligen Vorbereitung, wenn er sie vortragen will. Das Bild eines Haushahnes ist deswegen von mir gewählt, weil dieses Tier gewöhnlich ist und also zur Erinnerung an die mit diesem Bilde zugleich erhaltene Lehre beständig dienen kann.

Dieses Bild von dem Hahn, geliebten Kinder, war mit Farben gemalt, und also war es ein Bild für die Augen. Aber wenn ich euch diesen Hahn mit Worten beschreibe, daß ihr die Ähnlichkeit meiner Beschreibung mit dem wirklichen Hahne findet, so ist dies ein Bild für die Ohren oder ein Bild in der Rede.

Lieben Kinder! Unsere Sprache ist voller Beschreibungen und Bilder. Wer gut beschreibt, den versteht ein jeder leicht.

Bedenkt, lieben Kinder, wie gut es sei, wenn wir mit den gegenwärtigen Leuten ordentlich sprechen und an die Abwesenden schreiben, d. i., ihnen unsere Gedanken mitteilen können. Wie gut es ist, wenn die Leute unser Gespräch oder unser Schreiben bald verstehen, weil wir oft ihre Antwort gleich zu wissen nötig haben! Wendet daher allen Fleiß an, daß ihr eure Sprache lernt, richtig und vernehmlich redet und leset, auch deutlich und leserlich schreibt!

Das Schreiben und beschriebene Blätter, die man auch Briefe nennt, lesen zu können, ist gar eine notwendige und wichtige Sache. Denn zuweilen hängt euer zeitliches Glück davon ab.

Ich will euch eine Geschichte davon erzählen.

Ein armer Tagelöhner hatte einen Bruder in der Fremde. Der war wohl zwanzig Jahre abwesend, und die Leute glaubten, er wäre tot, weil er so gar nichts von sich hören ließ. Einmal kam ein Brief an den armen Tagelöhner, als er in der Stadt war, Weil dieser Mann aber selbst weder gedruckte noch geschriebene Schrift lesen konnte, so ging er mit dem Briefe zu seinem Wirt und bat, daß dieser ihm den Brief vorlesen möchte. Als der Wirt den Brief eine Weile still durchgelesen hatte, so sagte er zum Tagelöhner: „Hört! in dem Briefe steht, Euer Bruder in der Fremde wäre tot und hätte euch fünfzig Taler vermacht. Aber Ihr müßtet sogleich kommen und das Geld selbst abholen." „Herr Wirt," sagte der Tagelöhner, „wo soll ich denn hingehen und das Geld abholen?" „Nach Amsterdam, über hundert Meilen von hier," sagte der Wirt, „da liegt Euer Geld." „Ei," sagte der Mann, „hundert Meilen hin, hundert her — das sind gar wohl zweihundert Meilen, da kostet mir die Reise und das Versäumnis bei der nahen Ernte mehr fast, als ich erben soll." „Hört," sagte der Wirt, „gebt mir den Brief und verkauft mir Euer Recht daran für dreißig Taler, so könnt Ihr hier bleiben, und ich will schon sehen, wie ich zum Schaden komme. Aber Ihr müßt keinem Menschen etwas von diesem Handel sagen. — Wollt Ihr das?" „Herzlich gerne," sagte der Tagelöhner. Der Tagelöhner dankte und ging vergnügt nach Hause. Aber nach vielen Jahren, als der Wirt, der indes lüderlich und arm geworden, sterben sollte, da bekannte er mit großer Angst auf dem Totenbette, wie er den armen Tagelöhner betrogen. Denn in dem Briefe hätte gestanden, wer diesen Brief in Amsterdem bei einem gewissen Manne vorzeigen würde, dem sollten zweitausend Taler (und also sehr vielmal mehr, als der Wirt dem Tagelöhner gegeben) ausgezahlt werden, welche er denn auch erhalten, aber lüderlich durchgebracht hätte.

Sehet, lieben Kinder, hätte der Tagelöhner lesen und schreiben können oder wäre sonst durch Schulunterricht klug geworden, so hätte er nicht können auf diese Art betrogen werden. Wie gut ist es also, wenn im Hause jemand Geschriebenes lesen und schreiben kann! Es ist sogar einem jeden Kinde gut, wenn es dieses lernt. Wer hierin unwissend bleibt, der ist zu manchen Dingen ungeschickt, z. E. er kann weder Unteroffizier, noch Schulze werden.

Ein Mädchen, das lesen, schreiben und rechnen kann, ist viel besser in der Wirtschaft zu gebrauchen, z. B. zum Aufschreiben des Gerätes, der Wäsche, zum Rechnungführen. Eine solche Person wird auch gemeiniglich etwas besser besoldet, weil sie mehr Nutzen bringen kann, und wenn sie dann heiratet, so kann sie auch ihrem Manne sehr nützlich werden.

Es ist also gut und nützlich, wenn man lesen und schreiben rc. kann, und dieses werdet ihr, meine lieben Kinder, nun selbst gestehen.

Nicht alles, was man für gut und nützlich ansieht und hält, ist darum wirklich gut und nützlich.

Jetzt und, wenn ihr größer werdet, so wird es oft geschehen, daß euch Dinge vorkommen, die euch gut scheinen, aber euch doch nicht gut sind. Z. E. manches Kind kann denken: „Heute ist schön Wetter. Wenn du in der Stunde spielen könntest, anstatt in die Schule zu gehen, das wäre gut für dich.“ — Es ist ihm aber nicht gut, sondern schädlich, denn es gewöhnt sich zum Ungehorsam gegen die gemachte Ordnung, will als ein unwissendes Kind schon besser wissen, was ihm gut ist, als seine Vorgesetzten, und versäumt die Zeit, in welcher es etwas Gutes lernen kann.

Wer sich nun nicht oft so betrügen will, der muß wissen und kennen lernen, was wirklich gut und böse oder schädlich ist, und sich von erfahrenen Leuten darüber belehren lassen.

Die Wißbegierde oder die Willigkeit, sich belehren zu lassen, ist ein gutes Zeichen an einem Kinde. Je mehr Gutes es lernt, je folgsamer wird es auch. Denn es lernt bald einsehen, daß es dadurch glücklich wird, wenn es viel Gutes weiß.

Ich habe z. E. Kinder gesehen, die wußten nicht, was ihnen gut war. Wenn im Dorfe gebacken wurde, so aßen sie viel warmen Brotkuchen, den ihnen auf ihr Begehren unverständige Leute gaben. Von dieser ungesunden Speise bekamen sie nun dicke Bäuche, sahen gelb und siech aus und konnten in vieler Zeit nicht wieder ordentlich essen und verdauen. Hätten diese Kinder also gewußt, daß warmer Brotteig ein so schädliches Essen sei, so hätten sie es nicht begehrt. Oder hätten es die Erwachsenen gewußt, so hätten sie der Kinder unverständigen Willen nicht erfüllt.

Man kann wissen, was gut und daher nützlich, und was böse und deswegen schädlich ist. Denn Gutes und Böses oder Schädliches hat auch seine Kennzeichen.

Alles, was da ist, hat Kennzeichen, woran ich wissen kann, zu welcher Art der Dinge es gehört. Die Dinge, die sich am meisten ähnlich sind, gehören zu einer Art, z. E. die vier Bänke rc. Was sich unähnlich ist, gehört nicht zu einer Art, sondern ist von verschiedener Art, z. E. die Fenster und die Bücher sind Dinge von verschiedener Art.

Wenn ich achtgebe, worin die Dinge ähnlich sind, so vergleiche ich. Und wenn ich bemerke, worin die Dinge unähnlich sind, so unterscheide ich.*)

---

*) Nun wird die Übung im Vergleichen und Unterscheiden angefangen und, weil sie wichtig und doch lustig ist, lange getrieben. Z. E.: Worin ist Hansens Mütze Fritzens Mütze ähnlich, worin unähnlich? Worin ein Blatt des Kirschbaumes dem Blatt des Apfelbaumes rc.?

Wer recht vergleichen und unterscheiden lernt, der hat großen Nutzen davon.

Lieben Kinder, mein ganzes Amt ist, euch dieses durch Unterricht bekannt zu machen und euch in den Stand zu setzen, daß ihr als verständige Menschen einst selbst das Gute wählen und das Böse oder Schädliche verwerfen lernt.

Solche Kinder, die in der Schule viel Aufmerksamkeit anwenden, die lernen dies bald, worin das Gute von dem Bösen oder Schädlichen unterschieden ist. Die alten Leute sind solchen Kindern gewogen und freuen sich über sie. Denn man kann auch ein böses Kind bald von den guten unterscheiden. Ein böses Kind ist träge, unwillig und ungehorsam; man muß es in die Schule treiben. Das gute Kind aber ist gern in der Schule, munter und willig zu allem Guten, gibt Achtung und merkt auf alles, was der Lehrer sagt. Wenn solche aufmerksame und willige Schulkinder groß werden, so geht es ihnen wohl; denn alle Menschen sind ihnen gewogen und helfen ihnen fort.

Das zweite Hauptstück.

Ursach und Wirkung.

Lieben Kinder! Wer auf alles acht gibt und aufmerksam ist, der wird bald gewahr, daß alles, was wird und geschieht, durch irgend etwas werde oder geschehe, oder, daß etwas wird und geschieht, weil etwas vorher da ist und geschehen ist, z. E. daß es Tag wird, wenn die Sonne des Morgens aufgeht, und daß es am Abend dunkel wird, wenn die Sonne untergeht, d. h., es gibt Ursachen, wodurch die Wirkungen erfolgen.

Habt ihr heute gefrühstückt? Seid ihr auch satt geworden? Nicht wahr, ihr seid satt geworden, weil eure Eltern euch genug Frühstück gegeben haben, und dadurch, daß ihr dieses Frühstück genosset?

Seht, Kinder, das reichliche Frühstück, was euch eure Eltern gegeben, ist also die Ursache eurer Sättigung, und eure Sättigung ist die Wirkung von dem reichlich genossenen Frühstück. Da wißt ihr nun, was Ursach und Wirkung heißt.

Sage mir nun, mein Sohn, w o d u r ch ist es warm hier in der Schulstube? Nicht wahr, dadurch daß es eingeheizt ist oder die Sonne hereinscheint? Also ist die Sonne oder der eingeheizte Ofen die Ursache von dieser Wärme, und die Wärme ist die Wirkung des eingeheizten Ofens oder der Sonne.

Kinder, wenn man ernten will, muß man nicht vorher säen? Recht, man muß vorher säen. Was ist nun hier die Ursache vom Ernten? Recht, Kinder, das Säen, und die Wirkung oder Folge vom Säen ist das Ernten.

Ihr lieben Kinder, wenn ihr in der Schule fleißig seid, so ist es eben, als wenn ihr guten Samen oder gutes Korn in euch aussätet. Wenn ihr größer und älter werdet, dann werdet ihr von dieser Saat schöne Früchte ernten. Das heißt, ihr werdet klug und verständig sein oder alles recht zu machen wissen; ein jeder wird euch lieb haben, und es wird euch wohlergehen.

Was ist nun die Ursache hiervon? Recht, mein Sohn, das Fleißigsein oder der Fleiß in der Schule, und das Klug- und Verständigwerden ist die Wirkung.

Aber, Kinder, wäre es nicht töricht, wenn einer die Wirkung wünschte und doch die Mittel, ohn' welche diese Wirkung nicht erfolgen kann, nicht veranstalten oder nicht brauchen wollte? Z. E.: Wenn ein Kind satt werden will, und will doch nicht essen? — Wenn einer im Winter nicht frieren will, bekümmert sich aber doch um kein Holz oder will nicht einheizen oder in die Sonne gehen? — Wenn einer zwar sehen will, aber nicht will die Augen aufmachen? — Wenn einer zwar ernten will, aber nicht will den Acker bearbeiten und guten Samen hineinsäen? — Wenn ein Kind zwar wünschte, daß man es liebe, und daß es ihm, wenn es älter wird, wohlgehe; aber es will nicht gehorsam sein und will auch nichts Nützliches lernen und Achtung geben, was sein Lehrer sagt? — [Wenn ein krankes Kind zwar gesund werden, aber keine Arzneimittel, die die Ursache der Krankheit wegschaffen, einnehmen will?] [1])

Nicht wahr, Kinder, so töricht und dumm ist keines unter euch? Und man müßte den mit Recht auslachen, der so närrisch, d. i., so unverständig täte. Ein Mensch von der Art wird daher ein Narr oder Tor geheißen.

Aber, Kinder, manchmal kostet es den Leuten gar das Leben, daß sie sich nicht um die Erkenntnis von Ursachen und Wirkungen bemüht haben oder aber so töricht und eigensinnig sind und zwar die Wirkung und den Endzweck, aber nicht die Ursach und das Mittel sich gefallen lassen wollen.

In dem Orte, wo ich her bin, waren einmal viele Kinder krank. In dem Hause aber, wo ich wohnte, war ein einziges Kind, das wurde plötzlich sehr krank. Die Eltern schickten gleich nach dem Arzte. Der Arzt kam und brachte Arznei mit von derselben Art, als er schon bei vielen Kranken mit Nutzen gebraucht hatte. Denn alle, die es zur rechten Zeit eingenommen hatten, waren besser geworden. Dieses kranke Kind aber wollte durchaus nicht die Arznei einnehmen. Die Eltern fragten das Kind, ob es denn nicht wünschte, wieder gesund zu werden. „O ja, liebe Eltern, ich wünsche recht bald gesund zu werden," sagte das Kind. „Nun, so mußt du auch die Arzneimittel gebrauchen und sie einnehmen, damit du gesund werden könntest," sprachen die Eltern. Aber das Kind blieb bei seinem Eigensinne. Es wollte gerne gesund werden, aber doch keine Arznei, die die Krankheit vertreibt, einnehmen. In wenigen Tagen mußte das Kind sterben. Zuletzt nahm es gern ein; aber da war es zu spät, und die Krankheit hatte zu sehr zugenommen.

Hier wäre zu rechter Zeit der Gebrauch der Arznei die Mittelursache oder das Mittel der Wiederherstellung oder des Wiedergesundwerdens, welches doch der Endzweck, die Absicht oder der Wunsch des Kindes war, gewesen. Die Wirkung wollte das Kind; denn es wollte gerne wieder gesund werden; aber die Mittelursache wollte es nicht, nämlich die Arznei zu rechter Zeit einnehmen. Und an diesem törichten und närrischen Eigensinn mußte es sterben.

Also, Kinder, alles das, wodurch etwas da ist oder geschieht, nennen wir Ursach, und was vermittels und aus dieser Ursache da ist oder geschieht, nennen wir Wirkung oder die Folge, weil es auf die Ursache folgt. Und alles, war wir wünschen, zu

---

[1]) Die [ ] fehlen in der 2. Auflage.

erlangen suchen und haben wollen, heißt Endzweck oder Absicht, wodurch wir dazu gelangen, heißen die Mittel.

Alle Dinge aber, die man sehen, hören, schmecken, fühlen und riechen kann, sind Ursachen oder Wirkungen von anderen Dingen und so, wie man sie ansieht oder stellt, Ursach und Wirkung zugleich.*) Z. E.: Die Wärme hier in der Schulstube ist die Wirkung des geheizten Ofens oder der in die Fenster scheinenden Sonne. Aber die Wärme ist zugleich die Ursach, daß ihr nicht friert. — Das Frühstück, welches euch eure Eltern geben, ist die Ursach eurer Sättigung, aber zugleich die Wirkung von der Liebe, die eure Eltern gegen euch tragen, und von ihrer Vorsorge für euch. Hätten aber eure Eltern keinen Vorrat von Brot im Schranke gehabt, so hätten sie euch auch kein Brot geben können. Daß sie also Brot im Vorrat hatten, das war wieder die Ursach davon, daß sie euch Brot geben konnten ꝛc.

Sehet, Kinder, so kann man wie auf einer Leiter von Wirkungen zu Ursachen und von Ursachen zu Wirkungen herauf- und heruntersteigen.

Wenn man aber auch alle möglichen Ursachen erforschte, so müßte man doch am Ende bei einer einzigen Ursach stehen bleiben, welche die erste Ursach wäre. Ich sage: bei einer einzigen ersten Ursach. Wenn ihr erst nachdenken könnt, so werdet ihr finden, daß der menschliche Verstand sich nicht eher beruhigt, als bis er eine erste Ursach aller Dinge und nur eine einzige erste Ursach glaubt.

Und diese erste Ursach nennen wir Gott. Der Gott, zu dem eure Eltern vor dem Tische beten, daß er die Speise, die von seinetwegen da ist, segnen und gedeihen lassen wolle; dieser Gott ist die erste Ursach aller Dinge. Eure Eltern, euch Kinder selbst, mich und alle Menschen, die Tiere, die Bäume, die Gewächse, die Steine, die Erde, den Himmel, Sonne, Mond und Sterne, kurz alles, was da ist, alles hat dieser Gott hervorgebracht. Ihm haben wir alles, auch selbst unser Leben zu danken. Er ist die erste Ursach aller Wirkungen.

Alles, was durch Gott war, ist und sein wird oder den Inbegriff aller Wirkungen Gottes oder dieser ersten Ursach nennen wir die Welt. Die ganze Welt ist also von Gott. Denn Gott hat alles, was da ist, gemacht und werden lassen oder erschaffen. Und davon heißt Gott der Schöpfer der Welt.

Aber Gott erhält noch jetzt väterlich alles, was er gemacht hat. Er gibt z. E. auf unserer Erde Frühling, Sommer, Herbst und Winter, Tau, Regen und Wind, Sonnenschein und fruchtbare Witterung, und dieses sind wieder die Ursachen, daß alles jährlich wachsen kann, was Tiere und Menschen zu ihrem Unterhalt brauchen. Aber es sind Mittelursachen oder solche Ursachen, vermittels welcher Gott als die erste Ursach wirkt. Davon, daß Gott durch soviele Mittelursachen das Beste seiner Welt befördert und alles in Ordnung erhält, davon heißt Gott der Vater und Erhalter der Welt.

---

*) Der Lehrer muß dafür sorgen, daß er selbst einen großen Vorrat von Beispielen zu dieser höchst wichtigen Lehre gesammelt habe. Aber ich empfehle zugleich, daß dieses ganz gemeine Dinge sein müssen, bei denen keiner an der Verbindung zwischen der Ursach und ihrer Wirkung zweifelt.

Endlich lenkt und regiert auch Gott alle Dinge in der Welt, so daß zuletzt alles geschieht, was Gott haben will. Und auch dazu bedient sich Gott nach seiner höchsten Weisheit vieler Mittelursachen. Als z. E.: Wenn Gott ein frommes und fleißiges Schulkind schon hier auf Erden belohnen will, so verschafft er zuweilen Gelegenheit, daß es mit guten Leuten bekannt wird, die dem Kinde noch mehr Gutes lehren und es zum Guten anhalten, auch zu seinem weitern Fortkommen andern guten Leuten es empfehlen, dabei es ihm dann wohlgeht. Und diese guten Leute sind dann die Mittelursachen, deren sich Gott bedient, um es dem guten Schulkinde wohlgehen zu lassen.

Also Gott regiert die Welt, und davon heißt Gott der Regierer oder Herr der Welt.

Von Gott oder von dieser ersten Ursach aller Dinge werdet ihr in diesem Schulunterrichte täglich mehr erfahren. Denn es ist sein Wille, daß wir Menschen ihn kennen lernen. Und diese Erkenntnis ist die Ursach aller beständigen Glückseligkeit.

Das dritte Hauptstück.

Vom Grunde.

Lieben Kinder! Als wir neulich von Häusern, Kirchen und Gebäuden sprachen, da bemerktet ihr, daß unten große und schwere, feste Steine lägen, auf welchen der Bau sich gründete. Ich sagte euch, man nennte solche Steine Grundsteine, und sie wären nützlich zur Sicherheit des Gebäudes. Denn ein Gebäude, wenn es fest und sicher stehen soll, muß einen guten Grund haben; sonst sinkt es, bekommt Borsten oder Ritzen und fällt ein.

Ebenso muß auch unsere Erkenntnis sicheren Grund haben, worauf wir uns verlassen können; sonst bleibt sie mangelhaft und wird uns zuweilen gefährlich.

Liebe Kinder, wenn man älter wird und für sich selbst sorgen muß, dann kommt man oft in solche Umstände, da man zweierlei tun oder wählen kann, woraus denn die Ursachen von sehr verschiedenen Folgen entstehen. Wer alsdann gute und wohlgegründete Erkenntnis hat, der wählt nicht allein leicht oder das Wählen wird ihm nicht schwer, sondern ist auch, wenn er gewählt hat, nicht wankelmütig, sondern standhaft und gewiß. Denn es fehlte bei der Wahl nicht an gutem Grunde.

Ich will euch davon ein Beispiel geben. Zwei Schulkinder fragten einander, was sie für ein Spiel spielen wollten. Wilhelm, der älteste, aber nicht der klügste war, sprach: „Komm, wir wollen aufs große Eis gehen und glitschen." Der kleine Karl war klüger und sagte: „Wilhelm, dahin gehe ich nicht mit; es hat erst wenige Tage gefroren. Ich habe noch keinen großen Menschen auf dem Eise gesehen. Du kannst ins Wasser fallen." Doch Wilhelm nahm seinen Anlauf. Als er aber auf die Mitte kam, da brach das Eis, und er kam zu Schaden.

Sehet Kinder, hier war der Grund der Erkenntnis des kleinen Karls dieser: „Es hat erst wenige Tage gefroren. Ich habe noch keinen großen Menschen sehen herübergehen." Karl handelte also nach guten und richtigen Gründen, blieb zurück und gesund. Wilhelm hingegen handelte ohne gute Gründe, folgte bloß seinen Einfällen und nahm Schaden.

Warum waren das gute oder richtige Gründe, um welcher willen der kleine Karl nicht mit auf das Eis gehen wollte? — Recht, mein Sohn, er wollte nicht eher darauf gehen, bis ein großer und verständiger Mensch darauf gegangen wäre. Denn er traute seiner kindischen Unerfahrenheit nicht. Warum aber wollte er erst alsdann darauf gehen? — Darum, liebe Kinder, weil ein alter Mensch mehr Ursachen und Wirkungen kennt, z. E. in diesem Falle mehr Winter erlebt hat und besser als ein Kind weiß, wie das Eis beschaffen sein muß, worauf man gehen will.

Sehet, lieben Kinder, so ist es. Ihr seid jung und habt noch wenig erlebt oder erfahren. Wenn ihr so unwissend bliebet, so möchtet ihr bloß aus eurem eigenen Schaden klug werden. Nämlich ihr lerntet die Gefahr nicht eher vermeiden, als bis ihr schon einmal zu Schaden gekommen wäret. Damit dieses aber nicht geschehe, so gibt es Schulen und Lehrer, und ich bin zu eurem Lehrer verordnet, d. h. ich soll in allen euch nützlichen und wichtigen Sachen euch den Grund finden lehren, worauf der Bau eurer Erkenntnis sich gründen könne. Wenn ihr dann euch selbst oder andern, die euch fragen, den Grund von euren Handlungen oder, warum und zu welcher guten Absicht ihr dieses oder jenes getan, angeben könnet, dann heißt ihr verständig. Und dieses ist ein sehr großes Lob.

Alle Sachen in der Welt haben ihren Grund oder eine Ursache, wodurch und warum sie sind. Und nach diesem Grunde zu forschen und zu fragen, solches befiehlt uns schon die Wißbegierde.

Solche Sachen, deren zureichenden Grund wir finden können, heißen ergründlich.

Aber dem menschlichen Verstande sind viele Sachen nicht ergründlich. Und daher bemerken wir, daß wir schwache Geschöpfe sind, denen sehr viel zu wissen noch nicht erlaubt ist. Niemand weiß z. E., wie Gott es gemacht hat, als er Sonne, Mond und Sterne werden ließ, und wie er sie bis jetzo noch in Ordnung erhält 2c.

Solche Sachen, deren es sehr viele gibt, heißen daher uns Menschen unergründlich, nicht ergründlich oder unerforschlich. Denn wer diese Fragen beantworten und den Grund davon angeben könnte, der müßte Gott selbst sein. Denn Gott ist sehr viel verständiger als der verständigste Mensch. Gott kennt alle Ursachen und Wirkungen auf einmal, und Gott allein ist daher keine Sache unergründlich.

Auch manche andere Sachen sind wirklich vor unseren Augen da. Kein Mensch kann sie leugnen, und die Erkenntnis ihres Grundes, warum sie so beschaffen sind, würde höchst nützlich sein, ob man gleich bisher nicht ihren Grund angeben, d. i. nicht erklären kann, wie es damit zugeht. Ihr sehet, liebe Kinder, z. E. daß aus der schwarzen Erde verschieden gefärbte Blumen wachsen, daß, wenn ihr Brot esset, ihr dadurch am Fleische zunehmet und größer werdet, daß jede Flamme empor oder in die Höhe strebt und oben spitz ist ꝛc. Aber es läßt sich der eigentliche Grund davon vorjetzo nicht angeben. Doch ist damit nicht gesagt, daß, wenn gelehrte oder verständige Menschen ihre Wißbegirde und Aufmerksamkeit fortsetzen, der Grund von dergleichen Dingen nicht gefunden werden könnte. Für euch aber sind dergleichen Untersuchungen nicht, weil ihr weder Zeit noch Geld genug darauf verwenden könnt und ihr darüber das, was in eurem Stande nützlicher zu wissen ist, versäumen würdet. Denn ein jeder Mensch hat einen gewissen Beruf und Stand in der Welt, und er tut wohl, wenn er sich am meisten um das bekümmert, was ihn und die Wohlfahrt der Seinigen zunächst angeht. Wer seinen Beruf oder sein eigentliches Geschäft versäumt und sich unnötigerweise mit Erforschung unergründlicher oder schwerer Fragen beschäftigt, der heißt vorwitzig, und man haßt vorwitzige Grübler. Braucht daher eure Vernunft dazu, daß ihr solche Dinge, die für euch nützlich sind, verstehen lernt oder verständig werdet. Die Erkenntnis der Wahrheit aber ist das Mittel, Verstand zu erlangen.

Das vierte Hauptstück.

Wahrheit, Gewißheit, Wahrscheinlichkeit, Irrtum; Glaube, Unglaube, Leichtgläubigkeit, Aberglaube.

Vier Nüsse sind mehr als zwei Nüsse. — Eine alte Katze ist größer als eine Maus. — Nicht wahr, Kinder? — Sehet, das ist also eine Wahrheit, daß vier Nüsse mehr sind als zwei Nüsse. Und daß die alte Katze größer ist als die Maus, ist auch eine Wahrheit. Denn ihr dürft nur die Augen aufmachen, so werdet ihr gleich gewahr, daß es sich so verhalte, wie ich sage.

Solche Wahrheiten nennt man augenscheinliche oder in die Sinne fallende Wahrheiten.

Ein jeder gewöhnliche und gesunde Mensch hat fünf Sinne, als Augen zum Sehen, Ohren zum Hören, die Nase zum Riechen, die Zunge zum Schmecken und die Haut zum Fühlen oder Empfinden.

Also ein jeder gewöhnliche Mensch hat fünf Sinne, mit welchen er, wenn sie nicht beschädigt sind, die Dinge und ihre Beschaffenheit wahrnimmt. Z. E.: Die Katze ist von anderer Gestalt als die Maus. Die Lerche singt. Die Rose gibt einen Geruch von sich. Das Brot schmeckt oder ist schmackhaft. Der Mückenstich ist empfindlich ꝛc. Und alsdann ist Wahrheit in den Empfindungen eines solchen Menschen.

Wenn ich ein Ding, das ich durch meine Sinne wahrgenommen, mit seinem rechten Namen nenne und es richtig beschreibe, so ist Wahrheit in meiner Rede. Z. E.: Die Katze ist größer als die Maus; die Maus ist kleiner als die Katze.

Vier Nüsse sind mehr als zwei Nüsse. Ein Sperling hat Flügel. Eine Gans kann auf dem Wasser sich bewegen oder schwimmen. Ein Stein ist hart. Eine Feder ist leicht. Der Honig schmeckt süß. Die Rose riecht gut usw.

Aber zwei Nüsse sind mehr als vier Nüsse. Eine Maus ist größer als eine alte Katze 2c.

Sehet, Kinder, wer das sagt, der sagt etwas, das nicht wahr ist, oder eine Unwahrheit; denn der Augenschein lehrt, daß dies nicht wahr sei.

Doch alle Wahrheiten sind nicht augenscheinlich oder in die Sinne fallend. Über manche Wahrheiten muß man sich besinnen und eine Weile nachdenken, ehe man sie als wahr annehmen oder ihnen Beifall geben kann. Z. E. Gott verdient unsere höchste Liebe; denn er tut uns alle Tage das meiste Gute oder erzeigt uns die größte Wohltat.

Gebt Achtung, Kinder, wie ich dieses beweise.

Ihr wißt aus vergangenen Lehrstunden schon, daß wir die erste Ursache aller Wirkungen Gott nennen. Daß ihr lebt, gesund seid, eßt, trinkt, schlaft, daß ihr Häuser und Kleider habt, worin ihr euch vor dem Wetter decken könnt, davon ist Gott die Ursache, das hat Gott zu eurem Besten veranstaltet. Denn Gott hat Menschen und Tiere, Nahrungsmittel von aller Art, sowie auch solche Dinge, woraus Kleider und Häuser verfertigt werden können, geschaffen. Wer uns aber beständig so sehr viel Gutes tut, verdient der nicht unsere höchste Liebe? — Recht, Gott verdient sie. Diese Art zu reden heißt man folgern oder schließen, und die Rede selbst einen Schluß. Wenn das, was ich beweisen will, wirklich dadurch bewiesen und deutlicher wird, dann ist es ein richtiger Schluß[1]).

Hier ist noch ein Beispiel von anderer Art:

Wer fleißig und gehorsam ist, dem geht es meistenteils wohl.

Gebt Achtung, lieben Kinder, wie ich dieses beweise.

Wer fleißig und gehorsam ist oder niemand Verdruß macht, ist dem nicht ein jeder gute Mensch gewogen? — Wem ein jeder gute Mensch gewogen ist, geht es dem nicht meistens wohl? — Also wer fleißig und gehorsam ist, dem geht es meistens wohl.

Sehet, Kinder, das waren Wahrheiten, die nicht, wie die vorigen, gleich in die Sinne fielen, sondern die erst durch den Verstand mußten erkannt und bewiesen werden.

Denn auch unsere Sinne können zuweilen fehlen, wie ihr künftig hören werdet. Aber sie fehlen doch selten, wenn sie sonst gesund sind, und ihr durch einen Sinn dem andern zu Hilfe kommt, wenn es die Umstände leiden. Z. E. Wenn ihr durch ein gutes Bild oder Gemälde bewogen würdet, es für die wirkliche Sache zu halten, die abgemalt ist, so verführten euch eure Augen; aber das Gefühl wird euch sogleich überzeugen, daß es nur ein Gemälde sei 2c.

Und nur mit Hilfe des Nachdenkens über das, was unsere Sinne uns als richtig ansehen lassen, erkennen wir, ob die Sinne recht haben oder nicht.

---

[1]) In der 2. Aufl. steht der Zusatz „als z. E. der vorige und der folgende." Wenn das, was ich beweisen will, gar nicht daraus folgt, dann ist es ein unrichtiger Schluß. Als z. E. Weil auf heute Regen im Kalender versprochen wird, darum muß es heute hier regnen.

Durch den Verstand erkennen wir die nützlichsten und wichtigsten Wahrheiten. Wir müssen also von Dingen, die uns nützlich sind, zu verstehen suchen, was wir verstehen können, oder so verständig als möglich zu werden uns befleißigen.

Jede Wahrheit hat ein sicheres Kennzeichen, woran wir sie von der Unwahrheit unterscheiden können.

Durch Aufmerksamkeit wird das Kennzeichen der Wahrheit entdeckt.

1. Nämlich, ich werde entweder durch meine Sinne gewahr, daß es wirklich so ist, als es mir scheint (als vorher bei der Maus und bei der Katze; wenn z. E. die Maus durch ein kleines Loch kriecht, wo die Katze nicht durchkriechen kann) 2c.

2. Oder ich halte das, was mir als wahr angegeben wird, gegen andere Wahrheiten, die ich schon weiß, und gegen die vorigen Erfahrungen von solchen Dingen, deren Umstände, Ursachen und Wirkungen ich jetzund untersuchen will. Z. E. Wenn jemand zu euch sagte: „Kinder, geht ja nicht in die Schule. Wer in die Schule geht, der stirbt den Augenblick.“ Würdet ihr nicht gleich denken: „Ich bin so oft hineingegangen und bin nicht gestorben; es wird wohl nicht wahr sein, was der sagt?“ Oder, wenn ich zu euch sage: „Kinder, lernet fleißig, so wißt ihr alle Tage mehr,“ werdet ihr nicht aus eurer eigenen Erfahrung zugestehen müssen: das ist wahr, was unser Lehrer sagt? Wir wissen jetzo viel mehr als den ersten Tag 2c. Oder endlich

3. Ich nehme die Sache für wahr an um des Zeugnisses willen desjenigen, der da spricht und schreibt. Ein Zeugnis ist, was jemand von sich selbst oder von anderen Dingen als Wahrheit versichert. Nach solchen Zeugnissen richten wir uns z. E., um den rechten Weg in fremder Gegend zu finden, und um eines Menschen Gemüt und Aufführung von andern zu erfahren usw. Aber auf die Beschaffenheit des Zeugen kommt es lediglich an, ob wir ihm glauben sollen oder nicht. Denn, wessen Zeugnis ich als wahr annehmen soll, der muß entweder die Wahrheit sagen können, d. i., er muß sie wissen, und er muß sie auch sagen wollen, d. i., er muß als eine redliche, rechtschaffene Person bekannt sein; oder er muß der einzige Zeuge sein, der mir von einer für mich wichtigen Sache die beste Nachricht geben kann. Bei wem sich dieses findet, dessen Zeugnisse darf, kann und soll ich trauen oder glauben. Ihr sehet von selbst ein, geliebten Kinder, daß wir das Zeugnis nur alsdann nötig haben, wenn wir weder durch unsere Sinne, noch durch eigenes Nachdenken die für uns wichtige Wahrheit entdecken konnten.

Wie heißt du, meine Tochter, mit dem Taufnamen? — Ist das wahr? — Bist du dessen gewiß, daß das wahr ist? — Führe mir einen Grund oder einen Beweis an, warum das wahr ist! — Maria, sagst du, so heißen dich deine Eltern. — Weißt du nicht mehr Gründe anzugeben, warum du so heißest? — Recht, mein Kind, im Kirchenbuch bist du unter dem Taufnamen aufgeschrieben.

Sehet, dieses Kind wußte das gewiß, was es sagte; denn es konnte richtige Gründe anführen.

Also gewiß ist alles das, was man sich und anderen durch richtige Gründe beweisen kann. Durch Gründe kann man ebenso gewiß werden als bei augenscheinlichen Dingen, welche in die Sinne fallen, durch Augen, Ohren und andere Sinne.

Ihr lieben Kinder, das allein hilft euch nicht viel, daß ihr Wahrheiten hört und auswendig lernt, sondern diese Wahrheiten müssen auch von euch verstanden und mit Gewißheit angenommen werden. Das heißt so viel: Ihr müßt euch selbst den Grund angeben können, warum eine Wahrheit wahr ist. Alsdann kommt euch die Erkenntnis der Wahrheit mehr zu nutze und wird als wie lebendig und wirksam in euch, so daß ihr euch in euren Handlungen nach der erkannten Wahrheit richtet.

Wenn es nur erst ein paar Nächte gefroren hat, wagt ihr euch dann wohl, auf dem tiefen Wasser zu glitschen oder zu schlittern? — Warum nicht? — Weil es also ungewiß ist, ob es auch hält, oder, wie ihr es nennt, unsicher, so ginget ihr nicht auf das Eis. Es ist auch nicht zu vermuten, daß in ein paar Nächten das Eis so stark und so dicke frieren sollte, daß es einen Menschen trägt. Wenn es aber bei uns im Winter vier bis fünf Nächte und Tage nach einander stark friert, so ist es wahrscheinlich zu vermuten, daß das Wasser dick genug Eis habe, daß ihr darauf gehen könnt, ohne durchzubrechen. Es kann aber doch eine warme Stelle sein, die nicht recht feste gefroren ist, da ihr hereinfallt oder Schaden nehmt.

Ihr werdet aus diesem Beispiel schon bemerkt haben, daß ich euch die Wahrscheinlichkeit oder das, was beinahe gewiß ist und gewiß wäre, wenn nicht noch Gründe fehlten, habe erklären wollen. Man nennt es[1]) Ungewißheit oder Unsicherheit. Viele Leute begnügen sich damit ihr Leben lang und mögen aus Trägheit oder Faulheit sich um keine Gewißheit bemühen.

Also Gewißheit ist weit besser als Wahrscheinlichkeit. Aber über manche Dinge können wir zu keiner Gewißheit kommen, oder wir müssen noch eher unsere Entschließung nehmen, ehe wir davon gewiß werden.

Um Gutes zu tun oder Böses oder Unglück zu vermeiden, richtet sich also zwar oft ein vernünftiger Mensch auch nach Vermutungen oder Wahrscheinlichkeiten, wenn er zur Gewißheit nicht kommen kann. Doch ohne Not bei einem bloßen Anscheine, daß es gut gehen könne, in wichtigen Sachen seine und anderer Menschen Wohlfahrt aufs Spiel zu setzen und zu wagen, das ist einfältig, töricht und strafbar.

Wer viel erfahren und über Erfahrungen nachgedacht hat (wozu auch das Hören und das Lehren in den Schulen und Kirchen hilft), dessen Vermutungen sind vernünftiger, als die Vermutungen des Unerfahrenen. Der Erfolg ist seinen Vermutungen öfter gemäß als zuwider.

Ein solcher erfahrener und vernünftiger Mensch richtet seine Handlungen und, wenn er kann, seine Umstände so ein, daß er wohl daran[2]) sein möge, wenn das Vermutete eintrifft, und doch auch gar übel nicht, wenn das Gegenteil erfolgen sollte.

Zweifeln heißt, von der Wahrheit einer Sache noch so wenig als von ihrer Unwahrheit genug überzeugt sein, um sich entschließen zu können.

Ein Mensch, der sich in diesem Zustande des Zweifels befindet oder zweifelt, ist (wenn die Sache wichtig für ihn ist, woran er zweifelt) solange unruhig und unentschlossen, was er tun oder lassen soll, bis der Zweifel aufhört und durch genauere Überlegung und bessere Erkenntnis der wichtigen Sache Überzeugung und Glauben

---

[1]) In der 2. Aufl. ist hier „auch" eingeschaltet.
[2]) In der 2. Aufl.: „davon".

in ihm gewirkt wird. Z. E.: Ein Reisender sieht zwei Wege vor sich, davon der eine links, der andere rechts von dem Wege abgeht, worauf er ist. Er steht und zweifelt, ob der eine oder andere Weg ihn dahin führen werde, wo er hin will. Bliebe der Reisende in diesem Zweifel, so käme er gar nicht fort. Was tut er aber, wenn er verständig ist? Er denkt nach, etwa: „Was weißt du von dem Orte? Nach welcher Gegend, rechts oder links, liegt der Ort, wo du hin willst?" Oder, wenn er nicht genug davon weiß, dann fragt er andere Leute, läßt sich von ihnen belehren und sich den rechten Weg zeigen. Und nun, indem er seiner durch Nachdenken erlangten besseren Erkenntnis oder dem Zeugnisse anderer Leute, die es wissen können, traut, hört der Zweifel auf, und Glauben tritt an seine Stelle.

Oder z. E. ein Mensch ist in dürftigen Umständen und wünscht, daß ihm die Obrigkeit zu Hilfe komme; aber er zweifelt, ob er es wagen dürfte, sie darum zu bitten, und, wenn er bäte, ob sie ihm auch helfen würde. Was tut ein solcher Mensch, wenn er verständig ist? Er erkundigt sich, wie die Obrigkeit überhaupt gesinnt ist, ob sie wohl schon andern geholfen habe, und, wenn er erfährt, daß sie gar ausdrücklich habe befehlen lassen, wer wirklich bedürftig wäre, sollte ihr seine Not entdecken, sie wollte ihm helfen, so zweifelt er nicht mehr, sondern er glaubt und entschließt sich voll Vertrauen, die Obrigkeit um Hilfe zu bitten.

Oder z. E. ein Kranker erhält von einem verständigen Arzte eine Arznei, etwa ein gepulvertes Mittelsalz, welches ganz weiß aussieht und das Wasser nicht färbt. Davon soll er alle Tage eine gewisse Menge, etwa jedesmal zwei Lot, in einem Quart kalt Brunnenwasser schmelzen lassen und alle zwei Stunden des Tages ein halbes Glas davon trinken, bis er wieder gesund ist. Der Kranke zweifelt, als er das Wasser trinken soll, ob es ihm helfen werde, weil es gar nicht wie gewöhnliche Arznei aussieht. Was tut er aber, wenn er verständig ist? Setzt er es hin und braucht es gar nicht? Nein! Entweder er braucht es auf das bloße Zeugnis des verständigen Arztes, oder er erkundigt sich bei denen, die es schon mit Nutzen gebraucht haben. Und alsdann hört der Zweifel auf, und gläubiges Vertrauen tritt in die Stelle.

Wenn ich um Gewißheit in einer für mich wichtigen Sache, über welche ich zweifle (welche Gewißheit ich doch erlangen könnte), aus Faulheit oder Trägheit mich nicht bemühe, sondern mir gleichgültig bleibt, ob das oder jenes von dieser Sache wahr oder falsch ist, dann schadet mir der Zweifel.

Wenn er mir aber zur Untersuchung der Wahrheit einer wichtigen Sache Gelegenheit gibt, so daß der Zweifel aufhört, und mehr Gewißheit als vorher entsteht, dann nützt mir der Zweifel.

Glauben heißt eine Sache um ihrer guten Gründe willen als wahr annehmen und danach in seinen Handlungen sich richten.

Kinder, das sind nur törichte Menschen, welche zweifelsüchtig sind oder gerne zweifeln wollen, wenn es offenbar ist, daß der Glaube sie zu guten und zufriedenen Menschen machen, aber der Zweifel ihnen nur Unruhe und Gefahr bringen würde. In solchen Umständen muß man glauben wollen, damit man durch die Wirkung des Glaubens glücklich werde und Gefahr vermeide.

Der Mensch hat in manchen Umständen das Vermögen, zu glauben oder nicht zu glauben, zu zweifeln oder nicht zu zweifeln. Dieses Vermögen muß er zu seinem wahren Besten anwenden.

Was die verständigsten Menschen glauben und uns zu glauben empfehlen, und wogegen wir nichts Erhebliches einzuwenden haben, das müssen wir als wahr annehmen, wenn wir nur verstehen, was wir glauben sollen, und wenn die Sachen, wovon die Rede ist, uns etwas angehen. Z. E.: Daß fast allen Kranken die Hitze von heißen Stuben und Federbetten schade, daß unreine, faule Luft schädlich sei, daß, je weniger Unkraut in dem guten Acker bleibe, je besser er Getreide bringe, daß es nützlich sei, in der Jugend in die Schule zu gehen und sie so selten als möglich zu versäumen 2c.

Kinder, solche Lehren, als ich euch jetzund gebe, versteht ihr auf einmal nicht ganz. Aber ihr würdet sie nicht verstehen lernen, wenn man nicht einmal anfinge, sie euch vorzutragen. Weil es aber sehr wichtige und euch nützliche Lehren sind, so erlaube ich euch, mich um alles zu fragen, damit ihr verstehen lernt, was ich euch lehre*).

Ich will also noch mehr Lehren dieser Art hinzusetzen.

Kein Mensch wird Lehrsätzen glauben, wovon er gar nichts versteht. Das Verstehen geht allemal vor dem Glauben her. Denn ohne Gedanken an die zu glaubende Sache ist kein rechter Glaube möglich, und was ich gar nicht verstehe, darüber kann ich auch nichts denken.

Manche Dinge, wovon wir wirklich etwas denken können, haben einige unerforschbare und unergründliche Eigenschaften. Aber die Unergründlichkeit derselben hindert uns nicht, das übrige davon zu bedenken und, wenn es Glauben verdient, zu glauben.

Es ist kein Ding in der Welt, dessen genaue Betrachtung uns nicht auf solche Fragen bringen sollte, die uns und andern Menschen unbeantwortlich sind. Z. E.: Wie geht es zu, daß der Schall sich nach allen Seiten hin ausbreitet? — Wie geht es zu, daß gewisse Steine, die man Feuersteine heißt, Feuer geben? — Wie geht es zu, daß euer Verstand, der noch das Inwendige des Leibes nicht kennt, zu gleicher Zeit Kopf und Füße und unter vielen Fingern einen jeden nach Vorsatz bewegen kann, wie z. E. beim Orgelspielen?

Sehet, Kinder! Solche unbeantwortliche Fragen heißen Geheimnisse. Wie ein Wassertropfen gegen die große See, so klein ist unsere Erkenntnis gegen die große Zahl der Geheimnisse, davon wir nichts wissen.

Unser Verstand gibt zu, daß dieses oder jenes ein Geheimnis sei. Aber wovon wir *gar nichts* denken können, das ist weder ein Geheimnis noch kein Geheimnis, sondern das sind bloße Worte.

Wenn man *anders denkt*, anders urteilt, anders handelt, *als man sollte*, so nennt man das *irren* oder einen Irrtum. Wer wenig Ursachen

---

*) Hier muß der Lehrer der Wichtigkeit wegen alles durch wohlgewählte Beispiele aus der Religion und dem gemeinen Leben erläutern, welche, um Weitläufigkeiten zu vermeiden, hier nicht stehen, doch sehr leicht zu erfinden sind.

und Wirkungen kennt, der irrt leicht. Wer sich um Wahrheit und Erkenntnis nicht bekümmern mag, der irrt oft. Unsere Pflicht ist also, nach Wahrheit und richtiger Erkenntnis zu trachten und uns soviel als möglich ist, vor Irrtümern zu hüten. Denn was das Tageslicht unsern Augen ist, das ist die Wahrheit für unsern Verstand, und, wie man in der Finsternis leicht den Weg verfehlen oder sich stoßen und Schaden nehmen kann, so ist der Irrtum beschaffen.

Wer die Wahrheit liebt und nach guten Erkenntnissen trachtet, in dessen Verstande ist Licht; er verirrt sich nicht leicht oder kommt doch bald wieder auf den rechten Weg. Wer aber nach Wahrheit und Erkenntnis nicht fragt und nichts Gutes lernen will, in dem ist und bleibt Finsternis; denn jeder Irrtum ist Finsternis im Verstande. Und ein solcher Mensch irrt also sehr leicht und oft.

Freilich sind nicht alle Irrtümer in gleichem Grade schädlich; aber schädlich sind sie doch alle. Am schädlichsten sind sie alsdann, wenn sie uns hindern, Gott zu gehorchen und durch diesen Gehorsam glücklich zu werden. Z. E.: Wer den Irrtum hat, Holz und Eßwaren jemanden wegnehmen, heiße nicht stehlen; stehlen heiße nur, Geld wegnehmen. Aber Holz und Eßwaren sind doch Geldeswert, und also ist gerade sowohl derjenige ein Dieb, der sie stiehlt, als der, das Geld wegnimmt, welches man etwa daraus lösen könnte. Oder den Irrtum: Gott ist allmächtig; er kann alles; also kann er mich auch durch seine Allmacht nach dem Tode in die Gesellschaft der Seligen aufnehmen, wenngleich ich in meinem Leben das Böse liebe und das Gute nicht tun, noch Gottes Willen gehorsam sein will, da doch Gott durch seine Allmacht nichts anderes tut, als was er will. Er will aber nichts anderes, als was gerecht und weise ist. Wer also sich in die Gesellschaft der Seligen nicht schickt oder nicht Gott gehorsam ist, den kann er auch nicht darin aufnehmen. Oder den Irrtum: Getauft sein, oft in die Kirche gehen, das Abendmahl oft genießen usw. sei der Beweis davon daß man sich der Gnade Gottes gewiß getrösten könne, da doch beides nur ein äußerliches Zeichen ist, aus dem allein mit Gewißheit nicht zu beurteilen ist, mit welcher Absicht und Gesinnung der Seele man dieses getan (worauf es bei Gott vornehmlich ankommt); denn man kann beides bloß aus Gewohnheit oder, um andern Leuten es nachzumachen, tun und doch keineswegs den redlichen Vorsatz haben, das Böse, wofür der Prediger nach Gottes Wort warnet, zu lassen, noch den Willen Gottes, den er mich kennen lehrt, zu tun usw.

Man nennt diese Irrtümer geistliche. Und einen solchen Menschen, der sich Mühe gibt, besser zu scheinen, als er wirklich ist, nennt man einen Heuchler. Ein solcher Heuchler macht, daß andere Leute sich in dem Urteil über ihn irren.

Aber es gibt auch leibliche Irrtümer, die sehr wichtig sind. Z. E.: Kaltes Wasser sei kein gut Getränk und schwäche den Magen. Sehr heiße Stuben im Winter wären gesund. Alle Krankheiten würden von selbst besser und geheilt. Man müsse den Kranken vor der frischen Luft bewahren. Starke, hitzige Getränke wären gesund ꝛc. Man nennt dieses auch Meinungen, Wahn, Vorurteile ꝛc.

Liebe Kinder, wenn jemand die Erkenntnis der nützlichsten Wahrheiten zwar hätte, aber sein Verhalten gar nicht danach einrichtete, dem würde die bloße Erkenntnis wenig helfen, und er hätte ohne Nutzen die Schule besucht. Denn von allem, was man in der Schule lernt, muß man Vorteil und Nutzen haben, so daß man Zeit seines Lebens dadurch gebessert wird Man wird aber durch die Erkenntnis der Wahrheit nicht eher gebessert, als bis man sich danach richtet oder die Wahrheit glaubt.

Die nützlichsten von allen Wahrheiten sind diejenigen, deren Erkenntnis den Menschen zu guten innerlichen Gesinnungen und folglich auch Handlungen oder Taten verhilft, und die man euch unter dem Namen Religionswahrheiten in Schulen und Kirchen künftig lehren wird.

Wer solche Wahrheiten für wahr erkennt, sie täglich im Sinne behält und in seinen Handlungen sich danach richtet, der hat denjenigen tätigen und lebendigen Glauben, von welchem ihr künftig mehr hören werdet, und um welches willen ein solcher Mensch ein wahrer Gläubiger genannt wird.

Kinder, wer von einer Sache nichts gehört hat, der kann sie nicht glauben, und wenn die Wahrheiten nicht mit den Gründen, um welcher willen sie wahr sind, einem Menschen vorgetragen werden, so behält er noch immer Recht, seinen Beifall zu versagen oder zu zweifeln.

Wer die Religionswahrheiten nicht hören, nicht bedenken, nicht glauben will, und zwar darum nicht, weil er die Laster liebt, welche in diesen Religionswahrheiten verboten sind, der heißt ein Ungläubiger. Heiden, Juden und Türken, von denen ihr zuweilen reden hört, heißen zuweilen bei uns auch Ungläubige, aber in einer anderen Bedeutung des Wortes. Wir wollen alsdenn nur anzeigen, daß diese Menschen, die man nicht so gut als uns unterrichtet hat, in der Religion das nicht wissen und glauben, was wir wissen und glauben. Wieviel sie aber daran schuld sind, darüber müssen wir uns nicht zu Richtern aufwerfen.

Daß der Glaube von großem Nutzen sei, und die Zweifelsucht oder die Gesinnung, wenn man nicht glauben will, wenn gleich gute Gründe genug da sind, daß man glauben könnte, sehr schaden könne, davon will ich euch eine Geschichte erzählen.

In einem Dorfe wohnten acht Bauern und der Prediger. Der Prediger war ein verständiger, guter Mann, der viel Wahrheiten wußte und noch täglich mehr dazu lernte. Einst kam im Winter eine ansteckende, hitzige Krankheit in das Dorf, und in vielen Häusern waren Kranke. Da sagte der Prediger: „Lieben Leute, folgt meinem treuen Rate! Haltet die Kranken nicht so heiß mit Einheizen und Zudecken mit Deckbetten; sie haben doch Hitze genug. Braucht keine hitzigen Arzneien; sie sind schädlich. Schickt inzeiten zum Arzte in die Stadt; denn, wenn ihr wartet, bis euch der Atem ausgehen will, dann kann der Arzt nicht mehr helfen. Laßt alle Tage frische Luft durch die Fenster in die Stuben und trinkt, Gesunde und Kranke, viel Gerstenwasser mit etwas Honig und Weinessig, so werden viele Kranke besser werden, und viele Gesunden werden vor der Krankheit bewahrt bleiben!" Drei Hauswirte glaubten dem Prediger, daß er die Wahrheit lehrte. Denn sie kannten ihn, daß er ein rechtschaffener, verständiger Mann war. Sie machten es so, wie er sagte, und fragten ihn um Rat, wo sie sich nicht zu raten wußten. In allen diesen Häusern nahm die Krankheit nicht überhand. Die andern fünf waren zweifelsüchtig. Sie sprachen: „Das wollen wir wohl bleiben lassen! Warum ist denn eingeheizt, wenn man die Fenster aufmachen soll? Das Holz ist teuer. Hitze muß Hitze vertreiben. Unser Schäfer soll den Doktor noch wohl was lehren können. Branntwein und Pfeffer (spricht er), wem das nicht hilft, dem kann nicht geholfen werden. Stark Bier muß der Kranke trinken, damit er Kräfte kriegt. Er ist ja so matt und soll noch Wasser mit Essig trinken?" Was geschah? Die fünf zweifelsüchtigen oder ungläubigen Hauswirte starben in kurzem mit vielen Kindern und dem meisten Gesinde dahin. Und es blieb in der ganzen Gegend das Dorf bekannt wegen dieser Geschichte.

So wie dieser Prediger in seinem Dorfe tat, so, lieben Kinder, hat Gott unzähligemal die Menschen belehrt, was ihnen gut oder schädlich sei. Gott, von dem alle Wahrheit herkommt, hat in verschiedenen Zeiten und durch viele rechtschaffene Menschen die Wahrheit verkündigen lassen.

Wir haben ein Buch, das heißt die Bibel oder die heilige Schrift, auch das Wort Gottes, weil in diesem Buche aufgezeichnet ist, was Gott uns von seinem Willen schriftlich hat wissen lassen.

Um dieses Buch lesen und auch einst verstehen zu können, was euch in den Predigten und Gesängen aus der Bibel gelehrt wird, müsset ihr vorher unterrichtet werden. Und ihr tut sehr wohl, wenn ihr euch euer ganzes Leben hindurch bemühet, dieses Buch immer mehr und mehr zu verstehen. Alles aber, was ihr in diesem Buche von selbst oder nach richtiger Erklärung und Auslegung des Lehrers versteht, und was euch von den darin enthaltenem Rat, Geboten oder Verboten angeht, das ist für euch Wahrheit, die müßt ihr glauben und ausüben. Und wenn ihr das tut, so werdet ihr sehr ruhig und glücklich werden und danach gar nicht mehr zweifeln können, [ob die Tugend auch glücklich macht], [1]) weil ihr diese nützlichen Wahrheiten, die ihr anfangs auf das Zeugnis eurer Lehrer annahmet, hernach auch in der Erfahrung glaubwürdig, heilsam und nützlich befinden werdet.

Aber es gibt auch eine fehlerhafte Gesinnung, die Leichtgläubigkeit heißt. Da glaubt man allerlei Dinge aufs erste Wort dieser oder jener Menschen, denen die vorhin erzählten Eigenschaften rechtschaffener Zeugen fehlen, ohne Nachdenken und Untersuchung.

Ihr habt, wenn ihr Achtung gegeben, schon an der vorigen Geschichte so etwas bemerken können. Wer kann ein Exempel von Leichtgläubigkeit darin finden und mir sagen? — Recht, meine Tochter. Die fünf Bauern glaubten dem Schäfer, der sich nie um Wahrheiten von der Art bekümmert hatte, lieber als ihrem Lehrer, von dem sie wußten, daß er sich Tag und Nacht um ihr Bestes Mühe gab.

Ich will euch aber noch eine Geschichte von Leichtgläubigkeit erzählen.

Ein Bauer hinterließ ein schönes Ackergut und nur einen Sohn. Wie der Vater noch lebte, ermahnte er den Sohn oft zur Arbeit und sagte: „Hans, wer fleißig arbeitet, der hat Brot; aber der Faule muß darben." Hans aber ging lieber in die Schenke und hörte gern was Neues. Als der Vater tot war, da tat Hans vollends gar keine Ackerarbeit mehr, sondern kam nicht eher aus der Schenke weg, als bis er nach Hause

---

[1]) [ ] fehlt in der 2. Auflage.

zu Bette ging. Einst kam ein Bergmann in die Schenke, ein listiger Betrüger. Hans sprach und trank mit ihm. Da merkte denn der Bergmann bald, daß Hans dumm und einfältig sei. Er fing also vom Schatzgraben zu reden an und rühmte, daß er verschiedene Schätze wüßte. Das gefiel Hansen wohl. Er bezahlte einen Krug Bier nach dem andern für den Bergmann. Beim Trunke wurden sie recht vertraut. Da erfuhr Hans vom Bergmann, daß im nächsten Busch ein Schatz stände. „Bruder," sagte der Bauer, „wenn du ihn weißt, warum hast du ihn denn nicht schon gehoben?" „Ja," sagte der Bergmann, „das geht nicht sogleich. Ich bin arm. Wenn ich 33 Taler, 3 Gr., 3 Pfg. in Gold, Silber und Kupfergeld hätte, womit ich den Schatz herauflocken könnte, dann wollte ich ihn gleich heben." „Bruder," rief Hans voller Freuden, „soviel habe ich eben in der Tasche und wohl mehr. Ich habe heute ein Pferd verkauft — 12 Dukaten, 3 Silbergroschen und 1 Kupferdreier. — Nicht wahr, das macht 33 Taler, 3 Gr., 3 Pfg. und ist dreierlei Geld?" — „Gut," sagte der Bergmann, „um 12 Uhr in der Nacht gehen wir hin, und du sollst die Hälfte vom Schatz haben, weil du das Geld hergibst." Sie gingen also hin in den Busch. Der Bergmann nahm die 33 Taler, 3 Gr., 3 Pfg. in Empfang, stellte Hans an einen Eichbaum und verbot ihm bei Lebensgefahr, zu reden, sondern gebot ihm, dort drei Stunden still zu stehen. Indes der Bauer still stand, so ging der Bergmann mit dem Gelde über die Grenze und davon. Am Morgen kam der Bauer, der lange gefroren und gewartet hatte, zu Hause. Und wem er sein Unglück erzählte, der lachte ihn aus.

Sehet, Kinder, dieser Hans traute seinem eigenen Vater nicht zu, daß er sein Bestes suchte, wie er ihm die Arbeit empfohl, und war ungläubig. Hernach aber war er doch so leichtgläubig, daß ihn ein unbekannter Mensch betrügen und um das Seinige bringen konnte.

Also leichtgläubig sein heißt ohne g e n u g s a m e Prüfung der Gründe etwas für wahr annehmen.

Unter Natur versteht man die sämtlichen Geschöpfe samt den Kräften, die sie einmal von ihrem Schöpfer empfangen haben. Alles, was aus der Wirkung und Zusammensetzung dieser Kräfte geschehen k a n n, heißt n a t ü r l i c h.

Es ist natürlich der allgemeinen Erfahrung oder dem Laufe der Natur gemäß, daß die Körper der Toten still im Grabe bleiben, nicht hervorgehen, nicht erscheinen und nicht herumpoltern. Das Wasser bleibt natürlicherweise Wasser und wird nicht Wein. Das Eisen sinkt natürlicherweise im Wasser unter und schwimmt nicht. [Blei ist und bleibt Blei und wird natürlicherweise nicht Gold.][1])

Natürlich ist es, wenn das Feuer wärmt, das Brot den Hunger stillt und Wasser den Durst ꝛc.

Aber übernatürlich ist es, wenn d u r ch e i n Wort Lahme gehen, Blinde sehen, Taube hören, Stumme reden, Wasser in Wein verändert, der Wind still wird, Eisen schwimmt ꝛc.

Also übernatürlich heißt man das, was ungewöhnlich oder ft nicht ound nur aus wichtigen Absichten von G o t t e s w e g e n geschieht. Daher es auch wunderbar

---

[1]) [ ] fehlt in der 2. Auflage.

oder ein Wunder heißt, weil Gott nur zu wichtigen Absichten, welche auf andere Art oder so geschwind oder so allgemein nicht zu erreichen sind, es geschehen läßt, und weil, wenn es geschieht, die Menschen sich verwundern.

Erinnert euch hieran, wenn ihr in der Bibel findet, daß Gott zur Bestätigung der Lehre Jesu Christi, deren Annehmung für alle Menschen so wichtig war, dergleichen Wunder geschehen lassen, und unterscheidet natürliche von übernatürlichen Dingen.

Die erfahrenen Menschen, die viel gehört, gelesen, gedacht und untersucht haben, kennen den Lauf der Natur besser als die andern, die nicht viel nachdenken und nicht viel untersuchen können. Die erfahrenen Männer sagen uns einstimmig, daß es jetzund keine Menschen mehr gebe, welche übernatürliche Künste verstehen sollten. Ich sage jetzund. Merket wohl, Kinder, was ich sage! Denn es kann vor alten Zeiten dergleichen Menschen vielleicht gegeben haben. Man kann ohne durch die gewöhnlichen Mittel nicht mehr machen, daß das Fieber allemal ausbleibe, oder daß ein unbekannter Dieb die gestohlenen Sachen wiederbringe, oder daß ihm die Augen ausfallen, ebensowenig, daß die Kühe keine Milch geben, oder daß ein Abwesender, ohne ihn anzurühren oder ihm etwas einzugeben, sterbe, krumm und lahm oder wieder gesund werde. Es gibt aber dennoch jetzund Leute, welche vorgeben oder sich einbilden, daß es solche Künste gebe, und daß sie solche Meisterstücke gesehen oder gar selbst von andern gelernt hätten. Solche Menschen, die dieses jetzund von sich sagen oder den Verdacht durch ihre Handlungen erregen wollen, sind Betrüger, und man hieß sie vordem Zauberer, Hexen und Hexenmeister. Diese Benennungen aber sind Schimpfwörter, die jetzt in den Gerichten geahndet werden.

Wer dergleichen zu glauben leichtgläubig genug ist, der heißt jetzt abergläubig. Denn überhaupt heißt abergläubig sein, etwas als Wahrheit glauben und sich danach in seinem Tun und Lassen richten, dem doch alle Kennzeichen der Wahrheit fehlen, oder kürzer Wirkungen erwarten, zu denen die Ursachen fehlen.

Der Aberglaube gründet sich meistenteils auf die Lehre von guten und bösen Geistern oder, wie sie die Bibel nennt, von Engeln und Teufeln, die ein solcher Zauberer sollte bannen, d. h. sie zwingen könne, seinen Willen zu tun. Es ist daher nötig, geliebte Kinder, euch etwas darüber zu belehren.

Alles steht unter Gott. Gott ist der Herr aller Wesen, also auch der Engel und der Teufel, so wie er der Herr der Menschen ist. Wir wissen noch wenig von Engeln und Teufeln; das aber wissen wir gewiß, daß, weil die Engel gut sind und Boten oder Diener Gottes heißen, wir von ihnen nichts zu fürchten haben, die Teufel aber, unter denen einer auch in der Bibel Beelzebub und Satan heißt, uns jetzo sichtbar und äußerlich nicht mehr schaden können, weil ihre ehemalige Gewalt zerstört ist oder aufgehört hat, wie ihr weitläufiger in dem Unterrichte von der Religion vernehmen werdet und in der Bibel nachlesen könnt.

Falsch und abergläubig ist also die Meinung, daß in jetzigen Zeiten Menschen sich untereinander auf eine übernatürliche Art oder durch Hilfe guter und böser Geister Schaden oder Vorteil bringen können. Alle Erzählungen davon, wenn man sie genau untersucht, werden falsch befunden.

Auch ist es abergläubig, wiedererscheinende Toten, Gespenster und Poltergeister zu vermuten, dem papiernen Kalender oder dessen Verfertiger die Regierung des Wetters, der Wolken und Winde und das Vorherwissen, welchen Tag im Jahre an jedem Orte die Luft trocken oder feucht sein werde, zuzutrauen und auf Ahndungen, Träume und Wahrsagerei etwas zu halten.

Es ist vermutlich, alle Gespensterhistorien haben Grund entweder in dem Mißverstande dessen, was erzählt wird, oder in der List einiger Betrüger und Toren, welche den abergläubigen Menschen eine Furcht einjagen wollen, oder in der Einbildung der Abergläubigen, deren Sinn durch die Furcht verrückt sind.

An einen Kirchhof stieß ein Garten, worin viel Obst war. Böse Buben pflegten des Nachts in diesen Garten zu steigen und Obst zu stehlen. Damit aber keiner über den Kirchhof gehen und sie stören möchte, so mußte einer von ihnen ein weißes Hemde anziehen und auf dem Kirchhof spazieren gehen. Einst sollte ein gewisser Mensch, der den Namen Hans führte, über diesen Kirchhof gehen. Er sah diese weiße Gestalt, fürchtete sich, lief davon und erzählte mit vielen Versicherungen, er habe ein Gespenst gesehen.

Da habt ihr ein Beispiel von Furchtsamen.

Aber, lieben Kinder, es bekommt solchen Buben, die andere schrecken wollen, oft übel. Denn es gibt auch herzhafte Leute.

Eben dieser Dieb war nun dreist geworden, weil sich Hans vor ihm gefürchtet hatte, und trieb sein Spiel weiter fort. Bald aber hatte seine Betrügerei ein Ende. Denn ein Jäger, der mit der Flinte spät von der Jagd kam, ging über diesen Kirchhof. Die weiße Gestalt zeigte sich wie gewöhnlich und ging auf den Jäger los. Dieser rief und sprach: „Steh und sage, wer du bist, sonst geht es dir übel!“ Da der Betrüger aber nicht antwortete, weil er glaubte, der Jäger würde auch wie Hans davonlaufen, so schoß der Jäger ihm die Füße voll kleines Schrot, so daß er umfiel und lange daran heilen mußte.

Man suche also, wenn man stark genug ist oder Hilfe hat, alle Gespenster zu ergreifen, so wird man allemal natürliche Dinge ergreifen oder Personen, die etwas Böses oder Torheiten im Sinne haben. Wer auf eine verständige Art Ehrerbietung vor Gott hat, wird nicht vermuten, daß unser weiser, mächtigster und gütigster Gott solchen Dingen und übelgesinnten Personen, vor denen wir uns gar nicht in acht nehmen können, völlige und unumschränkte Macht über unsere Güter, über unsere Gesundheit und über unseren Leib und unser Leben werde gegeben haben. Behaltet diese Lehre, die ich euch noch oft wiederholen will; wenn ihr sie besser versteht, so werdet ihr vor einer schädlichen Art des Aberglaubens bewahrt werden.

Das fünfte Hauptstück.

Etwas von der menschlichen Seele.

Lieben Kinder! Ihr wißt aus dem vorigen Hauptstücke, daß ihr fünf Sinne habt, oder daß ihr die Eigenschaften und Beschaffenheiten der Dinge auf fünferlei Art wahrnehmen könnt. Die Glieder, womit ihr sehet, heißen, wie ihr wißt, Augen; die, womit ihr höret, Ohren; womit ihr riecht, heißt die Nase;[1]) womit ihr die Berührung anderer Körper empfindet, heißt die Haut.

Aber es gehört doch noch etwas mehr dazu, um von allen diesen Wahrnehmungen und Empfindungen rechten Gebrauch zu machen, z. B.: Wenn ihr jemand beschreiben wollt, was ihr gestern durch eure Sinne wahrgenommen oder empfunden habt, müßt ihr da nicht dieser Empfindung und Wahrnehmung euch erinnern? — Dieses Vermögen, sich geschehener oder nicht gegenwärtiger Dinge und ihrer Beschaffenheiten zu erinnern, heißt das Gedächtnis. Und keiner ist unter euch, der sich nicht etwas erinnern sollte oder an etwas denken könnte, was geschehen ist, z. B. an den gestrigen Tag, an seinen zu Hause liegenden Ball und dessen Gestalt, an das, was gestern in der Schule gelehrt wurde, an den Geruch der Blume, an den Geschmack des Brotes, an den Stich der Mücke ꝛc. Also habt ihr in euch ein Gedächtnis.

Nun werdet ihr gleich gestehen, lieben Kinder, daß, da die fünf Sinne nur das Gegenwärtige wahrnehmen können, zur Ausübung dieses Vermögens oder zum Gedächtnis euch jetzt eure Sinne nicht helfen können. Denn der gestrige Tag z. B. ist heute nicht mehr da, der zu Hause liegende Ball ist hier in der Schule nicht vor euren Augen, meine gestrige Lehre wiederhole ich euch jetzt nicht; also helfen euch jetzt eure Ohren nicht zur Erinnerung an dieselbe ꝛc.

Was ist nun dieses in euch, geliebten Kinder, was doch ohne Mithilfe der Sinne an nicht gegenwärtige oder abwesende Sachen denkt und sich ihrer Eigenschaften wiedererinnert? Es ist eure Seele!

Sehet, liebe Kinder! Ihr besteht nicht bl ß aus einem fühlbaren Körper und seinen Gliedern, sondern diesen Körper belebt und regiert eine unsichtbare Seele oder ein Geist.

Diesen Geist oder diese Seele habt ihr, wie alles übrige, von Gott. Die menschliche Seele heißt vernünftig, weil sie von Gott so eingerichtet ist, daß sie durch Unterricht, Erfahrung und Nachdenken verständig werden kann. Wir kennen unsere Seele nur aus ihren Wirkungen, wie wir überhaupt alles, was Geist ist, bloß daraus erkennen. Denn unsere jetzigen Sinne sind nur eingerichtet, Körper, aber keine Geister wahrzunehmen.

Durch das Nachdenken über die Wirkungen der Seele sind uns nun einige Vermögen oder Kräfte derselben bekannt geworden als Gedächtnis, Urteil, Wille, Freiheit.

Das Gedächtnis ist eine wichtige Kraft der Seele. Denn je mehr jemand Achtung gibt, je gewisser behält er alles, sowohl das, was ihm die Sinne überliefern, als auch das, was er durch den Gebrauch seiner Vernunft erkannt hat. Und bis auf die genauesten Umstände kann ein Mensch etwas behalten und sich wieder vorstellen, wenn er recht Achtung gegeben hat.

Ihr werdet mir leicht einräumen, geliebte Kinder, daß ein solcher Mensch sehr brauchbar und also sehr beliebt sei. Man darf ihm z. E. nur mündlich

[1]) In der 2. Aufl.: womit ihr schmecket, der Mund mit seinen Teilen, und

eine Sache bestellen, so behält er sie und richtet sie gut aus, wogegen von einem unachtsamen oder vergeßlichen Menschen ein jeder schlecht bedient wird, weil der Unachtsame oder Vergeßliche von dem, was er sehen oder hören sollte, entweder nicht alles sah und hörte oder es nicht behielt, sondern vergaß.

Das Gedächtnis wird durch Übung im Nachdenken sehr geschärft und kann bis in die spätesten Jahre erhalten werden. Es ist die Grundlage alles Denkens und also der menschlichen Vernunft.

Wer durch Krankheit oder Verwundung seine Vernunft ganz und gar verloren hat, der heißt wahnwitzig oder toll. Dieses ist das größte Unglück, das einem Menschen begegnen kann. Bittet also Gott, daß er euch eure Vernunft als das größte Gut erhalte bis an euer Ende, und danket ihm täglich dafür, daß ihr sie noch habt.

Aber es gibt ein gewöhnliches Laster unter den Menschen, nämlich die Trunkenheit oder Überladung mit starken Getränken; da verliert man den Gebrauch seines Verstand auf eine Zeitlang. Man kann in diesem Zustande sich und andern Menschen am Leben schaden und verwöhnt sich sehr leicht zu dem beständigen Gebrauch starker Getränke. Dadurch wird ein Mensch denn vollends dumm, verliert das Gedächtnis und wird unbrauchbar zu den Geschäften des Lebens. Hütet euch also dafür, geliebte Kinder, und haltet den nicht für euren Freund, der euch dazu verleiten will.

Wer über Wahrheiten nachdenken und Dinge miteinander vergleichen oder voneinander unterscheiden kann, der kann urteilen oder einen Schluß fassen, d. h. mit sich selbst über etwas einig werden. Z. B.: Kinder, wenn ihr euch selbst die Frage beantworten wolltet: „Ist es mir nützlicher, die Schule ferner ordentlich zu besuchen, oder ist es nützlicher, wenn ich wegbleibe? Wozu kann mir denn der Unterricht in der Schule nützen? So müßt ihr euch auf euren vorigen Zustand der Unwissenheit besinnen, denselben mit euren jetzigen besseren Einsichten vergleichen, und nun urteilt ihr: „Dazu nützt[1]) der Unterricht in der Schule, daß ich immer verständiger werden kann." Oder diese Frage: „Wie muß ich es machen, daß ich von der Predigt in der Kirche Nutzen habe?" Euer Urteil wäre also richtig, wenn ihr euch selbst die Antwort geben könntet: „Ich muß fleißig zuhören und Achtung geben, was der Prediger mich lehrt, es zu verstehen mich bemühen, zu Hause wieder daran denken und meine Handlungen nach den guten Regeln, die er mir gegeben hat, einrichten. Alsdann habe ich Nutzen von der Predigt; denn ich werde durch sie besser und verständiger." Oder diese Frage: „Sind sehr heiße Stuben im Winter gesund?" Oder diese ähnliche Frage: „Muß man in dem Ofen ein mäßiges oder sehr starkes Feuer unterhalten?" Auf beide Fragen wäre euer Urteil richtig, wenn es ungefähr so lautete: „Es ist nicht gesund, im Winter in sehr heißen Stuben zu sein, weil ich nicht stets in der Stube bleiben kann, da denn der Unterschied der äußerlichen Kälte mit der Hitze in der Stube zu merklich ist und eine zu geschwinde Veränderung an meinem Körper macht. Ich muß also nicht zuviel Holz auf einmal im Ofen brennen lassen."

Auch dieses Vermögen, oder diese Kraft zu urteilen, ist in eurer Seele.

---

[1]) In der 2. Aufl.: „Dazu nützt mir"

Nachdem ihr euch nun auf die Dinge und auf das, was ihr von ihren Eigenschaften wußtet, richtig oder unrichtig besinnet oder euch ihrer erinnert, nach dem ist auch euer Urteil über ihren Wert oder Unwert, über das, was ihr tun oder lassen müßt usw., richtig oder unrichtig. Z. B.: Karl wird von Fritz in die Schenke oder in das Wirtshaus genötigt. Fritz will seinen Spott mit Karl haben, wenn er sich betrinkt, und bezahlt für ihn, soviel er trinken will. Wenn nun Karl nicht daran denkt, daß alles starke Getränk berauscht, daß nicht alles, was gut schmeckt, gesund ist, daß ein betrunkener Mensch sich und andern schaden kann, und daß es falsche Freunde gibt, so wird er darum Fritz für seinen Freund halten, weil er die Zeche für ihn bezahlt, seinen Willen tun und sich mit starken Getränken überladen. Denkt er aber daran oder besinnt sich auf dieses alles, so wird er auch umsonst sich nicht betrinken wollen.

Ihr sehet also wohl ein, geliebte Kinder, daß daraus, daß man sich besinnt oder nicht besinnt, sehr verschiedene Wirkungen oder Folgen entstehen müssen. Denn nun haltet ihr entweder das für gut, was wirklich gut ist, und das für schädlich, was es wirklich ist, oder ihr verwechselt diese Gründe eurer Wahl, d. h., ihr verwerfet das Gute, weil es euch etwa böse schien, und wollet das Böse und Schädliche, weil ihr es für gut ansehet; ihr urteilt nicht recht, oder mit einem Worte: ihr irret.

Ein Irrtum hat, wie ihr wißt, gemeiniglich schädliche Folgen für den Irrenden. Und es ist Gottes Wille, daß wir uns bestreben sollen, so wenig als möglich zu irren. Wir irren aber so wenig als möglich, wenn wir uns mit allem Fleiß bestreben, das Gute oder das, was gut ist, zu kennen, zu lieben und tun zu wollen.

Ihr werdet dieses leicht begreifen, geliebte Kinder, wenn ihr nur bedenkt, daß ein Mensch, dem es ein rechter Ernst ist, das, was gut ist, zu wollen oder selbst gut und verständig zu werden, daß ein solcher Mensch auch alle ihm bekannten Mittel gebraucht, die zu diesem Zwecke führen. Er erkundigt sich sorgfältig nach dem, was wirklich gut ist. Er traut seinen Lehrern, die ihm dieses bekannt machen wollen; er bittet Gott um Weisheit; er sucht den Umgang guter Menschen und flieht den Umgang der Bösen; er versäumt keine Gelegenheit, wo er hören oder erfahren kann, was Gott befohlen und verboten hat ꝛc. Überdem hat Gott in seinem Worte versprochen, einem so gesinnten Menschen noch besonders zu helfen.

Wie sollte nun ein solcher Mensch nicht den Irrtum leichter vermeiden als ein anderer, der bloß nach seinem sinnlichen und unordentlichen Einbildungen handelt und alles tut, was ihn gelüstet.

Man nennt also Wollen oder den Willen diejenige Kraft der Seele, mit welcher man etwas begehrt oder verwirft.

Sehr wichtig sind diese Lehren für euch, geliebte Kinder. Und ich werde mich besonders hierbei bemühen, euch deutlich zu werden. Denn eigentlich eure Seele macht euch zu Menschen, d. i. zu Geschöpfen, die in so hohem Grade verständig werden können, wie kein anderes Geschöpf auf der Erde. Aber ihr müßt selbst verständig werden wollen.

Gott, der an der menschlichen Seele großen Gefallen hat, läßt es jedem Menschen frei, ob er nach Wahrheit und Erkenntnis nichts fragen, sich um das Gute nicht bekümmern und, wie ein Tier, nur essen, trinken, schlafen rc., oder ob er vollkommener, d. i. besser und einsichtsvoller werden will. Denn Gott hat die menschliche Seele mit Freiheit oder mit dem Vermögen, sich nach guten oder schlechten Gründen zu entschließen und sich nicht bloß durch die körperlichen Sinne regieren zu lassen, geschaffen, und davon heißt unsere Seele eine vernünftige Seele.

Die Tiere heißen unvernünftig, weil ihnen nebst anderen menschlichen Vorzügen als Sprachfähigkeit, Erkenntnis Gottes rc., auch diese Freiheit fehlt und sie überhaupt keine so allgemeine Erkenntnis als wir Menschen erlangen können, auch mehrenteils bloß durch ihre Sinne regiert werden.

Je mehr ein Mensch bloß sinnlich ist, je näher kommt er dem Zustande eines Tieres, wie es denn dergleichen ohne gehörige Erziehung und Belehrung aufgewachsene und verwilderte Menschen genug gibt.

Soll aber der Mensch so bleiben? Nein! Unsere Seele soll, wie die Bibel lehrt, an Erkenntnis wachsen und zunehmen; dazu hat sie all diese Vermögen oder Kräfte von Gott erhalten. Sonst hätte Gott hierbei keine Absicht gehabt, welches mit seiner Weisheit sich nicht vergleichen läßt.

Aber wünschten wir wohl, daß wir einst ganz und gar vergingen und aufhörten zu sein? Prüfet euch hierüber, geliebte Kinder, und sagt mir eure Meinung. — Also, ihr wünscht nicht aufzuhören oder nicht zu vergehen?

Aber ihr wißt doch, daß, wenn man alt und schwach wird, weder essen, trinken, noch schlafen, weder recht sehen, noch recht hören kann oder sonst krank genug zum Sterben gewesen ist, daß man dann stirbt und in dem Hause oder Orte forthin nicht mehr zu sehen ist, wo man sonst war, weil man in die Erde gescharrt ist und da verwest oder zur Erde wird.

Sehet, das heißt der Tod oder die Trennung der Seele von dem Leibe. Wir wüßten nun nicht gewiß, was dieses eigentlich wäre und bedeutete, wenn wir nicht aus der Bibel die trostvolle Lehre wüßten, daß nur unser Körper begraben wird und in der Erde verwest, aber unsere Seele nicht mit stirbt, sondern daß sie unsterblich sei und nicht verwest. Wir wissen ferner aus der Bibel, daß Gott sogar auch unsere in die Erde begrabenen Leiber zu seiner Zeit werde lebendig auferstehen lassen, und daß eine jede Seele sodann ihren durch Verwesung veredelten Körper wieder beleben werde. Freuet euch, geliebte Kinder, darüber, daß euch Gott diese wichtige, beruhigende Wahrheit hat wissen lassen. Aber, wenn ihr sie wißt und glaubt, so erinnert euch auch an diese, eben auch in der Bibel stehende Wahrheit: Gott wird eine jede Seele nach dem Tode richten, d. h., danach fragen, ob sie sowohl die ihr von Gott gegebene Vermögen und Kräfte, als Gedächtnis, Urteil, Wille, Freiheit rc., als auch die in ihrem irdischen Leben gehabten Gelegenheiten und Schicksale zum Gutwerden angewendet hat, d. i., ob sie danach getrachtet hat, besser und vollkommener zu werden oder nicht. Denn dazu ist jede menschliche Seele mit dem Körper verbunden (diese Verbindung aber macht den ganzen Menschen aus), daß hier auf dieser Erde ein jeder in seinem Beruf und Stand soviel Gutes lerne und tue, als es jedem möglich ist. Dazu war uns Leib und Seele nötig. Und nachdem nun ein jeder

Gutes oder Böses mit seinem Leben getan hat, danach soll er nach dem Tode von Gott gerichtet werden und entweder Lohn oder Strafe empfangen, d. h. glückselig oder unglückselig werden.

Aber wie die Saat, so die Ernte. — In welchem Zustande der Tod uns findet, so werden wir von Gott gerichtet.

Unser Leben hier auf Erden ist uns dazu gegeben, daß wir uns auf diesen Zustand der Unsterblichkeit nach dem Tode jetzt im Leben vorbereiten sollen. Wer hier weise und gut zu werden sich aufrichtig bemüht, der wird es alsdann besser haben, als der, welcher nach Gott und allem, was Gott gefällt, nichts fragt und nicht gut und weise werden will.

Also die menschliche Seele hat Freiheit, d. h. sie kann nach guten oder schlechten Gründen wollen; sie kann sowohl das Gute als das Böse wollen.

Ihr werdet hernach hören, daß Gott alles weiß, auch eure Gedanken, aber daß aus diesen Gedanken Entschließungen und aus diesen alle vorsätzlichen Handlungen entstehen, daß Gott den Willen, welchen man auch in einer bisher gewöhnlichen Sprache das Herz nennt, vornehmlich ansieht, und daß von dem Wohlgefallen oder Mißfallen Gottes an euch euer wahres Glück und Unglück abhängt.

Lieben Kinder, bedenkt es also wohl! Ihr habt Freiheit! Ihr dürft wollen! Wendet daher ja diese Freiheit gut an! Wollet, soviel wie möglich ist, das Gute! Wollet täglich besser und Gott gefälliger werden! Wollet, daß es andern Menschen euretwegen wohlgehe! — Wenn ihr dieses von ganzem Herzen wollet, so ist kein Zweifel, dieser Wille werde als Ursache viele gute Folgen und Handlungen wirken. Denn man tut allezeit, was man will, wenn man kann.

Das sechste Hauptstück.

Von der Religion oder von dem Verhältnis, worin die Menschen mit Gott stehen.

Geliebte Kinder! Ihr wißt aus dem vorigen Schulunterrichte schon manches, was euch nützlich werden kann, wenn ihr es anwenden wollet.

Erstlich lerntet ihr, daß Wißbegierde und Aufmerksamkeit die Hilfsmittel zu aller Erkenntnis wären. Und eure Aufmerksamkeit ward auf viele Dinge gerichtet.

Zweitens, daß alle Dinge Ursachen oder Wirkungen sind, und daß Gott die erste Ursache alles dessen, was da ist, sei.

Drittens, daß der Mensch zwar viele Ursachen und Wirkungen kennen lernen und seine Erkenntnis auf guten Grund, d. i., auf Wahrheit bauen müsse, weil er sonst nicht so glücklich wird, als er werden kann, daß aber doch nicht alles sich ergründen lasse, oder daß man nicht alles erforschen könne, daß also bei der unvollkommenen Erkenntnis des Menschen ihm Bescheidenheit und Demut sehr zu empfehlen sei, und daß, wenn ein jeder Mensch glücklich zu werden wünscht, oder die Glückseligkeit zu seinem Endzweck hat, er auch die besten Mittel, um diesen Endzweck zu erlangen, wählen müsse.

Viertens: Ihr wißt, was Wahrheit und Gewißheit ist; daß man sich, um sie zu erkennen und zu erlangen, bemühen müsse, weil wir unsere Handlungen danach einrichten, d. i., die Wahrheit glauben sollen, daß, wer gerne zweifelt, nicht glücklich sei, und daß der Irrtum gemeiniglich dem Irrenden schade.

Fünftens: Ihr seid über die Werkzeuge und Mittel sowohl der Beobachtung und Wahrnehmung äußerlicher Dinge als auch des Nachdenkens über diese Wahrnehmungen unterrichtet worden, d. h., ihr habt eure Sinne sowohl als eure Seele mit ihren wichtigsten Kräften kennen lernen.

Wozu nun alles dieses, geliebte Kinder?

Es ist zu keinem andern Endzweck geschehen, als daß ihr zu der erhabensten und wichtigsten aller menschlichen Erkenntnisse vorbereitet würdet, nämlich zu der eigentlichen Lehre von Gott und von Gottes Absichten mit euch, von den Anstalten, die Gott zu eurem Besten getroffen hat, und von dem, was euch dabei zu tun obliegt. Denn Gott aus seinen Werken, durch die Sinne und durch Nachdenken über göttliche Wahrheiten, die Gott in der Bibel uns hat bekannt machen lassen, kennen lernen, das heißt in der Religion unterrichtet werden. Hört deswegen mit aller Aufmerksamkeit die Lehre von Gott, durch den ihr lebt und in seiner schönen Welt tägliche Proben seiner Wohltätigkeit genießt, an! Freuet euch, in eurer Erkenntnis so weit gekommen zu sein, daß euch die Ehre widerfahren kann, von dem großen Herrn und Vater aller Wesen näher unterrichtet zu werden! Bewahrt, was ihr lernt, in einem feinen, guten Herzen und zeigt in eurem äußerlichen Betragen, daß ihr Gott kennt!

Erster Teil.

Allgemeine Erkenntnis von Gott oder von den Eigenschaften Gottes.

Lieben Kinder! Die erste Ursach aller Wirkungen, Gott, von dem alle Dinge ihren Ursprung haben, ist sehr mächtig, d. i., Gott ist stärker als alle anderen Dinge. Gott kann alles zwingen, kein Ding kann Gottes Macht widerstehen. Denn da Gott die erste Ursach aller Wirkungen ist, so steht ihm auch alles zu Gebote, und ein jedes Geschöpf muß Gott für seinen Schöpfer und Herrn erkennen.

Weil nun Gott alles tun kann, was er will, so nennen wir das kurz: Gott ist allmächtig!

Wer zu guten Zwecken alles so einrichtet, daß allenthalben Ordnung gefunden wird, wo er gewirkt hat, so daß es seines Endzwecks niemals verfehlt, oder wer nichts anderes will, als was gut ist, der heißt höchst weise.

Sehet, lieben Kinder, die ganze Natur zeugt davon, daß ein weiser Gott sie so eingerichtet hat. Tag und Nacht, Sommer und Winter sind unter unzähligen Beispielen diejenigen, die ihr am leichtesten einsehen könnt.

Sonst will ich euch nur noch an eine Sache erinnern.

Das Brot, welches[1]) ihr eßt, ist die gemeinste Speise. Man braucht nicht sehr reich zu sein, um Brot zu haben. Und keine Speise bekommt dem Menschen so gut als Brot. Wir können es alle Tage essen. Der Roggen, daraus man, wenn er gemahlen ist, das meiste Brot backt, wird größtenteils vor dem Winter gesäet und verdirbt nicht unter Eis und Schnee.

Ist also nicht der Gott höchst weise, der alles das zu unserem Besten so eingerichtet hat, unsern Leib zur Ernährung durch Brot und das Brot zur Nahrung und Stärkung für unsern Leib? — Also: Gott ist höchst weise.

Weil die Weisheit Gottes durch ihre Wirkungen den Nutzen und die Glückseligkeit aller Geschöpfe befördert, so heißt sie auch die höchste Güte.

Lieben Kinder! Schon daß ihr das Leben habt, d. i., daß Gott euch ausersehen hat, die Zahl der Geschöpfe zu vermehren, ist eine große Güte.

Was habt ihr Gott zu Gefallen tun können, ehe ihr waret? Womit habt ihr ihn zu dieser Wohltat bewegen können? Es ist Gottes freie Gnade und Güte, daß ihr lebt und in seiner schönen Welt tägliche Proben seiner Vaterliebe genießt. Erinnert euch ja, wenn ihr am schönen Frühlingstage spielt oder gute Speisen eßt oder die Vögel singen hört, kurz bei jeder frohen Empfindung in eurem ganzen Leben erinnert euch, daß Gott höchst gütig ist.

Wer gar keinen Mangel, weder an Macht noch Weisheit noch Güte hat, der ist vollkommen, d. i., alles Gute, was sich nur gedenken läßt, ist da beisammen.

In Gott ist dieses einzig und allein zu finden. Denn es ist kein Grund anzugeben, wie und wodurch Gott sollte unvollkommen werden, da er die höchste Macht, Weisheit und Güte besitzt. Also: Gott ist vollkommen und unvergleichbar.

Gerechtigkeit nennt man diejenige Weisheit oder Güte, die einen Unterschied macht zwischen Gut und Böse, Gehorsam und Ungehorsam [und einem jeden geschehen läßt, nach dem er es verdient].[2])

Lieben Kinder! Wer weise ist, d. i., wer Ordnung erhalten will, wo er gewirkt hat, der muß also auch gerecht sein; er muß einen Unterschied machen zwischen dem Gehorsamen, der sich die Ordnung gefallen läßt, und dem Ungehorsamen, der der Ordnung widerstrebt. Daß Gott dieses wirklich tut, werdet ihr aus der Vernunft und aus dem Worte Gottes erkennen lernen. Also: Gott ist gerecht und heilig.

Wer alle nur mögliche Einsicht in den Zusammenhang aller Dinge hat, wer alle Ursachen und Wirkungen kennt und den Erfolg einer jeden Handlung vorhersieht, der ist allwissend oder weiß alles.

Weil nun Gott alle Dinge geschaffen oder hervorgebracht hat und allenthalben Weisheit oder absichtsvolle Ordnung hervorblickt, und diese Ordnung sich noch erhält, so schließen wir mit Recht, daß Gott alles weiß, weil er es sonst so ordentlich nicht hätte einrichten können. Also: Gott ist allwissend.

---

[1]) In der 2. Aufl. „was"
[2]) [ ] fehlt in der 2. Auflage.

Wer alles vorher weiß und die Macht hat, es so einzurichten, wie er es gut findet, der braucht seine Meinung nicht zu ändern oder heute so, morgen anders zu verfahren, der ist unveränderlich.

Ihr habt gehört, daß Gott alles vorher weiß oder die höchste Weisheit und Macht besitzt, überdem auch alle Vollkommenheit hat. Was aber sich verändert, das ist nicht stets vollkommen. Also: Gott ist unveränderlich.

Gott ist die erste Ursach aller Wirkungen, also selbst keine Wirkung eines andern, sondern ohne Anfang, von Ewigkeit, ferner selbständig oder sich selbst zum Sein zureichend, folglich unvergänglich. Daher ist er Gott von Ewigkeit, ohne Anfang, zu Ewigkeit, ohne Ende.

Ein Geist ist selbst lebendig, aber ein Körper ist entweder leblos oder wird von einem Geiste, wie euer Leib von eurer Seele, belebt.

Gott ist ein Geist, der alles versteht, dem alles zu Gebote steht, vor dem keine Macht mich schützen und keine Finsternis mich decken kann.

Da nun also Gott ein allwissender Geist ist, so will er auch vornehmlich auf eine geistliche Art, d. i., durch euren Geist oder Seele verehrt sein. Er sieht und weiß alles, was in eurer Seele vorgeht. Menschen könnt ihr betrügen und euch äußerlich fromm anstellen, aber Gott nicht. Sind eure Gedanken und Absichten nicht gut und nach Gottes Willen eingerichtet, so möget ihr euch noch so sehr durch äußerliche Handlungen bemühen, gut zu scheinen. Gott sieht alles so, wie es ist, ohne Bild und Zeichen, und ihr wißt von der ersten Zeit eures Unterrichtes her, daß zwischen dem Bilde und dem Abgebildeten viel Unterschied ist.

Gott, der die ganze Welt oder alles, was ist, geschaffen hat und durch seinen Befehl erhält, Gott kann im Augenblicke die Welt verwandeln und uns zu Staub zermalmen. Wasserfluten, Donner und Sturm, Hagel und Schnee, dieses alles steht Gott zu Befehl. Ehret also diesen unvergleichbaren Gott, lieben Kinder, von dessen alle menschliche Erkenntnis an Vortrefflichkeit übersteigenden Eigenschaften ihr unterrichtet seid, über alle Dinge, mehr als alle Menschen und hütet euch, gegen Gottes Befehle widerspenstig zu sein! Denn das ist die rechte Gesinnung eines Menschen gegen Gott, welche in unserer deutschen Bibel oft mit dem Worte Gottesfurcht gemeint ist, wenn man Gott ehrt und Hochachtung für ihn empfindet, und wenn man es nicht wagt, ungehorsam zu sein oder Gottes Ordnung zu widerstehen, sondern sich alle mögliche Mühe gibt, den Willen Gottes, seines Herrn, zu wissen und, wenn man ihn weiß, auch zu tun.

Zweiter Teil.

Besondere geoffenbarte oder biblische Erkenntnis von Gott und von der Beschaffenheit des Menschen selbst.

Geliebte Kinder! Unsere Erkenntnis Gottes würde noch sehr mangelhaft bleiben, und von unserer eigenen Beschaffenheit und Bestimmung auf dieser Erde würden wir wenig wissen und bei unvermeidlichen widrigen Begebenheiten wenig Trost haben, wenn der höchst gütige Gott nicht durch Offenbarung oder Bekanntmachung gewisser wichtigen Wahrheiten unserm Verstand zu Hilfe gekommen wäre. Gott hat dieses wirklich getan und von Anfang an den Menschen soviel Irrtümer benommen und soviel Wahrheiten offenbart oder kund getan, als damals nötig war. Denn so wie ein Kind nicht gleich soviel weiß, als ein Erwachsener, so sind auch den ersten Menschengeschlechtern viele Wahrheiten verborgen geblieben, die Gott nach seiner höchsten Weisheit erst für spätere Zeiten aufbehalten hatte. Und es ist sein Wille, daß die Menschen an Erkenntnis der Wahrheit und Verstand durch Aufmerksamkeit und Wißbegierde mehr und mehr wachsen und zunehmen sollen.

Im Anfang ward die Lehre von Gott durch mündliche Erzählung erhalten. Denn die Menschen konnten noch nicht schreiben. Endlich aber sammelten und schrieben auf Gottes Befehl gute und verständige Menschen nach und nach alles in ein Buch, welches die Bibel oder die heilige Schrift, auch das Wort Gottes heißt. Diese Bibel ist nun jetzt, da sie in sehr vieler Menschen Händen ist, der allgemeine Schatz von Wahrheit, aus dem ein jeder Weisheit lernen kann.

Viele gute und kluge Menschen bezeugen es alle Tage, daß sie durch verständige Betrachtung [der in der Bibel enthaltenen nützlichen Wahrheiten] [1]) ruhig und glückselig geworden sind. Dies sind Zeugnisse, die Glauben verdienen. Ihr seid also schuldig, geliebte Kinder, dem Worte Gottes zu glauben, das ist, es als Wahrheit anzunehmen und euch danach zu richten.

Wenn ihr das tut, so werdet ihr glücklich sein, das ist, es wird euch wohl zumute sein, ihr werdet ein gutes Gewissen haben, welches ein tägliches Wohlleben ist, und so werdet ihr täglich mehr und mehr einsehen und merken, daß ihr in eurem Glauben nicht geirrt habt, sondern daß die Lehre der Bibel von Gott ist, und daß ohne Gott kein Mensch [damals] [2]) solche Weisheit wissen oder finden konnte.

Sehet, lieben Kinder, um die Bibel lesen und verstehen zu können, habt ihr bisher müssen unterrichtet werden. Und um euren ferneren Unterricht in der Religion und die künftige Erinnerung daran zu erleichtern, will ich eurem Gedächtnis mit Nachfolgendem zu Hilfe kommen.

Kurzgefaßter Inhalt der Bibel bis auf die Himmelfahrt Christi.

Im Anfange schuf oder machte Gott Himmel und Erde und alles, was da ist. Auch den Menschen schuf Gott zum Bilde Gottes auf Erden und gab ihm einen Körper aus Erde, der wieder zur Erde wird, und in diesem Körper eine lebendige Seele, die nicht wieder vergeht.

Die ersten Menschen hießen Adam, der Vater, und Eva, die Mutter aller Lebendigen. Gott offenbarte sich ihnen gleich, d. i., er tat ihnen seinen Willen kund.

Sie waren von Gott so geschaffen, daß, wenn sie Gott gehorsam waren, sie beide sehr glücklich blieben. Denn sie blieben alsdann frei vom bösen Gewissen, von Sorge,

---

[1]) 2. Aufl.: [ ] des in der Bibel befindlichen Worts.
[2]) fehlt in der 2. Aufl.

von Krankheit und Tod. Aber sie gehorchten nicht. Ihr Ungehorsam ward von dem gerechten Gott, der einen empfindlichen Unterschied zwischen dem Gehorsamen und dem Ungehorsamen machen muß, bestraft.

Die Strafe der Sünde war die Verurteilung zur Sterblichkeit und der Verlust des hohen Grades zeitlicher Glückseligkeit, den ihnen Gott anfänglich mitgeteilt hatte.

Nach und nach vermehrten sich die Menschen. Weil sie aber meistenteils böse waren und sich aus Gott gar nichts mehr machten, das heißt, Gott gar nicht mehr ehrten, so ließ Gott wohlverdiente Strafen über sie ergehen. Wasserfluten schickte Gott über die Erde, die lasterhaften Menschen ersoffen, und nur ein Mann, namens Noah, mit seiner Familie selbachte, ward von Gott in einem Schiffe, das die Arche heißt, wunderbar erhalten.

Aus seinen Nachkommen entstanden die Völker und unter andern die Juden, davon noch einige zum Beweise aller dieser Wahrheiten unter uns wohnen. Dieses Volk wählte Gott unter andern Völkern aus, um durch sie den übrigen Völkern recht bekannt zu werden. Ihnen gab er einen kurzen Auszug seines Willens in den zehn Geboten, offenbarte sich vielen Personen unter ihnen und belehrte sie auf mancherlei Weise von dem Verhältnis der Menschen gegen Gott oder von der Religion.

Den Juden also offenbarte sich Gott besonders durch Lehre und bewundernswürdige Wohltaten und erweckte aus ihnen Propheten und Lehrer, welche viel von einem verheißenen Erlöser vorhersagten, durch welchen unter allen Völkern Wahrheit und Erkenntnis ausgebreitet werden sollte. Die Juden faßten den Inhalt und die Nachrichten von den empfangenen Offenbarungen Gottes in Bücher, nämlich in denjenigen Teil der Bibel, welchen wir das Alte Testament nennen.

Ob aber Gott sich den Juden gleich so gnädig erwies, so glaubten und gehorchten sie doch nicht immer Gott, sondern taten oft, was Gott verbot, und richteten sich nicht nach Gottes Ordnung. Wenn sie dann Gott durch Krieg, Hunger und Krankheit strafte, so bekehrten sie sich zwar oder änderten ihre Gesinnungen; aber nicht lange blieben sie gehorsam. Denn von der Zeit an, da die ersten Menschen gesündigt, das ist ungehorsam geworden waren, wurde des Abweichens immer mehr; die bösen Beispiele pflanzten das Böse fort; der Mensch liebte das Böse mehr als das Gute und hatte mehr Lust an seinem eigenen Willen als an dem Willen Gottes.

Endlich war die von der Weisheit Gottes versehene Zeit, da durch eine besondere Person der Unwissenheit und dem Verderben des Menschen sollte gesteuert werden, erfüllt. Von einer jüdischen Jungfrau, mit Namen Maria, ward der Verheißene geboren, auf den die Juden durch ihre Lehrer, die wegen ihrer Gabe, das Künftige vorher zu wissen, auch Propheten heißen, so oft waren aufmerksam gemacht worden.

Er wird in der Bibel, die in der damaligen Sprache geschrieben und in die unserige übersetzt ist, genannt: Messias, Christus, der Gesalbte, der König, Jesus, das ist ein Seligmacher, ein Erlöser, ein Heiland, ein Helfer zur Gerechtigkeit, auch der große Prophet, der in die Welt kommen sollte 2c. Von ihm sagt die Bibel, er sei Gottes Sohn; Gott habe bei der Taufe Christi durch eine Stimme aus den Wolken selbst bezeugt: „Dieser ist mein lieber Sohn, an dem ich Wohlgefallen habe," und der heilige Geist habe bei dieser Gelegenheit über Jesu Haupt geschwebt.

Die Bibel legt Christo übermenschliche, überenglische und göttliche Eigenschaften bei. Er selbst nannte sich den eingeborenen und einigen Sohn Gottes, der von allen wie sein Vater verehrt werden sollte. Er tat in seinem männlichen Alter, wie er als Messias und Gottes Sohn Wahrheit lehrte, sehr viel wohltätige Wunderwerke. Er bezeugte selbst, daß er leiden und sterben müßte, damit die Menschen Vergebung der Sünden hätten, die hernach in seinem Namen gepredigt wurde. Ihm, als dem Sohne Gottes und als dem Mittler der Menschen, sollte man glauben und seinen Geboten gehorchen. Die Ungläubigen und Ungehorsamen haben keine Vergebung der Sünden, sondern werden am jüngsten Tage von Jesu in Gottes Namen gerichtet werden.

Seinen Lehren Glauben zu verschaffen, hatte ihn Gott, wie schon erwähnt ist, mit mächtigen Wundergaben ausgerüstet. Er wußte, was die Menschen dachten, verwandelte Wasser in Wein, heilte die gefährlichsten Krankheiten durch ein bloßes Wort und machte die Toten lebendig. Auf seinen Befehl gehorchte der Wind, und das Meer ward stille. Dies und noch mehr tat er, damit die Menschen glauben sollten, er sei der verheißene Heiland der Welt. Seine Lehre war die vollkommenste Weisheit und enthielt alles, wodurch ein Mensch Rechtschaffenheit lernen, ein gutes Gewissen oder das Bewußtsein, daß Gott ihm gnädig sei, erlangen und also, erlöst oder befreit von aller Gewalt des Bösen und der verdammenden Anklage seines Gewissens, schon hier auf Erden glücklich sein und nach dem Tode eine glückselige Fortdauer erwarten kann.

Aber so wie die Menschen vorher nicht alle Gott glaubten, so glaubten sie auch dem von Gott gesandten Erlöser nicht alle. Nur im Anfange waren ihm einige Leute geringen Standes treu ergeben, welche fanden, daß in seinen Worten etwas Göttliches und ein Vorschmack des ewigen Lebens war. Diese werden Apostel, d. i., Gesandte genannt, weil sie von Jesu unmittelbar ausgesandt wurden, seine Lehre allen Völkern der Erde, wo sie hinkommen konnten, zu predigen.

Die meisten und Mächtigsten im Volk der Juden waren Jesu Feinde und konnten die äußerliche Niedrigkeit seines Betragens nicht mit den falschen Begriffen reimen, die sie sich nach der Pracht und Hoheit der Welt von dem verheißenen Erlöser gemacht hatten. Anstatt, daß sie Christo danken und ihm glauben sollten, so haßten sie ihn ohne Ursach, bloß weil er bei aller Gelegenheit sie zurechtwies und ihre verkehrte Gemütsart tadelte. Sie haßten ihn endlich so sehr, daß sie sich entschlossen, ihn zu töten. Wenn man aber einen Menschen zum Tode verdammen will, so muß man ihn vorher eines Verbrechens beschuldigen und auch überführen. Das erste taten die Juden, nämlich sie beschuldigten Jesum, er sei ein Zauberer, das ist einer, der mit des Teufels Hilfe böse Dinge tut; hernach, er wolle König über die Juden werden; endlich, er habe Gott gelästert. Aber von allem dem konnten sie Jesum nichts überführen oder beweisen, daß ihre Beschuldigungen wahr wären. Dessenungeachtet ward Jesus zum schmerzlichsten Tode, nämlich an Händen und Füßen an ein Holz, das wegen seiner Gestalt ein Kreuz heißt, genagelt zu werden und daran zu sterben, verurteilt.

Ungefähr um die Zeit im Jahre, da wir zum Gedächtnis dieser Begebenheiten Ostern feiern, ward also Jesus gekreuzigt und nach der Gewohnheit, nachdem er am Kreuze gestorben, in ein Grab gelegt oder begraben. Aber am dritten Tage stand Jesus aus göttlicher Kraft lebendig auf und erschien seinen über das Geschehene betrübten Jüngern. Zu ihrem Trost und zu völligre Belehrung öffnete Jesus ihnen die Schrift, das ist, er gab ihnen Einsicht in den ganzen Zusammenhang dessen, was geschehen war, und wie er, Christus, der Sohn Gottes, habe als ein Mensch geboren werden und als ein Mensch den Tod leiden müssen, um die Menschen mit Gott zu vereinigen. Er bestellte auch diese seine Jünger zu Lehrern der Menschen (wozu er ihnen große Wundergaben mitzuteilen versprach) und befahl ihnen, die Leute zu unterweisen oder zu belehren und sie dann durch die Taufe zu Christen einzuweihen, auch bei einem Gedächtnismahle, welches das Abendmahl heißt, sich oft seiner, seiner Lehren und, wieviel er aus Liebe für die Menschen getan und gelitten, zu erinnern.

Durch diesen Unterricht und die wirklich erhaltenen Wundergaben wurde nun der Glaube der Apostel gestärkt. Sie verfaßten ihre Nachrichten von Jesu in eigenen Schriften, die wir Evangelien nennen, schrieben auch lehrende Briefe, die wir unter dem Namen Episteln kennen, an die verschiedenen christlichen Gesellschaften und predigten dieses Evangelium oder diese fröhliche Botschaft, daß Gott alle Menschen liebe und glücklich wissen wolle, auf Befehl Jesu allen Völkern, wo sie hinkamen, mit Freudigkeit.

Als nun Jesus Christus auf Erden allen Willen Gottes, seines Vaters, vollendet hatte, so kam eine Wolke und umhüllte ihn vor den Augen seiner Apostel und vieler Menschen, und er ging ein zu seiner Herrlichkeit in den Himmel.

Aber am Tage der großen Auferstehung oder des allgemeinen Gerichtes wird er wiedererscheinen und diejenigen, die ihn für das, was er ist, gehalten und seiner Lehre gehorsam gewesen, teil an seiner Herrlichkeit nehmen lassen, die andern aber, die keinen Teil an ihm haben wollten, von dieser seligen Gemeinschaft ausschließen.

Geliebte Kinder! Diese Apostel nun lehrten (wie es ihnen von Christo Jesu, ihrem und unserm Herrn, befohlen war, und wozu sie durch besondere göttliche Wundergabe noch mehr geschickt gemacht worden) zuerst die Juden, von welchen manche dieser Lehre Gehör gaben, dann auch die verschiedenen abgöttischen Völker, zu denen sie kamen, aus denen aber ebenfalls viele ihre vorigen Irrtümer verließen und mit den ehemaligen Juden in eine christliche Gemeine verbunden wurden. Und diese Völker nennt die Bibel Heiden, das ist, solche Leute, die keinen richtigen Begriff von dem *einigen wahren Gott* und von der *rechten Religion* (welche die Lehre von dem wahren Verhältnisse der Menschen mit Gott ist) haben. Eure Voreltern, geliebte Kinder, waren auch solche Heiden voller Unwissenheit und Aberglauben, ehe sie in der christlichen Religion unterrichtet wurden. Und es gibt noch ganze große Länder voll solcher Heiden, die Gott zu seiner Zeit erleuchten, das ist ihnen Gelegenheit verschaffen wird, das Ungereimte in ihren Meinungen über Gott und, wodurch der Mensch Gott gefallen könnte, einzusehen und mit besserer Erkenntnis zu vertauschen. Preiset also und danket Gott dafür, daß er eure Voreltern berufen hat von der Finsternis der Unwissenheit zu dem Lichte seines Evangeliums oder der bessern Erkenntnis Gottes! Haltet es für die größte Wohltat Gottes, daß ihr Kinder christlicher Eltern seid, also durch Lehrer in Schulen und Kirchen in aller Erkenntnis des Willens Gottes, durch dessen Befolgung ihr beständig glücklich seid, könnt unterrichtet werden, und wendet auch den empfangenen Unterricht so an, daß ihr Gott den einzigen ihm wohlgefälligen Dank durch ein tugendhaftes und christliches Leben beweiset.

Das siebente Hauptstück.

Eine Tugendlehre nach der Bibel.

(Philipper im 4. Kap. V. 8. 9.)

„Was wahr ist, was ehrbar, was gerecht, was keusch, was lieblich ist, was wohl lautet, ist etwa eine Tugend, ist etwa ein Lob; dem denket nach, — das tut!"

So, meine liebsten Freunde, redet euch die Bibel an, von welcher ihr gehört habt, daß sie Gottes Willen enthalte. Gott will, ihr sollt in allen Stücken, soviel möglich ist, vollkommen sein, damit ihr auch so glücklich werden könnt, als es möglich ist. Ihr sollt nicht allein vor groben Lastern, d. i. vor solchen, die die weltlichen Gesetze bestrafen, euch hüten, sondern auch verborgene Sünden meiden, überall euch anständig und ehrbar und als solche bezeigen, denen es bekannt ist, daß der gerechte Gott alle Dinge sieht und weiß.

Die [verborgenen] [1]) Sünden vor den Augen der Menschen sind die bösen Gedanken und Begierden der Seele, aber vor Gott, der alles sieht und weiß, sind sie keineswegs verborgen. Nämlich, wenn ich das, was Gott verboten hat, will und begehre, so sündige ich schon vor dem Allwissenden so gewiß, als wenn ich diesen bösen Willen durch eine Tat erfüllt hätte. Denn Gott sieht, daß mir zur Ausübung nichts fehlt als die Gelegenheit. Zeigt sich diese, so führen ich gewiß den bösen Vorsatz auch durch die Tat aus. Kann es euch nun noch wohl befremdend erscheinen, geliebte Kinder, wenn ich euch ermahne, vor allen Dingen den bösen Gedanken zu widerstehen, ihnen nicht nachzuhängen, sondern sie so bald aus eurer Seele zu vertreiben, als ihr sie bemerkt?

Ich will euch einige Mittel, der bösen Gedanken los zu werden, bekannt machen. Wenn euch böse Gedanken einfallen, das heißt solche, die euch Lust machen wollen zu irgend etwas, das Gott verboten hat, so erinnert euch geschwinde an etwas Gutes, was ihr wißt, an Gott, an das Unglück, dem zu mißfallen, von dessen Gnade euer ganzes Glück abhängt. Meidet solche Örter und Menschen, die euch die Vertreibung böser Gedanken schwer machen können. Entdeckt euren Zustand redlichen Freunden, Eltern oder Predigern. Arbeitet desto fleißiger. Betet oder singt ein gutes Lied ꝛc.

Um aber viel Gutes, viel Erkenntnis von Gott und von seinem Willen im Gedächtnis zu haben, so ermahne ich euch, die Bibel fleißig zu lesen, in welcher viel von

---

[1]) 2. Aufl.: „verborgensten"

Gott enthalten ist, und zuerst dazu am meisten die Stellen im Neuen Testamente zu wählen, in welchen uns als Christen der Wille Gottes durch Christum am deutlichsten bekannt gemacht ist. Wenn ihr dann also in der Bibel lesen wollt, so betet vorher zu Gott allemal dieses oder etwas Ähnliches: „Ach Herr, mein Gott, ich will in der Bibel lesen. Öffne mir die Augen des Verstandes, daß ich in der Erkenntnis der Lehre Jesu zunehme. Dein guter Geist bewahre mich für Irrtum und helfe mir zur wahren Weisheit. Amen."

Liebe Kinder! Der Teil der Bibel, der gewöhnlich das Alte Testament heißt, ist ein sehr altes Buch, welches von Dingen, Völkern und ihren Gewohnheiten redet, davon viele seit mehr als zweitausend Jahren entweder aufgehört haben oder doch der Entfernung und Voraussetzung vieler andern Erkenntnisse wegen euch nicht recht bekannt werden können. Es ist also nichts natürlicher, als daß ihr nicht alles versteht, was ihr darin leset, und daß euch manches sonderbar vorkommt. Schließt aber daraus ja nicht, daß eben dieses, was ihr nicht versteht, auch unnütz sei und von keinem verstanden werde. Gelehrte Leute, die die alten Sitten und Sprachen kennen, verstehen manches davon und finden Weisheit darin. Und die Juden, welche noch unter uns leben, sind ein unumstößlicher Beweis, daß die Bibel alten Testaments Wahrheit enthält, wenn sie die Geschichte der Juden uns lehrt (denn sie haben noch bis diesen Tag fast alle darin beschriebenen Sitten und Gebräuche). Ihr habt euch also vornehmlich nach dem zu richten, was ihr in diesem Teile der Bibel versteht. Und er ist in der Absicht für euch da, daß ihr neben vielen andern nützlichen Lehren Gott und die Menschen und die Wahrheit des Neuen Testamentes oder desjenigen Teiles der Bibel, worin die Nachrichten von Jesu, seinen Lehren und Begebenheiten und seiner Schüler oder Apostel Lehren und Geschichten enthalten sind, daraus sollt kennen, verstehen und glauben lernen.

In der Bibel findet ihr sehr trostvolle Wahrheiten, z. B., daß Gott alle Menschen liebe und ihre ewige Glückseligkeit wolle, daß er deswegen seinen Sohn Jesum Christum in die Welt gesandt habe, damit er die Menschen von der Gewalt des Bösen und der Sünde, von der bangen und knechtischen Furcht vor Gott und von den Strafen ihrer zwar begangenen, aber auch bereuten und unterlassenen Sünden nach dem Tode erlöse. Wenn die Menschen diese große Wohltat (wie sie es so sehr verdient) gehörig einsehen würden, so könnten sie wieder mit kindlichem Vertrauen Gott lieben und also aus dankbarer Liebe zu Gott willig werden zum Gehorsam und zu allen guten und gottgefälligen Werken. Diese Gesinnung nennt die Bibel den Glauben, der vor Gott gilt, den Glauben an Jesum, und diesen Glauben fordert sie von allen Menschen als eine Bedingung zur Seligkeit. Ferner lehrt die Schrift, daß Jesus Christus unser Herr sei und göttliche Kraft habe, uns in unsern Nöten beizustehen. Er sei bei uns alle Tage bis an der Welt Ende. Wo wir uns zum Gebete und Lobe Gottes versammeln, da sei er gegenwärtig, und durch seinen Geist würden wir in unserer Schwachheit gestärkt. Wir sollten nach der Lehre Jesu Christi Gott mit demütiger Unterwerfung unter seinen Willen in geistigen und leiblichen Angelegenheiten anrufen und bitten. Und wenn es uns nütze, so wolle Gott unsere Bitten erfüllen. Überhaupt aber hätten wir alles, was uns in der Tat und beständig glücklich macht, die mächtigsten Antriebe rechtschaffen zu werden, Trost in kummervollen Begebenheiten, Friede mit Gott, Ruhe des Gewissens, Versicherung, nach dem Tode oder der Trennung der Seele von dem Leibe glücklich fortzuleben ꝛc., dem Sohn Gottes, unserm Erlöser und Herrn, zu verdanken, der auf eine in manchen Stücken uns unbegreifliche Art alles dieses durch seine Menschwerdung, Lehre, Leiden und Tod, Auferstehung und Himmelfahrt an das Licht gebracht, das ist die hinreichende Erkenntnis davon möglich gemacht hätte; wie denn davon das ganze Neue Testament, so wie es jetzt übersetzt in euren Händen ist, ausführlicher handelt.

Eure Pflicht ist, geliebte Kinder, alles dieses ohne Zweifelsucht oder vorwitzige Grübelei ehrlich und einfältig glauben zu wollen, d. h., als heilsame Wahrheiten anzunehmen und vorerst nur dahin zu trachten, dieser Erkenntnis gemäß zu leben. Denn aus diesem Glauben erwächst jetzo eure Ruhe und Glückseligkeit, und der Unglaube würde euch nur unruhig und unglücklich machen*).

Ihr werdet in der Bibel sonst noch finden Erzählungen von alten Begebenheiten, dabei nicht allemal Lob oder Tadel deutlich ausgedrückt ist. Eure verbesserten Einsichten werden euch aber bald zum richtigen Urteil darüber kommen lassen. Ferner, wie Gott sich gegen die Menschen überhaupt bewiesen hat, und wie die Menschen gegen Gott sich bewiesen haben. Herablassend, treu, gerecht und gut ist Gott. Die Menschen hingegen meistenteils nicht aufrichtig, nicht dankbar durch Gehorsam, die einzige Art von Dank, die gegen Gott möglich ist. Denn die meisten in der Bibel beschriebenen Menschen trachteten zu sehr nach vergänglichen Dingen, suchten Ruhe und fanden

---

*) Alles, was der vernünftige Mensch als wahr annimmt und sich danach richtet oder mit einem Worte glaubt, hat seinen Grund oder beruht auf Gründen.

Auch der Glaube der Christen hat also seinen Grund, und dieser Grund heißt auch in diesem Falle G l a u b w ü r d i g k e i t.

Es ist aber diese Glaubwürdigkeit zweierlei Art.

Die erste bezieht sich auf das Zeugnis der Sinne. Z. E.: Was ich bei völligem Bewußtsein meiner selbst mit den Augen sehe, das glaube ich. So war z. E. der Glaube der Zeitgenossen Jesu, der Maria Magdalena nach der Auferstehung Christi, Thomä, der Jünger, die Jesum zu Emmaus am Brotbrechen erkannten, der Glaube Pauli ꝛc. Diese Art Glaube ist nur unter seinen besonderen Umständen und Gelegenheiten möglich.

Die zweite Art Glaubwürdigkeit ist diejenige, die auf Vernunftschlüssen, Prüfung des Zeugnisses und der Beschaffenheit der Zeugen gegründet ist und durch nachdenkendes Betrachten der für wahr ausgegebenen und zu glauben empfohlenen Sätze entsteht.

Auf diesen Gründen beruht der Glaube aller verständigen Christen nach den Zeiten Jesu. „Selig sind, die nicht s e h e n und doch glauben." Diese Art Glaube ist von der größten Allgemeinnützlichkeit schon als Übung der Seelenkräfte. Seiner Natur nach ist er historisch. Und da er diejenige Bildung der Vernunft voraussetzt, welche durch die recht behandelte Sprachlehre geschieht, so folgt klar daraus, daß dieses Geschäft vorzüglich bei der Jugend müßte getrieben werden, da Erscheinungen und Wunderzeichen jetzo nicht mehr zu geschehen pflegen.

Also g l a u b e n heißt im allgemeinen Verstande etwas mit Überzeugung für wahr halten und sich danach in seinen Handlungen richten.

In Absicht auf die Religion der Christen heißt g l a u b e n die in der Bibel uns angehenden Lehren und Nachrichten von Christo und seinen Aposteln, sofern sie nicht, weil sie die Ruhe des Gemütes nicht in einem guten Gewissen, welches sich auf die gehorsame Liebe zu Gott gründet, suchten. Sie taten weder als Untertanen noch als Obrigkeiten gern ihre Pflichten und fürchteten sich hernach, wo nichts zu fürchten war, weil sie mit ihrem Herzen von Gott gewichen waren, der allein mit Recht sagen kann: „Fürchte dich nicht in der Not; denn ich bin bei dir!"

Lieben Kinder! Wenn ihr erst den aufrichtigen Wunsch bei euch empfinden werdet: „Weil mich Gott zu einem vernünftigen Menschen erschaffen und mir Gesetze gegeben, das ist, seinen Willen bekannt gemacht hat, damit ich wisse, wie ich glücklich werden könne, so will ich mich mit Fleiß hüten vor allem dem, was Gottes Willen zuwider ist;" alsdann wird euch euer *Gewissen* erinnern, wenn ihr gefehlt habt. Wenn euch eure Eltern, Lehrer oder wahren Freunde *ermahnen* und euch zeigen, *worin* ihr gefehlt habt, so werdet ihr nicht widerstreben, sondern ihnen recht geben. Ihr werdet es bereuen, oder es wird euch leid sein, daß ihr gefehlt habt. Diese *Reue* wird euch behutsamer und wachsamer auf euer Verhalten machen, und ihr werdet den Vorsatz fassen, euch zu bessern. Wenn aber doch durch diese Reue *allein* das *geschehene Böse* vor dem heiligen Gotte nicht gut gemacht werden kann, so werdet ihr den gestifteten Schaden, wenn es andere betrifft und ihr es könnt, *wiederersetzen* oder, wenn das nicht ist, aufrichtig die Beschädigten um Verzeihung bitten und alsdenn die durch den Sohn Gottes, unsern Heiland,

---

solche richtig verstanden sind, für wahre Nachrichten und Offenbarungen des göttlichen Willens halten und sich danach im Tun und Lassen richten.

Von dem Zeitworte glauben ist nun das Nennwort, der Glaube, ingleichen das Beiwort gläubig, mit seinem veränderten Nennworte, ein Gläubiger, ohne das nötige Bestimmungswort, Mensch, hinzuzusetzen, und die Redensarten *etwas* glauben, einen glauben und an etwas glauben (davon die letzte offenbar ein Sprachfehler ist) entsprossen.

Es ist dieses zum Verstand der Bibel und der Religion besonders wichtig zu behalten, und es würde unendlich vielen Mißverstand vermeiden helfen, wenn man im christlichen Unterrichte bei dem Gebrauch solcher Wörter vorsichtiger und genauer wäre.

Der Glaube in Religionssachen überhaupt bedeutet auch oft entweder eine *allgemeine* Überzeugung vom Dasein eines allmächtigen, höchstweisen, gerechten und gütigen Gottes, von dessen Urteil das Glück und Unglück der Menschen abhängt, von der Notwendigkeit rechtschaffener Gesinnungen, wenn man diesem Gott gefallen wolle, und von der Gewißheit eines künftigen Lebens nach dem Tode, in welchem ein jeder empfangen wird, nach dem er gehandelt hat bei seinem irdischen Leben; ingleichen von der Wahrheit der Wiedervereinigung aller Menschen, Juden und Heiden in eine und dieselbe Religionsverfassung durch Jesum Christum ꝛc., — oder eine *besondere* Überzeugung von der Richtigkeit *dieser* oder *jener Auslegungsart* gewisser Schriftstellen, die einer Auslegung bedürfen, um ihrem Sinne und Inhalte nach recht verstanden zu werden.

Der erste ist schlechterdings unveränderlich, der andere aber bedarf der Berichtigung und Verbesserung der menschlichen, erleuchteten Vernunft in allen Weltaltern, und hierzu gehört das in der Bibel befohlene Prüfen, das Wachsen in der Erkenntnis, der Spruch Pauli: „Bleibet nicht Kinder in Erkenntnis und lasset euch nicht wiegen durch allerlei Menschenlehre und Täuscherei," der Spruch Johannis: „Lasset euch nicht verführen mit vergeblichen Worten ꝛc." u. a. m.[1])

[1]) Dieser als Fußnote gegebene Abschnitt findet sich in der zweiten Ausgabe als Text.

uns angebotene gnädige Vergebung der bereuten Sünden herzlich annehmen und darüber euch dankbar freuen. Aber ihr würdet oft nicht Stärke genug haben, einen guten Vorsatz zu fassen, und noch öfter nicht Stärke genug, den gefaßten Vorsatz auszuführen, wenn euch nicht das Andenken an die Verheißungen stärkte, welche uns unser Herr Jesus Christus hinterlassen hat, nämlich:

daß er die Seinen nicht verlassen wolle bis ans Ende,

daß seine Hilfe in dem Schwachen, der sich zu ihm wendet, mächtig sei,

daß Gottes Beistand, wenn wir es aufrichtig meinen, uns bei dem Wollen und Vollbringen zu statten komme 2c.

Es ist also wichtig, dieses alles zu wissen, damit man es denken könne, und oft daran zu denken, damit man auch, wenn es nötig, sich dessen erinnern könne.

Da auch euer Beruf in der Welt sehr arbeitsam und zu fürchten ist, daß es euch an Zeit fehlen möchte, die Erkenntnis, so ihr in der Jugend etwa gelernt habt, zu wiederholen und fortzusetzen, so ist der Sonntag zum Ruhetag, daran man, soviel nur möglich ist, von gewöhnlicher Arbeit ruhen soll, eingesetzt worden. Bewundert, lieben Kinder, die Güte Gottes in dieser Sache! — Um eures Standes willen ist diese Einrichtung vermutlich getroffen. Ihr bedürft bei eurer Lebensart Ruhe. Und damit euch diese Ruhe durch Müßiggang nicht schädlich werde, hat Gott euch die Beschäftigung dieses Tages nahegelegt. Ihr sollt ihm in der Gemeinde danken, euch in seinem Tempel lehren lassen. Ihr sollt zu Hause bei Lesung der Bibel dem, was ihr gehört habt, weiter nachdenken, durch Prüfung eures Lebens euch selbst und eure Sünden kennen lernen, damit ihr sie euch abgewöhnen könnt, Gott im Gebet eure Sündennot bekennen und ihn um Hilfe bei dem aufrichtigen Gefühl der Schwachheit bitten. Außer diesem aber könnt ihr den Sonntag auch dadurch feiern, daß ihr macht, daß andere etwas Gutes von euretwegen bekommen, es sei durch Rat oder Tat, welches wohltätig sein heißt, und wozu sich viele Gelegenheiten finden. Wenn ihr dieses nun aus Liebe zu Gott gerne tut, so werdet ihr den Segen Gottes in eure Häuser bringen, der da wahrhaftig reich macht, und werdet, wie die Bibel spricht, auf den Geist säen und das ewige Leben ernten.

Nichts aber ist nötiger, als sich selbst zu kennen. Denn, geliebte Kinder, ein jeder Mensch hat vor irgend einem Laster sich besonders zu hüten, das ist, er hat einen besonderen Hang oder Lust zu diesem Laster.

Wollt ihr also tugendhaft werden, so bemüht euch eifrig, euer Herz von dieser Seite kennen zu lernen, um gegen diese Verführung besonders zu wachen, und betet oft wie David:

„Erforsche mich, mein Gott, und prüfe, wie ichs meine.
Entdecke mir mein Herz und, was ich hab im Sinn.
Gib, daß ich künftig nie mir gut und redlich scheine,
Wenn in des Herzens Grund ich bös und falsch noch bin."

Lieben Kinder! Es ist schwer, sich dasjenige Böse wieder abzugewöhnen, was man sich einmal angewöhnt hat. Z. E.: Wer einmal viel starkes Bier oder Branntwein zu trinken gewohnt ist, kann es schwerlich unterlassen und hält dann selten Maß. Wer etlichemal glücklich gestohlen hat, stiehlt öfter. Wer sich gewöhnt hat, alles, was er spricht, mit Fluchen und Verwünschungen zu beteuern, der kann es schwerlich lassen; denn er denkt zuletzt nicht mehr daran, daß man auf andere Art reden könne 2c.

Daher warnen treue Eltern und Lehrer so sehr vor den ersten unrechten Handlungen. Denn wiederholt man sie, (da sie nicht selten ein sinnliches Vergnügen gewähren, welches dazu reizt) so ist die Verwöhnung die unausbleibliche Folge. Und auch hierin redet also die Bibel weise Wahrheit: „Wie könnt ihr Gutes tun, da ihr des Bösen gewohnt seid!" Wer aber so unglücklich ist, der muß sich bekehren, d. h. besser werden oder sich das angewöhnte Böse wieder abgewöhnen, damit er wieder glücklich werden könne.

Es ist euch wichtig, lieben Kinder, zu wissen, was es eigentlich mit der Besserung oder Bekehrung für eine Bewandtnis habe, und wie man es anfängt, wenn man sich das Böse ab- und das Gute angewöhnen will (Buße tut).

Zuerst muß man einsehen, die uns anklebende Gewohnheit sei eine böse Gewohnheit oder ein Laster; dann sich erinnern, daß das Laster unsere Glückseligkeit hindere, weil es uns seiner Natur nach strafen muß und noch überdem das Mißfallen Gottes nach sich zieht; dann über diese richtige Folge erschrecken und den Vorsatz fassen, zur Tugend, das heißt, zu entgegengesetzten guten Gewohnheiten überzugehen. Dieses aber ist auf keine andere Art möglich, als wenn man alle Gelegenheit zur Ausübung des gewohnten Lasters sorgfältig flieht, dagegen aber alle Gelegenheit zum Guten sorgfältig aufsucht und nutzet, z. E.: böse Gesellschaften meidet und gute besucht, gute Bücher, vor allem aber Gottes Wort und dessen Verkündigung oder Erklärung in der Kirche gern hört und liest, Wohltätigkeit an Armen und Dürftigen, Versöhnlichkeit gegen Feinde, Zucht und Ehrbarkeit, Treue in seinem Beruf 2c. an die Stelle der entgegengesetzten Laster übet.

Alsdann pflegt der sogenannte Kampf und Streit anzugehen. Denn das angewöhnte Böse wird oft wieder erwachen, die dazu gewöhnten Glieder werden oft dergleichen Vorstellung erregen wollen. Aber durch Achtsamkeit und Wachsamkeit über uns werden wir es gleich merken und solche Vorstellungen in Bereitschaft zu haben uns bemühen, die geschickt sind, die bösen Gedanken zu schwächen und zu vertreiben. Wenn wir dieses eine Zeitlang treulich getan haben, so wird der Sieg erfolgen, das ist, die böse Gewohnheit ist in eine entgegengesetzte gute verwandelt worden. Ebenso ist es auch mit der Tugend. Denn, lieben Kinder, wer sich einmal zu guten Empfindungen und Handlungen gewöhnt, der erlangt auch endlich eine Fertigkeit im Guten, das ist, es wird ihm immer leichter, tugendhaft zu sein, es ist ihm ein Vergnügen, Gottes Gebote zu tun; denn ihm sind sie nicht schwer. Er ist ein Freund Gottes, den alle Ermunterung, aller Trost der Bibel mit neuem Eifer beseelt. Jede gute Tat vermehrt seine Fertigkeit, wie eine gesunde Speise die Kräfte des Körpers. Hier schon selig durch ein gutes Gewissen, das ist Bewußtsein rechtschaffener Gesinnungen, weiß er auf Gottes Versicherung, daß für ihn der Tod kein Übel, sondern nur eine Vertauschung eines geringern Zustandes gegen einen bessern sei.

Christliche Tugenden werden solche Handlungen genannt, bei welchen man um des Befehles Gottes durch Jesum Christum etwas tut oder um seiner Warnung und um seines Verbotes willen etwas unterläßt. Seht, meine lieben Kinder, ihr werdet, wenn ihr länger lebt, oft in solche Umstände kommen, da ihr von der Übertretung irgend eines von den Gesetzen Gottes einen scheinbaren und gegenwärtigen Vorteil haben würdet. Wenn ihr nun so denkt: „Dieses brächte mir etwas ein; es würde mir Gunst zuwege bringen bei Menschen. Wenn ich es nicht tue, so werde ich verspottet, gehaßt, verfolgt werden; ich werde zurückkommen in meiner Nahrung; — aber nein — Gott hat es verboten! Die Bibel lehrt: „Wenn du die ganze Welt gewönnest und littest Schaden an deiner Seele, was hättest du davon? Fürchtet euch nicht vor Menschen, sondern fürchtet euch, Gott zu beleidigen. Wenn sie euch verspotten und verfolgen darum, daß ihr mir nachfolget und meiner Lehre gehorsam seid, so verzaget nicht; es soll euch wohl belohnt werden." — Ich will also Gott mehr gehorchen als den Menschen, als demjenigen, was mein böser Wille und meine bösen Neigungen (welche in der Bibel oft Herz und Fleisch und Blut heißen) mir angenehm vorstellen. — Seht, Kinder, wenn ihr so denkt und einen gegenwärtigen Vorteil oder Gewinn aus gehorsamer Liebe zu Gott (wie z. E. Abraham, Joseph und die Jünger Christi im höhern Grade taten) gern entbehrt, verleugnet oder willig aufopfert, dann seid ihr christlich tugendhaft; denn ihr glaubt, daß ein Gott sei, daß er seine Zusage hält, daß die Gnade Gottes höher zu achten sei als alles in der Welt, und daß also alles, was Jesus Christus gelehrt hat, wahr und gut sei*).

Wenn [aber][2]) die Bibel spricht: „Lasset euer Licht leuchten vor den Leuten, wandelt im Lichte," so meint sie damit: „Verfahret in allen euren, auch öffentlichen

---

*) Nützliche [hierher gehörige][1]) Gedenk-Sprüche:
Alles Gute ist anfänglich schwer, und alles Böse ist anfänglich leicht.

Des Lasters Bahn ist anfangs zwar
Ein breiter Weg durch Auen,
Allein sein Fortgang wird Gefahr,
Sein Ende Nacht und Grauen.

Der Tugend Pfad ist anfangs steil,
Läßt nichts als Mühe blicken;
Doch weiter fort führt er zum Heil
Und endlich zum Entzücken.

Die Freuden der Tugend sind Freuden des Sieges,
Und Sieg setzt Kampf und Mühe voraus.

Der Tugend Lohn will erwartet sein.

Oft geht es dem Tugendhaften zwar schon sehr bald wohl; aber eigentlich ist ihm nur versprochen, daß es ihm zuletzt oder am Ende seines irdischen Lebens anfangen sollte wohlzugehen.

[1]) [ ] fehlt in der 2. Aufl.
[2]) [ ] fehlt in der 2. Aufl.

Handlungen so, damit man sehen kann, ihr glaubt es Gott zu, daß der Gehorsam gegen seine Gebote eure Glückseligkeit nach sich ziehe."*)

Auch das, geliebte Kinder, haben wir der Lehre Jesu Christi zu verdanken, daß wir nun gewiß wissen und glauben können, Gott sei recht väterlich gegen uns als seine Kinder gesinnt, das ist Gott habe alles, was geschieht und geschehen ist, zu unserm Besten eingerichtet, weil er uns liebt, als ein Vater seine Kinder, und unsere Glückseligkeit will. Denn, weil in Gott die höchste Weisheit ist und wegen seiner Macht ihm keine Absicht fehlschlagen kann, so wird er auch gewiß mit dem Menschen seine Absichten und Endzwecke nicht verfehlen. Und was können diese wohl für Absichten und Endzwecke sein, geliebte Kinder? Keine andern, als eure möglichste Glückseligkeit. Es soll Wohltätigkeit, Redlichkeit und allgemeine Menschenliebe in euch herrschen; ihr sollt zur Glückseligkeit anderer Menschen, so oft ihr Gelegenheit habt, das eurige willig beitragen und dadurch, daß ihr der Lehre Jesu gemäß lebet, beweisen, daß ihr Gott ehret und liebet, damit ihr geschickt werdet selig sterben zu können. Denn nur ein also gesinntes Geschöpf, das Gerechtigkeit und alles Gute liebt, schickt sich zur Seligkeit, das ist in die Gemeinschaft der Gerechten [und Guten][1]) und ist in der Tat und in der Wahrheit ein Christ.

Wenn wir also, geliebten Kinder, von Gott würdiglich denken, ihn sehr ehren und lieben, folglich ihm gehorchen, so können wir auch versichert sein, daß alles uns zum Besten dient, was uns begegnet Wir können daher unserm gegen uns väterlich gesinnten Gott alle unsere Schicksale ruhig anheimstellen, dürfen uns nicht mit Sorgen und trostloser Verzweiflung über unser Fortkommen quälen, sondern bei Treue und Fleiß in unserm Beruf, das ist in der uns von Gott angewiesenen Stelle in seiner Welt und bei dem Gebet**) zu Gott (welches auch ein vortreffliches

---

*) Bei dem redlichen Vorsatz, den ihr fassen werdet, Leib und Seele Gott zu übergeben, das ist, täglich mehr und williger Gutes zu tun, werdet ihr doch zuweilen auf Abweichungen geraten und nicht immer stark genug sein, Versuchungen zu widerstehen und Fehler zu vermeiden. Und die Bibel sagt uns: „Wer kann merken, wie oft er fehlet?" Aber lange vorbedachte Einwilligung in die Sünde muß es nicht sein. Die Sünde muß nicht herrschen in euch; ihr müßt keinen Gefallen daran haben, sondern sobald ihr sie an euch gewahr werdet, oder eure Lehrer und redliche Freunde euch erinnern, so müßt ihr das etwa schon geschehene Unrecht, soviel als möglich ist, wiederersetzen und herzlich betrübt werden, daß es geschehen ist; aber nicht verzweifeln, oder alle Hoffnung verlieren; denn indem ihr mit fester Zuversicht euch Christi und der Wahrheit seiner Versicherungen getröstet, so erlangt ihr wieder Frieden mit Gott und könnt euer anklagendes Gewissen vor ihm stillen. Euer erkannter Sündenfall aber wird euch vorsichtiger machen, die Gelegenheit zur Sünde sorgfältiger als vorher zu vermeiden, euch antreiben, durch herzliches Lob- und Dankgebet euch mit eurem Gott (den euch Jesus als einen barmherzigen Gott, der sich freut, wenn ein Sünder sich bessert, hat kennen gelernt), durch Liebe näher zu verbinden.

[1]) [ ] fehlt in der 2. Aufl.

**) [Daß das auswendig gelernte Gebet und selbst das Vaterunser nur eigentlich Veranlassung heiße, über seine eigenen Bedürfnisse nachzudenken, und daß die aus diesem Nachdenken etwa entspringende Erhebung des Herzens zu Gott eigentliches

Mittel ist, in der Not des niederschlagenden Kummers und der Traurigkeit los zu werden) können wir das Künftige gelassen erwarten

Auch diese Gesinnungen heißen in der Bibel Gottseligkeit; denn ein so gesinnter Mensch ist von Gotteswegen selig oder glücklich, weil ihm sein Gewissen sagt, er habe Gott zum Freunde. Und diese Gottseligkeit ist das Reich Gottes oder die Sinnesart, die nach dem Willen Jesu in unserer Seele herrschen soll.

Ein solcher gottseliger Mensch, geliebte Kinder, ist froh und zufrieden mit dem, was da ist. Er verlangt nicht viel von andern Menschen. Er ist mäßig und begnügt sich mit seinem bescheidenen Teile. Er ist deshalb auch gern gelitten und kommt also viel leichter fort, als ein mürrischer, unzufriedener, der verdrießlich aussieht und sich immer über Gott und die Menschen beklagt, daß ihm nicht Glück oder angenehme Vorfälle genug begegnen *).

Allein auf lauter Rosen können wir Menschen bei aller Gottseligkeit doch nicht gehen. Es gibt auch notwendiges Leiden. In Gottes Entwurf aller Ursachen und Wirkungen gehörte dieses mit. Wenn aber ein guter Vater seinem lieben Kinde zwar übelschmeckende, doch heilsame Mittel brauchen ließe, um es vor herrschenden Krankheiten zu verwahren, so täte das Kind Unrecht, wenn es glaubte, der Vater wäre ihm deshalb nicht gewogen. So macht es Gott, lieben Kinder, mit den Menschen.

Gebet erst sei, leidet wohl keinen Zweifel. Doch müsse, damit das so schädliche Vorurteil, „Beten heiße, gewisse Worte sprechen," entkräftet werde — z. E. das Vaterunser oder Unser Vater nie gesprochen werden ohne einige feierliche Vorbereitung.] [1]) Z. E. die Anrede: Sammelt jetzt fürnehmlich eure Gedanken; denn wir wollen das Gebet beten, welches uns unser Herr gelehrt hat ꝛc. Wir wollen Gott nach unseres Herrn Jesu Erlaubnis unsern Vater nennen; möchten wir es mit kindlicher Zuversicht tun! ꝛc. Ganz unverständige kleine Kinder sollten billig mit diesem Gebete verschont werden. Wenn diese Gebete auswendig lernen sollen, so gibt es ja kürzere und leichtere. Dagegen könnte es eine Belohnung bewiesener vorzüglicher Aufmerksamkeit werden, wenn von den Schülern jemandem ausdrücklich mit diesem Beisatze „die Ehre", dieses Gebet laut zu sprechen, aufgetragen würde. Es muß allemal sehr langsam, laut und feierlich gesprochen werden.

[1]) Die [ ] Stelle lautet in der 2. Aufl.:

Es ist nicht möglich ein vollkommeneres Gebet zu erfinden als das Vaterunser. Denn es liefert in wenig Worten die Veranlassungen zu den edelsten und nützlichsten Gedanken. Dieses Gebet also recht verstehen zu helfen, sei eine Hauptbemühung des Lehrers.

Es müsse dieses herrliche Gebet nie gesprochen werden ohne einige feierliche Vorbereitung.

*) Es ist von der äußersten Wichtigkeit, die wahre Bedeutung der Wörter Glück und Unglück recht zu fassen, weil man sonst die Lehre von der alles umfassenden väterlichen Regierung Gottes nie recht versteht.

Man gewöhne daher die Kinder so früh als möglich, statt „Glück" die Redensarten: Freude ꝛc., Gewinn, Vorteil, angenehme oder frohe Begebenheiten und Vorfälle und statt „Unglück" die Ausdrücke: Mißvergnügen, Verlust, Nachteil, Schaden, widrige oder unangenehme Begebenheiten und Vorfälle ꝛc. gewöhnlich zu gebrauchen, beides aber im allgemeinen Schickungen, Schicksale ꝛc. zu nennen.

Man kann durch diese Vorsicht die tröstliche Wahrheit, daß alles uns zum Besten dient, was Gott geschehen läßt, viel gründlicher lehren.

Das Leiden ist nützlich aus vielen Gründen, oft dem, der es leidet, oft auch dem, der leiden sieht oder mitleidet. Das gute Kind [z. E.] [1]), das seine kranken Eltern oder Geschwister pflegt, würde diese schöne Tugend nicht üben können, wenn kein Kranker zu pflegen da wäre. Die Eltern selbst sind vielleicht durch die Krankheit für größerem Unglück bewahrt und davon abgehalten worden. Ich will euch eine Geschichte davon erzählen.

Es war einmal eine Hochzeit nicht weit von einem Dorfe auf dem dabei befindlichen Vorwerke. Aus dem Dorfe war ein Bauer mit seiner Frau und zwei Kindern zum Hochzeitsfeste eingeladen. Die Eltern hatten es auch für sich und die Kinder zugesagt. Ihr könnt denken, wie sehr sich die Kinder freuten auf den Schmaus, die bunten Kleider, die Musik und was ihnen sonst noch angenehm dabei vorkam. Auf den Mittag wurde der Mann sehr krank. Deswegen mußte die Frau zu Hause bleiben, und ohne ihre Eltern sollten die Kinder nicht nach diesem Hochzeitsfeste hingehen. Da weinten die Kinder sehr, daß von ihnen diese Lust vergebens gehofft wäre. Das eine Kind war so unwillig, daß es sagte: „Warum mußte der Vater eben heute krank werden, da wir eine Lust haben sollten?" Aber hört, Kinder, was geschah? Den Abend kam Feuer in dem Hochzeitshause aus, und weil es von unten an zu brennen fing, die Gäste aber oben waren, so kamen viele Leute auf der Treppe zu Schaden oder wurden für Schrecken hernach krank. Da merkten die Eltern, daß die Krankheit des Vaters (der hernach bald wieder besser ward), welche sie verhindert hatte, auch dahin zu gehen, eine wohltätige Schickung und Regierung Gottes gewesen sei, und lobten Gott dafür. Ihre Kinder aber belehrten sie an diesem Exempel, daß Gott auch bei zugeschickten Leiden die besten Absichten habe, und daß, wenn wir oft nicht sogleich wissen, wozu das Leiden uns gut ist, wir doch hernach erfahren werden, wie gut es unser himmlischer Vater mit uns meine.

Also und endlich, geliebte Kinder, liebet Gott als das liebenswürdigste Wesen und verehrt ihn durch Gehorsam als das vollkommenste Wesen über alles, strebet danach und bemühet euch, die Ähnlichkeit zwischen Gott und euch wiederherzustellen, befleißigt euch selbst, die besten Menschen zu sein, und liebet eure Nebenmenschen um Gotteswillen, das heißt traget, soviel ihr könnt, zu ihrer Glückseligkeit bei! So habt ihr von Gotteswegen die Versicherung seiner ewigen Gnade durch Jesum Christum! Und dann werdet ihr auch euren Beruf und Stand in dieser Welt in Gottseligkeit führen. Der göttliche Friede oder die Ruhe eures Gemütes, weil ihr Gott zum Freunde habt, wird euch in Gefahren Mut geben. Denn ihr wißt, daß, wenn Gott für uns ist, wir es sehr gut haben, und daß das Schlimmste, was uns begegnen kann, nämlich der Tod, uns nicht eher, als wenn Gott will, hinwegnehmen darf, um uns in einen noch weit glücklicheren Stand zu versetzen.

Dieser bessere Zustand heißt in der Bibel der Himmel, der Ort, der Aufenthalt, die Gemeinschaft der guten Menschen oder der Seligen, die Seligkeit ꝛc. Um dahin kommen zu können, müssen wir erst sterben und durch den Tod den

---

[1]) [ ] fehlt in der 2. Aufl.

verweslichen Körper ausziehen, den wir nur solange brauchen können, als wir hier auf der Welt zu leben haben.

Sehet also, geliebte Kinder, euer Leben als eine Vorbereitungszeit auf die Ewigkeit, euren Tod aber als das Mittel an, dessen Zeit Gott allein bestimmt, wodurch ihr ewig glückselig werden könnt! Lebet so lange fromm und gern, als Gott, der Herr über Leben und Tod, es will, und sterbt ohne Furcht; denn Gott ist die Liebe. Gott hat den Menschen nicht zum Verderben, sondern zur Glückseligkeit erschaffen*).

Das achte Hauptstück.

Von der Gesellschaft und der Obrigkeit. Von Gesetzen und Soldaten.

Geliebte Kinder! Wenn ihr in eurer Eltern Hause seid, müßt ihr euch nicht nach den Ordnungen richten, die eure Eltern eingeführt haben? Müßt ihr nicht z. E. kommen, wenn sie euch zum Essen rufen, aufstehen, wenn sie euch wecken, da oder dort hingehen, wenn sie euch schicken? — Also ihr müßt euch die Befehle eurer Eltern gefallen lassen und der Ordnung nicht widerstreben, die eure Eltern eingeführt haben, das heißt, eure Eltern befehlen, und ihr müßt gehorchen.

Welche Unordnung aber würde das im Hause sein, wenn keiner beföhle oder, wenn er beföhle und niemand gehorchte? Gewiß, Kinder! Ihr hättet keine warme Stube im Winter, kein Essen und kein Kleid auf dem Leibe; denn ein jeder würde für sich nur sorgen, und dann ginge alles zugrunde oder wäre schon längst zugrunde gegangen.

Gott sei also gelobt dafür, daß er nach seiner höchsten Weisheit die Welt so eingerichtet hat, wie sie ist, und auf Ordnung allenthalben Glückseligkeit folgen läßt.

In der Welt Gottes sind verschiedene Stände, das ist, es gibt solche Menschen die andern befehlen, und solche Menschen, die andern gehorchen müssen. Die, so befehlen, heißt man Eltern, Herrschaften, Obrigkeiten, Vorgesetzte; die, so gehorchen, sind Kinder, Beamte, Untertanen oder Knechte. Wer dem einen befiehlt, muß doch auch für seine Person wieder andern gehorchen. Z. E.: Ihr müßt euren Eltern gehorchen, aber eure Eltern müssen eurer Gutsherrschaft gehorchen, und diese Herrschaft muß wieder dem Landesherrn gehorchen, und Gott müssen alle Menschen gehorchen.

Lieben Kinder! Alle Menschen konnten nicht Herren oder Vornehme sein. Stellt euch einmal die Welt als eine Kirche vor. Nicht wahr, auf der vordersten Bank könnten sie nicht alle sitzen? Nur etliche haben Platz darauf, die anderen sitzen auf der zweiten, dritten und so weiter.

Diese Ordnung hat der höchstweise Gott gemacht. Wer tugendhaft ist, läßt sich Gottes Ordnung gefallen.

---

*) Von nun an könnten die Schulkinder ohne Schaden von dem Seelsorger oder Prediger des Ortes in den gewöhnlichen Unterricht genommen werden, der vor der Konfirmation gegeben zu werden pflegt.

Aber wie mag es wohl zugegangen sein, daß ein Mensch dem andern gehorcht, ihm dient und mit ihm in Gesellschaft oder in einem gewissen Verhältnis lebt? Hätte nicht ein jeder sein eigener Herr bleiben und für sich leben können, ohne sich um den andern zu bekümmern? Wäre das nicht besser gewesen? — Nein, geliebte Kinder! Denn wie Gesellschaften, Gesetze, Obrigkeiten und Soldaten entstanden sind, will ich euch kürzlich erzählen.

Anfänglich war, wie ihr aus dem kurzgefaßten Inhalt der Bibel gehört habt, nur ein Paar Menschen, Adam der Vater und Eva die Mutter aller Menschen, die nach ihnen gelebt haben und noch leben. Ihnen gehörte die ganze Erde; denn Gott hatte ihnen die Herrschaft über die Erde und alle Tiere gegeben. Sie lebten in der Ehe und hatten Kinder. Solange die Kinder jung waren, mußten der Vater und die Mutter für ihren Unterhalt und für ihre Erziehung sorgen, weil sie sich selbst nicht helfen konnten, und die Kinder mußten den Eltern gehorsam sein.

Sehet, das war die erste Gesellschaft der Familie, nämlich von Eltern und Kindern. Und da war die erste Herrschaft oder Gewalt, nämlich der Eltern über die Kinder, und die erste Untertänigkeit oder Gehorsam, nämlich der Kinder gegen die Eltern.

Wie die Kinder alt und stark genug wurden und ihre Nahrung und Erhaltung selbst besorgen konnten, wollten sie auch Eltern werden oder Kinder haben und eine Familie stiften. Die Eltern gaben ihnen daher etwas Eigenes und ließen sie von sich. Als sich nun die Menschen immer mehr vermehrten, so gab es auch immer mehr Familien, und diese breiteten sich endlich über die Erde aus. Solange Platz da war, ging das wohl an. Ein Fleck aber war doch besser wie der andere. Gut Wasser, gute Äcker, gute Weide, gut Holz waren doch nicht allenthalben gleich gut zu finden. Eine jede Familie wollte gern das Beste besitzen. Wer aber etwas Gutes hatte, wollte es nicht missen. Da entstand Feindschaft unter den Familien. Daß Gott den einen mehr gesegnet hatte, weil er fleißiger und frömmer war, das verdroß den andern. Da ward aus Feindschaft Gewalttätigkeit, und einer schlug den andern tot; oder, wenn die eine Familie stärker war als die andere, so jagte die stärkere Familie die schwächere weg und raubte das Ihrige. Wenn nun die, die vertrieben waren, Gelegenheit fanden, so rächten sie sich und taten den Räubern wieder alles zu leide, was sie konnten. Hätte dieses aber beständig so fortgedauert, so hätte das menschliche Geschlecht sich nicht, so wie geschehen ist, vermehren können, sondern wäre bald zugrunde gegangen. Da traten viele Familien zusammen und sagten: „Wir wollen uns vereinigen. Wir wollen gemeinschaftlich uns und das Unsrige gegen unsere Feinde beschützen und wollen uns auch sonst gemeinschaftlich beistehen in solchen Arbeiten, die zwar allen nützlich sind, die aber eine Familie nicht allein bestreiten oder ausführen kann." Da entstanden die großen Gesellschaften, die man Völker, Nationen oder Staaten nennt.

Die Leute aber merkten bald, daß sie durch die bloße Vereinigung in eine größere Gesellschaft noch nicht viel gebessert wären. Denn wenn die größte Not war, so half der eine fleißig, der andere war faul und tat wenig; der eine kam früh, der andere spät, und sie konnten auch nicht eins werden, was getan werden sollte, weil ein jeder wieder seinen besonderen Vorteil suchte und das Beste der ganzen Gesellschaft seinem eigenen Nutzen nicht vorzog.

Als nun daraus in der Gesellschaft wieder soviel Not entstand, daß es einem jeden einleuchtete, so wurden die Menschen eins, daß etwas festgesetzt würde, was in jedem Falle getan oder nicht getan werden sollte, oder was Recht oder Unrecht wäre, und ein jeder versprach, mit dem Festgesetzten zufrieden und ihm gehorsam zu sein. Da entstanden die Gesetze oder die Verordnungen im Staate.

Nun kam es noch darauf an, daß auch ein jeder den Ausspruch der Gesetze, wenn sie ihm etwas zu tun auflegten oder wegen eines Fehlers ihn zurechtwiesen und straften, sich wirklich gefallen ließe und gehorchte. Wer listig war, der sagte: „Das Gesetz geht mich nichts an, ich verstehe das Gesetz so nicht, wie ihr andern, sondern, wie es mir Vorteil bringt." Wenn das aber die Gesellschaft litt, so war es eben so gut, als wenn gar keine Gesetze gewesen wären; denn ein jeder tat, was er wollte. Sie wurden also wieder einig, es sollten gewisse Leute unter ihnen sein, die nach dem Gesetze urteilen und einem jeden bei seinen Streitigkeiten Recht sprechen oder richten sollten. Denen wollten sie alle gehorchen und sich von ihnen regieren lassen. Diese Leute sollten durch gewisse Abgaben von einem jeden der Gesellschaft belohnt und erhalten werden, und keiner sollte bei Lebensstrafe ihnen schaden dürfen, sondern alle Mitglieder des Volkes wollten den Verbrecher zum Gehorsam anhalten oder die Urteile der Obrigkeit an ihm vollziehen Da entstanden die Richter, Obrigkeiten, Fürsten und Könige.

Aber eine jede große Gesellschaft oder Volk hatte seine eigenen Gesetze und eigene Gebräuche oder Verfassungen. Danach wollten sich denn die andern Gesellschaften oder Völker nicht richten, wenn es ihnen Schaden brachte, noch weniger sich den Ausspruch fremder Obrigkeit gefallen lassen. Wenn denn nun verschiedene Gesellschaften oder Völker uneins wurden und sich nicht über die streitige Sache vergleichen wollten oder konnten, so handelten sie feindschaftlich gegeneinander, fielen ein und raubten die Ernte, Vieh und Menschen weg, und die Menschen behielten sie als Knechte, und sie mußten ihnen umsonst dienen. Das heißt, es war Krieg unter ihnen. An und für sich war das nun schon ein schlimmer Zustand; denn es ward alles verwüstet, und er ward es dadurch noch mehr, weil ein jeder im Volk gemeinschaftlich auszog und gleich viel tun sollte, um zu wachen oder den Feind zu verfolgen oder den Feind abzuhalten, wenn er einfiele; denn es durfte keiner zurückbleiben, ohne beschimpft und aus der Gemeinde verjagt zu werden. Es blieben also nicht die zum Landbau nötigen Arbeiter an jedem Ort, und es ward weder an Saatzeit noch an Ernte gedacht, mithin im Sommer kein Vorrat für den Winter gesammelt. Dauerte nun der Krieg lange, so ging, wie ihr leicht denken könnt, alles zugrunde. Da wurden die Leute eins, es sollten nur die muntersten, jüngsten und stärksten aus ihnen wachen und im Kriege Dienste tun, auch in Friedenszeit sich in alledem üben, was sie im Kriege schon können mußten, damit die andern indes sicher zu Hause bleiben, das Land bauen und also das gemeine Beste besorgen könnten. Und für deren Unterhalt wolle die ganze Gesellschaft sorgen, weil doch ein jeder Vorteil und Nutzen davon hätte. Daher sind die Soldaten entstanden.

Ich bediene mich dieser Gelegenheit, geliebte Kinder, euch noch etliche andere Kenntnisse zu lehren, die euch zu wissen angenehm sein werden.

Ein großes Land, welches nur einen Oberherrn hat, heißt eine Monarchie, und dieser einzelne Oberherr heißt ein Monarch. Einige und die mächtigsten dieser Monarchen heißen Kaiser und Könige.

Unser König und Herr besitzt viele Länder und Staaten und wird von den drei wichtigsten Ländern König in Preußen und Kurfürst zu Brandenburg, auch unumschränkter oder souveräner Herzog in Schlesien ꝛc. vornehmlich betitelt.

Als Kurfürst zu Brandenburg hilft unser König einen Kaiser der Deutschen erwählen. In Deutschland (denn so heißt das Stück von Europa, worin wir wohnen) sind neun solche Kurfürstentümer. Was nun nicht durch Könige und Kurfürsten in Deutschland regiert wird, gehört mehr oder weniger uneingeschränkt oder souverän Herzogen, Markgrafen, Landgrafen, Fürsten, Grafen, Freiherrn, Edelleuten, Städten und anderen Gesellschaften, denen herrschaftliche Rechte zukommen.

Die Länder unseres Königs sind in viel Stücke oder Ganze zerteilt, und ein solches Ganzes, welches gewöhnlich seine eigene Landesregierung hat, heißt eine Provinz.

Alle Regierungen und Obrigkeiten in den Provinzen stehen unter der höchsten Landesregierung zu Berlin, woselbst ein jeder Mensch im Lande, der mit den Aussprüchen seiner Gerichtsobrigkeit nicht zufrieden ist, durch einen Advokaten seine Klage anbringen kann, aber, wenn er mutwillig und ohne Grund klagt, auch Kosten und andere Strafe leiden und tragen muß.

Und zu Berlin oder Potsdam hält unser König seine Residenz.

In den Städten regiert der Magistrat oder der Rat die Bürgerschaft. Die königlichen Ämter und Dörfer stehen zunächst unter ihrem vorgesetzten Beamten.

Die adeligen Dörfer stehen unter ihrem Gutsherrn, der die Rechtssachen durch einen vereideten Gerichtshalter verwalten läßt und mehrenteils selbst die Ober- und Untergerichte besitzt, das heißt über Leib- und Lebensstrafe erkennen läßt und das Urteil vollziehen lassen kann, wenn er das in seinen Gerichten gesprochene Urteil an die höchsten Gerichte zur Bestätigung einsendet.

In den Dörfern sind allenthalben Schulzen und Schöppen, d. h. Gerichtspersonen, welche ein für allemal v e r e i d e t werden, und deren Zeugnis daher für wahr und gültig angenommen wird. Diese sollen über die Ordnung im Dorfe halten und den höheren Gerichten in allen Fällen beistehen.

Merkt euch, geliebte Kinder, bei dieser Gelegenheit, daß der Eid entweder eine öffentliche und feierliche Anrufung Gottes über die Wahrheit oder Falschheit einer Sache oder eine Gelobung der Treue ist, wobei ich Gott bitte, im Fall ich wissentlich lüge oder untreu bin, mich zeitlich und ewig zu strafen. Nach dem, was ihr von Gott wißt, erschreckt euch da nicht der Gedanke, einen falschen Eid zu schwören? Hütet euch also dafür, geliebte Kinder, als für dem größten Unglück, was euch begegnen kann.

Diejenige Person auf den Dörfern, welche die Übertreter und Ungehorsamen belauert, sie pfändet oder an ihnen die zuerkannte Strafe vollziehet, heißt der Gerichtsdiener. Und die gewöhnlichsten Strafen sind: das Halseisen, der Block, der spanische

Mantel, die Fidel, das Gefängnis rc. ohne die Gerichtsgebühr und die Kosten. Die meisten darunter sind öffentlich, damit andere ein Exempel oder Beispiel daran nehmen und sich umsomehr für Unrecht hüten mögen. Die guten Menschen aber lassen das Unrecht nicht aus Furcht vor Strafe, sondern aus Liebe zum Recht.

Wenn die Missetat oder das Verbrechen so groß ist, daß nach den Landesgesetzen dadurch das Leben verwirkt wird, so vollzieht diese Lebensstrafe der Scharfrichter entweder selbst, wie beim Köpfen, oder durch seine Knechte, wie beim Hängen, Rädern rc.

Einige Verbrechen werden durch Staupbesen und Landesverweisung, einige durch längere oder kürzere oder lebenslange Festungsstrafe bei Wasser und Brot und Mangel aller Bequemlichkeit gestraft.

Hütet euch, geliebte Kinder, solche Strafen nicht zu verdienen. Erlaubt euch niemals die ersten Abweichungen von dem Willen Gottes und der Obrigkeit und haltet diese nicht für eine Kleinigkeit, so werdet ihr vor schweren Verbrechen gewiß bewahrt bleiben. Denn der Obrigkeit Strafen sind furchtbar. Sie trägt das Schwert nicht umsonst. Sie rächt sich an dem, der Böses tut und ihren Gesetzen nicht gehorchen will. Aber dadurch erhält der Fromme und Gehorsame Schutz und Sicherheit, und Recht und Ordnung wird erhalten*).

Seid also untertan oder gehorsam der Obrigkeit, die Gewalt über euch hat; denn es ist keine Obrigkeit, oder sie ist von Gott verordnet. Und laßt euch diese Einrichtung, welche von Gott herkommt und die beste ist, die gemacht werden konnte, gefallen! Danket Gott, daß ihr die Vorteile der Gesellschaft genießen könnt! Denn ihr haben wir Ruhe und Sicherheit, Kirchen und Schulen, Lehrer und Prediger, auch viele nützliche Erfindungen und Bequemlichkeiten des Lebens zu danken. Aber ohne Gesetze und Obrigkeit kann, wie ihr aus dem Vorigen wißt, keine Gesellschaft bestehen. Macht euch also um die Gesellschaft verdient oder erwerbt die Liebe der andern dadurch, daß ihr das allgemeine Beste oder den Vorteil der ganzen Gesellschaft sucht und, soviel möglich ist, macht, daß andere von euch Vorteil haben. Haltet selbst über Gesetze und Ordnung, weil eure eigene Glückseligkeit sowohl als das allgemeine Beste davon abhängt. Betet für eure Obrigkeit, daß Gott sie segnen und mit Weisheit erfüllen wolle, und gehorcht um Gottes Ordnung willen als Bauern und Soldaten eurem Herrn und Vorgesetzten mit willigem Gehorsam!

Das neunte Hauptstück.

Vom Verhältnis.

Lieben Kinder! Ihr habt in verschiedenen Hauptstücken viel vom Verhältnis reden hören. Es hieß, die Religion wäre die Lehre vom Verhältnis, worin die Menschen mit Gott stehen. Im vorhergehenden Hauptstücke aber ward euch das

*) Es ist ein besonderer Nutzen der zehn Gebote, daß, wer sich genau nach ihnen richtet, zugleich vor allen rechtmäßigen Strafen der Obrigkeit gesichert leben kann.

Verhältnis erzählt, worin ein Mensch mit der Gesellschaft steht, in welcher er lebt *).

Was kann also wohl nun das Wort Verhältnis bedeuten, oder was meint man damit, wenn man von dem Verhältnis zweier oder mehrerer Dinge redet?

Ein paar Gleichnisse, geliebte Kinder, sollen euch dieses schwere Wort erklären.

Was einem Dinge in Vergleichung oder in Zusammenhaltung mit einem andern an Eigenschaften zukommt, das heißt sein Verhältnis zu dem andern Dinge. Ich will euch viele Exempel von Verhältnissen sagen: die Ähnlichkeit, die Unähnlichkeit; die Nähe, die Ferne, der Vorzug und die Geringigkeit eines Dinges in Vergleichung mit einem andern Dinge ꝛc. Das sind lauter Verhältnisse desselben. Am meisten wird das Wort Verhältnis gebraucht, wenn von Größen und Zahlen die Rede ist. Z. E.: 12 hat zu 4 dieses Verhältnis, daß die letzte Zahl $^1/_3$ der ersten ist. Man sagt: Der Tisch ist zweimal so groß als jener Tisch. Dieser Acker trägt doppelt soviel Korn bei gleicher Aussaat als jener.

Wenn zwei Zahlenverhältnisse gleich sind, das ist, beide aus der Verdoppelung mit einunddderselben geraden Zahl entstanden sind, ohne daß etwas übrig bleibt, so nennt man diese Gleichheit eine Proportion. Es sind also in Proportion 6 Schfl. und 12 Schfl., 9 Tlr. und 18 Tlr. Auch heißt ein Verhältnis alsdann Proportion, wenn es so ist, wie es sein soll oder sich zusammen schickt.

Nicht wahr, ihr habt alle eine Knallbüchse von Fliederholz gesehen, und ihr wißt alle, wie sie gemacht wird? Wenn ihr also eine Knallbüchse von Fliederholz haben wollt, so nehmt ihr einen geraden, jährigen Schuß vom Fliederbaume, bohrt das Mark heraus und sucht euch einen geraden Stock von anderm Holze zum Stempel und schneidet ihn so lange ab, bis er in die Röhre paßt.

Warum muß der Stempel gerade sein? — Weil er sonst zu der geraden Röhre von hartem Holze, das nicht nachgibt, sich nicht schickt.

Warum muß er nicht dicker sein als die Höhlung in der Röhre? — Weil der Stempel sonst nicht in die Röhre paßte.

Seht, lieben Kinder, das heißt, der Stempel muß mit der Röhre in dem rechten Verhältnis oder in Proportion stehen, und dann kann daraus eine Knallbüchse werden Oder solche Dinge, die auf gewisse Art vereinigt werden sollen, die müssen sich zueinander schicken **).

Ein Spinnrad besteht, wie ihr alle wißt, aus vielen Teilen. Wenn diese Teile sich nicht zusammen schickten, so könnte keiner damit Garn spinnen. Wenn aber alle diese Teile am Spinnrade miteinander im richtigen Verhältnisse stehen, so kann man damit fertig werden und spinnen.

---

*) Es ist oft nötig, ein Wort eher zu gebrauchen, bevor man es erklären kann Nur muß bei wichtigen Wörtern diese Erklärung nachzuholen nicht vergessen werden. Ich nenne wichtige Wörter solche, an deren rechtem Verstande viel gelegen ist, z. E.: Glaube, Buße, Seligkeit, Verhältnis, Klugheit, Liebe, Freundschaft ꝛc.

**) Es ist einleuchtend, wie wichtig diese Lehre fürs gemeine Leben sei. Denn woher entsteht wohl soviel sittliches Elend, wenn es nicht daher entsteht, daß die Dinge, die doch zusammen gehören, sich nicht zusammen schicken?

Der Pflug oder die Häckerlingslade würden nicht zum Strohschneiden oder Pflügen dienen können, wenn alle Teile, die daran sind, nicht miteinander im rechten Verhältnisse ständen. Wären der Stiel oder Griff zu dick oder zu lang, die Räder zu hoch, das Eisen zu kurz ɛc., so könnte kein Mensch damit hantieren.

Seht, liebe Kinder, soviel kommt auf Verhältnis in allen Dingen an.

Das Verhältnis des Menschen mit Gott ist folgendes: Gott ist die Ursach, warum der Mensch da ist, oder Gott hat dem Menschen das Leben gegeben. Gott ist unser Herr, und wir Menschen sind Untertanen Gottes. Ohne Gott kann der Mensch nicht hoffen glücklich zu sein, weil alles Gott zu Gebote steht und Glück und Unglück in seinem Willen beruht. Also muß sich der Mensch verhalten, wie es Gott haben will, das ist, Gott gehorchen.

Von dem Verhältnis des Menschen zur menschlichen Gesellschaft ist folgendes wahr: Der Mensch hat es nötig, mit andern Menschen in Gesellschaft zu leben. Er muß also sich zu der Gesellschaft schicken, ihre Erhaltung durch Liebe zur Ordnung und zu den Gesetzen befördern und nicht seinen eigenen Nutzen dem gemeinen Besten vorziehen.

Denn, lieben Kinder, wenn ein jeder seinen Nutzen vorziehen dürfte, so ließen die Eltern ihre kranken Kinder verhungern, die ihnen nichts als Kummer machen; die Erwachsenen schlügen ihre alten Eltern tot, weil sie nicht mehr Brot verdienen können; der Faule nähme dem Fleißigen sein Eigentum mit Gewalt, und keiner wäre einen Augenblick des Seinigen sicher.

Es war einmal ein Dorf voll böser Bauern, die in Feindschaft miteinander lebten. An ihrem Acker floß ein Strom, der einst überlief und den Damm durchbrach. Des einen Bauern Acker lag gerade bei dem Loche des Dammes und litt großen Schaden. Er tat sein möglichstes, um das Loch im Damme zu stopfen Aber es war für eine Familie zu viel Arbeit, und die andern wollten ihm nicht helfen, weil es ihnen noch keinen Schaden brachte und keiner des andern Freund war oder das gemeine Beste suchte. Endlich war das Loch so breit und so tief, daß der ganze Fluß da hinausstürzte und über alle Äcker des Dorfes herfloß. Da ging denn das ganze Dorf zugrunde.

Hätten nun die törichten Bauern einander beizeiten geholfen, so wäre ihr Schaden nicht so groß geworden, und sie wären im Wohlstand geblieben.

Hütet euch ja vor solchen lieblosen Gesinnungen, geliebte Kinder! Helft, wo ihr helfen könnt, auch ungeheißen, Schaden verhüten oder Nutzen stiften! So wird euch ein jeder lieben. Und ihr könnt das oft, wenn ihr nur wollt. Wie oft seht ihr Vieh in Schaden gehen, welches ihr wegtreiben könnt! Wie oft seht ihr stehlen, welches ihr nicht verhehlen, sondern anzeigen müßt, damit nicht oft gestohlen werde, oder damit d rjenige das Seinige wiederbekomme, der bestohlen wird. Wie oft könnt ihr, wenn ihr müßig geht, z. E. einen Baum pflanzen oder doch von Wasserzweigen reinigen, wenn euch der Platz auch nicht gehörte! Seht euch immer, von Jugend auf als Glieder der Gesellschaft an, mit welcher ihr in dem genauesten Verhältnisse steht, weil eure Glückseligkeit von dieser gesellschaftlichen Verbindung abhängt, und sucht bei allen Gelegenheiten das gemeine Beste. Wenn ihr dies redlich tut, so werden andere Leute wieder euer Bestes suchen, ihr werdet nie ohne Hilfe bleiben. Denn Gott ist solchen edlen Seelen besonders gnädig, die nicht bloß ihren Nutzen suchen, sondern auch andern gern nützlich werden.

Bei Gelegenheit des Wortes Verhältnis, geliebte Kinder, will ich euch auch die Wörter groß, mittelmäßig und klein erklären.

Was größer als das Gewöhnliche seiner Art oder als dasjenige ist, womit man es vergleicht, das nennt man groß. Z. E.: In eures Vaters Garten steht ein großer Apfelbaum. Warum heiße ich den Baum groß? Weil die meisten Apfelbäume diesem an Stärke des Stammes oder der Äste nicht gleich kommen, und weil dieser große Apfelbaum mehr Äpfel tragen kann als ein gewöhnlicher.

Groß ist alles das, was in Vergleichung mit andern viel wirkt oder wirken kann, viele Teile hat oder viel Raum einnimmt.

Klein ist das, was in Vergleichung mit andern Dingen wenig wirkt oder wirken kann, wenig Teile hat oder wenig Raum einnimmt.

Mittelmäßig ist das, was zwischen inne steht und weder zum Großen noch zum Kleinen in seiner Art gezählt werden kann.

Wer nun alles recht ansieht und recht benennt, nicht z. E. das Große klein oder das Kleine groß, nicht das Gute böse oder das Böse gut 2c. nennt, von dem sagt man, er denkt richtig, er legt allen Dingen ihren rechten Wert bei, er nennt und beschreibt alles mit dem rechten Namen; er ist ein zuverlässiger Mensch 2c. Und dieses ist ein großes Lob. Durch Übung und Nachdenken erlangt man diese Richtigkeit.

Lieben Kinder! Es kommt sehr viel auf die Richtigkeit eurer Erkenntnis an. Wer unrichtig denkt und spricht, dem traut man als einem Unbesonnenen nicht, und er ist verachtet. Wer aber aus Ruhmsucht bei den Erzählungen von sich selbst oder Dingen, die ihn angehen, stets das Kleine groß nennt oder alles vergrößert, den heißt man einen Aufschneider oder Prahler, und dies ist der Anfang, ein Lügner zu werden, ein Laster, welches Gott und die Menschen verabscheuen!

Ich habe einen Menschen gekannt, der hatte diesen Fehler an sich. Wenn ein Hund ihn anbellte, so erzählte er gleich, bei Hunderten wären die Hunde um ihn gewesen und hätten so gebellt, daß er das Gewitter nicht hätte donnern gehört. Ihm glaubte endlich keiner mehr.

Wer aber das Gute anderer verkleinert oder schlechter vorstellt, als es ist, der ist gemeiniglich stolz und aufgeblasen. Und das ist der Anfang, ein Verleumder zu werden.

An den Ort, wo ich sonst war, kam einmal ein junger Mensch hin, der hatte mit seinem Herrn eine weite Reise getan. Dem Menschen war nichts gut genug. Er hatte alles besser gesehen, geschmeckt und gehört. Er verkleinerte alles und verachtete alles. Die Kirche im Dorfe hieß er einen Vogelbauer. Die Bauernhäuser nannte er Hühnerställe. Kurz, es war ihm alles zu schlecht. Es war ihm deshalb kein Mensch gut, und keiner wollte solchen hochmütigen Menschen in Dienst nehmen. Endlich ging es ihm so schlecht, daß ich's euch nicht beschreiben kann.

Gewöhnt euch also, geliebte Kinder, an Richtigkeit und trefft das rechte Verhältnis der Dinge auch in euren Gedanken und Gesprächen! Nennt alles bei seinem rechten Namen, vergrößert und verkleinert nichts! Eure Rede sei ja und nein! So wird euch ein jeder als aufrichtigen, verständigen Leuten trauen!

Das zehnte Hauptstück.

Von der Höflichkeit im Umgange und im Reden und vom nötigen Briefschreiben.

Lieben Kinder! Es ist nichts, was einen Menschen in jedem Stande so beliebt macht als ein bescheidenes Wesen.

Wer bescheiden ist, der ist gegen seinesgleichen dienstfertig und freundlich, gegen höhere Personen ehrerbietig und gegen eine Obrigkeit willig zum Gehorsam.

Man kann es einem Menschen leicht äußerlich ansehen oder aus seinen Reden merken, ob dieses alles in seinem Gemüte ist, oder ob er sich nach diesen Regeln richtet. Und die äußerlichen Zeichen davon nennt man Höflichkeit.

Einige Völker unterscheiden sich in dem, was sie Höflichkeit nennen. Bei uns aber, geliebte Kinder, ist man über folgende äußerliche Zeichen eins geworden.

Wenn man einander begegnet, so muß man sich grüßen, das ist, sich Gutes wünschen. Wenn dir ein Höherer, als du bist, oder die Obrigkeit begegnet, so mußt du beim Grüßen stille stehen, das Gesicht nach dem Vorbeigehenden kehren und den Hut oder die Mütze abnehmen. Wenn diese Person oder die Obrigkeit dich anredet, so mußt du deutlich und verständig antworten. Wenn sie dich an deine Schuldigkeit erinnert, die du tun sollst, so mußt du allemal zu deiner Antwort das Versprechen hinzusetzen, du wollest gehorchen. Wenn sie wegen eines begangenen Fehlers dich ernstlich ermahnt, mußt du um Vergebung bitten und durch Versprechen, inskünftige den Fehler zu vermeiden, ihren Unwillen besänftigen.

Lieben Kinder! Das Sprichwort: „Ein gut Wort findet einen guten Ort," ist sehr begründet. Manchem Verdruß, der euch Schaden bringt, könnet ihr entgehen, wenn ihr dem schändlichen Rechthabenwollen und den so gewöhnlichen Entschuldigungen eurer Fehler entsagt. Gott und Menschen können dieses nicht leiden. Wenn ihr herzlich um Vergebung bittet, so ist kein Mensch so hart, der euch nicht solche Fehler vergäbe, die keiner öffentlichen Strafe bedürfen.

Das anhaltende Widersprechen ist sehr mißfällig. Gebt einem recht, so oft ihr könnt. Aber widersprecht nur, sooft ihr müßt, und alsdann mit den freundlichsten und bescheidensten Mienen und Worten. Besonders hütet euch, durch Widerspruch jemanden zum Zorn zu reizen!

Ihr habt gar kein Recht, euresgleichen und eure Oberen durch hartnäckigen Widerspruch zu belehren. Müßt ihr eure Gegenmeinung sagen, so setzt solche Worte hinzu: „Wo ich nicht irre," „mich dünkt," „es scheint mir so." Denn ihr könnt irren. Und habt ihr recht, so könnt ihr es durch Höflichkeit nicht verlieren.

Aus allem diesen werdet ihr leicht einsehen, warum ich vor hartnäckigem Widerspruch warne und euch Höflichkeit und Bescheidenheit anpreise. Denn meine Lehre soll euch klug, verständig und beliebt machen und dadurch eure Ruhe und Zufriedenheit befördern.

Das übrige der Höflichkeit besteht meistenteils darin, daß man einen jeden mit dem Namen nenne, der seiner Würde zukommt, daß man allen törichten Scherz vermeide, der gemeiniglich für Verachtung angesehen wird, sich immer des Verhältnisses erinnert, worin man mit Personen höheren Standes steht, und wenn eine solche Person, die Obrigkeit oder dein Herr dir etwa gnädig ist, dich nicht überredest oder dir einbildest, nun sei kein Unterschied mehr zwischen ihm und dir.

Wer dieses nicht beobachtet, den nennt man dummdreist oder grob. Und er wird gemeiniglich empfindlich gedemütigt.

Aber, lieben Kinder, man muß auch mit solchen Leuten umzugehen wissen, die nicht gegenwärtig sind, das ist, man steht oft mit Personen im Verhältnis, die abwesend sind, und mit denen man also nicht mündlich sprechen kann.

Sollen nun diese Leute unsere Gedanken wissen, so schreibt man an sie, und das Geschriebene heißt ein Brief.

Damit ein solcher Brief nicht von einem jeden, dem es nicht zukommt, gelesen werde, so wird er in ein anderes reines Papier eingelegt. Dieses wird mit Siegellack oder Oblate zugeklebt und ein Zeichen, welches ein Petschaft heißt, darauf gedrückt. Auswendig aber wird der Name und Stand desjenigen, an den der Brief gerichtet ist, geschrieben, damit der Brief in die rechten Hände komme, und die Posten oder Boten sind dazu da, daß dergleichen Briefe fortkommen.

Der Inhalt der Briefe, die ihr zu schreiben habt, wird wohl hauptsächlich zweierlei betreffen:

1. Meldungsbriefe, darin ihr andern etwas meldet oder ihnen Nachricht gebt.
2. Bittbriefe, darin ihr von andern etwas begehrt.

Ehe ich euch einige Beispiele von solchen Briefen gebe, müßt ihr kürzlich noch lernen, wie nach j e t z i g e m Gebrauch das Äußerliche oder die Form eines Briefes, sonderlich an Höhere, aussehen müsse.

Wenn ihr an Höhere schreibt, so nehmt einen ganzen Bogen reines und gutes Papier, beschneidet ihn mit der Schere am Rande, daß er gerade wird. Fangt einen Daumen breit von oben und von der linken Seite an den Titel zu schreiben. (Die Titel findet ihr in den Titularbüchern.) Ihr tut wohl, wenn ihr in der Ungewißheit, welcher von zweien Titeln dem zukomme, an den ihr schreiben wollt, ihr irret (unschädlicher) [1]), sage ich, wenn ihr alsdann den höchsten oder vornehmsten wählt.

Auf die erste Blattseite schreibt ihr nur etwa fünf oder sechs Reihen und bleibt zwei Finger breit vom linken Rande und ebensoweit unten zurück. Auf der zweiten und folgenden Blattseite bleibt oben, unten und von dem linken Rande auch zwei Finger breit zurück. So fahrt fort, bis der Brief zu Ende ist.

Vergeßt nicht, daß alle eure Briefe an Vornehme so kurz und natürlich, das ist, ungekünstelt sein müssen, als es möglich ist. Denn Vornehme haben gemeiniglich mehr Geschäfte, als unnötig lange Briefe zu lesen, und man kann mit wenigen Worten viel sagen. Am Ende schließt den Brief mit Versicherungen eurer Untertänigkeit, setzt wieder den Titel desjenigen, an den ihr schreibt, und ganz unten zur Rechten

---

[1]) In der 2. Aufl. „weniger".

euren Namen, unten zur Linken aber den Ort und den Tag, da ihr schreibt, und das Jahr.

Bei Briefen an euresgleichen dürft ihr es in Ansehung des Papiers und des Raumes nicht so genau nehmen.

Muster zu Briefen.

Meldungsbriefe.

1. An Eltern.

Liebe Eltern!

Ich melde Euch hiermit, daß ich in Gottes Namen den Dienst bei meiner jetzigen Herrschaft angetreten habe. Gottlob! ich bin gesund und vergnügt. Denn ich habe den guten Vorsatz, daß meine Herrschaft Nutzen von mir haben soll. Es ist doch gar zu wahr, was Ihr immer sagtet: „Wer ein gut Gewissen hat, der ist froh." Meine Herrschaft geht gut mit mir um; sie gibt mir das Meinige, und ich nehme das Ihrige in acht. Nun, Gott helfe weiter und erhalte Euch gesund! Betet auch, liebe Eltern, für

Euren

gehorsamen und dankbaren Sohn.

2. An eine Herrschaft vornehmen Standes.

Der Titel.

Meiner gnädigen Herrschaft melde ich, daß ich die mir befohlene Sache ausgerichtet, wie aus dem Angeschlossenen (der Beilage) mit mehrerem zu ersehen. Die Wirtschaft betreffend, so ist

1.
2.
3.
4. usw. (Hier kann man allerhand Nachrichten den Kindern erfinden helfen und den Raum füllen.)

Ich empfehle mich und die Meinigen der Fürsorge meiner lieben und gnädigen Herrschaft als

(der Titel)

Ort, untertänigster, treuer Knecht
den 15. März 1772. N. S.

Bittbriefe.

1. An Eltern.

Liebe Eltern!

Das leinene Zeug fängt mir an schadhaft zu werden. Ich bitte euch also herzlich, mich mit einigen neuen Stücken, als Hemden ꝛc. zu versehen.

Wenn ich das Neue von Eurer Gütigkeit erhalte, so will ich das Schadhafte zurückschicken, vielleicht kann es die liebe Mutter für die jüngsten Geschwister noch brauchen.

Liebe Eltern! Ihr habt mich ja noch in keiner Not verlassen. Darum habe das Zutrauen, Ihr werdet auch diesmal die Bitte gewähren

Eurem

dankbaren und gehorsamen Sohn.

2. An Vornehme.

Der Titel.

Ew. ...... würde ich mit meiner demütigen Bitte nicht beschwerlich fallen, wenn ich nicht Ew. ...... Menschenliebe und Güte von jedem hätte rühmen hören. Ich bin schon seit einiger Zeit ohne Dienst und kann das Zeugnis meines Wohlverhaltens aufweisen.

Da es mir aber besonders wichtig ist, bei einem guten Herrn zu dienen, so wünschte ich auch vorzüglich, in Ew. ...... Dienst als ...... zu treten.

Meine Treue und Dankbarkeit wird nie aufhören, wenn die demütige Bitte erhört würde

Ew. ......

Ort, den 15. März 1772.

untertänigst gehorsamsten Dieners N.

Aber, Kinder, es gibt auch Briefe vermischten Inhalts, in denen ihr etwas meldet und zugleich um etwas bittet, z. E. Briefe, in welchen ihr jemanden, der unzufrieden mit euch ist oder sein könnte, die wahren Umstände meldet und ihn um Verzeihung des Fehlers bittet.

Briefe vermischten Inhalts.

1. An Eltern.

Liebe Eltern!

Ich hatte zwar versprochen, sobald als ich hier ankäme, Euch Nachricht zu geben, aber es ist bis jetzt noch nicht geschehen. Nun habt Ihr zwar recht zu glauben, ich sei nachlässig und machte mir aus Euch nicht viel. Ich will Euch aber alles gestehen, und dann werdet Ihr mir auch vergeben.

Die ersten Tage ging keine Post. Hernach schickte mich mein Herr auf die Reise, und wie ich vorgestern wiederkam, war eben die Post abgegangen. Ich hätte freilich die ersten Tage im Vorrat schreiben und daran denken sollen, daß hernach ein Hindernis vorfallen könnte; aber das ist mir jetzo erst beigefallen. Ich will mich auch hierin bessern und vorsichtiger werden.

Vergebt mir also, liebe Eltern, nach Eurer Gütigkeit meinen Fehler und zweifelt nicht an der treuen Liebe

Eures

Ort, den 15. März 1772.

dankbaren Sohnes.

2. An Vornehme.

Der Titel.

Ew. ...... bekenne ich mit schmerzlicher Reue den Fehler in meinem Verhalten. Ich traute andern Leuten, die sich ehrlich stellen konnten, zu viel, und dadurch ist nun der Schade geschehen. Mit Bosheit habe nicht Ew. ...... in Schaden gebracht, aber durch Nachlässigkeit. Ich will mich bessern und vorsichtiger werden. Durch Wachsamkeit und Treue will ich wieder einzubringen suchen, was jetzo verloren gegangen ist. Ew. ...... verzeihen mir gnädigst diesen Fehler und erlauben mir, mein bekümmertes Herz durch diese Hoffnung zu trösten, damit ich wieder mit Freuden sein könne

Ew. ......

Ort, unterthänigst gehorsamster Knecht

den 15. März 1772.[1]) N.

Das elfte Hauptstück.

Von der Zahlenkunst als einer Übung des Verstandes.

Vorbereitung zur Zahlenkunstlehre durch allgemeine Regeln zum Nutzen des Lehrers.

Eine Ziffer ist das gewöhnlichste sichtbare Zeichen einer Zahl, über dessen Bedeutung man einig geworden ist.

Eine Zahl ist das, was durch die Ziffern bezeichnet wird, oder ein Begriff von Größe und Vielheit.

Unser Auge sieht Ziffern; aber unsere Seele zählt. Denn sie ist gewöhnt worden, bei der Gestalt oder Stellung der Ziffern etwas Festgesetztes zu denken.

Zählen heißt über Vielheiten bestimmt denken oder sprechen.

Die Zahlenkunstlehre oder die Lehre von der Kunst zu rechnen handelt von demjenigen Nützlichen, welches das gesundene Verhältnis der Vielheiten gewährt*).

Das Nützliche in dem Zahlenverhältnisse[2]) der Dinge zu finden ist also der Endzweck des Rechnens. Um diesen Endzweck zu erlangen, bedienen wir uns der Rechnungsarten als Mittel, sowie der Ziffern, die Mittel zum Rechnen sind.

Man nennt die bestimmten Sätze von Ziffern, woraus ich das, was ich zu wissen wünsche, nach einer gewissen Verfahrensart auch gewiß erfahren kann: eine Aufgabe (Exempel).

---

[1]) In der 2. Aufl. 1771.

*) Es ist unnötig und zeitverderbend, erst in unbenannten und darauf in benannten Zahlen zu rechnen. Denn man kann z. E. so geschwinde 3 und 5 Äpfel als 3 und 5 zusammenzählen.

[2]) In der 2. Aufl. „in dem Verhältnis"

Wenn ich nicht alles nur bloß unter die sehr allgemeine und selten nützliche*) Benennung Stück bringen will, so muß eine jede Aufgabe aus Dingen von gleicher Art bestehen, z. E.:

die 20 Scheffel Gerste
und die 125 Stein Wolle

können als verschiedene Arten des Maßes nicht zusammen gezählt werden. Und es geht dieses nicht eher an, als bis ich sie unter ein solches Maß bringe, welches beiden gemein ist, als z. E. Gewicht nach Pfunden und Loten**).

Durch richtige Rechnung bestimmte oder festgesetzte Vielheit heißt Summe. Wenn eine solche Summe durch richtiges Verfahren gefunden ist, dann ist der Endzweck der Aufgabe erfüllt.

Eine jede Vielheit kann nur zwei Veränderungen leiden. Sie kann nur entweder vermehrt oder vermindert werden.

Daher sind die vier leichtesten Rechnungsarten (Species) entstanden, als:

Vermehrungsarten:
Zusammenzählen (Addieren).
Vervielfältigen (Multiplizieren).

Verminderungsarten:
Abziehen (Subtrahieren).
Einteilen (Dividieren).

Ich habe nur vier Rechnungsarten gesetzt; denn:

Zählen (Numerieren) heißt noch nicht rechnen, sondern denken oder sprechen: denn das Aussprechen der Wörter, worüber man einig geworden ist, daß sie die Ziffer in der Rede bedeuten sollen, gehört in die Sprachlehre. Und wer da weiß, wie man einig geworden ist, die Ziffer zu nennen und gelten zu lassen, der kann aus der Art, wie sie stehet, wissen und aussprechen, wieviel Einheiten dadurch angezeigt werden.

Die Einheit hat die Ziffer 1 zum beständigen Zeichen. Die Vielheit aber ist, weil sie unbegrenzt, veränderlich ist, keines ihr eigenen und beständigen Zeichens oder einer besonderen Ziffer fähig. Vielheit setzt Einheit voraus; denn sie ist nichts anderes als vermehrte Einheit.

Die Null 0 ist allein und für sich keine Ziffer, sondern nur ein Vermehrungszeichen, wenn sie auf die Ziffern entweder einzeln oder vielfach folgt.

So zeigt sie hinter 1.0 zehn Einheiten, hinter 2.0 zweimal zehn oder zwanzig Einheiten ꝛc. an.

Jede zugesetzte Null, als z. E. 70.0, bedeutet eine zehnfache Vermehrung der vorstehenden Zahlen, nämlich hier zehnmal siebzig oder siebenhundert ꝛc. 700.0 ist

*) Weil sie nicht bestimmt genug ist.

**) Die verschiedenen Maße und Gewichte ꝛc. machen eine unnötige und schädliche Mühe bei Erlernung der viel wichtigeren Zahlenkunst.

zehnmal siebenhundert oder siebentausend, 7000.0 ist zehnmal siebentausend oder siebzigtausend rc.*)

Geliebte Kinder! Wenn ihr nicht in eurem Leben durch den Schein oder böse Leute wollt betrogen sein, so lernt rechnen.

Zählen (Numerieren), soviel ihr im Anfang braucht, könnt ihr an den zehn Fingern eurer Hände lernen.

Die Finger an der linken Hand zählen vom Daumen an: 1, 2, 3, 4, 5 und rückwärts, wenn sie eingeschlagen sind, bis zehn. Die Finger an der rechten Hand 10, 20, 30, 40, 50, und, wenn sie eingeschlagen sind, rückwärts bis 100. Wer geschickt ist, kann dies sehr brauchen.

Zusammenzählen (addieren) ist leicht.

Wieviel machen 4.75 und
354 Nüsse?
Summa: 829 Nüsse.

Der Punkt bei der 7 bedeutet, daß ihr die Zehn, als ein soviel bedeutendes Eins zur vorstehenden Zahl mitrechnet. Denn ihr zählt zusammen von der rechten nach der Linken.

Auch Abziehen (Subtrahieren), die kleinere Zahl von der größeren abziehen, ist leicht als z. E.

wenn ich von 9.0 Äpfeln
36 Äpfel abziehen oder
weggeben will, so bleiben Rest: 54 Äpfel.

Um zu wissen, ob ich recht gerechnet habe, werden die beiden untersten Zahlen zusammengezählt (addiert). Wenn dann die oberste Zahl wiederherauskommt, so ist es recht. Und dieses heißt die Probe oder Prüfung meines Verfahrens.

Hier bedeutet der Punkt, daß ich von der Zahl, die linker Hand steht, eine Eins für die Null rechter Hand versetze, wo es für 10 gilt. Denn die Zahl zur Rechten reicht für sich nicht zu, die nebenstehende aber kann was abgeben.

Lieben Kinder! Es geht in der Welt oft so: Wenn der eine nichts hat, so muß der andere, der mehr hat, etwas von seinem Überflusse abgeben. Ja, die Menschen sind eben das schuldig in der Gesellschaft, was sich die Zahlen in einer Summe schuldig sind.

---

*) Wie man die Ziffern ausspricht, wenn ihrer viele in einer Reihe stehen, dieses gehört auch in die Sprachlehre und ist keiner allgemeinen Regel fähig, da es fast in jeder Sprache, wenn sie auch derselben Ziffern sich bedient, verschieden ist. Bei uns Deutschen spricht man diese Ziffern also aus: z. E. 2 540 738 Reichstaler: zwei Millionen fünfhundert und vierzigtausend siebenhundert achtunddreißig Reichstaler.

So tiefsinnig und daher überflüssig manchen diese Regeln auch scheinen möchten, so sehr erleichtern sie doch, wenn sie recht durchgedacht sind, die Lehre der ganzen Zahlenkunst und deren künftige Übung. Denn man vergißt dasjenige nie so leicht, was man gründlich oder nach Regeln begriffen oder gelernt hat.

Vervielfältigen (Multiplizieren) oder eine Zahl entweder ganz oder zum Teil nach der Regel oder Vorschrift der andern vervielfältigt setzen, ist auch nicht schwer. Die Zahl, welche vervielfältigt werden soll, stehe oben, die Zahl, welche vervielfältigen soll, unten.

Hierbei bedient man sich des Ausdruckes „mal".

Z. E.: 240 Schffl. Roggen sollen 8 mal da sein:

8 Wie viele Scheffel sind nun da?

Summa: 1920 Scheffel Roggen.

Es versteht sich, daß die Dinge, die auf diese und andere Art berechnet werden, Dinge von einer Art sein müssen. Z. E. 45 Schffl. Gerste und 18 Kühe können nicht durch einander vervielfältigt und in eine Summe gebracht werden.

Einteilen (Dividieren) heißt, zu zwei Zahlen die dritte suchen, deren erste durch die Multiplikation der beiden andern entstehen kann, wenn der Rest oder was übrig bleibt, zugerechnet wird.

Z. E.	1		1 (6			6	
	96	4	78	6	$\frac{6}{12}$		$\frac{1}{2}$
	24		12				

Wißt ihr wohl, warum $\frac{6}{12}$ Teile soviel sind als $\frac{1}{2}$? — Recht! Weil die Zahl 6 die Hälfte von der Zahl 12 ist; $\frac{12}{12}$ Teile aber soviel sind als ein Ganzes. Aber alle Brüche oder Zahlen, die nicht Ganze, sondern nur Teile bedeuten, lassen sich nicht so leicht auflösen.

Auch ist es für euch so nötig nicht, bis auf die größte Genauigkeit einen Bruch aufzulösen, da selten in eurem Stande Rechnungen vorkommen, die diese Kenntnis wichtig machen*).

Die Regel der drei gegebenen Sätze (de tri) ist in jedem Stande brauchbar und zeigt den nützlichen Gebrauch der Zahlenkunst und der Anwendung dessen, was schon ihr davon wißt.

Sie lehrt nämlich aus drei gegebenen Sätzen, wovon der dritte fragt, den vierten unbekannten Satz oder die Antwort auf die Frage zu finden, wenn man mit diesen Sätzen so verfährt, als einige Beispiele zeigen werden.

1. Bei geraden Zahlen, wenn nur zweierlei Arten in den drei Sätzen sind.

Es gibt Aufgaben bei geraden Zahlen und nur zweierlei Arten, als Holz und Taler, Scheffel und Taler, Pfund und Groschen, Lot und Pfennige, die so leicht sind,

---

*) Es sind nur wenige Aufgaben in diesem Buche, um es nicht unnötig zu vergrößern; denn diese wird ein Lehrer selbst zu erfinden wissen. Nur dieses ist noch zu erinnern nötig, daß die Aufgaben stets den Fähigkeiten der Kinder angemessen sein, nicht früh sehr lang und verworren, sondern leicht, langsam und deutlich diktiert werden müssen und sonderlich dahin gesehen werden muß, daß die Kinder die Zahlen weitläufig genug und leserlich schreiben müssen.

daß man, aus der bloßen Erkenntnis der 3 Arten zu rechnen, sie auflösen kann. Als z. B.: 1 Pfund kostet 2 Rtlr.; wieviel kosten 2 Pfund? Antwort: 4 Rtlr.; denn 2 mal 2 ist 4. Um dieser leichten Aufgaben willen braucht man also die Regel der drei Sätze nicht zu wissen. Weil es aber auch andere, schwerere Aufgaben gibt, um deretwillen es nötig ist, diese Regel oder diese Vorschrift des Verfahrens (denn das heißt überhaupt das Wort R e g e l) zu wissen, so will ich dergleichen Beispiele hersetzen.

2. Bei ungeraden Zahlen, wo mehr als zweierlei Arten der Dinge in die drei Sätze kommen.

a) 15 Klafter Holz kosten 10 Rtlr. 8 Gr.; wieviel kosten 22 Klafter von gleichem Maße? Antwort: 15 Rtlr. 3 Gr. $8\frac{4}{5}$ Pf.

Diese Aufgabe wird auf folgende Art gesetzt und dann berechnet.

15 Kl. — 10 Rtlr. 8 Gr. — 22 Kl.

```
       24
      ----
      248
       12
      ----
      496
     248
      ----
     2976
       22
      ----
     5952
    5952
     -----
    65472
```

3 (1	11	12
2203 (	174 (8	36 (3
6547 (2	4364	244
15555	1222	2
111	11	

15 Rtlr. 3 Gr. $8\frac{12}{15}$ (3) $\frac{4}{5}$ Pf.

Das Verfahren hierbei ist: Weil in dem mittelsten Satze zweierlei Arten von Einheiten, nämlich Taler und Groschen, stehen, so teile diesen Satz in so viele Arten kleinerer Einheiten, als er fähig ist, geteilt zu werden, nämlich in Groschen und Pfennige. Dann multipliziere diese Pfennige mit der letzten Zahl der drei Sätze. Was du dann erhältst, dividiere mit der ersten Zahl der drei Sätze, und die Zahl, welche du durch dieses Dividieren erhältst, sind die kleinsten Zahleinheiten, welche du wissen wolltest. Diese mache durch Dividieren mit 12 zu Groschen und die Groschen mit 24 zu Reichstalern. Was beim Dividieren mit 15 der vordersten Zahl dieser drei Sätze übrig bleibt, sind Teile von einem Pfennige oder keine ganzen Pfennige. Was beim Dividieren mit 12 übrig bleibt, sind Pfennige oder Teile von einem Groschen. Was beim Dividieren mit 24 übrig bleibt, sind Groschen oder Teile von einem Taler. Die beim Dividieren jedesmal herausgekommene Summe sind Pfennige, Groschen, Taler.

Die Probe von dieser Aufgabe wird also gemacht.

```
22 Kl. — 15 Rtlr. 3 Gr. 8⅘ Pf. — 15 Kl.
  5        24
 ---      ----
 110       63
           30
          ----
          363 Gr.
           12
          ----
          734
         363
          ----
         4364⅘ Pf.
            5
         -----
         21824
            15
        -------
        109120 | 11   |
        21824  |  50  |
        ------ |      |
        327360 | 2976 | 24 (8 | 10 Rtlr. 8 Gr.
       1088    | 1222 | 244
         11    |  11  |  2
```

Verfahren ebenso wie beim vorigen; weil du hier aber im mittleren Satz $\frac{4}{5}$ Pf. hast, so multipliziere die Pfennige mit 5 zu $\frac{1}{5}$ Pfennige und addiere die 4 des Bruchs dazu. Ferner multipliziere auch die 22 im vordersten Satze mit dem Nenner des Bruchs, nämlich mit der 5. Mit der herausgekommenen Zahl 110 dividiere die große Zahl, mache es dann zu Pfennigen, Groschen und Talern wie vorher, so erhältst du die mittelste Zahl der ersten drei Sätze zur Antwort, wenn du recht gerechnet hast, nämlich 10 Rtlr. 8 Gr.

b) 4 Scheffel Erbsen kosten 5 Rtlr. Wieviel kosten 8 Metzen? Antwort 15 Gr.

```
4 Schffl. — 5 Rtlr. — 8 Metzen.
   16         24
  ----       ----
   64        120
    .          8
             ----
 ......      960 | 15 Gr.
              32 |
```

Weil im letzten Satze eine kleinere Art von Einheiten als im vordersten stehet, so bringe beide Sätze unter die kleinste Art von Einheiten, mache nämlich die 4 Schffl. im vordersten Satze mit 16 zu Metzen; die Taler des mittleren Satzes mache zu Groschen; dann multipliziere diese Groschen mit den Metzen der letzten Zahl, und was herauskommt, dividiere mit den Metzen der ersten Zahl: kommen 15 Gr.

Die Probe zu dieser Aufgabe wird also gemacht:

8 Mtz. — 15 Gr. — 4 Schffl. Erbsen.

```
.        64        16
        ----      ----
.        60        64
.        90
        ----
......  960 | 120 | 5 Rtlr.
          1 |  24 |
```

Mache die 4 Schffl. des letzten Satzes mit 16 zu Metzen. Mit der herausgekommenen Zahl multipliziere die mittelsten 15 Gr.; kommen 960. Diese dividiere mit der vordersten Zahl und mache, was herauskommt mit 24 zu Talern.

c) 3 Scheffel 12 Metzen Roggen kosten 3 Tl. Wieviel kosten 5 Schffl.? Antwort: 4 Rtlr.

3 Schffl. 12 Mtz. — 3 Rtlr. — 5 Schffl.

```
   16                          16
  ----                        ----
   60                          80
                                3
                              ----
.......................... 240 | 4 Rtlr.
```

Teile die Scheffel in Metzen; dann multipliziere die 80 Metzen des letzten Satzes mit 3 Rtlr. des mittleren Satzes, und was herauskommt, dividiere mit den Metzen der ersten Zahl: kommen 4 Rtlr. Denn im mittleren Satze war die kleinste Art Einheiten Taler.

Die Probe wird also gesetzt:

5 Schffl. — 4 Rtlr. — 3 Schffl. 12 Mtz.

```
   16                  16
  ----                ----
   80                  60
                       44
                      ----
.................. 240 | 3 Rtlr.
```

Verfahren ebenso wie vorher.

d) 4 Schock Stroh kosten 12 Rtlr. 12 Gr. Wieviel kosten 2 Mandel 8 Bund? Antwort: 1 Rtlr. 23 Gr. 6 Pf.

4 Schock — 12 Rtlr. 12 Gr. — 2 Mdl. 8 Bd.

```
    4          24           15   •
  ----        ----         ----
   16          60           38
   15          24
  ----        ----
   80         300
   16          38
  ----        ----
  240       11400
            (23              12
     11400 | 47 | 1 Rtlr. 23 1/2 2/4 ⌒ 1/2 Gr.
      3.8(2 | 24 |
       14(1 |    |
```

Teile die Schock im vordersten Satze in die kleinste Art von Einheiten, die du im letzten Satz hast, nämlich in Bund, und mache es mit dem letzten Satz ebenso und verfahre weiter wie schon gelehrt worden.

Die Probe steht also:

2 Mdl. 8 Bd.	— 1 Rtlr. 23 Gr. 6 Pf.	— 4 Schock
15	24	4
38	47	16
	12	15
	100	80
	47	16
	570	240
	240	
	22800	
	114	
	136800	

24		2 (1	
42		16 (2	12 Rtlr. 12 Gr.
136800	3600	300	
38888	1222	244	
333	11	2	

3. Es ist zweierlei, entweder durch die Regel der 3 Sätze nach dem Preis des Einkaufs eines Dinges der gekauften Art fragen (alsdann muß man die Summe der gekauften Dinge sowohl, als die Summe des dafür gegebenen Preises wissen) oder den Preis einer Einheit wissen und dann nach Anweisung der Regel der 3 Sätze fragen, wie hoch der Preis einer bestimmten Summe von Dingen überhaupt sei.

Im ersteren Falle stehen die 3 Sätze wie folgt:

12 Zentner Heu kosten 4 Rtlr.; wie viel kostet 1 Zentner? Antwort: 8 Gr.

12 Ztr. — 4 Tlr. — 1 Ztr.?

24	
96	8 Gr.
12	

Weil im vordersten und letzten Satze nur eine Art von Dingen ist, so ist es nicht nötig, sie in eine kleinere Art zu teilen; teile also bloß die 4 Rtlr. in Groschen. Diese Groschen sollten mit der 1 des letzten Satzes multipliziert werden; weil du aber mit 1 nicht multiplizieren kannst, so dividiere sogleich mit der 12 des vordersten Satzes die Groschen des mittleren.

Im andern Falle stehen die Sätze wie folgt:

1 Zentner Heu kostet 8 Gr. Wieviel kosten 12 Ztr.? Antwort: 4 Rtlr.

1 Ztr. — 8 Gr. — 12 Ztr.?

12	
96	4 Rtlr.
24	

Multipliziere den mittleren Satz mit dem letzten; was herauskommt, mache zu Talern; denn mit der Zahl 1 des vordersten Satzes kannst du nicht dividieren.

4. Aber es gibt noch eine Rechnungsart, die ihr in eurem Stande sehr brauchen könnt, geliebte Kinder, weil sie sehr oft vorkommt. Ich meine die Gesellschaftsrechnung

Wie oft muß in der Gemeinde etwas gegeben werden, wozu ein jeder nicht gleich viel gibt. Wieviel muß nun ein jeder geben, daß er nicht zu viel und nicht zu wenig gibt?

Einige Beispiele sollen dies erläutern.

a)

Der Bauer { Hans hat 8 Gänse
Fritze „ 3 „
Martin „ 5 „
16 Gänse.

Diese hütet Michel für 1 Rtlr. Lohn. Wieviel muß nun jeder der drei Bauern, nach dem er Gänse hat, zu diesem Taler Hirtenlohn geben? Dieses sind 3 Aufgaben aus der Regel der 3 Sätze.

Das Verfahren ist wie folgt:

16 Gänse 1 Rtlr. — 8 Gänse
24
8
192 | 12 Gr. Hans
3

16 Gänse 1 Rtlr. — 3 Gänse
24
3
72 | $4\frac{8}{16}$ ⌣8 $\frac{1}{2}$ Gr. Fritze.
(8

16 Gänse 1 Rchstlr. — 5 Gänse ?
24
5
120 | $7\frac{8}{16}$ ⌣8 $\frac{1}{2}$ Gr. Martin.
5(8

Hans 12 Gr.
Fritze 4 „ 6 Pf.
Martin 7 „ 6 „
Sa.: 1 Rtlr. — Gr. — Pf.

Bei der Probe wird der letzte Satz oder die Antwort allemal vorne, und der vorderste zuletzt gesetzt. Z. E. hier 12 Gr. gab Hans für 8 Gänse. Wieviel für 16 Gänse? 2c. Und auf diese Weise muß jedesmal der Taler herauskommen.

b) 12 Tagelöhner haben gemeinschaftlich einen Graben von 120 Ruten verfertigt und bekommen für 1 Rute 5 Gr. 6 Pfg. Wieviel haben sie überhaupt und ein jeder besonders verdient? Überhaupt 27 Rtlr. 12 Gr. und jeder besonders 2 Rtlr. 7 Gr.

1 Rute — 5 Gr. 6 Pf. — 120 Ruten?
12
66
120 (1
1320
66 28 (2
12—7920 | 660 | 27 Rtlr. 12 Gr.
17 | 244
1 | 2

12 Tagelöhner 27 Rtlr. 12 Gr. — 1 Tagelöhner.
24
120
54 | 1(7
660 | 55 | 2 Rtlr. 7 Gr.
| 24

Zuerst wird ausgerechnet, wieviel 120 Ruten kosten, und alsdann, wieviel jeder Tagelöhner von der Summe bekommt.

c) 10 Bauern, als 6 Zweihüfner und 4 Einhüfner, sollen nach Verhältnis ihrer Hufzahl 3 Wispel. Hafer liefern. Wieviel muß jeder hierzu geben? Antwort: Jeder Zweihüfner 9 Schffl. und jeder Einhüfner 4 Schffl. 8 Metzen. Zuerst wird die Summe der Hufe ausgerechnet, alsdann, wieviel von einer Hufe gegeben werden muß.

Wenn man erst weiß, wieviel von einer Hufe gegeben werden muß, so ist es leicht, nach diesen Anweisungen auszurechnen, wieviel jeder Zwei- und jeder Einhüfner gibt.

Ihr seht also aus diesen wenigen Beispielen, die, wenn dieses Buch ein Rechenbuch wäre, sehr vermehrt werden könnten (denn es gibt noch viel mehr und viel schwerere Rechnungsarten), daß die Zahlenkunst sowohl eine Übung des Verstandes zu heißen verdient, als auch, daß es sehr nützlich ist, sie zu verstehen.

Das zwölfte Hauptstück.

Etwas von Ausmessung der Flächen und Körper und etwas Mechanik, dem ein Verzeichnis der gewöhnlichsten Maße und Gewichte etc. vorgesetzt ist.

Eine ordentliche Meile ist soweit, als ein Mann in zwei Stunden gehen kann.
Eine halbe Meile ist eine Stunde Weges.
Eine Viertelmeile ist eine halbe Stunde Weges.

Eine Rute ist 10 Fuß Dezimalmaß oder 12 Fuß rheinländisch; beides ist aber gleich lang.

Ein Quadratrute heißt in unserer Gegend eine viereckigte Fläche, da jede Seite 10 Dezimal- oder 12 rheinländische Fuß lang ist. Eine Kubikrute heißt ein Würfel oder sechsseitiger Körper, dessen Inhalt 12 mal 12 oder 144 Fuß rheinländisch oder 100 Fuß Dezimalmaß ausmacht. So hat man denn auch Kubikfuße und Kubikzolle. Bei Berechnung der Inhalts alles dessen, was eine gewisse Dicke hat, findet diese Rechnung ihre Anwendung. Als bei Klaftern Holz, Graben machen, Mauern ꝛc.

Ein Fuß ist 12 Zoll Rheinländisch oder 10 Zoll Dezimalmaß; beides ist gleich lang. Überhaupt hat man die Dezimalrechnung oder die Rechnung nach Zehen um der kurzen Rechnung willen vorzuziehen.

Ein Zoll ist ungefähr einen starken Daum breit.

Eine Berliner Elle ist 2 Fuß oder 24 Zoll. (Sie wird eingeteilt in halbe Ellen, viertel und halbe Viertelellen.)

Ein Zentner ist 110 Pfund. (Fleischergewicht 100 Pfund.)

Ein Pfund ist 32 Lot.

Ein Lot ist 4 Quentchen.

Eine Hufe ist 30 Morgen.

Ein Morgen ist hier 180 □ Ruten. (Lies Quadratruten.)

Ein Wispel ist 24 Scheffel.

Ein Scheffel ist 16 Metzen oder 4 Viertel.

{ Es gibt auch alte Morgen, die größer sind, weil man sie noch nicht nach der neuen Maße gemessen oder eingeteilt hat.

Ein Faß ist zwei Tonnen.

Eine Tonne ist 96 Quart.

Ein Faden Holz ist 8 Fuß breit, 8 Fuß hoch und 3 Fuß tief. Tief heißt hier, daß die Kloben oder Scheite so lang sind.

Eine Klafter Holz ist 6 Fuß hoch, 6 Fuß breit und 3 Fuß tief.

(Die Länge der Kloben oder Scheite ist nicht an allen Orten gleich.)

Eine Pistole = 5 Rtlr. Sie haben ihren Namen gewöhnlich von dem Herrn, der sie münzen läßt. Als Friedrich, Wilhelm, Karl und Louis (oder Ludwig) d'or ꝛc.

Ein Dukaten ist 2 Rtlr. 18 Gr.

Ein Spezies-Taler ist 1 Rtlr. 8 Gr.

Ein Reichstaler ist 24 Gr.

Ein Gulden ist 16 Gr.

Ein Dritteltaler ist 8 Gr.

Ein Groschen ist 12 Pf.

Ein Pfennig ist 2 Heller.

Weil aber eine Münze bessern Wert hat, das ist, mehr von Geld oder Silber in sich hält als die andere, so gibt man Aufgeld, wenn man sie haben will oder haben muß. Man nennt das Aufgeld auch Agio.

Nachdem ihr die wichtigsten Unterschiede der hier gewöhnlichsten Längen- und Flächenmaße, Gewichte ꝛc. auswendig gelernt habt, so will ich euch die Anwendung davon in eurer Wirtschaft durch einige Beispiele begreiflich machen.

Sage mir, mein lieber Sohn, welches Feld ist größer, ein Feld, welches 100 Ellen lang und 20 Ellen breit ist, oder ein Feld, welches 80 Ellen lang und 30 Ellen breit ist? Dies kannst du wissen, weil du multiplizieren kannst.

1	2
100	80
20	30
2000	2400

1. 2.

Das zweite ist also 400 Quadratellen größer.

Wenn einer unter euch Holz kaufen will, und es steht in Klaftern zu 6 Fuß die Klobenlänge, so ist ein Klafter soviel als zwei Klafter zu 3 Fuß die Länge der Kloben oder Scheite.

Aber wenn nun einer Holz in Faden kauft, der 8 Fuß Höhe und 6 Fuß Breite hat. Wieviel Klafter, die nur 6 Fuß Höhe und 6 Fuß Breite haben, hat er in 4 Faden? Vorausgesetzt, daß die Scheite einerlei Länge haben.

8	6	
8	6	
64	36	
4	4 (4	
256	256	$7\frac{1}{9}$ Klafter
	36	

In 4 Faden ist die Antwort.

Da hier auch der schicklichste Ort ist, lieben Kinder, euch sowohl mit der nützlichen Erkenntnis von Wirkungen, die aus der natürlichen Kraft der Menschen entstehen, bekannt zu machen, als auch von der Verstärkung der Kraft durch die Kunst euch Nachricht zu geben, so will ich euch hiermit den Hebel, die Schraube und den Kloben erklären. Zugleich aber sollt ihr alle diese Dinge sehen, versuchen und euch von dem, was ich euch davon sage, selbst überzeugen.

Seht, Kinder, die Kräfte eines Menschen, welche sich im Heben und Tragen oder Fortstoßen schwerer Lasten äußern, sind zwar sehr verschieden und können durch Übungen in der erwachsenen Jugend verstärkt werden; aber der stärkste Mensch pflegt es doch selten dahin zu bringen, daß er schwerer als 800 Pfund heben, tragen oder fortstoßen könnte. Weil es nun aber doch bei vielen Gelegenheiten nötig ist, sich mit weit schwereren Lasten abzugeben, so hat man darauf gesonnen, die menschlichen Kräfte durch Kunst zu verdoppeln.

Mein Sohn, hast du nicht gesehen einen beladenen Wagen schmieren? Was tat derjenige, der ihn schmieren wollte? — Recht, er steckte eine starke Stange unter die Achse und hob den Wagen in die Höhe. Mehr brauchen wir davon nicht zu wissen.

Diese Stange heißt nun ein Hebel oder Hebebaum. Hieran sind drei Punkte zu bemerken:

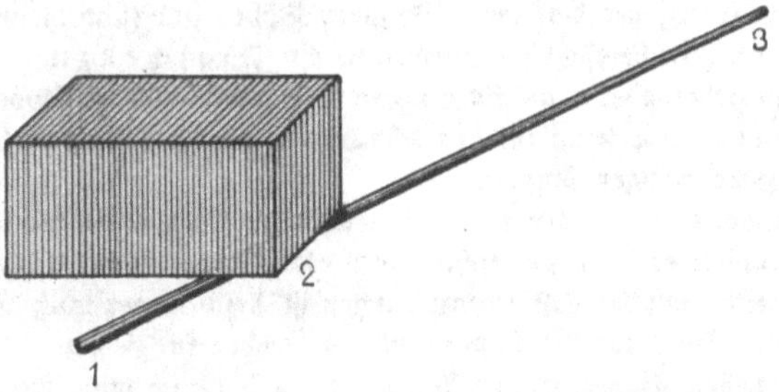

Erstlich der Ruhepunkt des Hebels ganz unten, zweitens der Lastpunkt, da, wo die Last aufliegt, und drittens der Hebepunkt, wo der Mensch seine Hand oder Schulter ansetzt, um zu heben. Es versteht sich, daß dergleichen Dinge, die mit dem Hebebaum auf diese Art gehoben werden sollen, nicht dicht auf der Erde aufliegen müssen. Man kann sonst auch durch Niederdrücken der Hebelspitze Nr. 3 Lasten heben; dann muß man aber bei Nr. 2 dem Hebel eine Unterlage geben, und Nr. 1 kommt sodann unter die Last. Also Nr. 2 wird Ruhe- und Nr. 1 Lastpunkt in diesem Fall. Durch Beurteilung der Umstände sieht ein vernünftiger Mensch bald, in welchem Fall die eine oder die andere Art des Hebens vorzuziehen sei.

Die wichtigsten Regeln beim Gebrauch des Hebels sind diese:

1. Sucht unter der Last dem Hebel einen festen Ruhepunkt zu schaffen.
2. Entfernt den Ruhepunkt vom Lastpunkt nicht zu weit.
3. Je weiter ihr den Hebepunkt von dem Lastpunkt entfernen könnt, je leichter werdet ihr heben.

Nun probiert selbst bei dem großen Blocke vor jener Tür die Richtigkeit dieser Regeln. Ihren Nutzen werdet ihr künftig bei sehr vielen Sachen inne werden.

Die Schraube dient eben auch, wenn man will Lasten zu heben, aber auch noch viele andere Wirkungen hervorzubringen. Sie hat überdies den Nutzen, daß sie die Last sehr allmählich ihre Stellen verändern läßt, wobei ich Zeit behalte, sie in jeder Stellung zu behandeln, und hat noch den Vorteil, daß sie ohne Unterstützung trägt. Eine solche Schraube seht ihr, wenn der Zimmermann ein Haus in die Höhe hebt und unterstützt, welches er verschwellen will.

Hier ist eine Wagenwinde, von welcher der Deckel abgenommen ist, daß ich euch das Inwendige kann sehen lassen. Mit ihr könnt ihr mehr heben als mit dem Hebel. Diese Schraube an dem Garnhaspel nennt man ohne Ende, und sie unterscheidet sich von allen andern Dingen dieser Art, weil alle andern Schrauben sehr bald zu Ende geschroben werden und alsdann unbeweglich stecken, bei dieser aber fängt das Schrauben immer wieder von vorn an.

Wer eimnal eine solche Schraube gesehen hat, kennet sie gleich.

Die Rolle oder[1]) Kloben, welcher da vor euch liegt, ist eigentlich ein Rad oder Scheibe, welche sich um eine Spille bewegt und darum ausgehöhlt ist, damit der Strick, mit dem man ziehet, nicht herausglitsche. Man braucht ihn zum Heben schwerer Lasten, auch zum Fortziehen derselben. Je mehr Kloben sind (und wenn sie zwischen zwei Scheiben von Holz befestigt sind, heißen sie ein Flaschenzug), je schwerere Lasten kann man ziehen oder in die Höhe schaffen. Ich will euch die Kloben anhängen; nun versucht einmal, wie leicht ihr den schweren Stein, den ich angebunden habe, werdet in die Höhe bringen können.

Bei dem Kloben ist zu merken, daß, je leichter er sich um die Spille bewegt, je größer und je runder er ist, desto leichter wird es dem, der damit arbeiten soll. Je höher oder je weiter von der Last er anzubringen ist, desto länger muß der Strick sein, und desto leichter könnt ihr die Last damit heben oder fortziehen.

Wenn ihr, lieben Kinder, werdet Wirte sein, so freue ich mich, was für nützliche Verbesserungen ihr werdet in eurem Geräte machen. Z. E. am Wagen; wieviel leichter würden die Pferde ziehen, wenn die Deichsel lang und stark gemacht, auch zwischen viel längern Achsschenkeln befestigt wäre, als jetzt geschieht, wenn die Räder recht rund und die Achse recht in das Rad paßte, auch etwa die Vorderräder so hoch als die Hinterräder wären, ingleichen die Pferde zwei und zwei oder zwei an die Stange und nur eins vorn gespannt würden?

Seht, alles dieses habt ihr hieraus lernen können. Die Deichsel ist ein Hebel, die Räder sind Kloben, das Langspannen ist die nützliche Entfernung von der Last, um desto besser ankommen und fortziehen zu können.

Das dreizehnte Hauptstück.

Vom Augenmaße und Betruge der Sinne.

Es ist sehr nützlich, lieben Kinder, daß ihr diejenige Vollkommenheit euch anschafft, die man Augenmaß nennt.

Das Augenmaß ist diejenige Geschicklichkeit, da man vom Verhältnis der Dinge schnell, aber richtig urteilt, z. E. einen Raum, wenn etwas daran gelegen und die genaueste Richtigkeit entbehrlich ist, im Augenblick mit hinlänglicher Richtigkeit überschlägt, da man es z. E. einem Körper ansieht, wieviel Stärke dazu gehört, ihn zu bewegen, und sich dabei so wenig als möglich irrt rc.

Diese Geschicklichkeit wird erlangt durch Übung.

Bei euren Spielen selbst, lieben Kinder, braucht ihr schon Augenmaß, ohne es zu wissen. Wenn ihr Kegel schiebt, so richtet ihr euren Wurf stark oder schwach ein, nachdem ihr glaubt, daß es nötig sei. Wer unter euch am besten Kegel schiebt, der hat das richtigste Augenmaß. Wenn ihr eine Schlitterbahn habt, so richtet ihr den Anlauf so ein, daß ihr zu Ende kommt. Wenn ihr einen Stein seht, so wißt ihr meistens vorher, ob ihr ihn heben könnt oder nicht.

---

[1]) In der 2. Aufl. der Kloben

Je älter ihr werdet, desto nützlicher wird euch diese Übung werden. Bei Verfertigung eures Ackergerätes, bei Ladung eurer Wagen und bei unzähligen Vorfällen kann es euch dienen, Augenmaß zu haben.

Aber eure Sinne sind nicht untrüglich. Ich ermahne euch daher, das Augenmaß nur in den Fällen zu brauchen, da keine Zeit zur Erlangung besserer Gewißheit sich findet oder die Sache selbst der Kosten des Ausmessens nicht wert ist.

In der Ferne scheint alles kleiner, als es wirklich ist. Wenn es neblig ist, so läßt alles größer, als es ist.

Seht diesen Stock in dem Glase mit Wasser. Ist er gerade oder krumm? — Du irrst, mein Sohn, er ist nicht krumm, sondern gerade; aber im Wasser schien er dir krumm. Wenn die Luft absteht, dünken dir die Glocken, die geläutet werden, viel weiter, als sie sind. Und wenn du krank werden willst, schmecken dir die Speisen sauer oder bitter. Wenn ihr euch beschädigt habt, so glaubt ihr, man faßt euch sehr hart an, da doch, wenn das Glied gesund wäre, ihr kaum fühlen würdet, daß man euch anrührt.

Seht hieraus, lieben Kinder, die Sinne sind nicht immer ganz sichere[1]) Richter über die Wahrheit einer Sache, und ihr würdet zeitlebens in Gefahr geblieben sein, euch zu irren, wenn euer Verstand nicht wäre durch die Erziehung in der Schule in den Stand gesetzt worden, euren Sinnen zu Hilfe zu kommen. Wenn also sonderlich eure Sinne euch raten werden, dies ist gut, das ist böse, so braucht allemal euren Verstand dabei, daß ihr erfahrt, ob die Sinne auch recht haben.

Das vierzehnte Hauptstück.

Von natürlichen Dingen zur Vermehrung nützlicher Erkenntnisse.

Ihr wißt, lieben Kinder, daß Gott alles, was ist, geschaffen, oder daß Gott die erste Ursache aller Dinge ist.

Der Himmel und die Erde erzählen uns Wunder von ihrem Schöpfer.

Dadurch, daß die Menschen ihren Verstand zu nützlichen Dingen angewendet haben, wissen wir, daß die Sonne sehr viel größer ist, als sie uns scheint, weil sie sehr weit von uns entfernt ist. Ihr wißt aber, daß in der Entfernung große Dinge in unsern Augen klein erscheinen. Sie hat soviel Licht und Wärme in sich, daß sie das Wachstum der Gewächse befördern, uns erwärmen und es hell machen kann, ob sie gleich soweit absteht. Nach der Sonne berechnen wir unsere Tage, Monate und Jahre.

Der Mond ist an und für sich dunkel, wird aber von der Sonne beschienen. Nur wegen seiner verschiedenen Stellung gegen die Sonne und die Erde sehen wir nicht immer gleichviel von seiner dadurch erleuchteten Hälfte. Zuweilen wird die Sonne

[1]) In der 2. Aufl. „richtige".

oder der Mond merklich verfinstert, wenn entweder die Erde zwischen der Sonne und dem Monde oder der Mond zwischen der Erde und der Sonne steht und also die gewöhnliche Erleuchtung verhindert.

Die Sterne sind teils Sonnen, teils Monde in erstaunlicher großer Anzahl, ein jeder erstaunlich groß und erstaunlich weit von der Erde und voneinander entfernt.

Denkt also, so oft ihr den gestirnten Himmel seht, an die unbeschreibliche Macht eures Gottes, der alle diese Dinge gemacht hat, an seine Weisheit, nach der er alle diese ungemein großen Körper in Bewegung gesetzt hat und in solcher Ordnung erhält.

Denn alle diese Körper bewegen sich umeinander, immer in bestimmten Bahnen oder Kreisen. Diejenigen, die unserer Erde am nützlichsten sind, sind so eingerichtet, daß nach der göttlichen Verheißung auf unserer Erde nicht aufhört Sommer und Winter, Kälte und Wärme, Saatzeit und Ernte, und daß, wenn viel Arbeit ist, lange Tage, und wenn weniger Arbeit ist, kurze Tage sind. Das Licht der Sonne ist so gemäßigt, daß wir Menschen sowohl als die Tiere dabei sehen können.

Der Mensch ist von Gott wunderbar bereitet, das Auge zum Sehen, das Ohr zum Hören; die Haut ist mit empfindlichen Nerven versehen zum Empfinden. Die Augen stehen vorne im Gesichte, damit der Mensch von weitem gewahr werden könne, was vor ihm ist. Den Kopf aber kann er drehen, um nach allen Richtungen hinzusehen. Im Auge malt sich das Bild einer jeden Sache. Die Ohren stehen an jeder Seite, um durch jedes Geräusch den Menschen aufmerksam zu machen. Im Ohr prallt der Schall, das ist, die auf verschiedene Art bewegte Luft gegen ein Häutchen an, welches die Trommel heißt. Die Nerven sind allenthalben in der Haut verbreitet, um jede Berührung zu empfinden, und durch eben diese Nerven entsteht in der Nase der Geruch und im Munde der Geschmack. Durch den Mund nehmen wir die Speisen zu uns. Und nachdem wir die Speisen mit den Zähnen zerkaut und mit der Feuchtigkeit im Munde zum Hinunterschlucken tüchtig gemacht haben, so empfängt sie durch den Hals der Magen. Im Leibe sind überdies das Herz, welches das Blut allenthalben hin- und herumtreibt, die Leber, welche das Grobe in dem Blute von dem Feinen scheidet, und die Lunge, welche neben andern Verrichtungen wie ein Blasebalg die innerliche Hitze kühlt. Außerdem sind noch die Galle, welche die Speisen im Magen auflösen hilft, die Milz und die Nieren, welche die verschiedenen Feuchtigkeiten zubereiten und die untauglichen abführen, bis endlich das, was der Körper von den Speisen nicht braucht, durch die gewöhnlichen Wege seinen Ausgang nimmt. Seht, lieben Kinder, welch weisheitsvolles Verhältnis! Wie wunderbarlich ist dies alles eingerichtet! Alles, was beisammen ist, schickt sich auch zueinander, die Erde zu den Himmelskörpern, die zu ihr gehören, der Mensch zu der Erde, die er bewohnt, seine Gliedmaßen zu seinen Trieben, zu seinen Nahrungsmitteln, zu seiner Lebensart. Dieses richtige Verhältnis der Dinge zeuget von der großen Weisheit des Schöpfers und heißt uns ihn in dankbarer Demut anbeten. Die Hände und Füße z. E. sind ebenfalls zu allen menschlichen Verrichtungen geschickt. Durch vernünftigen Gebrauch der Hände können wir über die Tiere herrschen und uns alles Nötige verschaffen und durch die Füße uns von einem Orte zum andern bewegen.

So oft ihr eure Glieder anseht, lieben Kinder, so dankt dem Schöpfer, der euch so herrlich bereitet hat! Und da ihr sowohl als alle eure Glieder Gottes Eigentum seid, so hütet euch, daß ihr eure Glieder nicht zur Sünde gebraucht, sondern wendet sie durch rechtmäßigen Gebrauch zur Ehre Gottes an!

Die Tiere, deren eine unzählbare Menge, große und kleine, auf der Erde oder im Wasser leben, sind zu eurem Nutzen da. Ihr dürft sie gebrauchen, und wenn ihr Tod euch größeren Nutzen verschafft als ihr Leben, auch töten; aber hütet euch, daß ihr sie nicht unnötig martert. „Der Gerechte erbarmt sich seines Viehes," sagt die Bibel. Ich weiß gewiß, daß es euch schädlich ist, wenn ihr unbarmherzig mit den Tieren umgeht. Die bösen Kinder pflegen im Sommer die Vogelnester zu zerstören; laßt das nicht von euch gesagt werden! Die Vögel singen euch ihren Gesang, und die meisten darunter schaffen die Raupen und anderes Gewürme weg, die Früchten und Menschen schädlich sein könnten, wenn sie sich zu sehr vermehrten.

In allen Teilen der Welt gibt es andere Tiere, in den warmen Ländern andere als in den kalten. Einige Vögel fliegen auch, wenn der Sommer aufhört, nach solchen Ländern hin, wo es wärmer ist als hier.

Denn, lieben Kinder, die Erde oder der Himmelskörper, den wir bewohnen, wird in vier Hauptteile eingeteilt: Europa (so heißt der Teil, in dem wir wohnen), Asien liegt uns gegen Osten oder gegen den Aufgang der Sonne (darin liegt das gelobte[1]) Land oder Judäa), Afrika liegt uns gegen Süden oder nach der Gegend hin, wo im Winter die Sonne in der Mittagsstunde zu sehen ist (darin liegt Ägypten, von woher Gott die Kinder Israels wunderbar nach dem verheißenen Lande führte), und Amerika. Dieser letzte Teil liegt uns gegen Westen (das ist, gegen Niedergang der Sonne) über die See und ist vor[2]) 300 Jahren von einem Seefahrer entdeckt, der Kolumbus hieß. Es gibt noch viel Land, was nicht ganz entdeckt ist. Was nun nicht Land ist, das ist Wasser. Alles zusammen aber ist eine fast runde Kugel.

Gott hat eine Kraft erschaffen, alles, was zu jedem Teil der Schöpfung, der ein besonderes Ganzes ausmacht, gehört, daran festzuhalten, daß es sich nicht in dem Außenraum verlieren kann. Diese Kraft heißt die Schwere. Ihr werdet erstaunen, wenn ich euch sage, daß es Leute gibt, die uns die Füße zukehren. Hier ist die Abbildung der Erdkugel. Stellet euch vor, daß hier eine Fliege kröche und da unten auch eine, so werdet ihr es einigermaßen begreifen. Die Gewächse sind eben auch verschieden, so wie die Farben der Haut an den verschiedenen Menschen, die die Erde bewohnen.

In den warmen Ländern wachsen andere Früchte, Bäume und Kräuter; so gibt es andere Tiere und anders aussehende Menschen. Es ist erstaunlich, liebe Kinder, daß aus einem so kleinen Korne so große, und daß auf dem Erdboden so viele und verschiedene Gewächse wachsen können.

Vor allen Dingen aber müssen wir Gott preisen, daß er das Korn zur Haupterhaltung und Nahrung des Menschen geschaffen hat, es als Saat unter Frost und

---

[1]) In der 2. Aufl. „das ist verheißene".
[2]) In der 2. Aufl. „nun bald".

Schnee nicht verderben läßt, und daß daraus eine Speise werden kann, die wir Brot nennen, und die man alle Tage essen kann. Die allerwenigsten Gerichte, lieben Kinder, sind von der Art, und wenn es die allerkostbarsten wären, daß der Mensch sie alle Tage vertragen kann. Aber Brot kann er alle Tage essen, und es bekommt ihm wohl. Haltet daher [das mit wahrer Empfindung gesprochene] [1]) Dankgebet vor und nach Tische für eure Schuldigkeit! Und weil der Brotmangel die größte Landesnot ist, so bittet Gott, daß er euch mit täglichem Brote segnen und vor der Geringschätzung seiner Gaben behüten wolle.

In der Welt hat alles seinen Nutzen und selbst das Übel. Was dem einen schadet, das hilft dem andern. Wenn der Baum lange genug getragen hat, so stirbt er ab. Man braucht ihn zu Brenn- oder Bauholz oder macht hölzerne Geräte davon. Wenn das Schwein fett ist, so wird es geschlachtet und dient dem Menschen zur Speise.

Der Tod ist das Ende eines Lebens. Bei einigen Tieren folgt auf eine Art des Lebens eine andere. Die Raupe stirbt; aber es wird ein Schmetterling daraus. Unsere Seele stirbt nicht. Nach des Leibes Tode erwarten wir eine Vergeltung unserer Taten, sie seien gut oder böse, nach Gottes Wort. Die nicht gut gelebt haben, fürchten sich also vor dem Tode. Werdet daher gerecht und tugendhaft, so werdet ihr das Leben lieben und den Tod nicht scheuen! Denn der Gerechte ist auch im Tode getrost*).

Das fünfzehnte Hauptstück.

Von den Mitteln, die Gesundheit zu erhalten, und einige einfache Vorschläge, die verlorne Gesundheit wiederherzustellen.

Lieben Kinder, wer ist unter euch, der nicht wisse, wie dem zumute ist, der krank ist?

Nicht wahr, mein Sohn, wenn man anfängt krank zu werden, dann tut einem dies und das weh. Der Kopf ist träge und schwer; man hat empfindliche Hitze oder Frost. Seht, wenn man alles dieses nicht fühlt, munter und froh ist, dann ist man gesund. Wie ihr wißt, so besteht der Körper des Menschen aus vielen Teilen, und keine Uhr ist so künstlich eingerichtet, als eben diese Teile zueinander eingerichtet sind. Wenn also das Verhältnis der festen und flüssigen Teile des Körpers so ist, wie es sein soll, dann ist man in dem Zustande der Gesundheit, wo nicht, im Zustande der Krankheit.

Bei euch in eurem arbeitsamen Berufe wird es wohl hauptsächlich auf vier feindselige Dinge ankommen, wodurch die meisten in Krankheit verfallen

---

[1]) [ ] Worte fehlen in der 2. Aufl.

*) Des Herrn Dr. und K. Preuß. Ober-Konsistorialrat Büsching 1775 in der Vossischen Buchhandlung herausgekommenes Buch: „Unterricht in der Naturgeschichte für diejenigen, welche noch wenig oder gar nichts davon wissen," ersetzt die Mängel dieser kurzen Naturlehre sehr glücklich und ist allen Lehrern zu empfehlen.

Zum ersten ist Erhitzung. Seht, lieben Kinder, wenn ihr spielt, oder wenn ihr erwachsen arbeiten werdet, so kann es nicht fehlen, daß ihr nicht warm werden solltet. Dieses nun würde euch wenig schaden, wenn ihr nicht oft, den daraus entstehenden Durst zu löschen, sogleich kaltes Getränk zu euch nehmet.

Hiervor hütet euch sorgfältig. Denn dadurch, daß ihr innerlich euch so plötzlich abkühlt, entsteht eine Verstopfung und Verhärtung an Lunge und Leber, die sich in Geschwüre und Auszehrung, bald aber mit dem Tode endigt. Wartet also eine Zeitlang, brockt Brot ins Getränk, laßt es weichen und esset es allmählich, so wird euch der Durst vergehen, und ihr erhaltet eure Gesundheit. Oder wenn ihr ja unbesonnenerweise schon einen kalten Trunk getan habt, so sitzet wenigstens nicht stille, sondern macht euch sogleich viel Bewegung, bis ihr wieder in Schweiß kommt.

Die zweite Feindin eurer Gesundheit ist die Erkältung. Kühle Tage und Abende im Sommer nach heißen Tagen, das Liegen auf der kühlen Erde nach Erhitzungen, das sind ungefähr die gewöhnlichsten Ursachen der Erkältung.

Seht, lieben Kinder, ein jeder Mensch muß beständig durch die Haut eine feine Feuchtigkeit wegdünsten. Wenn sie Schweiß wird durch heftige Bewegung, dann kann man sie sehen und fühlen. Solange Wärme genug in der äußern Haut ist, sind die Schweißlöcher offen; sobald aber eine Erkältung die Haut betrifft, wird der Schweiß in den Schweißlöchern zähe und gerinnt. Alsdann können die feinen Feuchtigkeiten nicht mehr durchdringen; sie stocken und häufen sich, im Blute sind sie nichts nütze; denn davon sind sie schon einmal abgeschieden worden. Dann entstehen Trägheit in den Gliedern, Husten und Schnupfen, Zahnschmerzen, Gicht, die Ruhr und andere Plagen, oft aber Schlagflüsse und ein plötzlicher Tod. Wenn ihr also in der Ernte oder sonst warm geworden, so zieht mehr Kleidung über den Leib, setzt oder legt euch nicht warm auf die kühle Erde, in die Zugluft ohne Bedeckung, viel weniger legt euch im vollen Schweiße mit dem Leibe auf die kühle Erde und schlaft nicht in diesem Zustande ein. Heizet im Winter nicht zur Ungebühr eure Stuben, so werdet ihr manchem schweren Anstoß entgehen.

Der dritte und gewöhnlichste Fehler ist das Übermaß im Essen und Trinken, oder die Überladung des Magens.

Lieben Kinder! Wenn ihr größer werdet, so werdet ihr viele Leute sehen, die da essen, als äßen sie nur einmal in ihrem Leben, und die nicht eher aufhören zu trinken, als bis sie ohne Verstand hinfallen. Verabscheuet solcher Leute Gesellschaft und ahmet ihnen nicht nach! Hütet euch vor Übermaß in den Nahrungsmitteln; sie kommen euch nicht zu gut. Gewiß nicht das viele Essen, sondern das gute Verdauen bringt Gedeihen bei Kindern und Erwachsenen. Denn der Magen gibt die meisten überflüssigen Nahrungsmittel unverdaut von sich, und ihr habt also die edle Gabe, davon ein Notleidender hätte satt werden können, verderbt. Überdem schadet euch der Überfluß; euer Magen kann das nicht leicht zu gesundem Nahrungssafte verdauen; die große Anstrengung macht es, daß er drückt und schmerzt. Kopfweh, unruhiger Schlaf und ein Ekel vor dem Essen sind die Wirkungen davon. Wenn ihr also meist satt seid, so hört auf zu essen. Alsdann werdet ihr stets mit Dankbarkeit die Gabe Gottes ansehen und genießen können.

Der vierte Feind der Gesundheit bei euch ist der Gram und Kummer des Gemüts.

Wenn Verdruß und Nahrungssorgen den Menschen quälen und nagen, so wird er unmutsvoll und verdrossen zu allem. Und weil, solange der Mensch lebt, Körper und Seele genau verbunden sind, so leidet der Körper mit, wenn die Seele sich grämt. Daraus kann Schwermut, Raserei und die unselige Narrheit entstehen, daß ein Mensch Hand an sich selbst legt und sich tötet, weil er den Verdruß nicht länger ertragen mag.

Richtige Erkenntnis von Gott kann euch, lieben Kinder, am sichersten vor Gram und Kummer bewahren. Wenn ihr das Eure tut, so wird Gott schon das Seine tun. Ihr sollt nicht sorgen wie die, die von Gott nichts wissen, sagt die Bibel. Alle eure Sorgen werfet auf ihn; denn er sorgt für euch! Vielmehr freuet euch allewege der Gnade und Wohltaten Gottes und wehret damit der Traurigkeit über irdische Dinge, welche, wie ihr nun wißt, den Tod bringet.

Lieben Kinder, ich kann euch auch nicht eindringlich genug die Reinlichkeit empfehlen. Wasser ist leicht zu haben und wird doch nicht oft genug gebraucht. Wie nötig wäre es aber doch, weil aus der Unreinlichkeit so viele Krankheiten entstehen (als Krätze, Grind, Geschwüre, Krebs und andere böse Schäden), daß man alle Tage nicht allein oft die Hände, sondern zuweilen den ganzen Körper im Wasser reinigte oder sich badete. Ihr glaubt nicht, lieben Kinder, wie gut das Wasser sei, wie gesund und frisch es mache, und wie manche Krankheiten ihr von euch abwenden könntet, wenn frisches Wasser sowohl oft zum Getränk als zum Baden gebraucht würde.

Zur Reinlichkeit gehört auch, daß man oft im Wasser gewaschenes Zeug anziehe und sich oft kämme, dicht vor den Fenstern kein stehendes, faules Wasser leide, die Ausleerungen des Leibes nicht nahe an den Häusern oder Straßen verrichte, die Betten oft in die Sonne oder Luft lege, die Stuben oder Kammern oft ausfege und mit Wasser reinige, die Fenster der Stube oft, sonderlich in der Mittagsstunde öffne und dann mit Schießpulver oder, wer es haben kann, mit angezündeten Wacholdersträuchern räuchere 2c.

Aber mit allem diesen ist doch nicht gesagt, lieben Kinder, daß ihr bei aller menschlichen Vorsicht gar nicht solltet krank werden können. Man kann in Umstände kommen, wo man nicht Herr über alles ist, was geschieht. Durch Ansteckung von andern kann man krank und auch ohne Schuld verwundet werden.

Ich will euch also aufrichtig einige wohlfeile Mittel und ein Verhalten bei euren Krankheiten raten, das euch nützlich sein wird, zuvörderst aber euch mit gewissen Zeichen von Krankheiten bekannt machen, so daß ihr, wenn ihr keinen Arzt haben könnt (denn sonst ist's eure Pflicht, seines Rates euch zu bedienen), euch zur Not, wo nicht helfen könnt, doch nicht schadet. Ein wohlfeiles und oft bewährt befundenes Mittel wider das Reißen in den Gliedern oder die Gicht ist folgendes:

Nimm getrocknete Wurzel von der großen Klette 6 Lot, koche sie in 2 Maß oder Quart Wasser bis auf ein Maß ein und trinke sechs Wochen lang jeden Tag ein solches eingekochtes Maß Klettenwurzelwasser. Du kannst es in drei Teile, als früh, mittags und abends, einteilen und kalt trinken.

Wenn ihr Ziehen in den Gliedern, Kopfweh, bald Frost, bald Hitze habt, so habt ihr ein Fieber. Alsdann trinkt kein anderes Getränk als eine Handvoll reingewaschene Gerste mit einem Maß Wasser gekocht, bis die Gerste platzt und dann in jedes Maß davon, wenn es laulicht und abgegossen ist, ein Lot gereinigten Salpeter getan. Hiervon trinkt je mehr, je besser. Esset nichts, als bis ihr wieder rechten Hunger habt, und dann doch mäßig, und haltet euch mäßig warm, daß ihr gelinde ausdünstet.

Wenn die Kinder die Pocken noch nicht gehabt haben und krank werden, so ist dieses Getränk unvergleichlich. Wird der Hals bei Pocken, Masern rc. schlimm, so tut einen Löffel Honig in vier Löffel Essig und gebt dem Kranken alle Viertelstunde eine Messerspitze voll davon. Sobald sie aber krank werden, so laßt alt und jung mit einem Brech- oder Purgiermittel (dergleichen etliche, so wie etliche Lot gereinigten Salpeter, ein jeder Hausvater im Hause, an einem trockenen Orte verwahrt haben muß) den Leib reinigen. Macht dann die Stube nicht sehr heiß, deckt den Kranken nicht heiß mit dicken Federbetten, sondern lieber mit zweifach zusammengelegter Leinwand zu und laßt ihn sehr viel dünnes, abgekochtes Hafergrützenwasser kalt trinken. Ihr werdet euch über die Besserung vieler freuen.

Ein dreitägiges Fieber, das ist, wo ein guter Tag zwischen zwei Fiebertagen ist, hat Kälte und dann Hitze. Wenn ihr es einmal gehabt habt, so nehmt ein Brech- und Purgiermittel ein. Denn gewöhnlich haben diese Fieber ihren Sitz im Magen oder Gedärme. Hilft dies nicht, so ist es Zeit, den Arzt zu fragen.

Ein viertägiges Fieber ist ein solches, wo zwischen zwei Fiebertagen zwei gute Tage sind. Bei dem viertägigen Fieber und täglichen Fieber sowohl, als bei dem, welches in einemfort mit Hitze anhält und daher ein hitziges Fieber genannt wird, muß sogleich der Arzt gefragt werden. Das Getränk wie oben aber schadet nicht, so wenig als die Verordnung, die Kranken nicht mit Hitze zu quälen.

Die Ruhr, welche gewöhnlich die rote Ruhr heißt, entsteht gemeiniglich von Verkältung und ist mit heftigen Leibschmerzen und Drängen im Mastdarm begleitet. Es geht Geblüt durch den Stuhlgang ab, und es muß beizeiten bei dem Arzte Hilfe gesucht werden. Im Anfang [einige Brechmittel] [1]), [täglich eins genommen][2]), sind sehr nötig, sonderlich, wenn sich eine Beängstigung und ein Drücken in der Herzgrube äußert. Das Getränk ist dünne Hafergrützenbrühe, in der man auf jedes Quartmaß oder jeden Milchtopf voll von dieser Brühe ein Lot saures Weinsteinsalz auflösen läßt, davon laulicht getrunken soviel als möglich und Klystiere von laulichtem Wasser, wozu ein paar Löffel Leinöl getan werden. Das beste Purgiermittel für die Ruhr wird in der Apotheke aus Tamarinden zubereitet und kann öfter als einmal, bis alles Drängen aufhört, gebraucht werden. Oft aber weicht die Ruhr bloß diesem einzigen, oben vorgeschlagenen Getränke, wenn es frühzeitig und häufig genug gebraucht wird. Aber alle hitzigen und stopfenden Mittel sind in dieser Krankheit höchst schädlich.

---

[1]) In der 2. Aufl. „ein Brech- oder Purgiermittel".
[2]) [ ] fehlt in der 2. Aufl.

Wenn faule Fieber, das ist, solche, die den Patienten gleich anfangs alle Kräfte benehmen, sich äußern, so ist der Trank von Gerste, mit etwas Weinessig säuerlich gemacht und in jedes Maß einen Löffel voll Honig gemischt, anzuraten; aber die Hilfe eines Arztes ist doch sehr bald nötig.

Das Hauptsächlichste bei allen Krankheiten ist, daß der Kranke nicht in einer dumpfigen Stube und heißen Federbetten gehalten werde, sondern daß man in der Mittagsstunde die Fenster alle Tage öffne, den Kranken solange wohl zudecke und auf die Art die Luft in der Stube reinige, daß man die Dünste heraus und reine Luft hereinlasse.

Bei Quetschungen ist kaltes Wasser mit Essig, oft aufgelegt, das Beste. Wunden aber, mit einem in kaltes Wasser getauchten Lappen alle Tage zweimal verbunden und von der Materie gereinigt, heilen ohne Pflaster. Sonst ist frisches Baumöl und Weinessig, untereinander so lange gerührt, bis es dick wird, die beste Wundsalbe. Wenn Hitze in eine Wunde kommt, welches aber bei diesem Verfahren nicht leicht geschieht, so kocht Leinsamen in Wasser und Essig und schlagt es zwischen zwei Lappen laulicht warm oft um, so wird sich die Entzündung zerteilen. Wenn sich aber ein Geschwür zusammenzieht und sich nicht zerteilen will, so kocht Leinsamen in Milch und legt es zwischen zwei Lappen, so warm man es an den Backen leiden kann, oft auf, so wird es sich zusammenziehen und reif werden. Auch ist untereinander gerührt und aufgestrichen Honig und Weizenmehl das leichteste Mittel, Geschwüre zu zeitigen. Ist dann die Materie im Geschwüre reif, welches an der Weiche desselben und am Pochen und Brennen darin zu spüren ist, so läßt man es mit einer Fliete oder Lanzette aufmachen. Wenn die Materie herausgelaufen ist, so ist auch Linderung da. Faule Geschwüre an den Beinen weichen öfter auf wiederholtes Baden des kranken Gliedes im kalten Flußwasser, zumal wenn man das Geschwür sogleich nach dem Baden mit Blättern vom spitzigen Wegbreit ganz bedeckt und verbindet, damit die äußere Luft es nicht berühren könne. Man kann auch mit dem Safte dieser Blätter die Wunde zwischen der Badezeit oder alle 12 Stunden verbinden.

Vor allen Dingen aber wartet nicht mit dem Gebrauch aller Mittel bis zum dritten oder vierten Tage der Krankheit, sondern gleich im Anfange, wenn noch Kräfte da sind, kommt der Natur inzeiten zu Hilfe dadurch, daß ihr die Hauptursache der Krankheit, nämlich den angehäuften Unrat im Magen oder in den Gedärmen, durch vieles Wassertrinken verdünnt und durch Brechen und Purgieren wegschafft oder bei Erwachsenen, wenn viel Hitze und Seitenstechen mit Brustbeschwerung da ist, die Vollblütigkeit durch Weglassung eines gehörigen Teiles des Blutes vermindert, und hütet euch dann, als vor Gift, vor allen hitzigen Mitteln, die von Unwissenden geraten werden; denn sie schaden euch sicherlich, und es wäre ein Mord, den ihr an eurem eigenen Leben beginget, wenn ihr hierin leichtsinnig verfahren wollet *).

---

*) Das Beste und Wichtigste in diesem Hauptstücke habe ich der menschenfreundlichen Güte des Herzogl. Braunschweigischen Leibmedici Herrn Doktor Wagler zu verdanken.

Das sechzehnte Hauptstück.

Von der Landwirtschaft als einem Berufe und Grundsätze, worauf es bei allen Arten der Landwirtschaft ankommt.

Ein Stand, in welchem wir nach Regeln der Pflicht und Klugheit bleiben müssen, heißt ein Beruf.

Solch ein Stand ist der eurige, lieben Kinder. Sehr viele Ursachen verhindern es, daß ihr ihn nicht gegen einen andern vertauschen könnt. Ihr tätet aber auch unrecht, lieben Kinder, wenn ihr euch euren Stand nicht gefallen ließet. Es ist der Bauernstand einer der allernützlichsten Stände. Alle Stände haben ihre eigenen Lasten und Beschwernisse. So hat auch der Bauernstand die seinigen. Aber es ist doch fast der einzige Stand, in welchem man stark und gesund b l e i b e n und die unschuldigen Freuden der Natur b e s t ä n d i g genießen kann. Sehr vieles von seinen Mühseligkeiten könnt ihr vermindern sowohl durch Weisheit, Arbeitsamkeit, Treue, Gehorsam und Tugend überhaupt, als auch durch Erlangung allerlei nützlicher Erkenntnisse in der Landwirtschaft als eurem Berufe. Ob es nun gleich nicht zu leugnen steht, daß es sehr nützlich wäre, wenn man die Landwirtschaft als die allerwichtigste und nützlichste Hantierung, wie eine jede andere, ordentlicher lernen müßte, so werdet ihr doch nicht von mir erwarten, geliebte Kinder, daß ich euch eine jede Arbeit, die ihr sowohl als Knechte und Mägde, wie als Hauswirtinnen und Wirte verstehen müßtet, hier in der Schule lehren sollte. Noch ist zu dergleichen Lehre in den Schulen keine Zeit und Gelegenheit, und kein Lehrer ist darauf vorbereitet und geschickt. Vielleicht ist euren Kindern das Glück einer vollständigen Unterweisung in lauter nützlichen Dingen bestimmt. Ich will also nur etliche Hauptstücke der Landwirtschaft berühren und vor etlichen Hauptfehlern warnen, das übrige aber eurem Nachdenken überlassen.

Ein rechtschaffener Landwirt, Ackersmann oder Bauer, Kossäte oder Halbhüfner, Tagelöhner oder Häusler muß viele Kenntnisse besitzen. Ihr werdet euch wundern, lieben Kinder, daß ich hier auch die Tagelöhner oder Häusler mitrechne. Da aber sehr oft ein Tagelöhner durch Heirat oder Vergünstigung seiner Herrschaft selbst eine Ackerwirtschaft bekommt oder doch als Knecht oder Meier andern in solcher Wirtschaft dient, so schadet es ihm nicht, soviel Erkenntnisse, als nötig, davon zu haben und in dieser Schule, wo die Kinder gleichen Unterricht genießen, dazu angewiesen zu werden. Auch die Töchter können diesen Unterricht sowohl als die Söhne nützen, da sie oft als Witwen und sonst die Wirtschaft führen müssen.

Der Kornbau von allen Arten ist nun die Hauptsache des Ackerbaues. Das Korn wird in die Erde gesäet, nachdem vorher überdacht ist, in welchen Erdboden sich eine jede Art Korn am besten schicke.

Weizen ist fast das teuerste von allem Korn und erfordert sehr guten Boden (obgleich auch nicht zu leugnen ist, daß der Weizen auch in einem niedrigen und feuchten

Lande zuweilen fast noch eher als der Roggen gedeiht), viel Dünger oder Mist und öfteres Pflügen und Eggen, das ist Lockermachen des Ackers und Reinigung von Unkraut, vornehmlich von Quecken oder Päken. Von dem Weizen wird Semmel und Kuchen gebacken, auch Bier gebraut. Warum der Weizen nicht das nützlichste Getreide ist, werdet ihr gleich beim Roggen hören.

Roggen ist nicht völlig so teuer im Verkauf als Weizen, aber doch weit nützlicher, weil erstlich aus ihm, wenn er zu Mehl gemahlen, unsere hauptsächlichste und unentbehrlichste Nahrung, das Brot, gebacken wird, da wir doch Semmel und Kuchen entbehren können; ferner der Roggen auf allerlei Erdboden gemeiniglich wächst, also nicht solch gutes Land nötig hat, als der Weizen, auch einer so mühsamen Bearbeitung und Reinigung des Landes als der Weizen nicht bedarf, ob er sie gleich ohne Schaden verträgt und endlich sein Stroh und seine Abgänge (Ährfutter, Kaff) ein viel besseres Futter fürs Vieh geben als vom Weizen. Diese beiden Arten Korn pflegt man Wintergetreide zu nennen. Die folgenden sind Sommerfrüchte.

Gerste, die zum Bierbrauen unter anderm pflegt gebraucht zu werden und gewöhnlich weniger gilt als der Roggen. Von der Gerste hat man vielerlei Sorten, große oder zweireihige, weil an der Ähre zwei Reihen Körner sitzen, und kleine oder vierreihige, weil vier Reihen Körner an jeder Ähre sind. Außerdem hat man auch Wintergerste, die an wenigen Orten üblich ist und sehr gutes Land erfordert. Die Gerste überhaupt will guten, gedüngten Erdboden haben, der weder zu naß, noch zu trocken ist, und erfordert eine fleißige Bearbeitung durch Pflug und Egge.

Hafer. Dieses Getreide ist gewöhnlich das wohlfeilste unter allen Arten Getreide, man säet ihn gewöhnlich auf das magerste und schlechteste Land, und er muß mit der wenigsten Bearbeitung vorliebnehmen. Es gibt aber bessern und glatten Hafer, wenn man ihn in gutes und wohlbeackertes Feld säet, sonst artet er bald aus und wird rauh. Neben seinem Gebrauch bei gewissen Arten von Bier und zu Grütze ist er das gewöhnlichste Pferdefutter.

Sommerroggen wird auf solches Land gesäet, wo der Hafer nicht recht wachsen will. Er zehrt aber das Land noch mehr aus als der Hafer.

Lieben Kinder! Im Erdboden sind gewisse nährende Teile für jede Art Pflanzen, doch in manchem Erdboden für die eine Pflanze mehr als für die andere. Daher entstehen die Redensarten: „Dieser Fleck Acker trägt nicht gut Winterkorn, der nicht gut Sommerkorn; das Korn dort hat keine Art ꝛc.“; denn wenn ich oft einerlei Getreideart auf einen Fleck säe, so erschöpft sich der Vorrat von nährenden Teilen für diese Art Samen, und er wächst schlecht. Und daher sind in unseren nicht sehr fruchtbaren und fetten Gegenden die drei Felder entstanden: als Winterfeld, Sommerfeld und Brache. Nur durch die Abwechselung mit Getreidearten kann solches Feld immer tragbar bleiben, und die Brache ist die Zeit der Ruhe. Während der Brachezeit sammelt ein solcher Acker wieder Fruchtbarkeit und nährende Teile und kann sein Gewächs geben.

Diese Kenntnisse sind dem Landwirte von besonderer Wichtigkeit.

Erbsen und Bohnen sind Schotenfrüchte, das ist, ihre Körner liegen in Schoten. Sie sind oft dem Weizen am Preise gleich; sie brauchen gutes und lockeres Land und pflegen in die Brache gesäet zu werden.

Buchweizen oder Heidekorn pflegt mit der Gerste wohl am Preise gleich zu sein und verträgt schlechtes, hohes Land. Die Nässe und das Wetterleuchten sind ihm sehr zuwider. Man hat gewöhnlich den besten Nutzen von diesem Getreide, wenn man Land damit besäet, welches in langer Zeit nicht bearbeitet ist. Zu Grütze wird er am meisten gebraucht.

Hirse und Mohn sind sehr unterschieden; denn die Hirse gibt Mehl und der Mohn Öl. Sie werden gewöhnlich in die Brache, in gegrabenes Land gesäet, wohin man auch Lein (woraus der Flachs wird), gelbe Rüben, weiße Rüben und Erdtoffeln zu bringen pflegt, um die Brache doch einigermaßen zu nutzen.

Ihr seht also, lieben Kinder, daß es vielerlei Arten Getreide und Erdfrüchte gibt, die auf dem Acker gewonnen werden. Ich habe nur die gewöhnlichsten genannt; denn jedes Land hat deren noch mehrere. Weißer und brauner Kohl oder Kopfkohl und Blätterkohl, rote Rüben, Wasserrüben oder Knollen, Kichererbsen und Linsen, Fuchsschwanz (eine Art Hirse) und Manna (ein kleines Gesäme, welches wohl schmeckt), auch Färbekräuter und Tabak rc. werden an andern Orten auch auf dem Acker gebaut und könnten vielleicht auch hier mit Nutzen gebaut werden, wenn es versucht würde. Alles dieses ist angeführt worden, damit ihr einsehen lernt, mit wieviel nützlichen Dingen sich der Ackerbau beschäftigen könne.

Dies ist aber noch nicht alles. An solchen Orten, wo die Hütung oder Viehweide nicht überflüssig ist, oder wo man so klug gewesen, die Hütung als Wiesen zu nutzen, und Acker genug oder solchen hat, der sich dazu schickt, da hat man auf dem Acker künstliche Wiesen gemacht. Ich will euch von vielen Futterkräutern nur den roten holländischen Kleesamen, [die Luzerne (eine Art Klee) und die Esparsette][1]) nennen, weil sie die nutzbarsten sind. Diese hat man auf den Acker, der wohl gedüngt und gepflegt ward, gesäet und untergeeggt, wovon der rote Klee einige Jahre dauert und im zweiten Jahre etlichemal kann abgemäht werden, die andern aber viel mehr Jahre stehen bleiben können und alle Jahre wenigstens zwei Ernten geben. Hiermit hat man die Kühe auf dem Stalle im Sommer, mit Gras oder Heu vermengt, gefüttert und außer dem Dünger, der nicht auf der Weide verschleppt wurde, soviel erhalten, daß vier Kühe so viel Milch gaben als vorher (da das Vieh ausgetrieben wurde) zehn Kühe.

Nach diesem Vorberichte von dem, womit sich der Ackerbau beschäftigt, wollen wir weiter gehen, lieben Kinder, und sehen, was denn nun eigentlich der Landwirt dabei tun müsse.

Erstlich: Er muß, so oft er kann, Mist oder Dünger in seinen Acker bringen. Der Mist macht das Land fruchtbar durch die Fettigkeit, die er in sich hat. Denn ihr wißt, lieben Kinder, daß der Mist warm ist und einen Geruch von sich gibt; nun je stärker er riecht, je fetter ist auch der Mist. Dieser Geruch entsteht aus dem Öl und Salz, welches er in sich hat. Wenn dies mit der Erde sich vermengt, so klebt es der Erde an, und die Erde wird warm oder fruchtbar.

---

[1]) [ ] fehlt in der 2. Aufl.

Ihr seht jetzt von selbst ein, lieben Kinder, wie töricht es ist, wenn man

a) den Mist nur auf den Acker fährt und auswendig herumstreut, aber nicht bald in die Erde bringt. Denn da verraucht der Mist, das ist, sein Geruch oder die kleinsten Teile, worin eigentlich die Fruchtbarkeit steckt, verfliegen in der Luft;

b) wenn man Stroh, das noch nicht recht verfault und mit dem Urin und Mist der Tiere sich verbunden hat, für rechten Mist hält und im lockern Lande damit den Acker betrügt;

c) zu wenig Mist auf den Acker fährt, um mit dem vorrätigen Miste desto weiter zu reichen; denn da wird nirgends eine rechte Verbesserung gestiftet.

Zweitens: Der Landwirt muß zu rechter Zeit und oft genug pflügen, das heißt, den Acker locker machen, damit das Unkraut Zeit zu verstocken oder zu verwesen habe, welches durch den Pflug abgeschnitten und unter der Fahre liegt.

Auf einen guten Pflug kommt sehr viel an. Die Eigenschaften eines guten Pfluges sind:

1. Er muß nicht aus vielen künstlichen Stücken bestehen.
2. Er muß so leicht als möglich zu führen und zu ziehen sein.
3. Er muß nicht sehr viel Eisen nötig haben; sonst wird er schwer und kostbar.
4. Er muß leicht zu stellen sein und tief und flach pflügen, wie man es gebraucht.
5. Er muß eine reine Fahre machen.
6. Der Pflug muß die Fahre umkehren, daß das Unterste oben kommt.
7. Es versteht sich von selbst, daß in schwerem Lande auch schwerere Pflüge und öftere Pflugarten nötig sind, als im Sande.

Also der Landwirt muß, wenn er dreimal zum Winterkorn pflügen will, in Zeiten Brache pflügen, damit er bei der zweiten Pflugart, die darum Wendfahre heißt, nicht das Kraut wieder oben bringt, welches, weil es nicht Zeit gehabt zu verstocken, noch lebendig wäre und bald wieder anwachsen würde. Hat er auch zur rechten Zeit Brache gepflügt, so wird er auch zur rechten Zeit zur Saat pflügen können. Denn er kann bald nach der Wendfahre zur Saat pflügen, weil das Land locker genug sein wird. Das Sprichwort: „Je mehr Fahren, je mehr Ähren" ist wahr. Nur hat nicht ein jeder Zeit, mehr als drei Pflugarten zur Wintersaat vorzunehmen. Wer es aber kann, der tut wohl.

Drittens: Er muß auch tief genug pflügen, wenn es der Erdboden zuläßt. Es ist ein schädlicher Fehler bei der Ackerwirtschaft, wenn man nur so obenhin das gute, mittlere und schlechte Land pflügt.

Die Ursachen, lieben Kinder, sollt ihr gleich begreifen.

a) Wird durchs flache Pflügen bei dem Brache- oder Wendfahrepflügen kein Unkraut recht ausgewurzelt, was doch sehr wichtig ist. Denn es ist bekannt, daß das Unkraut überhaupt sehr tiefe Wurzeln schlägt.

b) Kriegt das Korn nicht lockere Erde oder Krume genug, worin es sich recht bestauden kann. Es ist also dem Verdorren oder Verscheinen, sonderlich in leichtem Lande, sehr ausgesetzt.

c) Weil die Wurzel des Korns oben aufliegt, so kann der Wind im leichten Lande die Wurzel bloß wehen. Wenn denn das Korn eimnal doch gerät, so gibt es leicht

Lagerkorn, das heißt, das Korn legt sich um und wird taub oder hat wenig Körner in den Ähren. Und die Ursache, warum es sich umlegt, ist, weil der Halm nicht tief genug in der Erde steckt, also von dem Regen und Winde schief gedrückt wird und nicht widerstehen kann.

Viertens: Der Landwirt muß auch den Acker recht klein und klar eggen. Durch das Eggen wird der Samen mit Erde bedeckt und zugleich allenthalben hin verteilt, damit er fein, gleich und ordentlich aufgehen könne; auch werden die Erdklöße klein gemacht oder gebrochen; endlich aber so wird das durch den Pflug losgerissene Unkraut mit der Egge zusammengebracht, daß man es hernach, wenn es trocken, von dem Acker wegfahren oder verbrennen könne*). Die Egge muß deshalb lange Zähne von Eisen oder Holz haben und oft gelüftet (aufgehoben) werden, wenn sich viel Unkraut vorgesetzt hat, weil sie sonst nicht ihre Wirkung tun kann.

Fünftens: Der Landwirt muß von Unkraut wohl gesäuberten und auch guten Samen aussäen, das ist, solches Korn, das nicht muldrig oder schimmelig durch Feuchtigkeit geworden, welches oft geschieht, wenn man Korn naß in die Scheune fährt oder nicht lange genug im Felde trocknen läßt. Er muß, als Säemann betrachtet, den Samen nicht zu dick säen; denn da bleibt der Halm kurz und die Ähre klein. Doch richtet sich dieses nach Erfahrung von der Güte des Ackers. In den besten Acker pflegt man an Wintergetreide nicht über $1^1/_2$ Scheffel auf den Morgen von 180 □ Ruten auszusäen. Gar zu dünn ist auch nicht gut. Doch, wenn eins sein müßte (welches doch nicht ist, da man die Mittelstraße halten kann), so würde bei dünner Aussaat Vorteil sein; denn das Korn bestaubet sich aus der Wurzel oder treibt viele Halme, zieht viel Nahrungssaft an sich und wächst stark und lang.

Ich will euch, geliebte Kinder, hier einige allgemeine Landwirtschaftsregeln bekannt machen, davon ihr Nutzen haben könnt, wenn ihr sie behaltet.

Allgemeine Landwirtschaftsregeln.

1. Suche aus deinem Lande den höchst möglichen Nutzen zu ziehen.
2. Verlaß dich mehr auf den Ackerbau, als auf alle andere Hantierung.
3. Glaube nicht, daß du jemals zu viel Dünger haben könnest, und siehe zu, daß dein Viehstand mit deinem Ackerbaue und dein Futtervorrat mit deinem Viehstand im richtigen Verhältnisse steht.
4. Bestrebe dich oft zu pflügen, tief zu pflügen, wenn es die Beschaffenheit deines Landes erlaubt, und zur Saat kleine schmale Fahren oder Furchen zu pflügen. Denn dadurch wird dein Land mürbe, fruchtbar und rein von Unkraut.
5. Trachte danach deinen Ackerbreiten eine soviel möglich gerade oder nur ein wenig abhängende Fläche zu geben, damit du mit Wasserfahren das Regen- und Schneewasser ableiten könnest, welches sehr wichtig und nützlich ist, aber bei hohen Mittelrücken oft nicht angeht.
6. Laß die Egge allemal lang ab und dann quer übergehen, wenn du gesäet hast. So verteilt sich der Samen besser in der Erde, und das Korn wächst fröhlicher.

---

*) Die hierzulande gewöhnliche Egge ist einer großen Verbesserung fähig.

7. Erforsche die Art deines Landes, welche Gattungen Früchte es am liebsten trägt, und nur mit diesen wechsele in der Bestellung ab.

8. Laß deinen Mist nicht lange gebrochen auf dem Acker liegen; seine beste Kraft verraucht.

9. Bringe aller Arten Mist auf deinem Hofe zusammen auf Haufen, so wird er fetter und besser.

10. Mit langem und nicht verfaultem Miste werden der Acker und der Wirt betrogen.

11. Wenn dein Land Mist vertragen kann, so dünge scharf, wo du kannst, und nimm lieber weniger Land in jährliche Bearbeitung; dein Vorteil ist größer als bei Verteilung des vorrätigen Mistes auf größere Ackerflächen.

12. Sei der fleißigste und erste in der Saat und Bestellungszeit, aber übereile dich nicht in der Ernte, das heißt, laß bei nasser Witterung, wenn eines von beiden sein müßte, dein Korn lieber im Felde, als in der Scheune verderben.

13. Hüte dich vor dumpfigem Heu und Stroh und vor verdorbenem Samen. Das erste tötet dein Vieh, und das andere bringt dich um deine künftige Ernte.

14. Nimm zum Samen das reinste und auserlesenste Korn und hüte dich, daß du mit dem Dreschflegel nicht das weiche Korn quetschest, wenn du zur frühen Saat bald nach der Ernte dreschen mußt. Das beste wäre, nur das Korn zur Saat zu nehmen, was durch Vorschlagen willig ausginge. Diese Regel ist sehr wichtig.

15. Suche täglich mehr Erkenntnis in der Landwirtschaft zu erlangen. Es sind keine Künste, die mehr belohnen als Ackerbau, Gärtnerei und Viehzucht.

16. Freue dich über den Segen deines ehrlichen und fleißigen Nebenwirtes. Laß dich dieses nie zu Neid und Mißgunst reizen, sondern dir zum Beweise dienen, daß es auch *dir möglich* sei, wenn du willst, so glücklich zu sein, als dein Nachbar ist.

Weil nun aber der Kornbau, wie ihr gehört habt, nicht leicht mit Nutzen getrieben werden kann ohne Zugvieh und ohne Dünger oder Mist, der Mist aber vom Vieh meistens entsteht, so seht ihr selbst, lieben Kinder, daß der Landmann auch Vieh halten müsse.

Des Viehes gibt es nun verschiedene Arten: Rindvieh, Pferde, Schafe und Schweine sind die vornehmsten Arten, von welchen auch der beste Mist oder Dünger für den Acker gesammelt wird. Vom Rindvieh sind die Kühe dem Wirte sehr nützlich mit ihrer Milch; denn von ihr wird Butter und Käse gemacht; auch wird sie als Milch verspeiset.

Der Landwirt tut wohl, wenn er, wo schlechte Weide ist, zur Stallfütterung auf starkes Kuhvieh hält und für Bullen oder Rinder von großer Art lieber mehr gibt, als sich mit kleinen wohlfeiler behilft. Der Nutzen ist ungemein. Großes Rindvieh bringt auf alle Weise mehr ein und kostet auf dem Stall*) nicht viel mehr zu erhalten als kleines.

---

*) Wer die so sehr nützliche Stallfütterung einführen will, muß nicht vergessen, zur Erhaltung der Gesundheit des Viehes dieses Vieh alle Tage auf dem Hofe etwa zwei Stunden in der freien Luft zu lassen, welches, wenn der Hof klein und des Viehes

Die Ochsen sind das nützlichste und beste Spannvieh, sie sind wohlfeiler zu erhalten im Futter als die Pferde, ziehen gut im Wagen und Pflug, zur Not auch in der Egge, und wenn sie alt sind, gelten sie beim Schlächter mehr, als da sie jung waren, welches letztere bei den Pferden schon nicht zutrifft. Auch ist ihr Dünger besser als der von Pferden. Es ist daher eine große Torheit, lieben Kinder, wenn ein Ackermann gar zu viele Pferde hält, da er mit Ochsen weit leidlicher fertig würde und manches ersparen würde. Die meisten tun es um des Fuhrwerkes willen, um Lohnfuhren zu verdienen. Es ist aber meistenteils das Zeichen eines schlechten Wirtes, wenn sich jemand mit solchen Nebendingen zuviel abgibt, und die Wirtschaft geht gemeiniglich dabei zugrunde.

In einem Dorfe nahe der Stadt war einmal ein Bauer, der hielt [1]) vier starke Pferde und hatte ein trefflich Ackergut. Da kamen die Leute aus der Stadt häufig hin und handelten mit ihm, daß er ihnen Lohnfuhren tun sollte. Sie boten ihm viel Geld, und er fing an zu fahren. Dem Knecht gaben sie Biergeld und schenkten ihm manches Glas Branntwein, daß er geschwind zufahren sollte. Dem Knecht gefiel das besser als die Ackerarbeit. Wenn nun nötig zu pflügen, zu eggen, Heu zu fahren ꝛc. war, und es kam eine Lohnfuhre, so riet der Knecht immer zu, der Herr solle das schöne Geld mitnehmen; es würde wohl Wetter bleiben, zum Pflügen wäre immer noch Zeit genug ꝛc. Der Herr hatte schon auf hundert Taler verdient, und das gefiel ihm. Er ließ sich's also ferner gefallen. Allein die Pferde waren oft überjagt worden, wenn der Knecht zu viel getrunken hatte. Nun sollten sie auch alle versäumte Ackerarbeit nachtun. Aber es fiel Regenwetter ein, das Heu verdarb, es kam ein früher Winter, der Acker blieb unbesät oder eilig und schlecht bestellt. Als nun das Frühjahr eintrat, da fielen die Pferde alle nacheinander um, und wollte der Bauer vier andere haben, so mußte er zu den mit Lohnfuhren verdienten hundert Talern noch fünfzig aus seinem Vermögen zulegen und litt auch noch an der künftigen Ernte großen Schaden. Durch Schaden klug gemacht, schaffte er den untreuen Knecht ab, und keiner in der Nachbarschaft wollte ihn wieder annehmen; denn er hatte sich bei den Lohnfuhren das Saufen angewöhnt.

Doch Pferde müssen zum Hofdienst, Vorspann ꝛc. von jedem Ackerwirte, dem dergleichen obliegt, gehalten werden. Aber der kluge Wirt hält deren nur soviel, als er nötig hat, um nicht in Futtermangel zu geraten und dem übrigen, viel nützlicheren Vieh nicht die Notdurft zu entziehen. Man tut besser, mittelmäßig große und dabei starke Pferde zu halten, als sehr große oder sehr kleine. Die Mittelsorte tut gemeiniglich die besten Dienste und hält sich besser am Leibe als sehr große Pferde. Von

---

viel ist, in zwei oder drei Abteilungen geschehen kann. Um nun diesem Vieh auf dem Hofe einige Beschäftigung zu geben, so pflegt man ihm in Raufen Stroh vorzulegen. Indes gewinnt man Zeit, den Stall zu reinigen, welches bei Stallvieh sehr nötig ist und täglich oder längstens alle zwei Tage geschehen muß. Auch werden, um die Luft in solchen Ställen gut und rein zu erhalten, Rauchfänge oder Schornsteine von Brettern angebracht, welche die Dünste herausziehen. Denn die frische Luft ist für alles Stallvieh das beste Mittel, um es gesund zu erhalten, und darf weder im Winter noch im Sommer vermieden werden.

[1]) In der 2. Aufl. „sich“.

den kleinen kann man wenig Arbeit fordern, und sie kosten doch fast soviel Futter als starke Mittelpferde. Wenn der Ackerwirt fleißig ist und zu rechter Zeit aufsteht, so kann er mit vier Stallpferden oder einem Gespann im Mittellande ganz gemächlich ein Gut von vier Hufen Acker jährlich bestellen und noch viele Tage frei behalten. Es versteht sich, daß dergleichen Pferde gut gefüttert und gewartet werden und nichts anderes zur Zeit der Ackerarbeit tun müssen. Acht Pfund gutes Heu, zwei Haufmetzen Hafer, zwei Haufmetzen Heckerling sind zum täglichen Futter für ein solches Arbeitspferd hinlänglich, oder man gibt ihnen Ährenfutter genug und dann weiter kein Futterkorn.

Auf die Wartung aber kommt viel an. Warten heißt soviel als pflegen. Ein Pferd braucht sowohl Pflege als ein Mensch. Die besten Mittel, ein Pferd gut zu pflegen und zu warten, sind folgende:

1. Gesundes, nicht stinkendes Futter hinlänglich und zur rechten Zeit und ja nicht, wenn das Pferd warm und erhitzt ist, gegeben.

2. Nicht getränkt, wenn das Pferd noch warm ist, und wo möglich das Wasser im Winter im Stalle etwas stehen lassen, daß ihm die größte Kälte vergeht.

3. Alle Tage wenigstens einmal das ganze Pferd gestriegelt und mit der Kartätsche gebürstet, daß der Staub und fressende Schweiß herunterkommt, und das Pferd ruhig wird, wenn ihn nichts juckt und schmerzt.

4. Im Sommer den Stall kühl und wegen der Fliegen finster, im Winter aber warm gehalten, ist den Pferden sehr heilsam.

5. Unter dem Pferde womöglich muß alles trocken sein, sonst werden ihm die Hufe weich und die Füße von der Feuchtigkeit schadhaft, daß es leicht lahm wird oder blöde geht; auch dem Pferde, wenn es ruhen soll, täglich reines Stroh untergestreut.

6. Vom Pferde in der Arbeit nicht mehr gefordert, als es tun kann. Im Sande, Morast, bergauf muß nicht getrieben oder scharf gefahren werden. Ein jedes Pferd wird nach seiner Stärke an den Wagen gespannt, die fleißigsten links und die, so sich treiben lassen, auf die rechte Hand, weil sie da besser zu treffen sind 2c.

Die Fohlenzucht ist gemeiniglich bei dem hiesigen Landwirt mit vielem Schaden verknüpft. Vor dem vierten Jahre kann ein Fohlen ohne Schaden nicht stark gebraucht werden, und dann hat es gewiß mehr gekostet, als es wert ist, oder es ist wohl gar verbuttet und verdorben. Hierin sind aber nicht alle Gegenden gleich. Eine Landesgegend kann und soll nicht alles haben; so hat es Gottes Weisheit eingerichtet. Wo der Hafer in Menge gewonnen wird und nicht abzusetzen ist, wo weitläufige gute Weiden und Heuschläge sind, da wird die Fohlenzucht mit Nutzen getrieben und deren Überfluß dann auf unsere Märkte gebracht. Man tut also besser, auf diesen Märkten sich mit guten, brauchbaren Pferden zu versehen und die Mühe des Aufziehens der Fohlen nebst dem Futter auf Rindvieh zu verwenden.

Schafe sind wegen ihres Düngers, Wolle, Milch und Verkaufs zwar berühmt, aber wegen der Gefahr, verhütet zu werden, so lange gegen das Faulfressen der Schafe kein Mittel erfunden oder bekannt gemacht wird, an den meisten Orten (sonderlich wo niedrige Örter oder Gründe mit Höhen vermischt sind und das Winterfutter nicht für sie dienlich ist) für den Bauer in die Länge selten nützlich. Doch überwiegen die Vorteile einiger guten Jahre an Nutzung den Schaden meistenteils, besonders in großen Schäfereien, wo ein guter Hirt ist, der die Weide kennt und dienliche Mittel für die plötzlichen Zufälle dieser weichlichen Tiere weiß und die Herde verständig hütet.

Schweine sind in der Hauswirtschaft nützlich. Ihren Dünger hält man für den besten im Acker. Wo Eichen- und Buchenwälder sind, werden sie in die Mast getan. Denn von der Frucht der Eiche und Buche nehmen sie sehr zu und werden fett. Hernach werden sie geschlachtet und geben Schinken, Speck und Würste, welche ihr Kinder kennt und schon gegessen habt.

Die Schweine gedeihen am besten in trockenen, warmen Ställen und, wenn ihnen alle Vierteljahre etwas rohes Spießglas gepulvert im Trank gerührt wird. Man bekommt dieses in der Apotheke, und um einen Groschen ist für vier große Schweine jährlich genug. Aber bei all diesem Nutzen kosten sie viel und bringen dem Landwirt außer ihrem wirtschaftlichen Nutzen wenig baren Vorteil ein.

Auch Bienen, sonderlich, wenn ein ganzes Dorf sie zusammen hält und einem redlichen und verständigen Manne die Aufsicht übergibt, können mit großem Nutzen gehalten werden. Der Grund, warum es besser ist, wenn die Bienen im Dorfe gemeinschaftlich gehalten und von einem besondern dazu geschickten Manne gewartet werden, ist die Verhütung der Raubbienen und des dadurch entstehenden Neides und Hasses. Denn, lieben Kinder, es darf nur einer sein, der im Dorfe seine Bienen schlecht wartet und mit dem Honig unvorsichtig umgeht, so werden gleich die Bienen der andern bessern Wirte zu Raubbienen, das ist, sie berauben diese schwachen Bienenstöcke. Da diese nun aus Rache getötet werden, so gehen dadurch die besten Stöcke ein, und die Bienenzucht kommt nicht empor.

Wo Maulbeerbäume genug auf den Feldern und Kirchhöfen stehen, da kann man auch Seidenwürmer halten und durch Verkauf der durch sie gesponnenen Seide etwas erwerben. Kinder und abgelebte schwache Leute können hierbei gebraucht werden und Brot verdienen. Und in etwa sieben Wochen von Mai bis Juli ist die ganze Bemühung mit dem Seidenbau geendigt. Zu der eigentlichen Behandlung der Seidenwürmer wird in eigenen Schriften Anweisung gegeben, welche ihr nachlesen könnt.

Seht, lieben Kinder, das sind die Hauptarten von Tieren, womit sich der Landmann beschäftigt. Außer ihnen gibt es Gänse, die an solchen Orten, wo große Wasser und schlechter Erdboden sind, sowohl als Enten gehalten werden. Wo aber guter Boden und wenig Wasser ist, da sind diese Arten Tiere gemeiniglich schädlich. Denn die Gänse z. E. bedürfen große Flächen zu ihrer Weide, nach ihnen frißt kein Vieh gern auf diesen Plätzen und ihr Dünger ist nicht mit Nutzen zu gebrauchen. Hühner halten fast alle, und es sind wegen der Eier die Hühner sehr nützlich. Die Truthühner und Tauben sind nicht aller Orten dem Landmann zu halten erlaubt.

Die Wiesen sind solche Orte, wo das Gras zum Winterfutter gemäht, getrocknet und als Heu hernach weggefahren und verwahrt wird. Auf diese hat allerdings der

Landmann zu sehen, daß er durch seinen Fleiß sie in tragbarem Stande erhalte, weil davon, daß er viel Heu und gutes Heu gewinne, alles abhängt. Die Wiesen werden verdorben:

1. Durch Moos. Dieses Gewächs überzieht den ganzen Erdboden, so daß kein Gras durchwachsen kann. Dieses muß der Landmann im Herbst sorgfältig abharken oder eggen, wenn die Wiese trocken ist.

2. Durch Hüllen oder Erdhügel, die teils von Maulwurfshaufen entstehen, die bewachsen sind, teils auch vom Behüten mit dem Vieh zu nassen Zeiten. Denn da tritt das Vieh tief ein, und was zwischen ihrem Tritte stehen bleibt, das bewächst und wird dicht. Endlich wird die Wiese so hügelig und ungleich, daß niemand glatt mähen kann, ohne sich die Sense zu verderben; man muß alsdann das Gras hoch abhauen oder sehr viel stehen lassen. Dies wird verhindert, wenn man die Maulwurfshaufen auseinanderwirft und nicht bewachsen läßt, auch kein Vieh auf sehr weichen Wiesen weiden läßt.

3. Durch gar zu öfteres Abmähen in einem Jahre. Denn auf der Wiese stehen vielerlei Kräuter und Grasarten. Viele schlagen zwar aus der Wurzel oder dem Stiele aus, viele darunter aber tragen Samen, welcher ausfällt und eine neue Pflanze bringt. Läßt man diesen nicht reif werden, sondern mäht das Kraut ab, ehe es reif wird, so kann der Samen nicht ausfallen, und keine neue Pflanze kann daraus wachsen.

Sehr gut ist es den Wiesen, wenn sie zu solchen Zeiten überschwemmt werden können, da es ihnen keinen Schaden bringt, als im Frühlinge, Herbst oder Winter. Trockene Wiesen werden mit Asche oder anderm Dünger, wenn ihn der Acker entbehren kann, mit Nutzen sehr dünn überstreut und also gedüngt.

Alle Arten von Vieh fressen nicht einerlei Art Heu; Pferde, Rind- und Schafvieh lieben ihre besonderen Arten Heu, und die Kunst des Landmanns äußert sich darin, wenn er diese Arten zu kennen und zu wählen weiß.

Dies sei genug, lieben Kinder, von diesen Hauptstücken der Landwirtschaft. Aber die Landwirtschaft kann ohne Gebäude nicht betrieben werden. Der Landmann, seine Familie und sein Gesinde brauchen eine Wohnung. In dieser Wohnung müssen auch schickliche Behältnisse zu allerlei Vorräten und Küche und Keller befindlich sein. Das Vieh fordert nach seinen verschiedenen Arten verschiedene Ställe. Endlich sind auch eine Scheune zum Verwahren des Getreides und Strohes, ein Boden zum Aufschütten und ein Heuboden, sowie ein Raum zum Verwahren des Holzes und des Ackergerätes rc. sehr nötige Bedürfnisse.

Ihr seht leicht ein, geliebte Kinder, daß es nicht gleichviel sein kann, wie dieses alles gebaut und eingerichtet ist, sondern daß es eine große Erleichterung für den Landmann und dessen Wirtschaft sei, wenn die Gebäude nach den bequemsten, dauerhaftesten und wohlfeilsten Verhältnissen eingerichtet und gebaut sind.

Bisher hat man zwar an dergleichen Dinge nicht gedacht, aber weil es doch einem oder dem andern, der einmal neu baut, und dem es Umstände und Gelegenheit erlauben, sehr viel nützet, wenn er für denselben Aufwand ein bequemeres Haus und Wirtschaftsgebäude haben kann, so habe ich euch auch hierin durch Vorzeichnung eines Planes und dessen Erklärung nützliche Erkenntnis verschaffen wollen*).

Es ist dieser Plan[1]) die Zeichnung und die äußerliche Gestalt sowohl, als auch die innerliche Abteilung eines kleinen-Bauerngutes in einem einzigen Gebäude von etwa 30 Morgen Ackerland und 20 Morgen Wiesen, nebst dem Raum für 4 Stallpferde und 6 Stallkühe und für das andere nötige Vieh zu Stallungen, wobei sowohl der nötige Platz zum Getreide als auch zum Heu berechnet ist. Ich will euch zuerst den Plan nach allen seinen Teilen erklären und dann die Vorteile zeigen, die diese Bauart gewährt.

Von dem Hausflur fange ich an, unter welchem der Keller so groß als der Hausflur gewölbt ist. Des Kellers Eingang seht ihr neben der Haustür. Ein geräumiger, trockener, kühler Keller ist besonders im Sommer und bei dem Milchwesen von großem Nutzen. Auf dem Hausflur seht ihr die Bodentreppe gezeichnet, unter welcher, wenn sie mit Brettern verschlagen ist, und dieser Verschlag eine Tür hat, mancherlei verwahrt werden kann. Denn ein guter Wirt muß einen jeden Platz nützen. Alsdann kommt die Küche, welche ein Fenster nach der Straße nebst einem Brunnen hat. Alles Wasser aus der Küche fließt von selbst ab; weil die Küche ein schräges Pflaster und eine Gosse nach der Straße hinwärts hat. Neben der Küche ist die Milchkammer zur linken Hand. Zur rechten Hand ist die Vorratskammer. Neben dem Hausflur zur rechten ist die große geräumige Wohnstube mit Backofen und Kachelofen, hinter welcher die Schlafkammer den Raum im Hause beschließt. Unter dem Dache ist der Boden, welcher mit Brettern gedielt ist. Aus der Küche, in welcher das Feuer auf dem Feuerherd zugleich durch ein mit dem Buchstaben a bezeichnetes Fenster den Kuhstall etwas erleuchtet, geht ein Gang, den eine Tür verschließt, und zu dem man 4 Stufen hinaufsteiget, zwischen den Krippen der auf beiden Seiten stehenden Kühe durch. Aus diesem trocknen Gange trägt die Magd den Kühen ihr Futter vor und schüttet es in die Krippen. Aus dem Kuhstall geht ein Gang und (eine) Tür auf den Misthof und von diesem auf den Viehhof. Vor dem Kuhstall nach der Hofseite sind zwei Schweineställe und ein gedielter Futterstall zu Kaff und anderm Futter. Neben dem Kuhstall ist die Scheune mit zwei Pansen und der Scheunentenne in der Mitte nebst der Durchfahrt von dem Hofe nach der Straße. Auf der andern Seite des Wohnhauses neben der Wohnstube ist der Pferdestall auf 4 Pferde, den ein laternenmäßiges Fenster mit dem Lichte in der Wohnstube des Abends erleuchtet. An ihrer Krippe ist in der Tiefe des Hauses erst ein kleiner Stall für junges Vieh und alsdann ein Schafstall, der, wenn dergleichen nicht gehalten wird, zu Futtervorräten sehr nützlich ist. Alsdann folgt ein Holz- und Wagenschuppen mit einer Durchfahrt nach der Straße, in welchem unter der Bodentreppe nach dem gedielten Heuboden ein Gänsestall angebracht ist.

---

*) Ich habe diese Zeichnung dem fleißigen und sehr geschickten Herrn Keferstein, [damaligen] [2]) Lehrer der Mathematik auf der Ritterakademie zu Brandenburg [und jetzigen Königlichen rc. Landbaumeister] [3]) zu danken.

[1]) Der Plan ist umstehend beigefügt.

[2]) und [3]) [ ] fehlen in der 2. Auflage.

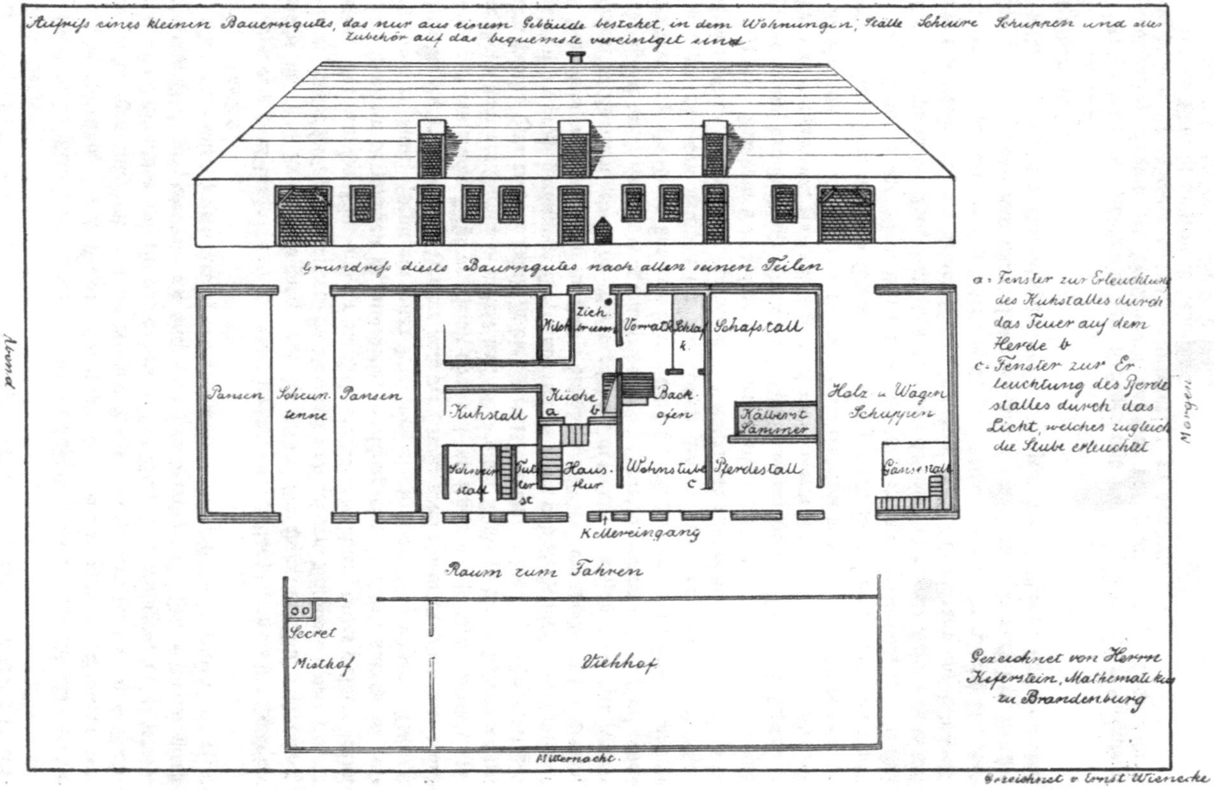
Aufriß eines kleinen Bauernguts, das nur aus einem Gebäude bestehet, in dem Wohnungen, Ställe Scheure Schuppen und alles Zubehör auf das bequemste vereiniget sind
Grundriß dieses Bauernguts nach allen seinen Teilen
Abend
Morgen
Mitternacht
Pansen
Scheuntenne
Pansen
Kuhstall
Küche
Hausflur
Wohnstube
Backofen
Vorrath
Schafstall
Pferdestall
Kälberst Kammer
Holz u. Wagen Schuppen
Gänsestall
Kellereingang
Raum zum Fahren
Secret
Misthof
Viehhof
a. Fenster zur Erleuchtung des Kuhstalles durch das Feuer auf dem Herde b
c. Fenster zur Erleuchtung des Pferdestalles durch das Licht, welches zugleich die Stube erleuchtet
Gezeichnet von Herrn Keferstein, Mathematikus zu Brandenburg
Gezeichnet v. Ernst Wienecke

Nachdem ich den Inhalt der Zeichnung erklärt habe, so will ich auch die Vorteile dieser Bauart [1]) in etwas deutlich machen:

1. Steht hier in einem, was sonst in vielen Gebäuden befindlich ist, mit Ersparung vieles Raumes und vieler Giebel und Wände.

2. Schließt das Gebäude den Hof von der Straße, spart also ein besonderes Gehege.

3. Steht es frei von allen Seiten, ist also bei Feuersgefahr leichter zu löschen als ein gewöhnlicher zugebauter Hof.

4. Es hat viele Vorteile bei der Stallfütterung.

5. Es ist überall wärmer. Auch kann, wenn der Backofen geheizt worden, das Feuer im Ofen auf drei Tage erspart werden. Die Mauer des Herdes wärmt eben auch die Wohnstube.

6. Da ohne Licht des Abends in den Ställen hantiert werden kann, so fällt eine große Ursache der Feuersbrünste weg*).

Nun müßt ihr auch wissen, wie der Ackersmann in seinem Hause die gehörigen Pflichten ausübt, ohne welche seine Wirtschaft nicht bestehen kann.

1. Er muß auf Ordnung halten, die durch Unachtsamkeit leicht entstehende Feuersgefahr soviel möglich zu verhüten suchen; jedes Stück Haus- oder Ackergerät muß an seinem Orte sein, nicht krumm oder verworfen übereinander herliegen.

Jedes muß verwahrt oder doch so aufgehoben werden, daß es nicht vor der Zeit abgängig wird und wieder ersetzt werden muß. Das hölzerne oder eiserne Geräte muß vor Fäulnis und Nässe und Leder und leinen Zeug auch vor Beschädigung verwahrt werden.

Ich will euch davon eine Geschichte erzählen.

Ein gewisser Bauer war verarmt, und keiner wußte, wie das zuging. Da war ein verständiger Mann im Dorfe, der sagte: „Kinder! Das will ich euch wohl sagen. Den Mann hat das Lohn an die Handwerker zugrunde gerichtet. Er mußte Nutzholz kaufen, das war teuer. Und doch ließ er alles hölzerne Ackergeräte in Schnee und Regen auf der Erde stehen und liegen; das war dann alle Zeit verstockt und schadhaft. Lederzeug und Geschirr auf dem Fußboden im Stalle, das fraßen die Ratzen. Die Stränge ließ er im Felde an den Pflügen; die verfaulten in weniger Zeit. Alles sein eisern Geräte hatte der Rost gefressen (denn er sah nicht mehr danach, wenn er es aus der Hand legte), dann mußte er neues schaffen. Und so ist er verarmt." Die Leute gaben dem Manne recht und nahmen das Ihrige besser als vorher in acht.

2. Er muß alles mit möglichster Sparsamkeit einteilen, daß es zureicht und noch Überschuß ist. Dieses ist sonderlich beim Futter eine höchst nötige Sache, wie ihr aus folgender Geschichte merken könnt.

Es war einmal ein Schäfer, der hatte um Lichtmessen noch viel Heu auf dem Stalle. Da kamen Frühlingstage; die Lerche sang; die Sonne schien warm, und es wuchs

---

[1]) In der 2. Aufl. „euch".

*) Wenn nach dieser Zeichnung der Raum in allen Stücken zu klein fallen sollte, so kann man allenthalben noch Ebenmaß zusetzen, wo es erforderlich ist. Wenn nun der Schullehrer den fähigsten Kindern diese Zeichnung mit Bleistift nachzeichnen helfen könnte, so wäre das ihnen fürs künftige Jahr sehr nützlich.

allerlei Gras auf dem Anger. Hui! dachte er, was soll das Heu auf dem Stalle? Nun will ich die Schafe recht pflegen! Er holte ein Beil und hieb die Schlieten oder Stangen entzwei, worauf das Heu lag, so daß alles Heu in den Stall fiel. Die Schafe kamen nach Hause und fraßen, soviel sie wollten. Weil aber zuviel auf einmal da war, so suchten sie nur das beste aus, das fraßen sie, das andere, welches sie sonst wohl gegessen hätten, traten sie in den Mist. Der Schäfer freute sich, daß die Schafe so zunahmen. Seine Freude aber währte nicht lange. Im März kamen Nachtfröste, und es fiel ein Schnee, der über eine Elle hoch lag und wohl vierzehn Tage liegen blieb. Nun konnte der Schäfer nicht aus dem Dorfe kommen. Gefüttert im Stalle mußte werden. Aber das Heu war alle oder in den Mist getreten. Nun wollte der Schäfer verzweifeln und mußte mit schweren Kosten Hafer und Heu kaufen; sonst wären alle Schafe gestorben.

Seht, Kinder, solchen Nutzen hat die Sparsamkeit. Man hat in außerordentlichen Fällen eine Zuflucht und braucht nicht Not zu leiden. Und solchen Schaden bringt die Verschwendung; denn was man heute nicht braucht, kann man wohl morgen brauchen, ja recht nötig haben.

3. Er muß fleißig sein, das heißt, die Arbeit lieben und alle anderen dazu anhalten, die zu seinem Hause gehören; denn durch seinen Fleiß erwirbt er sich Vermögen, und die Erfahrung lehrt, daß der Spruch wahr sei: „Lässige Hände bringen Armut; aber wer fleißig ist, kommt empor."

4. Er muß jede Arbeit zu seiner Zeit tun, das ist, er muß im Winter solche Arbeit tun, wozu er im Sommer oder Herbste keine Zeit hat, als Ausbesserung der Zäune und Gebäude, Holzfuhren, Verfertigung des Ackergerätes rc. Wie schön wäre es, lieben Kinder, wenn ihr das lerntet! Wenn ihr euer hölzern Ackergeräte euch selbst machen lerntet! Wie lustig ist dergleichen Arbeit! Manches Geld und Mühe wird erspart, wenn man sich selbst helfen kann.

Vor eurer Zeit war ein Mann, der konnte gar nichts, als hinter dem Pfluge hergehen und fahren. Er war so unwissend, daß er nicht einmal einen Pflug stellen konnte. Wenn nun viele zusammen waren, so lief er immer hin und bat einen, daß er ihm den Pflug stellen sollte. Ein jeder lachte, und sie hießen ihn nur den dummen Michel. Brach ihm etwas, so zog er nach Hause, und es mochte noch so gering sein, so ging oder fuhr er damit nach der Stadt und versäumte so die Zeit.

5. Er muß eine fromme und arbeitsame Person zu heiraten suchen und dieses, sobald er Wirt wird. Denn, Kinder, wenn ihr seht, wie nötig eure Mütter im Hause sind, so werdet ihr leicht begreifen, daß eine Landwirtschaft ohne Hausmutter oder ohne den Stand der Ehe nicht lange gut geht. Auf eine rechtschaffene, gute Wirtin kommt dabei vieles an. Euer Wohl und Wehe hängt von dieser Wahl ab. Bittet daher Gott um Weisheit zu dieser Wahl! Und wenn ihr größer werdet, so seht nicht zuerst nach Reichtum oder Ansehen, sondern nach gottesfürchtigen und arbeitsamen Personen. Denn durch eine fleißige und ordentliche Wirtin wird der Mann reich. Leset deshalb die Sprichwörter Salomonis und Jesus Sirach an vielen Stellen nach. In diesen Büchern, sowie an manchen Stellen der Evangelien und Episteln werdet ihr auch

viele Beschreibungen finden, wie schädlich ein unordentlicher Umgang beider Geschlechter außer der Ehe und eine verbotene und Hurenliebe sei.

Geliebte Kinder, man belehrt euch über dergleichen Sachen gewöhnlich viel zu selten, ob sie gleich für euch von der größten Wichtigkeit sind. Ich aber, der ich wünsche, daß ihr durch den Unterricht glücklich werden möget, ergreife desto sorgfältiger diese Gelegenheit, um mit euch Erwachsenern, die ihr nun bald die Schule verlasset und dann als Dienstboten untereinander lebet, etwas Nützliches davon zu reden.

Geliebte Kinder! Gott hat zwar sinnliche Triebe, Neigungen und Empfindungen von Bedürfnissen dem Menschen gegeben und anerschaffen; aber er hat uns auch die Vernunft geschenkt, um alle diese Dinge in Ordnung und Schranken zu halten. Unter diesen Trieben findet sich bei erwachsenen Jahren auch die Zuneigung eines Geschlechtes gegen das andere, welche man gewöhnlich die Liebe nennt. Die Ordnung, ohne welche die Gesellschaft nicht bestehen kann, in der die Menschen leben, hat Gesetze nötig gemacht, nach welchen die Arten der Befriedigung dieses Triebes entweder für erlaubt oder für unerlaubt erklärt werden. Und je mehr ein verständiger Mensch über die Gesetze nachdenkt, je mehr er den Schaden eines unordentlichen Umganges beider Geschlechter bedenkt, je mehr er die Vorteile der gemeinschaftlichen und öffentlichen Verbindung zweier Personen für die Sicherheit der Erbfolge, die häusliche Glückseligkeit und Erziehung der Kinder rc. sich vorzustellen fähig ist, je mehr wird er auch mit der Einrichtung, welche nach Gottes Willen in unsern Gegenden ist, vergnügt und zufrieden sein.

Damit ihr also, geliebte Kinder, wissen könnt, was bei diesem Triebe erlaubt und nicht erlaubt ist, und den Schaden vermeidet, der oft aus der Unwissenheit in dieser Sache entsteht, so hört aufmerksam, was jetzt folgen wird.

Nicht die wechselseitige Neigung eines Geschlechtes gegen das andere ist Sünde. Auch ist's nicht Sünde, daß diese oder jene Person zur künftigen Ehe mir besser als eine andere gefällt, daß ich mit ihr vorzüglich verbunden zu sein wünschte. Aber wenn sich nun dieser Wunsch der vernünftigen Überlegung des Schicklichen und Anständigen, dem Rate der Eltern und verständiger Freunde, der festgesetzten Ordnung gänzlich zu entziehen anfängt; wenn ich bei meiner Wahl bloß äußere vergängliche Schönheit zu Rate ziehe, ohne auf Fleiß und Tugend zu sehen; wenn ich in solchen Jahren schon aufs Heiraten denke, da ich noch kein Hauswesen weder zu ernähren noch zu führen verstehe oder überall noch keine Versorgung habe; wenn ich Unruhe und Kummer in der Gesellschaft, worin ich bin, errege, weil ich wieder ihren Willen meinen Willen und meine Absichten zu erreichen suche, mich und andere durch heimliche Zusammenkünfte in Gefahr bringe oder verdächtig mache und zuletzt bloß die Befriedigung einer bösen Lust, nicht aber das Wohlsein der Gesellschaft, in der ich lebe, und die durch Ordnung allein besteht, dabei zum Endzweck habe: dann ist es verbotene Liebe oder eine Sünde.

Geliebte Kinder! Ihr wißt, daß alles seine Kennzeichen hat; so ist es hiermit auch, und ihr könnt bald wissen, zu welcher Gattung eure Neigung gehört. Denn eine erlaubte Liebe ist öffentlich und scheut kein Licht, eine verbotene sucht Heimlichkeit und Dunkelheit. Eine erlaubte Liebe wünscht der geliebten Person weder ihrem guten Namen durch Erregung bösen Verdachtes zu schaden, noch sie in irgend eine Art von Mißvergnügen und Unglück wissentlich zu bringen. Aber eine verbotene Liebe kümmert sich um alles dieses wenig oder nichts. Sie denkt vielmehr: „Mögen doch die Leute denken und sagen, was sie wollen, wenn ich nur meinen Willen habe." Und am glücklichsten würdet ihr sein, geliebte Kinder, wenn ihr euch überall gewöhntet, die Verführung zu unordentlichen Handlungen niemals Liebe und die Personen, die euch dazu verführen wollen, niemals Liebhaber oder Liebste zu nennen.

Denn nur der liebt euch, der eure wahre Glückseligkeit will.

Aber bei gewisser Schande, Reue und Vorwürfen ist keine Glückseligkeit.

Es ist ein bewährter Rat, daß, wenn man eine heftige Liebe oder Neigung bei sich gegen irgend eine Person des andern Geschlechts verspürt, man solches gleich einem Beichtvater oder seinen Eltern oder Vormündern oder einem verständigen älteren und verschwiegenen Freunde vertrauen sollte. Werdet ihr diesen Rat zu seiner Zeit befolgen, so werdet ihr meistens vor den gefährlichsten Folgen dieser Leidenschaft bewahrt bleiben; denn die Heimlichkeit ist es eben, was diese Leidenschaft gefährlich macht.

Ihr fragt mich mit Recht, geliebte Kinder, was das Wort Leidenschaft bedeute. Ich will es euch, so gut ich kann, beschreiben. Leidenschaften sind solche Zustände des Menschen, da die Seele, weil sie unter der Gewalt lebhafter und starker Empfindungen und Bedürfnisse leidet, mit großer Heftigkeit etwas begehrt oder verabscheut und, indem sie weniger oder schwächer als gewöhnlich über die Folgen ihrer Begierden und Handlungen nachdenkt, dann um so eher töricht handelt, d. i. in der Wahl ihrer Endzwecke und Mittel irrt und fehlt.

Wollust, Habsucht, Neid, Zorn, Rachsucht, Traurigkeit, Freude sind diejenigen menschlichen Empfindungen, die gewöhnlich zu Leidenschaften werden. Man sei also da am wachsamsten über sich selbst, wo die meiste Gefahr ist. Ihr aber behaltet diese Lehren, geliebte Kinder, und denket im ferneren Leben oft daran; denn sie sind für euch von der größten Wichtigkeit.

Nun will ich auch von den Dienstpflichten des Landmannes gegen seine Obrigkeit euch einigen Unterricht geben.

Geliebte Kinder! Was Obrigkeit ist, wißt ihr. Was verschiedene Stände sind, und was Gehorsam gegen die Einrichtung Gottes in der Welt ist, wißt ihr auch. Es kann euch nicht unbekannt sein, daß eure Eltern gewisse Dienste und Gaben an die Obrigkeit tun und abgeben. Hierbei ist nun nötig, daß ihr auch lernt, was es mit diesem Dienste für eine Bewandtnis hat, und wie es gekommen ist, daß ihr dienen und Pacht geben müßt.

Seht, Kinder, eure Voreltern haben die Güter, die sie jetzt besitzen, und die Stellen, die sie als Häusler oder Tagelöhner bewohnen, unter der Bedingung von der damaligen Obrigkeit erhalten, daß sie der Obrigkeit gewisse Tage lang mit Spanndiensten oder Handdiensten dienen, auch Pächte und Gaben geben sollten. Wollten sie diese Bedingungen sich nicht gefallen lassen, so wurden sie nicht angenommen, sondern abgewiesen. Sie versprachen es also schriftlich oder mündlich. Und daher kommen die Dienste, Pächte und andere Abgaben, nämlich eure Vorfahren haben angelobt, wenn man ihnen dieses Gut oder diese Stelle einräumen wollte, so übernähmen sie dafür die geforderten Dienste, Pächte und andere Gaben zu tun und zu geben. Ihr, als ihre Nachkommen auf dem Gute oder in der Stelle, seid auch in eben der Verbindlichkeit, das zu halten, was eure Väter gelobten, sonst wird euch das Gut genommen, oder ihr werdet der Strafe nicht entgehen und überdies noch euer Gewissen mit einer Schuld beladen.

Der Dienst muß ehrlich geschehen, die Pacht ehrlich gegeben werden; ihr müßt der Herrschaft Bestes bei dem Hofdienste wirklich suchen, sie nicht darum betrügen, den Hofdienst nicht saumselig und schlecht tun, als schlecht pflügen, eggen, säen, mähen, kleine Fuder laden, wenig Holz zerhauen, wenig Futter und grob schneiden, und wie die Dienste alle heißen können, dazu ihr an den Hof- oder Diensttagen gebraucht werdet. Ihr müßt den Tag nicht verkürzen, daß ihr spät kommt oder zu lange Mittag macht und früh wieder abgeht, sondern, *so wie der Dienst abgeredt ist*, müßt ihr dienen. Wer dadurch zum Betrüger wird, der ladet ein schweres Gewissen auf sich, und es geht ihm hernach in seiner eigenen Haushaltung gemeiniglich nicht gut. Die Pächte und Gaben müßt ihr ehrlich abgeben, nicht das Schlechteste aussuchen, sondern *gerade durch, wie ihr's habt*, hingeben. Eure Güter, als Äcker, Wiesen und Gärten, müßt ihr nicht heimlich, ohne Vorwissen der Obrigkeit vergrößern noch eure Grenzen verrücken und weiter machen zum Schaden dessen, der an eure Äcker oder Wiesen und Gärten grenzt. Gott hat in seinem Worte einen Fluch darauf gesetzt und will den nicht ungestraft lassen, der *seine Gebote* verachtet.

Ein Ackermann war der Untertan eines Edelmannes, der im Kriege diente und in vielen Jahren nicht zu Hause kam. Die alte Mutter des Herrn wirtschaftete indes und hatte einen Meier, der war des Ackermanns Bruder. Diese beiden wurden eins, die Herrschaft zu betrügen. Der Ackermann pflügte alle Jahre, wo er am herrschaftlichen Acker grenzte, etwas Land ab, und den Grenzpfahl von den Wiesen, die an seine Wiese stießen, schlug er alle Jahre einen Schritt weiter. Als er aber einst an der Wiese Weiden köpfte, fiel er mit der Leiter um und fiel auf den Grenzpfahl, den er dahin verrückt hatte; die Rippen waren entzwei, und er litt große Schmerzen. Da ließ er den Prediger kommen und bekannte ihm die Sache, daß er just auf den verrückten Grenzpfahl hätte fallen müssen, der *sonst nicht da gestanden*, wenn er ihn nicht *so weit* verrückt gehabt hätte. Er starb, und der Meier ward hart gestraft und als ein Schelm und Betrüger auf die Festung gefangen gesetzt.

Ihr müßt auch nicht mehr Freiheiten und Recht begehren, als wie euch zukommen. Wenn ihr etwa selbst kein Holz habt und die Herrschaft gestattet euch das Holzlesen und Aufraffen dessen, was abfällt, so müßt ihr nichts abhauen; denn das kommt euch nicht zu. Ihr müßt nicht weiter schreiten, als eure Erlaubnis geht, sonst seid ihr straffällig. Denn wie wollte sonst die Herrschaft sorgen können, daß beständig das Holz im Stande bliebe, sowohl für die jährlichen Einkünfte abzugeben, als zum Bau und zur nötigen Feuerung für sie und *für euch auf immer* zuzureichen. Wenn aber ein jeder hauen könnte, was ihm gefiele, so würde ein jeder nach dem Besten greifen, und keiner würde ans Sparen denken. Endlich würde alles Holz ausgehen, und die Herrschaft mitsamt den Untertanen würde Holz kaufen müssen.

Aber, Kinder, man kann auch gewisse Arten von Bäumen verderben, daß sie unbrauchbar werden, ohne daß man sie abhaut. Z. E.: Wenn man an den jungen Fichten, Tannen und Kiefern nur die Äste abschneidet oder verhaut, so wird nimmer ein starker Stamm daraus. Denn der Saft dringt aus dem Hiebe, und der Baum hört auf zu wachsen. Andere laubtragende Bäume vertragen das Abhauen der Zweige besser, und die meisten wilden Bäume können auf diese Weise sehr gut, wo das Holz selten ist, genutzt werden.

Auch bei der Holzwirtschaft ist die Sparsamkeit vortrefflich. Das hölzerne Geräte in acht genommen, nach den Gebäuden zu rechter Zeit gesehen, die Gehege verwahrt, die Höfe mit steinernen Mauern zugemacht, weniger Backöfen gehalten, die nötigen Backöfen nach bessern Verhältnissen gebaut und mit Sparsamkeit geheizt, die Stuben öfters nicht zur Ungebühr heiß gemacht: so kann viel Holz gespart werden. Es ist aber nicht genug, wenig Holz zu verbrauchen, sondern man muß auch wieder viel anlegen, weil es sonst doch alle wird. An den Gehegen, Gräben und wüsten Orten sind immer Gelegenheiten, Holz zu pflanzen oder Holzsamen zu säen. Es ist löblich, lieben Kinder, auf solche Weise wohltätig zu sein. Denn wer einen Baum pflanzt, der tut auch nach seinem Tode der Welt Gutes. Von seiner Frucht oder in seinem Schatten wird einmal einer gelabt oder erfrischt und segnet dafür den, der den Baum pflanzte! Sehr nützlich sind daher diejenigen Leute, die Gefallen an der Gärtnerei haben und Obstbäume pflanzen, auch durch Pfropfen und Okulieren oder Einimpfen die wilden Stämme verbessern. Seht, Kinder, fast ein jeder, der auf dem Lande wohnt, hat einen Garten und könnte nützliche Bäume darin haben, wenn er wüßte damit umzugehen. Ein Baum trägt oft viel ein und braucht nur einen kleinen Platz.

Ein Bauer hatte einst vielen Schaden gelitten an seinem Vieh und brauchte 30 Taler, um sich wieder Vieh anzuschaffen. In seinem Garten standen zwei große Apfelbäume von der Art, die man Borsdorfer nennt, die hatte noch sein Vater gepflanzt. Seit einigen Jahren hatte der Bauer viel Fleiß an die Bäume gewendet, weil einmal der Prediger von dem Nutzen der Obstbäume mit ihm geredet hatte. Er hatte das schlechte Holz ausgehauen, die Raupennester vertilgt und die Bäume gedüngt. In dem Jahre, da es dem Bauer so schlecht ging, fingen die Bäume wieder an zu tragen und brachten über zwölf Scheffel große, schöne Äpfel. Sie waren nicht überall geraten und waren deswegen so teuer, daß der Bauer jeden Scheffel um 2 Reichstaler und 16 Groschen verkaufen konnte.

Seht, so halfen ihm ein paar gut gewartete Bäume durch Gottes Segen aus der Not.

Lieben Kinder, Obstbäume sind alle sehr nützlich. Aber die Obstbäume werden endlich alt und sterben ab. Junge Bäume müssen an ihre Stelle gesetzt werden. Diese kann man entweder kaufen oder selbst aufziehen. Wer daher einen Winkel im Garten hat, der säe im Frühjahre Kerne von allerlei Obst in recht tief gegrabenes und von Unkraut reines Land auf kleine Beete, so daß jede Obstart besonders steht. Im andern Frühjahre werden diese Kernstämme in einen größern Raum verpflanzt, der eine

Baumschule heißt. Nach 3 bis 4 Jahren aber wird man schon diese Kernstämme entweder mit andern guten Obstarten von derselben Gattung im Frühjahr pfropfen oder im Sommer einimpfen (okulieren) können. Dergleichen gepfropfte oder eingeimpfte Stämme sind nun sehr verbessert; denn wenn sie angewachsen, bis auf das gute Reis ausgeputzt sind und 6 bis 7 jährig geworden, so werden sie an ihren beständigen Ort im Frühjahr verpflanzt und an einen Pfahl gebunden, da sie dann wohlschmeckendere Früchte tragen, als wenn sie nicht verbessert worden wären.

Beides, sowohl Pfropfen als Einimpfen, könnt ihr am besten lernen, wenn ihr zusehet, wie ich es euch vormache, und euch dann so lange an abgeschnittenen Weidenstöcken übet, bis ihr die Vorteile verstehet und euch die Handgriffe hinlänglich bekannt gemacht habt. Alles Nützliche aber, was man gelernt hat, muß man auch üben, sonst wird es vergessen.

Geliebte Kinder, die ihr jetzt, als die ältesten an Jahren, die Schule zu verlassen im Begriffe seid — wenn euch gleich mein Unterricht genutzt hat, so würde doch dieser Nutzen wieder verschwinden, wenn ihr nicht oft wieder an alles das dächtet, was ich euch gelehrt habe. Nachdenken und Üben allein können das Gelernte der Vergessenheit entziehen. Eure Jugend ist eine gefahrvolle Zeit, wenn euch Weisheit mangelt. Versäumet daher keine Gelegenheit, wo ihr an etwas Gutes erinnert werdet: die Predigt über göttliche Wahrheiten, das Forschen in der Bibel nach dem Willen Gottes und ein herzliches Gebet zu Gott um Weisheit und Kraft zum Guten, die euch nach Inhalt des Verses:

So tue nur, o Mensch, das *Deine*,
Gewiß wird Gott das *Seine* tun

nicht fehlen wird.

Seht, lieben Kinder, das sind Gelegenheiten, die ihr nicht versäumen dürft, das sind Mittel, die euch die Absicht oder den Endzweck gut zu werden, erreichen helfen. Und wer den Endzweck will, muß auch die Mittel wollen.

Gott, von dem alle Weisheit kommt, *dir* empfehl' ich diese Kinder. Amen!

Der
Kinderfreund
oder
erster Unterricht im Lesen und bei dem Lesen

von

Friedrich Eberhard von Rochow
auf Reckahn.

Neueste, verbesserte, einzig rechtmäßige und wohlfeilste Ausgabe.

Mit Königl. Preuß. und Kurfürstl. Sächs. Privilegio.

Brandenburg,
in der Leichschen Buchhandlung
1805.

Preis 2 1/2 Groschen.

Privilegium.

Nachdem bei Seiner Königl. Majestät von Preußen, Unsern Allergnädigsten Herrn, der Buchhändler Leich zu Brandenburg angezeigt hat, daß er zum Druck und Verlag eines von ihm unter dem Titel:

Der Kinderfreund oder erster Unterricht im Lesen und bei dem Lesen von Friedrich Eberhard von Rochow

herausgegebenen Buchs zu ungekränkter Erhaltung seines Eigentums eines ausschließenden Privilegii bedürfe, und um dessen Erteilung von ihm gebeten, diesem Gesuch auch in Betracht der anerkannten Nutzbarkeit des Buchs in Gnaden stattgegeben worden: Als wird dem Buchhändler Leich hiermit für sich und seine Erben das gebetene Privilegium dergestalt erteilt, daß außer ihm und seinen Erben niemand sowohl in unserm Königreich Preußen als auch in allen Unsern übrigen Landen und Provinzen erwähntes Buch innerhalb der nächsten zwanzig Jahre weder ganz noch zum Teil nachzudrucken, noch weniger diejenigen Exemplare, so etwa außer Unsern Landen von andern nachgedruckt und verlegt sein möchten, in Unsere Lande einzuführen und daselbst heimlich oder öffentlich zu verkaufen und zu verhandeln befugt, sondern solches bei Konfiskation aller Exemplarien wie auch Fünfzig Taler Geldstrafe, wovon die Hälfte Unserm Fisko, die andere Hälfte aber dem Impetranten und dessen Erben zu entrichten, gänzlich verboten und nicht zugelassen sein soll.

Seine Königl. Majestät wollen auch für sich und Dero Nachkommen den gedachten Buchhändler Leich und dessen Erben beregte Zeit der zwanzig Jahre über hierbei allergnädigst schützen, handhaben und erhalten.

Dahingegen ist der Buchhändler Leich nebst seinen Erben bei Verlust dieses Privilegii schuldig und gehalten, gedachtes Buch nicht nur um einen billigen Preis zu verkaufen, sondern auch von jeder Auflage desselben, sobald solches abgedruckt ist, drei Exemplare an Unser Lehnsarchiv und die gewöhnlichen Exemplarien an die Königl. Bibliothek abzuliefern. Getreulich ohne Gefährde; jedoch Seiner Königl. Majestät und männiglich von seinen Rechten ohne Schaden. Urkundlich unter dem größeren Lehnssiegel.

So geschehen und gegeben zu Berlin, den 23. November 1802.

(L. S.)

Königl. Preuß. und Kurfürstl. Brandenburg.
Lehns-Departement.

Vorbericht.

Der Gebrauch dieses Kinder-Lesebuchs kann sehr allgemein sein, weil nichts darin steht, was angenommenen Meinungen widerspricht oder sie besonders begünstigt.

Aus Achtung für die jetzt weit gebildetern Lehrer als zur Zeit der ersten Ausgabe des Kinderfreundes steht unter diesen Geschichten keine Nutzanwendung oder Lehre. Denn es ist gut für Lehrer und Kinder, diese selbst zu entwickeln und zu finden.

Auch konnte dadurch die Ausgabe wohlfeiler werden, wenn das Kind den Verstand des Lehrers nicht mitzulaufen nötig hat.

Zeit-, Nenn- und Beiwörter, die in den Geschichten enthalten sind, muß der Lehrer den Kindern erklären. Er wird daher wohl tun, sich solche vor der Schule aufzuzeichnen und zu überdenken, was er selbst damit für einen Begriff verbindet, und wie er den Kindern diesen mitteilen will.

Zur Übung des Achtgebens oder der Aufmerksamkeit muß ein Kind laut, aber langsam und deutlich lesen. Die andern lesen stille mit. Da nun außer der Reihe bald ein anderes Kind zum Lautlesen aufgerufen wird, so müssen sie alle achtgeben und aufs Wort merken.

1. Das Kind.

Ein Kind ist ein kleiner Mensch. Solange das Kind klein und schwach ist, versorgen es die Eltern. Stirbt es nicht jung, so wird es älter, größer und stärker und muß endlich sein Brot selbst verdienen. Wer sein Brot selbst verdienen soll, der muß viel Nützliches können. Aber was man nicht lernt und übt, das kann man nicht. Das Kind muß also in der Jugend viel Nützliches lernen, damit es sich und andern Vorteile schaffen kann, wenn es älter und größer wird. In der Schule kann das Kind viel Nützliches lernen. Das Kind muß also gern in die Schule gehen, weil es sein eigener Vorteil ist.

2. Was kann man in der Schule lernen?

In der Schule lernt man achtgeben, die Dinge um uns her kennen und mit ihrem rechten Namen benennen, unterscheiden, oder die Verschiedenheiten der Dinge bemerken, vergleichen, das ist Ähnlichkeiten, oder was Dinge miteinander gemein haben, entdecken, deutlich sprechen, deutlich lesen, deutlich schreiben, aus dem Kopf und auf der Tafel rechnen, was der Mensch ist und werden soll, verstehen. Auch manche nützliche Handarbeit als Spinnen, Nähen und Stricken kann man in der Schule lernen, damit keinen die Langeweile plagt, wenn er alt oder sonst wegen eines Schadens mit der gewöhnlichen Arbeit nicht fort kann.

3. Natur.

Die Dinge um uns her sind von vielerlei Art und Beschaffenheit. Es ist sehr nützlich, sie zu kennen und ihre Namen zu wissen. Da gibt es Menschen, Tiere, Bäume, Pflanzen, Steine, Wasser, Erde, Luft, Sonne, Mond und Sterne. Alles zusammen heißt mit einem Wort Natur.

4. Der Mensch oder Leib und Seele.

Was äußerlich am Menschen ist, das kann man sehen als seine Glieder, seine Gestalt, seine Farbe. Was aber inwendig ist, sieht man nicht so leicht als Lunge, Herz, Leber und Magen. Alles dieses muß notwendig unbeschädigt sein, wenn der Mensch gesund ist. Wie nun durch die Zusammenwirkung dieser Teile das Leben erhalten und der Mensch viele Jahre hindurch Nahrung und Kräfte bekommt, das ist höchst bewunderungswürdig eingerichtet. Erkältung oder kalter Trunk auf Erhitzung bei der Arbeit oder sonst Unmäßigkeit können aber diesen Bau vor der Zeit zerstören. Denn durch Erkältung stocken die Säfte in den feinsten Gefäßen, werden dort verdorben und teilen ihre Fäulnis dem ganzen Körper mit. Und durch Überladung und Unmäßigkeit jeder Art verlieren die inwendigen Hauptteile ihre nötige Wirksamkeit. Wer also diese Feinde seiner Gesundheit zu vermeiden weiß, der wird seltener krank und unmutig. Aber im Körper ist noch etwas, das vergleichen, unterscheiden, rechnen und sich so oder anders entschließen kann. Dieses nennt man den Geist oder die Seele des Menschen. Sie ist völlig unsichtbar; aber daß sie da ist, sieht man alle Augenblicke an sich und andern. Beides zusammen macht den Menschen aus. Auch die Seele kann krank werden wie der Körper.

5. Gesundheit des Körpers.

Wer alle seine Glieder gebrauchen, alle Speisen vertragen kann und gut schläft, dem wird die Arbeit eine Lust, und die Witterung schadet ihm nicht leicht. Einen solchen Menschen nennt man gesund.

6. Krankheit des Körpers.

Wen es im Magen drückt, wenn er gegessen hat, und der Kopf schmerzt, wer nicht ruhig schläft, nicht gern sich beweget, weil ihm die Glieder wehe tun, oder wer die freie Luft nicht vertragen kann, ohne Husten und Schnupfen zu bekommen, dabei er bald innerlichen Frost und bald Hitze fühlt, der ist krank.

7. Die Erkältung.

Kunz war leichtsinnig und nahm nicht gern gute Lehren an. Einst hatte er an einem schwülen Tage sich im Laufen sehr erhitzt. Ein kühler Gewitterregen erfolgte und nun stellte sich Kunz, der seinen Rock ausgezogen hatte, unter den Torweg in die Zugluft. Sein Herr warnte ihn vor der unausbleiblichen Verkältung; aber Kunz meinte, das wäre eine Kleinigkeit für ihn; er könne alles vertragen. Den Abend hatte er schon den Schnupfen und war so heiser, daß er nicht laut reden konnte. Sein verständiger Herr wollte ihn nun viel warmen Fliederblumentee trinken und früh zu Bette gehen lassen, damit durch die hergestellte Ausdünstung (denn Verkältung ist nichts anders als gehemmte Ausdünstung) die größere Gefahr vermieden werde. Aber Kunz sprach: „Der Schnupfen wäre eine Kleinigkeit; der Hals würde sich schon von selbst wieder geben." Und war so wenig dazu zu bewegen, daß er vielmehr noch den Abend ausging und spät nach Hause kam. Aber am andern Morgen war er auf eine unruhige Nacht träge und hatte unleidliche Kopfschmerzen.

Nachmittags trat mit einem Ekel am Essen das Fieber ein; der Hals ward entzündet und am vierten Tage starb Kunz an der Bräune oder der Entzündung des Halses. Die Verkältung war also keine Kleinigkeit.

8. Unmäßigkeit.

Karl war hungrig und aß einmal soviel frisch gebackenes, warmes Brot, daß er lange davon krank wurde. Da konnte er weder essen noch schlafen; der Kopf tat ihm weh, und es drückte ihn, wie ein Stein im Magen; auch war er immer verdrießlich und konnte nicht wie die andern Kinder froh sein. Dabei sah er ganz gelb im Gesichte und sein Leib war dick und hart. Hätte nicht beizeiten ein verständiger Arzt ihm geholfen, so hätte er leicht an den Folgen dieser Unmäßigkeit sterben können.

9. Ich möchte gern wieder gesund werden.

Peter wollte gern wieder gesund werden. Da fragten die Eltern einen verständigen Arzt um Rat. Dieser verordnete ihm Arzeneimittel, die Peter einnehmen sollte. Dabei sagte der Arzt auch, was Peter tun und unterlassen müßte, wenn er bald wieder gesund werden wollte. Peter folgte der Vorschrift des Arztes in allen Stücken, und so ward er wieder gesund.

10. Der Ungeduldige.

Klaus war krank, und die Krankheit endigte sich mit einem Ausschlag an der Haut. Ein verständiger Arzt, der ihn besuchte, riet ihm, sich etliche Tage ruhig zu halten und vor Erkältung[1]) zu hüten, und das Empfindliche des Ausschlages, wodurch die Krankheit gehoben würde, geduldig zu ertragen, ohne es durch Kratzen und Reiben zu vermehren. Aber Klaus folgte diesem guten Rate nicht; er erkältete[2]) sich und kratzte sich allenthalben wund. Dadurch wurden die Schmerzen vermehrt, und er ward immer ungeduldiger. Endlich schlug durch die oftmalige Erkältung[3]) der Ausschlag zurück, und Klaus mußte unter großen Schmerzen sterben.

11. Der ordentliche Kranke.

Wilhelm hatte einstmal das Fieber von schlechter Verdauung. „Wollt ihr nicht zu der weisen Frau schicken?" sprach diese, „oder zu dem Marktschreier?" sprach jene unverständige Frau. Hans brachte einen Mann, der Arzenei herumtrug, ins Haus, von diesem sollte Wilhelm Bergöl kaufen und einnehmen. Einer riet gar, sich von einem Hexenmeister das Fieber verschreiben zu lassen, und was dergleichen Torheiten mehr waren. Aber Wilhelm sagte: „Nein, das tu ich nicht; meine Gesundheit ist mir lieber. Es ist nicht genug, das Fieber los zu werden; man muß auch nachher keine schlimmere Krankheit bekommen, als das Fieber selbst ist. Ich will zum Prediger gehen, und was mir der raten wird, das will ich tun." Dieser war ein verständiger

---

[1]) Ausgabe 1796 und 1798: Verkältung.
[2]) Ausgabe 1796 und 1798: verkältete.
[3]) Ausgabe 1796 und 1798: Verkältung.

Mann, und für wenige Groschen Arzenei ward die Ursach des Fiebers aus dem Leibe geschafft: und da hörte das Fieber als die Wirkung von selbst auf. Denn ohne Ursach ist keine Wirkung.

12. Von Seelenkrankheiten.

Ein Kind fragte seinen Lehrer, was Seelenkrankheit sei? Und dieser antwortete folgendes:

„Wie der Körper seine Krankheiten hat, so gibt es auch Seelenkrankheiten, die ich dir nennen und in der Folge beschreiben will.

Die erste ist Unwissenheit,
die zweite ist Trägheit,
die dritte ist Unachtsamkeit,
die vierte ist Unzufriedenheit,
die fünfte ist Neid,
die sechste ist Unverträglichkeit,
die siebente ist Habsucht (haben wollen),
die achte ist Ungeduld,
die neunte ist Schadenfreude.

Wer mehr oder weniger davon an sich hat, dessen Seele ist krank, weil ihm nicht wohl zumute ist. Auch für diese Seelenkrankheiten gibt es Rat und Hilfe. Doch besser ist, nicht krank an der Seele oder doch so geschwind als möglich wieder gesund zu werden."

13. Michel.

Michel war nicht in die Schule gegangen, konnte nicht lesen, was gedruckt oder geschrieben war, verstand oder behielt nicht, was ihm die Leute sagten, mochte nicht gern arbeiten und machte nichts recht. Als Michel größer und stark wurde, da starben ihm seine Eltern. Nun wollte Michel sich vermieten. Er ging also zu einem Herrn und bot sich um das gewöhnliche Lohn als Knecht an. „Was kannst du denn?" fragte der Herr. Michel sprach: „Ich kann essen und schlafen, und die Knechtsarbeit will ich bei euch lernen." „Nein," sagte der Herr, „die mußt du schon können oder ohne Lohn dienen." Wollte Michel nun nicht hungern, so mußte er einige Jahre ohne Lohn dienen, und die Arbeit ward ihm sehr schwer, weil er nicht von Jugend auf daran gewöhnt war.

14. Die Langeweile.

Michel fiel auf dem Eise, verrenkte sich das Knie und mußte lange zu Hause bleiben, bis er wieder fort konnte. Sonst war er gesund; aber die Langeweile plagte ihn; denn er konnte sich mit nichts beschäftigen. Da bat er die Leute, sie möchten ihm doch etwas erzählen; aber sie hatten wegen ihrer Geschäfte dazu weder Lust noch Zeit.

„Ach könnte ich doch spinnen oder stricken!" sagte Michel, „wie gut wäre das!"

15. Die beiden Schulkinder.

Zwei Schulkinder kamen aus der Schule und fragten einander, was sie für ein Spiel spielen wollten. Karl, der der Älteste, aber nicht der Klügste war, sprach: „Komm, wir wollen auf das große Eis gehen und glitschen." Der kleine Wilhelm war klüger und sagte: „Karl, dahin gehe ich nicht mit. Es hat erst wenige Tage gefroren. Ich habe noch keinen großen Menschen auf dem Eise gesehen. Du kannst ins Wasser fallen." Doch Karl nahm seinen Anlauf. Als er auf die Mitte kam, da brach das Eis; er kam zu Schaden, und kaum war er mit großer Mühe noch gerettet.

16. Die Lügnerin.

Liese ward von ihrer Mutter in den Garten geschickt, um von einem niedrigen Kirschbaum etliche Kirschen für ihren kranken Bruder zur Erquickung zu holen. In diesem Jahre waren die Kirschen selten, und man hob sie bloß für die Kranken auf. Die Mutter hatte daher es Liesen verboten, nicht davon zu naschen. Als Liese wiederkam, fragte die Mutter danach, und Liese versicherte, sie hätte keine Kirschen gegessen. Als sie aber den Mund auftat, da war von den gegessenen Kirschen Mund und Zunge rot gefärbt, und die Mutter strafte sie wegen ihrer Lügen.

17. Klaus und Fritze.

Klaus war leichtsinnig und unachtsam; Fritz aber dachte nach und gab auf alles acht. Einst ging Klaus aus der Stadt nach Hause, und eine Weile darauf kam Fritz denselben Weg. Da fand Fritz einen schönen Ring. Vor dem Dorfe lag Klaus unter einem Baum und schlief. Fritz weckte ihn und erzählte ihm sein Glück. Da rieb sich Klaus die Augen, gähnte und sprach: „Den hätte ich auch finden können; denn gewiß hat ihn der Herr verloren, der mir vor der Stadt begegnete." „Warum hast du ihn denn nicht gefunden?" antwortete Fritz. „O!" sagte Klaus, „wer kann auf alles acht geben!" Fritz machte darauf bekannt, daß er den Ring gefunden habe, und erhielt von demjenigen, welchem er gehörte, 10 Taler zum Geschenk.

18. Die Mutter und das Kind.

Der kleine Wilhelm bat seine Mutter um Brot; da entstand unter ihnen folgendes Gespräch:

Die Mutter. „Ja, mein Sohn, ich will es dir geben; aber weißt du wohl, von wem das Brot herkommt?"

Wilhelm. „Ihr habt es gebacken, liebe Mutter."

Die Mutter. „Ja, ich nahm Mehl und Wasser, rührte es, säuerte mit Sauerteig, daß es aufging, und knetete den Teig; alsdann war Holz nötig, den Backofen zu heizen, und als dieser gehörig warm war, da backte ich den Teig, und es ward eßbares und gesundes Brot. Sieh, mein liebes Kind, soviel gehört dazu, damit aus Mehl Brot wird. Aber wo kommt denn das Mehl her?"

Wilhelm. „Aus Korn. Der Müller mahlt es auf der Mühle."

Die Mutter. „Wo kommt denn das Korn her?"

Wilhelm. „Das wächst aus der Erde. Mein Vater hat es gesät."

Die Mutter. „Nicht allein gesät, sondern dein Vater hat erst das Land gepflügt, gedüngt, dann den Samen hineingesät und ihn untergepflügt oder eingeeggt. Ist aber nun alles geschehen, mein Sohn?"

Wilhelm. „Nein, liebe Mutter, mein Vater hat das Korn gemäht, geharkt, eingebunden, in die Scheune gebracht und ausgedroschen."

Die Mutter. „Ganz recht, mein Sohn. Aber wer hat es denn gemacht, daß der Same aufging und fortwuchs? Wer gab dazu Tau und Regen? Und wer ließ die Sonne scheinen, damit das Korn reif werden konnte? Wer gab Gesundheit und Sicherheit zu unserer Arbeit? Wer beschützte unser Haus und Feld vor verderblichem Wetter? Dieses alles konnte weder dein Vater noch sonst irgend ein Mensch. Aber sieh', mein Kind, alle Menschen haben einen großen, unsichtbaren Vater, der sie sehr lieb hat und für sie sorget. Gott ist sein Name. Dieser Gott oder dieser unsichtbare Vater, tut zu unserm Besten, was wir Menschen nicht tun können, weil wir zu schwach dazu sind. Unser Leben und alles Gute, was wir haben, das haben wir von ihm. Auch dieses Brot hättest du nicht, mein Kind, wenn Gott es nicht täte. Er verlangt von uns für alle diese Wohltaten nichts, als daß wir ihn durch Gehorsam ehren, lieben und uns über ihn freuen sollen. Wenn du willst, will ich dir künftig noch mehr von Gott erzählen. Erinnere mich daran."

Wilhelm. „O ja, liebe Mutter, das will ich gern tun!"

19. Leckermaul.

Leckermaul war von seinen Eltern verzärtelt worden. Er aß dies und jenes nicht. Er tadelte das Essen und stiftete dadurch viel Böses unter seinem Mitgesinde, so daß die Speisen, die wohl hätten können mit Danksagung gegen Gott gegessen werden, oft verachtet wurden und stehen blieben. Er aber kaufte sich Semmel oder Kuchen und Kaffee und verbrachte damit liederlich seinen Lohn. Lange blieb er auch nicht bei seinem Herrn, sondern ward bald abgedankt, weil er allenthalben Verdruß anrichtete. Als einst eine Teurung kam, bettelte Leckermaul aus Not vor der Tür einer gewissen Herrschaft, deren Essen er oft verachtet hatte, und erhielt mit Mühe ein Stück schimmlichtes[1]) Brot.

20. Der Baumverderber.

Hans tat gern unnütze und böse Dinge. Wenn er die Pflugeisen von der Schmiede holte und unterwegs einen jungen Baum sah, so wagte er sich daran und probierte die Eisen, ob sie scharf waren. Der Herr des Dorfes hatte zwei Reihen Obst- und Maulbeerbäume an den Weg setzen lassen und sah immer mit Verdruß, daß sie beschädigt waren. Er ließ daher solange auflauern, bis Hans dabei betroffen wurde.

---

[1]) Ausgaben 1796 und 1798: schimmlicht.

Er ward empfindlich gestraft und mußte seinen halben Lohn daran wenden, die beschädigten Bäume zu bezahlen. Da sagte er: „Ich habe nicht allein Schaden getan, andere haben auch Bäume beschädigt." Darauf antwortete der Herr: „Aber dich haben wir bei Beschädigung der Bäume angetroffen, die andern nicht. Hast du andere gesehen, welche die Bäume beschädigen, so hättest du es angeben, aber nicht nachmachen müssen."

21. Die ungleichen Brüder.

Karl ehrte seine Eltern; denn er gehorchte ihnen und hütete sich sorgfältig, ihnen Verdruß zu machen. Klaus tat aber, was ihm gut dünkte, schlug alle guten Lehren seiner Eltern und Lehrer in den Wind und machte, weil er unverständig handelte, seinen Eltern manches Herzeleid.

Als sie beide groß wurden, bekam Karl einen guten Herrn, bei dem er Brot hatte. Er heiratete ein fromme und fleißige Frau, mit welcher er vergnügt lebte.

Klaus aber blieb grob, dumm und faul. Er bekam aber immer den schlechtesten Herrn; denn kein guter Herr konnte ihn leiden oder mochte ihn behalten. Als er alt wurde, da bettelte er vor Karls Tür.

22. Der kleine Dieb.

Der kleine Peter hatte oft seinen Eltern und Geschwistern Kleinigkeiten an Eßwaren und andern Sachen weggenommen. Als ihn endlich seine Mutter darüber betraf, sagte sie es dem Vater, und sie wurden eins, deswegen das böse Kind hart zu züchtigen. Da nun Peter sehr weinte und vorwenden wollte, er hätte ja nur eine Kleinigkeit weggenommen, so sagte der verständige Vater: „Eben darum strafe ich dich hart, damit du nicht bei Kleinigkeiten lernest, Dinge von größerem Werte stehlen, und endlich am Galgen sterben müssest."

23. Das Bild oder der Schein betrügt.

Wilhelm sah in einem Teiche bei stillem Wasser das leuchtende Bild der Sonne. „Vater," sprach er, „kommt eilig in den Garten, es ist ein großes Feuer in dem Teiche." Der Vater lachte und ging mit ihm hin. „Seht ihr nicht, Vater, wie es brennt?" rief Wilhelm. „Ich sehe es wohl, mein Sohn," sprach der Vater, „aber das ist das Bild der über uns stehenden Sonne, welche sich im Wasser spiegelt. Doch ich will dich überzeugen, daß es kein Feuer ist." Darauf nahm er eine lange Stange und hielt sie eine Weile in den Widerschein der Sonne, und als er sie herauszog, da mußte Wilhelm sie anfassen und fand sie naß und kalt. Als sie zurückkehrten, da verwunderte sich Wilhelm, wie es so feurig hätte aussehen können, da es doch kein Feuer wäre. „Mein Sohn," sprach der Vater, „das Bild der Sonne ist nicht die Sonne selbst; dein Bild im Spiegel bist du nicht selbst; denn zwischen dem Bilde und dem Abgebildeten ist ein großer Unterschied. Das Bild ist nicht die Sache selbst, der es ähnlich sieht. Der Schein betrügt oft, und darum brauchst du den Unterricht erfahrener Leute, damit du lernest, nicht gleich einem jeden Anschein zu trauen, sondern durch den Verstand die Dinge zu prüfen."

24. Die Mausefalle.

Eine alte und eine junge Maus liefen um eine Mausefalle von Eisendraht herum und rochen den Speck, der darin war. Die alte versuchte lange, zu dem Speck zu kommen, ohne in die Mausefalle zu kriechen; denn es schien, als ob sie eine Gefahr dabei besorge. Als es aber nicht anging, da lief sie weiter. Allein die junge Maus bedachte sich nicht lange, sondern kroch hinein, als sie oben eine Öffnung fand und fraß den Speck begierig auf. Als sie satt war, da wollte sie ihre Freiheit suchen; aber diese war verloren, und sie war gefangen.

25. Das Vogelnest.

Karl nahm alle Vogelnester um das ganze Dorf her aus, fing die Alten bei dem Neste und quälte dann die Vögel, bis sie tot waren. Dadurch gewöhnten sich alle Vögel von dieser Gegend weg, und im Frühjahr, da sonst durch den Gesang der Vögel alles erfreut ward[1]), war es bei diesem Dorfe traurig und stille. Aber es gab auch soviel Raupen und Gewürm daselbst, daß die Leute kein grünes Blatt behielten, also von ihren Bäumen kein nützliches Obst bekamen.

26. Von Nahrungsmitteln.

Eine Frau, die entweder geizig oder unverständig oder sehr arm war, gab ihren kleinen Kindern nichts als Mehlsuppe oder Erdtoffeln ohne genugsames Salz zu essen. Da bekamen die Kinder blasse Gesichter und dicke Leiber, und eins starb nach dem andern hin. Als sie nun über ihren Verlust einstmals sehr weinte, da sagte ihr ein verständiger Mann, der es wohl wußte. „Ach," antwortete sie ihm, „wie weiß unser einer das? Und dann ist das Salz teuer. Erdtoffeln in der Asche gebraten und Mehlsuppe ist bald gemacht, und man wird doch auch satt davon." „Liebe Frau," sprach der verständige Mann, „Sattwerden ist nicht die Hauptabsicht des Essens, sondern dadurch genährt und gestärkt zu werden. Und beides würde besser geschehen sein, wenn Ihr Euren Kindern, je öfter je lieber, zwischen den Erdtoffelmahlzeiten auch hättet bloße gesalzene Brotsuppen und Buttermilch mit Brot essen lassen, oder die vortrefflichen, gesunden gelben Rüben statt der Erdtoffeln zur gewöhnlichen Kinderspeise gewählt hättet. Gewiß, Eure Kinder lebten noch und blühten wie die Rosen. Denn es ist nicht alles gesund, was man essen kann, nicht zu allen Zeiten dasselbe, und manches hört nur auf schädlich zu sein durch die Verbindung, in welcher es genossen wird."

---

[1]) Ausgabe 1796 und 1798 „wird".

„Nun," sprach die Frau, „wenn ich wieder Kinder bekomme, will ich's doch auch so machen."

27. Allzuviel ist ungesund.

Wenn Michael auf eine Hochzeit oder ein anderes Fest eingeladen war, so aß und trank er soviel, daß er Sinne und Verstand verlor und hernach krank wurde. Während des Trinkens, ehe er völlig betrunken war, fing er mit den Leuten allerlei Händel an, so daß er noch ohnehin braun und blau geschlagen nach Hause getragen wurde. Denn er glaubte, das hieße einen Ehrentag feiern und sich recht lustig machen, und darum würde so gut Essen und Trinken aufgetragen, damit ein jeder sich krank essen und um den Verstand trinken sollte. Aber Michael hatte auch wenig Gutes von seinen Eltern und in der Schule gelernt, und kein verständiger Mensch war gern in seiner Gesellschaft.

28. Die neidische Nachbarin.

Eine Bauernfrau hatte ein trefflich Ackergut und Vieh so gut als einer im Dorfe, und doch gönnte sie keinem Menschen etwas Gutes. Des Abends, wenn das Vieh zu Hause kam, stellte sie sich in die Haustür und ärgerte sich, wenn eine gute Kuh vorbeiging, die dem Nachbar gehörte. Wenn sie auf dem Felde guten Flachs sah, so sprach sie: „Ich weiß nicht, wie es die Leute machen. Ihnen gerät alles und mir gelingt nichts." Gleichwohl gewann sie dabei nichts, schadete sich vielmehr. Denn weil sie sich immer ärgerte und zankte, war sie auch beständig kränklich und starb in ihren besten Jahren am Gallenfieber, als einst des Schulzen Frau von einem entfernten Verwandten hundert Taler geerbt hatte.

29. Der Selbstbetrug.

Zwei Frauen, die sich seit langer Zeit gram gewesen waren, begegneten sich an einem Brunnen, und jede wollte zuerst Wasser schöpfen. Denn jede behauptete, ihr Vieh könne keinen Augenblick länger warten. Hierüber gerieten sie in ein langes heftiges Gezänke und mußten endlich unter dem Gelächter aller Nachbarn von ihren Männern auseinander gebracht werden. Das Vieh, um welches sie so besorgt gewesen, hatte indes stundenlang Durst leiden müssen.

30. Der Heuchler oder Augendiener.

Klaus diente bei einem Herrn, der, weil er noch andere Geschäfte hatte, nur zuweilen und nicht alle Stunden nach seinen Leuten sehen konnte. Diese Stunde merkte sich Klaus. Wenn er nun wußte, daß sein Herr kommen würde, dann arbeitete er, als wenn er sich tot arbeiten wollte. War der Herr weggegangen, so ließ er die Arbeit liegen und tat unnütze Dinge. In der Kirche stellte er sich fromm an, seufzte und weinte. Aber heimlich übte er die liederlichsten Streiche aus. Sein Herr hielt ihn lange für einen treuen Diener; denn Klaus sprach oft mit ihm davon, daß es unrecht sei, faul und untreu zu sein, und klagte über die andern, wieviel er seiner Treue wegen von ihnen leiden müßte. Einst betraf ihn sein Herr unversehens über einen wichtigen Diebstahl, und als er gefangen gesetzt wurde, da kamen alle seine bösen Streiche an den Tag. Er ward doppelt gestraft.

31. Der böse Knecht.

Hans war von schlechten Eltern erzogen und kam in der Jugend zu einem liederlichen Herrn, der auf das Seinige nicht Achtung gab. Da ward er denn vollends liederlich.

Des Nachts lag er im Wirtshause, und des Tags schlief er auf dem Felde bei dem Pfluge, oder wo er sonst allein war. Das Vieh übertrieb und überjagte er. Aus der Stadt kam er stets betrunken, und so warm als das Vieh dann war, so warm brachte er es auch entweder an die Krippe oder ins Wasser. Sein Gespann bestand auch stets aus lahmen und blinden Pferden, und sein Herr verlor durch seine Liederlichkeit in kurzer Zeit das ganze Gespann Pferde. Endlich starb er selbst elend, arm und von niemand beklagt.

32. Der Furchtsame.

Ein Schornsteinfeger ging spät zurück nach der Stadt. Ihm begegnete Hans, den sein Herr mit Pflugeisen nach der Stadt geschickt hatte. Als nun beide an der Ecke eines Busches zusammentrafen, da erschrak Hans gewaltig; denn er war von seinen unverständigen Eltern wenig zur Schule gehalten worden und hatte daher von der Torheit und Schädlichkeit des Aberglaubens, und daß es durchaus und überall keine Gespenster und Hexen gäbe, nichts gehört. Er warf also das Pflugeisen eilig weg, sprang und lief, so schnell er konnte, über Gräben und Zäune nach Hause. Der Schornsteinfeger, der seiner Furcht spottete, nahm das Pflugeisen auf. Als Hansens Herr nach den Eisen fragte, waren sie nicht da. Und Hans hatte sich so erhitzt und so[1]) geängstigt, daß er ein Fieber bekam, wovon er beinahe gestorben wäre. Er blieb beständig dabei, er hätte ein schwarzes Gespenst gesehen. Nach einiger Zeit schickte des Schornsteinfegers Herr dem Bauern die Pflugeisen wieder. Die Geschichte kam an den Tag, und Hans ward von Kindern und Alten verlacht und seiner kindischen Furcht wegen verachtet.

33. Aberglauben.

Ein Bauer hinterließ ein schönes Ackergut und nur einen Sohn.

Als der Vater noch lebte, vermahnte er den Sohn oft zur Arbeit und sagte: „Hans, wer fleißig arbeitet, der hat Brot; aber der Faule muß darben.“ Doch Hans

---

[1]) In der Ausgabe von 1796 und 1798 fehlt: so.

ging lieber in die Schenke und hörte gern etwas Neues. Als der Vater tot war, da tat Hans vollends gar keine Ackerarbeit mehr, sondern kam nicht eher aus der Schenke weg, als bis er nach Hause zu Bette ging. Einst kam ein Bergmann in die Schenke, ein listiger Betrüger. Hans sprach und trank mit ihm. Da merkte denn der Bergmann bald, daß Hans dumm und unwissend sei. Er fing also vom Schatzgraben zu reden an und rühmte, daß er verschiedene Schätze wüßte. Das gefiel Hansen wohl. Er bezahlte einen Krug Bier nach dem andern für den Bergmann; und beim Trunk wurden sie recht vertraut. Da erfuhr Hans vom Bergmann, daß im nächsten Busch ein Schatz stünde. „Bruder!" sagte der Bauer, „wenn du ihn weißt, warum hast du ihn denn nicht schon gehoben?" „Ja," sagte der Bergmann, „das geht nicht sogleich. Ich bin arm, wenn ich dreiunddreißig Taler, drei Groschen und drei Pfennige in Gold, Silber und Kupfergeld hätte, womit ich den Schatz herauslocken könnte, dann wollte ich ihn gleich heben." „Bruder!" rief Hans voller Freude, „soviel habe ich eben in der Tasche und wohl mehr. Ich habe heut ein Pferd verkauft. Elf[1]) Dukaten, drei Silbergroschen und ein Kupferdreier. Nicht wahr, das macht dreiunddreißig Taler, drei Groschen, drei Pfennige und ist dreierlei Geld?" „Gut," sagte der Bergmann, „um 12 Uhr in der Nacht gehen wir hin, und du sollst die Hälfte vom Schatz haben, weil du das Geld hergibst." Sie gingen also hin in den Busch. Der Bergmann nahm die dreiunddreißig Taler, drei Groschen, drei Pfennige in Empfang, stellte Hansen an einen Eichbaum und verbot ihm, bei Lebensgefahr zu reden, gebot ihm dagegen, dort drei Stunden still zu stehen. Indes der Bauer still stand, so ging der Bergmann mit dem Gelde über die Grenze und davon. Am Morgen kam der Bauer, der lange gefroren und gewartet hatte, zu Hause, und wem er sein Unglück erzählte, der lachte ihn aus.

34. Irrtum in der Ursache, oder: Davon kommt es nicht.

„Ja! wenn ich nur einen Lappen von einem Gehenkten hätte, meine Pferde damit täglich abzuwischen, dann sollten sie schon zunehmen und gedeihen." So sprach Michel zu einem verständigen Herrn, bei dem er eben als Knecht zu einem Gespann magerer Pferde gekommen war. Der Herr schüttelte den Kopf und lachte. Michel aber wollte seine Meinung dadurch beweisen, daß, wo er zu Hause gehöre, da sei auch ein Knecht zu einem Gespann magerer Pferde gekommen; doch der sei bald des Nachts zu einem Galgen gelaufen und habe dort dem Gehenkten die Lappen abgerissen. Als er nun damit die Pferde täglich abwischte, so wären sie, zu aller Leute Verwunderung, immer kräftiger und fleischiger geworden.

„Also meinst du," sprach der Herr, „daß bloß der Lappen vom Gehenkten die Pferde fett gemacht hatte?"

Michel antwortete: „Ja, Herr! was sonst? Vorher waren sie so schlecht, daß sie kaum gehen konnten." Der Herr sagte: „Davon, wovon du meinst, kommt das nicht, und kann es auch nicht kommen. Aber wenn du willst, so will ich dir von dieser törichten Meinung helfen. Antworte mir nur auf meine Frage. Hatte der Knecht, der den

---

[1]) In der Ausgabe von 1796: „zwölf".

Lappen des Nachts vom Galgen holte, seine Pferde lieb? Michel antwortete: „Ja, Herr! sonst würde er sich die Mühe nicht gegeben haben." Der Herr fragte ferner: „Wer die Pferde liebt und wünscht, daß sie zunehmen sollen, läßt der sie etwa auch hungern und dursten? oder überjagt er sie? oder ladet er mehr auf, als sie ziehen können? oder gibt er ihnen unreines, schlechtes Futter, auch wohl zur Unzeit, wenn sie erhitzt sind? oder läßt sie ungeputzt auf unreiner Streu verderben?" „Nein, Herr!" rief Michel, „das wäre ein böser Knecht, der das täte." „Nun," sprach der Herr, „wenn der Knecht, von dem du sagtest, er habe sich nicht gescheut, aus Liebe zu seinen Pferden, des Nachts vom Gehenkten einen Lappen zu holen, damit einen so großen Beweis seiner Liebe zu den Pferden gab: Meinst du wohl, Michel, daß er es an ihrer Wartung und Pflege werde haben fehlen lassen? Und wenn das ist, was ist natürlicher, als daß die Pferde, die bei dem vorigen Knecht schlecht geworden, bei diesem, der so gern ihnen aufhelfen wollte, wieder in besseren Zustand gekommen sind? Was meinst du dazu?" Michel antwortete: „Herr, ihr möget wohl recht haben. Aber in meinem Dorfe glaubten alle Leute, daß es der Lappen getan hatte."

35. Die Aufhetzerin.

In einem gewissen Dorfe war eine Frauensperson, die ging aus einem Hause ins andere und sagte den Leuten wieder, was der oder die von ihnen geredet hatten. Ehe man sich's versah, erzürnten sich dann die besten Freunde. Verwandte, Schwiegereltern, Brüder und Schwestern gerieten in die bitterste Feindschaft. Zankten sich nun erst ein paar Familien, so war sie ihres Gewerbes und Verdienstes gewiß. Denn da wußte sie durch listige Reden die Neugier so rege zu machen, daß ihr die einfältigen Leute gaben, was sie forderte, nur um zu erfahren, was ihr Feind von ihnen gesprochen hatte.

Die Bosheit dieser Person blieb lange verschwiegen; denn sie verbot jedwedem, es ja nicht zu sagen, von wem er seine Nachrichten hätte. Endlich kam ein verständiger Prediger in dieses Dorf, der die Art solcher Leute kannte. Er predigte daher oft über diese Sache. Und weil er alles so genau beschrieb, wie es solche Leute machten, die beim Aufhetzen und Plaudern ihren Vorteil suchten, so ward aus der Gemeinde jemand überzeugt, ging hin zum Prediger und offenbarte ihm alles. Als dieser es der Obrigkeit meldete, da ward die Aufhetzerin gefangen gesetzt und mußte drei Tage lang an jeder Tür, wo sie Feindschaft angerichtet hatte, schimpfliche Strafe leiden.

36. Die Folgen des Unfriedens.

Eine Dorfschaft Bauern lebte lange in Frieden und Wohlstand. Einst aber, als die neue Kirche gebaut wurde, erzürnten[1]) sich die Frauen darüber, daß sie sich nicht vereinigen konnten, wer auf der ersten oder zweiten Bank sitzen sollte? Da kam Feindschaft und Plauderei unter die Leute, woraus Zänkerei im Umgang und

[1]) In der Ausgabe von 1796 und 1798: verzürnten.

vor Gericht entstand[1]), also daß sie aus Verdruß und wegen beständiger Prozesse ihre Wirtschaft versäumten und große Unkosten hatten. Und es währte nicht eines Mannes Leben, so hatten sie sich alle arm gezankt.

37. Der Hehler.

Hehlemann stahl selbst nicht; aber die Diebe kamen bei ihm zusammen. Und weil er Bier schenkte, so verzehrten sie bei ihm viel aus dem Verkauf des Gestohlenen gelöstes Geld. Auch verkaufte Hehlemann selbst für die Diebe das Gestohlene. Endlich ward die Diebesbande gefangen und Hehlemann von ihnen angegeben, der denn mit ihnen zugleich gestraft wurde.

38. Die bösen Bauern.

Die Bauern zu Bösendorf waren in der ganzen Gegend im übelsten Rufe. Aber es waren auch recht böse Leute; denn sie verrückten heimlich die Grenzen ihrer Herrschaft und ihrer Nachbarn, und wo ihr Ackerstück an eine Heide oder Anger traf, da pflügten sie alle Jahre etwas ab und wollten auf solche ungerechte Weise ihren Acker zum Schaden derer, denen das übrige gehörte, vermehren.

Ihr Vieh hüteten sie oft in Schonungen oder auf anderen verbotenen Plätzen, wenn sie wußten, daß keine Aufsicht war, oder ließen es ohne Hirten in Schaden laufen. Wem sie etwas zu geben hatten an Korn oder Zehent, den betrogen sie, wo sie konnten. Und Holz stahlen sie, wo nur etwas zu stehlen war. An ihre Kinder wendeten sie nichts und gönnten ihnen nicht einmal den Schulunterricht. Sie selbst aber kamen so selten als möglich in die Kirche, den einzigen Ort, wo sie doch noch etwas Gutes hätten hören und von ihrem Unrecht überzeugt werden können. Aber bei allem diesen Trachten nach ungerechtem Gut blieben sie doch bettelarm und kamen auf keinen grünen Zweig und waren, wie schon gesagt ist, in der ganzen Gegend verachtet.

39. Der Verschwender.

Als einstmals im März die Sonne warm schien, Veilchen blühten und Lerchen sangen, da trat ein Schäfer vor seine Tür und sprach zu sich selbst: „Bist du nicht ein Tor, daß du den Heuboden so schonst? Was soll dir das Heu? Es wächst alle Tage mehr Gras zu und ist jetzt schon genug da, daß die Schafe leben können." Sogleich ging er in den Schafstall, hieb die Stangen entzwei, worauf das Heu lag, so daß es in großen Haufen in den Stall fiel. Als die Schafe nach Hause kamen und die Menge Heu gewahr wurden, da suchten sie sich das Beste heraus, und das andere, welches sie, ordentlich und mäßig vorgelegt, wohl auch gefressen hätten, das traten sie nun unter die Füße. Aber etwa nach acht Tagen änderte sich die Witterung; es fror und schneite gewaltig; die Schafe mußten viele Tage zu Hause bleiben, und der Schäfer geriet in Gefahr, Hungers wegen seine ganze Schäferei zu verlieren.

[1]) In der Ausgabe von 1796: entstunden.

40. Der Geizige.

Klaus hatte Geld genug; aber er fürchtete sich, es anzuwenden, auch wenn es zu seinem eigenen Besten gereichte. Unter andern war sein Ofen so schadhaft, daß er neu gesetzt werden mußte, und es ward ihm oft gesagt, daß, wenn er einfiele, das Feuer Schaden tun könnte. — Aber Klaus kehrte sich nicht daran und heizte lieber gar nicht ein. Doch zwang ihn einst die bittre Kälte des Winters dazu, daß er einheizen mußte, und als eben keiner in der Stube war, fiel der Ofen des Morgens zusammen. Das Feuer ergriff den nahen Flachs an den Spinnrädern, darauf die nicht weit davon stehende Lade, dann das Bette. Nun ward Lärmen im Dorfe. Klaus, der in der Scheune war, eilte herbei und wollte sein Geld retten. Indes kamen die Spritzen; denn es brannte schon zum Dache heraus, und weil keiner mehr das Haus halten konnte, ward es eingerissen, um wenigstens die übrigen Gebäude, ja das ganze Dorf zu retten. So löschte man denn auch glücklich das Feuer; aber man vermißte Klausen. Als nun der Schutt auseinander gebracht wurde, da fand sich sein Körper, vor der verbrannten Lade bei dem Gelde liegend, welches er retten wollte, wo er vermutlich vom Dampf erstickt war.

41. Unterschied zwischen Sparsamkeit und Geiz.

Zwei von den Einwohnern eines mit der völligen Ernte durch den Blitz eingeäscherten Dorfes wurden von ihrer Gemeinde in die umliegende Gegend gesendet, für diese Verunglückten einige Beisteuer zu erbitten. Unter andern kamen sie frühmorgens auf den Hof eines wohlhabenden Landmanns. Sie fanden ihn vor dem Stalle und hörten, als sie sich ihm näherten, wie er den Knecht es ernstlich verwies, daß er die Stricke, woran die Ochsen gespannt gewesen, über Nacht im Regen am Pfluge gelassen und nicht ins Trockne gebracht hatte. „O weh! der Mann ist genau," sprach einer zum andern, „hier wird es nicht viel geben." Nun wurde der Herr des Hofs die Fremden gewahr, und indes er mit ihnen in sein Haus ging, erzählten sie ihm ihr Unglück und brachten ihr Begehren an. Groß war ihre Verwunderung, als er ihnen bald ein ansehnliches Geschenk an Geld gab und noch versprach, ebensoviel an Saatkorn der verunglückten Gemeinde zu schicken. Ja sie konnten in ihrer dankbaren Rührung sich nicht enthalten, ihrem Wohltäter während des Frühstücks es zu gestehen, wie seine Mildtätigkeit ihnen umsomehr unerwartet gewesen sei, da sie ihn wegen des vorhin um eine Kleinigkeit dem Knecht gegebenen Verweises für sehr genau gehalten hätten. „Lieben Freunde," war seine Antwort, „eben dadurch, daß ich das Meinige jederzeit zu Rate hielt, kam ich in den glücklichen Zustand, wohltätig sein zu können."

42. Die Reisenden.

An einem Scheidewege, wo drei Wege abgingen, fanden zwei Reisende einen Menschen und fragten ihn freundlich, welchen Weg sie nehmen müßten, um nach einer gewissen Stadt zu kommen. Und weil ihnen viel daran gelegen war, versprachen sie ihm eine Belohnung, wenn er es ihnen mit Gewißheit sagen würde. Dieser Mensch wußte nun nicht gewiß, welches der rechte Weg nach der Stadt wäre; aber die Belohnung reizte ihn. Er tat, als wenn er es wüßte, und sprach: „Der mittelste Weg führt gerade nach der Stadt; denn ich komme von dort her." Die Reisenden gaben ihm das Versprochene und gingen fort. Als sie lange gegangen waren und endlich in ein Dorf kamen, da erfuhren sie, daß sie gar nicht auf dem Wege nach der Stadt, sondern einen vergeblichen Weg gegangen wären. Das verdroß die Reisenden sehr, und sie nannten den Wegweiser einen Betrüger und Bösewicht, der ihrer gespottet hätte.

43. Vom Nutzen des Lesens und Schreibens.

Ein verschuldeter, aber arglistiger Bürger erfuhr, daß Hans, der weder lesen noch schreiben konnte, Geld geerbt hätte und es gern auf Zinsen ausleihen wollte. Er ging also zu Hansen und versprach ihm sechs Taler für jedwedes Hundert Reichstaler jährlich an Zinsen zu geben, ihm sein Brauhaus zu verschreiben, auch das geliehene Geld in einem Jahre wieder zu bezahlen, doch mit dem Bedinge, daß Hans es nicht unter die Leute bringen sollte. Das gefiel Hansen wohl; er holte das Geld nebst Feder, Papier und Tinte. Der Bürger schrieb einen ganzen Bogen voll nichtswürdiger Possen hin und statt seines Namens einen Namen, den keiner aussprechen konnte. Der Bauer verwahrte diesen Bogen sorgfältig, und der Bürger nahm das Geld. Kurz darauf ging der Bürger in die weite Welt. „Laß ihn laufen," sprach Hans, „ist mir doch das Haus verschrieben, und das ist mehr wert als die Schuld." Da machte sich Hans auf den Weg und meldete sich bei dem Rate der Stadt. Aber als er den Bogen in den Gerichten vorzeigte, so ward er abgewiesen, weil nicht ein Wort von einer Schuldverschreibung darauf stand. Des Bürgers anderweitige Schulden wurden bezahlt; denn die hatten sich besser als Hans vorgesehen. Nur Hans ging leer aus.

44. Vom Nutzen der Obrigkeit.

In einem Dorfe wohnten vier ordentliche oder solche, die Ordnung und Recht liebten, und zwölf unordentliche Wirte, das heißt solche, die sich nach nichts als nach ihrem eigenen Willen richten wollten und zum allgemeinen Besten nichts beitragen wollten. An dem Felde dieses Dorfs floß ein kleiner Fluß, der bei großem Wasser oft die Dämme durchbrach und durch Überschwemmung Äcker und Wiesen beschädigte. Die vier ordentlichen Wirte dämmten und taten ihr mögliches; aber es war für sie zu viel Arbeit. Die zwölf unordentlichen aber wollten nicht helfen und aus Eigensinn lieber Schaden leiden, als den andern behilflich sein. In ihrem Dorfe war es so morastig und tief, daß im Winter ihr Vieh stecken blieb, und keiner ohne Mühe und Schaden den Dünger vom Hofe bringen konnte. Die vier ordentlichen Wirte sagten oft: „Laßt uns alle helfen und das Dorf mit Feldsteinen pflastern. Die zwölf unordentlichen aber wollten nicht, sondern nahmen allerlei andere Dinge vor, und der Ackerbau war ihre geringste Sorge. Es war viel entlegner, schlechter Acker bei dem Dorfe, und das Dorf hatte wenig Holz; denn es war von jeher schlecht damit hausgehalten worden. „Laßt uns Schonungen machen," sprachen die ordentlichen, „und Holzsamen darin säen und das Vieh hüten, daß es das junge Holz nicht abfrißt, bis es groß wird, so haben doch wenigstens unsere Kinder Holz zu erwarten." „Das wäre uns eben recht," sprachen die unordentlichen; „jetzt jagen wir unsere Pferde aus dem Dorfe und lassen sie laufen, wohin sie wollen; alsdann müßten wir dieses ja unterlassen." Kurz, sie hielten in allem Guten das Widerspiel. Endlich bekam dieses Dorf eine ordentliche Obrigkeit. Da ward es anders. Die Rechtschaffenen wurden gelobt und geschützt; die andern mußten sich Ordnung und Recht gefallen lassen, und die Widerspenstigen wurden gestraft.

45. Die Strafe.

Es war ein Mensch in einem Dorfe, der viel Geld hatte, und, weil er sehr unverständig war, so bildete er sich auf seinen Reichtum viel ein und wollte alles mit Geld zwingen. Dieser Mensch hatte einmal eine böse Handlung begangen und sollte andern zum Beispiel[1]) gestraft werden. Die Obrigkeit hatte eine öffentliche Leibesstrafe für ihn bestimmt, um seinen Stolz zu demütigen. Gleich war er mit seinem Gelde bereit und wollte sich von der Strafe loskaufen. „Nein," sagte die Obrigkeit, „du hast öffentlich und aus Übermut gesündigt; du mußt auch öffentlich beschämt und gestraft werden. Der Reiche muß ebensowohl recht tun und der Ordnung sich unterwerfen als der Arme." Da lobten alle Leute im Dorfe die Gerechtigkeit dieses Ausspruchs, und ein jeder ward dadurch zufrieden gestellt und gebessert.

46. Ursach und Wirkung.

„Ich weiß nicht, wie es zugeht," sprach Karl, „ich kann es zu nichts bringen: ich bin immer verdrießlich, die Leute sind mir nicht gut, und ich werde oft gestraft." „Das will ich dir sagen," antwortete Fritz: „du bist kein fleißiger Arbeiter; du hast ein böses Gewissen; du bist feindselig gesinnt gegen andere Menschen und tust oft solche Handlungen, welche die Obrigkeit strafen muß. Und das kann also nicht anders sein; denn auf solche Ursachen folgen solche Wirkungen."

47. Laß ab vom Bösen und lerne Gutes tun!

Wenn man oft dieselbe Handlung wiederholt, so gewöhnt man sich daran, und endlich hält es schwer, sie zu unterlassen. Doch wenn die Handlung uns und andern schädlich ist, so müssen wir sie uns abgewöhnen. Wenn wir nur erst den Schaden, welchen das Böse bringt, einsehen, dann erschrecken wir über unsre Gefahr, wie einst Christoph erschrak, der zum Zorn und zum Schimpfen und Schelten bei der geringsten Gelegenheit sich gewöhnt hatte. Ein verständiger Mann erzählte ihm, daß vor kurzem

---

[1]) In der Ausgabe von 1796 und 1798: Exempel.

ein Mensch, der einen andern im Zorn erschlagen hatte, sei enthauptet worden. Das kann dir auch noch widerfahren, dachte Christoph und sprach: „Ich bin auch oft zornig und zufahrend. Wie mache ich es wohl, daß ich den Fehler loswerde? Da riet ihm der verständige Mann, sogleich zu denen, die er im Zorn beleidigt hatte, zu gehen, ihnen seinen Vorsatz, sich das zornige Wesen abzugewöhnen, aufrichtig zu melden und sie um Verzeihung wegen des Geschehenen zu bitten. Dabei aber gab er noch den Rat, täglich an diesen Vorsatz oft zu denken und alle Gelegenheit zum alten Fehler dadurch zu vermeiden, daß Christoph gleich wegginge, wo sich Anlaß zu Zank und Streit fände.

48. Der Herr kommt.

Hans und Michel zankten sich bei der Arbeit, und nachdem sie sich mit vielen Schimpfwörtern zum Zorn gereizt hatten, wollten sie sich auch schlagen. Aber indem sie schon die Hände gegeneinander aufhoben, kam ihr Herr ihnen zu Gesichte. Sogleich hatte der Zank ein Ende, und ein jeder ging still zu seinem Geschäfte. So wie hier der bloße Gedanke: „Was wird dein leiblicher Herr von deiner Handlung urteilen?" den Ausbrüchen einer der heftigsten Leidenschaften augenblicklich Einhalt tat, so vermag es gewiß auch in allen Gelegenheiten zur Ausübung einer Sünde der Gedanke an den alles wissenden und allenthalben gegenwärtigen Gott. Gott vergessen ist die wahre Ursache der Sünde. Sagt also niemals: „Die Verführung war mir zu stark; die Versuchung zu unüberwindlich; der Teufel verblendete, verleitete mich." — Bekennet [1]) vielmehr: „Ich dachte nicht an Gott; ich glaubte nicht, daß Gott denen, die ihn suchen, das ist, die aus Liebe zu ihm das Gute tun, und das Böse lassen, ein Vergelter sein werde. Ich hatte nicht genug Fleiß daran gewendet, mit Gottes Wort im voraus meine Seele zu nähren und zu stärken. Ich hatte dessen Erklärung in der Predigt versäumt, den Umgang der guten Menschen vermieden, die Gesellschaft der Bösen und Leichtsinnigen aber gesucht. Ich glaubte nicht, daß es nötig sei, mich selbst kennen zu lernen, und zu welcher Art Sünden ich am meisten geneigt sei. Am wenigsten hatte ich mir Mühe gegeben, bösen Gedanken zu widerstehen und böser Gewohnheiten los zu werden. Hätte ich das ehrlich und lange genug geglaubt und getan, gewiß, mich hätte weder ein Mensch noch ein Geist zum Bösen verführen können."

49. Gute Vorsätze.

„Ich will in der Schule recht achtgeben, damit ich geschickt und gut gesinnt werde. Ich will alles gern und willig tun, was meine Eltern, meine Lehrer und meine Herrschaft mir befehlen.

Ich will immer fleißig sein, damit ich der Arbeit gewohnt und kundig werde.

Ich will mich richten nach gutem Rat und den Umgang der Bösen meiden.

Ich will mäßig sein in allen Stücken, meine Gesundheit schonen, nicht zänkisch, neidisch, sondern verträglich und bescheiden sein gegen alle, die mit mir umgehen.

---

[1]) In der Ausgabe 1796 und 1798: Bekenne.

Ich will zufrieden und fröhlich sein bei dem, was ich habe.

Ich will nicht ängstlich sorgen, sondern Gott vertrauen, daß bei redlichem Fleiße mir das Nötige nicht mangeln wird."

50. Tugend.

Wer durch viel Übung sich gewöhnt hat, daß er gern tut, was Gott und allen rechtschaffenen Menschen darum gefällt, weil es recht und nützlich ist, der übt die Tugend oder ist tugendhaft. Ein solcher Mensch möchte nun gern täglich noch besser werden oder wachsen in der Erkenntnis und Geschicklichkeit, weil es ihm Freude macht, wenn ihm nützliche Arbeit gelingt. Und so kann er froh leben und sterben.

51. Das aufrichtige Kind.

Sophie war aufrichtig und offenherzig gesinnt. Wenn sie etwas nicht wußte, weil sie nicht recht acht gegeben hatte, so gestand sie es dem Lehrer gleich und sprach: „Ich habe nicht recht acht gegeben; aber ich will mich bessern. Ich bitte, sagen Sie es mir noch einmal." Wenn sie sonst worin gefehlt hatte, und es ihr von ihren Eltern verwiesen wurde, so begehrte sie sich nicht zu entschuldigen oder ihren Fehler zu verkleinern, sondern sie sprach: „Ich habe unrecht und verdiene Strafe, will sie auch leiden; aber werdet mir nur nachher wieder gut, liebe Eltern. Denn das betrübt mich am meisten, daß ich eurer Liebe entbehren soll."

52. Das Glück des Tugendhaften schon hier auf Erden.

Christian war in der Jugend von seinen Eltern zur Schule gehalten und zu Fleiß und Rechtschaffenheit gewöhnt worden, daher war er verständig und liebte das Gute.

Als er groß wurde und heiraten wollte, da sah er vornehmlich nach einer fleißigen und tugendhaften Person, die er kannte. Daher war sein Ehestand glücklich; denn sie liebten sich beide und hielten über Ordnung und Zucht in ihrem Hause. Ihr beiderseitiger Fleiß machte dann auch, daß sich ihr Vermögen vermehrte, und von diesem Segen waren sie wohltätig und dienten gern mit Rat und Tat. Daher war ihnen ein jeder[1]) gewogen. Sie gingen allem Zank aus dem Wege, mengten sich nicht in Dinge, die sie nichts angingen, und gaben einem jeden das Seinige. Daher blieben sie von Prozessen und Strafen frei, und die Herrschaft mochte sie ihrer guten Wirtschaft und Bescheidenheit wegen sehr wohl leiden. Weil sie mäßig lebten, sich nicht ärgerten und zankten, so blieben sie gesund und erreichten ein frohes Alter. Auch ihre Kinder gerieten wohl, weil sie ihnen mit gutem Beispiel vorgingen und sie von Jugend auf gewöhnten, Gutes zu tun.

---

[1]) In der Ausgabe von 1796 und 1798: jedweder.

53. Die Apfelkerne.

Die kleine Marie hatte einen Apfel gespeiset und wollte soeben auch sechs Kerne desselben essen. Da kam ihr älterer Bruder Fritz aus der Schule und sprach zu ihr: „Schwester! wenn du wüßtest, was ich weiß, du äßest die Kerne gewiß nicht mit auf."

Marie fragte: „Nun, was weißt du denn?" Fritz antwortete: „Unser Kantor spricht: „Wenn man die Kerne im Herbste in die Erde sät; so kann aus jedem Kern mit der Zeit ein Baum werden, der viel schöne Früchte trägt." Da gingen sie in den Garten und säeten die Kerne in einem abgelegenen Winkel. In wenigen Jahren kamen sie in die Höhe und wurden Stämmchen. Da reinigten die Kinder sie vom Unkraut und banden sie an Stöcke, daß sie gerade wüchsen. Fritz lernte indessen pfropfen und okulieren. Nun bat er einen Gärtner um etliche Pfropfenreiser, und diese setzte er auf seine Stämmchen. Mit der Zeit wurden daraus Bäume. Und als Fritz und Marie größer wurden, ernteten sie von ihren sechs Apfelbäumen fast jährlich eine Menge schöner Früchte. Als sie nun einst die Äpfel pflückten, da sagte Fritz zu Marien: „Ei! war's nicht gut, daß du die Kerne damals nicht aufaßest?" „Jawohl," sagte Marie, „aber wie gut war es, daß du in die Schule gingst und solche gute Sachen lerntest!"

54. Der kleine Gärtner.

Fritz hatte in der Jugend zur Gärtnerei Lust gehabt und von einem Gärtner gelernt, wie die Obstbäume müßten gepflanzt, beschnitten, gepfropft und okuliert werden. Durch eine Krankheit bekam er einen Schaden, der ihn an der schweren Feldarbeit hinderte. Nun würde es ihm schlecht gegangen sein, wenn er sonst nichts gelernt hätte. Aber weil er mit der Baumzucht gut umzugehen wußte, so nahm ihn sein Herr zum Gartenknecht an, und er hattte bis an seinen Tod dadurch seinen Unterhalt.

55. Die gute Magd.

Luise konnte spinnen, stricken, nähen, waschen, plätten, kochen und das Vieh füttern. Das alles hatte sie von ihren Eltern und andern guten Leuten gelernt und abgesehen. Was sie davon konnte, das übte sie fleißig, so daß es ihr alles recht leicht wurde. In der Schule hatte sie gut lesen, schreiben und rechnen gelernt. Dabei war sie reinlich, bescheiden, tat alles zur rechten Zeit und legte alles an den rechten Ort. Als sie groß wurde, bekam sie die beste Herrschaft, die sie wie ihr eigenes Kind hielt und liebte.

56. Der rechtschaffene Knecht.

Martin war krank und mußte seinem Knecht die Arbeit anvertrauen. Anstatt daß ein böser Knecht ohne Aufsicht nachlässig und träge gewesen wäre, so war dieser gute Knecht doppelt so fleißig und wendete alle mögliche Sorgfalt an, alles recht gut zu machen. „Ei!" sagte er, „wie wird sich mein Brotherr freuen, wenn er meine Treue sehen wird! Er soll sich noch einmal sobald erholen von seiner Krankheit, wenn er alles gut finden wird und sich nicht ärgern darf." Martin ward wirklich besser und gab diesem guten Knecht seine Tochter, und da er keinen Sohn hatte, so bekam nach Martins Tode der Knecht das Bauerngut.

57. Der Menschenfreund.

Ein armer Reisender konnte im tiefen Schnee die Stadt nicht mehr erreichen, sondern befand sich, als er, von Müdigkeit und Kälte betroffen, am Wege sitzend eingeschlafen war, in großer Gefahr zu erfrieren. Zwei Bauern fuhren aus der Stadt nach Hause. Hans, der den ersten Wagen fuhr, sah den Schlafenden liegen. „Da liegt ein Mensch," rief er, „der ist entweder tot oder betrunken." Christian, der den zweiten Wagen fuhr, hielt gleich still, stieg ab und versuchte lange, ob er ihn aufwecken konnte, fand aber keine Bewegung an ihm. „Komm," rief Hans, „laß ihn liegen, was geht er uns an? Wir müssen nach Hause." „Nein," antwortete Christian, „ich habe in der Schule gehört, daß, wenn ein Mensch auch schon erfroren ist, ein vernünftiger Arzt ihn dennoch retten könne. Hilf mir ihn auf meinen Wagen laden; ich will zurück nach der Stadt fahren und ihn zum Arzt bringen." „Das wäre mir eben recht," antwortete Hans, „ich sitze hier einmal warm und sollte mir die Füße wieder kalt machen?" Und damit fuhr er fort. Christian hob ihn also allein auf seinen Wagen, fuhr nach der Stadt zurück und hatte die Freude, daß der verständige Arzt, zu dem er den Erfrorenen brachte, ihn wiederherstellte.

58. Der kluge Wirt bei der Teuerung.

Als einst bei nasser Witterung das Getreide schlecht geraten war, und der Scheffel Roggen drei Taler galt, da rechnete Georg aus, daß er sonst gewöhnlich sechzig Scheffel Roggen zu Brot gebraucht hätte. Er fing also gleich nach der Ernte zu sparen an und kaufte drei Wispel Erdtoffeln, für sechzehn Taler den Wispel, das waren achtundvierzig Taler. Und nun verkaufte er dreißig Scheffel Roggen für neunzig Taler, weil er statt des mehreren Brots nun Erdtoffeln speisete und gewann auf diese Weise bei der teuren Zeit, da fast ein jeder verlor, zweiundvierzig Taler.

59. Der Freund in der Not.

„Gevatter, meine andern Pferde sind auf der Reise, und die ich zu Hause habe, sind krank geworden. Wenn ich doch einen Freund hätte, der mir meine gesäten Erbsen unterpflügte; die Vögel fressen sie sonst auf. Helft mir doch, Gevatter, nur einen halben Tag; Eure Erbsen sind ja in der Erde!" So sprach Hans zu Christian. Und dieser erhörte seine Bitte und half ihm. Seit der Zeit war Hans dem Christian sehr gut und rühmte es oft, daß er ihm damals in der Not geholfen hätte.

60. Die Kunst, ohne Reue fröhlich zu sein.

Klaus konnte den ganzen Frühling hindurch Blumen sehen, Nachtigallen schlagen hören, die schönsten Kornfelder durchwandeln, und ihm kam auch nicht ein froher Gedanke in den Sinn. Wenn er froh werden sollte, so mußte Wein oder Kaffee und Kuchen da sein. Er mußte im Spiel gewinnen oder den besten Rock in der Gesellschaft anhaben, oder es mußte ein einfältiger Mensch gegenwärtig sein, den er verspotten konnte. Nur bei dergleichen Anlässen pflegte Klaus zu lachen. Einst ging er über ein kleines Feld nach einem nahen Orte zu Gaste und sah wie gewöhnlich gedankenlos vor sich nieder. Da fand er seinen Vetter Karl vor einem wilden Apfelbaume, der eben in voller Blüte stand. Er sang mit leiser Stimme den Vers:

Wenn Bäume blühn in ihrer Pracht,
So denk ich: „Das hat Gott gemacht,"
Und freue mich des Schöpfers.

„Wie kannst du dich über einen Baum so freuen?" sagte Klaus mürrisch zu Karl, der ihn nun mit froher und wohlwollender Seele grüßte. „Ei, lieber Vetter," antwortete Karl, „wenn es nicht wohlfeile Freuden gäbe, wo wollte ich Armer welche hernehmen? Ich kann keine Freuden bezahlen. Aber darum habe ich Gott so lieb, daß er auch für uns Arme Freuden bereitet hat; denn ich kann ohne Kosten, ohne Reue fröhlich sein. Aber es ist eine ordentliche Kunst." „Nun was ist das für eine?" sprach Klaus. „Da ist sie, wenn du mich hören willst," antwortete Karl. „Ich sehe alles recht an, was da ist: Großes und Kleines, was Gott gemacht hat und finde alle Tage etwas Neues und Schönes. Dann denke ich nach, warum und wozu dieses und jenes wohl da sein, und wozu es wohl nützen mag? Und wenn ich dabei der Weisheit des Schöpfers zuweilen auf die Spur komme, dann kann ich gleich mit meinen eignen Worten beten, weil ich von der Allmacht, Weisheit und Güte Gottes alsdann ganz durchdrungen bin. Und so gehe ich mit Vorsätzen, dem Allgütigen zu gefallen, munter und froh an meine Arbeit."

61. Die Zugvögel.

Wilhelms kleiner Sohn, Karl, kam einst zu seinem Vater und sprach: „Ich habe heute schon unsere Schwalbe gesehen, die immer an unserm Dache nistet und so schön singt."

Vater. „Sahest du auch, wie gestern Abend die Mücken spielten?"

Wilhelm. „O ja; aber was hat das mit den Schwalben zu tun?"

Vater. „Sehr viel, denn die Mücken sind der Schwalben Nahrung."

Wilhelm. „Auch unser Storch auf der Scheune ist schon gekommen."

Vater. „Dann werden auch Frösche genug da sein, und die Schlangen werden ihre Löcher in der Erde längst verlassen haben."

Karl. „Kommen denn alle Tiere nicht eher, als bis ihre Nahrung da ist?"

Vater. „Nicht eher! du weißt mein Sohn, daß es vielerlei wilde Vögel gibt. Einige darunter leben von Körnern und Gewürmen zugleich; diese bleiben dann meist hier. Andere leben bloß von Gewürmen, und diese fliegen fast alle gegen den Winter von uns und nach solchen Ländern hin, wo es wärmer bleibt, und also das Gewürm nicht nötig hat, der Kälte wegen sich zu verkriechen, wenige Arten derselben, wozu die Schwalben gehören, versenken sich in das Wasser, wenn ihre Nahrung im Herbste aufhört, und schlafen da den Winter hindurch."

Karl. „Und dann kommen diese Vögel gegen den Frühling wieder, wenn sie merken, daß etwas[1]) zu essen für sie da ist?"

Vater. „Ja, wie du siehest, mein Sohn! Wer mag aber die Tiere das wohl gelehrt haben? Den Storch, daß er sein Nest, und die Schwalbe, daß sie das Dach ihres freundlichen Wirts wiederfindet?"

Karl. „Wer wollte sie das gelehret haben als der liebe Gott!"

Vater. „Recht, mein Sohn! Gott hat den Tieren soviel Gutes gegeben, wie sie als Tiere nur gebrauchen. Wenn du nun die Zugvögel wiedersiehest, dann denke stets: „Gott trägt die Speisen auf, ehe seine Gäste kommen; das muß ein lieber Gott sein, der so für alles sorgt. Auch für die Menschen wird er gewiß ebenfalls gesorgt haben." Denn sieh, mein lieber Karl, auch für dich hatte Gott zuvor gesorgt, daß du Milch fandest, die dich nährte, da du bei deiner Geburt eben auch als ein fremder Gast ankamst, und keine andere Speise dich so gut nähren und erhalten konnte. Was meinst du wohl, Karl, was wolltest du Gott für eine so große Wohltat wohl geben?"

Karl. „Ich? — habe nichts, das ich geben kann; aber ich will Gott lieb haben."

62. Das arme Kindermädchen.

Ein armes Mädchen, daß bei fremden Leuten die Kinder warten mußte, saß und weinte. Da fragte die Frau im Hause: „Warum weinest du? Fehlet dir etwas?" „Ach!" sagte das Mädchen, „wenn ich daran gedenke, was aus mir werden wird, dann muß ich wohl weinen. Die andern Kinder gehen in die Schule und lernen viel Gutes, und ich wachse auf wie Unkraut. Ich selbst habe nichts, um das Schulgeld zu bezahlen; denn ich muß ums Brot dienen und bleibe also ungeschickt. Wer wird mich in Diensten nehmen wollen, wenn er geschicktere Leute bekommen kann? Ich wollte gern die Nacht arbeiten, wenn ich nur in die Schule gehen und etwas lernen dürfte!" Da ward die Frau gerührt und dachte: „Ich will mich dieses armen Mädchens erbarmen. Gott will, daß wir Mitleiden mit den Armen haben sollen, und jemand etwas Gutes lernen lassen, ist die größte Wohltat, die man ihm erzeigen kann." Sie schickte von der Zeit an das arme Kind alle Wochen etliche Stunden in die Schule, und je mehr Gutes das Mädchen lernte, je treuer und fleißiger arbeitete es.

63. Die gute Schwester.

Als Marie mit Wilhelm einige Jahre verheiratet war, da fand sie in ihrer Wirtschaft viel zu tun. Und weil auch ihre Kinder noch klein waren, so hatte sie von ihnen

[1]) In der Ausgabe von 1796 und 1798: was.

noch keine Hilfe, wohl aber manche Last, und allein auf das Gesinde konnte sie sich vollends nicht verlassen. Aber sie hatte noch eine jüngere Schwester, die hieß Luise. Diese, welche sie sehr liebte, sagte zu rechter Zeit ihren Dienst bei ihrer Herrschaft auf, kam zu Marien und erbot sich, einige Jahre bei ihr zu bleiben, und gegen ein geringes an Gelde zu den nötigen Kleidungsstücken ihr in ihrem Hauswesen beizustehen. Wilhelm und Marie nahmen dieses Anerbieten mit Freuden an. Durch diese Hilfe hatten sie nach und nach viel gewonnen. Nach einigen Jahren fand sich eine Gelegenheit, daß Luise heiraten konnte. Da rechneten Wilhelm und Marie heimlich zusammen, was Luise indes etwa würde verdient haben, wenn sie bei andern Leuten gedient hätte, und an ihrem Verlobungstage gaben sie ihr dieses an Gelde und Hausgerät zu ihrer Ausstattung.

64. Der Dankbare.

„Warum bleibt Ihr doch bei Eurer Herrschaft?" so sagte zu Fritzen ein neidischer Nachbar, den es verdroß, daß Fritz seinem Herrn so nützlich wurde und ihn deshalb gern abwendig machen wollte. „Ich habe es Euch schon oft angeboten; ziehet zu mir! Ich will Euch mehr Lohn und alle Jahre noch ein gut Kleidungsstück geben." „Nein, mein Herr!" antwortete Fritz, „alles, was an mir Gutes ist, das habe ich nächst Gott meiner Herrschaft zu danken. Sie hat in meiner Jugend an meinen Unterricht viel gewendet. Es ist also billig, daß ich ihr auch wieder Nutzen bringe. Solange mich also meine jetzige Herrschaft behalten will, bleibe ich aus Dankbarkeit bei ihr." Der Nachbar schämte sich und ging fort.

65. Die Wiedererstattung.

Ein Mensch, der durch falsche Rechnungen seinen Herrn um viel Geld betrogen hatte, verfiel in eine schmerzliche und gefährliche Krankheit. Da wachte sein Gewissen in den langen schlaflosen Nächten auf. Er wußte vor Angst nicht zu bleiben. Endlich ließ er den Prediger rufen und bekannte ihm, was er getan hatte. Der Prediger, ein verständiger Mann, sagte ihm, daß er nicht eher Trost erlangen könnte, bis er sein getanes Unrecht, soviel an ihm wäre, wieder gut gemacht und das gestohlene Gut seinem Herrn wieder gegeben hätte. „Wenn ich das tue," sagte der Kranke, „so werde ich zuschanden vor aller Welt, und meine unschuldige Frau und Kinder müssen betteln." „Wer unrecht tut, dem gebührt Schande," antwortete der Prediger, „und wenn eins sein muß, so ist's besser, hier zuschanden werden als dort. Tut ihr wenigstens von nun an Eure Pflicht, da Ihr sie nicht eher tatet, gebt ein gut Beispiel, und überlaßt es dann Gott, die Eurigen zu versorgen." Der Kranke war dieser Ermahnung gehorsam, und der Prediger empfing von ihm das Geld, um es dem Herrn mit der demütigen Bitte zuzustellen, ihm seine schlechte Handlung um Gottes willen zu vergeben. Der Herr nahm das Geld und ließ den Kranken seine herzliche Verzeihung versichern, der nun getröstet und ruhig starb. Nach seinem Tode schenkte der rechtschaffene Herr dieses Geld den Hinterbliebenen, und nun hatte Gott für das Glück vieler Personen gesorgt. Ein Sünder hatte einen starken Beweis seiner aufrichtigen Besserung und ein sehr gutes Beispiel gegeben. Der Herr hatte christliche Wohltätigkeit bewiesen. Und die durch des Sterbenden Wiedererstattung verarmte Familie genoß nun durch des Herrn Gnade mit Recht und in Segen ein Gut, welches ihr sonst, auch wenn es verschwiegen blieb, als ein ungerechtes Gut doch nur Fluch und Unsegen gebracht hätte.

66. Die Wahrheit.

Wenn Wilhelm um das, was er irgend von einer Sache wußte, gefragt wurde, es sei in den Gerichten oder sonst im ernsthaften Gespräch, so sagte er davon seine aufrichtige Meinung, und wie es ihm um das Herz war. Er vergrößerte und verkleinerte nichts, sondern wie sich die Sache verhielt, so redete er davon. Es traute ihm daher ein jeder, und sein bloßes Ja und Nein galt mehr als der Schwur eines andern, welches ihm die Hochachtung und das Vertrauen aller Leute gewann.

67. Das Gewitter.

Furchtsam war mit Wilhelm einst zur Arbeit auf dem Felde. Da kam ein Gewitter mit starken Blitzen und Donnerschlägen. Furchtsam sagte: „Komm, lieber Wilhelm, laß uns laufen; dort steht ein hohler Baum; darin wollen wir uns vor dem Gewitter verbergen. Mir wird ganz angst bei dem Donner und Blitze." Wilhelm sprach: „Nein, so unverständig bin ich nicht. Unter Bäume zu treten, die oben dürre Zacken haben, wie dieser hat, ist nicht gut bei einem Gewitter. Denn der Blitz fährt gern an solchen Bäumen herunter. Das Gewitter ist eine Wohltat Gottes; es erschüttert die Erde, macht durch warmen Regen das Land fruchtbar und reinigt die Luft. Wenn ich auch naß werde, mein Zeug wird bald wieder trocken, und unter freiem Himmel ist weniger Gefahr als in dem hohlen Baum. Oder meinst du, wenn Gott meinen Tod beschlossen hätte, daß ich ihn dann durch den hohlen Baum abhalten würde?" Furchtsam ließ sich durch die Unerschrockenheit Wilhelms, welche auf vernünftige Gedanken gegründet war, bewegen und blieb bei ihm. Als sie noch redeten, siehe, da schlug der Blitz in den hohlen Baum, worin sich Furchtsam verbergen wollte. Da fiel Furchtsam, als er sich vom Schrecken erholt hatte, Wilhelm um den Hals und dankte ihm. „Lieber Wilhelm! du hast mir mein Leben gerettet!" rief er. „Nur halb," sprach Wilhelm, „denn deiner Folgsamkeit gegen meine Vorstellungen gebührt die andere Hälfte."

68. Schicksal.

Es war einmal eine Hochzeit nicht weit von einem Dorfe auf dem dabei liegenden Vorwerke. Aus dem Dorfe war ein Bauer mit seiner Frau und zwei Kindern zum Hochzeitsfeste eingeladen. Die Eltern hatten es auch für sich und die Kinder zugesagt. Man kann denken, wie sehr sich die Kinder freuten auf den Schmaus, die bunten

Kleider, die Musik, und was ihnen sonst noch angenehm dabei vorkam. Auf den Mittag wurde der Mann sehr krank. Deswegen mußte die Frau zu Hause bleiben, und ohne ihre Eltern sollten die Kinder nicht nach diesem Hochzeitsfeste hingehen. Da weinten die Kinder sehr, daß von ihnen diese Lust vergebens gehofft wäre. Das eine Kind war gar so unwillig, daß es sagte: „Warum mußte denn der Vater eben heute krank werden, da wir einmal eine Lust haben sollten?“ Aber hört, Kinder was geschah? Den Abend kam Feuer in dem Hochzeitshause aus, und weil es von unten an zu brennen fing, die Gäste aber oben waren, so kamen viele Leute auf der Treppe zu Schaden oder wurden vor Schrecken hernach krank. Als die Eltern über die Begebenheit sprachen, bemerkten sie in Gegenwart ihrer Kinder, daß die Krankheit des Vaters, der hernach bald wieder besser ward, welche sie verhindert hatte, auch dahin zu gehen, eine wohltätige Schickung und Regierung Gottes gewesen sei, und lobten Gott dafür. Ihre Kinder aber belehrten sie an diesem Beispiele, daß Gott auch bei zugeschickten Leiden die besten Absichten habe und daß, wenn wir oft nicht sogleich wissen, wozu das Leiden uns gut ist, wir doch hernach erfahren werden, wie gut es unser himmlischer Vater mit uns meine.

69. Es ist mehr Gutes als Böses in der Welt.

Christian sprach oft zu seinen Kindern: „Kinder, wenn es euch wohl geht, wenn ihr mit Lust esset, wenn ihr gesund seid, wenn es schön Wetter ist, wenn die Vögel singen, wenn ihr euch an den Anblick des Getreides oder am Geruch der blumigten Wiese vergnügt: so danket Gott mit Freuden, der alles dieses Gute gibt! Ich bin ein alter Mann; aber wenn ich nachdenke, so hat mich Gott weit mehr Freuden als Widerwärtigkeiten erleben lassen, und ihr Kinder werdet dasselbe sagen müssen. Z. B. gegen einen Tag Krankheit, wieviele Tage Gesundheit! Das meiste Mißvergnügen macht der Mensch sich selbst durch Unordnung und Laster. Wer Gott recht aus Dankbarkeit liebet und durch Gehorsam ehret, für den ist die Welt kein Jammertal. Das Unangenehme in dem menschlichen Leben ist entweder verschuldet, und dann ist es als Strafe zur Besserung nützlich, oder es trifft uns, ohne daß wir es veranlaßt haben, und dann ist es Schickung oder Verhängnis des allerweisesten Gottes und Vaters und im ganzen gewiß gut und nützlich. Z. B. es übt uns in der Geduld. Was dem einen nützt, das schadet dem andern Dinge. Z. B. der Tod eines eßbaren Tiers verschafft dem Menschen seine Nahrung und Speise. So wie es nicht immer Tag oder Frühling sein kann, so kann es auch nicht immer jedem Menschen nach seinem Sinne gehen. In diesem Leben ist noch keine vollkommene und immerwährende Glückseligkeit. Wer einst vollkommen und ohne Aufhören glücklich sein will, der muß erst lernen, tugendhaft und gut zu sein, das ist, er muß Dankbarkeit und Mäßigkeit im Glück und Geduld in Widerwärtigkeiten lernen. Beständige Glückseligkeit ist nach dem Tode der Lohn des Frommen. Es ist eine große Gnade Gottes, daß hier in dieser Welt schon mehr Gutes als Böses ist, und also sogar unsere Lehrjahre uns angenehm gemacht worden sind.“

70. Vom Wesentlichen und Zufälligen.

In einer gewissen Stadt war ein lustiger Torschreiber. Wenn die Bauern zu Markte fuhren und oft wegen ihrer Menge lange halten mußten, dann scherzte er mit einigen, die er kannte, und verachtete gewöhnlich den Stand der Ackerleute. Einst scherzte er auch so mit Wilhelm; da kam er aber unrecht an. Denn dieser forderte von ihm eine genaue Beschreibung, was denn ein Bauer eigentlich wäre? Der Torschreiber sagte: „Ein Bauer ist grob, dumm und faul, und wenn er nicht muß, so regt er weder Hand noch Fuß.“ „Ihr irrt,“ sagte Wilhelm. „Ein Bauer ist ein Mensch, der aus dem Landbau und der Viehzucht den größten Vorteil zu ziehen weiß — der das Vorrecht hat, bei seiner Arbeit am meisten gesund und stark zu bleiben, dem allein unter allen Ständen die Kinder nicht zur Last sind, dessen verständige Betreibung seines Berufs die meisten wahren Reichtümer in den Staat bringt. Seht, mein Freund, das soll oder kann der Bauer sein, wenn er darf, und dazu in Schulen angeführt wird. Wenn ihr also künftig eine Beschreibung von einem Dinge macht, so unterscheidet fein das Wesentliche vom Zufälligen.“ Da schämte sich der Torschreiber und ging schweigend fort.

71. Von den Vorzügen des Landlebens.

Ein Bürger ging einst im Frühling nach einem Dorfe. Gegen Abend kam ein gewaltiger Regen, und er getraute sich nicht, in dem Regen nach Hause zu gehen, sondern blieb in dem Dorfe. Nach kurzer Zeit trat der Hauswirt mit seinem Sohne herein, die von der Arbeit kamen. Und nach dem gewöhnlichen Grüßen entstand unter ihnen folgendes Gespräch.

Der Bürger. „Nein, ich möchte kein Bauer sein! In solchem Wetter pflügen oder sonst draußen hantieren, das mag keine kleine Plage heißen, und wie oft ist im Jahre nicht schlechtes Wetter?“

Der Hauswirt. „Mühe ist keine Plage, lieber Herr, und dann ist das Wetter von Gott und ist immer nützlich.“

Der Bürger. „Ja, das ist wohl wahr; aber Ihr werdet doch naß und krank davon.“

Der Sohn. „Naß wohl; aber darum nicht krank, und das macht die Gewohnheit, oft naß zu werden, daß es uns nicht schadet.“

Der Bürger. „Ihr seht freilich nicht krank aus, mein Freund; aber ehe man das auch gewohnt wird!“

Der Sohn. „Von Jugend auf sind wir härter als die Leute in der Stadt. Wir spielen als Kinder im kalten Wasser und oft bei solchem strengen Wetter auf der Straße, da in der Stadt keiner sein Kind herausließe. Und überdies sagt das Sprichwort: „Arbeit wärmt.“

Der Bürger. „Wir Bürger arbeiten auch.“

Der Hauswirt. „Ja, lieber Herr, und Eure Arbeiten sind auch sehr nützlich. Aber unsre sind überdem auch noch lustig. Wenn Euch eine Lerche singen soll, so müßt

Ihr sie füttern; uns singen viele Hundert umsonst. Eure Professionen sind oft sitzend und unangenehm: Eure Zimmer oder Arbeitsstuben riechen übel, und oft geht Ihr mit Gift um, welches Euch siech und elend macht. Uns aber erfreuen die schönsten Blumen durch das Gesicht und den[1]) Geruch zugleich. Und der Duft frischer gepflügter Erde gibt ein wahres Stärkungsmittel für unsere Gesundheit. Ein schöner Frühlingsmorgen ist etwas sehr Herrliches, wovon aber in der Stadt wenig genossen wird."

Der Bürger. „Aber wieviel Gefahr bringt Euch nicht auch alles. Hitze und Nässe, Hagel und Sturm, Ungeziefer, Krieg und Viehsterben, alles kann Euch verderben. Aber wir, wir arbeiten immer fort, und wenn viel darauf geht, dann haben wir oft die meiste Nahrung."

Der Hauswirt. „Ja, Herr, aber wir brauchen auch nicht soviel als Ihr, und als uns doch Gott gemeiniglich schenkt. Wenn es uns denn einige Jahre nacheinander gelingt, dann können wir auch wieder einen Schaden ertragen, und dann so haben wir mehr Anlaß, durch alles, was um uns her geschieht, an Gott zu denken und froh zu sein. Denn wir sehen Gottes Werke täglich und empfangen unsern Segen unmittelbar von ihm, der allem Fleische Speise und dem Vieh sein Futter gibt und dem Regen gebietet, auf daß die Höhen ihr Gewächs geben können."

Der Bürger. „Dafür haben wir auch in der Stadt mehr Schutz und Sicherheit, Hilfe in Krankheiten, Umgang und Anstalten, unsern Kindern etwas lernen zu lassen als Ihr. Auch ist unser Gottesdienst viel häufiger und prächtiger, unsere Häuser und Gärten schöner und unsere Kleidung bequemer als die Eurige."

Der Hauswirt. „Lieber Herr, unsere Armut reizt keinen, uns zu berauben, und wenn man uns unrecht tun will, so schützt uns die Obrigkeit. Krank werden wir seltener, weil wir weniger schmausen. Unsere Kinder erziehen wir wohlfeiler und leichter als Ihr. Fleiß und gesunde Glieder sind ihre beste Mitgabe. Was unsern Gottesdienst betrifft, so wissen wir, daß nicht die Menge der Gebete, sondern die Redlichkeit des Betenden Gott angenehm ist, und oft singen wir mit mehr wahrer Andacht bei der Feldarbeit, als in mancher Kirche gesungen wird. Unsere Häuser und Gärten decken uns vor dem Wetter und nähren uns hinreichend, und die Kleidung sowohl als das Haus macht uns nicht arm durch unnötige Kostbarkeit."

Der Bürger. „Ihr möget sagen, was Ihr wollt; ich werde kein Bauer."

Der Hauswirt. „Lieber Herr! Die Stadt hat ihre Vorzüge; aber das Land hat auch die seinigen. Es ist gut, wenn ein jeder seinen Stand liebt. Ich wollte auch die Stadt nicht verachten, sondern nur zeigen, daß man als Ackersmann recht glücklich sein kann, wer sich nur darin[2]) zu schicken weiß."

72. Die Fremden.

Ein Mann und seine Frau, die aus ihrem Vaterlande durch böse Leute vertrieben waren, kamen im harten Winter in ein kleines Dorf. Sie stellten der Gemeinde ihre Not aufrichtig und beweglich vor und baten um die Erlaubnis, bei ihnen zu wohnen.

---

[1]) 1796 und 1798 fehlt „den".
[2]) 1796 und 1798: darein.

In diesem Dorfe waren gute, gastfreie Leute; daher wurden die beiden Fremden liebreich aufgenommen. Man wies ihnen eine Stelle zur Wohnung an und versorgte sie mit den nötigsten Bedürfnissen. Seht, Kinder, wie Gott diese Gastfreiheit belohnte. Diese Fremden lehrten aus Dankbarkeit die Leute im Dorfe viele neue und nützliche Dinge und verschiedene Handgriffe, wodurch ihr Ackerbau besser vonstatten ging als vorher. Sie machten sie mit Futterkräutern bekannt, so daß sie die Stallfütterung einführen konnten. Und auf diese Weise wurden die Leute im Dorfe sehr wohlhabend.

73. Vorsicht mit Feuer.

Damit kein Unglück durch Feuersbrunst entstehe, wodurch oft ganze Dörfer und Städte verbrennen, auch viel Menschen und Vieh zu Schaden kommen, so muß jeder Rauchfang, wo das Küchen- oder Ofenfeuer anschlägt, täglich, so weit man mit einem Besen reichen kann, rein gefegt, und der ganze Schornstein alle Vierteljahr durch den Schornsteinfeger gekehrt werden. Ohne eine ganze Laterne darf niemand des Abends in den Stall oder auf den Heuboden gehen, um etwas zu tun, wozu er Licht gebraucht. Kein Tabak darf in Ställen und Scheunen geraucht werden. Und wenn Speck im Tiegel anbrennt, darf man kein Wasser aufgießen, um es zu löschen, sondern nur eine Stürze darauf decken, so verlöscht es.

74. Belehrung über die Gefahr, aus Unwissenheit sich und andere zu vergiften.

Gewisse Kräuter und Beeren, die wie kleine rote oder schwarze Kirschen aussehen, sind giftig oder der Gesundheit sehr schädlich. Man muß sie also kennen, damit man sich davor hüten kann. Unter den Kräutern ist der Schierling. Er sieht fast aus wie Petersilie oder Kerbel, sonderlich wenn er jung ist; ingleichen der Nachtschatten, der gern um Häuser- und Mauerwerk wächst und schwarze Beeren trägt; unter den Bäumen der Taxus, welcher an Mauern und Gärten steht, Winter und Sommer grünt, spitzige Blätter hat und rote, rundliche, oben platte Beeren trägt; endlich die Lorbeerkirsche, die lange, glänzende, glatte Blätter hat und nur selten in Gärten gezogen wird. Aber auch durch Unvorsichtigkeit mit dem Küchengeräte kann der Gesundheit Schaden geschehen. Salz muß nicht lange in zinnernen Salzfässern, saure und fette Speisen nicht in messingnen und kupfernen Gefäßen lange stehen und kalt werden. Ohne daß feucht gewesene Geschirre dieser Art von neuem ausgescheuert werden, darf man nicht Speisen darin bereiten, weil man sonst sich und die Seinigen vergiftet oder der Gesundheit großen Schaden zufügt.

75. Das ordentliche Dorf.

Ich sah einmal ein Dorf, dessen Anblick mich sehr vergnügte, und wollte Gott, ein jedes Dorf wäre ebenso beschaffen! Alle Höfe und Gärten waren mit Mauern von Lehm und Feldsteinen eingefaßt, sieben Fuß hoch und drei Fuß unten und zwei Fuß oben dick. Ich fragte gleich die Leute, ob es ihnen nicht viel Mühe gemacht hätte, solche Mauern aufzuführen? „Freilich," antworteten sie, „aber nun haben wir auch inskünftige wenig Mühe damit. Diese Wand verbrennt nicht in Feuersbrunst und kann auch nicht gestohlen werden. Es ist ein dauerhaftes Werk, und wir haben es allmählich gemacht, wenn eben nichts Nötiges zu tun war."

Die Schwellen an den Gebäuden lagen alle zwei Fuß über der Erde auf gemauertem Grunde. Am Hause wurde kein Kot, kein Mistpfuhl geduldet. Des Sonntags kam die Gemeinde zusammen und wurde eins, was zum gemeinen Besten in künftiger Woche sollte getan und gegeben werden. Einen Dieb, Säufer, Flucher und liederlichen Menschen oder schlechten Ackerwirt litten die Leute nicht in der Gemeinde; denn sie sagten: „Solcher Mensch richtet nur Unglück an und bringt Unsegen und Schimpf über unser Dorf!" Wer aber unverschuldet Unglück hatte oder krank wurde, dem halfen die andern, daß er mitfortkam und nicht verarmte. Und der war dann herzlich dankbar und bat Gott, daß er diese Wohltat seinen Nachbarn reichlich vergelten möchte! Es war kein Neid und Zank oder Groll unter diesen guten Leuten. Ihre Kinder sahen nichts Böses und wurden daher durch den Schulunterricht viel leichter gebessert als andere, die in ihrer Eltern Hause viele Laster lernen. Ihren Herrn und ihren Seelsorger liebten sie kindlich und waren willig gehorsam.

Es war auch kein Gefängnis im Dorfe; das alte war eingefallen, und der Herr ließ keins wieder bauen; denn er sagte: „Das Gefängnis ist nur für böse Leute, und solche sind meine Untertanen nicht."

76. Stadt.

Eine Menge Häuser, die an beiden Seiten von Straßen gebaut sind, welche sich an mehreren Orten durchschneiden oder kreuzen, mit Mauern umschlossen und mit Torflügeln versehen, die verschlossen werden können, nennt man eine Stadt. In der Stadt wohnen die Bürger, und eine Zahl verständiger Personen, die zusammen der Magistrat genannt werden, regiert sie, oder besorgt alles, was zu ihrer Glückseligkeit, durch Erhaltung von Ordnung und Ruhe dienen kann. In der Stadt sind die meisten Handwerker; auch werden daselbst Wochen- und Jahrmärkte gehalten, wo Vieh und andere Waren zu Kauf sind. Auf den Wochenmärkten bringt der Landmann, was er entbehren, kann und löset Geld, womit er wieder den Städtern das abkauft, was sie missen können, und er gebraucht. So nutzt das Dorf der Stadt, die Stadt dem Dorfe.

77. Handwerk.

Wer Hände hat, soll damit nicht bloß die Speisen zum Munde bringen, sondern uch nützliche Arbeit verrichten. Der Landmann braucht seine Hände zu dem, was ur Landwirtschaft gehört, doch tun es die Hände nicht allein, sondern es gehören erkzeuge dazu. Sollten die Menschen, welche den Acker bauen, auch die nötigen

Werkzeuge sich selbst verfertigen, so würden sie über einer Arbeit die andere versäumen müssen. Die Menschen haben sich also in die Arbeit geteilt. Die, welche in Städten wohnen, wo mehr Gelegenheit und Anstalten dazu sind, machen das, was der Landmann und ein jeder braucht und kaufen kann, und heißen Handwerker, als Schuster, Riemer, Seiler rc. Die solches Handwerk lernen wollen, heißen Lehrjungen, die es können, Gesellen, und die, bei denen sie um Lohn arbeiten, Meister.

78. Fabrik.

Wo ein Mensch viele andere Menschen beschäftigt, um eine Menge verkäuflicher Waren anzuschaffen, damit er handelt, das nennt man eine Fabrik. Der Vorgesetzte heißt der Fabrikherr und die Handarbeiter Fabrikanten. Solche Fabrik ernährt oft viele Familien durch den Arbeitslohn, welchen sie ihnen lebenslang verdienen läßt.

79. Kauf und Verkauf.

Der Verkäufer verkauft, und der Käufer kauft. Der Verkäufer muß ehrlich sein, nicht schlechte Ware für versprochene gute und richtige Zahl und Gewicht liefern. Der Käufer muß ordentlich und mit gültigem Gelde bezahlen oder eine sichere Verschreibung geben. Einen Kaufmann heißt man den, bei welchem Waren für Geld oder Geldeswert zu haben sind.

80. Münze.

Vor diesem vertauschte man ein Bedürfnis gegen das andere. Jetzt geschieht das seltener, und man bezahlt gewöhnlich mit Geld oder Metall. Wenn auf Stücken von verschiedenem Metall das Bildnis des Oberhauptes und der Wert desselben Stückes geprägt ist, so heißt es Münze. Es gibt deren mancherlei Arten als von Kupfer, Silber und Gold. So ist denn auch ihr Wert verschieden. Die kleinsten und vom wohlfeilsten Metall heißen Scheidemünze.

81. Maß und Gewicht.

Ein Zoll ist etwa so lang als ein starker Daum breit ist. Zehn größere oder zwölf kleinere Zolle lang nennt man einen Fuß, deren zehn größere oder zwölf kleinere eine Rute ausmachen. Ein ordentlicher Schritt hält zwei Fuß; zwölftausend Schritte kann man bequem in zwei Stunden machen, und das heißt eine Meile. Manche Waren werden mit der Elle, die verschiedene Länge hat, gemessen. Was flüssig ist als Wasser, Wein, Bier, Branntwein, Essig, Öl und zerlassener Honig wird mit Gefäßen gemessen, die eine bestimmte Größe oder Weite haben. Andere Waren werden gewogen nach Quentchen, Loten, Unzen, Pfunden, Steinen und Zentnern. Ein Lot hat vier Quentchen, eine Unze zwei Lot, ein Pfund zweiunddreißig Lot, ein leichter Stein elf Pfund, der schwere Stein doppelt soviel, ein Zentner hundert und zehn Pfund

82. Recht und Pflicht.

Was ich von andern nach den Gesetzen und Verträgen fordern darf, das ist mein Recht. Was andere nach den Gesetzen und Verträgen von mir fordern dürfen, das ist meine Pflicht. Keiner hat Recht, der nicht auch Pflichten hätte, so wie keiner Pflichten ohne Rechte. Dieses ist das Band der menschlichen Gesellschaft. Einer bedarf also des andern. Wohl dem, welcher sein Recht nicht übertreibt und seine Pflichten nicht vernachlässigt!

83. Gesetze.

Die Obrigkeit befiehlt und setzt fest, was geschehen oder nicht geschehen soll, das heißt, sie gibt Gesetze. Ohne Vorschriften und Gesetze würde jeder tun, was er wollte. Und da könnte die Obrigkeit nicht regieren oder für das Wohl des Ganzen sorgen. Ein jeder muß sich also bemühen, die Gesetze zu wissen und zu kennen, wonach er seine Handlungen einrichten soll. Wem zuweilen es lieber wäre, ohne Gesetz zu leben, der bedenke, wieviel öfter es ihm lieber sein wird, daß es Gesetze oder Vorschriften gibt, wonach jeder sich richten muß, und er wird durch dieses Nachdenken willig werden, den Gesetzen zu gehorchen. Denn wieviel Schaden kann ihm nicht durch andre geschehen, welches die Gesetze verhindern.

84. Gericht.

Wenn Streitigkeiten in einer Gemeinde vorfallen, so ist's wohlgetan, wenn alte oder sonst verständige Menschen sich bemühen, den Streit beizulegen oder die Parteien zu versöhnen. Dieses kann geschehen durch Vorstellung des Schadens und der Unkosten, die bei Hader und Zank vorfallen, ingleichen der Unruhe, die damit verbunden ist. Auch kann es geschehen, wenn den Zänkern die Sache, worüber Streit ist, recht deutlich gemacht und ihnen gezeigt wird, was in ihren Forderungen und Versagungen unbillig ist, wie auch, daß, wenn ein jeder etwas nachgibt, sie sich vergleichen können.

Hilft dieses nicht, so gehen die Parteien vor das ordentliche Gericht. Jeder trägt seine Sache mündlich oder schriftlich vor. Der Richter schreibt ihre Aussage auf und fordert Beweise und Zeugen zur Bestätigung ihrer Angabe. Dann erfolgt der Spruch, wobei es sein Bewenden hat, und einer oder beide bezahlen die Gerichtskosten.

85. Verteidigung.

Wenn eine Gesellschaft sehr zahlreich ist und aus vielen Dörfern und Städten besteht, so nennt man sie einen Staat. Oft entstehen da Streitigkeiten, und es geht Gewalt für Recht. Diesen Zustand nennt man Krieg. Verwüstung, Hunger, Krankheiten und Mühseligkeiten aller Art sind Folgen desselben. Der angegriffene Staat verteidigt sich und sein Eigentum, so gut er weiß und kann. Die stärksten und muntersten Bewohner desselben müssen die alten und schwächern beschützen, indem sie sich dem andringenden Feinde entgegenstellen und ihn hindern, größern Schaden zu tun.

86. Soldaten.

Wenn ein jeder die Pflicht hat, das Wohl des Ganzen, wovon er ein Teil ist, zu befördern und Schaden zu verhüten, so müßte jeder auch in den Krieg ziehen, wenn dergleichen entsteht. Da würden aber Ackerbau und Handwerker stille stehen, Nahrlosigkeit, Hunger und Elend sehr groß werden. Also hat man nur einige, von vielen, die sich dazu schicken, ausgewählt, um benötigtenfalles den Staat zu verteidigen. Diese heißen Soldaten. Man übt sie zur Zeit des Friedens alle Jahre einige Wochen in dem, was ein tüchtiger Soldat kennen und wissen muß. Die das noch nicht können, aber lernen, heißen Rekruten; die es gelernt haben und nach Hause gehen dürfen, Beurlaubte. Wer lange genug gedient hat, bekömmt den Abschied, einen Dienst oder Gnadengehalt, wenn an ihn die Reihe kommt. Die höhern Befehlshaber heißen Stabsoffiziere. Unter diesen stehen die Hauptleute, Oberoffiziere, Feldwebel und Unteroffiziere nebst den Soldaten.

87. Verhältnis.

Wenn viele vereinte Teile zu einem Endzweck wirken sollen, oder womit man etwas erreichen will, was man sich vorgesetzt hat, das muß sich zusammen passen, schicken. Wenn die Teile, woraus ein Pflug besteht, sich nicht zusammen schicken, so würde man den Endzweck, wozu man den Pflug braucht, nämlich das Pflügen oder Auflockern des festen Erdbodens, nicht erreichen. So bei dem Spinnrade, dem Garnhaspel, der Uhr, den Wind- und Wassermühlen und mehreren Dingen, die aus vielen zusammengesetzten Teilen bestehen. Die Vorschrift, nach welcher sie zusammengesetzt werden, nennt man ihr Verhältnis.

88. Das Fuhrwerk.

Wer etwas zu Lande fortbringen will, was zum Tragen zu schwer ist, der legt es auf einen Schubkarren und schiebt ihn vor sich her. Zuweilen wird noch ein zum Ziehen abgerichteter, starker Hund vor den Schubkarren gespannt. Ist die Last dafür zu schwer, so wird sie auf Wagen geladen, die zwei oder vier Räder haben, und Pferde oder Ochsen müssen sie fortziehen. Das Fuhrwerk mit zwei Rädern nennt man Karren, und die größten Wagen sind die Frachtwagen, welche, weil sie zur Fortbringung schwerer Lasten dienen, groß und stark gebaut sein müssen und daher viel Vorspann nötig haben. Bei dem Fuhrwerk kommt alles darauf an, daß man viel auf einen Wagen laden könne, ohne das Zugvieh dabei übermäßig arbeiten zu lassen. Dieses wird erreicht, wenn der Wagen breit ist, so geht viel hinein, und er braucht nicht so hoch geladen zu werden, wobei er leicht umwirft; wenn die Achsen recht in die Nabenlöcher der Räder passen; wenn die Räder recht rund sind, und wenn die Spur oder das Fuhrgeleise so breit ist, daß zwei Pferde neben der Deichsel gehen können, ohne das Geleise bald auf dieser, bald auf jener Seite zutreten zu müssen.

89. Die Schiffahrt.

Große Hölzer mit Brettern bekleidet und mit Eisen verbunden, inwendig hohl gebaut, schwimmen auf dem Wasser und heißen, wenn sie klein sind, Kähne, oder wenn sie groß sind, Schiffe. Sie werden mit Rudern fortgestoßen, oder man spannt ein großes Stück Leinwand oder mehrere, die man Segel nennt, aus, worin der Wind sich fängt und so das Schiff fortbewegt. Damit es geraden Lauf halte, dient das Steuerruder hinten am Schiffe, welches der Steuermann regiert. Dergleichen Schiffe können schwerere Lasten tragen als viele Wagen und werden daher den Menschen sehr nützlich.

90. Das Bergwerk.

In der Erde findet man Steine, worin mehr oder weniger von Metallen steckt als Eisen, Kupfer, Gold, Silber, Blei und Zinn, welches man mit Feuer aus diesen Steinen schmilzt. Was denn nicht Metall ist, heißt Schlacken. Das Eisen ist das nützlichste und häufigste von diesen Metallen. In der Schmiede wird es zu allerlei nützlichen Werkzeugen verarbeitet. Es gibt aber auch noch andere nützliche Dinge in den Steinen, die heißen Halbmetalle als Schwefel, Quecksilber, Galmei. Endlich gibt es in den Bergen noch Kalk- und Bruchsteine, Gips, Marmor und viel andre schöngefärbte und kostbare Steine, davon ein kleines Stück oft mit vielem Gelde bezahlt wird.

91. Kalender.

Um die Zeit einzuteilen in Tage, Monate und Jahre, ward der Kalender erfunden, sowie die Uhr, um die Stunden zu wissen. Den wievielsten Tag in jedem von den 12 Monaten, die in unserm Jahre sind, wir heute zählen, nennt man das Datum. Dieses muß wie Ort, Jahreszahl und Namensunterschrift des Schreibers unter jedem Briefe, Verschreibung, Zeugnis oder Attest und schriftlichen Bündnis stehen, sonst gilt es vor Gerichten nicht. Auch stehen im Kalender die Jahrmärkte und Festtage und noch manches Nützliche. Manches ist auch unnütz als die Vorherbestimmung, an welchem Tage es gut sei, die Haare zu verschneiden oder Arznei zu gebrauchen. Denn wem die Haare ins Gesicht hängen, der braucht mit dem Abschneiden nicht zu warten, und wer krank wird, dem sind Arzneimittel nötig; der Kalender mag schreiben, was er will.

92. Die künstliche Erdkugel oder der Globus.

„Ist denn rund um die Erde Himmel?" fragte einstmals ein Schüler seinen Lehrer. „Nicht ebenso wie eine Nußschale den Kern umgibt," antwortete der Lehrer, „nicht so mußt du dir es vorstellen. Denn der Himmel ist kein fester oder gläserner Körper, sondern es ist Luft, die alles trägt und umgibt."

Der Schüler. „Wie kann denn die Erde, da sie so groß und schwer ist, wie man sagt, von der Luft getragen werden, da doch die leichteste Feder nicht lange in der Luft bleibt, sondern niedersinkt und fällt?"

Der Lehrer. „Du hast recht, mein Sohn, mir diese Frage vorzulegen, was ich dich jetzt lehren will."

„Gott hat allen dem, was zu einem solchen Ganzen gehört, dergleichen die Erde und andere Sterne sind, eine Eigenschaft anerschaffen, nach welcher sich alles nach dem Mittelpunkte seines Ganzen, wozu es gehört, hinneiget und da zu ruhen strebt. Diese Eigenschaft heißt die Schwere. Du siehst, mein Sohn, daß ein Stein, und wenn du noch soviel Stärke daran wendest, ihn in die Höhe zu werfen, dennoch bald zu steigen aufhört und zu sinken anfängt, bis er wieder auf der Erde, wovon er genommen ist, ruhet. An diesem leichten Beispiel erinnere dich dieser wichtigen Lehre."

Der Schüler. „Nun erfahre ich in der Tat, daß der Schulunterricht klug macht; denn wie manche, mir sonst verborgene Ursach und Wirkung verstehe ich nicht jetzt besser als sonst durch die heutige Lehre! Aber, lieber Lehrer, ist denn die Erde rund oder eckigt?

Der Lehrer. „Hier ist eine künstliche Erdkugel, die man den Globus nennt, an welcher du die Gestalt der Erde betrachten kannst. So glatt ist nun wohl freilich die Oberfläche der Erde nicht als hier auf dieser Erdkugel. Du weißt, es gibt Berge und Täler; aber wenn man die Größe des Ganzen bedenkt, so verschwinden alle diese beträchtlichen Höhen und Tiefen. Denn, wenn man so weit von der Erde seinen Stand wählte, daß man sie ganz, wie wir diesen Globus, übersehen könnte, so würde sich in einer gewissen nötigen Entfernung dadurch ihre Gestalt nur wenig verändern. So wie etwa auf den tönernen Kugeln, womit ihr als Kinder spielt, Ungleichheiten sich befinden, ihr diese Kugeln aber doch rund nennet, so nennt man auch die Erde rund oder eine Kugel, aller Berge unerachtet."

Der Schüler. „Woher kommt denn Tag und Nacht?"

Der Lehrer. „Davon wird es auf der Erde bei uns Tag, wenn die Seite der Erde, auf welcher wir wohnen, sich gegen die Sonne kehret, und Nacht, wenn sie sich von der Sonne wegwendet."

„Wenn ich den Globus hier in die Sonne setze und drehe die Kugel langsam herum, so hast du ein deutliches Beispiel davon. Denn die Länder, welche jetzt die Sonne bescheint, haben ihren Tag und die nicht beschienenen Länder ihre Nacht."

Der Schüler. „Welche Weisheit hat Gott im Bau der Erde bewiesen, lieber Lehrer!"

Der Lehrer. „Erbaue dich oft mein Kind an solchen guten Gedanken. Wenn du nun die schönen Beschreibungen in der Bibel liesest von der Herrlichkeit und Weisheit Gottes, so wirst du das eher fassen und glauben können. Dieser Glaube aber wird dich vorbereiten, auch das zu glauben, was von Gottes Anstalten, uns ewig glücklich zu machen, darin enthalten ist."

93. Eine kurze Nachricht von der Welt.

Im Anfang einer hellen Sommernacht saß einstmals Vater und Sohn vor der Tür ihres Hauses. Der Anblick so vieler leuchtender Sterne rührte den Sohn. „Ach, lieber Vater," sprach er, „noch nie sah ich den Himmel so schön."

Der Vater. „Und doch bist du zwölf Jahre alt und hast also schon manche helle Nacht erlebt!"

Wilhelm. „Jawohl; aber ich habe nur nicht Achtung darauf gegeben."

Der Vater. „Das war es, mein Sohn. Und David hat also wohl recht, wenn er sagt: Groß sind zwar die Werke Gottes; aber nur der hat Lust daran, der darauf achtet."

Wilhelm. „Ich will auch nun auf alles recht achten, was Gott gemacht hat, damit ich Gott recht kennen und lieben lerne. Aber, lieber Vater, Ihr wißt ja soviel Gutes, erzählt mir doch etwas vom Himmel und von der Erde, und was eigentlich die Sterne sein mögen."

Vater. „Das alles zusammen wird die Welt genannt. Und wer also dieses Wort Welt gebraucht, soll damit meinen alles Sichtbare, was Gott geschaffen oder gemacht hat."

Wilhelm. „Kennen wir denn alles, was Gott geschaffen hat, lieber Vater?"

Vater. „Nein, nicht alles! Manches ist sichtbar und manches unsichtbar. Sichtbar sind alle die Dinge, welche in unsere Sinne fallen, solche Dinge z. B., die wir mit gesunden Augen sehen und mit unsern Gliedern fühlen können. Doch davon ein andermal. Jetzt wollen wir von den Sternen reden, die du da schimmern siehst. Einige haben ein eigenes Licht, so wie unsere Sonne; diese heißen Fixsterne. Andere haben kein eigenes Licht, sondern werden von solchen Sonnen erleuchtet, und diese heißen Planeten. Die nun zu solcher Sonne gehören, die machen mit ihr ein besonderes Ganzes aus, so wie Glieder deines Körpers zusammengehören und ein Ganzes ausmachen. Zu unserer Sonne gehören auch solche Sterne, die man Planeten nennt, davon der Mond der bekannteste, und weil er uns am nächsten ist, unsere Nächte zu gewissen Zeiten erleuchtet."

Wilhelm. „Wie groß ist wohl ein solcher Stern?"

Vater. „Sie sollen sehr groß sein, sagen die Leute, die dergleichen zu berechnen verstehen, viel größer als unsere Erde. Denn unsere Erde ist auch ein solcher Stern und wird von den Geschöpfen im Monde so gesehen, wie wir den Mond sehen."

Wilhelm. „Was sagt Ihr, lieber Vater, sind denn im Monde auch Geschöpfe?"

Vater. „Verständige Leute vermuten es aus vielen Gründen, weil der Mond viel Ähnliches mit unserer Erde hat; aber beschreiben kann ich dir sie nicht."

Wilhelm. „Wie groß ist denn also unsere Erde?"

Vater. „Weißt du, wieviel Zeit dazu gehört, um im gewöhnlichen Schritt eine Meile Weges zu gehen?"

Wilhelm. O ja, lieber Vater! Zwei Stunden geht man gemeiniglich, wenn man sagt, man sei eine Meile Weges gegangen.

Vater. „Nun, so wirst du mich verstehen, wenn ich dir sage, daß unsere Erde fünftausend und vierhundert solcher Meilen im Umkreise hat."

Wilhelm. „Das ist ja sehr groß. Und dagegen sind die Sterne nur sehr klein, und die Sonne ist kaum so groß als die Uhrscheibe an unserm Kirchturme."

Vater. „Du irrest, mein lieber Sohn, wenn du dieses glaubst; es sind sehr wenige von den Sternen, die du siehst, welche nicht unzähligemal größer wären als unsere Erde. Aber weil sie so weit von uns entfernt sind, darum scheinen sie uns kleiner, als sie sind. Du sagtest von der Uhrscheibe an unserm Kirchturm. An diesem Beispiel will ich dich morgen überführen, daß, wenn uns etwas Entferntes klein scheint, wir es darum nicht für so klein halten müssen, als es das Ansehen hat."

Wilhelm. „Ach, lieber Vater, vergebt mir noch eine Frage. Sehen denn alle Menschen auf der Erde so aus als wir?"

Vater. „Davon wollen wir bei der ersten guten Gelegenheit weiterreden. Jetzt gehen wir zu Bette. Denn es ist spät und loben Gott vorher, der uns an seinen Geschöpfen erkennen läßt, wie groß und gut er sei. Weißt du nicht ein schönes Lied, welches sich dazu schickte?"

Wilhelm. „Ja, lieber Vater, das Lied: Wenn ich, o Schöpfer! deine Macht usw. Auch Euch danke ich herzlich, lieber Vater, daß Ihr mir dieses alles erzählt habt. Gott schenke Euch dafür eine ruhige Nacht!"

Vater. „Dir auch, mein Sohn!"

94. Von der Erde und den Geschöpfen, die darauf sind.

Wilhelm. „Das hätte ich nicht gedacht, daß unsere Uhrscheibe am Kirchturme so groß wäre! Nun glaube ich gerne, was Ihr neulich von der Sonne, Mond und Sternen sagtet. Aber, lieber Vater, Ihr wolltet mir ja die Frage beantworten: Ob alle Menschen, die auf dem Erdboden wohnen, ebenso aussehen als wir?"

Der Vater. „So wie es verschiedene Gewächse einer Art, z. B. mancherlei Birnen in unserm Garten gibt, so gibt es auch verschiedene Menschen. Um sie zu unterscheiden, hat man die Farbe der Haut zum Kennzeichen gemacht, und dann gibt es weiße, schwarze und kupferfarbene. Es gibt zwar noch andere[1]) gebildete Menschen, von denen es aber nicht so gewiß ist, ob ihre Farbe und andere Besonderheiten nicht etwa Krankheit, oder doch zu selten sei, als daß man eine eigene Gattung daraus machen könnte. Einige und sonderlich die Schwarzen haben alle ein kurzes, krauses Haar wie ein Schaf, dessen Farbe beständig schwarz ist."

Wilhelm. „Vor diesen Leuten würde ich laufen und mich verstecken."

Der Vater. „Und warum dieses? Es gibt unter ihnen sowohl gute Menschen als auch Freunde Gottes als unter uns, wie du in der Bibel finden kannst."

Wilhelm. „Ja, ich besinne mich, lieber Vater, auf diesen Spruch: Bei Gott ist kein Ansehen der Person; sondern unter allerlei Volk, wer ihn verehret und recht tut, der ist ihm angenehm. Aber die Leute wohnen wohl sehr[2]) weit von hier? Nennt mir doch ihr Land?"

Vater. „Wenn du es behalten willst, so will ich dir sagen, daß man das Stück der Schöpfung Gottes oder den Planeten, worauf wir wohnen, die Erde nennet.

---

[1]) 1796 und 1798 „anders".
[2]) 1796 und 1798 fehlt: „sehr".

Auf dieser Erde ist nun entweder festes Land oder Wasser, und soviel man jetzt weiß, etwas mehr Wasser als Land. Das feste Land ist in fünf Abteilungen gebracht, denen man Namen gegeben hat, um sie besser zu behalten; Europa, Asien, Afrika, Amerika und die Südländer, von denen noch vieles uns unbekannt ist, aber mit der Zeit entdeckt werden kann."

Wilhelm. „In welcher Abteilung wohnen denn wir, lieber Vater, und in welcher die schwarzen und kupferfarbenen Menschen?"

Vater. „Wir in Europa, woselbst und in Asien die meisten weißen Leute, in Afrika die meisten schwarzen und in Amerika die meisten kupferfarbenen wohnen. Obgleich alle diese Abteilungen große Inseln oder rund mit Wasser umflossene Länder sind, so gibt es doch auch noch kleinere Inseln, die ihrer Nähe wegen zu der oder jener Abteilung gerechnet werden."

Wilhelm. „In der See sollen ja große Fische sein, lieber Vater?"

Vater. „In der See und auf dem Lande gibt es sehr große und sehr kleine Tiere. Glaubst du wohl, daß es in der See Tiere gibt, die länger und dicker sind als der stärkste Stamm eines Eichbaums. Dergleichen sind die Walfische und andere Seetiere [1]). Auf dem Lande ist der Elefant das größte Tier, der auf seinem Rücken ein kleines Haus und über zwanzig Mann tragen kann. So wie unter den Vögeln der Strauß, welcher größer ist als ein Reiter auf dem Pferde."

Wilhelm. „Ihr redet keine Unwahrheit, lieber Vater, darum glaube ich es Euch gern."

Vater. „Aber nun gibt es auch so kleine Tiere, die noch viel tausendmal kleiner sind als eine Milbe, und die doch noch viel kleinere Glieder an ihrem so kleinen Körper haben müssen, welche Glieder alle sehr künstlich und ordentlich gemacht sind."

Wilhelm. „Lieber Vater! Diesesmal wollt Ihr mich auf die Probe stellen. Wie hat denn ein Mensch diese Tiere selbst sehen können, vielweniger ob sie künstliche Gliedmaßen haben, da sie noch viel kleiner sein sollen als eine Milbe? Da muß einer ja schon gute Augen haben, der eine Milbe nur erkennen will."

Vater. „Mein lieber Sohn, erinnere dich an die Geschichte mit der Sonne und den Sternen, die du für so klein hieltest, und dein Urteil wird bescheidner ausfallen. Gewiß ist alles, was ich dir sage; denn ich würde dir schaden, wenn ich bei deiner Belehrung [2]) scherzte. Freilich hätte man mit bloßem Auge weder diese Tiere, noch ihre kleinen Glieder gesehen; aber man hat die Kunst erfunden, sehr helles Glas so zu schleifen, daß es, wenn man etwas Kleines dadurch betrachtet, dieses viel tausendmal größer erscheinen macht, als es ist."

Wilhelm. „Das ist eine vortreffliche Erfindung! Aber, lieber Vater, wie herrlich ist Gott, der das alles, groß und klein, gemacht hat! Wie unzählbar sind alle seine Werke! Wir mögen noch nicht die Hälfte davon kennen! Nun glaube ich es gern, daß auch in allen diesen Sternen Geschöpfe Gottes sind."

---

[1]) 1796 und 1798 fehlt dieser Satz.
[2]) 1796 und 1798 Bekehrung.

Vater. „Sieh, mein lieber Sohn, das wird, wenn wir fromm sind, nach dem Tode vielleicht unserer Beschäftigungen eine sein, die unzählbaren Werke Gottes besser als hier zu erkennen und dann seine Majestät mit allen Engeln und Seligen voll demütiger Verwunderung zu verehren und anzubeten."

Wilhelm. „Ach, lieber Vater, ich will auch recht fromm sein. Wenn ich nur schon tot wäre und das alles sähe!"

Vater. „Nein, mein Sohn, sondern du mußt leben wollen, solange Gott will und dich hier in deinem Berufe treu, fleißig und rechtschaffen verhalten. Nur zu solchen will Gott dereinst sprechen: „Ei du frommer und getreuer Knecht, du bist über wenig treu gewesen; gehe ein zu deines Herrn Freude!"

95. Lehranstalten.

Nicht allein die Kinder brauchen Unterricht und Lehrmeister in ihren Schulen, auch den Erwachsenen ist es nützlich, an Gott und Pflicht, Gewissenhaftigkeit und Berufstreue sowohl, als auch an das Ende des Vergänglichen und was nach dem Tode folgen kann, erinnert zu werden. Dazu sind gewisse Tage der Ordnung wegen bestimmt. Die Erwachsenen versammeln sich denn in geräumigen Gebäuden, und ein dazu bestimmter Lehrer redet laut zu ihnen, um sie zu guten Vorsätzen zu ermuntern oder darin zu bestärken, daß Tugend der einzige Weg zur wahren Glückseligkeit sei. Wohl dem, der gern hört und lernt!

96. Armenversorgung.

Es wäre sehr gut, wenn jeder sich und die Seinigen durch nützlichen Erwerb ernähren und versorgen könnte. Weil aber doch manche verarmen und sich selbst nicht mehr helfen können, so würden sie betteln oder von denen, die noch etwas haben, sich Gaben zu ihrem Unterhalt erbitten. Dieses ist eine große Unordnung und Plage. Denn unter dem Schein des Bettelns schleichen auch Diebe sich ein, und jeder muß sein Eigentum ängstlich behüten. Damit nun niemand betteln dürfe, sind Armenhäuser errichtet, dahin werden alle Bettler und verdächtige Menschen geschickt und mit dem Notdürftigen bei solcher Beschäftigung, die sich für jeden schickt, versorgt. Es ist also billig, daß jeder für seine Sicherheit etwas zur Erhaltung dieser wohltätigen Anstalt beitrage.

97. Hospitäler, Krankenhäuser, Lazarette.

Alte, Gebrechliche und Kranke können oft sich selbst nicht helfen oder haben keinen um sich, der ihnen Pflege leisten könnte. Dazu dienen die Hospitäler und Krankenhäuser, worin dergleichen Menschen mit Arzneimitteln versehen, oder womöglich wieder geheilt werden, oder im Alter einen sichern Zufluchtsort finden. Für die Soldaten sind die Lazarette, worin sie umsonst von Wunden und Krankheiten geheilt werden.

98. Polizei.

Alles, was zum Besten des vereinigten Ganzen, welches man einen Staat heißt, geschieht, alle Einrichtungen zur Sicherheit der Straßen und Wege, zur Fortschaffung der Reisenden, oder der Briefe, zur Gesundheit der Einwohner und zur Verhütung der Feuers- und Wassersgefahr und des Mangels an Lebensmitteln heißen mit einem Worte: Polizei. Wo dergleichen ist, da ist auch Ordnung und Wohlstand. Darum muß sich auch ein jeder ihre Einrichtung gefallen lassen.

99. Vaterlandsliebe.

Wo der Mensch geboren und erzogen ist, das heißt sein Vaterland. Ihm hat er viel zu danken. Die Freuden seiner Kindheit, seinen ruhigen Wohnort unter seinen Verwandten, Freunden und Landsleuten, Sicherheit und Schutz bei seiner Nahrung und Gewerbe, seine Verbindungen mit andern Menschen, seine von Jugend auf gewohnte Lebensart. Alles dieses macht ihm sein Vaterland lieb und wert. Gern muß also der Mensch nun auch das ertragen, was etwa für Mühe oder Gefahr ums Wohl des Vaterlands auf ihn trifft.

Als er jung war, taten das andere für ihn; so ist es denn billig, daß er, wenn er älter wird, es auch für andere tue.

100. Tischgebet.

Ich danke dir, o Gott, daß heut
Uns Kleidung, Speis' und Trank erfreut!
Von dir kommt dieser Segen.
Du gibst, was unser Feld uns trägt,
Durch Luft, die nützlich sich bewegt,
Tau, Sonnenschein und Regen!

Behüt uns, Gott! für Landesnot,
Gib uns Gesundheit, hilf uns Brot
Durch klugen Fleiß erwerben!
Der Obrigkeit gehorsam sein
Und Gutes lieben, Böses scheun,
Froh leben, selig sterben.

101. Gute Gedanken.

Gott Lob, daß ich nun wissen kann,
Was bös' und gut sei, und woran
Ich beides unterscheide.
Recht will ich tun; hilf mir, o Gott!
Nicht achten auf der Menschen Spott,
Wenn ich das Böse meide.

Denn Gott ist doch der beste Freund,
Er lenkt, was noch so widrig scheint,
Zum wahren Wohlergehen.
Wer fromm ist, den verstößt Gott nicht,
Der darf mit Kindeszuversicht
Auf ihn als Vater sehen.

102. Vom Nutzen der wahren Frömmigkeit und von der Schädlichkeit des Lasters.

Ein fröhlich Herz, gesundes Blut,
Ist in der Tat ein großes Gut.
Uns hat es Gott gegeben.
Ach dankten wir
Doch Gott dafür
In unserm ganzen Leben!

Wer Gott gehorcht, der dankt ihm recht;
Geschenk und Gaben sind zu schlecht,
Weil Gott das Herz begehret.
Wenn uns gefällt,
Was Gott gefällt,
Dann wird Gott recht verehret.

Gott weiß am besten, was uns nützt.
Wer ihm gehorcht, der bleibt beschützt.
Vor mancher Sorg' und Plage.
Wer Gott verläßt,
Dies glaubet fest,
Hat nie zufried'ne Tage.

Ein Laster führt zum andern hin,
Sich zu verbergen, muß er fliehn
Von Vaterland und Hütte;

Die Obrigkeit
Verfolget weit
Des Bösen flücht'ge Schritte.

Die Unruh seines Herzens geht
Mit ihm umher, und wo er steht,
Da nagt ihn Furcht und Kummer.
Der böse Rat,
Die böse Tat
Verwehrt ihm Ruh und Schlummer.

Wer aber reines Herzens ist
Und Gottes Wohltat nicht vergißt,
Ihn durch Gehorsam ehret:
Den schützet Gott
In aller Not;
Sein Segen wird vermehret.

103. Erntelied.

Herr Gott, wir loben dich für allen deinen Segen,
Den wir mit frohem Mut in unsere Scheune legen!
Du wußtest, was uns fehlt, und halfest gnädiglich.
Nun ist kein Mangel mehr, und alles freuet sich.

Doch laßt uns beim Genuß der Güter dieser Erden
Nicht undankbar und frech, nicht faul und lieblos werden;
Der dankt Gott in der Tat, der, wenn Gott Segen gibt,
Aus Liebe gegen Gott, auch Lieb' an Menschen übt.

104. Morgenlied einer frommen Magd

Durch Ruh erquickt in dieser Nacht,
Bin ich aus tiefem Schlaf erwacht.
Nun will ich auch nicht länger ruhn
Und eilen, meine Pflicht zu tun.

Das Vieh schreit mich um Futter an —
Ich will es pflegen, wie ich kann;
Für Lohn und Nahrung sollt' ich nicht
Auch treu beweisen meine Pflicht?

Kein Schaden soll durch mich geschehn.
Man soll mich niemals müßig sehn.
Mehrt sich durch mich der Herrschaft Gut,
So lohnt mir's Gott, wenn sie's nicht tut.

Da, lieben Tiere, freßt euch satt!
Wohl dem, der Vieh zu warten hat!
Wie mancher hat nicht Vieh, nicht Brot
Und leidet sonst noch große Not!

Mir fehlet nichts. Ich bin gesund,
Drum preis' ich Gott mit Herz und Mund.
Tu ich das meine gern und treu,
So leb' und sterb' ich sorgenfrei.

105. Morgenlied eines[1]) frommen Knechts.

Da zieh ich wiederum ins Feld,
Gesund an Gliedern, stark an Kräften
Und lobe Gott, der mich erhält
Und ruft zu nützlichen Geschäften.

Mein Brotherr sieht mich jetzo nicht,
Doch sieht mich Gott, der einst wird fragen:
Wie jeder seines Amtes Pflicht
Erfüllt in seines Lebens Tagen?

Das Vieh ist meiner Hand vertraut,
Ich will es nicht unnötig quälen;
Es fühlet Schmerz, und der's gebaut,
Wird seine stummen Klagen zählen.

Zu Schaden dingt man keinen Knecht,
Vielmehr des Nutzens viel zu bringen.
Wie nutz' ich nun, wie mach ich's recht.
O möchte mir's doch wohl gelingen

Mit Gott fang ich die Arbeit an;
Hilf, Gott, daß ich sie auch vollende!
Wer seine Pflicht hat treu getan,
Den schrecket nicht des Lebens Ende

---

[1]) 1796 und 1798 „des“.

106. Lied eines[1]) frommen Säemanns.

Den Samen kann ich streuen;
Wer aber gibt Gedeihen?
Wer, als mein Gott, nur du!
Soll er in Halme schießen,
So muß ihn Gott begießen,
Da reichet Menschenkraft nicht zu.

Zu deinen Himmelshöhen
Erhebt sich Gott, mein Flehen!
Mit Segen sieh herab
Auf Ackerwerk und Weide!
Füll' unser Herz mit Freude,
Das deinem Schutz es übergab!

Beglückt mich Erntesegen,
Weil Wärm' und Wind und Regen
Du schenktest gnädiglich:
So will ich mich des Armen,
Der nichts gewann, erbarmen,
So segnest du einst wieder mich.

107. Abschiedslied eines frommen Soldaten.

Für Brüder und fürs Vaterland
Zu schützen Recht und Ruh,
Bekomm ich Waffen in die Hand
Und Sold und Brot dazu.

Viel leichter ist's am Pfluge stehn
Als in der wilden Schlacht;
Doch ohne Gott kann nichts geschehn,
Er hat's in seiner Macht.

Will's Gott, so ist auch Krieg uns gut;
Zwar weiß ich's wohl nicht wie?
Doch trau ich's Gott und habe Mut,
Sei mein Beruf auch Müh.

Nicht plündern will ein tapfrer Mann,
Nicht mehren Landesnot;
Nicht rauben (die ihm nichts getan)
Den Armen Kleid und Brot.

---

[1]) 1796 und 1798 „des".

Ins Glied, wo seine Fahne weht,
Ihn fordert sein Geschick.
Fest wie ein Fels der Fromme steht,
Der Frevler bebt zurück.

Ist's Wunder, daß entfliehet der,
Der nur ein Leben kennt?
Gott kennt den Tapfern[1]), weiß, daß er
Ihm noch ein zweites gönnt.

Was wiegt ihm Leben oder Tod?
Nichts — gegen Treu und Pflicht.
Wer dies[2]) bedenkt, hat Mut in Not,
Denn Gott verläßt ihn nicht!

---

[1]) 1796 und 1798 der Tapfre.
[2]) 1796 und 1798 „die".

Inhalt.

Seite

[1]) 1796 und 1798 „des“.
[2]) 1796 und 1798 „des“.

Silvius

oder

Versuch eines Jagd-Gedichtes

in

zehn Gesängen.[1]

Von

Friedrich Eberhard von Rochow.

— ingenuus puer
Venari timet, ludere doctior
Horat.[2]

Reckahn, den 20. Januar 1759.

[1]) Der erste Gesang ist im Deutschen Museum, Leipzig 1779, II 89—96 durch Rochows Freund Blum veröffentlicht worden. Der Text weist hier eine Reihe von Änderungen auf. Unserm Abdruck liegt eine Abschrift zugrunde, die im Gutsarchiv zu Stülpe i. d. Mark aufbewahrt wird.

[2]) Horatius Od. III 24, 55. Der verwöhnte Knabe, zum Spielen geschickter, scheut sich zu jagen.

Dispositionen zu den zehn Kupfern der zehn Gesänge.

Erstes Kupfer: Silvius betritt die sumpfigte Wiese. Ein Kiebitz fliegt um ihn her. Er greift schon nach dem Gewehr, wird aber gewahr, daß Tyras Miene macht, vor einer Schnepfe zu stehen.

Zweites Kupfer: Ein Auerhahn auf einer kahlen Buche, Silvius legt darauf an.

Drittes Kupfer: Silvius trägt den Leithund ab.

Viertes Kupfer: Eine alte Ente flattert ganz nahe vor dem sie verfolgenden Hunde her.

Fünftes Kupfer: Damon gibt beim Scheibenschießen dem Silvius die verlorne Büchse, dieser ihm den silbernen Hirschfänger.

Sechstes Kupfer: Ein Rudel Rotwildbret am Hügel. Ein Hirsch von 12 Enden nicht weit davon. Silvius, dessen Kopf eben über den Hügel sieht, dahinter er kniet, legt an auf den Hirsch. Oder Silvius schießt, und der Hirsch springt in die Höhe.

Siebentes Kupfer: Die Jagdhunde jagen hinter dem Fuchs; Silvius Windhunde fangen ihn am Berge.

Achtes Kupfer: Zwei Hatzhunde halten ein Schwein am Gehör. Silvius fängt es ab hinter den Vorderblättern.

Neuntes Kupfer: Silvius steht im Walde hinter einem entblätterten Baum und schießt einen Rehbock von 8 Enden.

Zehntes Kupfer: Kuntz sitzt auf einem Baum, der ein Loch hat, und ruft Silvius zu: „Hier Herr! hier sitzt er!" Der Sack liegt unter dem Baume; der Dachshund springt daran herauf. Das Kostüm der Jahreszeit wird allenthalben beobachtet.

Wessen Tag der Geburt gütig Terpsichore
Segnet, dem singt umsonst Klio den Schlachtgesang,
Oder Kalliope — flieht, Themis, deinen Saal,
Wo Zank ertönet. — Ihn lockt kein betrügend Band,
Schlüssel noch Stern an Hof, der Pantomimen lebt —
Gleich gilt's ihm, wessen Schiff itzt im Ozeanus
Herrschet, und wer das Gold vom indischen Felsen raubt;
Aber ein Frühlingstag! Ländliche Scene, und
Du, o frische Natur! Wenn im verflocht'nen Hain

Sanft Philomele klagt, Bäche den Fels hinab
Rauschen, und rund um ihn der ganze Wald sich freut:
Dann hebt sein frohes Herz edle Begeisterung.
Sah ich nicht, jüngst im Tal träumend, den Gott Apoll?
„Jüngling", sprach er, „dich liebt meine Terpsichore!
Singe die Jagd! Ihr Gott ist meine Schwester. Ich
Liebe die Jagd, wie du — Fremd ist das Thema. — Doch
Wag es! Denn ich, Apoll, will selbst die Kräfte leih'n."
Da erwacht ich. — Und nun sing ich den Auerhahn
Und den Hirsch und die Jagd kühn, wie der Barde sang.

Vorbericht.[1]

An den Leser.

Mein Gegenstand ist neu, obgleich die Jagd die älteste Beschäftigung der Welt und fürnehmlich derer Völker war, von denen wir stammen.

Vielleicht überwand Arminius die weichlichen Römer, weil sein Heer aus Jägern bestand!

Wenn Xenophon in den eleatischen Wäldern jagte, so schrieb er auch vielleicht seine Kenntnisse nieder; aber die neidische Zeit hat von diesem Werke nichts auf uns kommen lassen.

Oppian[2]) — ist ein ermüdendes Repertorium. Deutsche Jäger sind vielleicht keine Dichter, so wie ihre neueren Dichter keine Jäger gewesen! Wer die Jägerei definiert als: Eine Kunst, Tiergeschlechter auszurotten, den Tag und die wichtige Zeit vor sich her zu jagen, um desto maßloser essen, trinken und schlafen zu können, der kennt vielleicht gewiß Jäger, aber nicht die Jagd. Mir scheint sie zu Bildung männlicher Jugend so nötig als Spartas gymnastische Spiele.

Was hirsch- und holzgerecht heiße, mögen die Jagdbücher sagen.

Ich kann mir keinen tüchtigen Jäger denken, der nicht Naturforscher wäre.

Welche Wissenschaft wird mehr verkannt, mehr verunstaltet, als die Historie der Natur? Wir nennen Systeme nach dem Namen ihres Erfinders. Wer hindert mich, die Natur das applizierte System der Gottheit zu nennen?

Ist es nicht unverantwortlich, daß wir bei Erziehung sonderlich städtischer Jugend zu vergessen scheinen, daß Gott die Natur schuf, damit, noch ehe Papyrus, Holzschnitt und Schriftgießer lehrte, aus ihrer bloßen Erforschung der Mensch weise würde?

[1]) Vgl. den Aufsatz „Etwas Praktisches über Erziehung". 2. Bd. S. 31—36.
[2]) Ein griechischer Dichter, Verfasser eines Gedichtes auf die Jagd (Kynegatika) und auf den Fischfang (Haliautika), lebte um 180 n. Chr.

Schätze der Wissenschaft, Gedanken für Dichter, Winke für den Philosophen, Erfahrungen für den Naturforscher, dessen hypothetisches System noch ihrer bedarf — Apologische Wahrheiten für den Moralisten, die, ohne daß Tiere reden und er lügt, junge, zu bildende Seelen mit Theorie und Praxis zugleich beschenken:

Dies alles kann die Jagd liefern, die mit Kenntnis der Natur sich beschäftigt.

Jäger allein (das ist: Menschen, die denen Verkältungen Trotz bieten, für welchen Gelehrte sich scheun) können die Natur gleichsam auf der Tat ertappen; denn ihr mühsamer Trieb führt sie an Örter, die aus seinem Kabinet Büffons bestes Glas nicht entdeckte.

Der unnütze Tod vieler Tiere, blutdürstige Neigungen, verwilderte Gemüter, per pisces et aves etc., Verschwendung an Hunden und Pferden, von denen mancher Foxhunter, wie Diomed und Aktäon, gefressen wird — sind Vorwürfe, die beleuchtet zu werden verdienen.

Tiere vermehren sich häufig, damit der Mensch sie töte, sie nütze. Die selteneren sind mit einer List begabt, die ihrer Unfruchtbarkeit die Wage hält. Doch gibt es Ausnahmen.

Denn von scheuen wilden Gänsen lebt Sct. Kilda, die Hebride,
Wie die patagonische Küste von dummen Pinguinen.
Wer Tiere kennen will, muß oft sie töten.
Und sind Tauben, Krebse, Schafe nicht auch Tiere?
Wer spricht von diesen?

Der Habicht und der Luchs würgt grausamer und doch instinktmäßig.

Blutdürstige Neigungen gibt die schlechte Erziehung wie die meisten moralischen Übel. Wer Frösche martert, Fliegen lähmt, Schlangen und Katzen zerstückt, die Wirkerin Arachne mit dem spitzigen Hacken tötet 2c., ist darum kein Jäger.

Ein guter Jäger geht mit dem Leben der Tiere zum sparsamsten um.

Verwilderte Gemüter fanden sich an Höfen, auf Paradeplätzen, Gerichtsstuben, Lehrstühlen, Kanzeln, so auch freilich wohl bei der Jägerei. Der letzte Vorwurf ist der stärkste, aber auch ein offenbarer Mißbrauch. Denn man kann mit e i n e m Hunde jagen und ein vortrefflicher Jäger sein.

Schüler der wahren Weisheit zog sich die Natur oft in dem einsamen Haine.

Gebt Sokraten, o ihr Lehrstühle! Und ich will für Platonen sorgen!

In silvis academi quaerere verum, darf ich hinzusetzen, et invenire[1]) ist sehr möglich.

Wer liest den Ossian[2]) unbegeistert? Er war auch ein Jäger.

Wir klagen, daß das karge Säkulum nur seichte Nachahmer, nicht Originale zeugt? Studiert die Natur! Ihr Jünglinge! Sie ist nicht im schönen Apoll, nicht in der

---

[1]) Horatius II, Epist. 2, 45. In den Lauben der Akademie die Wahrheit suchen — und finden. Hier meint Rochow: in den Wäldern akademische Weisheit suchen.

[2]) Ein berühmter Barde, Sohn der Fingals, lebte um 300 n. Chr.

toskanischen Venus! Diese und was sonst die hochfliegendste Kunst schön wirkte, malte, formte, dachte, sind nur **abstracta** von jener Schönheit, dem Malerzeichen der Gottheit!

Wie das sammelnde Prisma den flüchtigen Lichtstrahl bindet, daß bezaubernde Farben entstehen, so muß euer Geist die Schönheit sammeln, die in zahllosen Gestalten sich durch die Schöpfung verbreitet!

Die Natur ausschreiben ist kein Plagiat. Der ehrliche Jäger, dessen gerade Seele gesunden Organen gebietet, fühlt einen schönen Tag wie ihr eine Operette.

Lüfte, die tausend Pflanzengeschlechter und Baumblüten duften — selbst euer Potpourri erreicht sie nicht.

Das Orchester der Natur scheint ihm nie über Quarten und Nonen zu zanken, stets in harmonischen Tönen glückliche Liebe besingend.

Er konnte vielleicht fahren oder reiten; aber er geht und freut sich, daß er gehen kann.

Auch der richtige, frohe Gebrauch unserer Glieder ist ein Lobgesang für den Schöpfer.

Mäßigkeit würzt ihm die Kost.

Das Paläste liebende Podagra mit seiner Schwester Hypochondrie schleicht an Krücken die Hütte des Jägers vorbei, und sein Recht, alt zu werden, besitzt er ex titulo **praescriptionis**.

Der Jüngling, den Diana liebt, stürzt mutig in die Schlacht; sein sanftes Waldhorn wird Kalliopes Tuba; er spottet der Winterkampagne, der nassen Füße, des Fiebers, sieht es der Wiese von weitem schon an, ob sie die Kanone trägt, ob die daherrauschende Kavallerie nicht auf ihr ein feuchtes Grab findet.

Im Walde verirret, entdeckt er in dunkelster Nacht die Himmelsgegend durchs Gefühl.

O ihr Regenten! steurt der ausländischen Weichlichkeit, die unser Geschlecht zerstört und euren Thron untergräbt.

Aber ich schweige, verhüllt in dich, selbst belohnender Patriotismus!

Und so wäre die Jagd verteidigt, aber nicht ihr Dichter!

Nicht alle Schätze Dianens besingt meine schüchterne Muse.

Kein künftiger Alexander soll über mich weinen, daß für ihn keine Lorbeeren geblieben.

Früh verhinderte mich Mars, aus dem pierischen Quell tiefe Züge zu tun. Ich hätte vielleicht gar nicht trinken sollen.

Doch es war meine Lust sehen, empfinden und, was ich empfand, zu schreiben, und so entstand unter andern dieser Versuch eines Jagdgedichtes.

„Schade! daß er nicht Regeln kannte!" Dies ist das gelindeste Urteil, welches ich hoffe.

Reckahn, den 20. Jan. 1759.

Silvius
oder Versuch eines Jagdgedichts in zehn Gesängen.[1)]

Erster Gesang.

Euch sing ich, Freuden der Jagd! euch! die kein Weichling empfindet,
Den die verzärtelnde Mutter zum Bürger von Sybaris weihte.
Euch, die ihr, dem tödlichen Pfade zu weichen und herrschenden Lüsten
Den rastlosen Jüngling entlockt! Oft mit passendern Begriffen
Von dem Wesen der Dinge die forschende Stirne bereichert,
Als die in schlichten Systemen das stolze Katheder ihm aufdrängt.
Und ist es Schande, dich singen, o Jagd! wenn Wut oder Wollust
Die ungescholtne Muse verewigt und auf entheiligter Leier
Des Wahns Phantomen vergöttert und feilen Weihrauch verschwendet?
Doch deine Freuden, Diana! werd ich sie würdig besingen?
Wird mir nicht Feuer und Schwung und kühne Begeisterung fehlen,
So du die Triebe nicht anstrichst, die oft mich beseelten,
Wenn ich die Strahlen des Sommers und Winterstürme verlachte?
Sei selbst meine Muse, so wird auch im befremdenden Ausdruck
Des Jägers gefallen, was ich von deinen Freuden erzähle!
Kaum schwimmen gemilderte Dünste von näherer Sonne,
Geschaffen im ruhigern Luftkreis, so streichen unzählbare Schnepfen,
Bunte Geschlechter mit Winden südwestlicher Länder,
Wo sie dem Winter entflohn, heran. — O Waldschnepf, eröffne
Die frohe Scene zuerst! Am stillen und wolkigten Abend
Flattert sie, Eulen gleich, langsam am Rande des Waldes,
Und locket, wollüstig, den Gatten zur nahen Waldwiese nieder.
Da lauert Silvius freudig und hofft, daß die Sonne verschwinde.
Fast überhört er die Lieder der melodiereichen Amsel,
Die spät noch wirbt, dann schweigt. — Bald schmettern aus Silvius' Rohre
Schrote, gleich tötenden Blitzen, die ziehende Schnepfe zu Boden,

1) Einen Kommentar, den die zahlreichen Jagdausdrücke erforderten, versage ich mir zu geben, da ich der Jagd unkundig bin. Jäger bedürfen seiner kaum, und jagdfremde Leser werden an dem Gedicht nicht um seiner selbst willen, sondern nur um Rochows Freude willen an der Jagd und um seines regen Natursinns willen Interesse nehmen — und vielleicht auch wegen des merkwürdig ungewandten Versbaues.

Die Waldschnepf, um die er voll Sehnsucht schon manchen Abend gestanden,
Oder den sumpfigen Hau durchsucht nach Stürmen und rieselndem Hagel.
Zwar hatten ziehende Drosseln, vom scheuen Ziemer begleitet,
Seinen Weg oft ihm bezahlt, wenn er in trügenden Schlingen
Am Boden die hüpfenden fing, auch schießend sie fällte.
Doch war er traurig, wenn ihn der Anstand vergebens durchkältet,
Und kein Waldschnepf ein Opfer der lauernden Sehnsucht geworden.
Nun aber besucht er das Vorholz, so oft ihn ein stillerer Abend
Mit Hoffnung von Waldschnepfen-Zug im ersten Frühjahr beglückt.
Denn lange verweilet sie nicht. Noch tiefer im einsamen Osten,
Die kleine Nachwelt zu brüten, sind ihre Wohnung Moräste,
Weit und wild und grundlos, doch nährend und sicher.
Die schaffte die Vorsehung dort zu Magazinen an Wildbret.
Nur einige Spätlinge bleiben. Sie füllen im Sommer mit Freuden
Die Seele des wandelnden Jägers, dann Tafeln großer Lukullen.
Bald locken ziehende Scharen von flüchtigen Bekassinen
Den Jäger ins hülligte Bruch, durch Eis und Wasser zu waten.
Erzählt, o Muse der Wälder, des muntern Silvius Rüstung:
Grün, wie die Auen im Sommer der Sonnenstrahl kleidet,
Ist sein gemächliches Kleid. Von englischen Stieren und Meistern
Geschaffene Stiefeln beschützen mit undurchdringbaren Narben
Den emsig schreitenden Fuß für aller Verkältung und Nässe,
Der grüne Jagdhut sein Haupt. Von Lazaro Lazarino
Ward das Rohr, das er trägt, zum Meisterstücke bereitet.
Brescia, stolz auf den Ruhm der künstlichsten Büchsenschmiede,
Fertigte Schloß und Montur und band es im passenden Schafte.
In der geräumlichen Tasche am Riemen von Juchten
Lag der Tod jedes Tieres im Chaos zusammengemischet.
Pulver im Horn, dann Filz und Kugeln und Pflaster
In Beuteln, Schrote, Schraubenzieher, Krätzer und Steine.
Die Tasche selbst ist von Händen der jungen Themire gewirket,
Die bei des Silvius Mutter, der besten Erziehung genießend
Kaum daß sie Waise war, fühlte. —
Grün und weiß war die Seide, die sie in wechselnden Farben
Um den formenden Strickstock bog, zu Maschen sie schaffend,
Und den Geburtstag des Jünglings dadurch ihm festlicher machte.
„Nimm sie, o Silvius hin! Dir ward sie, die seidene Tasche,
Zum Geschenke bestimmt! Erinnre dich deiner Themire,
Wenn du, mit Schnepfen und Hühnern und Hasen sie füllest!
Nur eine Wachtel, die mich mit ihrem gemess'nern Schlage
Des Morgens weckt, und ein Reh, versprich mir, im Sommer zu schaffen."
So sprach die Holde. Und Silvius geht die Verpflichtung
Hoffnungsvoll ein und bedeckt die künstlichen Hände mit Küssen.

Dies ist des Silvius Rüstung, die Schnepfen zu fällen,
Die Eurus nächtlicher Fittich in seine Moräste getragen.
Zween Hunde, selten an Güte, von einem Vater gezeuget;
(An denen geborne Talente durch ihres Lehrers Erziehung
Noch erhöht werden) begleiten mit lustigen Sprüngen
Den raschen Schritt ihres Herrn. Er nannte sie Markis und Tyras,
Als ihrem verschlossenen Auge zum Sehen sechs Tage noch fehlten.
Aus neunen wählt er sie beide. Markisen, weil sie die Mutter
Zuerst ins Nest trug, den Tyras, weil dreifache Borsten
Auf der weissagenden Warz am Kinn viel Gutes versprachen.
Die andern ertränkte die Flut des nahe gelegenen Teiches.
Von Morgenlüften umweht, seh ich den Silvius wandeln.
Eh' noch der prächtige Vortrab der Frühlingssonne verschwindet.
Noch blitzet, diamantähnlich, vom nächtlichen Reife der Fußsteig
Im schiefen Strahle des Morgens. Von reisenden Gänsen
Ertönet der Luftraum, den mächtige Schwingen, wie Keile
Geordnet, durcheilen. In höher gestimmten Tenoren
Vermeldet des Frühjahres Ankunft der Kraniche Stimme,
Wie einen prachtvollen Aufzug Trompeter und Herold verkündigt.
Des Finkenhahns schmetterndes Lied begrüßet den Morgen
Vom Wipfel der laublosen Eichen und weckt die schlummernde Gattin.
Schon meldet der wachsame Kiebitz laut allen Bürgern am Sumpfe
Die Ankunft des Jägers. Er sticht auf die Hündchen und schwingt sich
Um des Silvius Haupt: So reißen auf fliegenden Rossen
Waghälse sich an die Reihen des Feindes und sprechen ihm Hohn zu.
Den wenigsten glückt die Zurückkunft. Auch dir ward das Ende
Deines gaukelnden Lebens und Dreistigkeit zugemessen!
Sterben sollst du, Kiebitz! Die Wirkung des Rohrs zu bewähren,
Das die Rüstkammer so lange gezieret und den Winter gefeiert,
Als plötzlich den wedelnden Tyras ein süßer Schnepfenduft anfällt,
Und dich, verdank es dem Schicksal! vor diesmal zu sterben entübrigt.
Tyras zog langsam, vom Duft der Bekassine geleitet,
Jetzt windet er stärker. — Allmählich erstirbet
Die Beugung der Pfoten. — Und still, gestreckt, mit zitterndem Schwanze
Beweist er das Dasein der Schnepfe. Markise sieht es von weitem
Und ehrt die Künste des Tyras durch Stillstehen und wartende Mienen.
Jetzt jagt sie Silvius auf, und von der verbergenden Hülle
Schwingt sich mit ätschendem Laut die schnellste des Schnepfengeschlechtes.
Dich schützt nicht die Länge der Flügel! nicht labyrinthische Wendung.
Es knallt! Von Körnern der siebenten Nummer durchbohrt,
Entsinkt die Bekassine dem tragenden Fittich des Windes. —
Sie fällt! Nun eilet Markise nebst Tyras im fliegenden Wettlauf,
Des Apportierens Ehre beim Silvius zu erstreben.

Doch Tyras ergreift sie zuerst manierlich am sterbenden Flügel,
Bringt sie dem Silvius hin und holt sich verdiente Karessen.

Zweiter Gesang.

Wo von dem Brocken herab, umkränzt mit Tannen und Buchen
Ein langes Gebirge sich türmt, da wählt von den Vögeln
Der edelste seinen Stand. Im Anfang des Frühlings
Steht hier der Auerhahn hoch am Gipfel des Berges
Und pfalzt den Morgen herbei in äußerst seltsamen Tönen:
Knackt, zischt, plappert, schleift, gurgelt und pfeifet
Und spottet der horchenden Kunst nachahmender Menschen.
Dahin begibt sich auch Silvius; denn seine Neigung,
Die noch ungekannte Natur in ihren verschiedenen Gestalten
Zu erforschen, trieb ihn, die schwerste Bemühung versüßend.
Er hatte den Abend vorher am Pfadort gestanden.
Den Einfall der Hähne gesehen, gezählt und die Bäume gemerket,
Wo sie nach wenigen Tönen die Köpfe versteckten.
Drum eilt er fröhlich zurück, um wenige Stunden zu ruhen.
Zwei Stunden vor Tages erwacht er und springt von dem Lager,
(Das ihm die friedsame Köthe des Köhlers erlaubte)
Angezogen und munter. So sprang die Göttin Minerva,
Ganz gewaffnet und rüstig aus dem Gehirn des Gottes —
Silvius weckt seinen Wirt. Ein wärmendes Feuer
Wirft neue Strahlen umher und kocht die Suppe von Brote.
Es friert gewaltig den Morgen; doch rührt sich kein Lüftchen.
Am weltbeschrienen Rücken von Bruckterus felsigten Wänden,
(Den noch ein edel Geschlecht von Jägerfreuden beherrschet)
Steigt Silvius freudig heran. Wo tausendjährige Tannen,
Mit Dunkel und Majestät die Wipfel in Wolken verhüllen
Und feierliche Stille weit durch die Einöde wandelt.
Hier, wo dem blutigen Gotte der wilde Cherusker,
Blühende Knaben und Dirnen und Römer zum Opfer hinwürgte,
Daß von der rasenden Hymne die bange Klippe zurückbebt,
Wo noch der winkende Mönch*) den geizigen Savoyarden,
Blanke Schätze nachweist, in Glanz und Glimmer verwittert,
Da eilt er nun hin und verläßt nun willig die leuchtende Fackel.
Er steht und zittert und horcht. Auf einmal knacken die Hähne.
(Denn, wenn e i n Auerhahn aufwacht, so erwachen sie alle.)

---

*) Am Brocken im daran genannten Mönch-Ort, wo auf einer Klippe eine grob ausgehauene Mönchsfigur mit dem Finger über der Brust dahin weist, wo die Hechelträger einen glänzenden Sand ausgraben.

Nun pfalzt in geringer Entfernung der erste. Und Silvius springet
Voll Ungeduld an. Doch den Nachtritt verhütet er klüglich.
Steht still. Da pfalzt er wieder. Drei andre mächtige Sprünge
Tut Silvius. Steht wieder still. Die Waldschnepf, die er sonst liebte,
Verwünschend, weil sie beim Auerhahn laut vorbeizog;
So, daß er länger als jemals schwieg und die Stellung
Den Silvius quälte, die er sich nicht zu verändern erlaubte.
Doch pfalzt er von neuem, und Silvius naht sich ihm plötzlich,
Sieht ihn den Ast einer Buche betreten und pfalzen.
Nun hofft er noch eine Pfalz. Und ihm gewährt sie das Schicksal.
Der Hahn wird geschossen. Er stürzt. Und Silvius eilet
Voll Neugier, ihn zu betrachten, und jede Miene spricht Freude.

Dritter Gesang.

Nicht bloß die Auerhahnsjagd verherrlicht des Silvius Taten.
Wenn ihm im späteren Frühling ein Morgen, nur Zephyren heilig,
Zur Lust geschenkt wird; dann führt er den edelsten Leithund
Zur frühen Arbeit ins Feld.
Itzt hat der Rothirsch verfärbt. Auf balsamische Saaten
Und Wiesen sich äsend, verrät trotz Vorsicht und Listen
Den nächtlich wechselnden Hirsch dennoch die bleibende Fährte.
Vergebens verläßt der Hirsch die dunkle Behausung der Schatten,
Wenn alle Geräusche die Felder verlassen und Nacht sie bedecket;
Vergebens entweicht er vom Gastmahl der süßen Kräuter und Saaten,
Wenn Phosphorus lange noch scheint, und in dem dämmernden Osten
Noch kein heroldisches Rot die Hoffnung des Tages verstattet;
Umsonst verwirren die Fährte der Widergänge Mäander —
Der Absprung umsonst. Am Hängeseil sanfter geführet,
Erreicht schon Söllmann, der Leithund, und Silvius jene Reviere,
Wo von den Feldern zu Holze der satte Rothirsch gewechselt.
Er spricht zum anfallenden Hunde: „Schone dich, Söllmann!"
„Söllmann! Was wittert dich an?" Schon klebet am Boden
Des Hundes bewährter Geruch. Er spricht: „Laß sehen, mein Söllmann!"
Faßt ihn am Hängeseil kurz und beugt sich nieder zur Erden.
Forscht mit affektvollem Auge nach zarten Gemerken. —
Jetzt sieht er, freut sich und lächelt der Fährte des prächtigen Hirsches.
„Hast recht, mein Söllmann, hast recht!" spricht er und streichelt liebkosend
Mit jungem Laube der Eiche den starren Rücken des Hundes,
Der auf der Fährte sich streckt. Das Hängeseil läßt er nun schießen:
Und Söllmann verfolgt seine Fährte mit immer mehrerem Eifer,
Von seiner Nase geführt. Itzt macht die wichtigste Probe
Silvius mit ihm. Er trägt ihn über dem Winde,
Fünf Hängeseilslängen zur Seite der Fährte des Hirsches.

Von neuem greift er nun vor. Bald hält sein Söllmann von neuem
Die richtige Fährte an und füllet mit Freude des Silvius Seele.
Schon lange bewohnte der Hirsch den Sommerstand in dem Feldholz,
Wo er im Schatten der Birken auf Moos und wolligtem Grase,
Fern von ruhlosen Triften des Viehs und volkreichen Wegen
Das sichere Bette gewählt.
So ruhen oft Fürsten im Schoße gemächlicher Freuden,
Nichts fürchtend, von Träumen politischer Vorsicht gesichert,
Daß keine Gefahr ihnen drohe. Wie spottet des menschlichen Witzes
Der ihn schuf! Oft enthüllt sich dem Liebling des Glückes,
Was noch so dunkel sie webten. Des Überfalls Schrecken ergreifen
Die Sichern; sie fliehn, und ihre Flucht ist Verwirrung.
Das Feldholz zeigt sich bereits des Silvius forschendem Blicke.
Der Boden wird weicher. Er findet die Zeichen der Dreien,
Den Schrank und Fädlein und Blättlein, Zwang und die Blende,
Beitritt und Bürgel.*) Nun schließt er aus ähnlichen Fällen,
Das sei ein jagdbarer Hirsch! Kreist um das Feldholz. —
Als keine Fährte sich fand, spricht er: „Der Hirsch ist bestätigt."
Nun führt er den Leithund zurück, der von den Hundegeschlechtern
Am uneigennützigsten dient. Sein Lohn ist die Kette. —
Den Silvius waffnet nunmehr Hirschfänger und Büchse.
Und voll vom Vorsatz, den itzt bestätigten Hirsch zu beschleichen,
Setzt er in die Schatten vom Feldholz die ersten der leisesten Schritte,
So leicht als Homer uns die Krone der griechischen Helden geschildert.
Er schaut in die schattigten Büsche und schreitet bedächtiglich
Jedes Reischen vorbei. Er fürchtet das kleinste Geräusche
Im Wege verbreiteter Zweige von Fichten und Birken.
Selbst Zephyr wird kein Verräter und haucht ihm entgegen.
Schon zählt der Jüngling im Geiste die frohen Mienen der Mutter,
Die auf dem Wagen, im Schmucke des Jäger krönenden Bruches,
Ihn kommen sehn wird, als ihm ein rötlicher Schatten
Am Fuß einer Birke sich zeigt. So wurden zu Steine,
Die auf dem Schild von Medusen die schreckliche Bildung erblickten.
So stand er. „Was ist dies? Ist er es? Betört mich der Wünsche
Schöpfrische Kraft? Ist's Kraut, oder sterbende Blätter
In einem rötlichen Busche?" — „Er ist's!" Eine Fliege
Verjagt der Hirsch schüttelnd, steht auf, vom Ruhen ermüdet —
Und eine Birke verdeckt das Ziel am vordersten Blatte.
„Verwünschter, trauriger Baum, dich hat ein Mörder gepflanzet!"
Spricht Silvius in sich. Er tritt, von Jugend und Ungeduld wallend,
Einen Schritt seitwärts, das Vorderblatt wieder zu schauen;

*) Jäger-Benennungen gewisser Zeichen in der Hirsch-Fährte.

Und ach! und zertritt einer Fichte verworfenen Sprößling am Boden.
Es knackt! Schnell durchschauert Bestürzung die hörenden Nerven des Hirsches.
Er flieht, und die häufigen Zweige der schützenden Fichten verstecken
Ihren Günstling zu bald vor Silvius zielendem Auge.
Unmutsvoll glüht ihm die Wange; verbänd er nicht Sitten
Mit dem muntersten Geiste, so flucht er itzt törichte Worte.
So aber faßt er sich bald, verwirft seinen Unmut und preiset
Voll edelmütiger Empfindung den großen Vater des Ganzen,
Ihn, der im schaffenden Geiste auch das Schicksal der Tiere,
Wie jedes Odems Erhaltung mit göttlicher Weisheit erwogen.
„Ist Ursach und Endzweck und Ordnung nicht allenthalben
Verbreitet durch die Natur? Wer bin ich, daß ich sie trenne?
Es soll kein niedriger Undank mir diese Lippen entweihen."
So spricht er selbst sich zufrieden und kehrt auf einsamem Pfade
Doch ruhig und heiter zurück, geprüft durch ein widrig Geschick.

Vierter Gesang.

Im Anfang des Sommers beleben der pfeifenden Entchen
Furchtsame Scharen die schilfigen Winkel der Flüsse.
Auch sie sind zinsbar des Silvius rastlosem Fleiße.
Vergebens versteckt sie das Rohr und dicke Werftengebüsche;
Umsonst will flatternd die Alte die Hunde zur Nachfolge reizen,
Wenn sie sich flügellahm stellt; bei jüngeren Hunden,
Die unerfahren noch sind, gelingt oft der Mutter der Enten
Die List. Doch Markise verspottet ihr trügendes Flattern.
Schon bringt sie die erste der Jungen mit froher Miene getragen,
Die sie erhascht in den Wurzeln der Sumpf liebenden Erle.
Silvius nimmt sie und muntert Markisen mit freudigem Zuruf
Zur fernern Erhaschung auf. Er aber betrachtet die Blöße
Des Wassers; steht still, von Werften versteckt,
Und sieht der Zurückkunft der Alten mit Wunsch und Hoffnung
[entgegen.
Ihr Tod ist beschlossen. Entging sie des heutigen Tages Gefahren,
So führte sie nächtlich die Jungen fern vom unsichern Reviere.
Itzt kommt sie, Pfeilen gleich, schießend: Doch schnellere Blitze
Ereilen aus Silvius Rohre die fernen Schwingen der Ente.
Sie fällt! Und die schlaue Markise ergreift und bringt sie dem
[Schützen.
Nun sind ihm die Jungen gewiß; denn Unerfahrenheit hält sie
Um die Gegend des Nestes, bis längere Schwingen
Und ihr eigener Instinkt das Flattern und Fliegen sie lehret. —

Des Wachtelhahns lockender Schlag durchtönt itzt blumichte Wiesen
Und Beete, voll wallender Saaten des Weizens und schossender
[Gerste.
Silvius hört ihn und spricht: „Du sollst Themiren von nun an
Dein lockendes Abendlied schlagen. Du sollst ihr Aurorens
Trauigte Ankunft vermelden, im Gebauer Themirens
Fenster bewohnen und nur nektarische Küsse verdienen."
Er sticht sein Wachtelnetz vor und legt sich am Boden
Zehn Schritte jenseits dem Netz in die versteckenden Saaten;
Hofft, daß der Wachtelhahn schlage. Er schlägt. Und es bildet
Die lüsterne Stimme der Wachtel des Silvius Pfeife
Verführerisch nach. Der Wachtelhahn höret die Lockung.
Und Wollust entfernt allen Argwohn und siegt ob der Vorsicht.
Er sucht die schmachtende Buhlin. Schlägt wieder und höret die
[Stimme,
Sirenen gleich schädlich, itzt näher. Blind, wie die Liebe,
Wenn sie im wallenden Blut der Jugend tyrannisch befiehlet,
Läuft auch der Wachtelhahn, eilet, geschwinde glücklich zu werden,
Und wird ein ewiger Sklave. Schon hängt er im Netze;
Noch will er entfliehn und fesselt sich stärker. Sein Flattern
Vermeldet dem Silvius Freude. Er eilt, ihn zu betrachten,
Und löst ihn säuberlich aus. Die leere Tasche verwahrt ihn.
Gedanken unschuldiger Triebe, von zarter Neigung geboren,
Beschäft'gen im Rückweg die Seele des liebenden Jünglings.
„Die Wachtel wäre nun da, wo aber das Rehkalb?"
Spricht Silvius traurig und spannt die Kräfte der Seele
Zum Nachdenken scharf an, wie er dem Wunsche Themirens
Und seinem Versprechen zufolge ein Rehkalb ihr schaffe.
„Ja, wo das Glück nicht besonders mir beisteht, so läuft dieser
[Sommer,
Armer Silvius! hin, und dich küßt keine Themire.
Denn wie scheu sind die Rehe zu allen Zeiten des Jahres,
Und wieviel mehr, wenn den Müttern der werten Kälber Erhaltung
Doppelte Vorsicht empfiehlt! Wie heimlich verbirgt sie die Mutter,
Wenn sie zur Flucht noch zu jung, vor allen Geschöpfen!
Zu viel als Verliebter und Jäger vom Schicksal gefordert!"
So seufzt er und sah nur die Miene Themirens, nicht, wie wilde
[Rosen
Im Jugendschmucke das Grün des neidischen Blattes beschämten,
Nicht, wie die Wiese schon glüht, im Blumenwogen sich wälzend,
Mit Farben namloser Mischung und unerreichbarer Feinheit.
Auf einmal vermißt er Markisen, und schnell entschlüpfen die Träume.
Entfernet am Strauch der Erle, vom hohen Grase beschattet,

Sieht er sie stehen und wedeln. Und Silvius eilet voll Neugier,
Zu schauen, was dorthin im Grase die Hündin Seltenes betrachtet.
Wer zeichnet die Freude des Silvius, als ihm sein Auge
Ein buntes Rehkalb entdeckt, von dem die Mutter entflohn,
Als sie des Silvius Fußtritt und Markisen vernommen!
Markise hat es verschont. „O glücklicher Tag! O Themire!"
Ruft Silvius aus. „Themire, wie wirst du dich freuen,
„Daß deine Wünsche erfüllt sind! Wie glücklich macht mich die Liebe!"

Fünfter Gesang.

Nicht fern von des Silvius Wohnung versah das Amt eines Försters
Der alte Sergest. An Erfahrung in weidmännischen Künsten
War keiner ihm gleich, so wie in der Kenntnis der Kräuter.
Provinzen holten von ihm die sympathetischen Zettel,
Bei deren Gegenwart schnell der Adern Ströme sich stillten.
Von seinem Pflaster bedeckt, schloß bald die schmerzliche Wunde
Sich zu, ja der Brand vergaß sein wütend Geschäfte.
Zu diesem würdigen Alten ging Silvius oft, wenn die Schonzeit
In ihm der Begierde zu jagen gesetzliche Fesseln anlegte.
Sein lehrbegieriges Ohr nahm dann die weisen Gespräche
Geizig ein. Manch Geheimnis entlockt er liebkosend dem Alten.
Doch Bande der zartesten Freundschaft verbanden auch hier zween Seelen,
Die beide in Alter, Gesundheit und Neigung vollkommen sich glichen.
Sergesteus Sohn, Damon, und Silvius liebten sich beide
Wie Brüder, die noch nicht in Güter des Vaters geteilt sind.
Selbst der Ehrgeiz, der oft die heißeste Liebe durchkältet,
Vermocht hier nichts. Gesellschaftlich jagten sie beide.
Dann war der Glücklichste nur betrübt, daß sein Bruder
Nicht gleiches Vergnügen genossen. Einst spann sich ein Wettstreit
Zwischen ihnen doch an, wer zunächst am Fleck in die Scheibe,
Die zweihundert Schritt weit am Eichbaum ein Nagel befestigt,
Die schnelle Kugel schösse. Des Verlierenden Büchse belohnt
Den Sieger — Sergest ist selbst Richter. Sie losen,
Wer anfängt? Silvius ist's! Lange zielt er nicht. Plötzlich
Durchbohrt sein fliegendes Blei den Fleck in der Scheibe.
Damon verzweifelt doch nicht. Der Müller-Büchse vertrauend,
Steht er wie ein Felsen so fest. Den halben Pflock von der Kugel
Des Silvius schießt er entzwei. „Ehre genug!" ruft jetzt der Alte.
„Mein Sohn, schäme dich nicht zu verlieren! Gib ihm die Büchse!"
Silvius nimmt sie. Itzt zieht er am silberbeschlagenen Griffe
Seinen Hirschfänger aus der vom gleichen Metalle
Blitzenden Koppel heraus und spricht: „Geliebtester Damon!

Trage dies Stück deinem Freund zu Ehren, wie ich die Büchse!"
Umarmend küssen sich beide. Die edlen Seelen bewundert
Der Alte und freut sich, zu fühlen, daß er im ähnlichen Falle
So, als itzt Silvius tat, getan haben würde.
Drauf nimmt die räumliche Laube sie in die duftenden Schatten.
Und in dem ländlichen Mahl sprießt jede Gesundheit und Freude.
Die beiden Jünglinge reizen den Alten zu muntern Gesprächen.
Dann entschloß sich sein lehrender Mund. Dann erzählt er,
Wie seine Jugend in Mühe, durch fast herkulische Arbeit
Gehärtet, verfloß. Wie drauf im mittlern Alter
Er des Piquierens gefährliche Kunst viel Jahre getrieben.
Da, wo am Mulden- und Elbenstrom die Jägerstadt Dessau
Sich türmt, und Askaniens Sohn die reichen Fluren beherrschet.
Wie er manchen Hirsch forciert; das freudige Tajo gerufen
Von allen Hügeln im Walde; den Fürstenruf, selten Hourveary,
Noch Change, meist „gute Jagd", auf schallendem Horne geblasen.
Wie, wenn er die wirbelnden Fluten der trüben Elbe durchschwommen,
Ihn Anhalts mutvolle Fürsten dann lobten. — Drauf nennt er
Die Namen der Hunde, die damals die Ehre genossen,
Kopfhunde zu heißen: Fox, Flambo Halalibelle,
Schallibe, Privo, Hingwel, Caro, Marte Flambelle.
„So hießen," spricht er, „ihr Kinder! die sichersten Hunde der Meute.
Ist mein Gedächtnis nicht gut?" Sie nickten ihm Beifall.
Des Gesprächs Faden führt sie zum Zeuge und bestätigten Jagen
Nun weiter, davon Sergest auf mancherlei Fragen Bescheid gibt,
Was Treiben, Beiserstellen, Tücher, Zwangtreiben und Tauft sei,
Die Horchenden lehrt. Was Hirsch- und Holzgerecht heiße,
Und wie die Geometrie dem praktischen Jäger diene,
So zu Vermessung des Waldes, als Kammern und Läufte zu schaffen.
Da endlich nicht die Erlegung des Wilds so den Weidmann ehret,
Als die Kunst, es zu hegen, so lehrt auch der Alte
Die Aufmerksamen von Einsprung, Fängen und Trocken
Die besten Arten, die meist als ihren Erfinder ihn preisen.
Das schäumende Halbbier benetzt indes die durstigen Gaumen.
Und nur der Wächter erinnert sie, daß es Nacht sei.
Dankbar greift Silvius dann nach seinem Geräte,
Segnet den Alten und geht, vom Damon begleitet.

Sechster Gesang.

Nun füllen Geschenke der Ceres die Scheunen des wirtlichen Landmanns,
Und langsame Räder erseufzen, nur noch von Lasten befrachtet
Des balsamischen Grummets. Zahllose Scharen von Tieren

Und Vögeln, die dieses Jahr erst entstanden, genießen ihr Dasein,
Erwachsen und fluchtbar itzt, jetzt erst. Von wiederkehrenden Schnepfen
Lebt der sonst öde Morast. Dann decken auch Flüge von Enten
Die helle Fläche der Landseen und Silberspiegel der Teiche.
Jetzt sieht die Mutter des Rebhuhns, was sie in sichern Remisen
Den Sommer hindurch gebrütet, mit süßer Sorgfalt erzogen,
Die Morgenlüfte schon teilen und spotten des Wiesels
Und der Arglist des Fuchses. Die Zahl gefährlicher Feinde
Vermindert sich nebst ihrer Sorge. Der Habicht und Mensch bleibt
Allein im Besitz, sie zu fangen. Die fruchtbare Häsin
Setzt nun zum letztenmal Junge, oft zehnfache Mutter.
Jetzt fühlt in den Adern der Hirsch die nötigsten Reize zur Wollust,
Und wie den Menschen droht ihm der Trieb mit Lebensgefahren,
Am feistesten ist er anitzt. Dann wählt er in Wäldern
Frei und anmutige Plätze, sein Fest der Liebe zu feiern —
Die Jäger nennen es Brunst. Vor Anbruch des Tages
Eilt Silvius hin nach dem Schlag, mit seiner Büchse bewaffnet.
Wild liebt besonders den Schlag. In ihm ward, als er noch Ort*) war,
Manch Kalb gesetzet. Nun trägt, dem Sonnenstrahl offen,
Er süße Kräuter und Gras. Die stachliche Buchmast,
Holzäpfel und Eicheln und Schwämme und mancherlei Beeren
Sind da zu finden. Am Fuß von jeglichem Hügel
Betritt der rieselnde Quell erfrischenden Sölen.
Es tagt. Verschiedene Hälse von schreienden Hirschen
Zählt Silvius. Kalt war der Morgen, doch still, und als er am Hügel,
Den Hut abnehmend, heranschlich, entdeckt er äsendes Wildbret.
Bald hinter ihnen erscheint der Hirsch in kleiner Entfernung.
Er schreit und scharret im Staube, der mit entsteigenden Wirbeln
Ihn einhüllt. Dann schallt ihm die Antwort noch eines schreienden Hirsches
Eifersucht in den Sinn. Er steht und horcht eine Weile,
Schreit wieder und hört von neuem die nähere Stimme des Feindes,
Nun läßt er die Schar der Geliebten und trollt unerschrocken
Dem kühnen Nebenbuhler entgegen. Sie finden sich balde;
Der Eifersucht bitterer Stolz, Empfindung des bessern Verdienstes
Gießt jetzt ihr rasendes Gift durch alle Zweige der Adern;
Sie fahren zusammen und kämpfen; vom harten Gehörne
Durchrauscht ein wildes Gerassel die schattigen Täler im Walde.
Das sänftere Wildbret schaut hin und horcht und äset sich wieder
Und scheint nur sparsam Anteil an ihren Siegen zu nehmen.
So stritten oft kriegerische Fürsten, von Haß der Personen entflammet.
Ihr Endzweck ist Rache. Die ruhigen sklavischen Völker

---

*) Ort heißt in der Jägersprache ein Revier dichtstehenden Holzes.

Erwarten geduldig den Ausschlag, Zoll und Akzise behaltend,
Ob sie die Adler, der Delphin, Löw' oder Eichhorn beherrschen.
Jetzt wird sie entschieden die Herrschaft der kämpfenden Hirsche.
Der fremde siegt. Der Besiegte flieht und entzieht sich
Durch vogelschnellen Lauf, von Selbsterhaltung geraten,
Den Augen des Siegers. Ihm bleibt das Wildbret zur Beute.
Silvius hatte mit Lust den Kampf und den Ausschlag des Kampfes
Gesehn; denn der fremde war stärker und besser am Firste.
Ach aber, unglücklicher Sieger! Du wirst die Ehre des Siegers
Und seine Freuden nicht schmecken. Begierig im Trollen
Kehrt der Verfolger itzt um zum äsenden Wildbret,
Zieht bald gemächlicher, steht — schüttelt den Staub ab.
Und Silvius Büchse lag schon an vollen, glühenden Backen,
Er fährt inwendig am Laufe des Hirsches herauf. Wo die Kammer
Des Herzens ist, dahin zielt er und spricht itzt
Das Todesurteil des Hirsches. Es knallt — Wie von Minen
Entfesselte Lasten der Erde die fremde Gegend des Luftraums,
Auffahrend, einnehmen: So äst sich vom Boden im Kreuzsprung
Der tödlich verwundete Hirsch. Tod ist in ihm. Doch entfliehn
Will er dem Tod und läuft unglaublich geschwinde.
Das sichre Wildbret schreckt auf, prellt im verwilderten Laufe
Hieher und dorthin, läuft mit dem Getroffenen, dann setzt es
Schüchtern von ihm hinweg, wenn es die schweißende Wunde
Am Hirsch erblickte. Dem guten Zeichen vertrauend,
Sieht Silvius hoffnungsvoll nach. Vor dem Orte
Prellt itzt das Wildbret gewaltig. „Jo ho! dort ist er gestürzet,
Mein Hirsch!" ruft Silvius fröhlich. „Ein trefflicher Zwölfer!"

Siebenter Gesang.

Das halb entblätterte Bruch schallt oft vom jagenden Laute
Der tödlichen Feinde des schlauen und ränkeliebenden Fuchses.
Nenne Muse, die Namen! Weckup und Klocke,
Trompeter und Klinge, von wendischer Rasse gezeuget,
So hießen die trefflichen Hunde, mit denen Silvius jagte.
Weckup, von allen die Krone, stand schnell am Rande des Bruches,
Hinunter eilend, und liebte mit gleichem Hang und Begierde
Reh, Fuchs und Rotwild; auch jagt er sicher auf Hasen,
Wenn in dem Dickicht der Fichten kein ander Wildbret zu finden.
Langsam und tief ist sein Laut. Die eifrige Klocke
Liebt ganz besonders den Hasen und Rehe, die flüchtiger eilen,
Als der sich schonende Fuchs; sie jagt in einem Geläute
Stundenlang fort, ist wach, nie kann ihr entkommen,

Was angeschossen ist. Der alte Trompeter verschönert
Durch seinen männlichen Laut die Musik. Der stehlenden Füchse
Todfeind ist er. Die Dauer des Hundes bewundert,
Wer ihn hört, die Hälfte des Tags und länger jagt er am Fuchse;
Er holt ihn meilenweit her von fernern Brüchen zum Wechsel,
Wo Silvius steht. Die Hasen würdigt er selten
Mit einem Laut zu beehren; sie ständen dann dichte
Vor ihm auf; doch läßt er die fliehenden balde.
Klinge führt würdig den Namen; vom klingenden Laute
Hallt Busch und Hügel zum Ohr des horchenden Jägers.
Am fernsten hört man von ihr die silberne Stimme,
Die zu dem Basse der andern harmonisch sich füget.
Die löste Silvius itzt, da wo im sumpfigten Tale
Ein langer Bruch von Erlen zu Bäumen und Stauden erwachsen.
Auf einer Seite zertrennt es vom streckenden Eichwald
Ein geringer Bezirk von köstlichen Grummetwiesen,
Wenn auf der andern der Spitzen nur Gräben und Dämme,
Von viele Meilen sich dehnenden Bächen es scheiden.
Vor ihm erhebt sich ein Hügel, die Freundin der Höhen, die Kiefer,
Mit niedrigen Sträuchern Wachholder und struppigten Fichten vermischet.
Hier nimmt der schleichende Fuchs die Zuflucht zum tiefsten der Baue.
Wenn ihm Trompeter den Reihen zu lang macht und endlich ihn nötigt,
Die Wohnung auf moosigten Hüllen mit schneller Flucht zu verlassen.
Auch Silvius hält da gewöhnlich, und Winde mit spitzenden Ohren
Erwartet sehnlich am Hatzriem die Ankunft des rötlichen Feindes.
Silvius hatte bereits den Hügel erreicht, und sein Jagdpferd
Trug ihn im eilenden Paß zum Platz, durch Siege berüchtigt,
Die Prinz, Diana und Milord im blutigen Streite
Mit Ahnen des Fuchses erbissen. —
Es findet der emsige Weckup die nächtliche Fährte des Fuchses,
Der (nur durch Mäuse gesättigt, verdrießlich, daß Hühner schon fliegen,
Und Hasen fast alle laufen) zum Bruch zeitig gekehret.
Frisch ist die Fährte vom Tau, und Weckup verkündigt
Mit einem heulenden Laut, die Hoffnung zu jagen,
Verläßt die Fährte nicht mehr, heult öfter und naht sich dem Lager
Des Fuchses, der ob dem fremden Besuche der Ruhe
Bei Zeiten entsagt; doch in geringer Entfernung
Horcht, ob die Gäste sich nähern. Jetzt springt der freudige Weckup
Aufs warme Lager des Fuchses. Wie Mars und zehntausend,
So schreit er auf! Der Fuchs flieht und begegnet im Fliehen
Trompetern und Klingen. Ein gräßliches Heulen begrüßt ihn.
Wie läuft das diebische Tier! Der lachende Silvius sieht ihn
Auf lichten Plätzen vom Hügel. Nur Klocken vermisset

Sein zählendes Ohr im Geläut. Am Rande des Bruches
Erwählt' ein Häschen sein Lager im Schoße der Stauden;
Auf seiner Fährte war Klocke. Nur irrte der listige Absprung
Und Widergang sie noch. Itzt findet sie! Tödlich erschrocken,
Verläßt der Hase das Bruch und wählt des Silvius Hügel
Zum Wege nach dem Dickicht, wo ihn die harte Mutter gesetzet.
So flieht der weisere Mensch oft vor unschädlichen Feinden,
Die des entbehrlichen Standes Gemächlichkeit störten,
Und wählt unglückliche Wege zum ruhigern Leben.
Bald sehnt, vom Elend umgeben, der Flüchtling vergebens
Sich nach des verlassenen Stands erträglichern Bürde!
Und Silvius sahe mit Lust den Hasen am Hange des Hügels,
Die Hunde mit ihm. Und als er noch wenig Schritte
Von ihm entfernt war, hetzt er ihm schleunig entgegen.
Prinz rahmt ihn schon, eh' er den Fuß des sanft absteigenden Hügels
Erreicht, und Flocken von Wolle bedecken den sandigen Boden.
Dort fängt ihn Diana! Und Milord vollstrecket das Urteil
Des Todes am Hasen und rettet den schmackhaften Braten.
Indes ist Silvius da, nimmt eilend den Hasen und hängt ihn
An sein schnaubendes Pferd. Die verdienstvollen Hunde
Strecken liebkosend den Hals zu fernerm Gehorsam
Dem Silvius hin, der sie streichelt und wieder am Hatzriem sie annimmt
Und seinen vorigen Platz am Gipfel des Hügels ersteiget.
Kaum waren von Klingen die hellen Akzente noch hörbar:
So entfernt war im Bruche die Jagd am listigen Fuchse,
Der mit labyrinthischen Haken die Spitze des Bruches erreichte.
(Daß doch die Hunde verlören, getäuschet vom Irrgang,
Hofft er, und hoffte vergebens.) Drum will er zum Baue,
Der oft in ähnlicher Not ihm Rettung und Ruhe verliehen.
Er nimmt den Weg hin zum Hügel, wo häufig befahrene Baue
Von seiner minierenden Läufte Geschicklichkeit zeugten.
Und Silvius hörte die Jagd mit vollem Geläute sich nähern.
Sein Herz schlägt stärker. Die sonst gelagerten Hunde
Stehn auf und spitzen die Ohren. In ihren brennenden Augen
Ist Wunsch und Ungeduld. Nichts rührt sich. Die struppigte Fichte
Verdeckt das Pferd und die Hunde; nur Silvius' Antlitz
Sieht über den Wipfel des Strauches. Vom Rande des Bruches
Beschaut ungesehn der Fuchs das Feld, den Hügel und alles.
Sieht nichts. Sein Ohr empfindet nur Stille.
Vor ihm: Doch feindliche Töne, ein unaufhörliches Lärmen
An seinen Fersen. Dort ist der Bau, in kühlender Erde
Sicherheit, Verspottung der Feinde, dann Schlaf. Er entschließt sich,
Und wischt aus den Sträuchern ins Feld, tut eilende Sprünge,

Dem Sonnenlicht bald zu entgehen, den sicheren Hauptbau
Bald zu erreichen. „Hetz! Hetz!“ ruft Silvius lachend!
Und mehr als panische Schrecken erschüttern des Fuchses Gebeine.
Ach wär’ er wieder im Bruche! Schon scheint ihm im Fliehen
Prinz an die Ferse geheftet; doch macht er noch Haken.
Prinz schießt im Scheelrahm vorbei. Dann wirft ihn Diana!
Nun gibt er die Hoffnung zur Flucht auf und wehrt sich verzweifelt.
(So wüten betrogene Schelme!) Verwundet gefährlich am Fuße
Diane; doch Milord springt zu, die Schwester zu rächen. Er faßt ihn
Über den Rücken und schüttelt ihn mächtiglich, würgt ihn zu Tode,
Daß der erbitterte Prinz fast keine Gelegenheit findet,
Noch Held zu sein und die Wunde der schreienden Freundin zu rächen.
Nun kommt mit vollem Geläute die vierfach tönende Koppel,
Treu auf der Fährte des Fuchses hin, wo er gehetzt lag,
Und bei ihm schon Silvius stand. Sie riechen am rötlichen Balge
Und lecken ums Maul des Verblichenen. Und Silvius kuppelt sie wieder.
Dann nimmt er, von Vorsicht gewarnt, den oft erwachenden Fuchs auf,
Schlägt mit dem Stiele der Peitsche die unterste Lade des Kinnes
Dem Fuchs entzwei und hängt ihn zum Hasen am Sattel.
Da hängt der, der manches Häschen bei Nacht auf grünenden Fluren
Listig betrogen, wenn er mit scherzenden Sprüngen erst spielte,
Freundschaft heuchelte, bald aber treulos es würgte —
Der manches Rehkalb geraubt, viel Tränen der Bäuerin
Und der Gänsehirtin entlockte, wenn er die Henne
Hinter dem Hofe vom Anger, wie der die Gänschen gestohlen.
Nun seid ihr gerächt am Betrüger; hier fand er sein Ende.

Achter Gesang.

Mit schauernden Wolken verbrämt, die oft zu Flocken erstarren,
Erscheint im Wechsel des Jahres der Blumenmörder November.
In ihm verfärben die Reife die Wange des alternden Jahres
In ein verschieden Gemische von fahlen, trauernden Farben.
Der Saft, das wachsende Leben der Kräuter und laubigter Bäume,
Dringt itzt in die Wurzeln und bildet das Wesen des künftigen Zweiges.
Dann eilen die letzten der Scharen noch spät verreisender Vögel
Und melden mit schreiendem Flug den sie verscheuchenden Winter.
Dann flieht auch der Weichling, bepelzt, ins wilde Getümmel der Städte.
Das Land hört auf ihn zu reizen, zu sinnlich, die Freuden zu schmecken,
Mit denen ein gütiger Gott auch selbst den Winter belohnte.
Am meisten reizt ihn zur Flucht nach Städten die eitle Dame,
Die itzt Gesellschaft vermisset, das Markenkästchen bestaubt sieht.
Da Wintergrüße die Wege dem spielenden Nachbar verdorben.

Zu niedrig hält sie die Sorge, den Winter mit klugen Geschäften
Der Wirtschaft zu nutzen, die itzt die Nahrung des kommenden Frühjahrs
Mit schlachtenden Händen und Salz voll Vorsicht sich schaffet,
Oder den Obstkeller durchsieht, den fruchtreichen Herbst in den Winter
Und Frühling versetzt, und Böden voll trockner Gemüse
In eigne Fächer absondert; auch spinnende Dirnen regieret,
Daß nicht der Faden zu stark wird, von schlafender Faulheit verabsäumt.
Dies alles achtet sie nicht. Sie hasset köstliche Schriften,
Die mit Gemälden voll Tugend und Spott des lächelnden Satyrs
Winterabende stehlen und auch zu bessern vermögen.
Denn ihre für Laster des Hofes und für des Taburets Ehre
Nur fühlende Seele vermisset die Reize der sittsamen Tugend.
Wohin verirrst du mich, Eifer! um dich, o häusliche Tugend.
Die Seele wirst du nicht bessern, die selbst ein Gellert nicht bessert.
Noch Rabner und weise Brillen! Laß ab, o Muse der Wälder!
Von dem sittlichen Vorwurf: Du singst ja edlere Seelen,
Den Silvius, Themiren und ihre redliche Mutter!
Sie, die vom Laster nicht Freuden entlehnen, um glücklich zu leben,
Um deren Häuptern die Milde des Himmels ihr Füllhorn verschüttet
An Zufriedenheit, Segen und Ruhe. Sie nur genießen ihr Leben.
Nicht eine Rose, von Händen der Vorsicht im Pfad ihres Lebens
Gestreut, verblüht ungenossen. Im Wechsel ländlicher Freuden
Sieht sie der Morgen und Abend ihr Leben genießen;
Selbst die Jagd nicht verachtend, vor alle Freuden empfindlich.
Der Nordwind schüttelt herab von hundertjährigen Eichen
Die mästende Nahrung des Wildbrets und brechender Sauen.
Von hitziger Äsung genährt, empfindet der harzigte Keiler
Dann alles, was bessere Kost und volle Sättigung schenken,
Tobende Brunst und Kühnheit, auf eigener Stärke gegründet.
Und achtet des Fangeisens nicht, vom Hui Sau! gereizet.
Doch Silvius' edleren Mut, den seine Klugheit bewaffnet,
(Noch mehr König der Tiere, durch Weisheit und Vorsicht,
Als durch die menschliche Bildung) entfärbt nicht des Keilers
Wildes Ansehn, noch wetzend Gewehr, noch sträubende Borsten.
Er nimmt sein Couteau und die Büchse. Themire sieht es und warnt ihn,
Und ahnende Schauer ergreifen ihr Herz voll sorgender Liebe.
„Sei ja vorsichtig, mein Sohn!" ruft gleichfalls die Mutter
Vom fernen Lehnstuhl ihm zu. Ihr fast vor Freuden der Jugend
Schon erstorbnes Geblüt durchwallten doch Freuden der Mutter,
So oft sie den Silvius sah. Themirens schuldloses Auge
Durchzittern zärtliche Tränen, umsonst oft schamhaft bestritten.
Geteilt in kindliche Tugend und Zärtlichkeit eilt er zu beiden,
Drückte die ungleichen Hände mit zwiefach dankbaren Küssen.

Und spricht: „Was fürchten Sie Teure! Beim morgenden Feste
Sollen noch Küsse mich lohnen, daß ich Sie heute verlassen."
Vom emsig suchenden Stör, als Finder dem Kenner unschätzbar,
Und zween packenden Hunden, Bär und Alekto betitelt,
(An deren fleischigten Brust und Rippen die panzernde Jacke
Vor dem oft tödlichen Schlage des Keilers sie schützte),
Von diesen getreuern Gefährten, als oft der Mensch ist, begleitet,
Zog Silvius hin zu dem Eichwald. Weit ins Gefilde verbreitet,
Lag unter den schützenden Zweigen der Boden im Schatten und Dunkel;
Kühl noch dann, wann im Löwen die Brüste der Wiesen versiegen
Und minder erwachsene Wälder der glühende Sirius dörret.
Auf Höhen erhebt sich in ihm zum Mastbaum die prächtige Kiefer,
Und schaut auf die Eichen aus Wolken, des Waldes Fürstin, hinunter.
(Auf ihrem verwachsenen Wipfel steht oft ein räubrischer Adler
Und forscht mit untrüglichem Blicke ein meilenlanges Gefilde)
Auch Prudel winden sich kreuzend mit Schilf und Werftengebüschen
Durch den Wald hin und zeugen die Sümpfe liebenden Erlen.
Hier wenn die Rotte der Sauen, von derben Eicheln gesättigt,
Nach kühlender Erdmast sich sehnte, dann bot der fruchtbare Boden
Volle Nahrung dar und Wasser zum Sühlen und harzigte Bäume,
Durch Reiben an ihnen sich Wollust und feste Panzer zu schaffen.
Drum liebt auch besonders das Schwein den Wald und erwählet
Sein Lager vorzüglich in ihm
Und Silvius setzte nunmehr den emsigen Fuß in den Eichwald
Und überließ seinem Stör die Ehre, den Weg ihm zu zeigen.
Mit wägendem Ernst unterschied er die Fährten des Rudels
Auf die er itzt hinschritt. Er sondert das Hauptschwein,
Das angehend, und den Keiler vom Frischling und Bachen
Und überdenkt die Zahl jeder Gattung. Wir waren im Ende des Herbstes.
Ein nächtliches Frösteln die Röhren der dunstenden Erde versiegelt,
Und ein hochfahrender Ostwind die trägen Wolken verscheucht hat;
Im schmal bepurpurten Osten die schimmernde Fürstin des Tages
Sodann im güldenen Pompe gleich bei dem Aufgange strahlet:
So heiter war dieser Tag. Die Miene des Himmels verstellt
Keine Masse von Wolken. Drum hört auch Silvius fernher
Die eifrige Stimme von Stör, der mit verbittertem Bellen,
Daß er ein Schwein im Kessel gefunden und stellte, vermeldet.
Und Silvius denkt bei sich selbst: Bach oder Keiler
Wird's sein, was er stellt, die sich vom zahlreichen Rudel getrennet.
„Bär und Alekto! so macht euer Kunststück und packt es!"
Aus ihnen winselt Blutdurst; es brannten die drohenden Augen
Chrysoprasfärbig, als Silvius sie von dem Hetzstrick
Entließ und aufs Bellen des Finders die Mutigen hetzte.

Pfeilen gleich schossen sie fort.
Vom Laute des eifrigen Störs geleitet, folgt Silvius eilend.
So scharf, als ein Jäger sieht, sandt' er den spähenden Blick in die Ferne,
Und seine Neugier war lebhaft, wie auf die Bildung der Braut hin,
Die ältern Gespielinnen schauen und forschen und richten.
Im überschwenglichen Maße mehr, als er es dachte,
Ward diese Neugier vergnügt, als bald er das Hauptschwein,
An welches Bär und Alekto sich schmiegten, erblickte.
Nun schritt er nicht mehr, kaum war es noch Laufen, mehr Fliegen.
Die Linke faßte die Büchse, und den Hirschfänger entblößte
Die mutige Rechte mit Anstand. Vom hell geschliffenen Eisen
Entschlüpften strahlende Blitze und halfen der steigenden Sonne
Die Blätter und Stämme vergülden. Itzt stand er am Hauptschwein;
Das frei von den Hunden zu werden, schon lange, vergeblich
Verzweifelnde Stärke verschwendet. Am Muskel der erreichten Ohren
Lag Bär und Alekto ihm schmerzhaft. Mit spreitenden Klauen
Greifen sie vor in den Boden und streckten sich rückwärts,
Still, starr und versangen. Sie hielten also das Hauptschwein,
Bis Silvius seitwärts es fing. Noch knirschten die tödlichen Wehen,
Verzweifelnde Rachsucht und Wut, noch als es dahinsank,
Und Ströme hochroten Schweißes den Boden schäumend bedeckten.

Neunter Gesang.

Nicht eine Jagdlust kennt Silvius, die er der vorzieht,
Die das Kunstwort des Jägers Treibjagen betitelt.
Sein Rehstand liefert ihm dann den jährlichen Zehnten an Böcken,
Deren Mütter er lange schon hegt, und keinem Jagdhund verstattet,
An dem Orte zu jagen, den diese Tiere bewohnen.
Wenn Boreas Flocken verschüttet und Sümpfe zu Felsen erstarren;
Dann sendet Silvius Krüppel, an denen die Füße nur taugen,
Arme, denen die Nahrung entgeht, und läßt sie verdienen
Mehr, als die saur' und gewöhnliche Arbeit an Tagelohn schenket.
Die Treiber ordnet er selbst, die sich mit Stäben bewaffnen;
Damit sie im Gehen das Zeichen mit Klopfen an Bäumen und Stämmen,
Daß ihre Ordnung noch richtig, einander sich geben,
Dann auch die Rehe, den Fuchs und lauschende Hasen
Dem sanften Lager entschrecken und hin zum Wechsel sie treiben,
Wo Silvius, Säulen gleich, steht und Freuden erwartet.
Es rauschen die springenden Rehe durch die erstorbenen Blätter,
Und fliehen unschädlichen Lärm, und fliehend sind sie verloren.
Denn Silvius sieht sie bereits. Itzt sucht er den Bock aus.
Und seine köstliche Flinte wirft den Verurteilten nieder,

Oft mit acht Enden gekrönt. So schont der Bote des Todes
In der fatalen Minute nicht drei, nicht zehnfacher Kronen.
Nichts aber ergötzet den Silvius mehr, denn des Fuchses
Ankommende Bildung. Residentmäßig schlau ist die Miene.
Bald horcht er sitzend, fängt Maus unterweges und kraut sich
Possierlich am Kopfe, wenn ihm das Mäuschen entwischte.
Bald klettert er auf hohe Stämme und schaut nach den Treibern,
Bis endlich des Silvius Schrote die Vorsicht vereiteln,
Die am ungerechten Ort er verschwendet. Ein Bildnis törichter Weisen,
Die allenthalben viel Klugheit, Witz und Vorsichtigkeit zeigen,
Nur im Notwendigsten nicht, die ihre Seele versäumen,
Und doch die Forderung der Weisheit bezahlt zu haben vermeinen.

Zehnter Gesang.

Ihr Szenen voll schuldloser Einfalt, die ihr mit wechselnden Freuden
Die Stunden des Jägers bekränzt, Gesundheit und Stärke,
Geschicklichkeit und Entschließung, Geduld und Erfahrung ihm schenket!
Euch dankt mein Lied, daß es ist. Nicht eure Reichtümer alle
Faßt mein zu blöder Gesang! Vertraute der epischen Muse!
Ach! warum war Harlock und Phaeton, Schoßhund und Schnupftuch
Der Gegenstand eures Gesangs? Und ihr! Der Rache Dianens —
Wenn Dichter, die sie nicht kennen, doch kühnlich verdammen,
In Pelzen den Silvius sehen des Winters Vorteile missen,
In schief verwachsener Brust der Milzsucht Furie wütet;
Für jeden genossenen Abend ein lösender Husten
Und Schnupfen mit tränendem Aug' und roter Nase sie peinigt:
Dann rächt Diana den Spott, dann blüht die Wange des Jünglings,
Der ihrem Dienste sich weihte. Von Fröhlichkeit blitzen die Augen.
Ihn zieht die Schöne (dem Rat erfahrener Mutter zufolge)
Prachtlos, wenn er im Jagdrock zurückkommt, dem süßen Pariser
(Den teure Gerüche notwendig umduften) noch vor. Und die Beute
Des mühsamglücklichen Tages besieht und zählt sie lächelnd.
Dann flucht und tadelt der Stutzer die Jagd. Sein Fluch ist ihr Loblied.
Erzürnt, daß die Absicht ihm fehlschlug; doch mit dem schlechten Geschmacke
Des Landvolks sich tröstend, eilt er nach dumpfigen Städten.
Wie gähnt er den Tag der Redoute, die Freiheit zu rasen,
Aus schlechtern Tagen herbei! Jagt oft ohn' Absicht im Schlitten
Die keuchenden Rosse voll Schaum. Verdirbt sich den Magen mit Austern
Und freut sich, im künftigen Lenz sein Leben recht zu genießen.
Du Tor! Der das Frühlingsgewand mit Blumenkränzen umgürtet,
Sprach auch sein „Werde!" zum Winter und seinem erstarrenden Eise.
Gewöhne dich männlich und hart! Und jeder Wechsel hat Freuden.

Dein Bedürfnis wird minder. — Dann hilf notleidenden Armen
Mit dem, was dein Zeitvertreib sonst als nötig vertändelt.

Wenn Wolken, mit Flocken belastet, den Vorrat nächtlich verschütten,
Und einige Stunden vor Tages die Luft wieder hell wird:
Dann bleiben vom schädlichen Iltis und raubenden Marder
Die Fährten sichtbar, wenn sie um Schlag und Ställe gewechselt.
Oft in der Mitternachtsstund ergriff die Ahnung den Haushahn,
Und von der warnenden Stimme erwachten die gackelnden Hühner.
Sie hörten die Klauen des Feindes, der an der sichern Türe
Spalten suchte, dank aber Themiren! nicht fand. Ihre Sorgfalt
Und Häuslichkeit schaffte den Hühnern die Sicherheit, Ruhe den Tauben.
Wie kaum ein rötlicher Schimmer den dunstleeren Himmel bekleidet,
Ruft Silvius Erdmann, den Dachshund, und pfeift. Auf krummen Gelenken
Der niedrigen Füßchen kommt er, versteht die lockende Stimme,
Springt um den Silvius her. Sein Bellen ist Freude,
Daß seiner Dienste sein Herr und Wohltäter bedürfe.
Gerührt steht Silvius da „War ich so dankbar der Gottheit,
Die tausendfach stärker mich liebte? Gering ist Wohltat und Liebe,
Die ich dem Hunde bewiesen. Ja! du beschämst mich, mein Erdmann!
Gern willst du dienen! Gern deine Bestimmung erfüllen." —
So spricht der Jüngling! Und bald rollt von den glühenden Wangen
Empfindung in Tränen herab statt eines Morgengebetes.
Ein Flintchen bewaffnet den Silvius, Grabscheit und Zange,
Sack und ein schneidendes Beil den besten Steiger im Dorfe.
Sie finden die Fährten vom Marder (der nach nahen Eichen,
Vom Scheundach den Wechsel genommen) und folgen der hüpfenden Fährte.
Schon war das schlaue Geschöpf auf eine Eiche gestiegen.
Sie schauten aufmerksam hinauf, entdeckten nun balde,
Daß er auf die nächste gebäumt*) war, die hohl und voll Löcher im Stamme
Zur Wohnung besser sich schickte. Nun kreisten sie. Fanden nicht Fährten;
Kein Baum zum Bäumen stand nahe, drum schlossen sie, daß er hier wohne.
Kunz legt sein Rüstzeug itzt nieder und schwingt sich behende
Auf den niedrigsten Ast, und Silvius reicht ihm das Beil hin.
Der bellende Erdmann springt oft am Baum in die Höhe,
Und seine Gebärde bewies das Dasein des Diebs pantomimisch.
„Hier, Herr! hier sitzt er im Loche!" ruft Kunz. „Wie glühen die Augen!
Herr Dieb! wie sehn wir uns hier. Schlimm wird dir's ergehen!
Kein junges Täubchen soll mehr durch deine Kehle spazieren,
Am Nest die Muhme nicht mehr dir fluchen und weinen,
Daß du das brütende Huhn erwürget und die Eier verschleppet.

*) So verliert sich oft die Fährte des Marders an der beschneiten Erde, weil er oben von einem Baum zum andern gesprungen.

Sterben sollst du!" Und itzt vollstreckt der Stil seines Beils
Das Todesurteil an ihm. „Schon wieder ein Stück zu dem Pelze,"
Spricht Silvius, „den ich Themiren zum Brautgeschenk widme.
Bleibt Schnee, so fang ich in manchen Fallen und Eisen
Vielleicht die fehlenden noch." Dann gehen sie weiter und spüren
An Reiserhaufen und Stämmen nach dem verderblichen Iltis.
Den Stamm einer trocknen Erle, der moosigt und hohl war,
Bewohnt der stinkende Feind von allem jungen Geflügel.
Erdmann gräbt sich zu ihm. Und blut'ge Scharmützel
Entspinnen sich in der Höhle. — Bis mit dem schneidenden Beile
Des Iltis Festung gestürmt und allmählich zerstört wird.
Doch Erdmanns Tapferkeit siegt, bevor noch menschlicher Beistand
Seinen Ruhm schmälert. Er fängt und schüttelt den Iltis,
Und schleppt den Toten heraus. Groß war des Silvius Freude,
Bei der Tapferkeit Erdmanns, der itzt mit blutender Nase
Verdiente Liebkosungen empfing. So, wenn den rauchenden Wahlplatz
Die fliehenden Feinde verlassen, tritt einer der blutenden Helden
Zum Feldherrn, der seine Tat lobt, den Orden ihm anhängt,
Oder auch (besser ist's!) Brot gibt. Dies tut seinem Erdmann,
Frühstückend, Silvius itzt. —
Wenn frostige Schauer, voll Schnee- und Regengestöber,
Den moosigten Stamm, allenthalben unwirtbar, verderben,
Dann schüttelt das Ohr verdrießlich der Fuchs und wandert zum Baue.
Den Zeitpunkt versäumte nicht Silvius. Fröhlich begleitet
Ihn Kunz und Erdmann, und nun besucht er die Baue;
Sein Erdmann verrät ihm den Fuchs, schlüpft in sich kreuzende Röhren
Furchtlos und emsig. — Verachtet den größeren Feind und des Postens
Vorteil, das scharfe Gebiß. — Itzt rührt ein dumpfig Getöne
Des horchenden Silvius Ohr! Er liegt auf dem Boden, erkundet
Die Gegend des Lautes. — Stampft mit gewaltigem Fuße,
Über dem Fuchse, der dann zum Kessel zurückweicht,
Wohin ihn Erdmann als Sieger bitter verfolgte.
Sprich, Zweifler und Fatalist! Wer gab dem schließenden Hündchen
Den Mut, sich tief in die Erde, Gefahr verachtend, zu wagen?
Ist hier Mechanismus? Notwendigkeit? Organisierte
Materie? die sich der Zufall trotz aller Wahrscheinlichkeit baute?
Zweifler! dies paradoxe Geschöpf (du liebst ja sonst Paradoxien)
Und die dir verächtliche Jagd kann, so du willst, dich bekehren.
Schon hatte der grabende Kunz viel Tropfen Schweißes vergossen,
Als plötzlich zwischen den Füßen ihm Erdmann lag, und er die Nase
Des Fuchses vor sich sah, der mit erstaunender Miene
Zum erstenmal Lichtstrahl und Menschen im Schoße der Erde erblickte.
So starrt der Finsternis Liebling die Strahlen der Wahrheit

Beschämt und verwirrungsvoll an, wenn sein benarbtes Gewissen
(Doch wie Achilles, nicht gänzlich in härtenden Fluten getauchet)
Mit plötzlich siegender Macht sie endlich verwundet.
Aufs eilige Rufen vom Kunz steigt Silvius nieder
Und nimmt den Hund auf und hält ihn. Kunz greift nach der Zange.
Faßt den Fuchs um den Hals, zieht aus dem Wintergemache
Den sträubenden Hausherrn heraus und steckt in den Sack ihn.
Den Sack verbindet er tüchtig. Dann eilen sie beide nach Hause.
Ihre Tenne wird Zwinger. Die Kinder des Erdmanns,
Er und der Fuchs, die Tiere, kampfjagen die Szene;
Der bissige Fuchs wird gehatzt und verdiente zu büßen,
Was an dem zahmen und wilden Geflügel, Rehkälbern und Hasen
Seine Grausamkeit übte; sein Tod ist heilsam den Hündchen,
Die, durch die Hetze beherzt, in die Stapfen des Vaters
Treten und ihrem Besitzer den Neid der Nachbarn erwerben.
Themirens zärtliches Auge betränet zwar Mitleid
Mit dem Schuldigen, von dem sie die Laster wohl kannte.
Silvius stärkt ihre Seele. „Themire! Gerechtsein ist Güte
Mit gleichem Ernste gemischt. Was ist der Vorzug der Treue,
Wenn Falschheit und Laster mit ihr die gleiche Belohnung genießen?
Spare dein köstliches Mitleid, wenn du Verdienste siehst leiden.
Und oft genug wirst du das sehn!"
„Gern will ich folgen," spricht sie, „doch weißt du Geliebter,
Wie ja mein Auge so leicht mit Tränen sich füllet!
Jeder Tod macht mich weinen! Wirkt etwa der trübe Gedanke,
Daß ich die Deine noch nicht bin, auf die dich liebende Seele?
Doch was gestünd ich dir nicht." — Die höchste Farbe der Röte,
Die je die bescheidene Wange des blühenden Mädchens gefärbet,
Verschönert itzo Themiren. Affektvoll redet sie weiter:
„Silvius! soll ich's bereuen, was ich dir sagte?
Wirst du die arme Themire verachten, die dich verehret?"
Glücklicher Silvius! Nie empfand deine Seele
So viel als itzo. Du schweigst im Übermaß der Empfindung!
Süßer ekstatischer Zustand! Um Leser! ihn zu entschuldigen,
Wünsch' ich den redlichen Wunsch! dir ähnliches Schicksal.
Tugend beseelt ihr das Herz und ungekünstelter Freimut
Jede Red' und ihr Antlitz. Sie hatte nichts zu verbergen.
Silvius lag ihr zu Füßen, schon als sie noch redte.
Und Küsse, die Amor nur zählte, bezahlten die Antwort.
Zur Mutter gingen sie drauf. Die Fromme weinte für Freuden.
Denn lange bestimmte sie schon dem Jüngling Themiren.
Sie erntet im reichlichen Maß der Redlichkeit Früchte:
Die Waise versorgt, der glückliche Sohn, und Pflege fürs Alter.

Nun entschließt sich ihr segnender Mund:
„Empfang, o Vater der Menschen!
Dank und Anbetung von mir. Es ist mir gelungen
Der Plan, den ich betend entwarf, als ich sie aufnahm!
Themire, dich liebet mein Sohn! du ihn, und ihr beide
Wart stets gehorsam und fromm! Mein Segen krön' eure Liebe!
Erlebt an Kindern die Freuden, die ich itzt schmecke!"
Und gnädig erhörte der Himmel den Segen der redlichen Mutter. *)

ac. 1760.

Dies Lied Hekate weih ich dir!
Geh Christoph! geh und hole mir
Das treue Tier, den Hund, der mich so oft begleitet.
Und — doch dort kommt schon Tyras her —
Drum hol mir Tasche und Gewehr;
Verzögre nicht die Lust, die uns die Jagd bereitet!

Wenn des verjüngten Frühlings Macht
Der Äcker Schmuck, der Wiesen Pracht
Durch sanfter Winde Hauch der Welt will wiedergeben:
Dann eilt der Schnepfen zahllos Heer
Mit leichten Schwingen übers Meer,
Um ihre Wohnungen, Moräste, zu beleben.

Ein wohldressierter Vorstehhund
Zieht an, macht mir die Schnepfe kund;
Dann springt er ein, sie flieht — mein Schuß wirft sie zur Erden.
Doch spart man Pulver und Gewehr,
So kann sie ohne viel Beschwer
In Schlingen auf der Erd' und Netz gefangen werden.

---

*) Nachschrift:

Fast vierzig Jahre ruhete dieses Jagd-Gedicht mit andern in meinem Pulte. Es ist eine der ersten Früchte meiner sehr lebhaften Jugend-Jahre.

Respekt für die Würde des deutschen Verses hielt mich bisher ab, es drucken zu lassen. Jetzt, da die Jagd sich näher mit der Naturgeschichte verbunden hat, mag die darin enthaltene wahre Natur mir wegen des mangelhaften Versbaues Verzeihung erbitten. Gelehrte Freunde wären vielleicht gütig genug gewesen, dieses Gedicht zu größerer metrischer Vollkommenheit zu erheben. Aber ich will lieber mit meinen eigenen Mängeln als mit erborgten Reizen erscheinen.

Vielleicht erweckt dieser Nationalgegenstand größere Dichter, die Natur, wie sie der deutsche Jäger kennt, vollkommen zu besingen.

Reckahn, den 20. Februar 1797. von Rochow..

Vor ihr kommt schon die Drossel an;
Sie singt das Waldlied, was sie kann,
In hohem Holz und Busch, sucht in der Fichte Schatten
Nach Würmern und den Stoff zum Nest,
Dies baut sie heimlich und auch fest
Ins Reis und Dornenstrauch auf dünne Sommerlatten.

Doch wie! Ich hätte bald die Lust,
Die du, o Waldschnepf! in die Brust
Des frohen Jägers senkst, undankbarlich vergessen.
Die Zeit, da du am Vorholz ziehst,
Vor Wollust die Gefahr nicht siehst,
Die dir sein Lauern bringt, vergißt er Haus und Essen.

Dann zieht auch Kiebitz, Ent' und Gans;
Man sieht auch oft des wilden Schwans
Gefieder durch die Luft von West nach Osten eilen.
Ein jedes dieser Vögel muß,
Durch unermüdter Jäger Schuß,
Ihm den beliebten Raub zur Sättigung erteilen.

So froh verstreicht März und April.
Im Mai bei schöner Morgenstill,
Muß er den edlen Hirsch mit seinem Leithund suchen.
Der Hirsch hat nunmehr schon verfärbt;
Die Haut durchwühlet und zerkerbt
Der Enderling nicht mehr; er liebt nun Asp' und Buchen.

An diesen fegt er mit Gewalt,
Und hier erkennt der Jäger bald,
Des Hirsches Stärk' an Stang und Baum, dran er geschlagen
Nur lustig! balde werden wir,
Den Hirsch in seiner vollen Zier,
Mit neuer Pracht gekrönt, seh'n sein Gehörne tragen.

Drauf geht des Hirsches Feist-Zeit an;
Er äset sich, so spät er kann,
Die Vorschrift treibet ihn, das Holz spät zu verlassen:
Und eh' des jungen Morgens Licht,
Durchs Dunkelgrau der Schatten bricht,
Eilt er von Feld und Au und scheint das Licht zu hassen.

Allein so schlau der Hirsch auch ist,
Betrügt ihn dennoch meine List.
Ich kenne seinen Stand, und wo auf Feld und Auen
Ihn spät und früh sein Wechsel trägt,
Da hab ich mich längst hingelegt;
Der Wind verrät mich nicht; ich werde ihn bald schauen.

Doch still! was knackt dort im Gesträuch?
In Wahrheit! ja, da kömmt er gleich;
Er zieht gemächlich fort; ich zähl ihm 16 Enden;
Ich pfeif ihn an, itzt steht er still,
Itzt leg' ich an und ziel' und will,
Weil er von vorne steht, daß er sich möge wenden.

Er horcht, sieht mich nicht und steht fest;
Doch endlich dreht er sich und läßt
Mir das erwünschte Ziel, das Vorderblatt, erblicken.
Ich drück', er zeichnet, und ich seh,
Nachdem er Stauden, Laub und Klee
Mit seinem Schweiß gefärbt, ihn Moos und Erde drücken.

Ich lade frisch und geh ihm nach;
Ein Bruch, den meine Hand mir brach,
Der Eichen Erstling, ziert mein Haupt als Siegeszeichen.
Ein Nickfang machet, das behend,
Der tödlich-kranke Hirsch verend't.
Ich brech ihn schleunig auf und füll ihn aus mit Sträuchen.

Des Hirsches Brunstzeit bringt viel Lust,
Sein Brunstplatz ist mir schon bewußt,
Ein Schirm von Tanger deckt mich vor des Hirsches Blicken.
Wenn noch die Nacht die Erde schwärzt,
So schreit er mächtig schon und scherzt
Mit seinem Wildbret, voll von Brunst, es zu beschicken.

Geringrer Hirsche Schar versteckt
Sich in das Dickicht, das sie deckt:
Und sucht verstohlner Weis' auch Wollust zu genießen.
Wenn aber sie der Stärkre sieht,
Schreit er sie heftig an; er glüht
Vor Eifersucht und jagt sie, daß sie fliehen müssen.

Kommt aber einer, der ihm gleich:
Wie Könige um Kron und Reich!
So kämpfen sie ergrimmt, und erst nach langem Streite,
Verläßt der Schwächre Platz und Feld;
Da denn der, so den Platz behält,
Sich stolz zum Wildbret kehrt, als der erfochtnen Beute.

Schreiben eines Landwirts an die Bauern wegen Aufhebung der Gemeinheiten.

Von

Friedrich Eberhard von Rochow
auf Reckahn.

Stendal,
gedruckt bei D. C. Frenßen, Königl. priv. Buchdrucker.

Meine lieben Freunde!

Ich habe mich recht sehr gefreut zu hören, daß nunmehr auf hohen Befehl auch bei euch die Gemeinheiten sollen aufgehoben werden, so wie solches im Holsteinischen und Mecklenburgischen schon lange geschehen ist, und anitzt in Sachsen, desgleichen im Braunschweigischen und in andern Ländern mehr mit allem Eifer vorgenommen wird. Diese Sache ist das größeste Glück für einen Landmann, und jeder Untertan sollte seinem Landesherrn auf den Knieen dafür danken; ja ein solcher Befehl verdiente mit goldnen Buchstaben geschrieben zu sein, weil in der ganzen Welt nichts Bessers ausgedacht werden kann, dem Bauersmann aufzuhelfen und seine Nahrung zu verbessern. Da ich vermuten kann, daß die meisten unter euch noch nicht recht wissen, was die Aufhebung der Gemeinheiten eigentlich sei, und wie daraus ein so großer Nutzen für den Landwirt entstehe, so habe ich es eine Pflicht für mich zu sein erachtet, euch in diesem Schreiben beides näher zu erklären, weil ich hiesiges Ortes mit Freuden gewahr werde, wie erstaunlich die Bauern dadurch seit wenigen Jahren in ihrer ganzen Wirtschaft gewonnen haben, daß die Gemeinheiten aufgehoben worden sind. Und ich wünsche so sehr, daß das Gute bald möge ausgebreitet, und mehrere Menschen glücklich werden mögen.

Wenn befohlen wird, daß die Gemeinheiten in einem Lande sollen aufgehoben werden, so wird dadurch zweierlei verstanden:

Erstlich, daß die Gemeinenhütungsörter, als Anger, Brücher, Meschen, Nachthütungen, kurz, alle und jede ansehnliche Strecken Weideland, wo das Vieh einer ganzen Dorfschaft oder gar mehrerer Dorfschaften zusammen gehütet wird, künftighin verteilet werden sollen, das heißet, es soll ein jeder Bauer, und wer sonsten ein Recht hat, Vieh darauf zu bringen, ein Stück Weide für sich allein erhalten, um solches einzuhegen, und ohne daß ihm ein anderer darinnen Einwendungen machen dürfe, für sein Vieh besonders zu nutzen.

Zweitens, daß ein jeder seine Ackerstücken, soviel möglich ist, auf einer Stelle beisammen erhalten soll, damit er künftighin, ohne sich an Felder und Schläge zu kehren, darauf säen und pflanzen kann, was er will; oder wenn dies aller Orten nicht angehet, so soll wenigstens der nächste und beste Acker nahe am Dorf vermessen und jedem Bauer hiervon eine große Koppel oder Wörde angewiesen werden.

Diese beiden Stücke, lieben Freunde! sonderlich das erste, nämlich die Teilung der gemeinen Viehweide, machen eine solche vortreffliche Änderung in der Wirtschaft eines Bauern, als sich niemand von euch anjetzt noch vorstellen kann. Ich werde es aber mit meinen Augen gewahr, wie die hiesigen Bauern seit der Zeit, daß die Hütung in Koppeln verteilet ist, mehr Vieh halten und solches besser pflegen können, folglich ihren Acker besser düngen und mehr Korn gewinnen, kurz, daß ihre ganze Wirtschaft nun viel einträglicher geworden ist als vorher, da die Hütung noch gemein war, und alles Vieh der ganzen Dorfschaft den Sommer über darauf herumgetrieben wurde.

Freunde! da die Verteilung der Hütung in Koppeln eine neue Sache für euch ist, so bin ich bange, daß ihr, wie ihr pfleget, allerlei Einwendungen machen und mit diesem Edikt nicht zufrieden sein werdet, und hievon wollte ich euch durch dies Schreiben gern zurückhalten, weil ihr euch an Gott und euren Allergnädigsten König versündigen würdet, wenn ihr einen Augenblick über diese Sache, die so offenbar zu eurem Besten ist, murren wolltet; denn glaubet sicherlich, daß dieser Befehl nimmermehr würde sein gegeben worden, wenn er zu eurem Schaden wäre. Sprechet derohalben nicht gleich, das Ding geht nicht an! sondern denket nach, wie ihr es wohl in eurem Dorfe anstellen wollet, um es möglich zu machen, und alsdann werdet ihr finden, daß es nicht so schwer ist, als es im Anfang aussiehet. Fanget die Sache nur getrost an, und ihr werdet sehen, daß alles gut gehet, so sehr mancher unter euch vielleicht jetzt noch zweifelt. Habet ihr nicht schon Exempel, daß manches Edikt euch nicht in den Kopf gewollt hat, und hernach seid ihr mit Beschämung gewahr worden, wie vortrefflich die Sache war? Nehmet das Edikt von dem Erdtoffelbau. Vielleicht sind noch alte Leute unter euch, die es sich zu besinnen wissen, wie halsstarrig und widerspenstig eure Vorfahren waren. Kein Mensch wollte Erdtoffeln säen, kein Mensch wollte Erdtoffeln essen, bis sie mit Strafe dazu angehalten wurden, und nun schmecken sie euch so herrlich, und kommen der Armut bei schlechten Ernten und teuren Kornpreisen vortrefflich zustatten. Soll euch denn das Gute immer aufgedrungen werden? Mit dem Seidenbau gehet es ebenso. Niemand hat Ohren dazu, und doch hat man mir von einem Dorfe gesagt, wo schon manche Bauern jährlich zehn bis zwanzig Taler lösen vor Seide, die sie selbst bauen, welches Geld sie allemal in sechs Wochen ohne Mühe und Versäumnis verdienen.

O werdet doch klüger und suchet nur eine Sache erst recht zu begreifen, ehe ihr an dem guten Nutzen derselben zweifelt, und folget gehorsamlich, so wird euch die eigene Erfahrung zuletzt sagen: Wir sind Toren gewesen, daß wir nicht gleich geglaubet und uns willig bezeiget haben.

In dem hiesigen Dorfe waren auch verschiedene Bauern, die es nicht begreifen konnten, daß die Hütung besser Futter geben und mehr einbringen sollte, wenn sie in Koppeln geschlagen würde, und jeder sein Vieh besonders weiden ließe. Sie wurden aber nicht lange gefraget, sondern mußten dem Edikt gehorsamen und die Koppel annehmen, die ihnen durch das Los zufiel. Nun sie aber sehen, daß es gut gehet, und ihr Vieh noch einmal soviel Gras hat, nun schämen sie sich, daß sie so dumm gewesen sind, und wenn man sie frägt, antworten sie: „Ja, wer hätte das gedacht?" Spiegelt euch an dies Exempel, ihr lieben Bauern! die ihr meinen Brief leset, und glaubet nur, daß es Leute in der Welt gibt, die klüger sind wie ihr, meine Freunde! Ich sage dies nicht, um euch zu verachten, aber denket nur immer an die Erdtoffeln. Wie würdet ihr schreien, wenn man euch anjetzt diese wegnehmen oder verbieten wollte; ebenso würde es gehen, wenn man nach einigen Jahren von euch verlangte, die Koppeln wieder einzureißen und das Vieh wie jetzt auf die gemeine Hütung zu bringen.

Fasset und begreifet es doch also, daß es wahr sei, was manche klugen Wirte schon lange gesagt haben, wie es die allerschlechteste Nutzung der Grasgründe und Viehweiden sei, wenn man vom ersten Frühling an bis in den späten Herbst die Herden allerlei Viehes darauf herumgehen und weiden lasse, und daß ein- und ebenderselbe Fleck Hütung noch einmal soviel Vieh ernähren könnte, wenn man die Sache anders anfinge und nicht den Boden und den Graswuchs von dem Viehe zunichte machen ließe, sondern vielmehr der Natur zu Hilfe käme und den Wachstum des Grases durch etwas angewandte Mühe beförderte.

Denn wisset ihr wohl, lieben Freunde! wie es zugehet, daß an der Hütung so ein großer Schade geschiehet, wenn das Vieh sonderlich nach bisheriger Manier so zeitig im Frühjahr auf die Weide getrieben wird? So wenig das Korn wachsen kann, wenn im Frühjahr die grüne Saat von dem Vieh alle Tage zunichte getreten wird, ebensowenig kann das Gras ordentlich wachsen, wenn die kleinen Spitzen und Keime unaufhörlich zerquetschet und verbissen werden. Es wächset freilich wohl etwas, aber bei weitem nicht so gut, als wenn es solange wäre geschonet worden, bis es erst höher und stärker geworden wäre. Probieret es einmal und schonet einen Fleck Hütung im Frühjahr, bis das Gras eine Hand hoch ist, und dann sehet zu, ob nicht den ganzen Sommer hindurch auf diesem Fleck besser Gras sein wird, als auf dem andern Teil der Hütung; es mag auch hernach noch oft abgefressen werden. Man hat ausgerechnet, daß durch das allzufrühe Behüten der Weide über die Hälfte Gras verloren wird. Da es nun auf den mähbaren Wiesen ebenso zugehet, und diese bis anfangs Mai mit dem Viehe betrieben werden, so leidet ihr zugleich an Winterfutter ebenfalls Schaden und würdet gewiß die Hälfte Heu mehr gewinnen, wenn nicht die Wiesen späte im Herbst und zeitig im Frühjahr von dem Viehe kahl gefressen und zunichte gemacht würden.

Wie siehet es aber nun vollends auf den Hütungen aus, die weich und morastig sind? Hier ist es ein rechter Jammer mitanzusehen, wenn das arme Vieh bis am Bauch im Schlamm und Wasser gehet, um das bißchen Flottgras zu suchen, wodurch die Weide dergestalt ausgemodert wird, daß man hernach, wenn das Wasser weggefallen und der Boden trocken ist, anstatt des grünen Grases nichts als das schwarze Erdreich siehet. O wie lange währet es nicht, ehe ein einziger Grashalm hier wachsen kann! Ist es nun nicht ein großer Schaden für eine Dorfschaft, wenn sie sich auf diese Art die Weide selbst verderben lässet? Wenn die klugen und guten Wirte auch den Schaden einsehen und ihm gerne abhelfen möchten, so dürfen sie solches nicht tun, weil die schlechten Wirte ebensoviel Recht an der Hütung haben. Sie müssen es sich also gefallen lassen, wenn ein paar unordentliche Nachbarn, die vielleicht ihr Stroh und Heu im Winter verkaufet haben, ihr Vieh austreiben, da es noch viel zu früh dazu ist, und also die Weide ruinieren.

Und so sind hundert Dinge mehr, die ein guter Wirt nicht tun darf zum Besten der Hütung, wenn die andern nicht daran wollen. Wie schön könnte die Hütung nicht ofte gebessert werden, wenn hie und da ein Graben gemachet würde, um das Wasser abzuleiten, oder wenn das unnütze Strauchwerk und Büsche ausgerodet, die Disteln, Brombeeren und allerlei Unkraut vertilget, die Maulwurfshügel abgestoßen, die ausgemoderten Gründe ausgehöhet und mit Heusamen bestreuet würden: aber wo ist solche Einigkeit in einer Gemeinde, und wer kann soviel Köpfe unter einen Hut bringen? Zank und Streit gibet es leider so ofte genug über andere Dinge, und hierüber würde vollends kein Friede zu hoffen sein.

Saget, ob ich es nicht getroffen habe, und ob es mit der Hütung nicht in allen Dörfern so aussiehet, wo die Gemeinheiten noch nicht aufgehoben sind? Gerade so war es auch in dem Dorfe, woher ich euch schreibe. Die Bauern hatten eine ziemliche große Viehweide, darauf ihre Kühe, Ochsen und Pferde nach der gewöhnlichen Weise gehütet wurden; für die Schafe aber war sie die meiste Jahreszeit zu naß, und diese mußten sich auf der Brache behelfen. Es ging aber diesen guten Bauern, so wie es denen meisten Dorfschaften zu gehen pfleget. Obschon der Fleck Hütung zu ihrem Vieh weitläufig und groß genug war, so war doch das Gras mannigmal sehr beinötig, und sie mußten zuweilen zwischen den Ackerstücken oder sonsten sich kümmerlich etwas Gras zusammensuchen, oder Hederich pflücken, um nur des Abends ihren Melkkühen etwas vorzuwerfen. Für ihre Pferde und Ochsen hatten sie zwei geräumige, eingezäunte Nachthütungen oder sogenannte Upställe, darin selbige, wenn sie den Tag gearbeitet hatten, die Nacht über eingesperret wurden, um etwas bessern Fraß zu haben, als auf der gemeinen Weide, weil bekanntermaßen das Gras in den Nachthütungen oder Nachtweiden für das Zugvieh sorgfältig aufgesparet wird. Jedoch wenn zuweilen alle Ochsen und Pferde eine Woche lang täglich gearbeitet hatten und folglich alle Nächte in die Upställe kamen, so war das Gras bald aufgezehret, und die armen Tiere wurden ofte des Morgens hungrig wieder angespannet. Kurz, die Weide war immer beinötig und knapp. Selten und nur immer auf kurze Zeit hatte das Vieh vollen Fraß; den meisten Sommer hindurch aber litte es Mangel, konnte sich nie recht satt fressen und wurde nur kümmerlich ernähret. Die Folge hiervon konnte keine andere sein, als daß alles Zugvieh höchst mager und matt war, die Kühe nur wenig Milch gaben und der Zuwachs an jungem Vieh äußerst schlecht und elend ausfiel. Und ich muß sagen, daß dies Dorf noch lange nicht eines von den schlechtesten in hiesiger Gegend in Absicht der Hütung ist, sondern noch vor vielen was voraus hat.

Nun könnet ihr, meine Freunde! da ihr die Landwirtschaft verstehet, von selbsten schon mutmaßen, wie bei so gestalten Sachen und einer so mäßigen Viehweide, der Ackerbau und die übrigen Umstände der Bauern in diesem Dorfe beschaffen gewesen. Freilich war alles eben nicht zum besten. Denn ihr saget ja selbst unter euch, das Fundament der Bauerwirtschaft sei das Vieh. Wie wenn nun ein Bauer nur wenig Vieh halten kann, und dies wenige Vieh noch dazu nur wenig zu fressen hat, so sieht es immer schlecht um den Bauer aus. Denn erstlich: Der Acker kann nicht recht gedünget werden. Das alte wahre Sprichwort unter euch aber saget: „Wo man mit dem kurzen Wagen nicht gewesen ist, da darf man mit dem langen Wagen auch nicht kommen", das heißet: „Wo die Mistgabel nicht brav gearbeitet hat, da hat die Sense auch nicht viel zu tun!" Zweitens: Der Acker kann nicht gehörig durchgepflüget werden, wenn die magern Ochsen und Pferde vor Hunger matt und kraftlos sind und doch den

Pflug ziehen müssen. Es ist ein rechtes Jammerbild, wenn man ein solches Pflügen mitansiehet. Der Bauer seufzet, wenn er den Pflug immer flächer stellen, und, anstatt zu pflügen, das Land schinden muß, um es nur dem Viehe leichter zu machen, und doch keuchet das arme Vieh, wenn es nicht aus der Stelle kommen kann. Nimmermehr wird hier das Korn so wachsen, als es wachsen würde, wenn der Acker besser bestellet worden wäre. Drittens: Wie siehet es aber mit dem Molken aus? Die gute Bauerfrau mag noch so sparsam mit der Milch umgehen, und ihren Kindern Salz anstatt Butter aufs Brot geben, so will das Molken doch nicht für die Wirtschaft zulangen, sondern mancher Taler wird vor Butter und Käse aus dem Hause getragen. Viertens: Die Füllen- und Kälberzucht tauget auch nichts. Mancher Ziegenbock ist beinahe so groß als manches dreijährige Bauerfüllen, das schon angespannet werden soll, und ich habe es mehr als einmal gesehen, daß der Schlächter vor ein Kalb von vierzehn Tagen kaum acht Groschen geben wollte.

Woher kommt also alles das Ungemach, daß der Acker nichts tragen will, daß mancher Bauer Butter und Käse kaufen muß, und eure Füllen und Kälber anjetzo so elend sind? Antwort: Einzig und allein daher, weil die Viehzucht nichts tauget, noch taugen kann, da Pferde und Rindvieh den Sommer über so schlechte Weide und Hütung haben.

Ei, lieben Freunde! so denket doch Tag und Nacht darauf, eure Weide und Hütung besser zu machen. Ja! werdet ihr sagen, wenn das anginge, dann hätten wir gewonnen. Freilich gehet es an, sobald ihr tut, was der König haben will, und die Gemeinheiten aufhebet. Sehet, wie gut es der König mit euch meinet!

Damit ihr aber um so ehender begreifen möget, daß es wahr sei, daß die Aufhebung der Gemeinheiten oder die Abschaffung der gemeinen Viehweide und die Teilung der Hütung in Koppeln oder Grashöfe das einzige Mittel sei, dem Bauer aufzuhelfen und seine Wirtschaft zu verbessern, so will ich alles erzählen, wie es damit in hiesigem Dorfe zugegangen, und wie sehr sich die Leute seit der Zeit aufgenommen haben. Vorhero habe ich euch nun schon gesagt, wie schlecht sich die hiesigen Bauern stunden, bloß weil sie nicht genug Weide für ihr Vieh hatten; nun sollet ihr also hören, wie sie es eigentlich gemacht haben, um mehrere und überflüssige Weide, Nahrung und Futter für ihr Vieh zu bekommen.

Es war im Herbst gleich nach der Saatzeit, als die ganze Hütung mitsamt den Nachtkoppeln oder Upställen ausgemessen und dergestalt unter die Bauren und Kossäten verteilet wurde, daß ein jeder, nachdem er viel oder wenig Vieh hatte, einen großen oder einen kleinen Fleck Hütung für sich allein erhielt. Hieraus entstanden Koppeln, welche neben- und beieinander zu liegen kamen, und jede mit einem Graben vier Fuß breit und tief umgeben wurde. Die Erde aus dem Graben wurde nach der auswendigen Seite wie ein kleiner Wall aufgeworfen. Der Eingang zu jeder Koppel war auf einer Seite, wo das Vieh am nächsten und leichtesten hinzukommen konnte, ohne eine fremde Koppel zu berühren; dieser Eingang wurde mit einem sogenannten Hecken oder Schlag versehen. Auf dem Wall neben den Graben herum machten einige Bauren ein Gehege von Rickstangen; andere aber, die dieses nicht daran wenden wollten, machten ihre Grabens noch um einen Fuß breiter und tiefer.

Allesamt aber warteten, bis in dem folgenden Herbst die Erde der Wälle festgeworden war, und sie Zeit dazu hatten, einen lebendigen Zaun von Weiden oder Birken, Haseln, Elsen, und was ein jeder hatte, auf dem Wall um die Koppel herum zu pflanzen. Wie dies eigentlich gemacht wird, solches werdet ihr am Ende dieses Schreibens im Anhang finden.

Als nun im folgenden Frühling das Vieh ausgetrieben wurde, so schickte ein jeder eine Magd oder einen Jungen mit, welche dem Hirten helfen mußten, eines jeden Vieh in seine Koppel einzutreiben und das Hecken zuzumachen. Dieses dauerte etwa vierzehn Tage, daß alle Morgen von jedem Bauerhofe einer des Morgens mit nach der Hütung mußte, und sobald sein Vieh in die Koppel eingejaget war, so konnte er wieder nach Hause gehen. Nachdem diese vierzehn Tage vorbei waren, so hatte sich das Vieh schon gewöhnet, und jedes Stück kannte seine Koppel ebensogut, als es des Abends beim Eintreiben im Dorf seinen Hof und Stall kennet, und es ist nun eine Lust mitanzusehen, wenn die Herde bei der Hütung ankommet, wie jedes Stück Vieh von selbsten weiß, wo es hingehöret, und sich vor das Hecken der Koppel hinstellet, bis der Hirte kommt und es hineinlässet. Wenn der Hirte damit fertig ist, so hat er weiter nichts zu tun, als daß er herumgehet und siehet, ob auch alles Vieh frisset und gesund ist, und des Tages ein paarmal die Koppeln aufmachet, um das Vieh an eine nahgelegene Tränke zu treiben. Doch sind auch verschiedene Bauren, die sich in ihrer Koppel selbst eine Tränke gegraben haben. Auf solche Weise bleibet eines jeden Vieh für sich allein in seines Herrn Koppel, und des Abends braucht der Hirte nur die Eingänge zu öffnen und das Vieh nach Hause zu bringen.

Wolltet ihr nun aber den Nutzen von dieser neuen Einrichtung wissen? Dieser besteht darin:

Erstlich: daß derjenige, welcher ein guter Wirt ist und sich brav Winterfutter vor sein Vieh angeschaffet hat, selbiges im Frühjahr so lange im Stalle behalten kann, als er will. Unterdessen aber wächset das Gras in seiner Koppel, da es nicht so jung verbissen und zertreten wird, vortrefflich in die Höhe, so daß er hernach sein Vieh mit einmal in das volle Gras jagen kann, wenn der schlechte Wirt seine Koppel schon meist kahl hat fressen lassen. Denn es darf durchaus kein fremdes Vieh in eine andere Koppel kommen, und muß der Hirte davor stehen; auch kann ein jeder sein Hecken allenfalls solange verschließen oder zunageln, bis er sein Vieh hineinbringet. Das sollte man aber nimmermehr glauben, was das tut, wenn eine Weide nicht so zeitig im Frühjahr mit dem Viehe betrieben wird. Es wächset in der Tat noch einmal soviel, und mehr noch als einmal soviel Gras auf einem und ebendemselben Fleck Hütung, wenn es Zeit hat, erst etwas in die Höhe zu schießen und dick zu werden. Und wenn man es hernach abhüten lässet, so erholet es sich auch viel ehender, und wächset zum zweitenmal viel geschwinder als sonsten. Die hiesigen Bauern haben dieses augenscheinlich erfahren. Denn gleich, im ersten Frühjahr, nachdem die Hütung verteilet war, riet ihnen ein auswärtiger Beamter, der ein kluger Mann und durch seine gute Wirtschaft sehr reich geworden ist, ihr Vieh nicht so zeitig als sonsten austreiben zu lassen. Die wenigsten aber kehreten sich hieran, sondern blieben bei ihrer alten Weise, das Vieh auszutreiben, sowie es auf der Weide nur ein bißchen grün aussahe, ausgenommen ein paar Bauren, die mit ihrem Winterfutter sparsam umgegangen waren und nun ihr Vieh beinahe noch drei Wochen länger zu Hause behalten konnten. Was diese beiden Bauren den ganzen Sommer über vor Nutzen hievon gehabt haben, lässet sich nicht beschreiben. Ihre Koppeln, welche diese Zeit über noch waren verschonet worden, hatten in der kurzen Zeit eine so vortreffliche Grasnarbe erhalten, daß das Gras wie ein Pelz so dick stand, und diese zwei Koppeln bis in den späten Herbst hin noch immer voraus zu erkennen waren. Nun sahen die andern, daß der Amtmann recht gehabt hatte, und wie sehr sie sich im Lichte gestanden, daher sorgten sie gleich den folgenden Winter, mit ihrem Futter länger auszukommen, und anjetzt suchet es immer einer dem andern zuvor zu tun und sein Vieh im Frühjahr am längsten im Stall zu behalten.

Es ist der Nutzen davon so augenscheinlich, daß aus dieser einzigen Ursach die hiesigen Bauern schon sehr zufrieden mit der Aufhebung der Gemeinheiten sind, weil ein jeder nunmehro ein ansehnliches Grundstück mehr zu seinem Eigentum bekommen hat, und nun erst Herr von der Hütung ist, woran er zur Zeit der Gemeinheiten, wie alles noch wüste und offen war, gar nicht einmal denken konnte.

Zweitens bestehet ein Hauptnutzen der Verteilung der gemeinen Hütung darin, daß nun ein jeder das Stück, welches er davon bekommen hat, oder seine nunmehrige Graskoppel sehr verbessern kann, so daß sie wenigstens noch einmal soviel Gras bringen und Futter geben muß als vorher. Dies, meine Freunde! ist noch leider eine ganz neue Sache für euch. Die meisten Bauern wissen nicht, wie sie eine Wiese oder Graskoppel verbessern können, wenn sie auch sonsten ihren Ackerbau und übrige Wirtschaft recht gut verstehen, sondern was wächset, das wächset. Wenn sie ja noch einmal was tun, so machen sie höchstens einen Graben, um das Wasser abzuziehen, rotten etwas Buschwerk aus und brennen die Hüllen und das alte Gras weg, und denn haben sie schon nach ihrer Art recht viel getan. Es ist etwas, meine Freunde! aber noch nicht alles, und wenn dies ja noch geschiehet, so ist es nur allein auf den Wiesen; die arme Hütung aber ist und bleibet eine Wildnis, darum sich niemand bekümmert. Es ist in der Tat nicht zu verantworten, wenn man siehet, daß ofte Meilen lange Hütungen einigen Herden Vieh preisgegeben werden, und diese sich ofte nicht einmal darauf ernähren können, obgleich dieses große Stück Erdboden ganz anders könnte genutzet werden, oder wenn es doch einmal nur für das Vieh bestimmt ist, dessen wenigstens noch einmal soviel, reichlich und überflüssig erhalten würde, wenn man anders damit verführe.

Wie gut ist's daher doch, daß die hohen Obrigkeiten in so vielen Ländern nun darauf dringen, daß dies Unwesen aufhören und Land und Leute dabei gewinnen solleu. Freunde! ich wiederhole es, es kann zum Besten der Bauern garnichts Klügeres ausgedacht werden als die Verteilung solcher Hütungen in Koppeln, davon jede ihren eigenen Herrn hat. Nun nimmt sich ein jeder seines Fleckchens an, pfleget und verbessert es, so gut er kann, und siehe! der Erdboden bezahlet das bißchen Mühe reichlich und bringet wenigstens noch einmal soviel Futter hervor als sonsten. Es ist also ebensoviel, als wenn die Hütung noch einmal so groß geworden wäre. Würde aber manche Dorfschaft sich nicht sehr freuen, wenn man ihr, da sie nur eine kleine oder höchstens mittelmäßige Weide für ihr Vieh hat, noch einmal soviel Hütung anwiese. Ich will euch aber nun sagen, wie die Bauern hiesiges Ortes ihre Hütung verbessert haben. Im Herbst, als die Koppeln angelegt wurden, hatten sie noch mit den Graben zu tun und konnten also noch an keine Verbesserung gedenken. Im folgenden Herbst aber fingen die Klügsten an, und die andern folgten gleich nach, alles Buschwerk, so darin stand, als Birkensträucher, Werft, Haseln und solch Zeug mit den Wurzeln auszugraben, und anstatt es zu verbrennen, auf die Wälle in einer Reihe längs dem Graben um ihre Koppeln herum zu pflanzen, wie ich euch vorhin gesagt habe. Hierdurch verschafften sie sich einen doppelten Nutzen; dies Buschwerk hindert nun den Graswuchs nicht mehr, und auf den Wällen wächset es vortrefflich und machet den schönsten grünen Zaun, wie ihr hernach hören werdet. Disteln, Brombeeren, Reibekraut und mehr solche unnütze und schädliche Pflanzen, die die Weide verderben, wurden ebenfalls ausgerottet. Die hohen, ungeraden Stellen und Hügel wurden eben gemacht und dahin gebracht, wo etwa ein niedriger morastiger Ort war. Als sie hiermit fertig waren, so bestreueten sie die Stellen, wo das Erdreich durch das Ausroden der Büsche und Geradmachen der Hügel bloß geworden war, mit Heusamen, und nun war diese Arbeit geschehen. Im folgenden Frühjahr war es eine Freude, diese Koppeln zu sehen, als das Gras allenthalben frisch hervorwuchs und der Zaun auf dem Wall grün wurde. Hier war Koppel an Koppel gerade und schön abgeteilt, davon die eine mmer besser im Stande war als die andere. Sonderlich gefiel mir damals schon die Graskoppel eines alten Mannes, der vor allen andern seine Sache ordentlich gemacht hatte. Denn seine Gräben waren viel regelmäßiger, tiefer und gehörig schräge gemacht. Den Wall hatte er auf beiden Seiten mit viereckigten Rasenstücken ausgesetzt und in den Fugen zum Überfluß noch Heusamen gestreuet. damit alles feste und grün werden sollte. Sein lebendiger Zaun war oben gerade geschnitten und mit kleinen Bandweiden durcheinander gebunden, so daß er anjetzt, nachdem er einige Jahre gestanden hat, schon wie eine Wand so dichte ist. In der Mitte der Koppel hat er eine Tränke ausgegraben und rings herum ein paar Schock hohe Satzweiden etwas enge zusammengepflanzt, damit das Vieh Schatten vor der Sonne und Schutz vor Regen und Sturm haben möge. Das Beste aber kommt noch erst. Es hatte dieser alte Mann in seiner Koppel einen ziemlich großen Fleck, der sumpfig war, und darauf nur ein grobes, saures Gras wuchs. Dies stund ihm nicht an. Er machte also quer durch diesen Fleck einen kleinen Graben, der etwas größer war, als eine sogenannte Wasserfurche auf dem Acker ist, und leitete das Wasser von diesem Fleck ab in den Graben, der um seine Koppel ging. Nun kam er her und brachte im Winter, wenn es so hart gefroren war, daß er mit Wagen und Pferden darüber kommen konnte, aus einer nahe gelegenen Sandschelle über und über eine Hand hoch Sand darauf. Wenn es auftaute, so fing der Sand an in den Morast hinein zu sinken, machte selbigen nicht nur feste und trocken, sondern verwandelte den Schlamm und den torfartigen moorigten Boden in lauter schwarzes Erdreich, welches nun eine Menge feines und süßes Gras hervorbringet. Dies ist in der Tat ein sehr gutes Verbesserungsmittel, und pfleget man es den folgenden Winter zu wiederholen, wenn es das erstemal nicht genug ist. Seine Sorgfalt um diese Graskoppel aber gehet noch weiter. Allemal im Herbst, wenn er seine Graben aufräumet und seinen lebendigen Zaun beschneidet, und das Vieh nun aufgestallet ist, so streuet er allen Mist, den Pferde und Kühe den Sommer über auf der Weide haben fallen lassen, sorgfältig auseinander; ja, er lässet es sich nicht verdrießen, den Winter über, so ofte er nach der Stadt fähret, allemal ein paar Säcke Seifensiederasche, welche er umsonst erhält, mit nach Hause zu bringen. Diese Asche sammelt er auf bis im Frühjahr und streuet sie hernach zeitig im Monat März in seine Koppel herum, so weit sie reichen will, erhält dadurch eine Menge vortreffliches Gras. Die Maulwürfe vertreibet er allein dadurch, daß er, so ofte er Zeit hat, sonderlich im Herbst und Frühjahr, ihre aufgeworfene Haufen mit einer Handramme oder hölzernen Keule feste und glatt schläget, weil nun diese Tiere das Klopfen auf der Erde gar nicht leiden können, so verlassen sie ihre Herberge und begeben sich aus seiner Koppel hinweg. Wenn er nun seine Ochsen, Kühe und Pferde im Frühling so späte als möglich auf die Weide bringet, so hat er hier wiederum eine besondere Manier, die gar nicht dumm ist. Er hat sich nämlich eine Anzahl Rickstangen und Pfosten angeschaffet. Diese fähret er im Frühling nach seiner Koppel, und häget damit den dritten Teil seiner Koppel ab, wo er sein Vieh zuerst hinbringet. Wenn selbiges auf diesem Platz vierzehn Tage geweidet hat, so schläget er seine Ricke weiter und umhäget das zweite Dritteil der Koppel, und wenn dieses in vierzehn Tagen auch kahl gefressen ist, so gehet er zu dem letzten Dritteil fort. Auf diese Weise verhütet er, daß nicht soviel Gras vertreten wird, als wenn das Vieh in der ganzen Koppel herumläuft, und verschaffet, daß jeder Platz allemal vier Wochen Zeit hat, sich wieder zu erholen; auf welche Art sein Vieh immer eine volle und frische Weide erhält. Hiebei braucht er keine andere Vorsicht, als daß er die in der Mitte der Koppel befindliche Tränke allemal in dem Teil miteinhäget, wo sich das Vieh befindet, damit es zum Wasser kommen kann. Wenn nun gegen das Ende des Sommers oder im Herbst das Gras nicht mehr so stark wächset und auch um diese Zeit die Stoppelweide zu Hilfe kommt, so bringet er seine Rickstangen und Pfosten nach Hause unter Dach, und gibt dem Viehe nunmehro die ganze Koppel preis. So wirtschaftet der alte Mann mit seiner Hütung, die er bei Aufhebung der Gemeinheiten zu einer Koppel erhalten hat.

Urteilet nun selbst, meine Freunde! was ein solcher Fleck Hütung bei einer solchen Pflege und Wartung vor eine Menge Gras und gesundes Futter vor das Vieh hervorbringen muß. Ich habe euch deswegen die Wirtschaft dieses alten Mannes, den seine Nachbarn auch nur immer den klugen Bauer nennen, ausführlich geschrieben, daß ein jeder von euch, wenn er nun auch eine solche Koppel von der gemeinen Hütung erhalten wird, sich manches hieraus nehmen und nachmachen möge. Wie mancher gute Wirt mag unter euch sein, der gewiß ebenso fleißig sein würde, wenn er sein Stück Weide, das ihm von der gemeinen Hütung zukommt, allein besitzen und für sein Vieh einhegen dürfte. Nun sehet, dies wird euch durch den Königlichen Befehl angeboten. O so nehmet doch diesen Befehl mit beiden Händen an; denn ihm werdet ihr es zu danken haben, wenn künftig euer Vieh und eure ganze Wirtschaft ganz anders aussehen wird als anjetzt, da es leider an so vielen Orten kläglich genung damit beschaffen ist!

Viele Dörfer haben große Strecken Hütung, große Brücher und dergleichen, und diese sind doch in ihrem wilden Zustande oft nicht vermögend, ihr Vieh hinlänglich zu ernähren, sondern das arme Vieh muß hungern und gibt folglich schlechte Nutzung; ihr könnet nur wenig Vieh halten und daher auch nur wenig düngen; euer Acker ist also mager und bringet schlechtes Korn, und daher ist eure ganze Wirtschaft armselig. Ist es also nicht eine Torheit, daß ihr die Mittel, euch zu verbessern, in Händen habet und dieselben nicht gebrauchet? Teilet doch daher diese Hütung unter euch, so habet ihr Gelegenheit, selbige also zu verbessern, daß ihr mehr Vieh halten und solches besser futtern könnet, und alsdann werdet ihr Mist die Menge haben, euren Acker fett zu machen, und in kurzem wird euch geholfen sein.

Ich habe das lebendige Exempel davon an den Leuten im hiesigen Dorfe, von deren Aufhebung der Gemeinheiten ich euch noch ferner sagen will, daß seit der Zeit, daß ihr Rindvieh und Pferde in Koppeln gehen und daselbst Gras vollauf haben, nunmehro auch verboten ist, daß weder zur Frühlings- noch Herbstzeit eine Klaue Vieh auf die Mähewiesen kommen darf. Diese sind also nun so gut als Hegewiesen zu betrachten, und was das sagen will, das wissen diejenigen, welche dergleichen an manchen Orten im Besitz haben. Die Folge hievon hat sich auch sogleich gezeiget, denn obgleich auf manchen Wiesen der Grund nicht zum besten war, und sie, weil sie mit der Viehtrift im Frühling und Herbst nicht verschonet wurden, vorher allesamt nur einschürig waren, so sind sie dadurch, daß sie nicht mehr mit dem Vieh betrieben und ausgemodert werden, nunmehro sämtlich zweischürig geworden. Wie freuen sich nun die hiesigen Bauern, wenn sie etliche Fuder der schönsten Nachmate von einer Wiese wegbringen können, die ihnen sonsten kaum einmal gutes Heu lieferte. Denn nun siehet man hier erst, wie schädlich es sei, wenn die Wiesen im Frühjahr bis anfangs Mai mit dem Viehe behütet werden und das hervorkeimende Gras zertreten und verdorben wird. Also gewinnen die Leute auf solche Art nun auch mehr Winterfutter, seitdem die Gemeinheiten aufgehoben sind.

Der dritte Nutzen der neuen Einrichtung oder der Aufhebung der Gemeinheiten, der auch sehr groß ist, bestehet darin, daß zu der Zeit, als die Hütungen hiesiges Ortes eingeteilet worden, die Kommission vor gut fand, den nächsten Acker beim Dorfe ebenfalls zu vermessen, und jedem Bauer einen Fleck etwa von einem Wispel Aussaat anzuweisen, den er wie eine Wörde oder Ackerkoppel gebrauchen sollte. Dies war nun wieder eine herrliche Sache für den Hauswirt. Er bekam die Freiheit, ein so ansehnlich Stück guten Ackers zu nutzen, wie er wollte, und alle Jahre zu bestellen, ohne sich an Felder und Schläge zu kehren. Es war ihm auch erlaubt, solchen Acker wie einen Garten einzuhegen, weil aber nunmehro im Herbst kein Vieh mehr wie sonsten ohne Hirten herumlief, sondern Kühe, Ochsen und Pferde außer der Stoppelweide gar nicht mehr auf den Acker kamen, Schafe, Schweine und Gänse hingegen alle Abend eingetrieben wurden, so war kein Grund vorhanden, warum hier ein kostbarer Zaun sollte gemacht werden. Die meisten Bauern warfen bloß einen kleinen Graben auf und pflanzten Pflaumen- und andere Obstbäume um diesen Acker herum, um ihre Koppeln voneinander zu unterscheiden. Nun höret aber, wie sie mit der Bestellung diesen neuen Wörden oder Ackerkoppeln zu Werke gingen.

Es waren die Koppeln alle so angelegt, daß sie sämtlich an das Dorf heranstießen, und hatte man zwischen dem Dorfe und den Koppeln einen Weg gelassen, von welchem ein jeder in seine Koppel kommen kann. Die Nähe dieser Koppeln und der gute Boden machte, daß die Bauren der Anweisung und dem Rat der Kommission um so williger, folgten und einen Teil davon mit Klee besäeten.

Da dieses eine neue Sache für euch ist, so muß ich euch solche näher erklären.

Was der Klee ist, und wie er aussieht, und daß ihn das Vieh gern frisset, das wisset ihr alle. Denn auf guten Wiesen oder in Grashöfen oder auch in den Scheidfahren zwischen den Ackerstücken wächset er ofte von selbst, und da kennet ihn euer Vieh sowohl als ihr. Aber das wisset ihr vielleicht noch nicht alle, daß man ihn ordentlich säen kann, und daß er alsdann wohl eine Elle hoch wächset, so dick wie Erbsen stehet und für Rindvieh und Pferde besser als Haber futtert. Nun lernet, wie ihr ihn säen müsset.

Nehmet ein Fleck Land, es mag hoch oder niedrig sein, nur muß im Winter kein Wasser darauf kommen; stürzet das Land im späten Herbst mit dem Pfluge; fahret im Herbst oder Frühjahr Mist darauf, als wenn ihr zur Gerste dünget, pflüget im Monat April den Mist mit der Wendfahre unter; egget die Wendfahre, und nun wartet bis gegen die Gerstesaatzeit oder etwa vierzehn Tage vor Pfingsten. Alsdann besäet das Land ordentlich mit Gerste und pflüget sie wie gewöhnlich unter; nur müsset ihr die Gerste etwas dünner säen als sonsten; sodann egget das Land etlichemal über, bis es glatt ist. Nunmehro nehmet den Kleesamen, der sehr klein ist, und säet ihn wie Rüben über dies glatt geeggete Land, sodann ziehet es mit der umgekehrten Egge einmal über, und alsdann ist die Arbeit fertig.

Nun ist hier nichts weiter zu tun, als daß die reife Gerste, unter deren Schatten der junge Klee vortrefflich gewachsen ist, in der Ernte etwas hoch abgemähet wird, damit die Sense den Klee nicht fasse. Nach abgebrachter Gerste erhält der Klee Luft und wächset, wenn ihn keine Dürre zurückhält, sehr schnell, so daß, wenn im Herbst das Gras schon beginnet rare zu werden, hier noch vollauf grünes Futter kann gemähet und dem Viehe vorgetragen werden. Auf die Kleestoppeln kann man im späten Herbst, wenn es anfängt zu frieren, etwas langen Mist dünne überstreuen, welches den Klee vor dem starken Frost im Winter schützet, und dieser Mist wird im Frühjahr zeitig wieder abgeharket.

Hier ist also nun die schönste Wiese fertig, welche jeden Sommer drei bis viermal kann gemähet werden und den fetten Klee in Menge gibet, der noch zweimal so gut futtert als gemeines Gras. Ein solches Kleestück dauert vier Jahr; sodann wird es vor Winters umgerissen und das künftige Frühjahr mit Gerste bestellet, die, wenn der Acker nur einigermaßen gut ist, selten brauchet gemistet zu werden. Zu merken ist, daß der Landmann allemal den vierten Sommer, als das letzte Jahr des alten Klees, sich wieder ein neues Kleestück auf vorige Art anlegen muß, damit, wenn der alte Klee im Herbst umgepflüget wird, er den folgenden Sommer sogleich wieder volles Kleefutter habe.

Die hiesigen Bauern haben das Kleesäen schon sehr gut begriffen, und da sie den großen Vorteil vermerken, den er ihnen bringet, so sind verschiedene derselben so erpicht darauf, daß sie schon zwei Dritteil dieser Ackerkoppel oder sechzehn Scheffel

Aussaat dran wenden und solch Land mit Klee bestellen. Denn sie futtern zum Teil vier, sechs bis acht melkende Kühe, nachdem ein jeder Klee hat, den ganzen Sommer über auf dem Stall. Diesen Kühen lassen sie stark einstreuen und erhalten davon so vielen fetten Mist, daß sie ihren andern Acker desto besser düngen und ohnerachtet dieser verminderten Aussaat noch mehr Korn und Stroh gewinnen als vorher. Die Menge Butter und Käse, welche diese Kühe von solchem kräftigen Futter schaffen, bleibet also benebst der vortrefflichen Kälberzucht ein reiner Profit für diese Leute. Die Arbeit bei solcher Stallfütterung ist geringe; denn da die Koppeln so nahe sind, so sind gar bald ein paar Trachten Klee gemähet oder mit der Sichel geschnitten und von den Mägden nach Hause getragen; oder wer viel Kühe auf dem Stall futtert, dec spannet einen Ochsen oder ein altes Pferd an, um damit Klee zu holen. Im Frühjahr, wenn der junge Klee noch zu stark ist, und dem Vieh leicht schaden kann, schneiden sie ihn auf der Futterlade und mengen Häcksel daran, hernach aber wird er in den Raufen wie Heu oder Stroh aufgesteckt. Das übrige Land in dieser Wörde oder Koppel, so nicht mit Klee besäet wird, muß alle Jahre tragen, weil es durch den vielen Dünger in gutem Stande gehalten wird, und besäen sie solches mit Weizen oder Gerste, die mit dem Klee abwechseln. Es hat also durch eine solche Koppel von einem Wispel Aussaat ein jeglicher Bauer acht Scheffel Aussaat mehr gewonnen, weil diese acht Scheffel vorher immer im Brachfelde fielen und nichts brachten.

Das Brachfeld aber nützen die hiesigen Bauren nunmehro auch viel besser als vorhin. Denn da keine Pferde und Rindvieh mehr auf die Brache kommen, so haben ihre Schafe doch Weide genug, daher machen sie teils den Erbsschlag größer, teils bauen sie, wo guter Boden ist, allerlei Gartengewächse, als Kohlrüben, Mohrrüben, Erdtoffeln und dergleichen in Menge, und wenn das Land danach ist, so pflanzen sie Weißkohl, wie auch sonderlich viel von dem hohen, grünen Kohl. Dieser letztere sowohl, als auch die Abgänge vom Weiskohl ingleichen die Rüben geben bekanntermaßen, wenn sie klein gehacket oder gestampfet und auf Häckfel gemenget werden, den Kühen im Winter ein vortreffliches Futter, wodurch viel Heu ersparet wird.

Diese Art zu futtern, ingleichen das Kleesäen und die Hütung des Viehes in den Graskoppeln, hat die meisten Bauern in den Stand gesetzet, daß sie sich drei, vier bis fünf Stück Rindvieh mehr halten als vorher bei der alten Wirtschaft, weil sie überflüssige Weide und Nahrung im Sommer für sie haben, und da die Wiesen nunmehro viel besser zuziehen und mehr Heu geben, auch der Acker durch den Dünger und die gute Bestellung ungleich mehr Getreide bringet als vorher, so fehlet es ihnen auch nicht an Stroh und Winterfutter. Kurz die Leute nehmen sich von Jahr zu Jahr mehr auf, so daß, wer ihre Wirtschaft vorher gekannt hat, und sie nunmehro siehet, billig über die große Veränderung erstaunet, und alles dieses haben sie der Aufhebung der Gemeinheiten zu danken.

Wenn ihr nun dieses leset, meine Freunde! kommt euch dann nicht die Lust an, euer Dorf auch also eingerichtet zu sehen? Ich sollte es meinen, daß nicht ein einziger unter euch sein wird, der nicht gern wünschete, in bessere Umstände zu kommen. Die Abschaffung der Gemeinheiten aber, und die Teilung der Hütung in Koppeln ist der einzige und sicherste Weg dazu, und dieser Weg wird euch anjetzt durch den

Königlichen Befehl gezeiget, und das Mittel, zu diesem Wege zu gelangen, an die Hand gegeben, indem zur Einteilung der Hütungen allemal eine besondere Kommission in ein solches Dorf geschicket wird. Diese bestehet aus rechtschaffenen Leuten, darunter welche sind, denen ihr es zutrauen könnte, daß sie die Landwirtschaft besser verstehen als wie ihr, so klug auch mancher unter euch sein mag, und andere sind Richter die das Recht sprechen. Sehet, lieben Freunde, diese Leute werden als Väter für euch sorgen, daß niemandem unter euch zunahe geschiehet. Denn so wie ihr von einem jeden unter ihnen glauben könnet, daß er als ein ehrlicher Mann keinem Menschen Unrecht tun wird, so hat überdem noch jeder von ihnen einen schweren Eid ablegen müssen, niemandem zu Liebe und niemandem zu Leide in der Sache zu sprechen. Ihr seid alle Königs Untertanen, und was hätten die Leute davon, daß sie dem einen sollten günstiger sein als dem andern? Zu ihnen könnet ihr also mit gebührender Bescheidenheit allemal frei reden und ihnen euer Anliegen vortragen, und sie werden gewiß durch ihre Klugheit und Rechtschaffenheit die Sache immer so einzurichten wissen, daß ihr alle nicht nur dabei bestehen, sondern unter Gottes Segen mit der Zeit in viel bessere Umstände kommen und wohlhabende Leute sein werdet.

Ich vor mein Teil wünsche euch von Herzen Glück dazu, und so gut und redlich meine Absicht ist, da ich dieses schreibe, ebenso lebhaft wird meine Freude sein, wenn ich sehen werde, daß ihr nicht eigensinnig seid, sondern euch belehren lasset und guten Rat annehmet. Erinnert euch dieses Schreibens, wenn ihr es selbst erfahret, daß alles, was ihr hier leset, lauter Wahrheit sei, und denket an mich, wenn es euch wohl gehet! Hiemit Gott befohlen!

R... den 19. November 1769.

Anhang.

Wie ein lebendiger Zaun um eine Hütungskoppel angeleget wird.

Man machet einen solchen Zaun entweder von Weiden oder von allerlei Buschwerk.

I.

Ein Weidenzaun.

Es werden im Frühjahr junge Satzweiden wie gewöhlich gehauen und einige Tage mit dem untersten Ende ins Wasser geleget. Sodann machet man auf dem Wall um die Hütungskoppel einen kleinen Graben nach der Schnur zwei Fuß breit und anderthalb Fuß tief. In diesem Graben werden solche Satzweiden gerade eingesetzet, und zwar so enge, daß sie nur höchstens anderthalb Fuß im Lichten voneinander zu stehen kommen; sodann wird die Erde hineingeworfen und festgetreten. Die Satzweiden müssen also gleich lang und von sieben Fuß sein, nämlich anderthalb Fuß in der Erde und sechstehalb Fuß über der Erde. Stehen die Weiden nun feste, so wird eine starke Stange genommen, von welcher auf einer Seite die Rundung weggehauen ist, und diese quer vor, etwa drei Fuß von der Erde, so lang sie reichet, an allen Satzweiden mit sogenannten Wehden oder Bindweiden festgebunden. Hierdurch bekommen die Satzweiden eine Hältnis, daß sie gerade bleiben und weder vom Winde noch dem Vieh krumm gemacht werden können. Wo die eine Stange aufhöret, muß sich die andere anfangen, und so bis zu Ende fortgefahren werden. Wenn die Weiden ausschlagen, werden alle Nebenzweige, die am Stamme auswachsen, abgerissen und nur eine Krone etwa einen Fuß lang gelassen. Hernach werden sie, wie andere Kopfweiden, alle drei Jahre gekröpfet, und ist hierbei nur die Vorsicht nötig, daß diejenigen Reiser der Krone, welche in der Reihe der Stämme wachsen, oder wie man sagt, in der Flucht kommen, alle Jahr müssen hart am Stamm weggeschnitten werden, damit die Kronen in der Flucht nicht durcheinander wachsen und sich ersticken. Die Weiden stehen nicht zu nahe, wie mancher glauben möchte, sondern wachsen sehr gut, und zuletzt mit den Stämmen fest dicht aneinander. Man setzet auch wohl die Weiden kreuzweise, welches aber nicht so gut ist. Ein solcher Zaun ist sehr beständig und nutzbar nur gehören im Anfang viel Satzweiden dazu, dahero bei weitläufigen Koppeln alle Jahre etwas muß gemacht werden. Die nutzbare Weidenanpflanzung kann dem Landmann auch hier den größten Vorteil bringen.

II.

Ein lebendiger Zaun von allerlei Buschwerk.

Es werden im Herbst, wenn das Laub abgefallen ist, allerlei Sträucher, als Birkenbüsche, Weiß- und Schwarzdorn, Haseln, Werft, Flieder, Hahnbutten, Faulbaum, Rüster, kurz alles, was sich hierzu schicken will, und anderswo oft zum Schaden stehet, mit den Wurzeln ausgerodet. Die buschigten Stämme zerreißet man dergestalt, daß daraus so viel möglich einzelne Zweige werden, deren jeder etwas Wurzeln behalten muß. Sodann werden sie bis auf einen oder anderthalb Fuß abgestutzet, und die Wurzeln ordentlich ausgeputzet, als wenn man einen jungen Baum pflanzen will. Der Graben auf dem Wall, wo dieser lebendige Zaun angelegt werden soll, muß zwei Fuß tief und zwei Fuß breit sein, gerade nach der Schnur gezogen. Beim Pflanzen aber wird er vorhero wieder auf einen Fuß hoch mit der zuerst herausgegrabenen obern Erde angefüllet. Sollte der Grund etwa sandig oder sonsten schlecht sein, so tut man wohl, etwas gute Erde, die man anderswo hernehmen muß, unten in den Graben zu werfen. Hierauf werden obige Pflänzlinge ordentlich einen Fuß voneinander in den Graben gepflanzet, mit der guten Erde die Wurzeln eingefuttert, und hernach der Graben vollends angefüllet und feste getreten. Im nächsten Herbst nach der Pflanzung werden die jungen Schößlinge kreuzweise durcheinander geflochten und mit Bindweiden befestigt. Diese Arbeit ist leicht und bald vollbracht, und wird, solange es nötig, alle Herbste wiederholet und das unnütze Reisig hinweggeschnitten. Ein solcher Zaun wird je älter je fester, und muß zuletzt, wenn er etwan fünf oder sechs Fuß hoch ist, alle Herbst oben behauen werden, damit die untersten Reiser nicht absterben. Wenn er endlich nach zwanzig und mehreren Jahren dichte auf der Erde im Herbste abgehauen wird, so gibt er eine Menge Holz zur Feuerung und wächset aus der Wurzel neu und verjünget in kurzer Zeit wieder in die Höhe.

Beantwortung der Frage, welche die Akademie der Wissenschaften zu Berlin fürs Jahr 1783 aufgegeben hat.

Ein Non-accessit von dem Herrn Domherrn von Rochow.

En effet, l'âge d'or est le siècle où l'on pense.

Voltaire.

Braunschweigisches Journal 1788. I. Bd. S. 45—64. S. 129—149.

Frage.

Welches ist die beste Art, sowohl rohe als schon kultivierte Nationen, die sich in mancherlei Irrtümern und Aberglauben befinden, zur gesunden Vernunft zurückzuführen?

Einleitung.

Wer eine Frage beantworten will, muß sie verstehen, und um soviel mehr, wenn die Frage wichtig, auch sehr zusammengesetzt ist, und solche Redarten enthält, die ohne richtige Bestimmung leicht mißverstanden werden können. Ich setze deswegen billig zuerst den Gesichtspunkt fest, aus dem ich die zur Preisaufgabe fürs Jahr 1783 bestimmte akademische Frage sah, und suche die unwiderleglichste Bedeutung der wichtigen Wörter zu bestimmen, aus welchen sie besteht.

Diese Abhandlung zerfällt also in zwei Teile.

Der erste Teil sei die Bedeutung der Wörter und Redarten, die in der Frage vorkommen, als: „rohe Nation, kultivierte Nation, Irrtümer, Aberglauben, gesunde Vernunft, zurückführen, beste Mittel" — festzustellen und zu bestimmen.

Der zweite Teil handle von der besten Art, oder den besten Mitteln, rohe oder kultivierte Nationen aus diesen Irrtümern und Aberglauben zur gesunden Vernunft zurückzuführen.

Und wenn das, was ich darüber zu sagen weiß, etwa nicht viele Bogen füllt, weil ich zu Sätzen, die einer philosophischen Evidenz fähig sind, nicht gern Autoritäten zitiere; wenn ich mehr nach Klarheit als nach Rednerschmuck und Notenreichtum strebte; wenn ich mir stets meine Richter als Männer dachte, die nicht fragten, um selbst belehrt zu werden: so wird weder die Kürze der gegenwärtigen Abhandlung, noch die Klarheit der Einfalt meines Stils mir bei so erleuchteten Richtern schaden können. Die Ehre des Preises sei immerhin das Anteil des Weisern! Mir ist's Ehre, wenn auch meine Arbeit nützt, und daß ich in einem Zeitalter und unter einer Regierung lebe, wo dergleichen Fragen endlich einer Preisaufgabe wert geschätzt wurden.

Abhandlung.

Erster Teil.

Bestimmung des Gesichtspunkts durch Erklärung der wichtigsten Wörter, die in der Frage vorkommen.

Rohe Nationen.

Rohe Nationen sind entweder nicht mehr vorhanden, oder es müssen etwa solche Nationen rohe genannt werden, die bisher noch der Bequemlichkeit des Drucks und der Schreibekunst entbehren. Wie nun daraus folgt, daß sie auch nicht lesen und keine Rechnung, die in Ziffern besteht, üben können, so muß der Umfang ihrer Begriffe notwendig klein sein. Eine Art der Wilden in Amerika, die schon ein zehnsilbiges Wort nötig haben, um nur die Zahl 4 auszudrücken — Kamtschadalen und Tschuktschi — einige zu den Kalmücken gehörige Horden — die Einwohner des Feuerlandes und einiger neuseeländischen Inseln würden also nach der itzigen Bekanntschaft mit den Erdbewohnern etwa diejenige Klasse der Nationen ausmachen, die man rohe nennen dürfte.

Jedoch lassen Sie uns, meine Herren, die Sache näher betrachten. Zuvörderst setze ich voraus, daß das Beiwort rohe Nation nicht etwan unkultivable bedeuten soll, weil es das nach einer gesunden Philosophie nicht bedeuten kann. Denn alles, was Mensch ist, das ist, was eine vernünftige Seele hat, das muß einer Veredelung fähig sein, muß verständig werden können. Wie aber, wenn hier das Beiwort rohe, sowie etwa das Beiwort reich ein bloßes Verhältnis und also eine nicht wesentliche Beschaffenheit der Nation ausdrückte? Ist aber dieses (und so scheint es mir), so können wir leichter zum Zwecke kommen, wenn wir die Nationen lieber in schon kultivierte und in noch nicht oder minder kultivierte einteilen. Denn nun wäre nur der rechte Begriff des Beiworts kultiviert zu suchen, woraus der Gegensatz minder kultiviert von selbst sich verstehen ließe. Sonst ist der Raum zwischen roher und kultivierter Nation viel zu ideal, der Abstand wie von Null zu Eins zu unbestimmbar und das unmöglich zu setzende Grenzmal der äußersten Roheit, bis zu dem der kultiviertesten Nation würde die Beantwortung der Frage stets schwankend machen. Aber eben durch dieses Schwankende, welches aus nicht sorgfältig genug festgesetzter Bedeutung der Frage entsteht, nützen gemeiniglich die Preisschriften nicht soviel, als sie könnten und sollten.

Wenn ich nun nach den vorhergehenden Bestimmungen diejenigen Nationen rohe nenne, die weder lesen, noch schreiben, noch rechnen können, ohne welche Hilfsmittel die Sprache stets arm an Begriffen bleibt: so scheint mir doch noch ein charakteristischer

Zug zu fehlen, und dieser ist: sie müssen von Gott nicht soviel wissen, daß aus ihrer Erkenntnis eine Verbindlichkeit folgen könne, sich nach Gottes Willen zu erkundigen, um sich in ihren Handlungen danach zu richten. Nur die Nation also, der diese vier Stücke als Buchdrucker-, Schreib- und Rechenkunst, nebst einer richtigen Gotteserkenntnis fehlen, verdient nach den Grundsätzen einer gesunden Philosophie eine rohe, das ist, noch nicht kultivierte genannt zu werden. Denn ihr fehlen in den ersten drei Stücken die wichtigsten Veredelungsmittel, und der Mangel an richtiger Gotteserkenntnis hat an Irrtümern und Aberglauben seine fruchtbaren Folgen.

Kultivierte Nationen.

Kultivierte Nationen würden mir nur diejenigen Nationen heißen können, die diese obbemeldeten vier Stücke in dem Maße besitzen, daß die Summe ihrer Irrtümer und ihres Aberglaubens dadurch merklich — vermindert — ist. Ich sage mit Fleiß vermindert; denn lassen Sie uns, meine Herren, ehrlich eingestehen, mehr als dieses Wort läßt sich von keiner Nation bis dato behaupten. Diese vier Stücke machen nicht allein das Wesentliche aller Kultur aus, sondern verstatten auch allein die Möglichkeit einer stets zunehmenden Vervollkommnung. Nachdenkende Leser und Richter würden sich beleidigt finden, wenn ich ihnen diesen Satz erst beweisen wollte.

Nation.

Nation ist soviel als eine Anzahl Menschen, die einerlei Sprache reden, oder einerlei Gesetze haben, oder endlich einem gemeinschaftlichen Regenten gehorchen. Das Wort Volk im Deutschen müßte billig ebendasselbe sagen, wenn nicht ein unbilliger Sprachgebrauch diesem Wort eine klassierende Bedeutung gegeben hätte. Ich meine damit, man hat das Wort Volk im Sinne des Worts Peuple, Plebs gebraucht und damit alle die Menschen bezeichnen wollen, die für die Erhaltung aller übrigen Menschenklassen durch Hervorbringung der Erhaltungsmittel von erster Notwendigkeit sorgen müssen. Und nun mischte sich auch, durch einen Subreptionsfehler in den Begriff Volk etwas Erniedrigendes ein. Gewisse römische, den Gelehrten bekannte Gesetze, das Schicksal der Heloten zu Sparta, das polnische Gesetz des wohlfeilen Mordes eines ex Plebe und das altdeutsche Gewohnheitsrecht des Herrn über die Töchter seiner Untertanen beweisen zur Genüge den erniedrigenden Begriff, den man schon lange mit dem Worte Volk (Plebs, Peuple) verband.

Ich denke auch hier zur Ehre der Menschheit philosophisch richtig zu verfahren, wenn ich das Wort Volk, weder im klassierenden noch im erniedrigenden Sinne nehme; sondern wie bei Nation darunter diejenige Anzahl Menschen mir denke, die zusammen ein Ganzes ausmachen. Wenn aber, um den Charakter der Scythen zu entwerfen, man nicht Toxaris und Anacharsis, den der Athenienser nicht Sokrates und Plato und den der Juden nicht Simeon, Nikodemus und Joseph von Arimathia allein schildern müßte: so ist auch eine Nation oder ein ganzes Volk deshalb noch nicht kultiviert zu nennen, wenn in ihm nicht der größte Teil, die weit überwiegende Anzahl, diejenigen vier Merkzeichen besitzt, woran wir eins wurden, eine kultivierte Nation von einer rohen zu unterscheiden. Denn auch hier a potiori fit denominatio. Ich enthalte mich ungern hier zu wiederholen, was vortreffliche Köpfe über die allen Nationen von dem Vater der Geister freigebig oder sparsam, doch immer nach dem weisesten Plane, mitgeteilten echten Genies schon gesagt haben. Kein Vorrecht irgendeines Standes, waren sie von jeher das Salz der Erden und bewahrten ihre Mitbürger vor der moralischen Fäulnis, die eigentlich das Viehischwerden (Abbrutissement) ist. Geschaffen, nur in Wahrheit und Erkenntnis ihre besten Freuden zu finden, wandelten sie auf dem einsamen Wege der Betrachtung und des Nachdenkens ohne Lehrer mutig fort. Die dadurch entstandene Veredelung ihres Geistes bezeichnete mit Hoheit ihren Blick, ihre Handlungen mit Würde, erwarb ihnen Verehrung und Vertrauen bei ihren Zeitgenossen. Und indem sie sich ihnen durch Gesänge oder Gespräche mitteilten, wurden sie die Gesetzgeber ihrer Nationen, oft ohne ihre Regenten zu sein. Hier stoßen uns Untersuchungen auf, die vielleicht einiges Licht auf die Geschichte der Menschheit werfen und ihr Episodisches verzeihlich machen können. Auch wir können bei dieser Gelegenheit zugleich eine wichtige Sache beleuchten, die auf die Entwickelung unserer Preisfrage keinen geringen Einfluß hat.

Woher die Despoten oder die willkürliche Regierung? Nur durch das Vorstehende ist ihre Möglichkeit erklärbar. Menschen, die unter einem Oberhaupte in Gesellschaft leben, fühlen die Notwendigkeit der Gesetze, sobald ihre Zahl sich ein wenig mehrt, oder sie ein Volk werden. Jedoch Völker, die der Buchdrucker- und Schreibekunst entbehren, können ihre Gesetze nur durch mündliche Überlieferung erhalten. Bei jeder Anwendung des Gesetzes auf die Fälle ist alsdann Auslegung und Ausführung (Executio) einerlei Menschen anvertraut. Aber der Ausleger und Ausführer (Executor) des Gesetzes sollten niemals eine und dieselbe Person sein, sonst ist Parteilichkeit und Ungerechtigkeit kaum vermeidlich. Beweise dieses Satzes liefert die Geschichte häufig. — Jede Priesterherrschaft trägt z. E. noch jetzt diese Mängel an sich. Daher das erste Willkürliche in der Rechtspflege. Derjenige, zu Gunsten dessen die Auslegung geschah, hatte nichts dawider und war gemeiniglich der mächtigere. Der, welcher dadurch litte, war es nicht, oder durch den Verlust schon geschwächt. Seine selbst bis zum höchsten Punkt entflammte Rachsucht fand bei etwan unbekanntem Urteilsfasser aus dem Kollegio der Richter oder mit Unerreichbarkeit, wie noch itzt im Orient bewaffnete Despoten, keinen einzelnen Gegenstand, wider den er wüten konnte. Auch waren die Mißvergnügten zu sehr durchs Land zerstreut, um den zur Ausführung einer Rebellion nötigen Körper zu machen. So entnervte wiederholtes Leiden des Unrechts allmählich die Seelen, und mit der auf Gerechtigkeitsliebe gegründeten Freiheit zu denken und zu tun, entfloh Mannheit und Mut. Im Schoße der dadurch bewirkten Nationaldummheit war also die Geburt der Despotie. Lasterliebende Mächtige fanden nun dieses einmal eingeführte Willkürliche ihren Wünschen sehr bequem. Sie wurden systematische Egoisten. Ihr Volk war um ihrentwillen da, wie die Sklaven der Zuckerinseln. Die Kunst zu regieren war nicht mehr die Kunst, Menschen zu beglücken; sie wurde etwas ganz Neues und nannte sich Politik, oder die Kunst der verschiedenen Wirkungskräfte im Staate und außerhalb so zu lenken, daß keine dem Regenten widrige Änderung im System erfolgte. Und in der Tat fast überall, wohin nur die Geschichtskunde reicht, finden wir den unseligen Satz bestätigt — den Machiavel laut sagte, aber Tausende vor und nach ihm dachten — nämlich, der wahre Vorteil des Regenten ist nicht der wahre Vorteil jedes Staatsgliedes, oder der Regent und die Staatsglieder haben ein verschiedenes Interesse. Der sei demnach der geschickteste Regent, der unter dem Vorwande des Sprichworts: salus populi suprema lex esto! sein eignes Interesse, es sei nun Finanz oder Ambition, so zu befördern weiß, daß das Volk es nicht sonderlich bemerkt, oder doch nicht wichtig genug hält, desfalls zu rebellieren. Dieses zum Grunde gelegt, ist's allein erklärbar, wie die Besorgung der ganzen Polizei des Volks (welche nicht bloß in Fleisch-, Brot- und Getränketaxen oder Laternenwesen, sondern vornehmlich in verständig machender Lehre in Schulen und Kirchen, Fürsorge für Nahrung, Gesunderhaltung und Vermehrung besteht) bisher so wenig eins der wichtigsten Staatsgeschäfte gewesen ist. Denn sonst wäre es in der Tat sehr seltsam, daß noch itzo, nachdem schon viel tausend Jahre Staatsverfassungen gewesen, erst gefragt werden kann, ob auch dies Volk verständig werden dürfe? Wie kommt's in aller Welt, daß man nicht auch fragt, ob ein undiszipliniertes Kriegsheer nicht besser zu führen sei, als ein diszipliniertes — ob ein rohes Pferd nicht besser zu regieren sei als ein zugerittenes — ob ein unabgerichteter Vorstehhund nicht dem Jäger besser diene, als ein abgerichteter — und ob ein wilder Falke dem Falkenier nicht besser nütze, als ein abgetragener? Wohltätige Offenbarung! wenn in sophistischen Labyrinthen sich Unsinn zum Paradieren sein ausspinnt, so führst du geraden, sichern Pfad. Du lehrst, und Kraft ist jedes Wort — du lehrst: zu allem guten Werk geschickt sein — oder werden können — dieses gehöre nach Gottes Willen allen Menschen zu, und jeder unverdorbene Menschensinn spricht: ja, so ist's! weil er durch tausend Erfahrungen die Schädlichkeit des Ungeschicktseins seiner Mitmenschen zu guten Werken allbereits schmerzlich empfunden hat. Ungeschicklichkeit aber besteht nicht bloß (wie man fälschlich denkt) in mechanischen Handgriffen. Ihr größter Wohnsitz ist im Verstande und heißt Dummheit. Wie aber zur Erreichung dieses erhabenen Endzwecks, nämlich alle Mitglieder des Staats zu allem guten Werk geschickt zu machen, in jeder Gesellschaft Regenten als Vormünder des Volks, nötig werden, und ihre Thronen nie fester stehen als auf den Schultern aufgeklärter, wohlgesinnter und in ihren Regenten, Gottes Ordnung verehrender Untertanen, so ist und bleibt es auch dieser Regenten unablösliche Pflicht, alle Mittel zur Erlangung dieses Endzwecks anzuwenden. Eins der wichtigsten Mittel ist unter andern in der Einrichtung des öffentlichen Unterrichts, der Gesetze und der Rechtspflege. Nur dann, wenn in den Gesetzen selbst und deren Handhabung nichts Willkürliches mehr ist, darf ein jeder Bürger im Staat verständig gemacht werden. Man braucht ihn alsdann ja nicht mehr mit List zu überreden, nicht mit Gewalt zu übertäuben, man kann sanft und leicht mit ihm sprechen — ihn moralisch, das ist durch vorgelegte Beweggründe, regieren. Alsdann ist die Dummheit jedes einzelnen Staatsgliedes aber auch offenbares, eingestandenes

Minus in der Summe des Staatsinteresses. Und dieses endlich legt selbst dem bloß nach Finanzgründen regierenden Herrn die Pflichten auf, für Aufklärung seines Volkes nötige Kosten zu verwenden.

Irrtümer und Aberglauben.

Irren heißt den rechten Weg irgendwohin verfehlen. Ein herrlich Bild, moralisch angewandt, und fruchtbar für diese Abhandlung! Nehmen wir an, daß die Menschen gewöhnlich nicht ex opposito, sondern nur in mehr oder minder divergierenden Linien den Punkt ihrer Glückseligkeit verfehlen, und denken wir uns Glückseligkeit sei der Ort, wohin alle Wanderer auf der Wallfahrt des Lebens trachten, so haben wir einen Maßstab ihrer Irrtümer. Denn so kann der Seemann nur dann die Fehler seiner Reise berechnen, wenn er den Grad der Länge und Breite weiß, wo sein Hafen liegt, und nun den Strich dagegen hält, auf dem er itzo segelt. Irrtum an sich selbst gewährt also nie Glückseligkeit, so wenig als eine Fahrt nach Westen nach einem Hafen im Osten auf dem kürzesten Wege bringen kann. Solange ich meinen Irrtum für Wahrheit halte, also doppelt irre, kann er zwar die Glückseligkeit der Hoffnung gewähren — aber nur der Hoffnung, nie des Genusses. Denn so wenig als Fehlen froh machen kann, so wenig kann auch verfehlter Wunsch mißlungner Bemühung, die doch endlich bemerkt wird, glückselig machen. Und woher die allen Menschen eingepflanzte Scham bei überwiesenem Irrtume? Das Recht-haben-wollen, dieser Ursprung der ungeistlichen Polemik —? die Angst, die auch den herzhaftesten Verirrten überfällt? O! der Irrtum ist ein unseliger Zustand — die ganze Empfindung bestätigt es. Und wenn er so lange aus Mangel wahrer Kenntnis der Regentenpflichten das Erbteil des Volkes war: so wußte das Volk teils nicht, daß es ein Irrtum wäre, es hätte ihn sonst so lange nicht ertragen*); weil sonderlich in moralischen Dingen seine Lehrer ihm die Unbegreiflichkeit, als fast das einzige Kennzeichen der Wahrheit (welches doch nur Gemeinnützigkeit sein kann) angaben, teils wußte es nicht, daß die angebliche Gelehrtheit seiner Lehrer, wenn sie sich in Unverständlichkeit hüllte, nur Dunst sei. Und die Möglichkeit, dem Volke, seines arbeitsamen Standes ungeachtet, in wohlverbrachter Schuljahren Grundsätze genug zur wahren Lebensweisheit zu lehren, ist eine Erfindung der allerneusten Zeiten. Wenn nun in übelunterrichteten Köpfen irgendeinmal entweder Mißtrauen gegen den Lehrer, oder Zweifel wider den oder jenen Teil des Heiliggehaltenen oder Geglaubten entsteht, so fällt gewöhnlich alles, und so ist Unglaube oder völlige Regellosigkeit die natürlichste Folge. So war stets der Irrtum des Unglaubens Vater. Denn wie soll derjenige prüfen, das Wahre vom Falschen sondern und das Gute behalten, der nicht denken lernte, nicht verständig wurde.

Aberglauben.

Aberglauben ist nichts anders als das Resultat oder die Folgerung irgendeines theoretischen Irrtums. Diese Definition angewandt auf die vier Wurzeln des

*) Siehe Reformationsgeschichte.

Aberglaubens, so zeigt sich, 1. Es folge, wenn ich voraussetze, Geister sind zuweilen sichtbar und besitzen eine willkürliche Macht über die Menschen, daraus die ganze Teufel- und Gespensterlehre. 2. Aus dem Satze: Gott wird nur durch Blut und Gebet des Unschuldigen bewogen, dem Schuldigen zu verzeihen, folgt die ganze Opfer- und Priestertheologie. 3. Aus dem Satze: Was keines meiner Organe weder unmittelbar, noch mittelbar berührt, das kann auf mich wirken, die ganze Magie, Sympathie und Astrologie. 4. Und endlich aus dem Satze: Ein Ding läßt sich durch menschliche Manipulationen in das andere wesentlich verwandeln, die ganze Alchimie. Alles nun, was aus solchen theoretischen Irrtümern fließt, gefolgert und geglaubt wird, heißet Aberglauben. Wer also den Aberglauben in seiner Nation mindern will, der muß damit anfangen, die Summe der theoretischen Irrtümer zu vermindern, deren Wirkung er ist. Der Aberglaube kann seine traurigen Folgen auf zweierlei Art äußern. Einmal: Da er hindert zu glauben, was wahr ist, indem er als Überlieferung von Eltern auf Kinder kömmt und die ganze Seele mit Vorurteilen einnimmt, denen es an Scheingründen nie fehlt, und sollten sie selbst aus dem Gebiete des Wahren hergenommen sein. Zum andern: Da er hindert zu tun, was geschehen müßte. Beispiele des ersten Falls sind alle aus der Teufels- und Geistereinwirkungslehre fließende Zweifel an der alle Dinge mit Weisheit regierenden Vorsehung Gottes, aller Zweifel an des Menschen eigener Mitwirkung zur Beschaffung seines wahren Wohls und der Millionen unglücklich machende Fatalismus.

Beispiele zum andern Fall: Alle Tagewählerei, Unterlassung nützlicher Mittel in Krankheiten, alle Erziehungsfehler usw.

Gesunde Vernunft.

Gesunde Vernunft — wahrlich ein wichtiger Begriff! Gesund ist nur der Körper zu nennen, der alle seine Bestimmungen zu erfüllen taugt. Wenden wir diese Erläuterung auf die Vernunft an, die nach der richtigsten Philosophie eine von Gott dem Menschen mitgeteilte Fähigkeit ist, zu einem ewigen Wachstum an sittlicher Vollkommenheit oder gemeinnütziger Tätigkeit, verständig werden zu können, so ergibt sich folgendes daraus:

Erstlich ist diejenige Vernunft nicht gesund, die eine falsche Richtung von Jugend auf erhalten hat; denn sie ist das nicht geworden, was sie nach der Absicht Gottes werden sollte: nämlich, ein Mittel, verständig zu werden.

Zweitens ist diejenige Vernunft nicht gesund zu nennen, die zum Nachdenken nicht taugt, welches Aufmerken, Unterscheiden, Vergleichen und Urteilen in sich faßt; denn sie befördert nicht den Wachstum an sittlicher Vollkommenheit, welches doch des Menschen Bestimmung ist.

Nach diesen negativen Erörterungen des vorliegenden Begriffs, darf ich also zu positiven schreiten, und da findet sich unwiderleglich, daß die Vernunft eines einzelnen Menschen, sowie eines Volkes, nur dann gesund zu nennen sei, wenn sie diejenige Masse richtiger Grundsätze enthält, woraus das, was gemeinnützig ist, im Denken, Reden und Tun folget. Sonnenklar aber ist's alsdann, daß unter dieser Bestimmung sie nur das Resultat eines zweckmäßigen Unterrichts sein könne. Wenn also eine ganze Nation gesunde Vernunft haben oder bekommen soll, so muß notwendig durch die weitesten Vorkehrungen in Schul-, Kirchen- und Staatspolizeisachen von Seiten der Regenten mit der Jugend, deren Fähigkeit allein noch gebildet werden kann, der Anfang gemacht werden.

Zurückführen.

Dieses Wort bezieht sich auf eine schon geschehene entgegengesetzte Sache. Nur das, was vorwärts oder hinein, oder unrecht geführt war, kann man zurückführen. In den Irrtum führen wäre die Übersetzung von induire en erreur, wenn es nur der Sprachgebrauch erlaubte. Doch dem sei, wie ihm wolle, so liegt am Tage, daß es leichter sei, nicht in Irrtum führen, als zurückführen, sowie nicht angewöhnen, leichter ist als abgewöhnen. Und auch hieraus folgt unwidersprechlich, daß, wenn eine Nation zur gesunden Vernunft zurückgeführt werden soll, daß alsdann die Schul- und Unterrichtssache der Jugend, die Liturgie der Kirchen und über die Erhaltung der Staatsglieder wachende Medizinalpolizei die wichtigste Staatsangelegenheit sei*).

Lassen Sie uns nun, meine Herren, einen Blick auf den Weg werfen, den wir zurückgelegt haben. Er scheint gebahnter, als er war, da wir ihn antraten. Und wenn der Pionier durch Bereitung des Kolonnenweges oft den wichtigsten Anteil an dem dadurch allein möglich gewordenen Siege hat, ob man gleich seiner Dienste nicht selten in den militärischen Tagebüchern vergißt, so lassen Sie uns auch nicht undankbar gegen die Sprachphilosophie sein, die uns diese ebne Bahn bereitet, und die, wie wir in der Folge sehen werden, zu so vielen Dingen nütze ist. Denn nun erst bei völlig festgesetztem Sinn der wichtigsten Wörter, woraus die Preisfrage besteht, läßt sich ihr ganzer Sinn entfalten und gemeinnützig von der besten Art oder den besten Mitteln zur Erreichung des vorliegenden Endzwecks handeln. Ohnfehlbar werden aber das die besten Mittel sein, die den Endzweck am sichersten erreichen helfen.

Doch liegt hier noch eine Möglichkeit zu Mißverstand. Es scheint, als ob die Worte, beste Art, mit den Worten beste Mittel, nicht gleichbedeutend wären. Die beste Art (la meilleur manière) kann bloß das Formelle angehen; daher gegen die besten Mittel (les meilleurs moyens) auch das Materielle betreffen. Es sei aber, daß mit den Worten beste Art in der Preisfrage bloß das Formelle oder die Methode gemeint sei, so wird doch auch diese unter den Mitteln mitverstanden. Ich werde daher in dem folgenden Teile der Abhandlung die weiteste Bedeutung annehmen, indem ich auf diese Weise den Sinn der Frage nicht verfehlen kann.

*) Warum auch die Sorge für die Gesundheit des Volkes? Antwort: Weil nur ein gesunder Körper durch die Sinne die wahre Empfindung der Seele zu überliefern taugt; weil nur ein gesunder Körper zur Gemeinnützigkeit sich schickt; weil nur diese Beschaffenheit des Körpers der Seele die nötige Freiheit zu denken läßt. Man sagt: Ut sit mens sana in corpore sano!

Zweiter Teil.

Von den besten Mitteln, rohe oder kultivierte Nationen aus ihren Irrtümern und Aberglauben zur gesunden Vernunft zurückzuführen.

Es steht aus dem, was bei Erörterung der Wörter bis zur Evidenz erwiesen wurde, fest, daß, wenn ein Regent seinem Volke die Glückseligkeit ut sit mens sana in corpore sano gönnen will, er bei jedesmaliger Schuljugend den Grund dazu legen müsse. Seine Nachfolger ernten zwar erst die vollen Früchte dieser Saat; aber welcher große Mann sah bloß auf seine Zeit? So übernimmt der Eicheln säende Landmann die Kosten der Anlage; er opfert den gegenwärtigen Vorteil des auf mehrere Art zu benutzenden Feldes auf und begnügt sich, so oft er den der Nachwelt geweihten Acker betrachtet, am Genuß der Freuden, die jede gemeinnützige Tat begleiten. Wie aber in diesem Falle ein Fehler in der Anlage den guten Erfolg selbst bei dem besten Willen hindert, so viel schädlicher wirkt ein solcher Fehler der Anlage auf Anordnungen dieser Gattung, die so sehr das Ganze betreffen und wo teils Altes abgeschafft, teils Neues angeschafft werden mußte.

Es ist also höchst ratsam, in dieser Angelegenheit einen dauerhaften Grundbau zu legen und bei der weisesten Frage nach den besten Mitteln viel Rat zu hören und die Meinungen sorgfältig zu prüfen.

Nun sind aber die rechten Mittel auch allemal die besten, wenn ja auch nicht immer die wohlfeilsten. Ich will daher die meiner Meinung nach besten Mittel hersetzen, und wenn ich die Ursachen, warum ich sie als die besten empfehle, werde entwickelt haben, sodann auch von der besten Art handeln, wie diese Mittel anzuwenden, und so wie heilsame, aber oft bittre Arzeneien in einem schicklichen Vehikel bei mindest möglichem Grade des Widerwillens anzuwenden sind.

Die besten Mittel also, einer Nation gesunden Menschenverstand zu verschaffen, sind meiner Meinung nach folgende:

1. Man schaffe bildende und zweckmäßige Lese- und Lehrbücher für Schüler an und schaffe die untauglichen ab. Auf Sprachlehre oder Anweisung der Muttersprache richtig zu sprechen, kommt ja alles an. Sie ist das wichtigste Hilfsmittel zur Erreichung des ganzen Zwecks der Preisfrage. Denn wenn die Lehr- und Befehlssprache des Landes (welche von der Volkssprache [Patois] oft sehr verschieden ist) nicht verstanden wird, was nützen da Katechismen, Predigten und Edikte?

2. Man schaffe bessere, das ist, eine reinere Gottesverehrung enthaltende Gesangbücher und Liturgien für die öffentliche Gottesverehrung an.

3. Man vertausche die alten Erbauungsbücher, in welchem Unsinn gelehrt wird, mit bessern und vertilge die alten.

4. Man sorge dafür, daß Schulen und Kirchen mit rechtschaffenen Lehrern besetzt werden können, und damit das möglich werde, so lege

5. man ohne Zeitverlust Seminaria für beide an, wo sie zweckmäßig gebildet und zu ihrem Amte tüchtig gemacht, und keiner müsse zum Amte befördert werden, wenn er nicht die gehörige Fähigkeit und Sittlichkeit hat.

6. Man gebe jedem Pfarrer und Schullehrer ein gleiches und hinlängliches Auskommen.

7. Man gebe den Stadtpfarrern und den Inspektoren verhältnismäßig mehr an Gehalt; aber man fordre auch mehr wie bisher von ihnen. Und sonderlich müssen die Inspektoren und Schullehrer Männer von geprüftem Werte sein.

8. Man dulde in Städten keine Winkelschulen, auch keine sogenannte Pensionen oder Privatinformationen, sondern ein jeder Lehrer müsse geprüft und dadurch schon öffentlich als tüchtig empfohlen sein, daß er an irgend einer öffentlichen Schulanstalt angestellt ist.

9. Man schaffe, daß ein jedes Kind, welches auf ausdrücklichen Willen der Eltern des Hausunterrichts genossen, dennoch bei den öffentlichen Schulprüfungen sich stellen müsse.

10. Man häufe niemals die Jugend in Erziehungshäusern, ohne (welches schwer ist) die genaueste Aufsicht zugleich möglich zu machen. Minder kostbar und dem Staate im ganzen zuträglicher bleibt aber dennoch das Verdingen der Waisenkinder an kinderlose Eheleute oder Witwen zu Kost, Wohnung und Pflege, nebst der Auflage, die Kinder unausgesetzt in den öffentlichen Unterricht zu schicken.

11. Man dulde den indes fortwährenden Aberglauben der Alten und Erwachsenen und hindre nur dessen Fortwirkung in den Seelen der Jugend durch Aufklärung gebenden Unterricht. Und da für die Alten die Kirche der einzige Ort zu besserer Belehrung ist, so sei der Vortrag der Prediger daselbst zweckmäßig.

12. Man setze Prediger, die das Volk wider wahre Verbesserung aufwiegeln oder dieses Verfahren als schädlich ausschreien wollen, ohne Schonung in solche Örter, wo sie der öffentlichen Ruhe nicht schaden können, und gebe ihnen und den Ihrigen den nötigen Unterhalt. Denn hier, wo jemals, gilt der Grundsatz:

Salus populi suprema lex.

Die Gründe, welche mich bewegen, diese vorstehenden 12 Mittel als die besten zur Erreichung des Endzwecks zu empfehlen, eine Nation zur gesunden Vernunft zurückzuführen, sind folgende:

Zu 1. Die Wichtigkeit eines Lesebuchs, woran die Kinder lesen lernen, das ist, mit der Sprache zugleich ihre ersten Begriffe und ihre erste Sittlichkeit erhalten, ist ungemein groß. Bloß durch dieses Mittel allein wird die Hälfte der Absicht erreicht. Das Sprichwort: Quo semel imbuta recens, servabit odorem testa diu ist erfahrungsmäßig wahr. Und wer wollte an der Wirkung eines Lehrbuchs zweifeln, welches dermaßen zweckmäßig eingerichtet wäre, daß es für jede Schulperiode ein Ganzes lieferte, mit dessen genugsamer Bekanntschaft eine jede Klasse der Kinder tüchtig würde, eine Stufe höher zu treten und eine neue Lehrperiode anzufangen? Die erste Periode wäre vom 6. bis 9. Jahr, die zweite vom 9. bis 12. Jahr und die dritte bis zur Konfirmation und Entlassung aus der Schule. Es ist eigentlich bestimmt, ein Handbuch des Lehrers zu sein, indem es die Materien vorzeichnet, worüber er mit den Kindern sich unterredet, und darf nicht von den Kindern auswendig gelernt werden.

Es muß daher nichts darin fehlen, was gelehrt werden soll, und der Gebrauch und die Anwendung dieses Buches ist eigentlich das, wozu in Seminarien die künftigen Volkslehrer gebildet werden. Durch diese beiden Mittel als das Lesebuch und das Lehrbuch kann der Regent allein sein Volk moralisch regieren, die Summe dessen, was seine Nation wissen und tun soll, bestimmen und ihr Mut, Charakter und den unerschütterlichen Patriotismus geben, der Hunderte von der Art der Gefährten des Leonidas Tausenden an Wert und Kraft gleich macht.

Zu 2. Was hilft aller noch so zweckmäßige Unterricht in Schulen, wenn die öffentliche Gottesverehrung nicht auf gleichen Endzweck wirkt? So wie es jetzt noch häufig ist, schadet freilich Aufklärung, wenn das für heilig Empfohlene Unsinn ist. Aber wer sieht nicht, daß der Schaden zufällig ist und vermieden werden könnte und sollte? So wenn z. E. die Lieder und Liturgien von Nachtgespenstern und Teufelsrachen reden, welche die Menschen zu äffen, zu schrecken und zu fressen geschäftig sind: so kommt freilich die in der Schule zur Vordertür hinausphilosophierte Furcht wieder zur Hintertür in die Menschen hinein, und die Religion macht Bärenhäuter, da sie allein echten Mut geben sollte. Wer z. E. die Teufel aus Täuflingen austreiben hört, der kann freilich nicht vermeiden, sich zu fragen, wie sie doch hinein gekommen, und das beste Resultat dieser fatalen Untersuchung ist, wenn er über das Zurückbleiben der Theologen bei dem sichtbaren Fortschritt aller andern Gelehrten seufzet. Das reine Evangelium Jesu ist eine fröhliche, nicht eine den Verstand tötende und das Herz beklemmende Botschaft. Alle Fehler der praktischen Theologie scheinen daher zu kommen, daß man Religionsgeschichte mit Religionslehre vermengte. Nur durch sorgfältiges Auseinanderhalten beider so sehr verschiedenen Dinge und durch weislich spätere Mitteilung der erstern bei so früh als möglicher Bekanntmachung der letztern würden bei der Jugend die wichtigsten Lehrfehler vermieden werden können.

Die große Einsicht meiner erleuchteten Richter überhebt mich aller weitern Erörterung dieses Hauptsatzes.

Zu 3. Wenn die meisten Menschen über die Heiligkeit eines Buches schon nach der Farbe des Landes urteilen, so haben auch solche Erbauungsbücher in den Häusern, welche die Kinder von Jugend auf als Zuschauer der Achtung und andächtigen Gebärden ihrer sie lesenden Eltern haben, heilig halten lernen, einen großen Einfluß Es heißt die alte Lehre — wahr oder falsch, dazu fehlt der Maßstab — genug, sie hindert jede Auskunst besserer, also notwendig neuerer Überzeugung. Es ist daher wichtig, was hier als Mittel vorgeschlagen wurde.

Zu 4. Ist für sich einleuchtend.

Zu 5. Und dafern man nicht Wirkungen erwartet, wozu die Ursachen fehlen, so verdient dieser Punkt die baldigste Beherzigung.

Zu 6 und 7. Sind Vorschläge ad bene esse — und bei rechter Verteilung der vorrätigen Fonds ist die Möglichkeit erwiesen.

Zu 8. Ungemein wichtig aber ist dieser Punkt. Wo keine Übereinstimmung in den Lehrmitteln für die Nation ist, da können auch keine übereinstimmende Resultate folgen. Lehrer zu sein, soll sich nach dem Ausspruch der Bibel nicht jeder unterwinden! Und doch tut's ein jeder, und der Staat verlieret.

Zu 9. Nur unter dieser unablöslichen Klause sollte solchen Eltern nachgegeben werden, die ein Recht zur Ausnahme geltend machen können, weil es unleugbar ein Glück für jeden Staat ist, wenn seine Bürger nach einerlei Grundsätzen gebildet und belehrt werden.

Zu 10. Ist für sich einleuchtend.

Zu 11. Mit den herrlichen Grundsätzen: „Traget die Schwachen, verwirret die Gewissen nicht!" usw. oder der Toleranz, die so christlich als weise sind, dürfte dieser Abschnitt sich schließen, wenn noch

Zu 12. diese Toloranz selbst dahin bestimmt würde, daß sie in keine dem Staate schädliche Schwachheit ausarten könnte.

So wäre denn nur noch von der bessern Art (meilleure manière) etwas zu sagen, womit diese Besserungsmittel angewendet werden können. Diese Sache läßt sich aber fruchtbarer und gemeinnütziger in einem ausgearbeiteten Beispiele als in abstrakten Regeln, zeigen.

Meine erleuchteten Leser und Richter werden mit mir einstimmen, daß bis hierher noch keine kurze, jedoch vollständige Sammlung solcher Gebote und Grundsätze im Gebrauch vorhanden war, die zur Erreichung des Endzwecks dieser Preisaufgabe ohne Unterschied und Bezug auf Kirche, Ritus und Sekte in einem ganzen Staate zum Grunde des Unterrichts der Jugend aller Stände gelegt zu werden verdiente*). Hier ist eine solche, zum Gebrauch ganz fertige Sammlung, die die Grundlage alles moralischen Unterrichts, wenn man will, werden und zugleich das Beispiel der bessern Art geben kann, die die Preisfrage fordert.

---

*) Man wird mir die 10 Gebote hoffentlich nicht einwerfen wollen; denn sie sind nicht *christlich vollständig*, so große Ehrfurcht sie übrigens verdienen.

Von der Physiognomie der Regierungen.

Jahrbücher der preußischen Monarchie 1798 I. Bd. S. 17—18.

Wie unter den Menschen ein jeder seine nur ihm eigne Physiognomie hat, und wie man es sich kaum verwehren kann, danach zuerst ihn zu beurteilen, so auch die verschiedenen Regierungen.

In der einen ist es ein kühnes Gefühl der Stärke, in der andern diplomatische Feinheit, in der Bigotterie und Stumpfsinn, in jener Verschlossenheit, in mancher ist es Hin- und Herschwanken nach großen Erschütterungen und in einigen vorzügliches Streben nach Erwerbungen jeder Art.

Nur wenigen ward eine offene, freundliche, milde Physiognomie zu teil, die, wie bei den Menschen, so glücklich sich mit allen Tugenden verträgt. Offene Ehrlichkeit, pünktliche Ordnung, Achtung für jede Form, die, so lange sie besteht, dem nackten Gesetze zum schützenden Kleide dient, Enthaltung von eingreifender Gewalt, Sicherheit guter Menschen, ihres Eigentums, ihrer Gewissen gegen mächtigen Druck.

Das sind die Tugenden, die selbst auf dem Throne der Monarchie sich so schön zur höchsten Popularität gesellen.

Beglückte Bürger dieses Staates! Ist nicht, nach eurem unschmeichelnden Gefühl, — denn das Gefühl schmeichelt nie — jene letzte die Physiognomie dieser neuen Regierung?

So hofft denn alles Edle von ihm, der so jung schon musterhaft lebte, wie wohl keiner vor ihm!

Erfleht ihm Zeit, Leben und ausdauernde Kraft, ihm und dem Engel an seiner Seite, der wie ein wohltätiger Genius ihn begleitet!

Sie sei mit ihrer Liebe die erhabene Repräsentantin der herzlichen Liebe seiner Völker!

R.....w.

Womit oder wobei fängt man an, um eine rohe Nation zu polizieren.

Jahrbücher der preußischen Monarchie 1798 II. Bd. S. 303—304.

„Gebt der rohen Nation gute Gesetze!" so rufen mir tausend Stimmen entgegen.

Aber können sie, die sie so schnell antworten, dieser Nation mit den Gesetzen nicht auch zugleich guten Willen geben, so hat ihre Antwort mein Problem nicht aufgelöst. Menschen müssen die Gesetze befolgen — müssen sie befolgen wollen — und noch obendrein gern (freiwillig) befolgen. Nicht wahr? Nun ändert sich die Ansicht der Aufgabe.

Gesetze sind wie das Taufwasser — Wasser aber tut's freilich nicht, wie weiland Luther sagte. Nur der Glaube, daß das Gesetz gut sei, (das ist, zum Besten des Ganzen diene) macht, daß es gehalten wird.

In einer Kaserne kann freilich mit Hilfe der Unteroffiziere zum Halten des Kasernen-Gesetzes Rat geschafft werden, aber eine Nation ist keine Kaserne, und „vanae sine moribus leges". sagten die Alten.

Man verzeihe mir ein einfältiges Gleichnis: Wenn ich eine Papiertapete für meine abgeweißtes Zimmer bestimme, so sagt mir der verständige Tapezierer, daß ich zuerst allen Putz abreiben lassen müßte, sonst haftete die Papiertapete nicht auf der Wand. Und wenn ich nun sage, wozu das? so antwortet er: „Das muß ich besser verstehen."

Die Papiertapete soll nun einmal das neue Gesetzbuch der rohen Nation vorstellen, welches ich ihr, so mir nichts dir nichts, (wie ich der rohen Wand meine Papiertapete) gleich aufkleben will, und siehe! es wird nicht haften und gehalten werden wie meine Tapete auf der unpräparierten Wand.

Also erst präparieren (vorbereiten)! Was ist das? Wie kann das bei einer rohen Nation geschehen? Freilich ist das Gesetzgeben leichter. Aber es muß sein (siehe oben die Papiertapete). Da wäre sodann mein ohnzielsetzlicher Rat etwa folgender: Man schaffe zuvörderst eine wohlfeile und gute Prozeß-, Hypotheken-, Konkurs-Ordnung herbei. Und nun denke man an das — Abreiben — ich meine an die Schulen, Gymnasien, Universitäten; falls man letztere noch fernerhin, etwa um der Herzenshärtigkeit der Nation quaestionis noch nötig erachten sollte.

In den Schulen wäre dann die Bekanntmachung der Gesetze so recht an ihrem Platze, um mit Polizierung der Nation den Anfang zu machen. Denn leider:

die Alten gehen nicht mehr in die Schule! Und diese wird man schon wie weiland die Tabaks-Offizianten müssen unpoliziert aussterben lassen. — Genug, wenn man nur durch die Jugend einen frischen Grund erhält, woran etwas Gutes oder Besseres haftet.

Kommt nun das Deckenstück (verzeihen Sie, verehrter Leser, die Anhänglichkeit an mein Gleichnis), Religion genannt, hinzu, so haftet Religion (wie bekannt) nur auf Religiosität. Man lese des mehrern darüber Herrn Professor Jakobs in Halle schönes Werk: Die Allgemeine Religion, besonders die Vorrede bis incl. Seite 29.

Berlin, den 30. Mai 1798.

von Rochow auf Reckahn.

Vorschläge, was mit denen im Zuchthause Gebesserten anzufangen wäre.

Jahrbücher der preußischen Monarchie 1799 II. Bd. S. 54—55.

Im April-Stücke der Preußischen Jahrbücher 1799 steht eine Abhandlung: „Einige Gedanken über die innere Verbesserung der Zucht- und Arbeitshäuser" betitelt, die mir so ganz aus der Seele geschrieben war. Sie endete mit einem schönen Wunsche. Da wo sie endet, wag' ich es fortzufahren. Vielleicht glückt es mir, indem ich dem mir völlig unbekannten Verfasser dadurch das hochachtungsvolle Interesse bezeuge, welches ich an seiner vortrefflichen Schrift nahm, geschicktere Staatsmänner als ich bin auf noch ausführbarere Vorschläge zu bringen, als die meinigen sind.

Die in der Abhandlung zuletzt stehende Frage: „Ließe sich denn kein Mittel ausfindig machen, daß den sich bessernden gewesenen Züchtling so lange wahrte — bis er irgendwo ehrlich unterzukommen Gelegenheit fände?" Diese Frage wünschte ich zu beantworten.

Zuerst sann ich auf die Vorschläge, diese Menschen im vorerst eigentlichen Verstande unterzubringen. Da fielen mir denn unsre geräumigen und wohlhabenden Armenhäuser ein, die sich zugleich als Arbeitshäuser, zu dieser ersten Stufe des Rücktritts des gewesenen Züchtlings in das bürgerliche Leben, wie mich dünkt, sehr eignen.

Wird der gewesene Züchtling in dieser Anstalt als arbeitsam befunden, achtet er wieder auf den Beifall der Vorgesetzten, den redliche Tätigkeit nimmer verfehlt, sieht er diese Versetzung mit gerührtem Herzen als eine große Wohltat an, dann erst wäre er als ein wirklich Gebesserter anzusehen.

Wie nun der zweite Rücktritt des gebesserten gewesenen Züchtlings in die Freiheit, das heißt mir, in die Selbstüberlassenheit zu bewirken sei? Das ist eine neue Frage. Man erlaube mir bei deren Beantwortung, auf zwei Fälle Rücksicht zu nehmen. Wünscht der Gebesserte frei zu sein, oder nicht? Den letzten Fall zuerst.

Es kann sein, daß aus einem auf Selbsterkenntnis gegründeten Gefühle, wohl auch aus Scham, der Gebesserte noch im Arbeitshause zu bleiben wünscht; dann dürfte dieses ihn nicht ausstoßen, weil es bei seiner Arbeitsamkeit doch keinen Schaden von ihm hat, vielmehr der Überschuß derselben, von der Zeit seiner Erklärung als Gebesserter, ihm zugute kommen müßte.

Im ersten Falle, da er frei zu werden wünscht, und nachweisen kann, wie er künftig sich ehrlich nähren wolle, ist das Mittel, ihm zu helfen, wenigstens nicht kostbar. Denn der Staat, welcher die heilsame Mühewaltung übernahm, den Verbrecher zu bessern, wird meiner Hoffnung nach wohl gern auch diese sich zur Pflicht machen, sowie die Warnungs-Anzeigen, dann Besserungs-Anzeigen mit dem Namen des Gebesserten, dem Verbote des Vorwurfs und der Wiederherstellung seiner bürgerlichen Ehre drucken zu lassen.

Wo mich nicht alle meine Gefühle trügen, so müßten alle gute Seelen bei Lesung solcher Besserungs-Anzeigen hier etwas Ähnliches empfinden von der Freude im Himmel, wenn ein Sünder sich bessert.

Und welchen hohen Humanitätsrang würde der Staat einnehmen, der zuerst von allen auch auf die wahre Besserung der Verbrecher Rücksicht nahm, nachdem er zugleich durch allgemein bessern Unterricht ihre Zahl soviel möglich vermindert hätte! Gewiß, wenn das, was der edeldenkende Verfasser obiger Abhandlung wünscht, zuvörderst in Ausführung gebracht wird, so würden dann die Strafhäuser wahre Rettungs-Institute oder wahre Konservatoria für Leib und Seele werden.

Berlin, den 2. April 1799.

R.....w.

Unentbehrlichkeit der Rechenkunst in der Landwirtschaft.

(Annalen der Märkischen Ökonomischen Gesellschaft zu Potsdam. Potsdam 1801. III. Bd. 5. Heft S. 60—65.)

Wenn aus einzelnen Teilen ein jedes Ganze besteht, so muß auch die Güte oder Schlechtigkeit dieses Ganzen in der Güte oder Schlechtigkeit der Teile ihren Grund haben. So ist z. B. der Wohlstand eines Staates nichts anders als der summierte Wohlstand der meisten Staatsbewohner. Die größere Menge in den meisten großen Staaten sind die Landbewohner. Ihr Wohlstand macht also einen Hauptteil der Staatswohlfahrt aus.

Diese vorausgeschickten Sätze dem Zwecke meiner Vorlesung näherzubringen, bedarf es nun keiner schwierigen Erörterung, z. B. wie Dorf und Stadt einander wechselseitig nützen, und welches dem andern mehr nütze, oder ob Fabriken dem Staate wichtiger sind als Ackerbau. Genug für meinen Zweck, daß es anerkannt wahr ist, der Landbau sei ein höchst wichtiger Teil des Staats.

Wie kann auch, meine Herren! unsere Gesellschaft wohl ihren gemeinnützigen Zweck besser erfüllen, als wenn sie unverändert beschäftigt ist, unter andern auch die Hindernisse zu beseitigen, die dem Wohlstande der Landleute zuwider sind? Ich bedarf also keiner Entschuldigung, daß ich heute zu Ihnen von der Unentbehrlichkeit der Rechenkunst in der Landwirtschaft rede.

Soll es durch Errichtung unserer patriotischen Gesellschaft und nach dem einen unserer statutenmäßigen Endzwecke auch mit unserer vaterländischen Landwirtschaft besser werden wie bisher, so scheint es durchaus notwendig zu sein, daß der Landmann, mit dem wir doch nicht einzeln sprechen können, unsere Aufsätze lese, die Vorschriften verstehe, sie prüfe; dann aber auch der nützlichen Wahrheit Beifall und Befolgung schenke. Dahin aber kann er schlechterdings durch bloße Machtanwendung oder Befehle nicht gebracht werden, sondern nur durch eigene Überzeugung.

Nun überzeugt aber nichts wirksamer als die Rechenkunst; denn vor ihrer Evidenz verstummen alle Widersprüche. Wenn z. B. bei Aufhebung der Gemeinheit der Bauer A ein langes Ende Land oder Wiese gegen ein kürzeres aber breiteres des Bauers B vertauschen soll, was kann seinen Widersprüchen und Klagen über Verlust und Ungerechtigkeit ein Ende machen als die Rechenkunst, die ihm ebensoviel Flächeninhalt nachweiset, als er verlor?

Wenn nach einer neuen allerhöchsten Verordnung die Schäferknechte kein eigenes Vieh halten sollen, sondern pro rata ihrer jedem erlaubten Häupterzahl im ganzen

Schafhausen nach der Sozietätsregel teinehmen, so werden sie ohne Rechenkunst, die sie aber leider nicht verstehen, schwerlich zufrieden gestellt werden können, sondern bei der Abrechnung immer glauben, es geschehe ihnen unrecht.

Wenn endlich bei einer Lieferung einer bestimmten Menge Getreide oder Fourage die Besitzer ungleicher Güter sich gewöhnlich entzweien, wie solches schon bei Aufbringung des Hirtenlohns, repartiert auf die Stückzahl des Viehes, die jeder Einwohner in der Herde hat, fast jährlich mit unzubedeutenden Menschen der Fall ist, was sichert gegen alle diese Übel als allgemein verstandene Rechenkunst?

Wenn ferner alte schlechte Gewohnheiten, z. B. Dreifelderwirtschaft, Heu über den Viehställen, Verlust schätzbarer Mistjauche, zu warme Viehställe aus Mangel an Dunstableitern rc. nicht mehr unsere Landwirtschaft daniederhalten sollen, so wird der Landwirt sich entschließen müssen, hier und da neue Einrichtungen zu machen, dabei Vorschüsse zu tun und also Auslagen sich gefallen zu lassen, wobei denn die Frage: Was wird mir dafür? nicht wegbleiben kann. Hierauf antwortet nun mit aller Sicherheit, die überhaupt bei menschlichen Unternehmungen und besonders bei der Landwirtschaft möglich ist, wieder nur allein die Rechenkunst. Verstände der Landmann in solchen Fällen die Balance zwischen dem Vorschusse und dem dadurch verbesserten Einkommen zu ziehen, gewiß ließe er dann nicht alles beim alten, wo es der Staatswohlfahrt schädlich ist, und um Millionen Taler verbesserte sich die Landkultur in einer nahen Folge.

Ja, die so nötige Übereinkunft der Familie oder Übereinstimmung von Mann und Frau in dem bessern Wirtschaftsplan, an deren Mangel so manches Familienwohl scheitert, verdankt sie nicht bloß der von beiden Teilen verstandenen Rechenkunst ihr wohltätiges Dasein? Denn dem Regenten wie dem Regierten in der Hütte wie auf dem Throne nützt die Rechenkunst.

Fürwahr, meine Herren! wie nützlich auch die allgemeine Stupidität des Landmanns irgendwo noch mag gehalten werden, so müßte doch wohl, wenn der Staat durch den Landbau blühen soll, die Rechenkunst allgemein zu lehren, nach obigem erlaubt werden. Schade nur, daß man sie schwerlich isolieren oder außer Verbindung mit andern Kenntnissen setzen kann. Und da führt sie denn in ihrem Gefolge Lesen, Schreiben, gesunden Menschenverstand und die unschätzbare Bedeutbarkeit herbei. Sollte das aber wohl ohne wohltätige Folgen bleiben?

Wenn schon anderwärts keiner den Namen eines Staatsmitgliedes erhält, der nicht lesen, schreiben und rechnen kann, o, so müsse doch fortan bei uns keine Landschule sein, worin nicht jedes Kind beiderlei Geschlechts zur Genüge lesen, schreiben und rechnen lernen könne, ja lieber von höchster Obrigkeit wegen m ü s s e, wenn ihm der Inspektor einen Erlaubnisschein, konfirmiert zu werden, erteilen soll! Doch wir dürfen hoffen, daß es in unserm lieben Vaterlande einst, und vielleicht bald, so werde. Denn es ist dem Vaterherzen unsers angebeteten Monarchen ganz eigen, Glückseligkeit seinen Ländern so im Großen als im Kleinen zu geben.

Aus dem allen scheint nun zwar zu erhellen, daß sowie der Acker zuvor müsse bearbeitet werden, bevor er mit Nutzen besäet werden darf, so müßten auch wohl die bessern Landschulen früher da sein als ökonomische Gesellschaften. Denn diese, dafern sie auch auf den Landmann, wie schon oben gesagt ist, und durch diesen auf den allgemeinen Landeswohlstand wirken sollen, setzen schon dessen Belehrbarkeit und Prüfungsfähigkeit voraus. Nun Voraussetzungen sind nicht Wirklichkeiten. Aber dazu sind dergleichen Verbindungen, wie die unsrige, doch schon immer gut, daß, zu nützlichen Zwecken vereint, man vieles Dunkle beleuchtet und zur Sprache bringt, Vorurteile bestreitet, die Menschenohren an auffallendes, aber nützliches Neue gewöhnt und edlen Seelen einen festen Punkt erweiset, von woraus sie auf das Ganze wohltätig wirken können. So hat, des Alten zu geschweigen und nur des Neuesten in dieser Art zu erwähnen, der Königl. Haupt-Bankobuchhalter in Berlin, Herr Schneckenberg, unser Mitglied, schon wieder der Gesellschaft einhundert Taler übermacht zu Prämien über landwirtschaftliche Gegenstände. In dieser Rücksicht hoffe ich dann auch, daß unsere Gesellschaft bisher wirklich genutzt habe und noch ferner nützen werde.

Ich benutze noch diese Gelegenheit, wo mir öffentlich zu reden erlaubt ist, der hochzuehrenden Gesellschaft eine dem Wintergetreide sehr schädliche Pflanze anzuzeigen und im Original vorzulegen. Es ist die sogenannte Hungerblume (Draba verna), welche mit einem Provinzialnamen Witte Wesel[1]) genannt wird. Sie herrscht in Roggen bei Dürre und Kälte, die dann diesen April hindurch nicht fehlte, tilgt ihn stellenweise ganz und hat ihn dieses Jahr auf hohen Feldern bei uns sehr dünne gemacht. Da die große Schädlichkeit dieser Pflanze fast wie die des Hederichs in dem Sommergetreide scheint, so verspreche ich hiermit eine Prämie von fünf Friedrichsd'or für denjenigen Ackerbauverständigen oder Bauer, der ein bewährt gefundenes Mittel in der Bestellungsart oder sonst gegen diesen Feind des Landmanns anzugeben weiß.

---

[1]) Weißes Wiesel.

Lehren aus der Vergangenheit.

Sam. Chr. Wagener: Patriotisches Archiv für Deutschland. Berlin 1802 II. Bd. S. 43—47.

Es gab eine Zeit, wo die französische Nation ihre Bürger in Heftige (enragés) und Gemäßigte (moderés) teilen konnte. Diese Nation war nämlich mit dem Alten in jeder Art unzufrieden und wollte geschwind alles neu und womöglich besser haben. Die Heftigen griffen nun rasch zu, zerstörten das Alte bis auf den Grund. Die Gemäßigten aber (ob aus Grundsätzen oder aus Schwäche?) nahmen sich Zeit, mochten nicht so rasch zufahren und noch weniger das Kind mit dem Bade verschütten. Natürlicherweise behielt, solange es nur darauf ankam, rasch zu sein, die Partei der Heftigen den Sieg und in ihren Händen die Macht und die Geschäfte.

Sie verfolgten nun leidenschaftlich die Gemäßigten als tadelnde Verhinderer ihrer Wirksamkeit und suchten sich ihrer durch alle Mittel zu entledigen. Von dieser Seite nicht mehr gehindert, errichteten also die Heftigen eine Staatsverfassung, die nach manchen Abänderungen endlich das wurde, was sie jetzt ist: Herrschaft eines einzigen über viele.

Ob, wenn die Partei der Gemäßigten gesiegt hätte, manche Greueltaten, welche die Heftigen sich erlaubten, nicht ungeschehen geblieben wären? Wer wird das bezweifeln? — Ob das Drama bei aller Verschiedenheit seiner ersten vier Akte dann auch denselbigen jetzigen fünften zum letzten Akt gehabt haben würde? Wer kann das bejahen und erweisen! —

Aber was nach meinem Bedünken sonnenklar diese Geschichte (und alle Geschichte soll ja vitae magistra, Lehrerin der Lebensweisheit, sein!) für uns lehrt, besteht in folgendem:

1. Heftigkeit tut selten gut, am wenigsten in eingerichteten Staatsverfassungen.

2. In Monarchie löset sich ja doch am Ende jeder Versuch, es besser zu haben, wieder auf, wie auch in dem angezogenen Falle die Figur zeigt.

3. Die Leiden, welche jede Hauptreform im Staate mit sich führt, sind schon groß, wie vielmehr jene Leiden, die eine Revolution, das ist eine Umstürzung aller Ordnung, begleiten! Ihr Erfolg ist stets ungewiß; gewiß aber in jedem Falle ist Verlust und Zerstörung.

4. Denn Parteien sind dabei nicht zu vermeiden, und diese führen unmittelbar zum Bürgerkriege, dem schrecklichsten aller Übel.

5. Es ist überall schwer, aber doch vielleicht nicht halb so schwer, eine Revolution anzufangen, als ihr wieder Grenze zu setzen.

6. Da alle Staatsverfassungen — menschliche — sind, das ist mehr oder minder Mängel haben, sollte wohl der Erfinder eines Revolutionsprojekts, welcher doch auch ein Mensch ist, verbürgen können, seine von ihm erfundene neue Staatsverfassung werde keine Mängel haben, vorausgesetzt, daß die Revolution gelänge?

7. Es ist ein Irrtum zu behaupten, der Endzweck heilige die Mittel. Nein, wahrlich! er heiligt sie nicht! Denn in einer guten Sache müssen Endzweck und Mittel gleich heilig, das heißt, Plan und Ausführung muß gerecht sein.

8. Wie läßt sich aber Gerechtigkeit bei Anarchie oder Gesetzlosigkeit, die im Gefolge aller Revolutionen ist, gedenken?

Darum, o ihr Heftigen alle! die ihr das euch Besserscheinende nicht erwarten sondern erzwingen möchtet, durchdenket diese acht Sätze zuvörderst mit Ernst! Bessert lieber euch selbst und glaubt dem richtigen Ausspruch des Dichters:

„Laßt uns besser werden —
Gleich wird's besser sein."

Reckahn, den 30. Julius 1800.

Friedrich Eberhard von Rochow.

Sollte nicht überall jede Nation den Anfang ihrer Größe und Staatswichtigkeit irgend einem Siege verdanken?

Berlinische Monatsschrift 1803 IX. Bd. S. 83—92.

Der bei Fehrbellin unter dem Panier des Großen Kurfürsten Friedrich Wilhelm im Jahre 1675 erfochtene Sieg ward für seine Nation das, was Marengo für die französische geworden ist.

Auch er hatte glänzende Folgen. Denn seit dieser Epoche, trat das Haus Brandenburg in die Reihe sehr bedeutender Mächte dieses Erdteils; bis es unter König Friedrich II., der keines Beinamens bedarf — nec pluribus impar zum Wahlspruch hätte nehmen können. Was Preußen jetzt unter der beglückten Regierung des regierenden Königs Majestät, verglichen mit 1675 geworden ist: das sehen hocherfreut Allerhöchst dessen wohlgesinnte Getreue und wünschen, daß der Kulminierpunkt in Preußens politischer Klimax noch weit entfernt sein möge!

Im Jahre 1800 hatte die Vorsehung meine beinahe 40jährige Landwirtschaft in der Art gesegnet, daß ich auf meinen Todesfall die Meinigen versorgt wußte. Der Gedanke, noch etwas Vaterländisch-Gemeinnütziges zu tun, erwachte wieder lebhaft in meiner Seele. Meine Bekanntschaft mit vaterländischer Geschichte mahnte mich an den Sieg bei Fehrbellin.

„Wenige deiner Landsleute siegten dort über mehrere Feinde. Selbst von den Deinigen verspritzten ihr Blut auf diesem Altar des Vaterlandes.“ So dachte ich, und schrieb den Brief [1]), Beilage Nr. 1, an des Königs Majestät um Allergnädigste Bewilligung zur Ausführung meines Vorhabens.

Ich erhielt die Allerhuldreichste Antwort [2]), Beilage Nr. 2. Sogleich schritt ich zum Werke. Mehrere Hindernisse, teils durch die Elemente, z. B. Wassermangel beim Schiffstransport der großen Steinmassen, teils durch die Arbeiter veranlaßt, machten aber, daß, statt in einem Jahre mein Denkmal stehen zu sehen, dies erst im Anfang des Novembers geschehen konnte.

Die Inschriften und die Einrichtung des Denkmals hier zu beschreiben, überhebt mich die beikommende Zeichnung desselben.

---

[1]) 4. Bd. Brief vom 28. 2. 1800.
[2]) Desgl. Brief vom 4. 3. 1800.

Und ob ich gleich mir bewußt bin, daß alles bezahlt ist, so habe ich doch zu meiner künftigen Sicherheit für nötig gefunden, eine dreimalige Zitation [1]) deshalb in Zeitungen und Intelligenzblättern, laut Beilage Nr. 3, einrücken zu lassen.

Berlin, den 12. Dezember 1802.

von Rochow auf Reckahn.

---

[1]) Alle diejenigen, die wegen des bei Hockenberg von dem Domherrn von Rochow errichteten Monuments auf die Schlacht bei Fehrbellin noch etwas zu fordern vermeinen, melden sich in Berlin im Achteck in Nr. 12 bei dessen Kammerdiener Jonas bis den 27. Dezember a. c.; nachher wird nichts mehr bezahlt.

Berlin, den 27. November 1802.

von Rochow.

II. Anhang.

Nachrichten über Friedrich Eberhard von Rochows Mitarbeiter und Schüler.

1. Heinrich Julius Bruns. Seine Name ist mit dem Friedrich Eberhard von Rochows eng verbunden. Er war es, der die Ideen und Grundsätze des Domherrn praktisch gestaltete und ihre Brauchbarkeit und ihren Erfolg den Besuchern der Reckahnschen Schule und der pädagogischen Welt bewies.

Rochow hat in der „Geschichte meiner Schulen. Schleswig 1795" ein Lebensbild von Bruns gezeichnet und seine Verdienste gewürdigt [1]). Um dies zu vervollständigen, sei folgendes hinzugefügt.

a) Lebensgang. Heinrich Julius Bruns wurde am 23. Juni 1746 zu Rohrsheim bei Halberstadt als Sohn eines Halbhüfners geboren. Er besuchte die Schule seines Heimatortes und von 1759—65 die Domschule zu Halberstadt. Von 1765—71 weilte er als Kopist und Musikus im Hause Rochows, der ihn auf seine Kosten in der Musik durch den Kapellmeister Schale in Berlin weiterbilden ließ. 1771 übernahm Bruns die Stelle eines Präfekten an der Johanniskirche zu Halberstadt; von hier aus berief ihn Rochow nach dem Tode des 83 jährigen Lehrers und Küsters Kirchbach durch nachstehende Vokation:

Punktation oder Entwurf zu einer Vokation für den Organisten und Schulkollegen Herrn Bruns zu Halberstadt. (Schloßarchiv zu Reckahn.)

1. Nachdem der bisherige Schuldienst zu Reckahn und Meßdunk einer Verbesserung bedurfte, auch durch die jetzige Vakanz von neuem besetzt werden mußte, so habe als Kirchenpatronus für meine Pflicht gehalten, beiden dadurch abzuhelfen, daß ich zuvörderst bei meiner Wahl auf ein treues, geschicktes Subjektum reflektierte, sodann auch bei der sehr schlechten Beschaffenheit dieses Dienstes demselben fürs erste auf seine Lebenszeit solche Emolumenta verschaffte, welche die Nahrungssorgen entfernten, die Bemengung mit fremden Geschäften unnötig machten und (also den künftigen Schulbedienten in den Stand setzte [2])) sich ganz dem Schuldienste als einer der nötigsten und nützlichsten Bedienungen im Staate widmen zu können.

---

[1]) S. Der deutsche Schulfreund. Erfurt 1795. 11. Bdch. S. 109/19: Herr Kantor Bruns zu Reckahn Todesanzeige und kurze Erzählung von dessen Bildung und Nützlichkeit als Schulhalter überhaupt und seine Verdienste um die Rochowschen Schulen insbesondere.

[2]) Der in Klammern stehende Zusatz ist von Rochow nachträglich gemacht und am Rande vermerkt.

Nach reiflicher Überlegung ist meine Wahl auf den itzigen Organisten und Schulkollegen an der St. Johanniskirche und Schule zu Halberstadt Herrn Heinrich Julius Bruns gefallen, welchen ich hiermit und kraft dieses zu dem Schuldienst zu Redahn als Kantor vociere.

Um nun aber auch denselben bei dieser Vokation so zu setzen, daß die oben erwähnten Absichten erreicht werden können, so hat derselbe außer den bisherigen Emolumentis dieses Schuldienstes laut Matrikul und dem bisherigen gewöhnlichen Schulgelde ad dies vitae suae von mir, oder falls ich diese Welt nach Gottes Willen verlassen sollte, von meinem Erben aus meinem unverschuldeten Vermögen als ein jährliches Honorarium, so lange derselbe dieses Kantorat verwaltet:

a) 100 Reichstaler, welches quartaliter mit 25 Tl. aus der Redahnschen Einnahme bezahlt wird;
b) die Freiheit, 2 Stück Kühe vor dem Hirten zu treiben,
c) Zu deren Auswinterung 4 ordinäre Fuder Heu ohnentgeltlich,
d) Freies Brennholz ohnentgeltlich, doch in Hoffnung wirtschaftlich sparsamen Gebrauchs, von der Gemeine angefahren,
e) Eine verbesserte Schulwohnung und Garten,
f) Ingleichen Gesäetes im Brachfelde auf angewiesenen Plätzen für die Wirtschaft erbauen zu können.

2. Da auch mit nächstem eine Orgel in der Redahnschen Kirche aufgerichtet werden wird, so versieht der künftige Herr Kantor das Amt eines Organisten ohnentgeltlich, aber doch in Rücksicht obiger Emolumentorum mit.

3 Vor das Accompagnement in der Musik auf dem adlichen Hofe item vor Kopialien bei mäßigen Stunden verspreche demselben noch außer obigem ein jährliches Douceur von zwanzig Reichstalern.

Ich schließe also hiermit in der Hoffnung, daß bei Treue, Gebet und Fleiß Gott auch zu dieser Vokation Segen und Gedeihen geben werde und es zum ewigen Besten vieler Seelen gereichen lassen wolle.

Halberstadt, den 26. Oktober 1772.

NB. Diese Abschrift ist zugleich eine Probe von der Schreibart des Herrn Kantors [1]).

1774 wurde Redahn eine Gnadenschule. Bruns erhielt ein Gehalt von 120 Tl. aus den Zinsen des Meliorationsbaufonds und den Kantortitel. Diesem Einkommen fügte Rochow eine persönliche Zulage von jährlich 60 Tl. hinzu.

1781 kam es zwischen Rochow und Bruns zum Streit, in dem es sich um die in der Vokation zugesagte Holzlieferung und um die Sicherstellung der oben genannten persönlichen Zulage handelte. Der Gegensatz zwischen beiden verschärfte sich so, daß Bruns um seinen Abschied bat und ihn auch erhielt. Rochow entwarf für den zu wählenden Kantor eine neue Vokation:

---

[1]) Diese Nachschrift ist von Rochows Hand gemacht.

Vokation für den neuen Kantor. (Schloßarchiv zu Reckahn.)

Da durch den Abgang des bisherigen Kantors Bruns die Kantorstelle zu Reckahn vakant geworden, als vociere ich qua Patronus zum neuen Kantor den [der Raum ist zur Einfügung des Namens frei gelassen] daß er die ihm anvertrauten Kinder von Reckahn und Meßdunk Gottes und der Obrigkeit Befehle verehren und halten lehre, die reine Lehre Jesu und seiner Apostel als Mittel zu ihrer Glückseligkeit ansehen und verstehen, auch alles, wodurch sie zu ihrem Beruf tüchtiger werden, lehren, auch bei dem Gottesdienste die Orgel spielen möge und überhaupt alles tun, was zu seinem Amte gehört. Dagegen, daß er dieses ohnentgeltlich mit Treue fleißig zu verrichten verspricht, hat derselbe sich

1. des Königlichen Gehalts, dann
2. des Genusses der freien Schulwohnung und Garten,
3. dasjenige Korn, was die Herrschaft fürs tägliche Läuten und Uhrstellen gibt,
4. soviel Zaun- und Zopfholz, als es von dem Klafterholz abgeht, was 24 Mann in einem Tag hauen, zu seiner jährlichen Feuerung und außerdem noch 4 Klafter Holz jährlich ohne Bezahlung des Holzes, welches die Gemeinde ihm anfährt,
5. soviel, als er mit seinem eigenen Miste düngen kann, Land in der Brache zu allerlei Gesäetem,
6. die Freiheit, zwei Kühe auf der Gemeindeweide zu treiben. Das Futter im Winter schafft er selbst an.

Womit derselbe zufrieden zu sein und, ein Mehreres nicht zu begehren, angelobt und diese Vokation angenommen hat.

Die Unterschrift fehlt.

Glücklicherweise wurde der Streit durch Nachgeben und Entgegenkommen auf beiden Seiten gütlich beigelegt; Bruns blieb, und Rochow stellte die persönliche Zulage im Falle seines Todes dem Kantor sicher. Das hierüber ausgefertigte Schriftstück lautet:

Nachdem der Herr Domherr und Ritterschaftsdirektor von Rochow Hochwürden und Hochwohlgeboren und die Untertanen zu Reckahn und Meßdunk von allen Abgaben für ihre in die Schule zu schickenden Kinder zu befreien und in anderer guten Absicht dem Kantor zu Reckahn, Herrn Bruns, die Königliche Besoldung à 120 Tl. nicht allein ausgewirkt, sondern aus eigenen Mitteln noch eine Zulage von jährlich sechzig Talern, (weil bemeldeter Herr Bruns der erste gewesen, der nach Dero Plan eine besondere Lehrart unternommen), auch für dessen Accompagnement in der Musik und das Kopieren bei vorkommenden Fällen demselben versprochen, auch bisher richtig auszahlen lassen, gedachter Herr Kantor Bruns aber um Lebens- und Sterbenswillen hierüber versichert zu sein wünscht, als erklärt der Herr Domherr von Rochow, daß Herr Kantor Bruns diese Zulage von 60 Tl., solange derselbe seine Schulamtspflichten in völliger Genüge leistet und fernerhin zum Wohlgefallen seines Patroni sich verhält, jährlich von Ihnen bar und prompt erhalten solle. Im Fall aber wohlgedachter Herr Domherr von Rochow vor dem Herrn Bruns mit dem Tode abgehen möchte, versichern Dieselben, daß der künftige Herr Lehnsfolger zur Erhaltung der nach Möglichkeit gut eingerichteten Schulstelle hierselbst eben die Gesinnung wie Sie hegen und also auch dem Herrn Kantor Bruns oben gedachte 60 Tl. werden zukommen lassen.

Falls aber dieshalb wider Vermuten fehlschlagen, so versprechen vorgedachter Herr Domkapitular und Ritterschaftsdirektor von Rochow diese 60 Tl. aus Dero Allodialgütern versichern zu lassen und dahin sorgen zu wollen, daß solche demselben auf Lebenszeit und solange er dem hiesigen Schulmeisteramt treu und pflichtgemäß vorstehet, aus Dero eigenem Vermögen ausgezahlt werden sollen. Wie denn Hochdieselben dem Herrn Bruns wegen häufigern Besuchs der Schule mit dem ausgesetzten Gelde nicht reichen zu können, auf Dero Lebenszeit annoch jährlich fünf Taler zu Holz hiermit accordieren wollen.

Zu mehrer Urkunde ist Gegenwärtiges von dem Herrn Domherrn, Hochfreiherrlich und Hochwohlgeboren, eigenhändig unterschrieben worden.

So geschehen Haus Reckahn [1]), den 28. März 1781.

Fr. Eberhard v. Rochow.

Die folgende Amtszeit des Bruns ist durch persönliche Gegensätze zu Rochow nicht getrübt worden; wohl aber ist ihm Verdruß nicht erspart geblieben. Am 22. April 1786 erschienen zwei Studenten aus Wittenberg zum Besuch der Schulen zu Reckahn und Göttin. Bruns erteilte wie immer in der liebenswürdigsten Weise Auskunft. Bald darauf wurden Rochows Schulen und Bestrebungen im Leipziger Intelligenzblatt vom 23. Juni 1786, No. 27, S. 223—227 heftig angegriffen. Bruns sandte eine Berichtigung dem Blatte zu; aber sie wurde nicht aufgenommen. Da wies der Professor Stuve in Braunschweig in der Berliner Monatsschrift 1787 10. Bd. S. 325—341 die Verleumdungen energisch zurück, und Rochow gestattete von nun an nur solchen Personen, die mit guten Empfehlungen kamen, den Besuch der Schulen.

Als 1794 der Inspektor des Seminars zu Halberstadt, Bastian, von seinem Amte zurücktrat, schlug Rochow Bruns zu diesem Amte vor. Das Domkapitel wählte ihn; aber er lehnte diese Stelle mit Rücksicht auf seinen geschwächten Gesundheitszustand ab. Am 23. September 1794 starb Bruns. Seine Grabstätte wird von einem schlichten Eisengitter umgeben.

Während der Krankheit des Bruns verwalteten sein Schüler Christian Friedrich Schmidt, später Lehrer in Göttin, und sein Sohn Wilhelm Gottlieb die Schule.

b) Nachrichten über die Familienverhältnisse Bruns'. (Mitgeteilt von seiner einzigen Enkelin Frau Apotheker Graßmann in Brandenburg a. H.)

I. Ehe, geschlossen 1776. Die Frau war eine geborene Zimmermann und stammte aus Potsdam.

---

[1]) Das Schriftstück findet sich im Gutsarchiv zu Reckahn.

Kinder: 1. Friedrich Eberhard, geb. am 14. März 1777, besuchte das Seminar zu Halberstadt, wurde am 6. Januar 1796 in Golzow als Lehrer angestellt und starb im Herbst d. J. an der Lungenschwindsucht.

2. Wilhelm Gottlieb, geb. am 25. Februar 1779, besuchte das Seminar zu Halberstadt, vertrat den Vater während der Krankheit, wurde 1797 Lehrer in

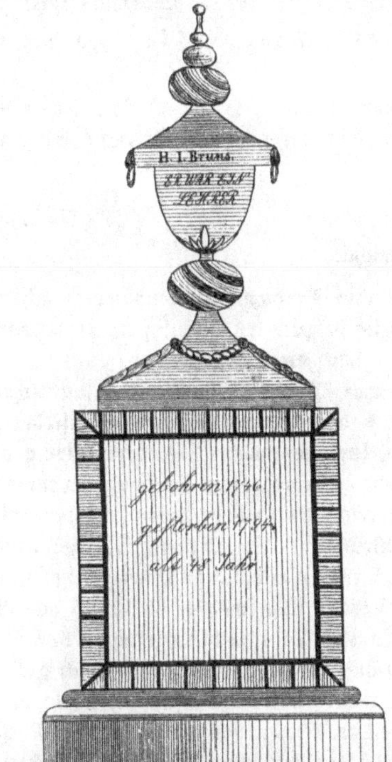

Bruns Denkmal im Schloßpark.

Gustow auf Rügen, 1805 Lehrer am Gymnasium zu Friedland in Mecklenburg-Strelitz und 1828 pensioniert. Er starb 1857, seine Bibliothek schenkte sein Bruder Karl Friedrich dem dortigen Gymnasium.

3. Christian Wilhelm, geb. am 24. Dezember 1780, wurde Landwirt und starb wie seine Brüder unvermählt.

II. Ehe, geschlossen mit der Tochter des Lehrers am Neustädtischen Lyceum zu Brandenburg a. H. Nicolai; nach dem Tode ihres Mannes wiedervermählt mit Fr. L. C. Spring in Brandenburg, gest. 1816.

Kinder: 1. Karl Friedrich Gotthilf, geb. am 16. November 1785, gest. 1867 als Tischlermeister und Stadtverordneter in Brandenburg a. H. Seine einzige Tochter ist die 1842 geborene, jetzt verwitwete Frau Apotheker Graßmann in Brandenburg a. H.

2. Karl Heinrich, geb. am 11. April 1787, gest. am 30. Januar 1788.

3. August Heinrich, geb. am 19. November 1788, gest. am 4. März 1789.

4. Luise Charlotte Friederike, geb. am 22. September 1791, gest. am 9. Juni 1807.

c) Urteil des Barons von Hogendorp über Bruns, Rudolph, Schliephake und Schäfer in einem Briefe an den Kapellmeister Reichard.

Reckahn, den 12. Juni 1781.

Lieber Reichard!

Den Kantor Bruns und Prediger Rudolph werde ich nun wohl nie wiedersehn, und vor kurzem sah ich sie zum letztenmale; da wird denn wohl dieser Augenblick der beste sein, Ihnen von jenen zu sprechen.

Beide sind feste Männer. Rudolph stark und gesund scheint zum Eigensinn zu neigen; Bruns, schwächlich und vor kurzem erst am Gallenfieber krank, ist schon sanfter, weniger munter, zu wenig, spekulierender. Viel vertrauter habe ich mit ihm als mit Rudolph werden können; und viel vertrautere Sachen hat er mir als der gesagt. Rudolph mischt sich wohl in den Unterricht, und wie er gegen den Krahneschen Lehrer im Guten abstach, so stach er gegen Bruns merklich ab durch Mangel an Gründlichkeit. Als ich in die Schule trat, tat mir Bruns gleichgültige Miene wehe, in der ich nichts erkannte von dem Manne, den ich itzt in ihm schätze. Er sprach von Gnade, mich zu sehen, das empörte mich. Eben kam ich, ich war durchgefahren von Brandenburg her, durch Göttin, ein Dorf Rochow angehörig, wo ein neuer, doch guter Lehrer ist. Ich traf in seiner ersten Klasse nur 3 Mädchen, weil zu Ostern manche waren eingesegnet worden, und gar keinen Knaben, weil der einzige von den Eltern den Morgen war zurückbehalten worden. Dieser Lehrer, Schäfer, ein junger Mann mit Feuer und Güte, lehrte mit einer Herzlichkeit, die auf nichts weniger dennoch als Mangel an Verstand gegründet war; seine Rede war gewiß auch sehr für den Geist, und sein herzlicher Ton war nur Mittel, dem Unterricht mehr Eingang zu verschaffen. Dieser Mann hatte ein Mädchen, das sich sehr auszeichnete, die beiden übrigen waren eins sehr dumm, das andere mittelmäßig. Er stockte bisweilen und wußte mit einiger Bestürzung den Faden kaum wieder von neuem anzuknüpfen. In Krahne war der Lehrer ebenso einnehmend beim ersten Anblick als der, von dem ich eben geredet, ein Gesicht voll Güte, freundliche Rede, sanfte Verweise. Er hat nicht die Seelenstärke des Göttinschen, einen Augenblick und sich besinnen, und dann den rechten Fleck treffen, das ist seine Sache nicht; verliert auch er den Anfang des Fadens, so zieht er, um nicht abzuspringen, das Ende so in die Länge, daß Kinder und Zuhörer Aufmerksamkeit und Vergnügen verlieren, und nach ihrem Charakter einschlafen oder an sehr entfernte Sachen denken, und von dem Lehrer, wenn er sie fragt, ganz fremd gefunden werden! Das habe ich beides bei mir auf Bruns angewandt; der verliert nie den Faden, der läßt sich von den Kindern auf alle Abwege bringen, auf welchen für sie was zu lernen ist, und führt sie zurück, und gewöhnt sie, ihn selbst zurückzuführen, so daß die Kinder eine Fertigkeit bekommen, Sachen im Zusammenhang zu überdenken, Räsonnements zu folgen, kurz selbst zu denken, welche mich in Erstaunen gesetzt hat. Und die Herzlichkeit welche mir beim ersten, dem Göttinschen, so sehr gefiel, die Sanftmut, die Güte des Krahneschen, die verschwanden zuletzt vor der Geduld, vor dem richtigen Blick, vor dem Unterricht voller Segen des Reckahnschen. Bruns macht zuweilen einen Lärm stille durch einen Blick. Er ist, wenn er einmal straft, unerbittlich, und straft nie ohne bittere Tränen fließen zu machen, und das wegen eingebildeter Strafen: stehen statt sitzen etc. Er erhält unter allen eine Lebhaftigkeit, einen Wettstreit, welche ich in keiner der andern Schulen angetroffen. Und dann sieht man's recht, wie die Kinder ihn lieben, und das gerade die Aufgeklärtesten. Ich sah es, und er nannte sie mir nachher, welche ihn weniger ehrten, weniger mit freudiger Ungeduld erwarteten, daß er sie fragte, das waren die stumpfen, die natürlich dummen. Ein Junge sah aus wie ein Ochs und ein Mädchen wie ein Klotz. Er selbst macht das sehr kurze Morgengebet, und es war sehr simpel und sehr rührend. O, der Mann hat Herz. Er hat mir erzählt, doch das in der letzten Viertelstunde, da er anfing sehr vertraut zu werden, wie einst, als er schon den Abschied von Rochow hatte, er den Kindern, die sehr laut wurden, sagte, Kinder, ihr wißt nicht, wie lange ihr mich behalten werdet, ihr solltet mir die letzte Zeit keinen Verdruß machen! wie da allen die Tränen über die Wangen liefen. Und als er's sprach, standen sie mir in den Augen.

Weil er selbst nicht stark ist, so sprach er z. B. vom Baumklettern wie von nichts Gutem. Ja, sagte ein Kind, zuweilen sagen die Eltern einem, man soll Zacken abschlagen und heraufklettern. Ja, das ist was anders, antwortete er, wenn's die Eltern sagen, ist es Pflicht. Da fürchte ich, wird künftig der Junge ungerner in den Baum steigen, wo nicht gar dem Vater in dem Augenblick nicht gut sein, da er ihn heißt, Zweige abbrechen.

Dessau, den 14ten Juni.

Ich bin heute Nachmittag beim Reisemarschall gewesen, traf ihn nicht, wohl aber heute Abend; er will dem Fürsten es sagen, und Morgen denke ich den zu sehn. Itzt will ich Ihnen das von Rekahn sagen, was Sie eigentlich wissen wollen. Rudolph mit seiner Hitze und Eigensinn bestand beim Streit auf alle Kleinigkeiten, und setzte auch alles durch, doch mit Lärm und durch das Konsistorium etc. Von ihm weiß ich nichts davon; er ließ sich gar nicht ein, auch über Rochow nicht; endlich glaubte ich ihn doch dahinzubringen durch ein übertriebenes Lob Rochows, im Falle alles, wie ich es hier sähe, so ganz von ihm herrühre; wir waren allein, und er fing so ziemlich mit an zu loben. Bruns hat auch alles durchgesetzt, aber ohne Lärm. Er hatte schon seinen Abschied; er sprach nicht einmal im Dorfe davon, und nur einmal, da er gewiß war, zweifelhaft mit den Kindern, wo er auch aber dabei nicht den Zweck hatte, das bekannt zu machen, sondern zur Besserung der Kinder. Rudolph wollte Klafterholz haben und gar nicht Zweige. Nun ward ihm vom Konsistorium Klafterholz zuerkannt, und da bat er noch nachher Rochow um die Zweige, die abfallen bei diesem Klafterholz. Das mißfällt mir sehr. Der Kammerdiener erzählte mir's. Es herrscht gar keine Herzlichkeit unter den Leuten; sie sprechen mit Ehrfurcht voneinander, grüßen sich aber mit den Hüten in 2 Schritte Entfernung, doch simpel, keine Komplimente, nennen einander abwesend mit dem Titel und wohl auch Herr. Diese verfluchte Komplimentiersucht kommt gewiß bloß von Rochow. Bruns sagte mir, als er den Abschied nun schon hatte, habe er sich sehr gefaßt gemacht, wieder anderweit eine solche Anstalt von Grund auf aufzurichten. Aber er habe sich gar keinen Plan machen können. Hier in Reckahn wäre alles durch Versuche, teils mißlungen, dahingebracht; sich aber daraus Grundsätze zu ziehen, nach einem Plan von Anfang an zu arbeiten, das habe er gar nicht können sich vorstellen und wieder zu Versuchen, wieder Umwege statt des geraden Weges gehen, das komme ihm sehr unangenehm vor, und er fürchte, die Geduld nicht mehr zu haben. Das begreife ich nun nicht, Reichard, denn er hat noch itzt eine bewundernswürdige. Beim Abclehren habe ich sie kaum fassen können. Überhaupt auch sieht man, der Mann wird hypochondrisch, und das bloß von Ermattung des Körpers durch Krankheit. Er sieht sehr schlimm aus. Strengt er sich nun dazu in der Klasse an, was er oft tut, wenn er gar nicht weiß, woran es liegt, daß ihn ein Kind nicht versteht, und nun forscht und nachdenkt, wie er das wohl durch Fragen könnte herausbringen, dann sieht er sehr übel aus. Und denn, wer so zweifelt wie der, und für den die Tat so zeugt, wie bei dem seine Kinder, dem, denke ich, kann man eben dafür destomehr zutrauen. Auch die Liebe der Bauern, die er sich immer mehr, wie er sagte, gewinnt, würde es ihm sehr schwer machen wegzugehen. Einige haben ihn befragt über Heirat ihrer Kinder, auch einer usw. Dagegen spricht er sehr kalt von Rochow, mag nicht von ihm sprechen. Ich werde Rochow selbst in Lauchstädt, hoffe ich, sehen. Ist er gegen Bruns, wie der gegen ihn, so kriegt Schlabberndorf Bruns gewiß auf die Art, wie Sie meinten, nämlich Rochow die Sache geradezu zu sagen. Er tröstet sich denn gewiß mit seinen beiden andern guten, wenn auch minder guten und hat wohl gar den Ehrgeiz, sie zu mehr als Bruns zu machen. Hören Sie, woher ich das glaube. Bruns hat, glaube ich, das fatale Komplimentieren mit Worten, denn seine Haltung ist sehr simpel, von Rochow lediglich, der wohl das Gnaden und Titulieren fordern mag. Wie nun ein solcher Mensch, der einen Mann wie Bruns dazu gewöhnt, Bruns Liebe haben kann, sehe ich nicht ein, und wahrhaftig, ohne Bruns Zuneigung zu besitzen, lernt man nie das Vortreffliche des Mannes kennen, so daß ihn Rochow sehr leicht weniger schätzen kann, als er verdient. —

(Das Original des Briefes ist im Besitz des Schulrats Dr Jonas.)

2. „Stephan Rudolph, geboren (1729) zu Niederdodeleben bei Magdeburg, hat in dieser Stadt auf der Domschule und darauf 1750/54 in Halle studiert, ward 1754 durch List und Gewalt unter die Soldaten genommen, wurde 1756 davon entlassen und darauf Kollege an der Pauli-Schule in Brandenburg, alsdann 1758 Feldprediger des von Münchowschen Rgts [Regiments Nr. 36 in Brandenburg],

1762, den 1. Mai hierher zum Prediger berufen" (Mitteilung des Herrn Pfarrers Biedermann aus dem Kirchenbuche zu Biesen bei Rogäsen, Reg.-Bez. Magdeburg).

1771 berief ihn Rochow zum Pfarrer nach Krahne, und am 9. Juni d. J. wurde er durch den Superintendenten Kappelier in sein Amt eingeführt. Rochows Bestrebungen verfolgte er nicht nur mit großem Interesse, sondern nahm selbst tätigen Anteil daran. (S. Rochow an Iselin vom 26. November 1776.) Er unterstützte wie dieser Basedow und weilte mit ihm auf dem bekannten Examen, das am 13./15. Mai 1776 im Philanthropin zu Dessau abgehalten wurde. Seiner Tätigkeit wird in den Schriften über Rochows Schulen ehrend gedacht. Rudolph starb am 4. April 1803 im Alter von 74 Jahren an Entkräftung und Brustbeklemmungen. (Nach Mitteilung des Herrn Pfarrers Buchholz in Krahne.)

Über seine Wirksamkeit siehe Riemann, Beschreibung der Reckahnschen Schule 3. Aufl. Berlin 1798. „Eine Predigt des dasigen Predigers Herrn Rudolph, an einem Kommunion-Sonntage gehalten." S. 306/14.

3. Johann Christoph Lindemann, Sohn des Schneiders und Bürgers Joachim Lindemann zu Schwanebeck, Kreis Aschersleben, wurde dort am 3. Januar 1754 geboren. Er besuchte die Ortsschule und die Domschule zu Halberstadt und wurde von letzterer am 9. Dezember 1773 mit folgendem Zeugnis entlassen: „Vorzeiger dieses, der bisherige Domschüler Christoph Lindemann aus Schwanebeck, hat in der mit ihm angestellten Untersuchung zwar noch nicht viel feste und ausgebreitete Einsichten, aber doch die Fähigkeit, mehrere zu erlangen und sie vorteilhaft anzuwenden, so geäußert, daß er die von ihm geschöpfte gute Hoffnung nicht täuschen wird, wenn er Leben und Gesundheit behält, welche ihm mit Erteilung dieses Zeugnisses angewünscht werden.

Halberstadt, den 9. Dezember 1773.

(Schloßarchiv zu Reckahn.) (Siegel.) Jacobi. G. S.

Rochow nahm ihn zum Lehrer und Küster in Göttin in Aussicht und präsentierte ihn dem Oberkonsistorium in Berlin. Da die Schule zu Göttin eine Landgnadenschule war, so mußte die Genehmigung des Königs nachgesucht werden. Das geschah durch nachstehendes Schreiben des Oberkonsistoriums:

Allerdurchlauchtigster, Großmächtigster König!

Allergnädigster König und Herr!

Der Domkapitular von Rochow auf Reckahn hat angezeigt, daß er zu Göttin auf verwichenen Weihnachten einen neuen Schulhalter namens Lindemann angesetzt habe und gebeten, demselben von der Zeit an das Gehalt der 120 Tl., so Ew. Königl. Majestät für diese Stelle bestimmt haben, auszahlen zu lassen. Da wir nun nicht zweifeln, der Lindemann werde in dem mit ihm anzustellenden Examen als ein geschickter Schulhalter befunden werden, so wird es wohl kein Bedenken haben, das gedachte Gehalt ihm vom 1. Januar an auszuzahlen. Wir haben jedoch solches Ew.

Königl. Majestät alleruntertänigst anzeigen wollen, die wir in tiefster Submission ersterben.

Ew. Königl. Majestät
alleruntertänigste
zu Höchstdero Oberkonsistorio verordnete Präsident
und Räte
v. d. Hagen, v. Irving, Spalding, Büsching, Teller, Silberschlag,
Dieterich (Prager)?

Berlin, den 21. April 1774. (Schloßarchiv zu Reckahn.)

Die geforderte Prüfung bestand Lindemann am 16. Mai 1774; seine Anstellung als Lehrer in Göttin erfolgte am 1. Juli. Seine Vokation lautete:

„Vokation für den Kantor Christoph Lindemann in Göttin." (Schloßarchiv zu Reckahn.)

„Da der bisherige Küster und Schulhalter zu Göttin, Grunow, altershalber seinen Dienst weiter vorzustehen nicht vermögend war, ich also als Kirchen-Patronus es für meine Pflicht hielt, ein treues, tüchtiges Subjekt an dessen Stelle zu setzen, so ist nach reiflicher Überlegung meine Wahl auf den bisher die halberstädtische Domschule frequentierenden Schüler Christoph Lindemann gefallen, als welchen ich, nachdem derselbe in dem bei dem hohen kurmärkischen Oberkonsistorio mit ihm angestellten Examini laut Zertifikats vom 12. Mai a. c. für tüchtig befunden, auch ihm der Titel als Kantor beigelegt worden, hiermit kraft dieses zu dem Göttinschen Küster- und Schuldienst unter dem Titel Kantor vociere.

Es erhält derselbe außer den bisherigen Emolumenten dieses Dienstes laut Matrikul, solange derselbe dieses Kantorat verwaltet:

1. Das von Sr. Königl. Majestät diesem Dienste allergnädigst zugelegte jährliche Gehalt von einhundertundzwanzig Reichstalern (120 Tl.), welches ihm besagten, oben angezogenen Zertifikats und dessen Anlage nach Abzug der in loco zu genießenden und auf 5 Tl. 5 Gr. angeschlagenen Emolumente von dem Herrn Kirchenrat Ligten zu Berlin und zwar auf Reminiscere und Trinitatis jedesmal mit 30 Tl., auf Crucis und Luciae auf 27 Tl. 9 Gr. 6 Pf. ausgezahlt wird.

2. Die Freiheit wie der vorige, sein Vieh vor dem Gemeindehirten zu treiben.

3. Freies Brennholz unentgeltlich, doch in Hoffnung wirtschaftlichen Gebrauchs, von der Gemeinde laut Ackerteilungsvergleich von unter andern aus dem Riedbruch angefahren.

4. Eine verbesserte Schulwohnung und eine Wörde, ingleichen.

5. Gesäetes im Brachfelde auf angewiesenen Plätzen für die Wirtschaft erbauen zu können.

Jedoch überläßt er hiervon seinem Vorfahr, dem Grunow, noch ad dies vitae jährlich 5 Tl. bares Geld als eine Pension.

Wenn sich nun übrigens von selbst versteht, daß der künftige Schulbediente durch obiges Honorarium wegen des bisher gewöhnlichen Schulgeldes völlig entschädigt und die Göttinsche Schule zu einer beständigen Freischule gemacht, er auch in den Stand gesetzt ist, sich mit fremden Geschäften garnicht bemengen zu dürfen, also hoffe ich auch von dem hierdurch von mir vocierten Kantor Lindemann, daß er mit der möglichsten Treue und Fleiß sich diesem ihm anvertrauten Schuldienst ganz widmen werde.

Ich schließe daher mit dem herzlichen Wunsch, daß Gott ihm hierzu seinen Segen geben und seinen Unterricht zum Besten aller derer, die ihn genießen, gereichen lassen wolle.

Gegeben Haus Reckahn, den 1. Juli 1774.

Friedrich Eberhard von Rochow
als Patronus.

Über seine Verheiratung bietet das Trauregister der Kirche zu Göttin folgende Notiz:

„Herr Johann Christoph Lindemann, Kantor loci, und Sophia Wilhelmine Seideln, den 3. Oktober 1775, beide ledig." (Mitteilung des Herrn Predigers Buchholz in Krahne).

Lindemann ist der Verfasser der Fibel. (S. Karl Friedrich Riemanns Versuch einer Beschreibung der Reckahnschen Schuleinrichtung. Berlin und Stettin 1781. S. 12 Anm. 3.), die in den Rochow-Schulen gebraucht worden ist [1]). Sie ist in dem Aufsatz: „Von der Verbesserung des ABC-Buchstabier- und Anfangs- oder ersten Lesebuchs, welches in Dorfschulen gebraucht wird" (Landschulbibliothek. Oder Handbuch für Schullehrer auf dem Lande. Berlin 1780. 3. St. S. 1—32 und zwar auf S. 6—17) abgedruckt.

Der dritte Band 4. St. S. 5/44 der Landschulbibliothek Berlin 1785 bringt einen Aufsatz über den Rechenunterricht von ihm. „Praktische Vorschläge, Anfängern das Rechnenlehren und -lernen zu erleichtern, aus seiner Erfahrung populär mitgeteilt von Cph. Lindemann, Lehrer am Potsdamischen Waisenhause." Beide Aufsätze zeigen nicht nur den praktischen Schulmann, sondern gewähren auch einen Einblick, wie in den Rochow-Schulen die Anfangsgründe im Lesen, Schreiben und Rechnen vermittelt wurden.

Am 2. November 1780 berief ihn die Direktion des Großen Militärwaisenhauses zu Potsdam zum Lehrer an dieser Anstalt, der er bis zu seinem Tode 10. November 1813 angehört hat.

(Mitteilungen aus dem Kirchenbuch zu Schwanebeck durch Herrn Oberpfarrer Postler. Akten des Großen Militärwaisenhauses zu Potsdam. Landschulbibliothek. 1. Bd. Berlin 1780, 3 Bd. ebd. 1785. Berlin, Königl. Bibliothek Nr. 4564.)

4. Johann Georg Schliephacke wurde am 29. November 1756 geboren und im Seminar zu Halberstadt vorgebildet. Er kam 1779 nach Krahne und

[1]) Nach einem Schulbericht aus dem Jahre 1787 wurde im ersten Leseunterricht das Abc-, Buchstabier- und Lesebuch für die kleinen Schulen in den preußischen Landen gebraucht.

hat hier bis zu seinem Tode, 30. Dezember 1830, amtiert. Sein Vorgänger war nach Angabe des Kirchenbuches „Johann Gottfried Schnelle, Leinwebermeister und fast 36jähriger Küster und Schulhalter allhier, den 24. Januar 1779 an hitzigem Brustfieber gestorben, alt 65 Jahr 4 Mon. 2 Wochen und 2 Tage."

(Mitteilung des Herrn Pfarrers Buchholz in Krahne.)

5. Johann Heinrich Schäfer wurde am 11. Juni 1761 zu Halberstadt geboren. Er besuchte die dortige Domschule und wirkte kurze Zeit als Präfektus an der Johannisschule daselbst. Am 2. Dezember 1780 berief ihn Rochow zum Nachfolger Lindemanns als Lehrer und Küster nach Göttin. Die von Rochow entworfene und unterzeichnete Vokation lautet:

„Nachdem der gewesene Kantor Lindemann zu Göttin aufs Potsdamsche Waisenhaus zum Lehrer berufen worden, so gebührt mir als Patrono, diese Kantoratstelle hinwiederum mit einer tauglichen Person zu besetzen. Ich habe demnach unter Anrufung göttlichen Beistandes und Segens den bisherigen Primaner und Präfektus der Johannisschule, Herrn Johann Heinrich Schäfer, zur Wiederbesetzung dieser Kantoratstelle gewählt. Und da derselbe meinen Antrag angenommen, von dem Herrn Superintendent Kappelier, Hochwürden, examiniert und von einem hochpreislichen Ober-Konsistorio approbiert, auch mit Beilegung des Kantortituls und Königl. Gehalts à 120 Tl. begnadigt worden, als vociere ich denselben, Herrn Johann Heinrich Schäfer, zu meinem Kantor und Schullehrer in Göttin, daß derselbe neben den gewöhnlichen Küsterverrichtungen, die ihm anvertraute Jugend Gott und der Obrigkeit gehorchen lehre, wozu er selbst das beste Beispiel geben muß, auch seinen Dienst treufleißig verrichte und dagegen neben den bei der Stelle befindlichen Accidentien, Emolumenten und Lasten, als der jährlichen Abgaben à 5 Tl. an den Emeritus Grunow ad dies vitae sich auch eines jährlichen Geschenks von 4 Klaftern Brennholz aus der Göttinschen herrschaftlichen Heide und von jedem Bauern 1 Fuder Reisholz aus dem Roßdunk zur Heizung der Schulstube sich zu erfreuen haben solle. Worauf derselbe am 1. Dezember 1780 der Gemeinde zu Göttin laut Protocolli de eodem durch Patronum vorgestellt und empfohlen worden, und die Gemeinde dem Kantor durch einen Handschlag sich dazu verpflichtet hat.

Gegeben Haus Reckahn, den 2. Dezember 1780.

(Schloßarchiv zu Reckahn.) Friedrich Eberhard von Rochow.

Über seine Einführung als Lehrer und Küster berichtet folgende Verhandlung:

Haus Reckahn. Aktum, den 1. Dezember 1780 auf der Gerichtsstube.

praesentes: Schulze Sumpf. Schöppe Willmann. Schöppe Schünemann. Bauer Schmidt. Bauer Braune. Bauer Sens. Bauer Schmidt. Bauer Martus, ingleichen der neue Kantor Schäfer.

Es erschien auf Vorforderung die ganze Göttinsche Gemeinde und wurde derselben der von Sr. Königl. Majest. Oberkonsistorio approbierte und mit dem Königl. Gehalt von 120 Tl. begabte, auch mit dem Kantortitul beehrte, von dem Patrono an die Stelle des pp. Lindemanns erwählte Johann Heinrich Schäfer, aus Halberstadt gebürtig, vorgestellt und zur Achtung und Liebe bestens empfohlen.

Da auch der abgehende Kantor Lindemann öfter und noch zuletzt geklagt, daß laut Schulliste die Eltern ihre Kinder daselbst nicht ordentlich in die Schule schicken, auch zur Heizung der Schulstuben das aus dem Roßdunk stipulierte Holz, à 1 Fuder von jedem Bauern, jährlich nicht ordentlich abgäben, als wurde beides der Gemeinde allen Ernstes verwiesen, und sie mußte sich gegen den andern Kantor Johann Heinrich Schäfer durch einen Handschlag verpflichten, künftig in beiden Stücken nicht Ursache zur Klage zu geben. Womit dieser Aktus beschlossen worden.

(Schloßarchiv zu Reckahn.) v. Rochow pp. als Patronus.

Schäfers amtliche Tätigkeit war reich gesegnet und entsprach den Wünschen und Hoffnungen seines Patrons. Mit Bruns, dem er in seinem Wesen glich, verband ihn eine innige Freundschaft. Er fand in ihm den freundlichen Berater und sah in ihm das Vorbild eines Lehrers. Fast täglich weilte er bei Bruns, dessen Familie und Haus ihm stets eine gastliche Aufnahme gewährten. Der Tod löste das Band der Freundschaft und setzte dem Wirken des jungen, strebsamen Kantors ein Ziel. Über seinen Tod berichtet das Sterberegister der Kirche zu Göttin: „Herr Johann Heinrich Schäfer, Kantor loci, den 10. Juni 1789 an gänzlicher Entkräftung nach einem Fieber gestorben und den 14. ejus dann mit einer Leichenpredigt begraben. Alter gerade 28 Jahre." (Nach Mitteilung des Herrn Predigers Buchholz in Krahne.)

Rochow ließ dem verdienten Lehrer, wie später dem Bruns, ein Denkmal mit folgender Inschrift setzen:

Hier ruhen die Gebeine des Herrn N. N. Schäfer, treufleißigen Kantoris und Schullehrers zu Göttin. Er ward geboren den 11. Junius 1761 und starb den 11. Junius 1789, geliebt und beweint von allen. Weil er viele zur Gerechtigkeit gebracht hat, so wird sein Lohn gerecht sein in der seligen Ewigkeit. Dies Denkmal setzte ihm sein Freund und Patronus F. E. von Rochow. (Abgedruckt in „Deutsche Zeitung Gotha 1789. S. 317.") (Mitteilung des Herrn Pfarrers Buchholz in Krahne. Schloßarchiv zu Reckahn.)

6. Johann Christoph Thümmel war der Nachfolger Schäfers. Er hatte seine Ausbildung im Seminar zu Halberstadt genossen und mußte, bevor er die Lehrerstelle in Göttin übernahm, bei dem Oberkonsistorium eine Prüfung ablegen. Das ihm vom Propst Teller am 19. Juli 1789 ausgefertigte Zeugnis lautet:

„Den zum Schulhalter in Göttin von dem von Rochow präsentierten Thümmel habe ich geprüft und vorzüglich geschickt befunden. Ich lege deswegen die von ihm schriftlich beantworteten Fragen bei und kann überdem versichern, daß er auch im Äußerlichen bei vieler Bescheidenheit einen guten Anstand hat." Teller.

Das Trauregister der Kirche zu Göttin enthält über ihn folgende Notiz: Johann Christian Thümmel, Kantor und Schullehrer allhier, alt 23½ Jahr und Jungfrau Johanne Christiane Hartung aus Güntersberge, den 15. September 1789, beide ledig.

Über das damalige Einkommen der Lehrer- und Küsterstelle zu Göttin gibt ein Rezeß im Gutsarchiv zu Reckahn Aufschluß, der am 30. Dezember 1791 abgefaßt ist:

Aktum Reckahn, den 30. Dezember 1791.

Da die Gemeinde zu Göttin zur Anfertigung einer Vokation für den Kantor Thümmel befragt wurde, was sie demselben zu entrichten schuldig sei, so antwortete der Schulze Daniel Schmidt und der Schöppe Johann Friedrich Martus und der Schöppe Christoph Schmidt folgendes:

1. $3^1/_2$ Scheffel Roggen.
2. Dann für Abend- und Mittagsläuten 3 Scheffel Roggen.
3. Einen halben Scheffel Erbsen.
4. Gebacken Brot von der Gemeinde 24 Stück, wie sie ordinär gebacken werden, als 4 und 5 Brote aus dem Scheffel Roggen.
5. Von Schäfer und Hirten 6 Brote zusammen.
6. Auf Ostern einen Kuchen von Roggenmehl oder statt dessen einhalb Brot wie die vorigen.
7. Von der Hufe 2 Eier auf Ostern.
8. Von jedem Tagelöhner 3 Eier auf Ostern.
9. Die 4 Klafter Holz, die die Herrschaft gibt, frei angefahren.
10. Die Gemeinde gibt aus dem ihnen am 26. u. 28. Januar 1773 von der Herrschaft vors erste überlassenen Roßdunk und Riesbruch als jeder Bauer 1 Fuder Reisigholz jährlich und fährt dieses dem Kantor frei vor die Türe.

v. Rochow. J. Ch. Thümmel, Kantor. Schmidt, Schulze. Friedrich Martus.
Christoph Schmidt

Und da der Kantor Thümmel angezeigt, daß er in 3 Jahren kein Reisholz von der Gemeinde erhalten, welches also 24 Fuder rückständiges Reisholz ausmachte, so ist's von der Gemeinde dahin verglichen worden, daß derselbe alle Jahr solange 10 Fuder aus dem Roßdunk und Roßbruch erhalten solle, bis obiger Rückstand getilget sei.

v. Rochow. J. Ch. Thümmel, Kantor. Schmidt, Schulze. Friedrich Martus.
Christoph Schmidt.

Thümmel ist auch schriftstellerisch hervorgetreten. Der deutsche Schulfreund von H. G. Zerrenner. Erfurt bei Kayser brachte zwei Aufsätze von ihm. Bd. 14. (1796) S. 42/57: „Einige Hilfsmittel beim orthographischen Unterricht. Von Herrn Schullehrer Thümmel zu Göttin" und Bd. 16. (1797) S. 86/105: „Worterklärungen. Von Herrn Schullehrer Thümmel."

Außerdem erschien von ihm: „Materialien für den Schulunterricht zur Erweckung des Nachdenkens und zur Übung des jugendlichen Verstandes. Ein Lesebuch für Land- und Bürgerschulen. Von Joh. Christ. Thümmel. Brandenburg bei Leich 1799. 8. 114. S. 8 Gr.", das im 56. Bd. der Neuen allgemeinen deutschen Bibliothek durch den Prediger Schulze zu Blankenburg rezensiert worden ist.

Thümmel übernahm 1796 die Lehrer- und Küsterstelle in Golzow, die der älteste Sohn des Kantors Bruns, Friedrich Eberhard, nur kurze Zeit inne gehabt hatte. (Mitteilung des Herrn Pfarrers Buchholz in Krahne. Schloßarchiv zu Reckahn.)

7. Der Nachfolger Heinrich Julius Bruns wurde, nachdem sein Sohn Friedrich Eberhard die Stelle ausgeschlagen hatte, Friedrich Liebetruth, der gleichfalls im Seminar zu Halberstadt vorgebildet war. Er ging 1813 als Lehrer nach Charlottenburg. (Nach Mitteilung des Herrn Pfarrers Buchholz in Krahne.)

8. In Göttin folgte 1796 auf Thümmel Christian Friedrich Schmidt; er wurde am 3. März 1771 zu Göttin geboren und in Reckahn und Berlin vorgebildet. Er hat bis zu seinem Tode (21. Februar 1833) in Göttin amtiert.

(Nach Mitteilung des Herrn Pfarrers Buchholz in Krahne.)

9. Friedrich Eberhard Christian Martus war der Sohn des langjährigen Kammerdieners F. E. von Rochows. Er studierte mit Unterstützung Rochows in Halle Theologie und erhielt auf dessen Verwendung bei dem Minister von Zedlitz (siehe Briefe Zedlitz an Rochow 29. 7. 1779 und 24. 2. 1780) ein Stipendium auf drei Jahre. Er wirkte sodann als Konrektor und Rektor 19 Jahre an der Stadtschule zu Treuenbrietzen und wurde 1803 durch nachstehende Vokation von Rochow zum Nachfolger Rudolphs berufen.

Copia der Vokation.

Nachdem es Gott gefallen, Herrn Stephan Rudolph, weiland treuverdienten Prediger zu Krahne und zubehörigen Filialen, am 4ten Apr. h. a. aus dieser Zeitlichkeit durch den Tod abzurufen, mir aber als Patrono dieser Pfarrstelle gebühret, dafür zu sorgen, daß selbige bald möglichst durch ein schickliches Subjekt wieder besetzt werde: Als habe dazu im Namen Gottes gewählt und vociere hiermit zum Prediger und Seelsorger zu Krahne und sämtlichen Filialen, den zeitigen Rektor der Stadtschule zu Treuenbrietzen Herrn Friedrich Eberhard Christian Martus, von dessen nötigen Predigergaben, christlich sanftmütigen Geist und herzlichen Ernst, auch der Schuljugend besonders und treufleißigst sich anzunehmen, ich hinreichende Proben habe. Diese meine Vokation zur Krahneschen Pfarrstelle mit den Filialen, hat oberwähnter Herr Rektor Friedrich Eberhard Christian Martus, zu Treuenbrietzen angenommen und zugleich versprochen, sein christlich Lehramt denen höchstobrigkeitlichen Verordnungen gemäß, als vor Gott zum Seelenheile der ihm anvertrauten Gemeinen in Schulen und Kirchen mit gewissenhafter Treue zu führen, auch bei Einem Königl. Preußischen Hochpreislichen Oberkonsistorio zu allem dem, was in solchen Fällen üblich ist, sich nach erhaltener Einberufung baldigst zu sistieren, damit die sämtlichen Gemeinden nicht lange ohne Prediger und Seelsorger bleiben, und der selber sein christlich Lehramt demnächst so bald möglich antrete. Wozu ihm denn Gottes reichen Segen und den Beistand seines guten Geistes von Herzen anwünsche!

So gegeben Haus Reckahn, den 7. April 1803.

Friedrich Eberhard von Rochow zu Krahne, Reckahn, Meßdunk, Göttin, Erb- und Gerichtsherr und Kirchen-Patronus.

(Pfarrarchiv zu Krahne.)

Seine Präsentation durch Rochow erfolgte am 9. April und lautet:

Copia der Praesentation.

Allerdurchlauchtigster Großmächtigster König,
Allergnädigster König und Herr!

Am 4ten April h. a. gefiel es Gott meinen 74 jährigen bisherigen Prediger, Herrn Stephan Rudolph zu Krahne, ohne Frau und Kinder zu hinterlassen, aus dieser Zeitlichkeit durch den Tod abzurufen.

Mir als Patrono gebührte, durch ein schicklich Subjekt für baldige Wiederbesetzung dieser Pfarrstelle Sorge zu tragen, und habe zu dem Ende dem zeitigen Rektor der Stadtschule zu Treuenbrietzen Friedrich Eberhard Christian Martus die beiliegende Vocation erteilt. Wie ich nun denselben hiermit schuldigst präsentiert, so geschieht es mit aller untertänigster Bitte, denselben allergnädigst ad praestando einzuberufen, dessen Vokation demnächst allerhuldreichst zu konfirmieren, und, weil die Gemeinen sowohl in Matre als Filialen ohne Pfarrer und Seelsorger sowie die Schulen ohne Aufsicht nicht lange bleiben können, baldigst die nötigen Befehle zur Ordination an den Herrn Superintendenten Calvisius zu Neustadt Brandenburg Allerhuldreichst zu erteilen, damit, weil keine Witwe noch Kinder hindern, der Vokatus noch vor Johannis a. c. sein christlich Lehramt antreten könne. Ich ersterbe

Ew. K. M. alleruntertänigster
Fr. E. v. Rochow.

Reckahn, 9ten Apr. 1803.
abgegangen den 10t. hj. au Roi à Berlin. Zur Erbrechung Eines Königl.-Preuß., Hochpreislichen Ober-Konsistorii.
(Pfarrarchiv zu Krahne.)

Über die Einführung und die Antrittspredigt in Reckahn findet sich im Pfarrarchiv zu Krahne folgende Bescheinigung:

„Nachdem der neue Herr Prediger Martus aus Treuenbrietzen am 3ten Juni 1803 hier angekommen, so ward er am 5ten dieses durch den Herrn Superintendenten Calvisius hier in Reckahn introduciert und hat am selbigen Tage seine Antrittspredigt allhier gehalten; solches wird zu Completierung der Akten hierdurch mit dem Wunsche, daß er sein Amt im Segen führen möge, registriert.

Reckahn, den 10ten Juni 1803."

Friedrich Eberhard von Rochow.
(Pfarrarchiv zu Krahne.)

Im Jahre 1808 ging Martus als Pfarrer nach Golzow; dort wurde er Superintendent der Diözese Neustadt-Brandenburg und blieb bis 1840 im Amte. (Mitteilung des Herrn Pfarrers Buchholz in Krahne.)

10. Karl Friedrich Riemann, geb. 1756 zu Züllichau, wirkte von 1779—86 als Lehrer am Großen Potsdamischen Militär-Waisenhause und von da ab bis zu seinem Tode 1812 als Pfarrer in Neuküstrinchen i. d. Mark. Riemann war ein begeisterter Anhänger Rochows. Durch seine „Beschreibung der Reckahnschen

Schule. Berlin 1781, 92 u. 98." hat er sich um das Verständnis und die Verbreitung der Rochowschen Methode das größte Verdienst erworben. Er trat dem einseitigen Enthusiasmus, den Pestalozzis Pädagogik zu Anfang des 19. Jahrhunderts entfachte, unter Hinweis auf das Gemeinsame in den Bestrebungen beider entgegen. Seine Schriften „Von Rochow und Pestalozzi oder Über die Basis des Volksunterrichts". Neue berlinische Monatsschrift 11. Bd. 1804. S. 112—146, „Beschreibung der Rochowschen Lehrart, verglichen der Pestalozzischen. Berlin 1809" und „Historische Nachricht von einer Schullehrer Konferenz-Gesellschaft. Berlin 1812" geben hiervon Zeugnis. Die neuste Zeit hat ihm recht gegeben und auch Rochows Verdienste wiederum lebhafter anerkannt.

11. Johann August Hartung wurde am 11. März 1762 zu Bernburg geboren. Er besuchte die dortige Elementarschule und das städtische Gymnasium und von 1778—82 das Friedrich-Werdersche Gymnasium. Der plötzliche Tod seines Oheims, der bis dahin für ihn gesorgt hatte, zwang ihn, dem Studium zu entsagen und für Erwerb zu sorgen. Hartung bewarb sich um die Kantorstelle an der Berliner Domkirche und erhielt sie. Da mit diesem Amte die Leitung der Domschule verbunden war, so sandte ihn das Domkirchenkollegium nach Reckahn [1]), „um sich mit der Musterschule des edlen und hochherzigen Domherrn Friedrich Eberhard von Rochow bekannt zu machen". Am 1. Mai 1785 gründete er auf Wunsch des Dom-Ministeriums eine höhere Privat-Knabenschule und am 1. April 1787 eine höhere Töchterschule. 1788 verband er mit der Domschule eine katechetische Übungsanstalt für Kandidaten des Predigt- und Schulamts, die bis 1818 bestanden hat, und 1795 ein Seminar für reformierte Volksschullehrer, das er bis zu seiner Auflösung 1828 ohne staatliche Unterstützung aus eigenen Mitteln unterhielt. 1798 legte Hartung sein Amt als Domkantor nieder. Am 5. Februar 1799 ernannte ihn der König Friedrich Wilhelm III. zum Professor der deutschen Sprache und Literatur an der Militärakademie. Eine Reihe von Schulbüchern auf dem Gebiet der deutschen Sprache und der brandenburgisch-preußischen Geschichte sind durch ihn verfaßt worden, die lange ihren Platz in den Elementar- und Bürgerschulen behauptet haben.

Wenn auch Hartungs praktische Tätigkeit nicht speziell auf dem Gebiete der Elementarschule lag, so hat er doch durch die katechetische Übungsanstalt und durch das Schullehrerseminar auf die Entwicklung des Berliner und brandenburgischen Elementarschulwesens höchst segensreich eingewirkt und durch sie den Geist der Rochowschen Pädagogik verbreitet. Er gedenkt wiederholt des wohltätigen und bestimmenden Einflusses, den Rochow und Bruns auf ihn ausgeübt haben.

(Die Geschichte der Berliner Domschule. Von August Hartung. Berlin 1836.)

---

[1]) Hartung gibt in seiner Geschichte der Berliner Domschule Berlin 1836. S. 55—56 die Zeit des Aufenthalts von Februar bis Anfang des Frühlings 1783 an; nach der Liste der Bücher der Reckahner Schule weilte er dort vom 10. März bis zum 16. April.

12. Johann Dietrich Georg Kluckhuhn wurde 1775 zum Leiter der durch den Minister von Zedlitz gegründeten Musterschule zu Friedrichshagen bei Köpnick gewählt. Der Minister sandte ihn am 22. Juli d. J. als Auskultant nach Reckahn, um hier unter Bruns Leitung Wesen und Wert der Rochowschen Methode kennen zu lernen. Kluckhuhn leitete die ihm anvertraute Schule bis zum 1. April 1781 zur größten Zufriedenheit ihres Gründers. Durch Vokation vom 18. April d. J. berief ihn der General von Rohdich auf Vorschlag des Feldpropstes Kletschke zum Rektor der nach Rochows Grundsätzen reorganisierten Potsdamer Garnisonschule, die unter seiner Amtsführung zur hohen Blüte gelangte, und die Musteranstalt für sämtliche preußische Garnison- und Regimentsschulen gewesen ist. Seine treue Arbeit und Pflichterfüllung wurde wiederholt von den Königen Friedrich Wilhelm II. und III. und von seinen Vorgesetzten anerkannt. Am 1. Juli 1826 schied er aus dem Amte, in welchem er sich die Liebe und Achtung seiner Lehrer und Schüler in hohem Maße erworben hatte.

(Akten des Geheimen Archivs im Kriegsministerium und der Kommandantur zu Potsdam.)

13. Samuel Ludwig wurde 1759 zu Hamersleben bei Halberstadt geboren. Er besuchte die Domschule und das Seminar zu Halberstadt und war als Hilfslehrer tätig. Als der Minister von Zedlitz Friedrich Eberhard von Rochow bat (siehe Brief vom 19. Juli und 7. August 1779), ihm einen geeigneten Lehrer für eine in Berlin zu errichtende Normalschule nachzuweisen, empfahl ihm dieser Ludwig. Der Minister nahm den Vorschlag bereitwillig an und gewährte dem Ludwig die Kosten des Unterhalts während seines Aufenthaltes vom 6. September 1779 bis zum 21. März 1780 in Reckahn. Rochow stellte dem Auskultanten ein überaus günstiges Zeugnis (siehe Brief vom 21. März 1780) aus, und mit dem 1. April 1780 übernahm dieser die zur Normalschule erklärte Armenschule in Berlin, Dragonerstraße 22, mit der er später eine Privatanstalt zur Ausbildung von Elementarlehrern verband.

Bekannt ist Ludwig durch seinen „Bürgerfreund, ein Lesebuch für Kinder in Bürgerschulen. Berlin 1787." geworden. Er sollte den Kinderfreund, der speziell für die Landjugend geschrieben war, in niederen Stadtschulen ersetzen. Das Büchlein hat wiederholte Auflagen erlebt und wurde nach dem Tode des Verfassers, am 8. Juni 1798, von Wilmsen herausgegeben. Außerdem schrieb Ludwig „Geschichten und Gespräche für Kinder zur Beförderung guter Sitten, nützlicher Erkenntnis und echter Gesinnungen. Berlin und Frankfurt a. O. 1788", „Offener Brief an den Prediger Herrn Lorenz, die Rezepte wider die Langeweile in kleinen Schulen betreffend. Leipzig 1790" und verschiedene Aufsätze über Erziehung und Moral in den Berlinischen Jahrbüchern S. 450/54, 640/44 und ff. Durch Lehrerbildung und Schriften hat Ludwig im Sinne Rochows gewirkt und dessen Methode verbreitet.

(Kirchenbuch der Luisenstädtischen Kirche. Neues gelehrtes Berlin etc. von V. H. Schmidt und D. G. G. Mehring. Berlin 1795. 1. Tl. S. 290.)

14. Johann Friedrich Wilberg wurde am 5. November 1766 zu Ziesar Reg.-Bez. Magdeburg geboren. Er erlernte zunächst das Schneiderhandwerk und wurde Friedrich Eberhard von Rochow empfohlen, der den gut beanlagten und lernbegierigen Jüngling in seiner Schule und auf dem Landschullehrerseminar zu Berlin ausbilden ließ. Wilberg unterrichtete daneben in der Schule des Inf.-Reg. von Pfuhl Nr. 46 und erhielt 1789 eine Lehrerstelle zu Overdyk bei Bochow. 1802 wurde er als Inspektor und Lehrer an eine neubegründete Armenanstalt zu Elberfeld berufen, 1804 übernahm er die Stelle des Leiters einer Erziehungs- und Schulanstalt für Kinder höherer Stände. 1829 erwählte ihn die Stadt Elberfeld zum Schulinspektor; er legte 1837 sein Amt nieder und starb am 17. Dezember 1846. Wilbergs Verdienst besteht darin, daß er durch Konferenzen die Lehrer in methodischer und wissenschaftlicher Hinsicht zu heben suchte. (Wilberg, Erinnerungen aus meinem Leben. Essen 1836. Langenberg. Wilberg, sein Leben und seine Schriften. Elberfeld 1866.)

15. Wilhelm Jakob Wippel wurde am 3. September 1760 zu Berlin geboren. Er besuchte von 1765—69 die Stadtschule zu Neuruppin und von 1769—82 das berlinische Gymnasium zum Grauen Kloster. Von 1782—84 studierte er in Halle Theologie und wurde am 3. August 1784 durch den Gouverneur der Stadt Berlin, General von Möllendorff, zum Rektor der Berliner Garnisonschule berufen. Vom 22. September bis zum 11. Oktober d. J. weilte er in Reckahn, um sich hier mit der Rochowschen Lehrart bekannt zu machen. Unter seiner energischen Leitung wurde die Garnisonschule im Geiste der Rochowschen Pädagogik reorganisiert und zu einer mittleren Bürgerschule erhoben. Sie erhielt am 12. Juni 1785 musterhafte Gesetze und behauptete unter den Berliner Bürgerschulen die erste Stelle. 1785 designierte der General von Möllendorff Wippel zum Professor am adligen Kadettenkorps, und am 12. November 1789 wurde er zum Professor der schönen Wissenschaften an Ramlers Stelle ernannt. Er behielt das Rektorat der Garnisonschule bis zum Jahre 1792 bei. Außer einer Zahl von Programmen, Einladungsschriften zur öffentlichen Prüfung mit den Kindern der Garnisonschule ist von ihm 1787 eine „Neue Fibel mit neuen Figuren" verfaßt worden.

Nach dem unglücklichen Kriege, als die militärischen Bildungsanstalten eine Umgestaltung erfuhren, übernahm Wippel das Amt des Bibliothekars an der Berliner Kadettenanstalt. Er starb am 2 November 1834 zu Berlin.

(Akten der Garnisonkirche zu Berlin.)

Bibliographie der Schriften, Aufsätze und Vorträge Friedrich Eberhards von Rochow.

1. a Silvius oder Versuch eines Jagdgedichts in vier Gesängen. 1759.

Eine Abschrift, von Rochows Hand korrigiert, findet sich im Schloßarchiv zu Stülpe i. d. Mark.

Friedrich Eberhard von Rochows sämtliche pädagogische Schriften, herausgegeben von Dr F. Jonas und F. Wienecke. Berlin 1908. 3. Bd. S. 385—413.

b. Sylvius. Ein Jagdgedicht. Mit einer Vorerinnerung des Dichters Blum. Nicht unterzeichnet. (Nur der erste Gesang.)

Deutsches Museum. Leipzig 1779. 2 Bd. S. 89—96. Berlin, Königl. Bibl. Ac. 6390.)

2. Hymne von der Vorzüglichkeit der Jagd. 1760.

Eine Abschrift, von Rochows Hand korrigiert, findet sich im Schloßarchiv zu Stülpe in der Mark und trägt die Bemerkung: „Gesammelte, bisher noch ungedruckte Schriften von Friedrich Eberhard von Rochow auf Reckahn. Erstes Bändchen. 1798."

Friedrich Eberhard von Rochows sämtliche pädagogische Schriften, herausgegeben von Dr F. Jonas und F. Wienecke. Berlin 1908. 3. Bd. S. 413—16.

3a. Schreiben eines Landwirts an die Bauern wegen Aufhebung der Gemeinheiten. Stendal (ohne Jahr) gedruckt bei D. C. Frantzen, Königl. priv. Buchdrucker. S. 3/47 Text. S. 43 unterzeichnet: R...., den 19ten November 1769. S. 44/47: Anhang: Wie ein lebendiger Zaun um eine Hütungskoppel angelegt wird. 1. Weidenzaun, 2. Ein lebendiger Zaun von allerlei Buschwerk. (Wernigerode, Fürstl. Bibliothek.)

b. Dasselbe Buch. Halberstadt bei Joh. Hein. Mevius. S. 41 unterzeichnet: R.... den 19ten November 1769.

c. Dasselbe Buch. Berlin, gedruckt bei G. J. Decker, Königl. Hofbuchdrucker. 48 S. S. 44 unterzeichnet: R.... den 19ten November 1769. (Göttingen, Univ.-Bibliothek.)

d. Dasselbe Buch. Berlin bei Rottmann. (Nach Heinsius, Allgem. Bücherlexikon 1812. 3. Bd. S. 631.)

e. Dasselbe Buch. Stettin 1770. (Nach Preuß, Friedrich der Große. 3. Bd. S. 92. Anmerk. 3.)

4a. Versuch eines Schulbuchs für Kinder der Landleute oder zum Gebrauch in Dorfschulen. Motto: Difficile est, proprie communia dicere. Hor. de Arte. P. v. 128 Berlin bei Friedrich Nicolai 1772.

S. III—XVI: Einleitung. Unterzeichnet: Den 20ten Januar 1772. S. XVII: Verzeichnis der Kapitel. S. 1—158 Text. (Berlin, Königl. Bibl. Ng 744. Berlin, Bibl. des Gymn. zum Grauen Kloster.)

b. Versuch eines Schulbuchs für Kinder der Landleute oder Unterricht für Lehrer in niederen und Landschulen von Friedrich Eberhard von Rochow, Erbherrn auf Reckahn. Motto: Werdet nicht unverständig, sondern verständig. Ephes. V, 17. Neue ganz umgearbeitete Auflage nebst einer Kupfertafel. Mit Königl. Preuß. Kurs. Sächs. und Kurbrandenb. Allergn. Freiheiten. Berlin bei Friedrich Nicolai 1776.[1])

S. III—XVIII: Vorbericht zur ersten Auflage, S. XIX—XXVI: Vorrede zur zweiten Auflage. Vom katechetischen Unterricht. S. XXVII: Inhalt, S. 1/212: Text. Beigefügt ist eine Kupfertafel „Aufriß eines kleinen Bauerngutes", gezeichnet von dem Mathematikus Keferstein in Brandenburg. (Berlin, Königl. Bibliothek Ng 746 a.)

d. Versuch eines Schulbuchs für Kinder der Landleute oder Unterricht für Lehrer in niedern und Landschulen von Friedrich Eberhard von Rochow, Erbherrn von Reckahn &c. Motto: Werdet nicht unverständig, sondern verständig. Eph. V. 17. Dritte verbesserte Auflage nebst einer Kupfer-

---

[1]) In der Landschulbibliothek oder Handbuch der Schullehrer auf dem Lande. Berlin 1780 finden sich folgende Auszüge:
2. Bd. 1. Tl. S. 86/100: Beitrag zum Rechnen,
2. Bd. 4. Tl. S. 89/92: Von der Höflichkeit im Umgange und im Reden,
S. 92/98: Fortsetzung des Beitrags zum Rechnen,
S. 99/101: Verzeichnis der gewöhnlichen Maße und Gewichte,
S. 101/103: Vom Augenmaß und Betrug der Sinne.
Die Abschnitte sind mit v. R. unterzeichnet.

Auszüge aus dem „Schulbuch 2. Aufl. 1776" bietet der Kinderfreund. Ein Lesebuch zum Gebrauch in Landschulen. Von Friedrich Eberhard von Rochow &c. Königsberg, gedruckt bei Kanter 1787 im ersten Anhange S. 1/52, und zwar: Etwas von der menschlichen Seele. Allgemeine Erkenntnis von Gott oder von den Eigenschaften Gottes. Besondere geoffenbarte oder biblische Erkenntnis von Gott und von der Beschaffenheit des Menschen selbst. Kurzgefaßter Inhalt der Bibel bis auf die Himmelfahrt Christi. Eine Tugendlehre nach der Bibel. Von der Höflichkeit im Umgang und im Reden.

Nach einem Briefe Rochows an den Buchhändler Friedrich Nicolai in Berlin vom 30. April 1773 hat Rochow in dem Jahre eine zweite Auflage seines Schulbuchs drucken lassen. Ein Exemplar war nicht zu erhalten.

tafel. Mit Königl. Preuß. Kurf. Sächs. und Kurbrandenb. Allergn. Freiheiten. Berlin bei Friedrich Nicolai 1790.[1])

S. III—XVIII: Vorbericht zur ersten Auflage, S. XIX—XXVIII: Vorbericht zur zweiten Auflage, Vom katechetischen Unterricht, S. XXIX—XXXVIII: Vorbericht zur dritten Auflage, darin: Kurzer Begriff aller Christenpflichten in 29 Geboten. Unterzeichnet: Reckahn, den 24sten Juli 1789. von Rochow. S. XXXIX: Inhalt, S. 1—190: Text. (Mit einer Kupfertafel wie b.) (Berlin, Bibl. des Herrn Lehrer Aron.)

e. Versuch eines Schulbuchs ꝛc. von Rochow. Vierte verbesserte Ausgabe nebst einer Kupfertafel. Mit Königl. Preuß. und Königl. Sächs. Allergn. Freiheiten. Berlin bei Friedrich Nicolai 1810.

S. III—XV: Vorbericht zur ersten Ausgabe, S. XVI—XXIII: Vorbericht zur zweiten Ausgabe, Vom katechetischen Unterricht, S. XXIII—XXXI: Vorbericht zur dritten Ausgabe. Unterzeichnet: Reckahn, den 24ten Julius 1789. von Rochow, S. XXXI: Vorbericht zur vierten Ausgabe. Unterzeichnet: Berlin, den 10ten Januar 1810. Fr. Nicolai. S. XXXII: Inhalt, S. 1—152 Text. Mit einer Kupfertafel wie in b und c. (Hamburg. Stadtbibliothek.)

5. Der Bauernfreund.

Brandenburg 1773. Rochow erwähnt ihn in den Briefen an Friedrich Nicolai vom 30. April 1773 und 17. März 1774. Zedlitz erwähnt ihn in dem Brief an Rochow vom 26. Dezember 1773. Der Bauernfreund war der Vorläufer des Kinderfreundes. Das Buch ist nicht mehr aufzufinden. Die Anfragen bei den preußischen Universitäts-Bibliotheken und bei sämtlichen Kreislehrer-Bibliotheken der Provinz Brandenburg führten zu keinem Ergebnis.

6. Vergleichung der alten und neuen Lehrart bei Unterweisung der Jugend.

Unterzeichnet: H. R..., den 14ten Mai 1774. v. R. Friedrich Gabriel Resewitz, Gedanken, Vorschläge und Wünsche zur Verbesserung der öffentlichen Erziehung als Materialien der Pädagogik. Berlin und Stettin bei Friedrich Nicolai 1778. 1. Bd. 4. Stck. S. 88—96. (Berlin, Königl. Bibl. Nc 3192.)

7. Stoff zum Denken über wichtige Angelegenheiten des Menschen.

Motto: Mögen denn deine Wunder in Finsternis erkannt werden? Oder deine Gerechtigkeit im Lande, da man nicht denket? Psalm 88, 13.

Braunschweig in der Fürstl. Waisenhaus-Buchhandlung 1775. 62 S. (Berlin, Deutsche Lehrerbücherei. Königsberg, Univ. Bibl.)

8a. Durch den ohnmaßgeblichen Grundriß eines Planes zur Aufhelfung des Kredits. d. d. Berlin, den 9. Martii 1776

---

[1]) Ein Nachdruck des Schulbuchs erschien im Jahre 1806. Versuch eines Schulbuchs. Ein Buch für die Stadt- und Landschullehrer. Verbessert und vermehrt von Clemens. Köln bei Fabricius 1806. (Heinsius, Bücherlexikon 3. Bd., S. 406.)

veranlaßtes Gutachten eines Märkischen von Adel. s. l. et. a. 2 Bogen 4°.

Nach Anton Friedrich Büschings, Wöchentl. Nachrichten 1776. 4. Bd. S. 164.

b. Gutachten eines Eingesessenen im Zauchischen Kreise über den Plan zur Aufhelfung des Kredits vom 9ten März 1776 mit Anmerkungen eines Eingesessenen in der Uckermark.

Prenzlau, gedruckt mit Rogoczyschen Schriften. 79 S. 4.

S. 2: Vorwort von dem Verfasser der Anmerkungen, Geh. Justizrat und Domherrn Chr. v. Berg, datiert den 16. August 1776. S. 3/16: „Durch den ohnmaßgebl. rc. (Vergl. A. F. Büschings Wöchentl. Nachrichten 1777. Bd. 5, S. 8, 16, 17/32, 52 ff. u. 57 ff.) (Wernigerode, Fürstl. Bibliothek.)

9. Über die Kreditsache des märkischen Adels, eine Fortsetzung des Gutachtens rc. Von demselben Verfasser. 1776. 2 Bg. 4.

(Nach A. F. Büschings Wöchentl. Nachrichten 1777. Bd. 5 S. 50 Anm.)

10. Über die Kreditsache des märkischen Adels, zweite Fortsetzung des Gutachtens rc. Von demselben Verfasser. Halberstadt 1776. 1 Bg. und 1 Tabelle 4.

(Nach A. F. Büschings Wöchentl. Nachrichten 1777. Bd. 5 S. 50 Anm.)

Auszüge aus den beiden „Fortsetzungen“ finden sich in Iselins „Ephemeriden der Menschheit oder Bibliothek der Sittenlehre, der Politik und der Gesetzgebung. Basel bei Johann Schweighäuser 1777. 12. Stck. S. 39/55.“

11 a. Der Kinderfreund. Ein Lesebuch zum Gebrauch in Landschulen. Von Friedrich Eberhard von Rochow, Erbherrn auf Reckahn rc. rc. (Holzschnitt-Vignette: ein Körbchen mit Blumen und Früchten.) Für zween Groschen in gutem Gelde.

Brandenburg und Leipzig, in Kommission zu haben bei den Gebrüdern Halle. 1776.

Die Rückseite des Titelblattes ist unbedruckt. Auf Seite 3 u. 4: Der Vorbericht. Geschmückt ist S. 3 mit einer schönen Stirnleiste in Holzschnitt. Sie stellt einen von Weinreben umschlungenen Stab dar, auf dem in der Mitte eine Urne, ein Thyrsusstab und ein mit Pfeilen gefüllter Köcher ruhen. Am Ende des Vorberichts befindet sich ein kleines Schlußstück in Holzschnitt, das in einer Muschel mit Rokokoschnörkeln besteht. S. 5—8: Inhalt, S. 9—112: Text.

Das Exemplar — vielleicht das einzige noch vorhandene — besitzt die Herzogl. Bibl. in Dessau.

b. Dasselbe Buch mit gleichem Titel. Zweite Auflage. Brandenburg und Leipzig, in Kommission zu haben bei den Gebrüdern Halle. 1777.

Die Einrichtung ist wie die der Erstausgabe.

Bibliothek des Herrn Sem.-Lehrers Tschech [1]) in Proskau. (Husum, Bibl. des Gymnasiums und Wernigerode, Fürstl. Bibliothek.)

c. Dasselbe Buch. Dritte Auflage. 1777. (Breslau, Stadtbibliothek, und Breslau, Königl. Bibliothek.)

d. Dasselbe Buch. Vierte Auflage. Dessau in der Buchhandlung der Gelehrten 1781. (Berlin, Deutsche Lehrerbücherei.)

e. Dasselbe Buch. Erster Teil. Neue unveränderte und rechtmäßige Ausgabe.

Brandenburg, bei Andreas Friedrich Leich. 1800. (Berlin, Königl. Bibl. Ng 786.)

f. Dasselbe Buch mit gleichem Titel und Verlag wie e. 1802. (Nach Heinsius, Bücherlexikon 1812. 3. Bd. S. 406.)

12 a. Ein von dem Herrn Domherrn in den ersten Jahren der Schuleinrichtung als Manuskript gedrucktes Schreiben an die dasigen Lehrer. Unterzeichnet: Reckahn, den 6. Mai 1776. K. F. Riemann, Beschreibung der Reckahnschen Schule. Dritte ganz umgearbeitete und mit durchgängigen Erläuterungen, praktischen Anweisungen und Beispielen für Lehrer in niedern Bürger- und Landschulen vermehrte Ausgabe Mit einer Vorrede, welche eine kurze Geschichte dieser Schule seit ihrer jetzt gerade fünfundzwanzigjährigen Dauer enthält. Mit 2 Kupfern. Berlin und Stettin bei Friedrich Nicolai. 1798. S. 271/80.

b. An diejenigen unter den hiesigen Lehrern, denen ihr Amt wichtig ist. 1776. 4. Joh. Georg Meusel, Das gelehrte Deutschland. Lemgo. 1805. 11. Bd. S. 645.

13. Authentische Nachricht von der zu Dessau auf dem Philanthropin den 13. bis 15ten Mai 1776 angestellten öffentlichen Prüfung. Unterzeichnet: Halberstadt, den 18ten Mai 1776. E. F. von Rochow.

Der Teutsche Merkur vom Jahre 1776. Jhro Römisch-Kaiserlichen Majestät zugeeignet. Mit Königl. Preuß. und Kurfürstl. Brandbg. gnäd. Privilegio. Zweites Vierteljahr. Weimar 1776. S. 186/196. (Berlin, Göritz-Lübeck-Stiftung.)

14. Herrn von Rochow Schreiben über seine Erziehungsanstalten an Herrn ... (Iselin). Unterzeichnet: Haus Reckahn, den 26. Nov. 1776. Rochow.

Ephemeriden der Menschheit oder Bibliothek der Sittenlehre der Politik und der Gesetzgebung. Basel, bei Johann Schweighäuser 1776. Drittes Stück, S. 74/85. (Potsdam, Bibliothek des Großen Militär-Waisenhauses.)

15. Schreiben des Herrn Domherrn von Rochow an den Verfasser dieses Wochenblatts. Haus Reckahn, den 24sten Jan. 1777. (Das Schreiben ist nicht unterzeichnet; es handelt über die Kreditsache und über die vom Geheimrat von Berg gemachte Opposition gegen Rochows Gutachten.)

---

[1]) Herr Tschech hat im Katholischen Schulblatt Breslau 1907 S. 215—226 eine wertvolle Arbeit über „die ersten Ausgaben von Rochows Kinderfreund" geliefert.

D. Anton Friedrich Büsching, Wöchentliche Nachrichten. Berlin bei Haude und Spener 1778. Fünfter Jahrgang. S. 49/52. (6tes Stck. 10. Febr. 1777.) (Berlin, Göritz-Lübeck-Stiftung.)

16 a. Vom Nationalcharakter durch Volksschulen. Von Friedrich Eberhard von Rochow, Erbherrn auf Reckahn &c. 1779. (Ohne Druckort [1]).) S. III. Seiner Exzellenz, dem Hochwürdigen, Hoch- und Wohlgebornen Herrn Karl Abraham Freiherrn von Zedlitz, Königl. Preußischem Geheimen Etats- und Justizminister, Chef des geistlichen Departements, auch Oberkurator der Schulen und Universitäten &c. &c. zugeschrieben von dem Verfasser. S. V: Inhalt, S. 1—60: Text.

b. Von Verbesserung des Volkscharakters durch Volksschulen von Friedrich Eberhard von Rochow, Erbherrn auf Reckahn &c. &c.

Dessau u. Leipzig 1781. In der Buchhandlung der Gelehrten. S. II: „Allen, die es ganz lesen, zugeschrieben von dem Verfasser." S. III: Inhalt, S. 1—60: Text. (Berlin, Königl. Bibl. BD 6866. Heidelberg. Universitätsbibliothek.)

c. Dasselbe Buch erschien 1783 in Basel. (Heidelberg, Universitätsbibliothek.)

17 a. Der Kinderfreund [2]). Ein Lesebuch. Von Friedrich Eberhard von Rochow, Erbherrn auf Reckahn &c. &c. Zweiter Teil.

Brandenburg und Leipzig in Kommission bei den Gebrüdern Halle 1779.

S. III: Vorbericht, S. V/VIII: Inhalt, S. 9/111: Text. (Dessau, Herzogl. Bibl. Kiel, Königl. Univ. Bibl. Berlin, Bibl. d. Gymn. z. Grauen Kloster.)

b. Der Kinderfreund. Ein Lesebuch. Von Friedrich Eberhard von Rochow, Erbherrn auf Reckahn &c. &c. Zweiter Teil, Zweite Auflage.

Dessau in der Buchhandlung der Gelehrten 1781. (Berlin, Deutsche Lehrerbücherei.)

c. Der Kinderfreund. Ein Lesebuch. Von Friedrich Eberhard von Rochow, Erbherrn auf Reckahn &c. &c. Zweiter Teil. Neue unveränderte rechtmäßige Ausgabe.

---

[1]) Der Druckort ist jedenfalls Leipzig. In dem Werke „Bildnisse der berühmtesten und verdienstvollsten Pädagogen und Schulmänner älterer und neuerer Zeit, Quedlinburg und Leipzig, bei Gottfried Basse (ohne Jahr). Zweite Lieferung, S. 31," wird Crusius, Leipzig, als Verleger genannt.

[2]) Proben aus dem Kinderfreund bietet die Landschulbibliothek &c. Berlin 1780. 2. Bd. 1. Stck. S. 122/27. Berlin 1784. 3. Bd. 3. Stck. S. 95—103, ferner Gemeinnützige Betrachtung der neuesten Schriften, welche Religion, Sitten und Besserung des menschlichen Geschlechts betreffen. Von Georg Friedrich Seiler. Erlangen 1776. S. 833/41: Nr. 50, 21, 22, 23, 28, 41, 52, 65 und 90.

Brandenburg bei Andreas Friedrich Leich. 1800. S. III bis VIII: Inhalt, S. 1—188: Text. (Berlin, Königl. Bibl. Ng 786.)

d. Der Kinderfreund. Ein Lesebuch. Von Friedrich Eberhard von Rochow, Erbherrn auf Reckahn ꝛc. ꝛc. Neue unveränderte und rechtmäßige Ausgabe.

Brandenburg bei Andreas Friedrich Leich. 1802. (Berlin, Deutsche Lehrerbücherei.)

e. Der Kinderfreund. ein Lesebuch zum Gebrauch in Landschulen. Von Friedrich Eberhard von Rochow, Erbherrn auf Reckahn ꝛc. ꝛc. Zwei Teile. Dessau 1791. 2 S. Vorbericht, 6 S. Inhalt der beiden Teile, S. 1—70: Text des ersten Teils, S. 1/144: Text des zweiten Teils. (Berlin, Deutsche Lehrerbücherei.)

f. Der Kinderfreund. Ein Lesebuch ꝛc. Auszug aus demselben.

Brandenburg bei Leich 1804. Nach Heinsius, 3. Bd. S. 106.

18. Versuch eines Entwurfs zu einem deutschen Gesetzbuch nach christlichen Grundsätzen zum Behuf einer bessern Rechtspflege Motto: Cicero Quaest. Tusc. 1.28. An, si omnia ad intelligendum non habeo. quae habere vellem, ne iis quidem quas habeo, mihi vti libet? 1780. S. 3/8: Vorbericht, S. 9/54: Abhandlung. S. 55/57: Versuch eines deutschen Gesetzbuchs nach christlichen Grundsätzen. (Wernigerode, Fürstl. Bibl.)

(Das Exemplar trägt die Widmung: Sr. Exzellenz dem regierenden Herrn Grafen zu Stollberg Wernigerode p. p. p. von dem Verfasser Friedrich Eberhard von Rochow auf Reckahn p.)

19. Nachricht von einem ungewöhnlich großen, mit Steinrinde dünn überzogenen Geweih eines zu dem Hirschgeschlecht gehörigen, vermutlich nicht mehr bekannten Tieres. Nebst einem Anhange über die Merkwürdigkeiten der Gehörntragenden Tiere aus dem Hirschgeschlecht. Vom Domherrn Friedrich Eberhard von Rochow. Unterzeichnet: Reckahn, den 13. Aug. 1780 Friedrich Eberhard von Rochow.

Schriften der Berlinischen Gesellschaft naturforschender Freunde. Berlin 1781. Im Verlag der Buchhandlung der Realschule. 2. Bd. Mit Kupfern. S. 388/401. Berlin, Göritz-Lübeck-Stiftung.

20. Vorrede zu Karl Friedrich Riemanns Versuch einer Beschreibung der Reckahnschen Schuleinrichtung. Berlin und Stettin bei Friedrich Nicolai 1781. XXII und 172 S. S. V—XVI. Unterzeichnet: Reckahn, den 5. September 1780. Friedrich Eberhard von Rochow. (Berlin, Deutsche Lehrerbücherei.)

21. Besprechung des Kinderfreunds. Unterzeichnet: Reckahn, den 10ten April 1781. Friedrich Eberhard von Rochow.

Berichte der allgemeinen Buchhandlung der Gelehrten vom Jahre 1781. Dessau und Leipzig 1781. 8. 2. Stück, S. 92/99. (Berlin, Königl. Bibl. Ac 6475.)

22. Physikalische Bemerkungen über die im Jahre 1781 am 24sten und 25sten Mai eingefallene plötzliche Kälte vom Domherrn von Rochow. Unterzeichnet: Reckahn, den 16. Dezember 1781.

Schriften der Berlinischen Gesellschaft naturforschender Freunde. Berlin 1782. 3. Bd., S. 218—222. (Berlin, Göritz-Lübeck-Stiftung.)

23. Aus einem Schreiben des Domherrn von Rochow an den Herrn D. Bloch. (Über schwarze Rehe bei Dannenberg.) Unterzeichnet: Rochow.

Schriften der Berlinischen Gesellschaft naturforschender Freunde. Berlin 1783. 4. Bd., S. 385/387. (Berlin, Göritz-Lübeck-Stiftung.)

24a. Auf Isaak Iselins Tod! Vom Herrn Friedrich Eberhard von Rochow, Domherrn zu Halberstadt. Reckahn, den 21. November 1782.

Ephemeriden der Menschheit oder Bibliothek der Sittenlehre, der Politik und der Gesetzgebung. Leipzig 1783 in der Weygandschen Buchhandlung. 1. Bd., 2. Stck. Febr. 1783, S. 129/33. (Potsdam, Bibliothek des Großen Militär-Waisenhauses.)

b. Dasselbe Gedicht. Patriotisches Archiv für Deutschland. Frankfurt a. M. und Leipzig 1786. 4. Bd. S. 346. (Berlin, Königl. Bibliothek BD 6923 bis 6931.)

25a. Handbuch in katechetischer Form für Lehrer, die aufklären wollen und dürfen. Von Friedrich Eberhard von Rochow auf Reckahn.

Halle im Verlag der Buchhandlung des Waisenhauses 1783. S. 3/14: Vorbericht.[1]) Unterzeichnet: Reckahn, den 2ten Mai 1783. Friedrich Eberhard von Rochow. (Breslau, Univ. Bibl.)

b. Handbuch rc. rc. Zweite verbesserte Auflage. Halle im Verlag der Buchhandlung des Waisenhauses 1789.

S. 3/16: Vorbericht zur ersten Auflage, unterzeichnet wie bei a, S. 17/72: Text. (Berlin, Deutsche Lehrerbücherei.)

c. Ein Abdruck aus dem „Handbuch" findet sich in „Allgemeine und besondere Vorschriften zur Beförderung eines bessern Unterrichts in den Landschulen.

Königsberg, 1788. Gedruckt mit Driestischen Schriften. S. 28/59. (Berlin, Deutsche Lehrerbücherei.)

d. Einen Abdruck aus dem „Handbuch" bietet die zweite Auflage des Buches „Allgemeine und besondere Vorschriften zur Beförderung eines bessern Unterrichts in den Landschulen". Königsberg 1797 bei Nicolovius.

26. Beantwortung der Frage, welche die Akademie der Wissenschaften zu Berlin fürs Jahr 1783 aufgegeben hat.

---

[1]) Ein Abdruck des Vorberichts findet sich in „Landschulbibliothek oder Handbuch der Schullehrer auf dem Lande" Berlin 1784. 3. Bd. 3. Stck. S. 37—43.

Ein non accessit von dem Herrn Domherrn von Rochow. Unterzeichnet: Reckahn, den 2. Oktober 1784. Friedrich Eberhard von Rochow.

Braunschweigisches Journal philosophischen, philologischen und pädagogischen Inhalts, herausgegeben von E. Chr. Trapp, Joh. Stuve, Konr. Heusinger und Joh. Heinr. Campe.

Braunschweig 1788. Im Verlage der Schulbuchhandlung. 1. Bd. S. 45—64 u. 129—149. (Berlin, Königl. Bibliothek Ac 6620.)

27. Etwas Praktisches über Erziehung. Unterzeichnet: Reckahn den 11ten Juli 1785. v. Rochow.

Deutsches Museum. 1785. 2 Bd. S. 304/310. (Berlin, Königl. Bibl. Ac 6390.)

28. Katechismus der gesunden Vernunft, oder Versuch, in faßlichen Erklärungen wichtiger Wörter nach ihren gemeinnützigsten Bedeutungen und mit einigen Beispielen begleitet zur Beförderung richtiger und bessernder Erkenntnis. Von Friedrich Eberhard von Rochow auf Reckahn. Mit Königl. Preuß. Kurbrand. allergnädigster Freiheit. Berlin und Stettin bei Friedrich Nicolai 1786.

S. 3/22: Vorbericht von der Absicht und dem Gebrauch dieser Schrift. Unterzeichnet, den 19ten April 1785. Der Verfasser, S. 23/124: Text, S. 125/128: Übersicht des Ganzen und Register. (Berlin, Deutsche Lehrerbücherei.)

b. Dasselbe Buch. Zweite verbesserte und hin und wieder vermehrte Auflage. Mit Königl. Preuß. Kurbrand. allergnädigster Freiheit. Berlin und Stettin bei Friedrich Nicolai 1790.

S. III/XVIII: Vorbericht, S. XIX/XXII: Übersicht des Ganzen, S. 1—79: Text. (Berlin, Deutsche Lehrerbücherei.)

c. Dasselbe Buch. Dritte verbesserte Auflage. Berlin und Stettin 1806.

S. III/XVI: Vorbericht des Verfassers. Unterzeichnet: Reckahn, den 19. April 1785, S. XVIII: Vorbericht des Verlegers zur dritten Auflage. S. XX/XXI: Übersicht des Ganzen und Register, S. 1/60: Text. (Berlin, Deutsche Lehrerbücherei.)

29. Urteil Rochows über: Versuch über die Aufklärung des Landmanns. Nebst Ankündigung eines für ihn bestimmten Handbuchs. Von Rudolf Zacharias Becker.

Motto: Homo sum, humani nihil a me alienum puto.

Dessau und Leipzig bei G. J. Göschen 1785. S. 21: Urteil von Rochow über nachstehenden Plan des Volksbuchs. (Berlin, Königl. Bibl. Nq 12892a.)

30. Versuch über die Regierungskunst. Von dem Herrn Domherrn von Rochow. Unterzeichnet: Reckahn, den 8ten März 1787. von Rochow.

Braunschweigisches Journal. Braunschweig 1788. 1. Bd. S. 393/407. (Berlin, Königl. Bibl. Ac 6620.)

31. Etwas über die Worte Desorganisation und Somnambulismus.

Berlinische Monatsschrift 1787. Berlin. 10. Bd. S. 177/180. (Der Aufsatz ist nicht unterzeichnet; nach einem Briefe Rochows an Nicolai vom 5. Mai 1787 ist er der Verfasser.) (Berlin, Magistratsbibliothek.)

32a. Eines Hochwürdigen Domkapitels Verordnung zur zweckmäßigen Einrichtung des domkapitularischen Landschullehrer-Seminariums in Halberstadt.

Gemeinnützige Blätter. Eine Wochenschrift zum Besten der Armen von der Literarischen Gesellschaft zu Halberstadt. Halberstadt, gedruckt bei Johann Friedrich Mevius 1789. 1 Jahrgang, 2 Bd. S. 357/368. (Berlin, Königl. Bibl. Ae 6551.)

b. Ein Auszug aus obiger Verordnung findet sich in: Landschulbibliothek oder Handbuch der Lehrer auf dem Lande. Joh. Fried. Prenniger, Berlin bei Christian Friedrich Himburg 1785. 1. Stck., 4. Abt., S. 93/117: Umständliche Nachricht von dem Schulmeisterseminarium eines Hochwürdigen Domkapitels zu Halberstadt. (Berlin, Königl. Bibl. Ne 4564.)

33. Über Bettelei und deren Abhelfung besonders auf dem platten Lande.

Neues Berliner Intelligenzblatt zum Nutzen und Besten des Publici.

Nr. 99. Sonnabends, den 25. April 1789. S. 829—831. Fortsetzung in Nr. 100. Montag, den 27. April 1789. S. 837—839 und Nr. 101. Dienstag, den 28. April 1789. S. 846—848. Unterzeichnet: Reckahn, den 18. April 1789. von Rochow.

(Der Aufsatz ist dem folgenden Werk beigefügt worden.) (Berlin, Königl. Bibl.)

34. Versuch über Armenanstalten und Abschaffung aller Bettelei von Friedrich Eberhard von Rochow auf Reckahn. Mit Kupfern.

Berlin bei Friedrich Nicolai 1789.

S. 3/4: Vorrede, unterzeichnet: Reckahn, den 7ten Juni 1789. von Rochow, S. 5/125: Text, und zwar S. 5/28 nicht unterzeichnet (von Rochow), S. 29/39: Beilage, unterzeichnet: Joachimstal, den 2ten Januar 1789. Cosmar, S. 40/59 unterzeichnet: M. A. von Winterfeld, S. 60/73: unterzeichnet: Reckahn, den 18. April 1789. von Rochow, S. 74/83 unterzeichnet: Nieden in der Uckermark, den 13. Mai 1789. M. A. von Winterfeld, S. 84/125 nicht unterzeichnet, S. 126/152: Anhang. Erklärung des Bauverständigen zu dem von ihm gezeichneten Plane. Beigefügt sind zwei Kupfertafeln, Baupläne, ohne Signatur. (Berlin, Magistrats-Bibliothek.)

35. Bemerkung über die Abhandlung im März-Stück der Berliner Monatsschrift 1789, betitelt: Verba valent, sicut nummi oder von der Wortmünze. Unterzeichnet: Reckahn, den 22ten März 1789. von Rochow.

Braunschweigisches Journal 1789. 2. Bd. S. 1—8.

36. Eine kleine Logik oder Vernunftanwendungslehre, nach dem Französischen des Herrn d'E...., sehr frei über-

setzt in einem Brief an eine Dame. Unterzeichnet: Reckahn, den 7ten Mai 1789. von Rochow.

Braunschweigisches Journal 1789. 2 Bd. S. 257/283. (Berlin, Königl. Bibliothek Ac 6620.)

(Ein Abdruck ist 1789 in der Braunschweiger Schulbuchhandlung erschienen.)

37. Grabschrift für den Kantor Schäfer (Göttin).

Deutsche Zeitung. Gotha 1789. 4. S. 317. (Berlin, Göritz-Lübeck-Stiftung.)

38. Allgemeine Bemerkungen über die Hindernisse der Erfindung und ersten Verbreitung der Schreibkunst. Unterzeichnet: Fr. Eb. v. R.

Neue Literatur und Völkerkunde. Für das Jahr 1790. Erster Band. Januar bis Juni. Ein periodisches Werk. Herausgegeben von J. W. von Archenholtz, vormals Hauptmann in königl. preußischen Diensten. Leipzig bei G. J. Göschen 1790. 1. Bd., S. 315—329. (Berlin, Königl. Bibliothek Ac 6501.)

39. Über Simplicität. Motto: Gott hat den Menschen aufrichtig erschaffen; aber sie suchen viel Künste. Salomo. Simplex duntaxat et unum. Horat. Unterzeichnet: von Rochow.

Deutsche Monatsschrift. Mit Kupfern. Berlin bei Friedrich Vieweg 1790. 1 Bd. S. 121/135. (Berlin, Göritz-Lübeck-Stiftung.)

40. Aber die Landleute müssen doch auch leben? Unterzeichnet: Reckahn. von Rochow.

Berlinische Monatsschrift 1791. 17. Band, S. 327/323. (Berlin, Magistrats-Bibliothek.)

41. Herrn Mirabeau des Ältern Discurs über die Nationalerziehung 1791. Nach seinem Tode gedruckt und übersetzt, auch mit einigen Noten und einem Vorbericht begleitet von Friedrich Eberhard von Rochow auf Reckahn ꝛc. Berlin und Stettin bei Friedrich Nicolai 1792.

S. III—V: Vorbericht des Übersetzers, S. VI: Avertissement, unterzeichnet: Die Witwe Lejäy. S. 7/64: Text. (Berlin, Königl. Bibliothek Nd 1432.)

42. Über die Wichtigkeit der Wochenschriften. Nicht unterzeichnet! [1])

Neue gemeinnützige Blätter. Eine Wochenschrift zum Besten der Armen. Herausgegeben von der literarischen Gesellschaft zu Halberstadt. Halberstadt. Gedruckt bei Delius Witwe. 1791. Erster Jahrgang. Erster Band. S. 5/14. (Berlin, Königl. Bibl. Ac 6552.)

43a. Berichtigungen. Erster Versuch von Friedrich Eberhard von Rochow auf Reckahn usw.

Braunschweig in der Schulbuchhandlung 1792.

---

[1]) Nach „Meusel, Gelehrtes Deutschland, 1803. 10. Bd. S. 493“ ist Rochow der Verfasser des Aufsatzes; Inhalt und Form sprechen nicht für seine Autorschaft.

S. III: Inhalt, S. 1/284: Text. Am Schluß: Ende des ersten Versuchs. S. 285: Druckfehler. (Berlin, Königl. Bibl. Nh 4888.)

b. Dasselbe Buch. Zweite verbesserte Auflage. Königslutter bei Culemann 1798.

Siehe Neue allgemeine deutsche Bibliothek. Berlin 1803. Anhang 2. Abt. S. 680.

c. Dasselbe Buch. Zweite verbesserte Auflage. Leipzig bei W. Nauck. (Ohne Jahr.)

In Bildnissen und Lebensbeschreibungen der berühmtesten und verdienstvollsten Pädagogen und Schulmänner älterer und neuerer Zeit. Quedlinburg und Leipzig bei Gottfried Bosse (ohne Jahr) wird diese Auflage erwähnt.

Die gleiche Auflage verzeichnet Chr. Gottl. Kaysers Bücherlexikon. Leipzig 1834 unter den Schriften F. E. von Rochows.

Die Nachforschungen nach einem Exemplar der 2. Auflage waren ergebnislos.

44a. Vom großen Werte des beständigen Frohsinns oder der guten Laune bei einem Schullehrer. Unterzeichnet: Friedrich Eberhard von Rochow.

Der deutsche Schulfreund, ein nützliches Hand- und Lesebuch für Lehrer in Bürger- und Landschulen. Herausgegeben von H. G. Zerrenner. Erfurt 1792. 3. Bd. S. 26/29. (Potsdam, Bibl. des Großen Militär-Waisenhauses.)

b. Derselbe Aufsatz in dem Deutschen Schulfreund ꝛc. Neue verbesserte Auflage. Erfurt 1795. 3. Bdch. S. 26—30. (Warmbrunn, Gräflich Schaffgotsche Bibliothek.)

45. Erste Rede, gehalten in der kurmärkischen ökonomischen Gesellschaft in Potsdam, am 7. Februar 1792. Unterzeichnet: Friedrich Eberhard von Rochow, zeitiger Direktor.

Annalen der Märkischen Ökonomischen Gesellschaft zu Potsdam. Potsdam 1792 bei Karl Christian Horvath. 1. Bd. 1. Heft, S. 33/45. (Berlin, Königl. Bibliothek Qu 1266.)

46. Vorrede. (Über Schulstrafen.) Unterzeichnet: Reckahn, den 25. März 1792. von Rochow.

Karl Friedrich Riemann, Neue Beschreibung der Reckahnschen Schule, größtenteils zugleich ein praktisches Handbuch für Lehrer, welche nach Reckahnscher Lehrart unterrichten können und wollen. Mit einer Vorrede von Sr. Hochwürden dem Herrn Domherrn ꝛc. Friedrich Eberhard von Rochow, Erbherrn auf Reckahn ꝛc. ꝛc.

Berlin und Stettin bei Friedrich Nicolai 1792. S. III—VIII. (Berlin, Königl. Bibl. Az 11029.)

47. Märkische Bauerngespräche[1]). Unterzeichnet: Reckahn, den 3ten April 1792. von Rochow.

---

[1]) Nach einem Vorschlage Rochows in der Deputiertenkonferenz der Gesellschaft vom 13. März 1792 waren diese Bauerngespräche bestimmt zur Aufnahme in den Haushaltungskalender, da dieser am geeignetsten erschien, „eine Menge nützlicher ökonomischer Kenntnisse bald in Umlauf und besonders zur Wissenschaft des Land-

a. Erstes Gespräch: Seidenbau. S. 142/45. b. Zweites Gespräch: Vom gegrabenen Lande. S. 145/47. c. Drittes Gespräch: Das vierte Korn. S. 147/50. d. Viertes Gespräch: Fortsetzung des dritten. S. 150/52.

Annalen der Märk. Ökon. Ges. zu Potsdam 1792. 1. Bd., 1. Heft, S. 142/52.

48. Über die Gleichmachung der Fuhrgeleise. Eine Vorlesung, gehalten am 8ten Mai 1792 in der ökonomischen Gesellschaft zu Potsdam. Unterzeichnet: Reckahn, den 8. Mai 1792. F. E. v. Rochow.

Annalen der Märk. Ökon. Ges. zu Potsdam 1792. 1. Bd. 1. Heft. S. 100—110.

49. Über die Schwierigkeit, solche ökonomische Versuche zu machen, die als richtige Erfahrungen allgemeine Verhaltungsmaßregeln geben. Unterzeichnet: Reckahn, den 6ten November 1792. v. Rochow.

Annalen der Märk. Ökon. Ges. zu Potsdam 1793. 1. Bd., 2. Heft, S. 60/71.

50. Miscellaneen. Cicer arietinum. Nachmittags, den 6ten November 1792 vorgelesen. (Nicht unterzeichnet.)

Annalen der Märk. Ökon. Ges. zu Potsdam 1793. 1. Bd. 2. Heft, S. 71/72.

51. Über eine Stelle in Herrn Geh. Kanzlei-Sekretär Rehbergs Untersuchungen über die französische Revolution. Unterzeichnet: Reckahn, den 29. Jan. 1793. Friedrich Eberhard von Rochow.

Deutsche Monatsschrift 1793. 3 Bd. S. 3/20.

52. Über die Raubtiernatur der Natter. Auszug aus einem Briefe des Herrn Domherrn von Rochow zu Reckahn vom 20. Mai 1793.

Schriften der Gesellschaft naturforschender Freunde zu Berlin. (Mit Kupfern.) Berlin bei Heinrich August Rottmann 1794. 11. Bd. S. 260. (Berlin, Göritz-Lübeck-Stiftung.)

53. Über den Einfluß des Lokalen in die Anwendung allgemeiner ökonomischer Grundsätze. Eine Vorlesung, gehalten in der Generalversammlung der Königl. Kurmärkisch-Ökonomischen Societät zu Potsdam, den 21. Mai 1793. Unterzeichnet (durch Nachtrag in den Verbesserungen am Schluß des Bandes): Friedrich Eberhard von Rochow auf Reckahn.

Annalen der Märk. Ökon. Ges. zu Potsdam 1794. 1. Bd. 3. Heft, S. 58/75.

54. Anrede an die im neuen Versammlungshause aufgestellten beiden königlichen Bildnisse. Unterzeichnet: Gesprochen in der Generalversammlung zu Potsdam den 5. November 1793. von Friedrich Eberhard von Rochow auf Reckahn rc. rc.

Annalen der Märk. Ökon. Ges. zu Potsdam. 1794. 1. Bd. 3. Heft, S. 109/10.

55. Vorlesung gehalten in der Generalversammlung in Potsdam, den 5. November 1793. Über die Selbsthilfe

---

manns zu bringen." Der Kalender-Pächter Siwicke war auch anfangs bereit, einige Blätter des Haushaltungskalenders der Gesellschaft zur Verfügung zu stellen, lehnte aber dann die Aufnahme der Bauerngespräche ab. Annalen, 1. Bd. 1. H. S. 27 ff.

der Landleute. Unterzeichnet: Friedrich Eberhard von Rochow auf Reckahn ꝛc. ꝛc.

Annalen der Märk. Ökon. Ges. zu Potsdam. 1794. 1. Bd. 3. Heft, S. 111/114.

56. Grabschrift für den Kammerdiener Martus.

Deutsche Zeitung. Gotha 1793. 4. S. 637. (Göritz-Lübeck-Stiftung.)

57. Berichtigungen. Zweiter Versuch nebst einer Vorrede von Friedrich Eberhard von Rochow auf Reckahn ꝛc. ꝛc.

Braunschweig, Schulbuchhandlung. 1794. S. III—XXXVIII: Vorrede. (Unterzeichnet: Brandenburg, den 17ten Mai 1794 von Rochow.) S. XXXIX: Inhalt, S. 1/224: Text. Am Schluß „Ende des zweiten Versuchs" (Berlin, Königl. Bibl. Nh. 4888.)

58. Die Schädlichkeit der Bleiglasur in den irdenen Küchengefäßen nebst Vorschlägen zu deren Abhelfung. Vom Herrn Domkapitular von Rochow auf Reckahn.

Annalen der Märk. Ökon. Ges. zu Potsdam. Potsdam 1795. 2. Bd., 1. Heft, S. 1—4.

59. Vom deutschen Kaffee oder Siser arietinum. Vom Herrn Domkapitular von Rochow auf Reckahn.

Annalen der Märk. Ökon. Ges. zu Potsdam. 1795. 2. Bd. 1. Heft, S. 10/12.

60. Über Gewinn und Verlust bei der Landwirtschaft, angewandt auf den ökonomischen Zustand eines Bauern in dem Kreise der Kurmark, die Zauche genannt. Vom Herrn Domkapitular von Rochow auf Reckahn.

Annalen der Märk. Ökon. Ges. zu Potsdam. 1795. 2. Bd. 1. Heft, S. 38/44.

61. Etwas über die Worte: Cum grano salis. Unterzeichnet: Fr. Eb. von Rochow.

Deutsche Monatsschrift 1794. 2. Bd. S. 11/13. (Berlin, Göritz-Lübeck-Stiftung.)

62. Versuch über den Versuch. Unterzeichnet: Reckahn. von Rochow.

Deutsche Monatsschrift 1794. 3. Bd. S. 3/10.

63. Über die Obstbaumzucht im Großen. Vom Herrn Domkapitular von Rochow auf Reckahn. Unterzeichnet: Reckahn, den 4. November 1794.

Annalen der Märk. Ökon. Ges. zu Potsdam. 1795. 2. Bd. 1. Heft, S. 145/151.

64. Geschichte meiner Schulen. Von Friedrich Eberhard von Rochow auf Reckahn ꝛc. ꝛc. Nebst vier Beilagen. Das Titelblatt trägt eine Vignette, der Löwe im Netz mit der Maus.

Schleswig bei J. G. Röhß 1795.

Das ganze Titelblatt ist in Kupfer gestochen.

S. 3/32: Text. S. 33/37: Beilage A. Zedlitz Brief über Rochows Schulbuch, de dato Berlin, den 17. Juni 1773. S. 38/54: Beilage B. Drama. S. 55: Beilage C. Zedlitz Gutachten über die Reckahner Schule, de dato Reckahn, den 26. Mai 1779. S. 57/96: Beilage D. Instruktion für die Landschulmeister 1773. (Diese Instruktion ist nicht von Rochow verfaßt worden, sondern sie ist ihm vom Oberkonsistorium in Berlin zugesandt worden. In einer andern Ausgabe trägt sie die Unterschrift des

Ministers von Zedlitz. (Vergl. Dr Theodor Fritzsch, Friedrich Eberhard von Rochow, Geschichte meiner Schulen etc. Leipzig Druck und Verlag von Philipp Reclam jun.) (Berlin, Göritz-Lübeck-Stiftung.)

b. Geschichte meiner Schulen. Ein Abdruck findet sich in: D. Heinrich Philipp Conrad Henkes Magazin für Religionsphilosophie, Exegese und Kirchengeschichte.

Helmstädt bei C. G. Fleckeisen 1795. 3. Bd. 3. Stck. S. 337/61. (Berlin, Königl. Bibliothek.)

65. Die Schleppen. Ein deutsches Original-Nachspiel in einem Akte. Nicht unterzeichnet. Nach dem Epilog der Herausgeber ist es „von der Hand eines Mannes der Welt, und den zugleich Deutschland unter seine besten Schriftsteller zählt."

Journal des Luxus und der Moden. Herausgegeben von F. J. Bertuch und G. M. Kraus.

Weimar 1795. 10. Bd. S. 554—562. (Berlin, Königl. Bibliothek.)

66. Form. Unterzeichnet: Friedrich Eberhard von Rochow.

Neue deutsche Monatsschrift. Herausgegeben von Friedrich Gentz. Berlin bei Vieweg dem Älteren. 1795. 1. Bd. Mit Kupfern. S. 76/81.

67. Über die Sinne. Unterzeichnet: Reckahn, den 14. April 1795. Friedrich Eberhard von Rochow.

Deutsche Monatsschrift 1795. 2. Bd. S. 113/177.

68. Der Pfeil. (Ein Gedicht.) Unterzeichnet: Reckahn, den 12. Juli 1795. Friedrich Eberhard von Rochow.

Deutsche Monatsschrift. Berlin 1796. 1. Bd. S. 275.

69a. Über die Notwendigkeit einer zweckmäßigeren Einrichtung der niederen Stadt- und Landschulen in Rücksicht auf die Armenanstalten. Vom Herrn Domkapitular von Rochow auf Reckahn.

Neue deutsche Monatsschrift. Herausgegeben von Friedrich Gentz. 1795. 3. Bd. S. 8/13.

b. Derselbe Aufsatz (gekürzt) in Annalen der Märk. Ökon. Ges. zu Potsdam 1795. 2. Bd. 2. Heft, S. 1/11.

70. Vermischte Nachrichten vom Herrn Domkapitular von Rochow auf Reckahn.

1. Gewitter am 1. Mai 1795.
2. Weiden.
3. Wintergerste.
4. Spalierobst.
5. Empfehlung des Buches: „Die ersten Gründe der Landwirtschaft".
6. Sibirischer Hafer.
7. Sommerroggen.

Annalen der Märk. Ökon. Ges. zu Potsdam. 1795. 2. Bd. 2. Heft S. 139/141.

71 a. Der Kinderfreund oder erster Unterricht im Lesen und bei dem Lesen von Friedrich Eberhard von Rochow auf Reckahn. Neueste, verbesserte, korrekteste und wohlfeilste Ausgabe.

Brandenburg in der Leichschen Buchhandlung 1795. Preis 2¼ Groschen.

(Nach einer Rezension im „Deutschen Schulfreund" von H. G. Zerrenner. Erfurt 1795. 12. Bdch. S. 157/63. Ein Exemplar dieser Ausgabe habe ich nicht erhalten können.)

b. Dasselbe Buch mit gleichem Titel.

Brandenburg 1796.

S. 5/101: Text, S. 102/104: Inhalt.

In der mir vorliegenden Ausgabe fehlt die Vorrede. (Berlin, Bibliothek des Herrn Lehrers Aron.)

c. Dasselbe Buch mit gleichem Titel.

Brandenburg 1798.

S. 2/4: Vorbericht, S. 5/101: Text, S. 102/104: Inhalt. (Berlin, Bibliothek des Herrn Lehrers Aron.)

d. Dasselbe Buch mit gleichem Titel.

Brandenburg 1800.

Nach einer Anzeige vom 25. Okt. 1800 in der Vossischen Zeitung Nr. 128.

e. Dasselbe Buch.

Brandenburg 1804. (Nach Heinsius, Bücherlexikon. 3. Bd. S. 406.)

f. Der Kinderfreund oder erster Unterricht im Lesen und bei dem Lesen von Friedrich Eberhard von Rochow auf Reckahn. Neueste, verbesserte, einzig rechtmäßige und wohlfeilste Ausgabe. Mit Königl. Preuß. und Kurfürstl. Brand. Privilegio.

Brandenburg in der Leichschen Buchhandlung. 1805. Preis 2½ Gr.

Dem Titelblatt folgt der Abdruck des Privilegiums vom 23. November 1802 des Königl. Preuß. Kurfürstl. Brand. Lehnsdepartements. (Berlin, Deutsche Lehrerbücherei.)

72. Summarium oder Menschenkatechismus in kurzen Sätzen nebst einer Vorrede von Friedrich Eberhard von Rochow auf Reckahn.

Schleswig bei Joh. Gottl. Röhß. 1796.

S. 3/8: Vorrede. (Unterzeichnet: Der Verfasser). S. 9/51: Text. (Berlin, Göritz-Lübeck-Stiftung.)

73. Zusätze zu dem Summarium oder Menschenkatechismus in kurzen Sätzen von Friedrich Eberhard von Rochow auf Reckahn.

Schleswig bei Joh. Gottl. Röhß. 1796.

S. I/IV: Vorrede (Unterzeichnet: Reckahn, den 12ten Mai 1796. Friedrich Eberhard von Rochow. S. 1/86: Text. (Berlin, Göritz-Lübeck-Stiftung.)

74. Über Vernunft und Verstand in Herrn Professors Jakobs Grundriß der Erfahrungs-Sittenlehre. Von Friedrich Eberhard von Rochow auf Reckahn. Heinrich Philipp Conrad Henkes Magazin für Religionsphilosophie, Exegese und Kirchengeschichte. Helmstädt bei C. G. Fleckeisen 1796. 5. Bd. S. 439—451. (Berlin, Königl. Bibliothek.)

75. Vorschlag, die Häuser vor Feuchtigkeit und Kälte zu sichern. Unterzeichnet: 7. Okt. 1796.

Neue gemeinnützige Blätter. Eine Wochenschrift zum Besten der Armen. Herausgegeben von der literarischen Gesellschaft zu Halberstadt. Halberstadt 1796. 23. Stck. S. 283/84. (Berlin, Königl. Bibl. Nc 6552.)

76. Über die Beharrlichkeit bei dem, was gut und nützlich ist. Vom Herrn Domkapitular von Rochow.

Annalen der Märk. Ökon. Ges. zu Potsdam. 1797. 3. Bd. 1. Heft S. 42/45.

77. Über Frondienste. Vom Herrn Domkapitular von Rochow.

Annalen der Märk. Ökon. Ges. zu Potsdam. 1792. 3. Bd. 1. Heft S. 131/137.

78. Einige Nachrichten aus dem Leben des Herrn Domherrn von Rochow aus einem Brief desselben an die Herausgeber. Unterzeichnet: Brandenburg, den 26. Juli 1796. Friedrich Eberhard von Rochow auf Reckahn.

Denkwürdigkeiten und Tagesgeschichten der Mark Brandenburg. Herausgegeben von J. W. A. Kosmann und Th. Heinsius.

Berlin bei Belitz und Braun 1796. 2. Bd. S. 893/895. (Berlin, Magistratsbibliothek.)

79. Vom Verschwinden des baren Geldes in einem Staate. Unterzeichnet: Reckahn, den 4. August 1796. Friedrich Eberhard von Rochow.

Denkwürdigkeiten und Tagesgeschichte der Mark Brandenburg. 1796. 2. Bd. S. 922/924.

80. Der Luxus und die Republik. (Gedicht.) Unterzeichnet: Reckahn. von Rochow.

Berlinische Monatsschrift. Berlin 1796. 28. Bd. S. 239/240.

81. Meine Gedanken über die Benutzung des eudämonistischen und Kantischen Lehrgebäudes. In einem Briefe an einen Freund! Unterzeichnet: Reckahn, den 9. Nov. 1796. v. Rochow,

Deutsche Monatsschrift 1796. 3. Bd. S. 237/39.

82. An das abscheidende Jahr. (Gedicht.) Unterzeichnet: Reckahn den 22. Dezember. von Rochow.

Neue gemeinnützige Blätter. Halberstadt 1796. 6. Jahrgang, 4. Quartal, S. 133/36.

83. **Nachschrift zu dem Gedicht „Hymne von der Vorzüglichkeit der Jagd."**

20. Februar 1797.

Eine Abschrift findet sich im Schloßarchiv zu Stülpe i. d. Mark.

Friedrich Eberhard von Rochows sämtliche pädagogische Schriften, herausgegeben von Dr F. Jonas und F. Wienecke. Berlin 190 . Bd. 3. S. 413.

84. **Über das, woran man bei einem Dinge denken kann, oder über Kategorien.** Unterzeichnet: Reckahn, den 7. April 1797. von Rochow.

Neue deutsche Monatsschrift. Leipzig 1797. 2. Bd. S. 97/103.

85. **Materialien zum frühen Unterricht in Bürger- und Industrieschulen. Von Friedrich Eberhard von Rochow, Erbherrn auf Reckahn.**

Berlin und Stettin bei Friedrich Nicolai 1797.

S. III/VI: Vorrede, S. 7/47: Text. Am Schluß unterzeichnet: Reckahn, den 10. April 1797. von Rochow. (Berlin, Königl. Bibl. Ng 746a.)

86. **Nachrichten von dem Erfolge der Aufhebung der Spanndienste in Krahne und Göttin. Vom Herrn Domkapitular von Rochow.**

Annalen der Märk. Ökon. Ges. zu Potsdam. 1798. 3. Bd. 2. Heft S. 29/34.

87. **Über Feuersbrünste. Vom Herrn Domkapitular von Rochow.**

Annalen der Märk. Ökon. Ges. zu Potsdam. 1798. 3. Bd. 2. Heft S. 52/56.

88. **Von der Physiognomie der Regierungen.** Unterzeichnet: R...w.

Jahrbücher der preußischen Monarchie unter Regierung Friedrich Wilhelms des Dritten. Jahrgang 1798. Erster Band. Mit dem Bildnisse Sr. Majestät des Königs. Motto: „Bescheidene Freimütigkeit ist eine würdige Huldigung, die jeder der Wahrheit und dem Gesetze schuldig ist."

Berlin bei Joh. Fried. Unger 1798. 1. Bd. S. 17/18. Berlin, Magistratsbibliothek.

89. **Eine Strophe auf die Wiener Zeitschrift: „Eudämonia."** Unterzeichnet: von R...w.

Berlinische Blätter. Herausgegeben von Biester. Zweiter Jahrgang 1798. Erstes Vierteljahr. Berlin bei Karl August Nicolai, Sohn. S. 1798. 191. (Berlin, Göritz-LübeckStiftung.)

90. **Ich.** (Ode.)

Unterzeichnet: Berlin, den 9. März 1798. R...w.

Berlinische Blätter von Biester. 1798. 1. Bd., S. 310/312.

91. **Über die Kometenfurcht.** Unterzeichnet: von Rochow.

Jahrbücher der preußischen Monarchie. 1798. 1. Bd. S. 292/93.

92. Was heißt chicaner? Unterzeichnet: Den 16. April 1798. R...w.
Jahrbücher der preußischen Monarchie. 1798. 2. Bd. S. 34/35.

93. Womit oder wobei fängt man an, eine rohe Nation zu polizieren? Unterzeichnet: Berlin, den 30. Mai 1798. von Rochow auf Reckahn.

Jahrbücher der preußischen Monarchie. 1798. 2. Bd. S. 303/304.

94a. Literarische Korrespondenz mit verstorbenen Gelehrten. Erster Band. Von Friedrich Eberhard von Rochow auf Reckahn 2c. 2c. Herausgegeben im Jahre 1798.

Berlin und Stettin 1799 bei Friedrich Nicolai.

S. III: Vorbericht. Unterzeichnet: Reckahn, den 23. August 1798. Friedrich Eberhard von Rochow. S. V: Inhalt der in diesem Bande enthaltenen Briefe. S. 1 bis 264: Text. (Berlin, Deutsche Lehrerbücherei.)

b. Literarische Korrespondenz des Pädagogen Friedrich Eberhard von Rochow mit seinen Freunden. Neu herausgegeben und vermehrt von Dr. F. Jonas, Stadtschulinspektor in Berlin.

Berlin 1885. C. Oehmigkes Verlag. (R. Appelius.)

Dem Titelblatt steht das Bildnis Rochows voran. S. V: Vorbericht zur ersten Auflage. S. VI/VII: Vorbericht zur zweiten Auflage. Unterzeichnet: Berlin im August 1884. Dr F. Jonas. S. VIII/XXVI: Biographische Einleitung. S. XXVI bis XXX: Verzeichnis der gedruckten Schriften Rochows. S. 1—258: Text. S. 259 bis 274: Anhang. (Berlin, Königl. Bibl. Yz 12 932.)

95. Bemerkungen über die Witterung und den Ausfall der diesjährigen Ernte, auch über den Kartoffelbau. Vortrag, gehalten am 23. Okt. 1798 in der Märk. Ökon. Ges. zu Potsdam.

Gemeinnütziges Volksblatt, herausgegeben von der Märk. Ökon. Ges. zu Potsdam. Potsdam 1799, verlegt bei Karl Christian Horvath. 2. Jahrg. S. 56/58. (Berlin, Königl. Bibl.)

(Erwähnt wird dieser Vortrag in den Annalen der Märk. Ökon. Ges. 3. Bd. 3. Heft S. 1.)

96. Über die Eudämonistik in Lehrbüchern für die Jugend. Unterzeichnet: Reckahn, den 7ten November 1798. von Rochow auf Reckahn.

Patriotisches Archiv für Deutschland. Der Gottheit, den Fürsten, dem Vaterlande gewidmet von Sam. Chr. Wagener. Im Selbstverlage und auf Kosten des Herausgebers. In Kommission bei Fr. Maurer.

Berlin 1799. 1. Bd. 1. Stck. S. 85/88. (Berlin, Königl. Bibl. Ad 260.)

97. Wo und wie schließt sich an das eudämonistische das Kantische Lehrsystem an? Unterzeichnet: Berlin, den 19ten November 1798. von Rochow auf Reckahn.

Patriotisches Archiv für Deutschland 2c. Von Sam. Chr. Wagener. Berlin 1799. 1. Bd. S. 88/91.

98. Andasabgeschiedene Jahr. (Gedicht.) Unterzeichnet: R....w. Jahrbücher der preußischen Monarchie. 1799. 1. Bd. S. 81—82.

99. Über die beste Art der Vertilgung des Hederichs aus dem Sommergetreide. Unterzeichnet: von Rochow auf Reckahn.

Gemeinnütziges Volksblatt. 1799. 2. Jahrg. S. 96—98.

100. Von der Hütung der Pferde. Unterzeichnet: von Rochow auf Reckahn. Gemeinnütziges Volksblatt. 1799. 2. Jahrg. S. 250—254.

101. Über einige Ursachen der schlechten Ernten. Unterzeichnet: von Rochow auf Reckahn.

Gemeinnütziges Volksblatt. 1799. 2. Jahrg. S. 381—383.

102. Vorschläge, was mit denen im Zuchthause Gebesserten anzufangen wäre. Unterzeichnet: Berlin, den 2. April 1799. R...w

Jahrbücher der preußischen Monarchie. 1799. 2. Bd. S. 54—55.

103. Noch ein Wort über die Verbesserung der Landschulen. Unterzeichnet: Berlin, den 2ten Mai 1799. von Rochow auf Reckahn.

Jahrbücher der preußischen Monarchie. 1799. 2. Bd. S. 114—118.

104. Über die sterilen Hilfsmittel des Ackerbaues. 7. Mai 1799. Vom Herrn Domkapitular von Rochow.

Annalen der Märk. Ökon. Ges. zu Potsdam. 1800. 3. Bd. 3. Heft S. 67—72.

105. Der Landmann in Rücksicht auf seine Industrie 7. Mai 1799. Vom Herrn Domkapitular von Rochow.

Annalen der Märk. Ökon. Ges. zu Potsdam. 1800. 3. Bd. 3. Heft S. 84—87.

106. Begleitwort zu dem Aufsatz des Geheimen Oberfinanzrats von Knoblauch: Einige Nachrichten über die in Neuostpreußen befindlichen Philipponen.

Neue Berlinische Monatsschrift. Herausgegeben von Biester. Berlin 1799. 1. Bd. S. 403—404.

107. Ein paar Fragen an die Klugen und Guten des Landes. Der Aufsatz ist nicht unterzeichnet. Jahrbücher der preußischen Monarchie. Berlin 1799. 2. Bd. S. 56—57.

108. Erziehung und Schule. Unterzeichnet: Friedrich Eberhard von Rochow.

Jahrbücher der preußischen Monarchie. Berlin 1799. 2. Bd. S. 263—266.

109. Die Methoden des Unterrichts. Der Aufsatz ist als Fußnote zu dem vorgenannten gegeben.

Jahrbücher der preußischen Monarchie. Berlin 1799. 2. Bd. S. 263—265.

110. Über den frühen Gebrauch des Lutherschen Katechismus bei dem Schulunterricht kleiner Kinder. Unterzeichnet: Berlin, den 12. November 1799. Friedrich Eberhard von Rochow auf Reckahn.

Neue Berlinische Monatsschrift. Herausgegeben von Biester. 1799. 2. Bd. S. 466 bis 472.

111. Formieren und reformieren. Unterzeichnet: R.... im Julius 1799. v. R.

Sam. Chr. Wageners Patriotisches Archiv für Deutschland. Berlin 1800. 1. Jg. 2. Bd. S. 53—62.

112. Nachricht von einem kalten Blitzstrahl, welcher am 15. August 1799 die Kirche zu Krahne getroffen hat.

Denkwürdigkeiten und Tagesgeschichte der Mark Brandenburg und der Herzogtümer Magdeburg und Pommern. Herausgegeben von F. W. A. Kosmann und Th. Heinsius. Berlin 1799. 8. Bd. S. 1085—1086.

113. Von den diesjährigen Wirtschaftsereignissen auf den von Rochowschen Gütern. 29. Oktober 1799. Unterzeichnet: von Rochow auf Reckahn.

Annalen der Märk. Ökon. Ges. zu Potsdam. 1800. 3. Bd. 4. Heft S. 11—15.

114. Vorrede zum gemeinnützigen Volksblatt. 3. Jahrgang. 1800. Unterzeichnet: Friedrich Eberhard von Rochow auf Reckahn.

Gemeinnütziges Volksblatt. Dritter Jahrgang. 1800. Mit einer Vorrede begleitet von Friedrich Eberhard von Rochow auf Reckahn. Potsdam. Verlegt bei Karl Christian Horvath. S. 3.

115. Religionsparteiund Religiosität. Unterzeichnet: Berlin, den 2ten Februar 1800. Friedrich Eberhard von Rochow.

Patriotisches Archiv für Deutschland. Der Gottheit, den Fürsten, dem Vaterlande gewidmet von Sam. Chr. Wagener. Im Selbstverlage und auf Kosten des Herausgebers. In Kommission bei Fr. Maurer. Berlin 1801. 2. Jahrg. 1. Bd. S. 268 bis 271.

116 a. Versuch eines allgemeinen Schulplans. Unterzeichnet: Berlin, den 6. Februar 1800. Friedrich Eberhard von Rochow.

Neue Berlinische Monatsschrift 1800. 3. Bd. S. 163/172.

b. Versuch eines allgemeinen Schulplans. Unterzeichnet: Berlin, den 8. Februar 1800. Friedrich Eberhard von Rochow.

Patriotisches Archiv für Deutschland. Berlin 1801. 2. Jahrg. 1. Bd. S. 272—280.

117. Über das Tränken der Schafe.

Vortrag, gehalten am 20. April 1800 in der Märk. Ökon. Ges. zu Potsdam. Unterzeichnet: von Rochow auf Reckahn.

Gemeinnütziges Volksblatt. Potsdam 1800. 3. Jahrg. S. 381—384.

118. Die Bienen. Eine Fabel. Unterzeichnet: 30. Juli 1800.

Patriotisches Archiv für Deutschland ꝛc. Von Sam. Chr. Wagener. Berlin 1801. 2. Jahrg. 1. Bd. S. 267.

119. Lehren aus der Vergangenheit. Unterzeichnet: 30. Juli 1800.

Patriotisches Archiv für Deutschland ꝛc. Von Sam. Chr. Wagener. Berlin 1802. 2. Jahrg. 2. Bd. S. 43—46.

120 a. Ein Mittel zur Verminderung der Kienraupe und Fernerer Bericht von diesem Versuche. Nicht unterzeichnet.

Annalen der Märk. Ökon. Ges. zu Potsdam. Potsdam 1802. 3. Bd. 5. Heft S. 29—33.

b. Ein Mittel zur Verminderung der Kienraupe. Unterzeichnet: Reckahn, den 28sten Sept. 1800. von Rochow.

Gemeinnütziges Volksblatt. Potsdam 1801. 4. Jahrgang. S. 16—18. (Der Aufsatz stimmt bis auf wenige Abänderungen mit dem vorigen überein.)

121. Über gründliche Schulverbesserungen. Unterzeichnet: Berlin, den 20. Februar 1801. Friedrich Eberhard von Rochow auf Reckahn.

Der neue deutsche Schulfreund, ein nützliches Hand- und Lesebuch für Lehrer in Bürger- und Landschulen. Herausgegeben von H. G. Zerrenner.

Berlin und Stettin 1801 bei Friedrich Nicolai. 1. Bd. S. 5—7. (Berlin, Deutsche Lehrerbücherei.)

122. Die Unentbehrlichkeit der Rechenkunst in der Landwirtschaft.

Annalen der Märk. Ökon. Ges. zu Potsdam 1802. 3. Bd. 5. Heft S. 60—65.

123a. Über die Witterung und Ernte des Jahres 1800. Vom Herrn Domkapitular von Rochow.

Annalen der Märk. Ökon. Ges. zu Potsdam. Potsdam 1801. 3. Bd. 5. Heft S. 117—120.

b. Über die diesjährige Witterung und Ernte. Unterzeichnet: Reckahn, den 22sten Oktober 1800. von Rochow.

Gemeinnütziges Volksblatt. Potsdam 1801. 4. Jahrgang. S. 33—36. (Beide Aufsätze stimmen bis auf einige Abänderungen überein.)

124. Nachricht von einem neuen Feinde der Landwirtschaft. Unterzeichnet: den 16. November 1801. von Rochow.

Gemeinnütziges Volksblatt. Potsdam 1802. 5. Jahrgang. S. 82—84.

125. Sollte nicht überall jede Nation den Anfang ihrer Größe und Staatswichtigkeit irgend einem Siege verdanken? Unterzeichnet: Berlin, den 12. Dezember 1802. von Rochow auf Reckahn.

Neue Berlinische Monatsschrift. Berlin 1803. 9. Bd. S. 83—86.

126. Zitation. Über etwaige Forderungen für die Herstellung des Denkmals bei Fehrbellin. Berlin, den 27. November 1802. von Rochow.

Neue Berlinische Monatsschrift. 1803 Februar. S. 88.

127. Inschrift des von Rochow gestifteten Denkmals bei Fehrbellin.

Neue Berlinische Monatsschrift. 1803 Februar. S. 89—90.

128. Wer verdient das Lob eines guten Verwalters? Unterzeichnet: von Rochow auf Reckahn.

Gemeinnütziges Volksblatt. Potsdam 1803. 6. Jahrgang. S. 11—16. Oder Neues gemeinnütziges Volksblatt. Potsdam 1803. 1. Jahrgang. S. 11—16. (Berlin, Königl. Bibl. Qu 12 668.)

129. Lob eines guten Verwalters. Unterzeichnet: von Rochow auf Reckahn.

Gemeinnütziges Volksblatt. Potsdam 1803. 6. Jahrgang. S. 11—16. Oder: Neues gemeinnütziges Volksblatt. Potsdam 1803. 1. Jahrgang. S. 11—16.

130. Aufgabe für mein eigenes Nachdenken, oder meine Art zu studieren. Unterzeichnet: Alethophilus. (F. E. von Rochow nach dem Index und einer Anmerkung des Herausgebers.)

Neue Berlinische Monatsschrift. 1804. 11. Bd. S. 42—52.

131. Über Lehre, deren Wert und darauf zu gründende Wertschätzung des Lehrers. Unterzeichnet: Reckahn, den 20sten März Friedrich Eberhard von Rochow.

Der neue deutsche Schulfreund etc. Herausgegeben von H. G. Zerrenner. Berlin 1804. 7. Bd. S. 1—13.

132. Duplik über Vernunft und Verstand. Unterzeichnet: Reckahn, den 29. April 1804. Friedrich Eberhard von Rochow.

Neue Berlinische Monatsschrift. Berlin 1804. 11. Bd. S. 441—448.

Erwähnt werden folgende Aufsätze, Schriften, Vorträge und Gedichte:

133. Welche Art der Pflanzenkenntnis zu ökonomischen Absichten eigentlich diejenige sei, wodurch wir die natürliche Beschaffenheit des Grundes in den Forsten am besten bestimmen können.

Schriften der Gesellschaft naturforschender Freunde in Berlin. Berlin bei Heinrich August Rottmann. 1785. 6. Bd. Vorrede S. VII. (Berlin, Göritz-Lübeck-Stiftung.)

134. Preisaufgabe: „Einen in seiner Bauart leichtern und zum Tiefpflügen bequemern Pflug herzustellen." Gestellt in der Sitzung der kurmärkisch-ökonomischen Gesellschaft zu Potsdam am 7. Februar 1792.

Annalen der Märk. Ökon. Ges.. zu Potsdam. Potsdam 1792 bei Karl Friedrich Horvath. 1. Bd. 1. Heft S. 18. Der Wortlaut der Preisaufgabe findet sich 1. Bd. 3. Heft S. XXII—XXV.

135. Preisaufgabe: „2 Friedrichsd'or für denjenigen Fabrikanten, welcher anzeigen wird, wozu das in den Kiefernwäldern auf schlechtem Sandboden an den untern Zweigen befindliche lange und feinhaarige Moos, gewöhnlich Bocksbart genannt, gebraucht werden kann."

Annalen der Märk. Ökon. Ges. zu Potsdam. Potsdam 1793. 1. Bd. 2. Heft S. X—XI.

136. Die Ratsversammlung oder die Votierenden. Vom 29. Januar 1795.

Das Schauspiel war im Besitz des Predigers Schlichting in Golzow. (Siehe Kehr, Die Geschichte des Königl. Schullehrer-Seminars zu Halberstadt. Gotha 1878. S. 14 Anmerkung.) Meine Nachforschungen waren vergeblich.

137. Prämie von 5 Friedrichsdor für Unschädlichmachung der Bleiglasur in irdenen Töpfen oder Erfindung einer unschädlichen Glasur.

Annalen der Märk. Ökon. Ges. zu Potsdam. Potsdam 1796. 2. Bd. 1. Heft S. 4.

138. Vortrag am 6. Mai 1794: Versuch, Hafer und Gerste als sogenanntes Sommergetreide auch vor dem Winter zu säen.

Annalen der Märk. Ökon. Ges. zu Potsdam. Potsdam 1796. 2. Bd. 3. Heft S. VIII.

139. Einige ökonomische physikalische Bemerkungen über:

1. Die trockenen Jahre seit 1771,
2. Den Anbau des Spörgels,
3. Die Anpflanzung des Akazienbaums,
4. Die Entstehung der Sandschollen,
5. Die Zunahme des Kartoffelbaus in der Mark.

Diese Bemerkungen wurden durch den Fabrikanten Dickow aus Potsdam am 1. November 1796 in der Märk. Ökon. Ges zu Potsdam vorgelesen. Annalen der Märk. Ökon. Ges. zu Potsdam 1797. 3. Bd. 1. Heft S. VII.

140. Vortrag am 31. Oktober 1797: Über den Kartoffelbau.

Annalen der Märk. Ökon. Ges. zu Potsdam. Potsdam 1798. 3. Bd. 2. Heft S. 3.

141. Vortrag am 1. Mai 1798: Über den Nutzen, den die Gesellschaft stiften könnte, wenn sie von höhern Landeskollegien unterstützt würde, und alle Mitglieder sich beeiferten, das Ihrige dazu beizutragen.

Annalen der Märk. Ökon. Ges. zu Potsdam. Potsdam 1798. 3. Bd. 2. Heft S. 8.

142. Vortrag am 23. Okt. 1798 über Verhandlung der Deputation in den monatlichen Konferenzen, Anlegung eines ökonomischen Gartens, Herausgabe der Annalen und des gemeinnützigen Volksblatts und Anzeige, daß endlich ein Vieharzneibuch eingegangen sei.

Annalen der Märk. Ökon. Ges. zu Potsdam. Potsdam 1800. 3. Bd. 3. Heft S. 4.

143. Lesebuch für Soldaten- und Bauerkinder.

Rochow hat das Buch am 4. November 1799 dem Könige Friedrich Wilhelm III. eingereicht. Es fand den Beifall des Monarchen, gelangte aber nicht zur allgemeinen Einführung. Die Veranlassung bot die Zirkularverordnung des Königs vom 31. August 1799 „Über den Unterricht in den Garnisonschulen."

Ein Exemplar des Buchs war nicht zu ermitteln; vielleicht war es der 1795 erschienene Kinderfreund oder eine Bearbeitung desselben.

144. Über Volkslehrbücher in patriotischer Hinsicht.

Nach einer Voranzeige des Herausgebers des „Patriotischen Archivs", Sam. Chr. Wagener, in den Jahrbüchern der preußischen Monarchie. Berlin 1799. 1. Bd. Anhang S. 35.

145. Preisaufgabe: „5 Friedrichsd'or für denjenigen Landwirt, der ein bewährt befundenes Mittel wider die Hungerblume (Draba verna) anzugeben weiß."

Annalen der Märk. Ökon. Ges. zu Potsdam. Potsdam 1801. 3. Bd. 5. Heft S. 5 und S. 65.

146. Rede bei dem 10jährigen Bestehen der märkischen ökonomischen Gesellschaft. Erwähnt in der Neuen allgemeinen deutschen Bibliothek. Berlin und Stettin 1802. 70. Bd. 1. Stck. S. 201. (Berlin, Königl. Bibl. Ad 92.)

147. Über Anlegung der Armenanstalten im Großen. (Vortrag in der Märkischen Ökonomischen Gesellschaft zu Potsdam.) Erwähnt in der Neuen allgemeinen deutschen Bibliothek. Berlin und Stettin 1802. 74. Bd. 1. Stck. S. 198/200.

148. Vortrag über das von dem Generalleutnant von Rüchel der märkischen ökonomischen Gesellschaft zu Potsdam eingesandte Tagebuch des Gutsbesitzers Hase über Pockenimpfung der Schafe. (In der Sitzung der märkischen ökonomischen Gesellschaft zu Potsdam.) Erwähnt in der Neuen allgemeinen deutschen Bibliothek. Berlin und Stettin 1802. 74. Bd. 1. Stck. S. 199.

149. Berichtigungen. 3. Sammlung. Nach H. G. Zerrenner. Der neue deutsche Schulfreund. Berlin und Stettin 1805. 9. Bd. S. 112.

Rochow bot das Manuskript am 24. Mai 1799 dem Buchhändler Friedrich Nicolai an. Dieser bemerkt auf dem Brief: „Es war das Mskpt. des dritten Teils der Berichtigungen, welchen ich geraten hatte, unter anderm Titel Ostern 1800 herauszugeben. Sollte es in meinem Verlage sein, hatte ich 5 Pistolen cour geboten."

150. Versuch eines Elementarbuchs für Kinder der Landleute.

Erwähnt in H. G. Zerrenner. Der neue deutsche Schulfreund. 9. Bdch. S. 114. Berlin und Stettin 1805. Berlin, Königl. Bibl. Nc 4580.

(Das Buch wird sonst nirgends erwähnt. Jedenfalls meint Zerrenner den 1795 erschienenen Kinderfreund.)

151. Widmung auf dem Weihnachtsgeschenk für seine Gemahlin.

K. Kehr, Die Geschichte des Königl. Schullehrer-Seminars zu Halberstadt. S. 15. Gotha 1878.

152. Wegspruch. (An der Brückenpforte, die aus dem Gutsgarten zu Reckahn nach der Kirche führt.)

153. Lehrplan für die Seminare Südpreußens. Nach einem Vortrag des Seminarinspektors Jeziorowski.

Erwähnt in den Monatlichen Nachrichten von Kirchen- und Schulsachen. Hannover 1803 November. Vergl. 116a und b.

Nachdrucke, Übersetzungen und Bearbeitungen des Kinderfreunds von Friedrich Eberhard von Rochow.

A. Nachdrucke.

1. Der Kinderfreund. Ein Lesebuch zum Gebrauch in Landschulen. Von Friedrich Eberhard von Rochow etc.

Zwei Teile. Brandenburg bei Wiesike 1809. (Nach W. Heinsius, Allgem. Bücherlexikon. 5. Bd. S. 463.)

2. Derselbe mit gleichem Titel.

Neue Auflage 1. Tl. 2. Gr., 2. Tl. 4 Gr.

Brandenburg bei Wiesike 1820. (Heinsius 6. Bd. S. 697.)

3. Derselbe mit gleichem Titel.

Erster Teil. Neue unveränderte und rechtmäßige Ausgabe. Brandenburg 1821. Druck und Verlag von Wiesike.

Zweiter Teil. Neue unveränderte und rechtmäßige Ausgabe. Brandenburg 1823. Druck und Verlag von Wiesike. (Berlin, Deutsche Lehrerbücherei.)

4. Der Kinderfreund oder erster Unterricht im Lesen und bei dem Lesen etc. Neue Auflage.

Brandenburg bei Wiesike 1820. (Heinsius 6. Bd. S. 697.)

5a. Der Kinderfreund. Ein Lesebuch zum Gebrauch in Landschulen von Friedrich Eberhard von Rochow etc. Frankfurt a. M. Eichenberg 1776.

S. 3–4: Vorbericht, S. 5–8: Inhalt, S. 1—72: Text. (Heidelberg, Unv. Bibl., München, Königl. Bibl.)

5b. Derselbe mit gleichem Titel, ohne Angabe des Verlags. Frankfurt und Leipzig 1778. (Berlin, Bibliothek des Herrn Professors Fechner.)

5c. Derselbe mit gleichem Titel, ohne Angabe des Verlags. Frankfurt 1783. (Berlin, Städt. Schulmuseum, Göritz-Lübeck-Stiftung.)

5d. Derselbe mit gleichem Titel, ohne Angabe des Verlags. Frankfurt 1790. (Berlin, Deutsche Lehrerbücherei.)

6a. Der Kinderfreund. Ein Lesebuch zum Gebrauch in Landschulen von Friedrich Eberhard von Rochow, Erbherrn auf Reckahn. Zweiter Teil.

Frankfurt a. M. Eichenberg 1779.

4 S. Inhalt, S. 1—154 Text. (Heidelberg, Univ. Bibl.)

6b. Derselbe mit gleichem Titel, ohne Angabe des Verlags. Frankfurt 1788. (Berlin, Städt. Schulmuseum, Göritz-Lübeck-Stiftung.)

6c. Derselbe mit gleichem Titel, ohne Angabe des Verlags. Frankfurt 1790. Berlin, Deutsche Lehrerbücherei.

7. Der Kinderfreund. Ein Lesebuch etc. Halle 1780.

Nach „Neue allgem. dtsch. Bibliothek. 71. Bd. S. 516."

8. Der Kinderfreund oder erster Unterricht im Lesen und bei dem Lesen. Von Friedrich Eberhard von Rochow, Erbherrn auf Reckahn rc. rc. Neueste, verbesserte, korrekteste und wohlfeilste Ausgabe.

Altona zu bekommen bei C G. Pinkvoß 1806.

S. 3—4: Vorbericht, S. 5—84: Text, 4 S. Inhalt (ohne Seitenzahl). (Berlin, Deutsche Lehrerbücherei.)

B. Übersetzungen.

1. L'ami des enfants à l'usage des écoles. Traduit de l'Allemand de Mr. de Rochow. Tome premier. Berlin et Strasbourg MDCCLXXXIV.

168 S. Text. 2 Seiten Inhaltsverzeichnis. (Berlin, Deutsche Lehrerbücherei.)

2. L'ami des enfants. Berlin, Lagard 1792.

(Nach W. Heinsius, Allgem. Bücherlexikon. 3. Bd. S. 406.)

3a. L'ami des enfants à l'usage des écoles. Tome premier. Berlin, imprimé chez George Frédéric Starcke. Ohne Jahreszahl.

S. III—VI: Avant/Propos. Unterzeichnet von Hauchecorne. Catel, Ministres de l'église française de Berlin. S. 1—94: Text, S. 95—96: Table. (Die Seitenzahl 95 ist zweimal versehentlich gesetzt.)

b. L'ami des enfants à l'usage des écoles. Tome second Berlin, imprimé chez George Frédéric Starcke MDCCLXXXV. Eine Seite (ohne Zahl) Anzeige von Hauchecorne. Catel. S. 1—168: Text, S. 169—172 Table. (Berlin, Deutsche Lehrerbücherei, und Königsberg, Univ.-Bibliothek.)

Von der Ausgabe 1796 (Nr. 71 des Verzeichnisses der Rochow-Schriften) erschienen folgende Übersetzungen:

4a. L'ami des enfants ouvrage destiné à exercer les enfants à la lecture et à les rendre attentifs à ce qu'ils lisent. Par Monsieur de Rochow de Reckahn. à Brandebourg chez André Frédéric Leich 1796. Prix: Trois gros.

2 Seiten: A Monsieur de Rochow. Unterzeichnet: François Bock, Pasteur de l'église française de Brandebourg. 1 Seite Avant/Propos. 4 Seiten Table (ohne Seitenzahl). S. 1—92: Text. 101 Stücke. (Berlin, Königl. Bibliothek Ng 817.)

b. Seconde édition revue et corrigé. à Brandebourg dans la librairie de Hessenland 1811.

Titel und Inhalt wie die erste Ausgabe. (Berlin, Städt. Schulmuseum.)

c. L'ami des enfants. Ouvrage destiné à exercer les enfants à la lecture et à les rendre attentifs à ce quils lisent. Par Monsieur de Rochow. Quatrième édition revue et corrigée. à Brandebourg, dans la librairie de Wiesike. 1826.

S. III—VI: A Monsieur de Rochow. Unterzeichnet: François Bock, pasteur de l'église française de Brandebourg. S. VII—VIII: Avant/Propos. S. IX—XII: Table. S. 1—92: Text. (Berlin, Königl. Bibl. Ng 817[a].)

5. Przyiaciel dziecinny. Ksiazka do czytania a Szkolom wieyskim poświecona przez JMci Pana de Rochow, xc. teraz z niemieckiego na polskie przelożona. W. Brzegu, drukowal J. E. Tramp 1778.

Der Druck ist eine möglichst wortgetreue Übersetzung der zweiten (oder dritten?) deutschen Ausgabe des Kinderfreunds von 1777.

Nach Tschech „Die ersten Ausgaben von Rochows Kinderfreund". Katholisches Schulblatt. Breslau 1907. Nach S. 225 findet sich ein Exemplar in der Stadtbibliothek in Breslau.

Dieselbe Ausgabe besitzt die Fürstl. Bibliothek zu Wernigerode. Die Königl. Universitäts-Bibliothek zu Königsberg besitzt zwei polnische Ausgaben, welche 1795 und 1826 zu Königsberg erschienen sind. Vergleiche Gothaische Gelehrte Zeitung 1784. S. 732.

6. Bärnevennen en Laesebog til Brug i Landsbyskoler. Köbenhavn 1810. Gyldendalsche Verlag. (Königl. Universitätsbibliothek zu Christiana.)

(Nach Mitteilung des Lehrers Aannerud in Christiana ist die Übersetzung nach der dritten deutschen Auflage durch Jacob Wolf gefertigt worden.)

C. Bearbeitungen.

1a. Der neue Kinderfreund. Ein Lesebuch zum Gebrauch in Land- und Stadtschulen. Von Friedrich Eberhard von Rochow. Aufs neue herausgegeben von W. C. C. Türk, Königl. Preußischem Regierungs- und Schulrat. Paderborn bei Wesener 1825.

(Die Ausgabe erfolgte gelegentlich der Eröffnung einer Elementarschule zu Brandenburg a. d. Havel am 5. Juli 1825. Die Vorrede war unterzeichnet: Potsdam, den 17. Juli 1825. v. Türk, Reg.- und Schulrat.)

b. Dasselbe Buch. 3. Auflage[1]). Unterzeichnet: Potsdam, den 17. Januar 1829. von Türk. Brandenburg bei Wiesike 1829.

c. Der Kinderfreund. Ein Lesebuch zum Gebrauch in Land- und Stadtschulen. Von Friedrich Eberhard von Rochow. Aufs neue herausgegeben von W. C. C. von Türk, Königl. Preußischem Regierungs- und Schulrate. Vierte Auflage. Brandenburg 1831. Druck und Verlag von Wiesike.

1 Seite Vorrede: Unterzeichnet: Potsdam, den 17. Juli 1825. v. Türk.

1 S. Vorrede zur dritten Auflage. Unterzeichnet: Potsdam, den 17. Januar 1829. von Türk. (Ohne Seitenzahl.) S. V—XVI: Biographie des Herrn von Rochow, S. 1—218: Text, S. 219—224: Inhalt. (Berlin, Städt. Schulmuseum.)

d. Dasselbe Buch. 6. Auflage.

Brandenburg 1838. Druck und Verlag von Wiesike. (Nach W. Heinsius, Allgem. Bücherlexikon 9. Bd. S. 190.)

2a. Der Kinderfreund. Ein Lesebuch zum Gebrauch in Landschulen. Von Friedrich Eberhard von Rochow, Erbherrn auf Reckahn ꝛc. ꝛc. Nebst einem Anhange. Königsberg, gedruckt bei D. C. Kanter, Königl. Preuß. Hofbuchdrucker. 1787.

S. 1—180: Text. I. Anhang S. 1—52: Aus dem Versuch eines Schulbuches für Kinder der Landleute von Herrn von Rochow. Berlin 1776. Aufgenommen sind: Etwas von der menschlichen Seele, Allgemeine Erkenntnis von Gott oder von den Eigenschaften Gottes, Besondere geoffenbarte oder biblische Erkenntnis von Gott und von der Beschaffenheit des Menschen selbst; Kurzgefaßter Inhalt der Bibel bis auf die Himmelfahrt Christi, Eine Tugendlehre nach der Bibel, Von der Höflichkeit im Umgange und im Reden. II. Anhang: S. 52—108: Aus Magister Schuberts: Etwas aus der Naturlehre für Landkinder. Gera 1784. III. Anhang: Aus dem christlichen Sittenbüchlein fürs Gesinde. Berlin 1786. IV. Anhang: S. 1—25: Einiger verbesserter Lieder aus dem alten Gesangbuche. S. 26—30: Inhalt. (Berlin, Deutsche Lehrerbücherei.)

b. Der Kinderfreund. Ein belehrendes und unterhaltendes Lesebuch für die Jugend in Land- und niedern Stadtschulen in zwei Abteilungen. Erste Abteilung. Königsberg 1835. Verlag der Hartungschen Hofbuchdruckerei.

S. III—VIII: Inhaltsverzeichnis, S. 1—200: Text, 234 Stücke. (Berlin, Königl. Bibliothek.)

c. Der Kinderfreund. Ein belehrendes und unterhaltendes Lesebuch für die Jugend in Land- und niedern Stadt-

[1]) Über die 2. und 5. Auflage war nichts zu ermitteln.

schulen in zwei Abteilungen. Zweite Abteilung. Königsberg 1835. Verlag der Hartungschen Hofbuchdruckerei.

S. III—VIII: Verzeichnis der Stücke, S. 1—280: Text. 140 Stücke. (Berlin, Königl. Bibliothek.)

3a. Der Kinderfreund, ein Lesebuch in Schulen, umgeändert von P. A. Clemens, nebst einem Anhang über das Gemeinnützige aus der Naturkunde und einer Einleitung in die Religions- und Pflichtenlehre. Mit Kupfern. Köln 1799. Bei Haas. (Heinsius. 3. Bd. S. 406.)

b. 2. Auflage mit gleichem Titel und in gleichem Verlag Köln 1802. Bei Haas. (Heinsius. 3. Bd. S. 406.)

c. 3. Auflage mit gleichem Titel. Köln 1806 bei Fabricius. Nach J. G. Meusel, Das gelehrte Deutschland. 7. Bd. S. 387, 1823. Heinsius, 3. Bd. S. 406.

d. 4. Auflage mit gleichem Titel. Paderborn 1808. Wesener. J. G. Meusel, 7. Bd. S. 387.

e. 5. oder erste umgearbeitete Auflage. Paderborn 1818 bei Josef Wesener.

Die Vorrede ist unterzeichnet: Neuhaus, den 21. Juni 1818. Winter. (Siehe neunte Auflage.)

f. 6. oder zweite umgearbeitete Auflage. Paderborn 1821 bei Josef Wesener.

Die Vorrede ist unterzeichnet: Neuhaus, den 28. Juli 1821. Winter. (Siehe neunte Auflage.)

g. 7. oder dritte umgearbeitete Auflage. Paderborn 1825 bei Josef Wesener.

Die Vorrede ist unterzeichnet: Neuhaus, den 15. September 1825. Winter. (Siehe neunte Auflage.)

h. 8. oder vierte umgearbeitete Auflage. Paderborn 1828 bei Josef Wesener.

Die Vorrede ist unterzeichnet: Neuhaus, den 31. Mai 1828. Winter. (Siehe neunte Auflage.)

i¹. 9. Auflage. Der Kinderfreund. Ein Lesebuch für Bürger- und Landschulen. Von Friedrich Eberhard von Rochow. Aufs neue umgearbeitet von Andreas Winter, Kaplan zu Neuhaus. Neunte oder fünfte umgearbeitete Auflage, vermehrt mit 2 geographischen Tabellen und mit einem Anhange über Giftpflanzen. Erster Teil. Paderborn und Arnsberg bei Josef Wesener 1829. Druck der Infermannschen Buchdruckerei in Paderborn. Mit einer Imprimatur des bischöflichen General-Vikars. Paderborn, den 23. Juli 1829. Drucke.

S. III—VII: Vorrede zur ersten umgearbeiteten Auflage, unterzeichnet: Neuhaus den 21. Junius 1818. Andreas Winter, Kaplan. S. VII—IX: Vorrede zur sechsten oder zweiten umgearbeiteten Auflage, unterzeichnet: Neuhaus, den 28. Julius 1821. Winter. S. IX—X: Vorrede zur dritten, vierten und fünften Auflage. Neuhaus, den 15. September 1825, den 31. Mai 1828 und den 25. Juli 1829. Winter. S. XI bis XIV: Inhalt. S. 1—106: Text. Den einzelnen Lesestücken sind Sprüche und Lebensregeln beigefügt. Vor dem Titelblatt werden auf einer Seite 7 Tierbilder geboten: Affe, Elefant, Löwe, Strauß, Rentier, Krokodil, Kamel. (Berlin, Deutsche Lehrerbücherei.)

i². Der Kinderfreund. Ein Lesebuch für Bürger- und Landschulen. Von Friedrich Eberhard von Rochow. Aufs neue umgearbeitet von Andreas Winter, Kaplan zu Neuhaus. Neunte oder fünfte umgearbeitete Auflage. Zweiter Teil. Mit 3 Steintafeln und 2 geographischen Tabellen. Paderborn und Arnsberg bei Josef Wesener 1830.

6 S. Inhalt. S. 1—210: Text. S. 211—222: Erster Anhang: Kurze Beschreibung der gefährlichsten Giftpflanzen. S. 223—232: Zweiter Anhang: Einige Lieder. S. 181: Erste geographische Tabelle gibt eine Übersicht der Länder Europas und der 5 Erdteile. S. 193: Zweite geographische Tabelle gibt eine Übersicht der Länder Deutschlands und im Anhang die vorzüglichsten Staaten in Amerika. Die beiden beigefügten Steintafeln bieten 13 Giftpflanzen und das Bild eines tollen Hundes. (Berlin, Deutsche Lehrerbücherei.)

k¹. 10. Auflage. Der Kinderfreund; ein Lesebuch für Bürger- und Landschulen. Von Friedrich Eberhard von Rochow. Aufs neue umgearbeitet von Andreas Winter, Kaplan zu Neuhaus. Zehnte mit einem Anhange über die Giftpflanzen und einem vollständigen Kursus Denkübungen vermehrte Auflage. Erster Teil. Paderborn bei Josef Wesener 1834. Druck der Junfermannschen Buchdruckerei in Paderborn. Das Titelblatt trägt eine Vignette: Blumenkorb. Auf der Rückseite des Titelblattes ist die Imprimatur des bischöflichen General-Vikars Drücke. Paderborn, den 10. Mai 1834.

2 Seiten Vorrede zur zehnten Auflage, nicht unterzeichnet. S. 1—115: Text. 2 Seiten Inhalt. Den einzelnen Stücken sind Lehren in Spruchform beigefügt. Berlin, Königl. Bibl. Ng 792. Stuttgart, Königl. Landesbibliothek.

Der Kinderfreund. Ein Lesebuch für Bürger- und Landschulen. Von Friedrich Eberhard von Rochow. Zehnte mit einem Anhange über die Giftpflanzen und einem vollständigen Kursus Denkübungen vermehrte Auflage. (Berlin, Königl. Bibl. Ng 792.)

k². Zweiter Teil. Mit drei Steintafeln. Mit königl. Würtembergischen Privilegium. Das Titelblatt trägt Vignette: Der Schäfer. Paderborn bei Josef Wesener 1834. Gedruckt bei Joh. Heinrich Schüerholz in Paderborn.

3 S. Inhalt. S. 1—188: Text. 64 S. Anhang. Unmittelbare Denkübungen. Die drei Steintafeln: S. 140: Das Gradnetz der Erde, S. 170: Die Erdbahn, S. 171:

Die Mondviertel. (Berlin, Königl. Bibl. Ng 792 und Stuttgart, Königl. Landesbibliothek.)

l. 11. Auflage. Paderborn 1836.

m¹. 12. Auflage. Der Kinderfreund. Ein Lesebuch für Bürger- und Landschulen. Von Friedrich Eberhard von Rochow. Aufs neue umgearbeitet von Andreas Winter Kaplan zu Neuhaus.

Zwölfte mit einem Anhang über die Giftpflanzen, geographische Karten und einem vollständigen Kursus Denkübungen bedeutend vermehrte Auflage. Erster Teil. Mit Königl. Württembergischem Privilegium. Paderborn bei Josef Wesener 1836.

Die Rückseite des Titelblatts trägt die Imprimatur des bischöflichen General-Vikariats zu Paderborn vom Mai 1836.

Vorrede zur zwölften Ausgabe. Ohne Seitenzahl. S. 1—101: Text. S. 101—102: Inhalt.

m². Der Kinderfreund. Ein Lesebuch für Bürger- und Landschulen. Von Friedrich Eberhard von Rochow. Aufs neue umgearbeitet von Andreas Winter, Kaplan zu Neuhaus.

Zwölfte, mit einem Anhange über die Giftpflanzen, geographischen Karten und einem vollständigen Kursus Denkübungen bedeutend vermehrte Auflage. Zweiter Teil. Mit Königl. Württembergischem Privilegium. Paderborn bei Josef Wesener 1838.

2 S. Inhalt. S. 1—247: Text. Beigefügt sind die Karten von Deutschland, Europa, Palästina, die östl. und westl. Halbkugel und drei Steintafeln: Giftpflanzen und Tierbilder. (Berlin, Königl. Bibl. Ng 793.)

n. 13. Auflage. Über die Ausgabe war nichts zu ermitteln.

o. 14. Auflage. Paderborn 1844. (Heinsius, 10. Bd. S. 173.)

p. 15. Auflage. Paderborn 1848. (Heinsius, 11. Bd. S. 186.)

q. 16. Auflage. Vermehrt mit einer Beschreibung des heiligen Landes. Paderborn 1852. Heinsius, 11. Bd. S. 186.

4a. Der Kinderfreund von Friedrich Eberhard von Rochow rc. von Jakob Hoogen. Koblenz bei Johann Kaspar Huber 1786.

Titel von Hoogen selbst angegeben in der Vorrede zur Ausgabe von 1800. Nach H. G. Zerrenner. Der deutsche neue Schulfreund. Berlin und Stettin 1801. 1. Bd. S. 123.

b. Der Kinderfreund von Friedrich Eberhard von Rochow auf Rekahn. Mit Erlaubnis des Herrn Verfassers für die niederrheinischen Schulen herausgegeben, mit einem Vorberichte und drei Gesprächen über Schulunterricht, einzig zum Gebrauche der Eltern und Schullehrer vermehrt von Jakob Hoogen, Prior und Pastor zu Wegeberg und Mitgliede der literarischen Gesellschaft zu Halberstadt. Köln 1800. 120 S. bei Heinrich Rommerskirchen. (Preis 14 Stüber.)

Nach H. G. Zerrenner, Der neue deutsche Schulfreund. 1. Bd. Berlin und Stettin 1801 bei Friedrich Nicolai. S. 127—126.

c. Dasselbe Buch. Neue Auflage. Köln 1803 bei Heinrich Rommerskirchen.

5a. Der Kinderfreund. Ein Lesebuch nach F. E. v. Rochow, zunächst für die katholischen Bürger- und Landschulen in Rheinland und Westfalen. Bearbeitet von Jean Paul Mathias.

Vier Teile. 4ter bis 7ter des Elementargesamtwerkchens.[1]) Verbessert und vermehrt mit dem Wissenswürdigsten aus der Ackerwirtschaftslehre, mit der Lehre vom Körper und der Seele des Menschen, der Lehre von den Himmelskörpern, einer Erdbeschreibung mit vorzüglicher Berücksichtigung unseres Vaterlandes, einer Naturgeschichte, der Kenntnis der Erscheinung im Dunstkreise der Erde, einer Tugend- und Pflichtenlehre, einer Wohlanständigkeitslehre, einer Auswahl von Volksgedichten einer allgemeinen und speziellen Geschichte des preußischen Staates, einer mit dem Lesestoffe dieses Buches eng verbundenen deutschen Sprach- und Rechtschreibelehre, der Lehre des schriftlichen Vortrags mit den nötigen Musteraufsätzen für Fälle des gewöhnlichen Lebens u. s. w. Mit Approbation der hohen geistlichen und weltlichen Behörden. Originalauflage unter dem Schutze der Königl. Preuß. Gesetze (deponiert bei den Königl. Bibliotheken zu Berlin und Bonn). Zehnte stark vermehrte Auflage mit 3 Stichen, 2 Karten und mehreren Abbildungen.

Köln 1836. Druck und Verlag der Mathieuxschen Verlagsbuchhandlung.

S. II: Zensuren der hohen geistlichen und weltlichen Behörden. S. III—V: Vorreden zur sechsten, achten und zehnten Auflage. S. V—VI: Inhalt. S. VI—VIII: Erklärung der Steinstiche. S. 1—256: Text. Beigefügt sind zwei geographische Karten, zwei Tiertafeln und eine Pflanzentafel.

b. Die sechste Auflage erschien 1832, die achte 1835. Die Nachforschungen nach früheren Auflagen waren ohne Ergebnis.

6a. Der Kinderfreund. Ein Lesebuch zum Gebrauch in Land- und Stadtschulen. Von Friedrich Eberhard von Rochow, Erbherrn auf Reckahn ꝛc. Hannover 1793.

b. Der Kinderfreund. Ein Lesebuch zum Gebrauch in Land- und Stadtschulen. Von Friedrich Eberhard von

---

[1]) Das Gesamtelementarschulwerk umfaßte außer diesem Kinderfreund noch das bibl. Geschichtsbuch von Chr. Schmidt und den Katechismus von Overberg. (Berlin, Königl. Bibl. Ng 800.)

Rochow, Erbherrn auf Reckahn ꝛc. Aufs neue durchgesehen von A. L. Hoppenstedt. 2 Tl. Hannover 1810 bei Hahn. (Chr. Gottl. Kaysers Bücherlexikon 4. Bd. S. 528.)

c[1]. Der Kinderfreund. Ein Lesebuch zum Gebrauch in Stadt- und Landschulen von Friedrich Eberhard von Rochow, Erbherrn auf Reckahn ꝛc. Aufs neue durchgesehene und vermehrte Auflage. Erster Teil. Hannover 1819. In der Hahnschen Hofbuchhandlung.

1 S. Vorbericht des Verfassers. 3 S. Vorerinnerungen des Herausgebers. Unterzeichnet: Celle, den 25. Dezember 1818. Dr A. L. Hoppenstedt, Konsistorialrat und Generalsuperintendent. 2 S. Inhalt. Ohne Seitenzahl. S. 1—83: Text. Beigefügt sind den Stücken Sprüche und Lebensregeln. S. 85 u. 86 sechs Tierbilder: das Kamel, das Nilpferd, das Krokodil, der Elefant, der Löwe und der Walfisch. (Berlin, Deutsche Lehrerbücherei.)

c[2]. Der Kinderfreund. Ein Lesebuch zum Gebrauch in Landschulen von Friedrich Eberhard von Rochow; Erbherrn auf Reckahn ꝛc. ꝛc. Aufs neue durchgesehene und vermehrte Auflage. Zweiter Teil. Hannover 1819. In der Hahnschen Hofbuchhandlung. 4 S. Inhalt. S. 1—166: Text. S. 167—188: Anhang: 1. Die Kirchenverbesserung oder die Reformation S. 167—178; 2. Die Bibelgesellschaften S. 178—188. (Berlin, Deutsche Lehrerbücherei.)

d. Dasselbe Buch mit gleichem Titel. 2 Teile. 2. Auflage mit Holzschnitten. Hannover bei Hahn 1824. (Heinsius, 7. Bd. S. 232.)

e. Zehnte verbesserte Auflage. Hannover bei Hahn 1850. $^1/_6$ Tl.

XIV Seiten Vorrede und Inhalt und 234 Seiten Text mit eingedruckten Holzschnitten. Heinsius, 11. Bd. S. 186.

7. Der Kinderfreund. Ein Lesebuch ꝛc. 2 Tl. Mit Holzschnitten. Celle, bei Schulze 1820. (Kaysers Bücherlexikon 4. Bd. S. 528.)

8a. Der Kinderfreund des Domherrn von Rochow mit einigen Veränderungen. Ein Lesebuch zum Gebrauch der Meiningischen Schulen. Meiningen 1780. Siehe 3. Auflage.

b. Dasselbe Buch. Meiningen 1784. Siehe 3. Auflage.

c. Der Kinderfreund des Domherrn von Rochow mit einigen Veränderungen. Ein Lesebuch zum Gebrauch der Meiningischen Schulen. Dritte Auflage. Meiningen, gedruckt mit Hartmannischen Schriften 1811.

5 S. Vorrede zur ersten Auflage, unterzeichnet: Meiningen, den 1. August 1780. 1 S. Vorrede zur zweiten Auflage, unterzeichnet: Meiningen im September 1784. S. 1—274: Text. S. 275—280: Inhalt. (Berlin, Deutsche Lehrerbücherei.)

9. Der Kinderfreund. Ein Lesebuch zum Gebrauch für Landschulen. 2 Tl. Eisenach. Bärecke. (Kayser, Bücherlexikon 4. Bd. S. 528.)

10. Der Kinderfreund. Ein Lesebuch für Bürger- und Landschulen. 1 Tl. Freiburg. Wegener. (Kayser, Bücherlexikon 4. Bd. S. 528.)

11. Der Kinderfreund, ein Lesebuch in Landschulen. Neue Auflage. Lemgo 1836. Meyer. (Kayser, Bücherlexikon 4. Bd. S. 528.)

12. Der Kinderfreund. Ein Lesebuch zum Gebrauch in Landschulen. Zwei Teile. Münster 1796 bei Aschendorf. 12 gr. (Heinsius, 3. Bd. S. 406.)

13. Der Kinderfreund. Ein Lesebuch. II. Tl. Halberstadt 1800. bei Dolle.

(Lehrerbibliothek in Stendal. Heinsius, 3. Bd. S. 406.)

14a. Der Kinderfreund. Ein Lesebuch zum Gebrauch in Landschulen von Friedrich Eberhard von Rochow, Erbherrn auf Reckahn rc. rc. Für einen Teil Oberdeutschlands, besonders für Franken bearbeitet von Joh. Ferd. Schlez Zwei Teile. Nürnberg bei Ernst Christoph Grattenauer. 1789. (Kayser, 4. Bd. S. 528.)

b. Dasselbe Buch mit gleichem Titel. Zweite Auflage. Nürnberg bei Ernst Christoph Grattenauer 1791. (München Königl. Bayr. Hof- und Staatsbibliothek.)

c. Dasselbe Buch mit gleichem Titel. Dritte Auflage. Nürnberg bei Ernst Christoph Grattenauer 1795. (Kayser, 4. Bd. S. 528.)

d. Dasselbe Buch mit gleichem Titel. Vierte, mit Schulgebeten und Bildern vermehrte Auflage. Nürnberg bei Ernst Christoph Grattenauer 1798. (Beide Teile für 20 Kreuzer.)

S. 3: Vorbericht zur Originalausgabe. S. 4: Vorbericht zur vierten Auflage. Unterzeichnet: Ippsheim am 15. Januar 1798. Schlez. S. 5/8: Schulgebete. S. 9—14: Inhaltsanzeige für den ersten und zweiten Teil dieses Kinderfreundes. S. 1—110: Text des ersten Teils. S. 111—272: Text des zweiten Teils. Beigefügt sind: Das Bild „Der sterbende Alte". S. 55: Das Jauchfaß, S. 79: Der Kompaß, S. 98: Die Mondphasen, S. 99: Das Sternbild Zwillinge, S. 106: Der Elefant und der Strauß, S. 112: Lateinisches Alphabet, S. 136: Gestellsense, S. 151 und 152: Bienenstand. Als Anhang werden Noten und Text eines Schäferliedes im Frühling geboten. (Berlin, Deutsche Lehrerbücherei.)

e. Dasselbe Buch. Neue mit Bildern und Schulgebeten vermehrte Auflage. Nürnberg 1812. (Kayser, 4. Bd. S. 528.)

15a. Der Kinderfreund. Ein Lesebuch zum Gebrauch in Landschulen. Von Friedrich Eberhard von Rochow rc.

Nach Schlez für Bayern bearbeitet. 2 Tl. München und Landshut 1804. Kayser, 4. Bd. S. 528.)

Über die 2., 3. und 4. Auflage war nichts zu ermitteln.

b. Dasselbe Buch. 5. Auflage. München und Landshut 1810. (Kayser, 4. Bd. S. 528.)

c I. Dasselbe Buch. 1. Bdch. für kleinere Schüler. 9. Auflage. München bei Krüll 1822. (Kayser, 4. Bd. S. 528.)

c II. Dasselbe Buch. 2. Bdch. für größere Schüler. 8. Auflage. München bei Krüll 1822. (Kayser, 4. Bd. S. 528.)

d. Dasselbe Buch. 2. Bdch. München 1825. (München Königl. bayr. Hof- und Staatsbibliothek.)

16a. Der Kinderfreund. Ein Lesebuch zum Gebrauch in Landschulen. Von Friedrich Eberhard von Rochow, Erbherrn auf Reckahn ꝛc. Abteilung für die kleinern Schüler. Preis ungebunden 6 Kr.; ord. gebunden 9 Kr. München 1835. Im königlichen Zentral-Schulbücher-Verlage.

4 S. Inhalt. S. 1—98: Text. S. 99—102: Sprichwörter. S. 103—104: Schulgebete. Beigefügt sind folgende Zeichnungen: S. 72: Der Kompaß, S. 82: Die Erdbahn, S. 89: Die Mondgestalten, S. 90: Das Sternbild Zwillinge, S. 96: Der Elefant und der Strauß, S. 99: Der sterbende Alte. (Berlin, Deutsche Lehrerbücherei.)

b. Der Kinderfreund. Ein Lesebuch zum Gebrauch in Landschulen. Von Friedrich Eberhard von Rochow, Erbherrn auf Reckahn ꝛc. Abteilung für die größern Schüler. Preis: ungebunden 6 Kr.; ord. gebunden 9 Kr. München 1834. Im königlichen Zentral-Schulbücher-Verlage.

S. 1—126: Text. 4 S. Inhalt (ohne Seitenzahl). Auf S. 23 ist eine Zeichnung: Abbildung einer Gestellsense. (Berlin, Deutsche Lehrerbücherei.)

c¹. Der Kinderfreund. Ein Lesebuch zum Gebrauch in Landschulen. Von Friedrich Eberhard von Rochow, Erbherrn auf Reckahn ꝛc. ꝛc. Abteilung für die kleinern Schüler. Ungeb. 6 Kr.; ord. gebunden 9 Kr. München 1837. Im königlichen Zentral-Schulbücher-Verlage. (München, Königl. Universitätsbibliothek.)

c². Der Kinderfreund. Ein Lesebuch zum Gebrauch in Landschulen. Von Friedrich Eberhard von Rochow, Erbherrn auf Reckahn ꝛc. ꝛc. Abteilung für die größern Schüler. Preis: Ungebunden 6 Kr.; ord. gebunden 9 Kr. München 1841. Im königlichen Zentral-Schulbücher-Verlage. 128 S. Text. 4 S. Inhaltsangabe. (München, Königl. Universitäts-Bibliothek.)

17a. Der Kinderfreund. Ein Lesebuch zum Gebrauch in Landschulen. Nach Schlez bearbeitet. Landshut bei Krüll 1809. (Heinsius, 3. Bd. S. 406.)

b. Dasselbe Buch mit gleichem Titel. 8. Auflage. Landshut bei Krüll 1813. (Heinsius, 5. Bd. S. 463.)

c[1]. Der Kinderfreund. Ein Lesebuch zum Gebrauch in Landschulen. Nach Schlez für Bayern bearbeitet. 1. Tl. für kleinere Schüler. 9. Auflage. Landshut bei Krüll 1820.

c[2]. 2. Tl. für größere Schüler. Landshut bei Krüll 1819. (Heinsius, 6. Bd. S. 697.)

18. Der Kinderfreund. Ein Lesebuch zum Gebrauch in Landschulen. (Für Würzburger Schulen von Schlez abgeändert.) 2 Tl. Würzburg 1804. (Kayser, 4. Bd. S. 528.)

19a. Der Kinderfreund. Ein Lesebuch zum Gebrauch in Landschulen von Friedrich Eberhard von Rochow, Erbherrn auf Reckahn ꝛc. ꝛc. Neu bearbeitet von Joh. Ferd. Schlez. Zwei Teile. Fünfte[1]) mit Schulgebeten und Abbildungen vermehrte Ausgabe. Leipzig 1818. Wilhelm Lauffer. (Heinsius, 6. Bd. S. 647.)

b[1]. Der Kinderfreund. Ein Lesebuch zum Gebrauch in Landschulen von Friedrich Eberhard von Rochow, Erbherrn auf Reckahn ꝛc. ꝛc. Neu bearbeitet von Joh. Ferd. Schlez. Zwei Teile. Siebente mit Schulgebeten und Abbildungen vermehrte Ausgabe. Leipzig, 1836. Wilhelm Lauffer.

S. III: Vorbericht zur Original-Ausgabe. Unterzeichnet F. E. von Rochow. S. IV: Vorrede zur vierten Auflage. Unterzeichnet: Schlez. S. V—VIII: Schulgebete. S. IX—XII: Inhaltsanzeige des ersten und zweiten Teils. S. 1—98: Text des ersten Teils. Beigefügt sind folgende Zeichnungen: S. 49: Ein Mistlaugefaß, S. 71: Der Kompaß, S. 80: Die Erdbahn, S. 83: Tag- und Nachtseite der Erde, S. 87: Die Mondphasen, S. 88: Das Sternbild Zwillinge, S. 94: Elefant und Strauß, S. 98: das lateinische Alphabet. Dem Titelblatt ist ein Kupfer vorgesetzt. Der sterbende Alte mit der Unterschrift: „Ich fühle, daß ich bald sterben werde." (Siehe Nr. 79.)

b[2]. Der Kinderfreund. Ein Lesebuch zum Gebrauch in Landschulen, von Friedrich Eberhard von Rochow, Erbherrn auf Reckahn ꝛc. Von Joh. Ferd. Schlez. Zweiter Teil. Siebente Auflage. 6 S. Inhalt (ohne Seitenzahl). S. 1—126: Text. (Berlin, Deutsche Lehrerbücherei.)

c. Dasselbe Buch. 8. Aufl. 2 Tl. Leipzig 1841 bei Lauffer. (Kayser, 10. Bd. S. 248.)

20a. Der Kinderfreund. Ein lehrreiches Lesebuch für Landschulen nach Friedrich Eberhard von Rochow frei bearbeitet von Joh. Ferd. Schlez. Gießen 1813 bei Heyer. (Heinsius, 5. Bd. S. 463.)

---

[1]) Über die 1.—4. u. 6. Auflage konnte ich nichts ermitteln.

b. Dasselbe Buch. 2. Auflage. Gießen 1821 [1]). Kayser 5. Bd. S. 463.

c. Dasselbe Buch. 3. Auflage. Gießen 1826 [2]). K. Kehr, Geschichte der Methodik 1. Tl. S. 143.

d. Dasselbe Buch. 4. Auflage. Gießen 1832. (Kayser, 5. Bd. S. 463.)

21. Der Kinderfreund. Ein Lesebuch zum Unterricht in dem Lesen, vornehmlich in Landschulen für Oberdeutschland, insbesondere Schwaben, neu bearbeitet von P. J. Völter. 2 Teile. Mit 15 Holzschnitten und 13 Giftpflanzen. Stuttgart, Magazin für Literatur 1806. (Andrä, Leipzig.) 4 Gr. (Kayser, 5. Bd. S. 463.)

22. Der Kinderfreund. Von Friedrich Eberhard von Rochow. Bearbeitet von Riecke und Völter. Neue verbesserte Auflage. Stuttgart 1825. (Stuttgart, Königl. Landesbibliothek.)

23a. Der kleine Kinderfreund. Erzählungen in von Rochowscher Manier. Leipzig 1804 bei Nauck.

b. Derselbe. Neue Ausgabe. Ebenda 1820. Kayser, 3. Bd. S. 339.

24. Der Kinderfreund, ein Lesebuch für Volksschulen. Hamburg 1804. Bei Kratsch. 136 u. 47 S.

Nach Anzeige in der Neuen allgemeinen deutschen Bibliothek Bd. 94 S. 368.

---

[1]) Ins Holländische 1820 übersetzt zu Kolvorden. Vgl. Kehr, Geschichte der Methodik Gotha E. F. Thienemann 1882. 1. Tl., S. 143.

[2]) Die Ausgabe erhielt 1828 ein Kommentar in der Schrift „Katachetisches Handbuch oder Lehrgespräche über ausgewählte Lesestücke des Rochow-Schlezschen Kinderfreunds Gießen 1828“. Vergl. Kehr Geschichte der Methodik. Gotha. E. F. Thienemann 1882. 1. Tl., S. 143.

Urteile über Friedrich Eberhard von Rochow.

1. Bericht des Inspektors Kappelier (Neustadt Brandenburg) vom 14. Dezember 1772 über die Bestrebungen Friedrich Eberhard von Rochows auf dem Gebiete des Schulwesens.

(Schloßarchiv zu Reckahn.)

Allerdurchlauchtigster rc. [1])

Ew. Königl. Maj. berichte ich alleruntertänigst einen Vorfall aus meiner Inspektion, welchen Höchstderoselben hochwürdigstes Oberkonsistorium gewiß mit gnädigstem Wohlgefallen vernehmen wird.

Es hat nämlich der halberstädtische Domherr Friedrich Eberhard von Rochow auf Reckahn, Krahne, Göttin und Meßdunk Erbherr, nach dem vor kurzer Zeit erfolgten Absterben des 83jährig. Schulmeisters Kirchbach zu Reckahn an dessen Stelle den bisherigen Kantor und Organisten von der St. Johanniskirche zu Halberstadt H. J. Bruns vociert und demselben laut beiligender Vokation zu seinem Gehalte ein solches Salarium ausgesetzt, dergleichen vielleicht in manchen Städten die Kantores sich nicht rühmen können. Nichts anders als patriotischer Eifer, die geistliche und leibliche Wohlfahrt seiner Untertanen zu befördern und Ew. Königl. Maj. allergnädigster Gesinnung [2]), das Schulwesen sonderlich auch auf dem Lande zu verbessern, sich gemäß zu beweisent hat ihn zu diesem ruhmwürdigen Vorsatz und beträchtlichen Aufwand bewegen können, Und daß er zur Erreichung seines Endzwecks eine tüchtige Person erwählt habe, erhellt nicht nur aus dem Zeugnis des Predigers Rudolph, der ihn die Probe im Katechisieren hat ablegen lassen, sondern ich gebe ihm auch selbst das Zeugnis, daß er in dem Examini, welches ich mit ihm angestellt habe, sehr wohl bestanden sei. In der Musik hat er eine nicht geringe Stärke, und von seiner Schreibart zeugt die von ihm selbst geschriebene Vokation.

Durch dieses von dem Domherrn von Rochow erwählte Mittel wird allem Anscheine nach inskünftige unter göttlichem Segen die Jugend in Reckahn eine sehr

---

[1]) Die Berichte an die Oberbehörden mußten in ihrer Form so gefaßt sein, als wären sie an den König selbst gerichtet.

[2]) Durch Kabinettsorder vom 19. Juni 1771 hatte der König die Zinsen des Meliorationsbaufonds (100 000 Tl. zu 4 %) zur Verbesserung des Landschulwesens bestimmt. Die verbesserten Schulen hießen „Landgnadenschulen". (Siehe Ev. Schulblatt der Provinz Brandenburg 1905 Heft 3 S. 255/66.)

vorteilhafte Unterweisung haben, zumalen der Prediger Rudolph sich ebenfalls der Jugend besonders annimmt und sich darin den rühmlichen Absichten seines Kirchenpatron gemäß erweiset. Wie nun auf solche Weise der Domherr von Rochow durch andere geschickte und gegen die Jugend treugesinnte Männer die Kinder seiner Untertanen zu vernünftigen, christlichen Untertanen machen lassen will, so hat er auch selbst für seine Person etwas zu der Verbesserung ihrer Erkenntnis durch ein herausgegebenes Schulbuch für die Jugend in den Dorfschulen beitragen wollen, welche Schrift Ew. Königl. Maj. hiermit allergehorsamst überreiche. Damit nun aber diese schöne Stiftung, im Fall Gott die Lebenstage des Herrn Domherrn von Rochow, dieses so wohltätigen Menschenfreundes, früher zu Ende gehen ließe, als zu wünschen stehet, nicht etwan einen Anstoß leiden möge, so erbitte ich darüber Ew. Königl. Maj. allergnädigste Konfirmation und ersterbe

C. F. K(appelier).

Brandenburg, den 14. Dezember 1772.

2. Antwort des Oberkonsistoriums auf den Bericht des Inspektors Kappelier.

(Schloßarchiv zu Reckahn.)

Seine Königliche Majestät von Preußen, Unser allergnädigster Herr, lassen dem Superintendenten Kappelier zu Brandenburg auf seinen Bericht vom 14. v. M. in Gnaden bekannt machen, daß das Oberkonsistorium daraus die rühmliche und nachahmungswerte Veranstaltung des halberstädtischen Kanonici von Rochow in Vocierung und Besoldung des Heinrich Julius Bruns zum Kantor und Schulhalter in Reckahn mit Wohlgefallen ersehen, und ist solches alles gnädigst konfirmiert worden.

Berlin, den 7 Januar 1773.

v. Hagen.

An den Superintendenten Kappelier zu Brandenburg.

3. Urteil F. G. Resewitz' über Friedrich Eberhard von Rochow.

(In einem Briefe an Friedrich Nicolai in Berlin. Kopenhagen, den 15. August 1773. Handschriftensammlung der Königlichen Bibliothek zu Berlin.)

Ich habe mich sehr gefreut zu erfahren, daß Herr von Rochow der Verfasser des Schulbuchs ist. Ich kenne ihn persönlich und habe ihn immer hochgeschätzt und schätze ihn nun noch höher, weil er aus Achtung für die Menschheit sich einer solchen Arbeit unterzogen hat und von solchem Eifer beseelt ist, sie nicht allein zu verbessern, sondern auch durch sein Vermögen tätig ist, auf seinen Gütern einen verbesserten Unterricht einzuführen, um die Bauernseelen, die ebensowohl Seelen sind als die unsrigen, zum Gebrauch des gesunden Verstandes zu erheben. Ein seltenes Beispiel! Vielleicht schätze ich dieses Unternehmen um destomehr, weil es eine Zeitlang mein Nachdenken selbst am meisten interessiert hat. In beiliegendem Auffsatz habe ich einige Anmerkungen eingeschoben, welche Methode mir die angemessenste zu sein scheint, sich teils dem Verstande geringer Leute zu nähern, teils den Abweg zu vermeiden, der nur so schwer zu vermeiden scheint, daß man nicht, indem man ihren Verstand höher zu sich heben will, über ihren Gesichtskreis hinausgeht, der allein erhellt werden soll, und den Zweck gar nicht erreicht, den man sich zu erreichen bemüht. Über den Religionsunterricht in diesem Buche habe ich ohne allzuviel Weitläufigkeit nicht sprechen können. In Absicht der Hauptsachen, wie ich darüber denke, beziehe ich mich auf meine Schrift. Schriftliche Anmerkungen würden auch ohne einen anhaltenden Briefwechsel nicht zu der zweckmäßigen Bestimmung und Anwendung gebracht werden können. Ich rate vielmehr diese Angelegenheit Punkt für Punkt mit einem vernünftigen und für die Sache eifrigen Geistlichen zu durchreden und den Unterricht selbst ein Resultat dieser Unterredung sein zu lassen.

4. Urteil Basedows über Friedrich Eberhard von Rochow.

(Vierteljährliche Nachrichten von Basedows Elementarwerk und von anderen Bemühungen die Erziehung und das Schulwesen zu verbessern. 6. Stück. Dessau 1773. Bei den Freunden des Verfassers und in Kommission bei C. Fritsch in Leipzig.)

Einer der allerersten Beförderer des Elementarwerks war Ihro hochwürdige Gnaden, Herr F. E. von Rochow zu Reckahn usw., ein Domherr des Hochstifts Halberstadt. Desselben erwähne itzt und mit einer besondern Verwunderung, welche eine Fortsetzung derjenigen ist, die er mir machte, da er mich als der Verfasser des Versuchs von einem Schulbuch für die Kinder der Landleute, Berlin 1772 überraschte. Ein Edelmann, ein Besitzer ansehnlicher Güter, ein Domherr schreibt ein solches Buch? Ein Kinderbuch? Und für Landleute? Der läßt es sich gerne sagen, in welchen Stellen es verbesserlich sei? Und der verbessert es durch eigenen Fleiß zur zweiten Ausgabe, welche vermutlich diese Messe schon sehen wird? Welcher Sonderling ist das unter Personen seines Standes? Und welcher Sonderling in Taten? Die Gemeinde singt nicht gut ohne Orgel, und er gibt sie. Sie singt bisher mit geringerem Nutzen und zuweilen mit Ärgernis zufälliger Zuhörer zuweilen schlechte Lieder aus vorigen Jahrhunderten, und er schenkte ihr eine Anzahl verbesserter Gesangbücher. Ein guter Schulmann, der zugleich Musik versteht, wird 200 Rchstl. verdienen können. Er gibt ihm soviel, nachdem derselbe auf seine Kosten die Musik gelernt hat. Etwa durch Erhöhung des Schulgeldes? Nein, er stiftet eine gänzliche Freischule in einem Gebäude, dessen sich die benachbarte ansehnliche Landkirche nicht schämen darf! Er bestimmt in seiner Schuleinrichtung, ich schweige der gewöhnlichen, besondere Stunden zur Übung der Aufmerksamkeit, zu Vorerkenntnissen eines moralischen und natürlichen Inhalts, zu Erzählungen in Absicht auf Ausbildung des Verstandes und der Sitten, zu einer Sprechübung, zur Beförderung ökonomischer Einsicht, zur Einschärfung guter Sprichwörter u. s. w. Welcher Sonderling? Aber noch sehe ich auch hier Stunden des mir überflüssig scheinenden Auswendiglernens oder Memorierens der unnatürlichen Plage der Jugend u. s. w. u. s. w. Doch, du Muse des Elementarwerks, du hast mir versprochen, dich der paradoxen Eingebung wider das uralte und folglich unverbesserliche und an vielen

Orten durch teure Eidschwüre und Verfluchungen beschützte Kirchenwesen zu enthalten. Und wer weiß, wie dieser Domherr dieses und jenes weislich zu mäßigen entschlossen sei. Denn dieser Mann vom uralten Adel läßt sich soweit herab, ein eigentlicher Freund eines würdigen Dorfpfarrers zu sein und mit ihm fast täglich über das Beste der Jugend Abrede zu nehmen. War es überflüssig, meine Freunde, mit diesem Sonderlinge unter den Lehnsbesitzern und Domherrn den Beschluß dieser Nachrichten zu machen?

5. Das Oberkonsistorium benachrichtigt Rochow, daß die Schulstelle zu Reckahn aus dem Gnadenschulfonds der Kurmark einen Zuschuß erhalten soll.

(Schloßarchiv zu Reckahn.)

Seine Königl. Majestät von Preußen, Unser allergnädigster Herr, lassen dem Domherrn von Rochow auf Reckahn seine Vorstellung von 10ten praet. hierbei gnädigst kommunicieren, weswegen des nach seiner Bitte dem Kantor Bruns bewilligten Gehalts an den Kirchenrat Lipten und Superintendenten Kappelier dato erlassen worden.

Gegeben Berlin, den 21. Oktober 1774.

An F. J. von Hagen.

den Domherrn von Rochow zu Reckahn.

6. Ein Urteil Pestalozzis über Friedrich Eberhard von Rochow.

(Pädagogische Blätter für Lehrerbildung und Lehrerbildungsanstalten. Herausgegeben von Karl Kehr. Band 13. S. 98—99. Gotha 1884.

Pestalozzi an Iselin.

Neuenhoff d 29 7br 1780

Ver-Ehrenswürdigster Herr.

Ich sende Ihnen Hiemit die erste abteilung ms mscrpts — ich habe alles ws in meine Lag müglich war gethan es leßlich zu lifferen — die folgenden abtheilungen werden ungesaumt folgen u. ich bin froh wen ich mit dem trukk so bald müglich der anfang gemacht wird.

Rochow National Caracter ist ganz d Zwekk meiner versuche u. ville sr Ideen sind in meinem 2ten theil deßen helfte bynahe fertig so enthalten — daß wenn ich ds Buch vorher geleßen ich selbst geglaubt hette — ich hette abgeschrieben — doch sind weßentliche verschiedenheiten im Plan da — ich will im volk ohne Anstalten durch Erleüchtung zerstreute verstendige Hausväter u Hausmütter würken — u. er durch Schulen — bydes aber ist gut, nur daß der erste weg für mich der einzige mügliche er hingegen auch für den 2ten Kreffte hat.

aber den mann möchte ich kennen lehren der mir meinen weg so stark und so richtig vorgezeichnet wir treffen in gar zu villen Meinungen und endzwekken zusamen als daß ich dießen wunsch unterdrükken könte.

es ist mir recht sehr leid, daß Sie wegen der immer noch unrichtigen sprach meines mscrpts müh haben werden ich kenne nicht einmahl alle deutsche Namen die ich gegen die schweizerischen sezen sollte z. E. gegen Besely und Rudelj weiß ich kein deutsch wort — u. muß also den plaz en blanc laßen sonst freut mich der gedank Ein quart schweizerisch u. 3 quart deutsch drukken zu laßen recht sehr, wenn ich ihn nur ganz ohne ihre ville müh ausführen könte —

— Darff ich die Stellen in die Ephemeriden ins Museum u. in Mercur selbst wehlen — u. in die Ephemeriden einen Brieff an Sie von den endzwekken des Buchs byfügen — u. wann u. an wenn muß ich diese Stellen adressieren zum einrükken —

Ich wünsche, daß ich in Basel meine abendstund noch einmal drukken lassen könte mit einigen Zusezen sie ist vornd zu allem ws ich schreiben werde u. sollte darum allgemeiner bekandt [werden] u. es sind mehr als 30 druckerfehler die d. Sinn u. sach verstellen in d schrift.

Ich empfehle mich Ihnen verEhrenswürdigster Herr in fortdauer Ihres wohlwollens u bin mit dankErfüllter Hochachtung

Euer Hoch Edel Gebohren
gehorsamster Diener
J. H. Pestalozzi.

7. Todesanzeige für Friedrich Eberhard von Rochow.

(Königl. privilegierte Berlinische Zeitung von Staats- und gelehrten Sachen vom 18. Mai 1805. 60. Stück.)

Nach langen und schweren Leiden starb heute Morgen 1/4 auf 9 Uhr an der Brustwassersucht, 70 Jahre 7 Monate 5 Tage alt, mein teurer, mir ewig unvergeßlicher Mann, Herr Friedrich Eberhard von Rochow, Ritter des Johanniter-Maltheser-Ordens, des hochwürdigen Domkapituls zu Halberstadt Kapitular und Gerichtsherr der Reckahnschen Güter etc. Jeder, der das 46 jährige glückliche Band, das nun der Tod trennt, gekannt hat, wird meinen großen Verlust in stiller Teilnahme zu schätzen wissen und dem Andenken des Seligen mit mir gerechte Tränen weihen. In ihm beweine ich den zärtlichsten Gatten, seine Untertanen einen liebevollen und gütigen Gerichtsherrn, die Armen ihren Versorger und Vater. Von der herzlichen Teilnahme aller Anverwandten und Freunde des Seligen überzeugt, verbitte ich alle Beileidsbezeugungen, die meinen gerechten Schmerz nur vermehren würden; mir bleibt nur der Trost des Vertrauens auf Gott und der baldigen Wiedervereinigung.

Haus Reckahn, den 16. Mai 1805.

Verwittwete von Rochow, geborne von Bose.

8. Nachruf für Friedrich Eberhard von Rochow.

(Nationalzeitung der Teutschen. Gotha 1805. S. 420.)

Der Reformator der teutschen Volksschulen, der Domherr von Rochow, ist nicht mehr! Am 16. Mai wurde dieser ehrwürdige Greis, einer der frühesten und tätigsten Beförderer der basedowischen Unternehmungen, ein Menschenfreund in Tat und

Wahrheit, den preußischen Staaten und ganz Deutschland durch den Tod entrissen. Sein reger Eifer für Menschenglück, Menschenveredelung machten ihm die Bildung des Landvolkes zum wichtigsten Ziele seiner gemeinnützigen Tätigkeit. Durch sein Schulbuch und die Musterschulen, die er auf seinen Gütern eröffnet, gab er das Signal zu einer fast über ganz Deutschland verbreiteten Reformation der Volksschulen. Und wenn seitdem in diesem Felde viel gearbeitet, wenn viele Landschullehrer-Seminarien angelegt, wenn viele Landschullehrer besser besoldet, und wenn es überhaupt in den Landschulen schon um vieles besser geworden ist: so ist ein großer Teil dieser heilsamen Verbesserungen dem Beispiel, den Lehren, Aufforderungen und Anleitungen des nun verewigten Greises zuzuschreiben. Eben darum verdient auch sein Name in der Geschichte der Pädagogik zu prangen und sein Gedächtnis in den Annalen gemeinnütziger Menschenfreunde erhalten zu werden.

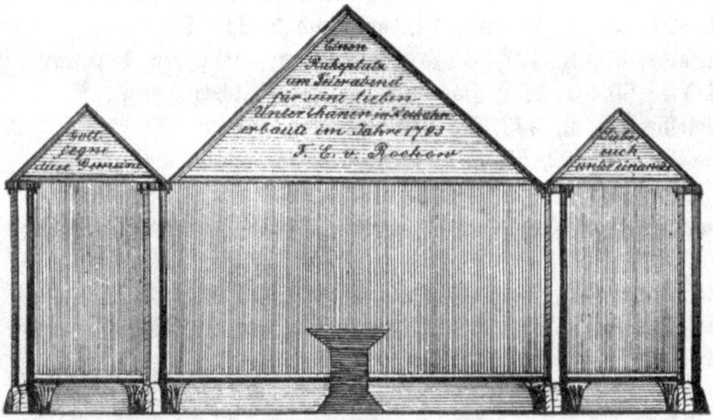

(Aus K. F. Riemann, Beschreibung der Reckahnschen Schule. Dritte Auflage. Berlin und Stettin 1798.)

5. Schriften über Friedrich Eberhard von Rochows Leben, Wirken und Werke[1]).

1. Auserlesene Gedichte von Anna Louise Karschin. Berlin 1764. 2, 110/12.

2. Allgemeine deutsche Bibliothek. Berlin und Stettin 1772. 19. 1, 69/78: Rezension [2]) des Schulbuchs.

3. Dieselbe 33. 1, 62/63. Schulbuch. 2. Aufl. Kinderfreunds 1. Tl. R.

4. Dieselbe 39. 2, 570/73: Vom Nationalcharakter. R.

5. Dieselbe 42. 1, 186/87: Kinderfreund 2. Tl. R.

6. Dieselbe. 67 2, 477/78: Katechismus der gesunden Vernunft. R.

7. Dieselbe 90. 1, 220: Handbuch in katechetischer Form. R.

8. Dieselbe 92. 2, 235/55: Über Armenanstalten. R.

9. Dieselbe 103. 2, 507/10: Versuch eines Schulbuchs. 3. Aufl. R.

10. Dieselbe 103. 2, 510/13: Katechismus der gesunden Vernunft. R.

11. Göttingische Anzeigen von gelehrten Sachen. Göttingen 1773. 143. Stck.: Versuch etc. R.

12. Dieselben 1776. 742/43: Versuch etc. 2. Aufl. R.

13. Dieselben 1779. 679/80: Der Kinderfreund. 2 Tl. R.

14. Dieselben 1783. 1516: Brief an Düring.

15. Dieselben 1784. 647/48: Handbuch in katechetischer Form. R.

16. Dieselben 1793. 715/18: Berichtigungen. 1. Versuch. R.

17. Allgemeine Bibliothek für das Schul- und Erziehungswesen. Nördlingen 1773. 1, 144/52: Schulbuch. R.

18. Dieselbe 1777. 5, 170: Der Kinderfreund. 1. Tl. R. S. 444/57: Versuch eines Schulbuchs. R.

19. Vossische Zeitung. Berlin 1774. 18. Stck. 10. Februar: Versuch eines Schulbuchs. Anzeige u. R.

20. D. Anton Friedrich Büsching. Beschreibung seiner Reise von Berlin über Potsdam nach Reckahn unweit Brandenburg, welche er vom dritten bis achten Juni 1775 getan hat. Mit Landkarten und andern Kupferstichen. Leipzig 1775. 212/50 und 287/97.

---

[1]) Berücksichtigt sind nur die, die bis zu seinem Tode erschienen sind.
[2]) R. bedeutet Rezension.

21. Derselbe. Zweite, stark vermehrte Auflage. Frankfurt und Leipzig 1780. 203/18 u. 318/26.

22. Der teutsche Merkur vom Jahre 1776. 2. Vierteljahr. 299/300: Versuch eines Schulbuchs.

23. Georg Friedrich Seiler. Gemeinnützige Betrachtung der neuesten Schriften, welche Religion, Sitten und Besserung des menschlichen Geschlechts betreffen. Erlangen 1776. 1, 834: Der Kinderfreund. 1. Tl. R.

24. Dieselben 1777. 2, 85: Seminar zu Meiningen.

25. Dieselben 1779. 4, 560: Der Kinderfreund. 2. Tl. R.

26. Dieselben 1779. 4, 747: Rochows Verdienste.

27. Dieselben 1780. 5, 974: Töchterschule zu Halberstadt.

28. Dieselben 1792. Anhang 403/04: Vom großen Werte des beständigen Frohsinns oder der guten Laune. R.

29. Dieselben 1793. 18, 405/08: Berichtigungen. 1. Versuch. R.

30. Dieselben 1797. 22, 182/84: Geschichte meiner Schulen. R.

31. Dieselben 1798. 23, 321/25: Summarium. R.

32. Dieselben 1798. 25, 326/28: Zusätze zum Summarium. R.

33. Dieselben. Anhang 81/82: Über Vernunft und Verstand. R.

34. Philanthropisches Archiv. Dessau 1776. 6. Stck. S. 4, 15, 17, 115, 120, 129 und 130. Rochows Beziehungen zum Philanthropin.

35. Staats- und gelehrte Zeitung des hamburgischen unparteiischen Korrespondenten. Hamburg 1776. 196. Stck. vom 7. Dezember: Versuch eines Schulbuchs. Anzeige.

36. Nachrichten von dem Leben und Ende gutgesinnter Menschen von J. Fr. Feddersen. Halle 1778. 266/72: Rochows Schulen.

37. Dieselben. Speier 1781. 1, 59/71: Rochows Schulen.

38. Dieselben. 4, 214/16: Die Witwen und der Tagelöhner in Reckahn.

39. Deutsches Museum. Leipzig 1778. 229/34: Rochows Methode.

40. Dasselbe. 1779. 427: Rochows Bestrebungen.

41. Über den Religionszustand in den preußischen Staaten seit der Regierung Friedrichs des Großen in einer Reihe von Briefen. Leipzig 1778. 1, 412/30: Über Reckahn.

42. Dasselbe. 2, 30: Töchterschule in Halberstadt.

43. Dasselbe. 4, 130: Rochows Einfluß.

44. Pädagogische Unterhaltungen. Dessau 1779. 3. Bd.: Lobgedicht auf Resewitz und Rochow.

45. Versuch eines Bürgers über die Verbesserung der öffentlichen Erziehung in einer republikanischen Handelsstadt. Von Isaak Iselin. Basel 1779. Rochows Kinderfreund wird empfohlen.

46. D. Anton Friedrich Büschings Wöchentliche Nachrichten. 4. Jahrgang. Berlin 1776. 156: Der Kinderfreund. 1. Tl. R.

47. Dieselben. 7. Jahrgang 1779. 270/74: Vom Nationalcharakter. R.

48. Dieselben. 11. Jahrgang 1783. 365/66: Handbuch ꝛc. R.

49. Ephemeriden der Menschheit oder Bibliothek der Sittenlehre, der Politik und der Gesetzgebung. Basel, Mannheim und Leipzig 1780. Januar. 63/69: Der Kinderfreund wird empfohlen.

50. Dieselben. Mai. 622/23: Rochows Schulen.

51. Dieselben. Juni. 680/85: Der Kinderfreund. R.

52. Dieselben. November 554/56: Der Kinderfreund. 568/78: Vom Nationalcharakter durch Volksschulen. R.

53. Dieselben. 1781. 352/63: Rochows Schulen.

54. Die neuesten Erziehungsbegebenheiten mit praktischen Anmerkungen auf das Jahr 1780. Gießen 1780. 1, 176: Rochow unterhält Famulanten im Philanthropin zu Dessau.

55. Dieselben. 1781. 2, 747/67: Rochows Wirken.

56. Kinderbibliothek für Eltern und Erzieher oder Nachrichten von den neusten Kinderschriften. Frankfurt 1780. 1, 10: Der Kinderfreund wird empfohlen.

57. Landschulbibliothek oder Handbuch der Schullehrer auf dem Lande. (Von Joh. Fried. Prenniger.) Berlin 1781. 2, 2, 119/23: Begründung der Schulen zu Reckahn und Göttin, 124/37: Schuldisziplin in Reckahn, 138/42: Schuleinrichtung zu Reckahn, 176/80: Seminar zu Halberstadt.

58. Dieselbe. 1785. 3, 1, 93/117: Seminar zu Halberstadt.

59. Karl Friedrich Riemanns Versuch einer Beschreibung der Reckahnschen Schuleinrichtung. Berlin und Stettin 1781.

60. Derselbe. Neue Beschreibung 1792.

61. Derselbe 1798.

62. Journal für Prediger. Halle 1781. 12, 35/42: Über einen Besuch in Reckahn.

63. Dasselbe 1786. 18, 18, 290/304: Schule zu Reckahn.

64. Dasselbe 1788. 20, 1/47: Über die Schule zu Reckahn.

65. Magazin für die Erziehung und Schulen, besonders in den preußischen Landen. Halle 1782. 1. 2, 30 ff. Die Lehrer der lateinischen Schule in Neuruppin studieren Rochows Methode. 109: Das Schulbuch und der Kinderfreund werden beim Unterricht in der 3. Klasse gebraucht. 134/46: Beschreibung der Reckahnschen Schule nach Riemann.

66. Dasselbe. 1. 4, 156: Einweihung des Seminars zu Halberstadt im Beisein Rochows. (10. Juli 1778.)

67. Versuch eines Briefwechsels über das öffentliche Schul- und Erziehungswesen. Von Konrad Vorheck. Halle 1785. Darin: Entwurf zur Verbesserung der Erziehungs- und Lehranstalten für die Erzstift-kölnischen Stadt- und Landschulen auf Veranstaltung der Kurfürstlich Maxischen Akademie. (Ohne Jahr.) 4, 62: Rochows Unterrichtspraxis.

68. Psalmenlied. Zu Ehren Fr. E. von Rochow zum 11. Oktober 1785 gedichtet und gesungen. (Abgedruckt in K. Kehr, Gesch. des Kgl. Schullehrerseminars zu Halberstadt. Gotha 1878. S. 65.)

69. Gnädigst privilegiertes Leipziger Intelligenz-Blatt in Frage und Anzeigen für Stadt- und Landwirte zum Besten des Nahrungsstandes. Auf das Jahr 1786. Nr. 24. 201: Anfrage über Rochows Schulen. Nr. 27. 223/27: Beantwortung.

70. Gemälde aus dem aufgeklärten achtzehnten Jahrhundert. Bern und Leipzig 1786. 1, 176/86 und 2, 179/86: Rochows Schulen.

71. Berlinische Monatsschrift. 1787. 97/116 und 325/41: Rochows Schulen.

72. Einige Gedanken über Schulbücher und Kinderschriften. Von Friedrich Gedicke. Berlin 1787: Verdienste Rochows um die Jugendbildung.

73. Ein Beitrag zur Bildung der Schullehrer auf dem Lande. Von J. G. Bötticher. Königsberg 1788. S. 26. Der Kinderfreund wird empfohlen.

74. Landschulbibliothek oder Handbuch der Schullehrer auf dem Lande. Berlin 1788. 4, 70/107: Bemerkungen über „Handbuch für Lehrer etc.".

75. Deutsche Zeitung. Gotha 1789. 317: Rochows Wohltätigkeit.

76. Über die Erlernung der Landesgesetze. Leipzig 1789. 15. u. 33: Rochows Bestrebungen.

77. Charakteristik der Erziehungsschriftsteller Deutschlands. Ein Handbuch für Erzieher. Leipzig 1790. 365/68: Rochows Verdienste als Erziehungsschriftsteller.

78. Der deutsche Schulfreund. H. G. Zerrenner. Erfurt 1791. 1, 111/13: Worterklärungen zu des Herrn von Rochow Katechismus der gesunden Vernunft.

79. Derselbe 1791. 2, 84/92: Worterklärungen.

80. Derselbe 1795. 11, 109/18: Bruns Leben und Tod.

81. Derselbe 1797. 16, 138: Summarium.

82. Derselbe 1800. 22, 77/103, 113/16, 120/25: Rochows Verdienste.

83. Derselbe 1801. 24, 44/70: Rochows Schriften.

84. Bemerkungen für Landschullehrer. Von Johannes Büel. Zürich 1791. Rochows Kinderfreund wird empfohlen.

85. Nachtrag zu den Büsten Berlinischer Gelehrten, Schriftsteller und Künstler. Halle 1792. 181: von Rochow.

86. Neue allgemeine deutsche Bibliothek. 1793. 1. 2, 370/77: Mirabeau des Ältern Diskurs über die Nationalerziehung. R.

87. Desgleichen 6. 1, 156/58: Berichtigungen. 1. Versuch. R.

88. Desgleichen 1796. 21. 2, 475/77: Berichtigungen. 2. Versuch. R.

89. Desgleichen 1798. 38. 2, 314/15: Summarium und Zusätze zum Summarium. R.

90. Desgleichen. Anhang. 1. 538/43: Geschichte meiner Schulen. R.

91. Desgleichen 1799. 44. 1, 237: Materialien etc. R.

92. Desgleichen 1801. 58. Intelligenzblatt. 52: Rochow ist zum Mitgliede der mecklenburgischen Landesgesellschaft ernannt worden.

93. Desgleichen 1801. 59. 1, 165/68: Literarische Korrespondenz. R.

94. Desgleichen 1801. 65. 1, 337: Rochows Tätigkeit in der märkischen-ökonomischen Gesellschaft in Potsdam.

95. Desgleichen 1802. 70. Intelligenzblatt. 201: Desgleichen.

96. Desgleichen 1802. 74. 1, 198/200: Desgleichen.

97. Desgleichen 1804. 90. 496 ff.: Rochows Bestrebungen.

98. Desgleichen 1805. 98. 371: Todesanzeige und Nachruf.

99. Ökonomisch-technologische Encyklopädie oder allgemeines System der Staats-, Stadt-, Haus- und Landwirtschaft und der Kunstgeschichte in alphabetischer Ordnung. Von J. G. Krünitz. Berlin 1793. 61, 625/1028: Über Landschulen.

100. Wörterbuch für Theologen, Moralisten und Denker aller Klassen in Beziehung auf des Herrn von Rochows Berichtigungen. Erste Probe. Von F. W. Wolfrath. Schleswig und Leipzig 1794.

101. Briefe an Friedrich Eberhard von Rochow etc. über die Berichtigungen desselben von Ludwig Schmaling, Kircheninspektor zu Osterwieck. Quedlinburg 1794.

102. Die Landschulen. Von J. G. Krünitz. Berlin 1794.

103. Literarisch-pädagogisches Handbuch für die Eltern, Erzieher, Lehrer und Kinderfreunde zur Kenntnis der neuesten Erziehungsschriften mit zweckmäßigen Beurteilungen, Inhaltsangaben und beigesetztem Preise. Halberstadt 1794. 4, 27/29: Schulbuch, 78: Geschichte meiner Schulen.

104. Der Reichsanzeiger. Gotha 1794. 24, 221. Rochows Bedeutung als Ökonom.

105. Derselbe 1795. 286, 2903: Desgleichen.

106. Derselbe 1796. 288, 6708: Desgleichen.

107. Nationalzeitung der Teutschen. 1796. 123: Rochows Verdienst um Abstellung der Bettelei.

108. A. H. Niemeyer. Grundzüge der Erziehung und des Unterrichts für Eltern, Hauslehrer und Erzieher. Halle 1796. S. 13, 392, 399, 446, 451 etc. Rochows Verdienste.

109. Politische und literarische Iris vom Niederrhein. Krefeld, 11. Pluviose im 7. Jahre der franz. Republik Nr. 14: Lob über Rochow.

110. Magazin der Philologie, Pädagogik und praktischen Philosophie, herausgegeben von einer Gesellschaft erfahrener Schulmänner. Stendal 1797. S. 49.

111. Das gelehrte Deutschland. Von J. G. Meusel. Lemgo 1798. 6, 389/91: Rochows Schriften.

112. Dasselbe 1803. 10, 493: Rochows Schriften.

113. Dasselbe 1805. 11, 645: Rochows Schriften.

114. Patriotisches Archiv für Deutschland. Von Sam. Chr. Wagener. Berlin 1799. 1. 1, 197/211: Rochows Verdienste um Abschaffung der Frohndiestne.

115. Dasselbe. 1801 2. 1, 224/33: Rochows Tätigkeit in der märkischen-ökonomischen Gesellschaft.

116. Dasselbe 1802. 2. 2, 28/32: Über Rochows Schulen.

117. Neue Berlinische Monatsschrift 1799. 2, 457/65: Über den Schulunterricht und über den Kinderfreund des Domherrn von Rochow.

118. Dieselbe 1800. 4, 354/56: Versammlungsplatz der Bauern in Reckahn.

119. Dieselbe 1804. 11, 122/46: Von Rochow und Pestalozzi.

120, A. H. Niemeyer Über öffentliche Schulen und Erziehungsanstalten. Halle 1799. 122: Urteil über Rochow.

121. Über die Verbesserung der Landschulen, vornehmlich in der Kurmark Brandenburg. Von F. S Sack, Berlin 1799. S. 33 und 41.

122. Magazin für Landschullehrer. Liegnitz 1799. 1. 1, 93 ff. und 282 ff.

123. Dasselbe 1800. 2. 1, 127/53, 267/303, 430/67.

124. Nationalzeitung der Teutschen. Gotha 1800. S. 752: Rochow stiftet ein Denkmal bei Fehrbellin.

125. Dieselbe 1805. 420/22: Nachruf und Biographie.

126. Bibliothek der pädagogischen Literatur. Von J. Chr. Fr. Guts-Muths. 1800. 2. 2, 247 und 3. 2, 406: Rochows Kinderfreund wird beurteilt.

127. A. H. Niemeyer. Ansichten der deutschen Pädagogik und ihre Geschichte im 18. Jahrhundert. Halle 1801. S. 48 und 57: Urteil über Rochow.

128. Über die Erziehung des Menschengeschlechts durch den Staat. Von K. S. Zachariä. Leipzig 1802. S. 310: Über Rochows Bedeutung.

129. Der neue deutsche Schulfreund. Von H. G. Zerrenner. Berlin und Stettin 1802. 2, 1/20.

130. Derselbe 1804. 4, 86/95.

131. Derselbe 1806. 10, 110 Über den Kinderfreund.

132. Über Volksaufklärung, oder ob es ratsam sei, daß der Bauer aufgeklärt oder in seiner bisherigen Kultur erhalten werde. Von C. L. Hahnzog. Magdeburg 1803.

133. Hand- und Methodenbuch für Schullehrer, besonders für die in den niedern Bürger- und Landschulen. Von G Bormann. Leipzig 1803.

134. Westfälischer Anzeiger 1803. Nr. 61, 968/72: Rochow hat die Idee, Schulen zu verbessern, gewirkt.

135. Reise durch sämtliche Kgl. Preuß. Provinzen. Berlin 1804. S. 38, 46/47: Schule zu Reckahn.

136. Literaturgeschichte der sämtlichen Schulen und Bildungsanstalten im Deutschen Reiche. Von J. D. Schulze. Leipzig und Weißenfels 1804. 2, 69/70.

137. Beitrag zu des Herrn Predigers Hahnzog Abhandlung „Über die Aufklärung der Bauern". Von A. Teller. Berlin 1804. Die Schrift ist Rochow gewidmet.

138. Gedächtnispredigt auf F. E. von Rochow. Von Fr. E. Chr. Martus.

139. Königl. privl. Berlinische Zeitung von Staats- und gelehrten Sachen. 18. Mai 1805. 60. St.: Todesanzeige.

140. Intelligenzblatt der Halleschen Literaturzeitung. 1805. Nr. 88, 712 u. Nr. 95, 763: Todesanzeige und Nachruf.

141. Zeitung für die elegante Welt. Leipzig 1805. 73. Stck. 18. Juni: Nachruf für Rochow.

142. Gemeinnützige Unterhaltungen für 1806. Halberstadt 1806. 1, 33/46, 49/60, 65/80, 81/95, 97/109. Fr. E. von Rochow. Von H. G. Zerrenner.

143. Gemeinnütziges Magazin für Prediger auf dem Lande und in kleinen Städten. Von R. Dapp. Berlin und Stettin 1806. 1. 3, 34 ff.: Rochows Verdienst um die Ausbildung des Lehrers Heinrich Lübke in Klein-Schönebeck.

Bildnisse von Friedrich Eberhard von Rochow.

1. Brustbild, Ölbild, im Schloß zu Reckahn.

Dasselbe, Holzschnitt, in Kehr, Geschichte des Königl. Schullehrerseminars zu Halberstadt. Gotha 1878.

2. Brustbild, Kupfer, von D. Chodowiecki, del. et sculp. Berol. 1777.

Berlin, Göritz-Lübeck-Stiftung.

Dasselbe von den Hofphotographen Löscher und Petsch, Berlin, vervielfältigt.

3. Brustbild, Kupfer, gestochen von G. G. Endner, Leipzig.

Berlin, Göritz-Lübeck-Stiftung.

4. Brustbild, Kupfer, von G. W. Hoffmann del. E. Henne sc. 1799.

Dasselbe vor dem zweiten Bande der Annalen der Märkischen Ökonomischen Gesellschaft zu Potsdam, vor dem zweiten Bande (Juli/Dezember 1796) der Denkwürdigkeiten und Tagesgeschichte der Mark Brandenburg (Kosmann und Heinsius), vor dem dritten Bande des Magazins für Religionsphilosophie, Exegese und Kirchengeschichte von H. Ph. K. Henke, Helmstädt 1795, und vor dem Patriotischen Archiv für Deutschland von Sam. Chr. Wagener, Berlin 1799.

5. Eine Silhouette ist im Besitz des Schulrats Dr. Jonas. Erwähnt wird in einem Brief von Blum an Rochow vom 13. April 1787 eine Silhouette.

6. In der 81/109. Gemeindeschule zu Berlin, Tilsiterstr. 4/5, hat eine Büste Rochows in Gips Aufstellung gefunden, die Fritz Schaper 1884 für eine Rochowfeier der Berliner Lehrerschaft gefertigt hat.

Das Schulhaus zu Reckahn.
(Nach einem im dortigen Gutsarchiv befindlichen Plan gezeichnet von F. Wienecke.)

MIX
Papier | Fördert gute Waldnutzung
FSC® C083411

Kolibri 360 GmbH
Ferdinand-Jühlke-Straße 7
99095 Erfurt, Deutschland
produktsicherheit@kolibri360.de